Hermann Wagner

Flora des Regierungsbezirks Wiesbaden

Analyse der Gattungen und Beschreibung der Arten

Hermann Wagner

Flora des Regierungsbezirks Wiesbaden
Analyse der Gattungen und Beschreibung der Arten

ISBN/EAN: 9783741157912

Hergestellt in Europa, USA, Kanada, Australien, Japan

Cover: Foto ©Klaus-Uwe Gerhardt /pixelio.de

Manufactured and distributed by brebook publishing software
(www.brebook.com)

Hermann Wagner

Flora des Regierungsbezirks Wiesbaden

Flora

des

Regierungsbezirks Wiesbaden.

Zugleich mit einer Anleitung zum
Bestimmen der darin beschriebenen Gattungen
und Arten

von

Hermann Wagner,
Rektor des Realprogymnasiums zu Bad-Ems.

I. Teil:

Analyse der Gattungen.

II. Teil:

Analyse und Beschreibung der Arten.

Bad-Ems,
Druck und Verlag von H. Chr. Sommer.
1890.

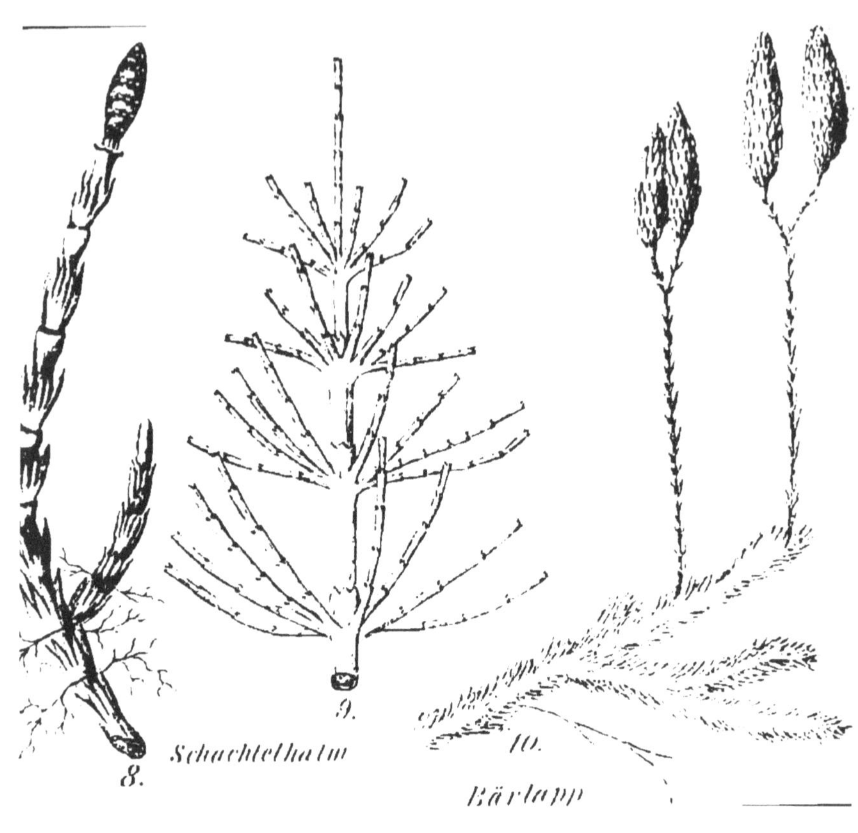
8.
9.
Schachtelhalm
10.
Bärlapp

I.

Analytischer Teil.

Vorwort.

Die nachfolgenden, hauptsächlich für den Anfänger entworfenen, Bestimmungstabellen sollen demselben, auch ohne vorher genossenen streng wissenschaftlichen Unterricht in der Botanik, ein praktischer, des Weges kundiger Führer sein und ihn befähigen, sich mit der Flora seiner Heimat selbstthätig vertraut zu machen. Ein zweiter Teil leitet in ähnlicher Weise, wie dieser erste die Gattungsnamen der Flora des Gebietes aufzufinden lehrt, zur Bestimmung der Arten an. Dort wird sodann, unter Einhaltung einer auf das natürliche System von Eichler*) gegründeten Anordnung und mit Angabe der speciellen Standorte seltenerer Arten eine eingehende, besonders die Tracht der Gewächse schildernde Beschreibung derselben gegeben.

Veranlassung zu dem Entwurfe dieser botanischen Arbeit, welche sich auf eine 40jährige Durchforschung des Gebietes stützt, war zunächst der Wunsch, die bisher teils selbst gemachten, teils durch andere Botaniker ergänzten und wesentlich vermehrten Beobachtungen zusammenzustellen, andererseits das in dem Berufe des Verfassers ihm immer fühlbarer gewordene Bedürfnis, eine auf pädagogischen Prinzipien beruhende Methode hier zur Verwendung zu bringen.

Die bisher in den Schulen eingeführten botanischen Lehrbücher schienen ihm teils an dem Fehler zu leiden, dass sie ein zu grosses Gebiet des Wissens vorführen, teils von vorn herein zuviel Gewicht auf die streng wissenschaftliche Diagnose der Pflanze legen. Kein Wunder, wenn hierdurch dem Lernenden, von der Menge der Objekte verwirrt oder vor der Schwierigkeit

*) Dr. A. W. Eichler, Prof. der Botanik an der Universität zu Berlin, Syllabus der Vorlesungen über specielle und medicinische pharmaceutische Botanik. Berlin 1890. Gebrüder Borntraeger. Ed. Eggers. 5. Aufl.

der Betrachtungsweise zurückschreckend, sehr bald die Lust an der Erkenntnis der Natur, die gewiss der Jugend wohl niemals fehlt, abgestumpft und damit eine mächtige Triebfeder für die Förderung des Unterrichts lahmgelegt wird.

Nichts belebt mehr den Eifer, die umgebende Natur durch Betrachtung und Beobachtung immer besser kennen zu lernen, als der wiederholt gelungene Versuch, irgend ein Naturprodukt selbständig zu bestimmen, nicht anders als dem Erwachsenen die Lösung einer schwierigen Aufgabe eine hohe Befriedigung gewährt, nichts spornt mächtiger an zur Erweiterung und Vertiefung des Wissens, als ein durch die bisher erworbenen Kenntnisse erzielter Erfolg, ein erreichter praktischer Zweck Tritt hierzu noch zeitweise die Anerkennung der besser Wissenden, so wird auf solchem Boden statt aller grauen Theorie ein freudig grünender und blühender Lebensbaum hervorspriessen, woran die herrlichsten Früchte zu reifen versprechen.

Nun dreht es sich aber um das zweckmässigste Mittel, solche Bestimmungsübungen dem Anfänger zu erleichtern

Es erschien dem Verfasser der beste Weg, von den am meisten in die Sinne fallenden Eigenschaften der Pflanze auszugehen und nur allmählich, von Stufe zu Stufe der wissenschaftlichen Betrachtung und Zergliederung näher zu kommen, vor Allem die Tracht der ganzen Pflanze in den Vordergrund zu rücken, das, woran selbst der Laie eine ihm bereits bekannte Art meistens sofort wieder erkennt. Dementsprechend zunächst Trennung der Holzgewächse von den krautartigen. Ferner Gruppierung der letzteren in blütenlose und Blüte-Pflanzen, Abscheidung der grasartigen Blütepflanzen von den übrig bleibenden. Allerdings musste anf die mehrfach vorkommenden Uebergangsformen, wie die Halbsträucher, Bedacht genommen und dafür gesorgt werden, dass bei einem möglichen Irrgang wieder auf die rechte Fährte hingewiesen werde. Vorausgesetzt wird immerhin eine gewisse, in der Vorstufe des botanischen Unterrichts anzueignende Erfahrung, um die hier nur behandelten Gefässkryptogamen von den noch nicht blühenden Phanerogamen zu unterscheiden.

Vorausgesetzt werden ferner vor dem Gebrauch der Tabellen gewisse morphologische Vorkenntnisse. Doch ist das Mass derselben ein so bescheidenes, dass es ein angehender Untertertianer in zwei vorangehenden Sommersemestern der untern Klassen bequem erlangt haben kann. Ueberdiess ist durch Beigabe von lithographierten Tafeln hinreichend dafür gesorgt, dass die in den Tabellen gebrauchten Kunstausdrücke, welche sich auf Blatt- und Aststellung, Blattform, Blütenstand, Gestalt der Blumenkrone, Beschaffenheit der Blütenhülle und Blütenteile, der Frucht und dergleichen beziehen, der Anschauung möglichst nahe gebracht werden.—

Wie sind nun die Tabellen zu gebrauchen?

Zur Erläuterung mögen die folgenden Beispiele dienen.

Gesetzt, man habe die Gattung Schlüsselblume (Primula) zu bestimmen.*) Zunächst hat man auf pag. 1 die betreffende Tabelle der Pflanze aufzusuchen. Hierzu gelangt man durch folgende Fragen, die aus den in den laufenden Nummern enthaltenen Gegensätzen zu formieren sind: »Ist die zu bestimmende Pflanze ein Holzgewächs oder ein Kraut?« Da letztere Frage bejaht werden muss, so zeigt die in der Verweisungsnummer-Columne in gleicher Höhe stehende Ziffer 2 an, dass aus den beiden unter der laufenden Nummer 2 sich findenden Angaben: Gefässkryptogamen — Phanerogamen wieder eine Doppelfrage zu bilden ist. Da die Antwort lautet: »Sie ist eine Phanerogame«, so wird man auf laufende N. 3 verwiesen. So gelangt man weiter durch 3, 4, 5, 6, 8 endlich zu 9, und da die Schlüsselblume eine einblättrige Blumenkrone hat, zu Tabelle X (pag. 43). Hier wiederholt sich das Abfragen der Gegensätze der betreffenden laufenden Nummern, auf welche in der Columne V.N. (Verweisungs-Nummer) hingewiesen wird. Man würde in unserem Beispiele die laufenden Nummern 1, 6, 24, 25, 26, 27, 28, 29 u. 30 durchzugehen haben und da nun bei letzter Nummer die Antwort lautet: »Blkr citrongelb, Blkr.röhre ohne Einschnürung, K kürzer als die Blkr« in der mit »Gattungsname« überschriebenen Columne »Primula« vorfinden, ein Zeichen, dass die Bestimmung der Gattung beendigt ist. Die in der folgenden Columne in gleicher Höhe stehende Zahl 365 zeigt alsdann die Ordnungsnummer der Gattung im zweiten, beschreibenden Teil an, woselbst auch die Art der betr. Gattung aufzusuchen ist.

Ein anderes Beispiel sei die Herbstzeitlose.

Auf pag. 1 findet man durch Befragen der Nummern 1, 2, 3, 4, 5, 6, 7 die Tabelle VIII und gelangt durch die Nummern 1, 2, 16, 20, 21, 31, 32 zu Colchicum. Freilich könnte der Anfänger bei 20 straucheln, da in der That zur Blütezeit der Herbstzeitlose die Blätter meist noch nicht entwickelt sind. Er wird aber durch den Zusatz »schmarotzend«, der auf Cuscuta verweist, wieder auf den richtigen Weg gebracht werden, da die Herbstzeitlose keineswegs eine schmarotzende Pflanze ist. Völlige Gewissheit erhält er endlich bei Durchlesen des ersten Absatzes von der Nr. 32. — Durch ein letztes Beispiel mag gezeigt werden, wie der Anfänger, auch bei irriger Voraussetzung, dennoch zum Ziel gelangt. Gesetzt, er habe ein jüngeres Exemplar von der Heidelbeere (Vaccinium Myrtillus L) zu bestimmen. Er würde bei richtiger Beobachtung diese Pflanze in Tabelle I suchen müssen und durch die Nummern 1, 17, 29, 30, 32, 33, 34 zu der richtigen Gattung Vaccinium gelangen. Allein, da er die Pflanze für ein krautartiges Gewächs hält, sucht er sie in Tabelle X und kommt

*) Es ist gut, im Anfang solche Pflanzen zu wählen, die Jeder schon aus Erfahrung kennt, um den Gang der Bestimmungsarbeit kennen zu lernen und die Richtigkeit des eingeschlagenen Verfahrens zu kontrolieren.

durch die Nummern 1, 6, 55 ebenfalls zu Vaccinium. Im II. Teil erfährt er alsdann, dass seine frühere Annahme irrig war und dass die Pflanze in der That zu den holzartigen gerechnet werden muss. Eine Wiederholung der Bestimmungsarbeit nach Tabelle I verschafft ihm dann die Einsicht in den wahren Sachverhalt. —

In andern zweifelhaften Fällen wird sich wohl immer durch eine aufmerksame, kritische Vergleichung der zu bestimmenden Pflanze mit der in dem II. Teil enthaltenen Einzelbeschreibung ein sicheres Urteil ergeben, da dort auf a l l e specifischen Merkmale der Pflanze Rücksicht genommen wird. Findet sich trotzdem keine befriedigende Uebereinstimmung der Pflanze mit der Beschreibung, so ist das ein Zeichen, dass man entweder einen Irrweg beschritten hat, oder, — was ja immerhin möglich wäre, — dass die betr. Pflanze für das Gebiet n e u ist.

Schliesslich ist es zu empfehlen, dass der Anfänger aus allen in den Tabellen angegebenen, auf die Pflanze passenden und beobachteten Eigenschaften eine zusammenhängende, übrigens kurz zu stilisierende Beschreibung derselben entwirft, schon zur nachträglichen Controle des von ihm angewendeten Bestimmungs-Verfahrens. —

Endlich dient die hier folgende analytische Uebersicht des Sexualsystems von Linné zur weiteren Controle der Bestimmung. Die hinter den Gattungsnamen im II. Teil unmittelbar stehenden Ziffern bezeichnen nämlich die betr. Klasse und Ordnung dieses Systems.

Analytische Uebersicht

der 24 Klassen des Sexualsystems von Linné

1. Pflanzen ohne wahrnehmbare Staubgefässe und Stempel: **Cryptogamen** . . . . Klasse XXIV.*
   Pflanzen mit solchen Befruchtungsorganen: **Phanerogamen**. (Kl. 1—23.) 2.
2. Eingeschlechtige Blüten, d. h. solche, welche entweder nur Staubgefässe (♂ Bl) oder nur Stempel (♀ Bl) enthalten (Kl. 21 u. 22.**) 3.
   Zwitterblüten, d. h. solche, welche sowohl Staubgefässe als auch Stempel in einer und derselben Blüte enthalten. (Kl. 1—20.) 4.
3. ♂ und ♀ Bl auf derselben Pflanze . . „ XXI.
   — — — auf verschiedenen Pflanzen „ XXII.
4. Staubbeutel dem Pistill auf- oder angewachsen . . . . XX.
   — — — nicht auf- oder angewachsen. 5.
5. Staubgefässe unter sich verwachsen. 6.
   — — — frei. 9.
6. Staubgefässe mit den Staubbeuteln zu einer Röhre verwachsen, durch welche der Gf geht XIX.
   — mit den Staubfäden verwachsen. 7.
7. Schmetterlingsblumen . . . . . XVII.
   Nicht schmetterlingsblumenartig. 8.
8. Staubgefässe in eine den Fruchtknoten umgebende Röhre verwachsen . . . . „ XVI
   — in zwei Partien verwachsen . . . . „ XVII.
   — in mehr als zwei Partien verwachsen . „ XVIII.
9. Kreuzblumen; (4 Blumenb, 4 Kb, 4 längere u. 2 kürzere Stbgf, deren Diagramm ‡) „ XV.
   Nicht kreuzblumenartig. 10.
10. Lippenblumen (rachenfg, 1blttrg Blkr), 2 längere und 2 kürzere Stbgf . . . „ XIV.
    Nicht lippenblumenartig. 11.
11. Mehr als 10 Stbgf. 12.
    10 oder weniger Stbgf. 14.

---

* Dem Anfänger sind aus den grösseren Abteilungen der Cryptogamen wie Farne, Bärlappe, Schachtelhalme, Moose, Flechten, Pilze, Algen einzelne Beispiele vorzuführen, auch deren Fortpflanzung in den Hauptzügen mitzuteilen.

** Die 23. Klasse, welche ausser ♂ und ♀ Bl auch ☿ Bl enthalten soll, wird jetzt nicht mehr beibehalten.

12.	Mit **weniger** als 20 Stbgf	Klasse	XI.
	— 20 oder **mehr** Stbgf. 13.		
13.	Stbgf dem **Kelchrande** eingefügt . . .	„	XII.
	— — **Fruchtboden** eingefügt . .	„	XIII.
14.	1 Stbgf	„	I.
	2 „	„	II.
	3 „	„	III.
	4 gleich lange Stbgf	„	IV.
	5 Stbgf	„	V.
	6 gleich lange Stbgf	„	VI.
	7 Stbgf	„	VII.
	8 „	„	VIII.
	9 „	„	IX.
	10 „	„	X.

Die Ordnungen der ersten 13 Klassen werden nach der Anzahl der Gf oder Narben, die der 16., 17., 18. und 20. Klasse nach der Anzahl der Staubgefässe bestimmt.

Die 14. Klasse zerfällt in die beiden Ordnungen **Vierfrüchtige,** die Linné Nacktsamige (Gymnospermia), und in **Einfrüchtige,** die Linné Bedecktsamige (Angiospermia) nannte.

Die 15. Klasse teilte Linné in die Schötchenfrüchtigen (Siliculosae) und Schotenfrüchtigen (Siliquosae).

In der 19. Klasse kam es zunächst auf die Fruchtbarkeit bezw. Unfruchtbarkeit der einzelnen Blümchen der Bl.köpfe an und so bestand nach Linné

die 1. Ordnung aus lauter ☿ und fruchtbaren;

die 2. Ordnung aus ☿ Scheibenbl und ♀ Randbl, beide fruchtbar;

die 3. Ordnung aus ☿ und fruchtbaren Scheibenbl und unvollkommenen, unfruchtbaren Randbl;

die 4. Ordnung aus unvollkommenen und unfruchtbaren Scheibenbl und fruchtbaren Randbl.

Endlich bildete Linné noch eine 5. und 6. Ordnung zu diesen, je nachdem alle Bl des Bl.kopfes einen besonderen K haben, oder jede Bl zwar einen solchen hat, aber der gemeinschaftliche K (Hüllk) fehlt. Zu dieser letzten Ordnung, die jetzt nicht mehr für berechtigt gilt, würde aus unserem Gebiete Jasione, Viola und Impatiens gerechnet werden müssen.

In der 21. und 22. Klasse dienen die zur Bildung der vorangehenden Klassen zu Grunde gelegten Blüte-Eigenschaften zur Aufstellung der einzelnen Ordnungen.

I. Analytischer Teil.

Uebersicht der Bestimmungstabellen der Gattungen.

L. N.		Tabelle.	Verweisungs-Nummer.
1	Holzgewächse, auf dem Querschnitt mit Jahresringen: Bäume, Sträucher, Halbsträucher	I	
	Krautartige Gewächse, ohne Jahresringe		2
2	Gefässkryptogamen: Bärlappe, Farne und Schachtelhalme	II	
	Phanerogamen		3
3	Gräser oder grasartige Gewächse	III	
	Nicht grasartige		4
4	Zusammengesetzte Blumen	IV	
	Nicht zusammengesetzte		5
5	Schmetterlingsblumen	V	
	Doldenpflanzen	VI	
	Blumen weder schmetterlingsartig noch in zusammengesetzten Dolden		6
6	Kein Gegensatz zwischen Kelch und Blumenkrone		7
	Deutlicher Gegensatz		8
7	Die die Stbgf. u. Stempel umgebenden B.kreise (Blt.hülle = Perigon) kelchartig, von grüner oder doch nicht lebhafter Farbe, oder sie bestehen aus einzelnen Schuppen, Borsten oder scheidenartigen B., oder sie fehlen ganz	VII	
	„ „ „ „ „ blumenkronartig, lebhaft (rot, blau, gelb, weiss) gefärbt, wenigstens auf der innern, bezw. obern Seite	VIII	
8	Rachenförmige Blumenkronen	IX	
	Nicht rachenförmige		9
9	Blumenkrone einblättrig	X	
	„ mehrblättrig		10
10	Kreuzblumen; 6 Staubgefässe, davon 4 längere und 2 kürzere, deren Diagramm ‡	XI	
	Staubgefässe sind entweder in grösserer oder geringerer Anzahl vorhanden, oder, wenn deren 6, alle gleich gross	XII	

Abkürzungen.

A = Anthere = Staubbeutel = Staubkölbchen, B = Blatt oder Blätter, B.stiel = Blattstiel, Bl = Blume, Blb = Blumenblatt, Blstiel = Blumenstiel, Blkr = Blumenkrone, Blkrb = Blumenkronenblatt oder Blumenkronenblätter, Blt = Blüte, bltg = blütig, blttrg = blättrig, br = breit. fg = förmig, Fr = Frucht, Frkn = Fruchtknoten, Frbd = Fruchtboden, Gf = Griffel, h = hoch, K = Kelch, l = lang, N = Narbe, P = Perigon oder Blütenhülle, Pfl = Pflanze, S = Samen, St = Stamm oder Stengel, Stbf = Staubfaden oder Staubfäden, Stbgf = Staubgefässe. stdg = ständig, Trb = Traube, Wzl = Wurzel, ♂ = Blumen, welche nur Staubgefässe, ♀ = Blumen, welche nur Stempel, ☿ = Blumen. welche Staubgefässe und Stempel enthalten (Zwitterblumen.) J V N = Jahrbücher des Vereins für Naturkunde im Herzogthum Nassau. Wiesbaden, Chr. W. Kreidel, 1851 und 1852 (Heft VII und VIII.), D B G = Berichte der Deutschen Botanischen Gesellschaft·

$\underline{\;\cdot\;}$ nördlich von der Lahn (Westerwaldgebiet.)

$\overline{\;\cdot\;}$ südlich von der Lahn (Taunusgebiet.)

$\underline{\;L\;}$ oberes Lahnthal.

$\overline{\;L\;}$ unteres Lahnthal

M. & Rh. Main- und Rheinthal.

Tabelle I.
Holzgewächse:
Bäume, Sträucher, Halbsträucher.

Typen:

Buche, Hollunder, Heidekraut.

L. N.		V. N.	Gattungsname.	Gattungs-nummer im II. Teil.
1	B, B.narben, sowie die aus ihren Achseln entspringenden Aeste gegen- oder quirlständig	2		
	„ wechselständig, büschelfg beisammen stehend od. zerstreut, bisweilen zweizeilig geordnet . .	17		
2	B linienfg, kaum 1—2 mm breit, ohne deutliche Seitenadern . .	3		
	„ merklich breiter, mit deutlichen Seitenadern	6		
3	B, wenigstens der älteren Zweige, in 3zähligen Wirteln, stachelspitzig und stechend		Juniperus	17
	„ vierzeilig — dachig	4		
	„ zweizeilig oder dicht rings um die Zweige sitzend		Pinus	20
	„ vierzeilig — dachig . . .	4		
4	☿ Bl mit rosenroten, 4spaltigen Blkr, niedriger Halbstrauch . .		Calluna	356
	♂ u. ♀ in Kätzchen mit grünlichen Schuppen	5		
5	Zweige flach		Thuja	19
	„ 4kantig		Cupressus	18
6	B einfach, doch öfter eingeschnitten oder gelappt	7		
	„ zusammengesetzt	14		
7	Pfl auf Bäumen schmarotzend, immergrün		Viscum	354
	„ nicht schmarotzend, B immergrün		Buxus	248
	„ „ „ B. von veränderlicher Farbe . .	8		
8	Blkr einblättrig	9		
	„ mehrblättrig	11		

L. N.	Tabelle I.	V. N.	Gattungsname.	Gattungs-nummer im II. Teil.
9	2 Stbgf, B schmal-elliptisch, ganzrandig, spiegelnd		Ligustrum	369
	„ „ „ herzeifg. zugespitzt .		Syringa	371
	Mehr als 2 Stbgf	10		
10	Blten in endständigen, reichblütigen Trugdolden		Viburnum	454
	„ in Köpfchen, Quirlen, oder gezweiet		Lonicera	455
11	B. fiedernervig, ungeteilt	12		
	„ handnervig. 3—5lappig, K 5teilig, Blkr 5blttrg, Flügelfr		Acer	237
12	Pfl dornig		Rhamnus	242
	„ wehrlos	13		
13	Aeste stielrund, Blten in endständigen, reichbltg Dolden oder Trugdolden, Gf ungeteilt . .		Cornus	288
	„ stielrund, Bltn traubig, Gf 4-spaltig		Philadelphus	293
	„ vierkantig, an den Kanten korkig. Bltstiele gabelspaltig, in je 2—4 Stielchen sich teilend . . .		Evonymus	244
14	B handfg, gewöhnlich aus 7 B.chen zusammengesetzt, K 5zähnig, glockig, Blkr 4—5blttrg		Aesculus	236
	„ unpaarig gefiedert, oder 3-zählig	15		
15	Kletternder Strauch, mehr als 5 Stbgf		Clematis	167
	Nicht kletternd, höchstens 5 Stbgf .	16		
16	Rispen seitenständig. Ansehnlicher Baum. B.stiele am Grunde auffallend verdickt		Fraxinus	370
	Rispen oder Trugdolden endständig; Strauch. P. aus 5zähnigem K. u. 5spaltiger, radfg Blkr bestehend .		Sambucus	453
	Trauben endstdg. zusammengesetzt, hängend, Blkr 5 blttrg		Staphylea	243
17	B, wenigstens zum Teil, zusammengesetzt, 3zählig, gefiedert oder fiederspaltig, Einschnitte tiefer als ¼ der B.breite (im Umriss)	18		
	„ einfach. höchstens mit Einschnitten unter ¼ der B.breite . . .	29		

L. N.	Tabelle I.	V. N.	Gattungsname.	Gattungsnummer im II. Teil.
18	Blten, wenigstens die ♂, in länglichen Kätzchen	19		
	„ „ „ „ in kugelfg Kätzchen		Platanus	295
	„ nie in Kätzchen	21		
19	B gefiedert, meist mit 9 grossen Fiedern		Juglans	121
	„ fiederlappig-ausgebuchtet	20		
20	B auf der Unterseite weiss-filzig .		Populus	123
	„ „ „ „ kahl		Quercus	118
21	Blten unregelmässig	22		
	„ regelmässig	23		
22	B 3-zählig, dornenlos, jüngere Aeste kantig-gerieft (Schmetterlings-Bl)		Sarothamnus	327
	„ „ „ jüngere Aeste stielrund (Schmetterl.-Bl)		Cytisus	329
	„ einfach-gefiedert, mit 2 Dornen am Grunde des B-stiels (Schmetterlings-Bl)		Robinia	339
	„ „ „ dornenlos (Schm-Bl)		Colutea	338
	„ doppelt-gefiedert, mit 3 Dornen		Gleditschia	350
23	Pfl kletternd, rankend oder kriechend, dornen- u. stachellos	24		
	„ weder kletternd, noch kriechend, oder dann wenigstens stachelig	25		
24	Bltstand eine einfache, vielstrahlige Dolde, Pfl mit Saugwurzeln kletternd, oder kriechend		Hedera	287
	„ rispenförmig, m. Wickelranken kletternd oder rankend, B lappig-buchtig		Vitis	240
	„ „ „ „ m. 3—5zähligen B u. gestielten B.chen		Ampelopsis	241
25	Mehrere Frkn, St meist m. Stacheln	26		
	Ein Frkn	27		
26	K.röhre zuletzt fleischig, rot gefärbt (Scheinbeere) krugfg oben eingeschnürt, die nussartigen Fr bergend		Rosa	313
	„ nie fleischig, zieml. flachtrichterig, Fr eine zusammengesetzte Beere . . .		Rubus	316

L. N.	Tabelle I.	V. N.	Gattungsname	Gattungs-nummer im II. Teil.
27	Bltn in reichbltgen Doldentrauben, wenigstens mehr als 5 beisammen, mehr als 12 Stbgf . .	28		
	„ höchstens zu 3 auf einem gemeinschaftl. Bltnstiel, oder in blattwinkelstdgen Trauben, 5 Stbgf, Gf 2–4spaltig		Ribes	294
28	Aeste dornig, Steinfr.		Crataegus	306
	„ wehrlos, Beere		Sorbus	312
29	P vollständig, aus 2, auch meist der Farbe nach zu unterscheidenden B.kreisen bestehend . . .	30		
	„ unvollständig, oft nur aus einer Schuppe bestehend oder ganz fehlend, höchstens ein Bltenhüllkreis vorhanden	47		
30	K mehrblättrig, Stbgf auf dem Fr.-boden befestigt	31		
	„ einblättrig, aber öfter mehrzipfelig, Stbgf nicht auf dem Frboden sitzend	32		
31	Dorniger Strauch, K u. Blkr 6blttrg, vielbltge Trauben		Berberis	166
	Wehrloser, ansehnlicher Baum. K u. Blkr 5blttrg		Tilia	225
32	Blkr einblättrig	33		
	„ mehrblättrig	35		
33	B dornig-gezähnt, stechend, lederartig, spiegelnd. Bl weiss . .		Ilex	239
	„ ganz wehrlos	34		
34	Aeltere B lederartig und starr. niedrige, kaum 0,3 m hohe Halbsträucher		Vaccinium	355
	„ „ nicht lederartig, Strauch 1—2 m hoch, Bltn violett, Beeren rot, A an der Spitze sich mit 2 Löchern öffnend		Solanum	393
35	Frkn oberständig	36		
	„ unterständig*	42		

* eigentl. nur scheinbar, indem die K.röhre mit dem Frkn verwachsen ist.

L. N.	Tabelle I.	V. N.	Gattungsname.	Gattungsnummer im II Teil.
36	Blkr unregelmässig (Schmetterlingsbl.) Niedrige, gelbblühende Halbsträucher, K 2lippig, Stbfdn verwachsen		Genista	328
	„ regelmässig, Stbfdn frei . .	37		
37	5 Stbgf, Blb klein, kaum so gross als der K		Rhamnus	242
	Mehr als 12 Stbgf, Blb beträchtlich grösser	38		
38	Pfl dornig, Bltn vor den B erscheinend		Prunus	326
	„ wehrlos	39		
39	Bltn ungestielt, vor den B erscheinend	40		
	„ deutlich gestielt, Bltn mit oder nach den B erscheinend, weiss		Prunus	326
40	B.stiel kürzer als die halbe B.breite		Persica	325
	„ länger, oder so lang . . .	41		
41	B nur etwas länger als breit, Zähne ohne Drüsen		Prunus	326
	doppelt und mehrfach länger, Zähne mit Drüsen		Amygdalus	324
42	Pfl kletternd oder kriechend, 5—10 Stbgf		Hedera	287
	„ aufrecht freistehend, mehr als 12 Stbgf	43		
43	Bltn einzeln	44		
	„ in Trauben, Dolden oder Doldentrauben	45		
44	Blb rosenrot; Apfelfr, mit mehrsamigen, durch pergamentartige Scheidewände geschiedene Fächer		Cydonia	309
	„ grünlich-weiss; Steinfr mit 5 Steinen, von der Grösse einer Wallnuss		Mespilus	308
45	Blb, (auch Gf), an der innern Basis bärtig oder wollig behaart, B doppeltgesägt		Sorbus	312
	„ fast kahl, B. ganzrandig, oder einfach-gesägt	46		
46	Blb rundlich-oval, noch nicht doppelt so lang als breit, Apfelfrucht		Pyrus	310

L. N.	Tabelle I.	V. N.	Gattungsname.	Gattungsnummer im II. Teil.
	Blb bis 5 Mal länger als breit, länglich keilfg nach der Basis verschmälert, Beere.		Aronia	311
	„ unansehnlich, nur etwas länger als die Kzähne		Cotoneaster	307
47	B nadelfg, kaum 2 mm breit, ohne deutliche Seitenadern, Zapfenfr .	48		
	„ merklich breiter, mit deutlichen Seitenadern	49		
48	♂ u. ♀ Bl auf demselben Baum (monöcisch), Zapfenfr		Pinus	20
	„ „ „ „ „ verschiedenen Bäumen (diöcisch), endstdg Beere		Taxus	16
49	P blkr.artig, rosenrot, selten weiss, röhrenfg-trichterig, 4spaltig, (Bl von vanilleartigem, Rinde von widerlichem Geruche)		Daphne	305
	„ kelchartig, oder schuppenfg, niemals röhrenfg	50		
	„ kelchartig, röhrig, pfeifenkopf-ähnlich		Aristolochia	351
50	Bltn ☿. Ansehnlicher Baum m. rauhen am Grunde ungleichen B, Flügelfr		Ulmus	131
	„ ♂ oder ♀	51		
51	Seitenadern der B in einen Zahn auslaufend, meist gerade, einander parallel	52		
	„ „ „ nie in einen Zahn auslaufend, stets vor dem Rande nach der Spitze umgebogen und sich mit der folgenden Seitenader vereinigend	56		
52	B länglich-lanzettlich, 3—4mal länger als breit, einfach gesägt, Zähne stachelspitzig		Castanea	117
	„ eifg-rundlich, noch nicht doppelt so lang als breit, doppelt gesägt	53		
53	Alle Bltn in Kätzchen, diese aufgerichtet.	54		
	Nur die ♂ Bltn in Kätzchen, diese zur Bltezeit schlaff herabhängend		Corylus	119

L. N.	Tabelle I.	V. N.	Gattungsname.	Gattungsnummer im II Teil
54	Staubbeutel behaart		Carpinus	120
	„ kahl	55		
55	♀ Kätzchen gestielt, Rispen bildend, später zapfenartig, überwinternd, auch die Knospen gestielt . . .		Alnus	125
	„ „ ungestielt, einzeln, bei der Reife abfällig, nicht überwinternd		Betula	124
56	P nur eine Schuppe. Die eine Pfl hat nur ♂, die andere nur ♀ Bltn. Knospen mit einer kappenfg Deckschuppe		Salix	122
	„ becherfg, öfter 4—6spaltig oder -teilig	57		
57	B fast ganzrandig, nur etwas ausgeschweift, Seitenadern fast bis zum Rande in gerader Richtung verlaufend, einander parallel . .		Fagus	116
	„ deutlich gesägt oder gezähnt, Seitenadern gebogen, oder winkelig, nicht parallel	58		
58	Bl in walzigen, hängenden Kätzchen, mit dachfg. zerschlitzten Schuppen. ♂ mit 8—30 Stbgf, ♀ mit vielsamiger Kapsel, Samen wollig. Perigon becherfg, B.stiel seitlich zusammengedrückt . . .		Populus	123
	„ in kopfförmigen, aufrechten, kurzgestielten oder sitzenden Kätzchen, Perigon 4teilig, ♂ mit 4 Stbgf, ♀ mit 2 Gf, eine Scheinfrucht bildend, indem Perigon, Frboden und Fr zuletzt sich zu einem fleischigen, beerenartigen Frkörper vereinigen		Morus	130

L. N.	Tabelle II.	V. N.	Gattungsname.	Gattungsnummer im II Teil

Tabelle II.

Gefässkryptogamen:

Bärlappe, Farne u. Schachtelhalme.

Typen:

Engelsüss, Ackerschachtelhalm.

L. N.	Tabelle II.	V. N.	Gattungsname.	Gattungsnummer im II Teil
1	Aeste quirlfg, gezähnte Gelenkscheiden, die fruchttragenden St mit endstdg Aehren . . .		Equisetum	1
	Ohne solche Aeste	2		
2	Früchte zu seitenstdg Trauben vereinigt, (Wedel mit halbmondfg Fiedern)		Botrychium	3
	„ in schuppigen, endstdg, gestielten Aehren, St dicht mit moosblätter-ähnlichen, lineal-lanzettlichen B		Lycopodium	2
	„ am Grund der B sitzende 4-klappige Kapseln; Wasserpfl .		Pilularia	15
	„ auf der Rückseite der B (Wedel) oder in b.loser, endstdg Aehre	3		
3	Wedel ganz unzerteilt	4		
	„ wenigstens in mehrere Abschnitte zerteilt, öfter gefiedert, oder fiederspaltig .	5		
4	Wedel lang-gestreckt, lineal-lanzettlich, breit-bandfg, am Grunde ausgerandet, Fr.häufchen in schrägen Streifen		Scolopendrium	11
	„ länglich-eifg mit endstd, zweizeiliger, gegliederter, nackter Fr-Aehre		Ophioglossum	4
5	St auf dem Querschnitt die Figur ϽC (annähernd die eines Doppeladlers) zeigend, oft über 1 m hoch, Fr meist fehlend; wenn vorhanden, in ununterbrochenen, randstdg Linien, Wedel mehrfach gefiedert .		Pteris	13

L. N.	Tabelle II.	V. N.	Gattungsname.	Gattungs-nummer (im II. Teil.)
	St nicht mit solchem Querschnitt .	6		
6	Fr zwischen spreuartigen Schuppen, die ganze Unterseite des lederartig-derben Wedels bedeckend .		Grammitis	5
	„ ohne solche Spreuschuppen . .	7		
7	Fr die ganze Unterseite der Fiedern dicht bedeckend, letztere auf den Mittelnerven anfangs zurückgerollt; (öfter unfruchtbar, dann einfach gefiedert mit fiederteiligen Fiedern)		Struthiopteris	14
	„ nicht die ganze Unterseite bedeckend	8		
8	Fiedern der fruchtbaren Wedel weit schmäler und von einander entfernter, als die der unfruchtbaren, rippenfg gestaltet, Fr.häufchen in ununterbrochenen Linien beiderseits von dem Mittelnerven . .		Blechnum	12
	„ gleichgestaltet	9		
9	Fr in linienfg Streifen		Asplenium	10
	„ in rundlichen Häufchen . .	10		
10	Fr.häufchen immer unbedeckt (unverschleiert)		Polypodium	6
	„ mit einem farblosen Häutchen, dem Schleierchen, wenigstens anfangs bedeckt . .	11		
11	Schleierchen später verschwindend, nur an einem Teil des Randes angeheftet		Cystopteris	9
	„ bleibend	12		
12	Schleierchen nur im Mittelpunkt angeheftet, kreis-schildfg, sonst frei		Aspidium	7
	„ nierenfg, mit einer radialen Falte angeheftet . . .		Polystichum.	8

Tabelle III.

Gräser oder grasartige Gewächse.

T y p u s: **Roggen.**

L. N.	Tabelle III.	V. N.	Gattungsname.	Gattungsnummer im II. Teil
1	G a n z e Pfl im Wasser s c h w i m m e n d mit fadenfg St u. linealen, einnervigen B, ♂ mit 1 Stbgf ohne P, ♀ mit 2—6 gestielten Frkn u. glockenfg P. beide Bl in derselben Scheide		Zannichellia	47
	L a n d pflanze, oder doch nur mit dem unteren Teile im Wasser stehend, dann aber ☿	2		
2	P aus einem 6 g l i e d r i g e n, trockenhäutigen oder k.artigen B.kreis bestehend	3		
	„ nur aus 1 oder 2 k.artigen Schuppen bestehend	4		
3	B meist mit langen Haaren b e w i m p e r t, Bl ☿		Luzula	39
	„ u n b e w i m p e r t, halbstielrund; Bl ☿ in verlängerten, endstdg Trauben; 3 zuletzt an der Basis sich abtrennende, widerhakige Kapseln, 6 Stgf		Triglochin	110
4	Schuppen entweder n u r Stbgf oder n u r Stempel bedeckend . . .	5		
	Wenigstens ein Teil der Schuppen Stbgf u. Stempel z u g l e i c h bedeckend	6		
5	♂ Bltn in traubigen R i s p e n, aus 2-klappigen Aehrchen bestehend, B 5 cm breit und breiter, Pfl über 1 m hoch Gf sehr lang, Fr in 8 paarweise genäherten Reihen . .		Zea	55
	„ „ in A e h r e n, deren 3 Stbgf enthaltende Bltn nur von je 1 Schuppe bedeckt werden . . .		Carex	54

L. N.	Tabelle III.	V. N.	Gattungsname.	Gattungsnummer im II. Teil.
6	2 Stbgf, deren A bei dem Verblühen eine)(-fg Gestalt zeigen (B und St, wenn zerrieben, wohlriechend)		Anthoxanthum	60
	3 Stbgf	7		
7	1 Gf mit 1—3 fädlichen N . . .	8		
	2 Gf mit je 1 zottigen, federigen oder spreng wedelfg N, A zuletzt)(-fg klaffend	13		
8	Bl mit nur 1 schuppenfg B (Balg). .	9		
	„ mit je 2 klappenfg gegenüberstehenden B (Spelzen). A zuletzt)(-fg klaffend; einfache, einseitige Aehre		Nardus	95
9	Fr zuletzt von weit hervorragenden, weissen, wolligen Haaren umgeben		Eriophorum	53
	„ ohne oder mit nicht hervorragenden Borsten umgeben . . .	10		
10	Halm b.los (Schaft); endstdg Aehre, Gf mit dem Frkn durch ein Gelenk verbunden		Heleocharis	51
	„ beblättert, oder, wenn blos u. Aehrchen einzeln, Gf ohne Gelenk	11		
11	Schuppen (Bälge) zu zweizeiligen flachen Aehren geordnet . .		Cyperus	49
	„ vielzeilig oder spiral .	12		
12	Gf am Grund verdickt und mit der Fr durch ein Gelenk bleibend verbunden		Rhynchospora	50
	„ nicht verdickt, abfällig .		Scirpus	52
13	Jedes Bl chen nur von je 1 Paar kielfg zusammengedrückten, borstig bewimperten Schuppen (Spelzen) umschlossen, Bl öfter in den B scheiden verborgen (K.klappen fehlend)		Leersia	65
	„ „ oder mehrere ausserdem noch von leeren Schuppen (K klappen) umschlossen . . .	14		
14	Aehrchen sitzend oder fast sitzend, oft eine zusammengesetzte Aehre bildend	15		

L. N.	Tabelle III.	V. N.	Gattungsname.	Gattungs-nummer im II Teil.
	Aehrchen deutlich u. länger gestielt, Rispen bildend . .	30		
	„ deutlich, wenn auch nur kurz gestielt, Trauben bildend		Melica	80
15	Jedes Aehrchen mit einem kammfg Deckblatt gestützt		Cynosurus	87
	Kein derartiges Deckblatt	16		
16	An der Basis der Bltn stielchen grannenfg Borsten		Setaria	58
	Ohne solche Borsten	17		
17	Aehrchen mit nur 1 K klappe, mit der schmäleren Seite an die daselbst ausgebuchtete Spindel gelehnt, welche die innere K klappe vertritt		Lolium	94
	„ mit 2 K.klappen, oder doch nicht in Ausbuchtungen der Spindel	18		
18	Beide K.klappen auf derselben Seite des Aehrchens, gewöhnlich 3 von je 2 K.klappen bedeckte 1 bltge Aehrchen beisammen.		Hordeum	93
	„ einander gegenüber . . .	19		
19	Aehrchen zu einer einseitigen, 4 bis 12 blütigen Aehre geordnet; schlauchfg, seitlich aufgeschlitzte Spelzen		Chamagrostis	63
	„ zu zweizeiligen oder vielzeiligen Aehren	20		
20	Aehren aus entfernt stehenden, zweizeilig geordneten Aehrchen zusammengesetzt, Aehrchen sehr kurz gestielt, obere Spelze kammfg gewimpert		Brachypodium	89
	„ aus dicht beisammen stehenden Aehrchen zusammengesetzt .	21		
21	Aehrchen zu meist fingerfg zu 3—5 beisammen sitzenden Aehren geordnet	22		
	„ nicht fingerfg . . .	24		
22	K.klappen, wenigstens die eine, kaum halb so lang als die Spelzen .		Panicum	57
	„ fast so lang oder länger	23		
23	Alle Bl ☿; scharf gekielte Aehrchen		Cynodon	64

L. N.	Tabelle III.	V. N.	Gattungsname.	Gattungsnummer im II. Teil
	Ein Teil der Bl ♂ oder ohne Stbgf u. Stempel, Aehrchen stark behaart		Andropogon	56
24	Am Grunde der unteren kurzgestielten Aehrchen rundliche, unzerteilte Deckblätter, Narben zottig an der Spitze der Bltn hervortretend, Aehrchen oberwärts von bläulicher Farbe		Sesleria	72
	„ „ keine solche Deckblätter	25		
25	Narben zottig, an der Spitze der Bltn hervortretend	26		
	„ kammfg gewimpert, zur Seite der Bltn hervortretend . .	27		
26	Kklappen spitz, wenigstens nicht abgestutzt, 1 schlauchfge Spelze, Bltn.staub fuchsrot		Alopecurus	61
	„ abgestutzt, 2 Spelzen. Kiel der Klappen in eine Granne endigend		Phleum	62
27	Aehrchen 1bltg, nur mit einem Ansatz zu unvollkommenen Bltn . . .		Melica	80
	„ mit mehr als 1 vollkommen entwickelten Blte	28		
28	Scheinähre, nur zur Bltezeit rispenfg ausgebreitet, Aehrchen kaum länger als die K.klappe		Koeleria	73
	Eine aus vielen reihenfg geordneten Aehrchen zusammengesetzte Aehre	29		
29	K 2bltg, nur mit einem Ansatz zu einem dritten Bltchen		Secale	92
	„ mehrbltg		Triticum	91
30	Untere Spelze herzfg, aufgedunsen bauchig, Aehrchen auf langen dünnen Stielen, leicht in zitternde Bewegung versetzt		Briza	81
	„ „ nicht herzfg	31		
31	Spelzen am Grunde mit einem Haarkranz, länger als die Spelzen	32		
	„ ohne solchen Haarkranz, oder doch mit weit kürzeren Haaren	33		

L. N.	Tabelle III.	V. N.	Gattungsname.	Gattungsnummer im II. Teil
32	K.klappen grannenlos		Phragmites	71
	„ mit einer Granne auf dem Rücken		Calamagrostis	68
33	Balg scheinbar 3klappig. indem jedes Aehrchen ausser einer vollständigen Blte noch eine geschlechtslose 1spelzige enthält, Rispe aus einseitigen, zusammengesetzten Aehren oder einzelnen Bltn gebildet .		Panicum	57
	„ 2klappig	34		
34	Spelzen lederartig, glänzend, den Samen als eine harte Schale einschliessend, Rispe schlaff überhängend , ...		Milium	69
	„ von zarter Beschaffenheit oder, wenn etwas lederig, dann mit aufgerichteter Rispe .	35		
35	Rispe sehr einfach, Aeste mit höchstens 3 Aehrchen, traubig geordnet, Pfl niederliegend .		Triodia	79
	„ zusammengesetzter, Pfl zum grösseren Teil aufgerichtet .	36		
36	Aehrchen 1bltg, höchstens mit einem Ansatz zu einer zweiten Blt, dann meist mit keulig verdickter Granne	37		
	„ mehrbltg	41		
37	Untere Spelze mit einer 15—30 cm langen, oben fiederig behaarten Granne endend		Stipa	70
	„ „ mit kürzerer, aber oberwärts keulig verdickter Granne auf dem Rücken		Corynephorus	75
	„ „ ohne solche Granne .	38		
38	Am Grunde jeder Spelze 2 grannenlose Schuppen . , ...		Phalaris	59
	„ „ ohne solche	39		
39	Rispe einseitswendig, sehr einfach, Aeste meist mit nur 2 Aehrchen		Melica	80
	„ allseitswendig , ...	40		
40	Die untere Kelchklappe grösser, Aehrchen grannenlos oder kurz begrannt		Agrostis	66

N.	Tabelle III.	V. N.	Gattungsname.	Gattungs-nummer im II Teil
	Die untere Kelchklappe kleiner, Aehrchen lang begrannt . . .		Apera	67
41	Aehrchen mit nur 1 ☿ Blt	42		
	„ mit mindestens 2 ☿ Blln .	43		
42	Obere Blt ☿, untere ♂		Arrhenaterum	77
	Untere Blt ☿, obere ♂		Holcus	76
43	Innere Spelze kammartig gewimpert, Gf oberhalb der Mitte des Frkn eingefügt		Bromus	90
	„ „ nicht so	44		
44	Rispe auch während der Blütezeit zu einer lappigen, geknäuelten Aehre zusammengezogen, Aehrchen etwas gekrümmt, plankonvex		Dactylis	86
	„ wenigstens zur Blütezeit nicht so, Aehrchen nicht gekrümmt .	45		
45	Rispe vor und nach der Blütezeit in eine lappige Aehre zusammengezogen. Aehrchen kaum länger als die K.klappen, grannenlos .		Koeleria	73
	„ „ „ „ „ „ ausgebreitet oder doch nicht zu einer lappigen Aehre aufgerichtet	46		
	mit keulig verdickter Granne		Corynephorus	75
46	Grannen der Spelzen aus der Mitte oder dem Grunde des Rückens entspringend	47		
	„ „ „ aus der Spitze oder nahe bei derselben entspringend. oder grannenlos . . .	48		
47	Grannen der Spelzen stets gerade, weder gekniet noch gedreht		Aira	74
	„ gekniet oder auswärts gedreht.		Avena	78
48	Aehrchen scharfkantig gekielt . .	49		
	„ auf dem Rücken gewölbt, nicht gekielt.	50		
49	Aehrchen mit 20 und mehr Bl . . .		Eragrostis	82
	„ mit weit weniger „ . . .		Poa	83
50	Bl lanzettlich-zugespitzt . .		Festuca	88
	„ stumpf oder abgestutzt . .		Glyceria	84
	„ aus bauchiger Basis kegelfg-pfriemlich, Halm fast blos .		Molinia	85

Tabelle IV.

Zusammengesetzte Blumen.

Typen:
Cichorie, Distel, Aster.

A.

Blkr sämtlicher Blümchen zungenförmig.*)

Typus: Cichorie.

L. N.	Tabelle IV.	V. N.	Gattungsname.	Gattungsnummer im II Teil
1	Fr (Schliessfr oder Achene) mit Haarkrone (Pappus)	2		
	„ „ „ ohne Haarkrone (oder nur mit Spreub.) .	18		
2	Haarkrone aus einfachen Haaren bestehend	3		
	„ aus gefiederten**) . .	11		
3	Haarkrone ungestielt	4		
	„ gestielt	7		
4	B mit stachelartigen Wimpern am Rande, kahl, Achenen flach, Bl gelb		Sonchus	513
	„ ohne solche Wimpern	5		
5	Bl purpurn		Prenanthes	511
	„ gelb	6		
6	Die untersten Hüllschuppen bilden einen kleineren Kreis (Nebenhülle) um den Hauptkelch (Hülle), Pappus rein weiss . . .		Crepis	514
	Hülle ohne Nebenhülle, dachig, Fr stielrund, gleich breit, Bl.boden nackt		Hieracium	515

*) Da die Scheibenblümchen sich später entfalten, als die Randblümchen, so glauben Anfänger öfter eine Pflanze der Abteilung IV. C vor sich zu haben. Zu empfehlen ist daher ein durch die Mitte der Blümchen geführter Querschnitt, wodurch der Irrtum leicht erkannt werden kann.

**) Um sicher beobachten zu können, ob der Pappus haarig oder federig ist, erhitze man denselben, da alsdann die Seitenhärchen, welche etwa vorher an dem Hauptbaar anklebten, sich dann loslösen.

L. N.	Tabelle IV.	V. N.	Gattungsname.	Gattungsnummer im II. Teil
7	Schnabel (Stiel der Haarkrone) am Grunde von kleinen Spreub.chen umkränzt	6	Chondrilla	510
	„ unbekränzt.	8		
8	Nur die mittleren Achenen deutlich geschnäbelt (Wurzel übel riechend)		Crepis	514
	Alle Achenen deutlich geschnäbelt .	9		
9	Röhriger Schaft mit 1 Bl.köpfchen.		Taraxacum	509
	Blättriger, mehrere oder viele Köpfchen tragender St	10		
10	Hülle dachig, ohne Nebenhülle.		Lactuca	512
	„ mit Nebenhülle		Crepis	514
11	Bl boden mit Spreub. zwischen den Bl.chen	8	Hypochaeris	508
	„ ohne „	12		
12	Randbl.chen ohne Haarkrone, nur mit einem Hautkrönchen . . .		Thrincia	502
	Alle Bl.chen mit Haarkrone. . . .	13		
13	Hüllb. von gleicher Länge (Pappus gestielt)		Tragopogon	505
	„ ungleich lang	14		
14	Schnabel (Stiel der Haarkrone) haarfein und verlängert, auf das abgerundete Ende des Fr.chens aufgesetzt; Hüllk doppelt		Helminthia	516
	„ allmählich sich verschmälernd.	15		
15	Untere Hüllb. schlaff abstehend, B sehr rauhhaarig		Picris	504
	„ „ angedrückt . . .	16		
16	St.b fehlend oder St nur mit wenigen schuppenfg B besetzt . . .		Leontodon	503
	„ vollkommen entwickelt .	17		
17	St b einfach, ungeteilt . . .		Scorzonera	506
	„ fiederspaltig mit linealen Zipfeln, K.schuppen mit abstehenden Zähnchen auf dem Rücken; Fr an der Basis fussartig verdickt		Podospermum	507
18	Bl blau. Fr (Achene) mit Spreub.chen statt Pappus		Cichorium	501
	„ gelb, ohne Spreub.chen	19		

L. N.	Tabelle IV.	V. N.	Gattungsname.	Gattungs-nummer im II Teil
19	St ohne B (Schaft) ausser den Wzlb, Stiele der Bl köpfe keulfg verdickt, röhrig		Arnoseris	500
	„ mit B, Stiele der Bl.köpfe nicht keulfg verdickt und nicht röhrig		Lapsana	499
	B.			
	Blumenkr. sämtlicher ungestielten Bl.-chen röhrig, Randblümchen bisweilen verkümmert.			
	Typus: Distel.			
1	Bl.chen des Köpfchens mit besonderem K ausser der gemeinschaftlichen Haupthülle	2		
	„ ohne besonderen K (die Haarkrone vertritt öfter einen solchen	3		
2	Bl.chen deutlich gestielt, ohne Haarkrone		Jasione *	442
	„ ungestielt, mit Haarkrone „ deren Haare am Grund verwachsen		Echinops	491
3	Fr (Achenen) mit Haarkrone (Pappus)	4		
	„ „ ohne „ „	17		
4	Haare des Pappus einfach	5		
	„ „ „ gefiedert . . .	16		
5	Bl.boden mit Spreuborsten od. Spreub.	6		
	„ ohne „ aber öfters zellig-wabig	8		
6	Haarkrone kürzer als die Fr, wehrlose Pfl	7		
	„ länger „ „ „, dornige Pfl		Carduus	493
	„ länger „ „ „, wehrlose Pfl		Serratula	497
7	Hüllschuppen hakenfg zurückgekrümmt, alle Bl ☿.		Lappa	495
	„ nicht hakenfg, Randbl grösser und unfruchtbar		Centaurea	498

* Siche unter Campanulaceen.

L. N.	Tabelle IV.	V. N.	Gattungsname.	Gattungsnummer im II. Teil.
8	Hüllschuppen in einen Stachel endigend. St u. B.stiele breit geflügelt .		Onopordon	494
	„ unbewehrt und ungeflügelt	9		
9	St nur mit schuppenfg B, mit Ausnahme des untersten Teiles, (nur Wurzelb)		Petasites	464
	„ beblättert	10		
10	Hülle von einer Nebenhülle umgeben, deren Schuppen oft mit dunkelgefärbter Spitze, Stb fiederspaltig. Bl gelb		Senecio	489
	„ ohne solche Nebenhülle . .	11		
11	B handfg. 3—5teilig		Eupatorium	462
	„ unzerteilt	12		
12	Hüllk goldgelb		Helichrysum	479
	„ grün, graugrün od. bräunlich-schwärzlich	13		
13	Bl sattgelb	14		
	„ gelblich-weiss oder rot . .	15		
14	B eirund		Inula	473
	„ schmal-lineal		Linosyris	465
15	Hüllb grün oder wegen der Behaarung grau, zu pyramidalen Köpfen zusammenschliessend		Filago	477
	„ trockenhäutig, Köpfe walzlich oder halbkugelig, Randbl oft verkümmert		Gnaphalium	478
16	Die inneren Hüllschuppen strohgelb, strahlend (bei trocknem Wetter flach ausgebreitet)		Carlina	496
	„ „ „ nicht verschieden von den äusseren gefärbt und nicht strahlend, Bl.boden borstig-spreuig		Cirsium	492
17	Randbl grösser als die Scheibenbl, ohne Stbgf u. Stempel, lilafarbig		Centaurea	498
	„ nicht auffallend grösser, fruchtbar, gelb od. rötlichbraun	18		
18	Achenen haben statt Pappus 2—5 mit Widerhäkchen besetzte Zähne, B 3–5teilig		Bidens	475

L. N.	Tabelle IV.	V. N.	Gattungsname.	Gattungsnummer im II. Teil
	Achenen o h n e solche Zähne . . .	19		
19	Bl.köpfchen in Trauben od Aehren		Artemisia	480
	„ in Doldentrauben .		Tanacetum	481
	C.			
	Bl.kronen der Randblümchen zungenförmig, einen deutlichen Strahl bildend, die Scheibenblümchen röhrenförmig.			
	Typus: **Massliebchen (Gänseblümchen).**			
1	Achenen (Fr) wenigstens teilweise mit Haarkrone	2		
	„ sämtlich ohne Haarkrone, statt derselben öfter mit Widerhäkchen besetzte Zähne, oder abfällige, schuppenfg B.chen . . .	13		
2	Haarkrone (Pappus) spreublätterig m. federig-gefranstenB.chen; Strahl weiss, Hülle halbkugelig, armblttrg (5—6blttrg)		Galinsoga	467
	„ haarig.	3		
3	Nur die Wurzelb sind vollkommen entwickelt, am St nur Schuppen		Tussilago	463
	Blättriger St.	4		
4	Strahl gelb	5		
	„ anders gefärbt	11		
5	Hülle mit einer Nebenhülle, letztere manchmal an der Spitze schwärzlich, Bl gelb		Senecio	489
	„ ohne Nebenhülle	6		
6	Schuppen der Hülle gleich lang .	7		
	„ „ „ dachförmig .	9		
7	Randblümchen ohne Haarkrone, B zottig, herzförmig, die oberen stengelumfassend		Doronicum	486
	„ mit Haarkrone . .	8		
8	B gegenständig		Arnica	487
	„ wechselständig		Cineraria	488

Z.	Tabelle IV.	V. Z.	Gattungsname.	Gattungsnummer im II Teil.
9	Staubkölbchen mit 2 Borsten endigend. mehr als 10 Strahlenblümchen	10		
	„ ohne Borsten, höchstens 10 Strahlenbl		Solidago	472
10	Haare des Pappus gleichförmig .		Inula	473
	„ „ „ zweigestaltig, die äusseren weit kürzer, ein Krönchen bildend		Pulicaria	474
11	Hüllk aus fast gleich langen Schuppen, 2reihig		Stenactis	470
	„ „ dachziegelfg übereinander liegenden ungleich langen B.chen	12		
12	Zungenförmige Bl.chen (Randbl.chen) in einfacher Reihe . . , .		Aster	466
	„ „ in mehrfachen Reihen		Erigeron	471
13	Statt der Haarkrone 2—5 mit Widerhäkchen versehene Zähne . .		Bidens	475
	Ohne solche Zähne oder zahnlos. (bisweilen mit abfälligen. schuppenfg B.chen)	14		
14	Blt.boden nackt, d. h. ohne Spreublättchen	15		
	„ mit Spreublättchen . . .	18		
15	Nur Wurzelb in Rosettenform vorhanden. Schaft nur einköpfig. Schuppen der Hülle ohne Hautrand		Bellis	469
	St mit B besetzt, meist ästig . .	16		
16	Scheibenbl.chen unfruchtbar, nur die Randbl.chen fruchtbar. Fr gekrümmt, Strahl gelb		Calendula	490
	„ fruchtbar . . .	17		
17	Blt.boden im Querschnitt eine Höhlung zeigend		Matricaria	484
	„ nicht hohl		Chrysanthemum	485
18	Schuppen der Hülle an der Spitze zurückgekrümmt, Achenen mit mehreren (abfälligen) Zähnchen oder Spreublättchen besetzt, letztere ohne Widerhäkchen . . .		Helianthus	476

L. N.	Tabelle IV u. V.	V. N.	Gattungsname.	Gattungsnummer im I. Teil
	Schuppen nicht zurückgekrümmt, dem Köpfchen anliegend .	19		
19	Schuppen des Hüllk gleichlang, von einer kleineren Hülle umgeben; Fr mit gezähneltem Rande, Blt.-boden kegelfg		Rudbeckia	468
	„ „ „ dachfg. ohne eine kleinere Hülle	20		
20	Randblümchen höchstens 10, rundlich-eiförmig, Scheibenbl weisslich-grau		Achillea	482
	„ zahlreicher, länglich, Scheibenbl gelb . . .		Anthemis	483

Tabelle V.
Schmetterlingsblumen.

Typus: **Bohne.**

L. N.	Tabelle IV u. V.	V. N.	Gattungsname.	Gattungsnummer im I. Teil
1	B paarig gefiedert, manchmal mit nur 1 Paar Fiedern	2		
	„ unpaarig „ oder 3zählig, (wenigstens die unteren) . . .	9		
	„ einfach (unzerteilt)	8		
2	B.stiel mit kurzer, krautiger Spitze über die Basis der Fiedern hinaus verlängert.	3		
	„ in eine Ranke endigend . . .	4		
3	Bltn rosenrot oder purpurn . .		Orobus	348
	„ weiss, mit schwarzem Fleck auf jedem Flügel		Vicia	344
4	Nebenb weit grösser, als die untersten Fiedern		Pisum	346
	„ höchstens so gross, meist kleiner	5		
5	Nur 1 Paar Fiedern		Lathyrus	347
	Mehr als 1 Paar	6		
6	Blt.stiele mit höchstens 6 Blumen	7		
	„ mit mehr als „ „ .		Vicia	344

L. N.	Tabelle V.	V. N.	Gattungsname.	Gattungsnummer im II. Teil
7	Bltn in b winkelstdgen Trauben oder zu zweien, gemeinschaftlicher Bl.stiel kürzer als die Bl . .		Vicia	344
	Gemeinschaftl. Bl.stiel viel länger als die Bl, oft nur 1bltge Stiele . .		Ervum	345
8	St und Aeste breit geflügelt . .		Cytisus	329
	„ „ „ ungeflügelt . . .		Genista	328
9	Pfl dornig		Ononis	330
	„ wehrlos	10		
10	B 3zählig	11		
	„ gefiedert mit mindestens 5 Fiedern	16		
11	Einzelne Bl; Hülsen mit 4 Flügeln der Länge nach besetzt . . .		Tetragonolobus	336
	Bl in Trauben, Dolden od. Köpfchen	12		
12	Hülse nach dem Verblühen noch von den verwelkenden Blb bedeckt		Trifolium	334
	„ „ „ „ deutlich aus dem K hervortretend. Blb abfällig	13		
13	Hülse schneckenförmig gewunden		Medicago	332
	„ nicht gewunden	14		
14	Hülse 1—2samig		Melilotus	333
	„ mehrsamig	15		
15	St links gewunden, Schiffchen und Gf spiralig		Phaseolus	349
	„ nicht gewunden, Gf gerade .		Lotus	335
16	Bl lilafarben oder rosenrot . .	17		
	„ gelb oder schmutzig gelblichweiss	18		
17	Bltn in reichbltgen Dolden, lilafarben		Coronilla	340
	„ in langgestielten b.winkelstdgen Trauben, rosenrot		Onobrychis	343
	„ in armbltgen (bis 5 bltg), von einem gefiederten Deckb gestützten Dolden, rötlich . . .		Ornithopus	341
18	Bl in endstdg Köpfchen, oder fast kopffg Dolden	19		
	„ in kurzen Trauben, schmutzig gelblich-weiss, rötlich angelaufen		Astragalus	337
19	K bauchig aufgeblasen		Anthyllis	331

L. N.	Tabelle V u VI.	V. N.	Gattungsname.	Gattungsnummer
	K nicht aufgeblasen, $\frac{2}{3}$ zähnig, kurzglockig		Hippocrepis	342

Tabelle VI.
Doldenpflanzen.

Typus: **Mohrrübe.**

L. N.	Tabelle V u VI.	V. N.	Gattungsname.	Gattungsnummer
1	Bl zu kugeligen Köpfen vereinigt, (Pfl daher anscheinend eine Composite)		Eryngium	250
	„ in einfachen oder zusammengesetzten Dolden	2		
2	Bl gelb, gelblich- oder grünlich-weiss oder grünlich-gelb .	3		
	„ weiss oder rötlich-weiss . .	11		
3	B einfach, unzerteilt, oft zurückgekrümmt		Bupleurum	262
	„ gefiedert	4		
4	B mehrfach gefiedert oder fiederspaltig	5		
	„ einfach gefiedert, mit gelappten, eifg-länglichen Fiedern, Dolden 6- bis 22strahlig, Bl dottergelb, Hüllen fehlend		Pastinaca	273
	„ einfach gefiedert, Bl grünlich-weiss, Hüllen 1—2		Helosciadium	255
5	Hüllen reichbltirg		Peucedanum	270
	„ fehlend, höchstens 1—2 bltirg	6		
6	Teilb.chen lineal-lanzettlich, schmal-lineal oder fadenfg	7		
	„ eirund	10		
7	K deutlich 5zähnig. Fr geflügelt		Peucedanum	270
	„ undeutlich oder fehlend	8		
8	Dolde armstrahlig (5—10 strahlig); Bl bleichgelb		Silaus	266
	„ reichstrahlig (15—50strahlig)	9		
9	Dolde 30-50strahlig; K schwach 5-zähnig		Anethum	272

L. N.	Tabelle VI.	V. N.	Gattungsname.	Gattungsnummer im II. Teil.
	Dolde 15—25 strahlig; K fehlend . .		Foeniculum	265
10	Dolde 30—40 strahlig, fast kugelig		Archangelica	269
	„ 10—20strahlig, flach . . .		Petroselinum	253
11	Früchtchen (Doppelachenen) mit Stacheln oder Borsten. . . .	12		
	„ ohne Stacheln . . .	17		
12	Hüllb in lange, pfriemliche, abstehende Fetzen fiederfg oder 3zählig geteilt (in der Mitte der vielstrahligen Dolde öfter eine dunkelpurpurne, einzelne Bl)		Daucus	278
	„ nicht fiederfg oder 3zählig geteilt, oder ganz fehlend . .	13		
13	Dolden höchstens mit 5 Strahlen	14		
	„ mit 6—12 Strahlen.	15		
14	Wzlb handfg 5teilig mit 3lappigen Fetzen, meist nur 1 verkümmertes St.b, Stacheln etwa gleich gross, Döldchen fast kopffg		Sanicula	240
	„ und St.b einfach gefiedert, Stacheln in je 4 Längsreihen, dazwischen kleinere		Turgenia	280
	„ „ „ 2—3fach gefiedert, Stacheln in je 4 Längsreihen, dazwischen kleinere		Caucalis	279
15	Randbl sehr gross, strahlend .		Orlaya	275
	„ nicht auffallend gross und nicht strahlend	16		
16	B einfach gefiedert, Fr mit verdicktem Rand		Tordylium	277
	„ doppelt gefiedert		Torilis	281
17	Fr mit erweitertem, flügelartigem Rande	18		
	„ ohne solchen Rand	21		
18	B sehr rauhhaarig, Blb verkehrtherzfg, äussere Bl strahlend .		Heracleum	274
	„ fast kahl	19		
19	Pfl mit Milchsaft, besonders die Wzl		Thysselinum	271
	„ ohne „	20		
20	Bl.b spitz, B.scheiden sehr gross, aufgeblasen		Angelica	268
	„ verkehrt herzfg, B.scheiden schmal, eingerollt		Selinum	267

L. N.	Tabelle VI.	V. N.	Gattungsname.	Gattungsnummer im I Teil.
21	Hülle höchstens 2blttrg	22		
	„ mehrblttrg	33		
22	K undeutlich	23		
	„ deutlich 5zähnig	31		
23	Hüllchen halbiert, zu je 3 herabhängend, länger als die Döldchen, (Fr kugelig)		Aethusa	264
	„ nicht halbiert, oder doch nicht herabhängend, öfter ganz fehlend	24		
24	Hüllchen ganz fehlend, statt derselben öfter ein 3teiliges B . . .	25		
	„ mehrfach (2—8) vorhanden	29		
25	Untere B wiederholt 3zählig oder 3teilig mit eifg Lappen . . .		Aegopodium	257
	„ „ fiederteilig oder gefiedert	26		
26	Getrennte Geschlechter. Die Bl der einen Pfl enthalten nur Stbgf (♂), die der andern nur Stempel. B seegrün, die Wzlb 2—3fach gefiedert mit etwas fleischigen Fetzen		Trinia	254
	Zwitterbl	27		
27	B mehrfach fiederteilig, mit linealen Fetzen, Fr länglich, seitlich zusammengedrückt		Carum	258
	„ einfach-fiederteilig oder einfach-gefiedert	28		
28	Blb verkehrt-herzfg, rein weiss, Fr eifg, seitlich zusammengedrückt		Pimpinella	259
	„ nicht verkehrt-herzfg, grünlich-weiss, Fr rundlich, 2-knöpfig		Apium	252
29	St unter den Gelenken angeschwollen, Fr ungeschnäbelt . .		Chaerophyllum	284
	„ nicht oder kaum angeschwollen	30		
30	Fr kurz-geschnäbelt		Anthriscus	283
	„ sehr lang-geschnäbelt, Schnabel vielmal länger als die Fr (bis 5 cm)		Scanpix	282

L. N.	Tabelle VI u. VII.	V. N.	Gattungsname.	Gattungsnummer im II. Teil.
31	Wzb 3fach dreizählig mit rundlichen B chen (denen der Aquilegia vulgaris ähnlich), die oberen B 3-zählig. Bscheiden aufgedunsen gross		Siler	276
	„ anders gestaltet, meist mehrfach gefiedert	32		
32	Wzl knollig, fächerig mit markigen Querwänden, Fr niedergedrückt-kugelig		Cicuta	251
	„ „ oder faserig, aber nicht fächerig, Fr länglich-walzenfg oder kreiselfg-eirund		Oenanthe	263
	Pfahlwurzel, Fr kugelig . . .		Coriandrum	286
33	Fr mit gekerbten Rippen, (Pfl von widerlichem Geruch, K undeutlich)		Conium	285
	„ ohne solche Rippen	34		
34	K undeutlich		Carum	258
	„ 5zähnig	35		
35	B einfach oder 3zählig mit lineallanzettlichen B chen		Falcaria	256
	„ fiederteilig oder gefiedert, Hülle öfter fiederspaltig . . .	36		
36	Dolden endständig		Sium	261
	„ b gegenständig		Berula	260

Tabelle VII.

Kelchartige Perigonpflanzen.

Ausgeschlossen: Holzgewächse, Gefässkryptogamen, Gräser, Compositen, Schmetterlingsbl und Doldenpfl.

Die die Stbgf und Stempel unmittelbar umgebenden B.kreise kelchartig, oder doch nicht lebhaft gefärbt, oder sie fehlen ganz, oder sie bestehen in einem scheidenartigen B oder in einzelnen Schuppen oder Borsten.

Typen: **Wolfsmilch, Brennessel, Ampfer, Aron.**

L. N.		V. N.	Gattungsname.	Gattungsnummer im II. Teil.
1	Ganze Pfl im Wasser schwimmend	2		
	„ „ niemals schwimmend, wenn auch bisweilen im Wasser stehend	6		

L. N.	Tabelle VII.	V. N.	Gattungsname.	Gattungsnummer im II. Teil.
2	Nur linsenfg B vorhanden, an deren Unterseite die Würzelchen, 1—2 Stbgf		Lemna	45
	Stengel und B vorhanden . . .	3		
3	P ganz fehlend, oder scheidig-krugf, 2—3zähnig, seltener glockig, dann aber ♀	4		
	„ vierteilig, 4 Stbgf, 4 Frkn . . .		Potamogeton	46
	„ sechsgliedrig (K 3teilig, Blkr 3-blttrg), N federig, 9 Stbgf ohne Stbfden (♂), 3 zweispaltige Gf (♀). B lanzettlich-lineal, fein-stachelspitzig gesägt, quirlig zu 3—4		Udora	115
	„ zwölfgliedrig, ♂ und ♀ Bl auf derselben Pfl, B gabelspaltig . . .		Ceratophyllum	132
4	B quirlstdg		Hippuris	301
	„ gegen- oder wechselstdg .	5		
5	Ein einziger Frkn in den B winkeln sitzend		Najas	48
	Zwei bis sechs gestielte Frkn		Zannichellia	47
6	P besteht nur aus einzelnen Borsten oder Spreublättchen, oder fehlt ganz	7		
	„ aus einem oder mehreren grün-, grünlich-gelb, bleich-gelb od. braun gefärbten B kreisen, od. aus dachziegelförmig übereinander liegenden grünen K schuppen, bisweilen röhrenfg, glockig oder rachenfg	12		
7	Einzelne Bl in den B winkeln . .	8		
	Viele um einen kolbenfg oder kugelfg Blboden ährenfg oder kopffg geordnete Bl	9		
8	B gegenstdg, 1 Stbpf, 1 Stempel mit 2 Gf, (♂ u. ♀ öfter von einander getrennt) am Grund von 2 gegenstdg durchscheinenden Deckb . .		Callitriche	247
	„ quirlstdg zu 8—12, steif abstehend, Bl meist ☿, 1 Stbgf u 1 Stempel, in den B winkeln		Hippuris	301

L. N.	Tabelle VII.	V. N.	Gattungsname.	Gattungsnummer im II. Teil
9	P fehlt ganz	10		
	„ entweder aus Borsten oder aus Spreub bestehend, welche zwischen den Blt sitzen	11		
10	Blt boden kolbfg-fleischig, von kapuzenfg Scheide umhüllt, die unteren Bl nur aus Stempeln, die mittleren aus A, die obersten aus Staubfäden bestehend . . .		Arum	42
	„ „ „ zur Seite einer flachen Scheide, Stbgf und Stempel mit einander vermischt	1	Calla	43
11	Bltn zu einem walzenförmigen Kolben vereinigt		Typha	40
	„ „ kugeligen Köpfen vereinigt		Sparganium	41
12	Pfl mit Brennborsten		Urtica	126
	„ ohne solche	13		
13	Pfl mit rechts sich windendem St. B handfg-gelappt, 3—5lappig, ♀ Bl von den ♂, traubenfg geordneten getrennt, zuletzt einen Weichzapfen bildend		Humulus	129
	„ nicht sich windend, oder dann mit unzerteilten B. . .	14		
14	Pfl mit scharfem Milchsaft . .		Euphorbia	245
	„ ohne Milchsaft	15		
15	Pfl vom Ansehen einer zusammengesetzten Bl, ♂ in einem vielblttrg Hüllk, ♀ einzeln oder zu 2 in demselben einblttrg, stacheligen Hüllk, B herzfg, 3nervig . . .		Xanthium	517
	„ anders gestaltet	16		
16	♂ und ♀ Bl von einander getrennt auf derselben Pfl, Bl in Knäueln mit 3—5teiligem, grünlichem P, worin 3—5 Stbgf und 3 Gf . .		Amaranthus	142
	☿ Bl	17		
17	P sehr unregelmässig röhrenfg oder 2lippig	18		

L. N.	Tabelle VII.	V. N.	Gattungsname.	Gattungsnummer im II Teil
	P regelmässig mit einander gleichen oder doch abwechselnd gleichen B oder B-zipfeln, weder unregelmässig-röhrenfg noch lippig	21		
18	Unterlippe gespornt		Coeloglossum	98
	„ spornlos	19		
19	P röhrenfg, an der Basis bauchig, mit zungenfg vorgestrecktem Zipfel		Aristolochia	351
	„ aus mehreren 2lippig gegenüber-gestellten B oder B.zipfeln bestehend	20		
20	B.lose, bräunlich-weisse Pflanze, ohne Blattgrün, Wurzel mit vogelnestartig verschlungenen Fasern		Neottia	105
	Pfl mit grünen B, Unterlippe 2spaltig		Listera	104
	„ „ „ „ „ 3spaltig		Herminium	101
21	Ganze Pfl ohne B.grün, von bleichem, gelblich-weissem Ansehen		Monotropa	358
	Wenigstens mit grünen B oder Stengeln	22		
22	B zusammengesetzt	23		
	„ einfach, doch öfter gelappt oder gespalten	28		
23	B hand- oder fussförmig zusammengesetzt	24		
	„ dreizählig oder wiederholt-3zählig	25		
	„ gefiedert	26		
24	B fussfg, meist lederig, wechselständig, Bl Rispen bildend, ☿ Bl		Helleborus	175
	„ handfg, nicht lederig, wenigstens die unteren gegenstdg, ♂ Bl in lockeren, ♀ in dicht gedrängten, ährenfg Trauben (2häusig)		Cannabis	128
25	P 4—4blättrig, in einfachem Kreis geordnet, Bl in ausgebreiteten, sehr zusammengesetzten Rispen .		Thalictrum	168

Z.	Tabelle VII.	V. N.	Gattungsname.	Gattungsnummer im II. Teil
	P einen doppelten B.kreis vorstellend, der äussere 3spaltig, der innere 5teilig, radförmige Bl in endständigen Köpfchen, 10 Stbgf, von moschusartigem Geruche . . .		Adoxa	452
26	Bl in Trauben, sehr unansehnlich; Schötchen .		Lepidium	211
	" " " Schoten . .		Cardamine	192
	" in Aehren oder Köpfen . . .	27		
27	4 Stbgf, ☿ Bltn		Sanguisorba	322
	20 und mehr Stbgf, ♂ und ♀ Bltn in derselben Aehre getrennt .		Poterium	323
28	B.scheiden den St an den Gelenken ganz umfassend		Polygonum	134
	B am Grunde sich scheidenfg umfassend, schwertfg		Acorus	44
	Ohne solche Gelenkscheiden, nicht schwertfg	29		
29	Getrennte Geschlechter . . .	30		
	Zwitterblüten (oder, wenn getrennte Geschlechter, dann mit borstlichen B)	33		
30	♂ Bltn 3—5teilig, ♀ 2teilig, beide auf derselben Pflanze (einhäusig)		Atriplex	140
	♂ und ♀ Bltn auf verschiedenen Pfl (2häusig)	31		
31	♂ Bltn 4teilig, ♀ 2—3spaltig . . .		Spinacia	139
	" " 3teilig oder aus 2×3 Gliedern bestehend	32		
32	6 Stbgf, P aus 2 dreigliedrigen B.kreisen bestehend, die 3 inneren Zipfel grösser, ganze Pfl sauer schmeckend		Rumex	133
	9 u. mehr Stbgf, P 3teilig, Pfl nicht sauer schmeckend		Mercurialis	246
33	Blütenhülle (Perigon) 4teilig oder 4blttrg	34		
	" " 5 " " 5 "	37		
	" " 6 " " 6 " oder 2×6spaltig	44		
	" " 8 "	47		
34	8—10 Stbgf	35		
	4 "	36		
35	Bl in grünlich-goldgelben Doldentrauben oder Ebensträussen		Chrysosplenium	292

L. N.	Tabelle VII.	V. N.	Gattungsname.	Gattungsnummer im II. Teil
	Bl grünlich, einzeln oder mehrere in den B.winkeln . . .		Passerina	304
36	Bltn zu Aehren vereinigt, B bogig- oder parallelnervig		Plantago	441
	„ einzeln, achselständig . .		Sagina	146
	„ in achselständigen Knäueln, St durchscheinend, B durchscheinend punktiert		Parietaria	127
•37	B gegenständig		Scleranthus	145
	„ wechselständig, wenigstens die oberen B	38		
38	B pfriemlich und dornig-stachelspitzig	39		
	„ nicht pfriemlich und nicht dornig-stachelspitzig	40		
39	Bl von je 2 weissen, trockenhäutigen Deckb eingeschlossen, 3 Stbgf, 2 N		Polycnemum	13[illegible]
	„ ohne solche Deckb, 5 Stbgf, 2 N		Salsola	13[illegible]
40	St niedergestreckt und allseitig ausgebreitet, 5 vollkommene u. 5 unvollk. Stbgf ohne A . .		Herniaria	14[illegible]
	„ aufgerichtet	41		
41	Frkn mit dem P verwachsen, Wurzel fleischig, rübenartig, auffallend dick		Beta	141
	„ frei im Grunde des P	42		
42	B beiderseits grasgrün .	43		
	„ wenigstens unterseits bläulich-grau		Chenopodium	13[illegible]
43	B am Rande stark gezähnt . .		Chenopodium	13[illegible]
	„ „ „ ungezähnt, dreieckig-spiessfg		Blitum	13[illegible]
	„ „ „ „ länglich-eifg		Chenopodium	13[illegible]
44	P röhrig-glockig mit 2×6 Zipfeln		Peplis	30[illegible]
	„ mit 2×3 Pb . . , ...	45		
45	Fr zuletzt am Grunde mit Widerhaken von den sich dort abtrennenden 3—6 Karpellen gebildet. B schmal lineal, halbstielrund, Bl in verlängerten Trauben . . .		Triglochin	11
	„ ohne Widerhaken	46		

Z.	Tabelle VII und VIII.	V. N.	Gattungsname.	Gattungsnummer im II Teil
46	B f l a c h . lanzettlich oder eifg . .		Rumex	133
	„ b o r s t e n a r t i g , büschelig (eigentlich die letzten Verästelungen des St); B e e r e		Asparagus	25
	„ s t i e l r u n d oder r ö h r i g, öfter mit Querwänden in Fächer abgeteilt; K a p s e l		Juncus	38
47	Bl e i n z e l n, e n d stdg, B g a n z r a n d i g, elliptisch oder eifg, zu 4 einen Quirl am Grunde des Bl.stiels bildend, ohne Wurzelb; s c h w a r z e B e e r e		Paris	26
	„ blattwinkelstdg, g e k n ä u e l t , oder E b e n s t r ä u s s e bildend, B 3-s p a l t i g oder h a n d fg gelappt, w e c h s e l stdg, m i t W u r z e l b; N ü s s e		Alchemilla	321

Tabelle VIII.

Blumenkronartige Perigonpflanzen.

Die die Stbgf u. Stempel unmittelbar umgebenden B.kreise lebhaft (rot, blau, gelb, weiss oder grünlich-weiss, wenigstens auf der inneren, bezw. oberen Seite) gefärbt, blkr.-artig.

T y p u s : Herbstzeitlose.

Z.		V. N.	Gattungsname.	Gattungsnummer im II Teil
1	Ganze Pfl frei im Wasser f l u t e n d, B quirlig, fiederteilig mit borstlichen Zipfeln		Myriophyllum	300
	„ „ n i e m a l s flutend, wenn auch bisweilen im Wasser stehend	2		
2	P ganz u n r e g e l m ä s s i g . . .	3		
	„ r e g e l m ä s s i g oder doch s y m m e t r i s c h	16		
3	Frkn o b e r stdg	4		

L. N.	Tabelle VIII.	V. N.	Gattungsname.	Gattungsnummer im II Teil.
	Frkn unterstdg (Samen sehr klein und zahlreich)	6		
4	Fr schon vor der Reife bei leichtem Druck in mehrere, sich spiralig verdrehende Klappen aufspringend, Bl gelb, 5 Stbgf . . .		Impatiens	233
	„ nicht so aufspringeud	5		
5	6 Stbgf in 2 Bündel verwachsen, Bl rot, lila oder weiss		Corydalis	185
	weit mehr als 6 freie Stbgf, P blau		Delphinium	178
	weit mehr als 6 freie Stbgf, P blau oder gelb, oberes P.b helmfg gewölbt		Aconitum	179
6	Unteres P.b (Honiglippe) ungespornt	7		
	„ „ „ gespornt .	8		
7	Honiglippe schuhartig aufgeblasen, sehr gross		Cypripedium	107
	„ nicht aufgeblasen . . .	12		
8	Pfl ohne B.grün (Chlorophyll), Honiglippe 2gliedrig, Bl hängend, Sporn aufrecht, blass fleischfarben . .		Epipogium	108
	„ mit B.grün	9		
9	Honiglippe unzerteilt, flach, ganzrandig, Bl weiss oder grünlichweiss		Platanthera	99
	„ in mehrere Zipfel zerteilt, oder doch gekerbt	10		
10	Honiglippe auffallend lang (bis 5 cm l), riemenfg, anfangs zusammengedreht		Himantoglossum	109
	„ weit kürzer, nicht zusammengedreht	11		
11	Fächer der A unten mit einem 2fächerigen Beutelchen verbunden		Orchis	96
	„ „ „ ohne solches . . .		Gymnadenia	97
12	Bl in schraubenförmig gewundenen Aehren, St b.los, Honiglippe ausgerandet, grünlich-weiss . . .		Spiranthes	106
	„ in nicht schraubenfg gewundenen Aehren, St beblttrt	13		
13	St ausser den grundstdg B (Wzlb) ohne B, Bl klein, grünlich-gelb . . .		Herminium	101
	„ beblättert	14		

	Tabelle VIII.	N.	Gattungsname.	Gattungsnummer im II Teil
14	Honiglippe ungegliedert . .		Ophrys	100
	„ 2gliedrig, unten sackartig ausgehöhlt	15		
15	Frkn ungestielt, aufgerichtet .		Cephalanthera	102
	„ gestielt, hängend . . .		Epipactis	103
16	B zusammengesetzt	17		
	„ einfach, oder fehlend	20		
17	B unpaarig-gefiedert oder mehrfach fiederspaltig-vielteilig mit borstlichen Zipfeln	18		
	„ dreizählig oder doppelt-dreizählig	19		
18	Bl in Doldentrauben oder Ebensträussen		Valeriana	456
	„ in Köpfen oder Aehren .		Sanguisorba	322
	„ einzeln am Ende der Aeste . .		Nigella	176
19	Bl mit 5 gespornten und 5 nicht gespornten blauen (seltener weissen) P.b, B doppelt-3zählig .		Aquilegia	177
	„ ungespornt, gelb; oder weiss, aussen rosenrot, ohne Honiggefässe (1samige Nüsschen) . . .		Anemone	169
	„ ungespornt, gelb, mit benagelten linealenHoniggefässen zwischen den P.b u. den Stbgf; vielsamige Kapseln		Trollius	174
20	B fehlend, oder nur einzelne schuppenförmige, wenig auffallende B unterhalb der Bl, St fadenfg, auf anderen Pfl, um die er sich windet, schmarotzend		Cuscuta	380
	„ vorhanden; Pfl nicht schmarotzend	21		
21	Blütenhülle (Perigon) 4-, seltener 3-gliedrig	22		
	„ „ 5gliedrig . .	27		
	„ „ 6 „ . . .	31		
22	St mit deutlichen Gelenkscheiden		Polygonum	134
	„ ohne solche	23		
23	B wirtelfg, ungestielt	24		
	„ nicht wirtelfg	25		
24	Blkr trichterig oder glockig		Asperula	450
	„ radförmig		Galium	451
25	Bl einzeln	26		

L. N.	Tabelle VIII.	V. N.	Gattungsname.	Gattungsnummer im II. Teil.
	Bl in endstdg Trauben, B herzfg		Majanthemum	28
	„ in endstdg Rispen oder Trauben, B lineal-lanzettlich . .		Thesium	353
26	B langgestielt, nierenfg, P 3—4-spaltig , ...		Asarum	352
	„ ungestielt, K abfällig*, 4 Blb, N sternfg		Papaver	183
27	St mit gelenkumfassenden Scheiden, Bl weiss oder rot .		Polygonum	134
	„ ohne solche Scheiden	28		
28	P 5blttrg, gelb, B herzfg-kreisrund		Caltha	173
	„ 5spaltig	29		
29	B wechselstdg, wenigstens die oberen	30		
	„ gegenstdg, auch die oberen, Bl bläulich-weiss		Valerianella	457
30	Bl in beblätterten Aehren, glockig, 5-spaltig, hellrot, die unteren B gegenstdg		Glaux	367
	„ in Rispen oder Trauben, innen weiss, zuletzt eingerollt . . .		Thesium	353
31	P 1blättrig mit 6 Zipfeln	32		
	„ 6 „	38		
32	B zur Blt.zeit nicht vorhanden, P trichterig mit langer Röhre bis zur zwiebelartigen Wurzel hinabreichend, 6 Stbgf u. 3 lange, fadenfg Gf, Bl rosenrot-fleischfarben .		Colchicum	37
	„ zur Blt zeit vorhanden . . .	33		
33	3 Stbgf, Frkn unterständig, Gf 3teilig mit blb.artigen Zipfeln (den N) .		Iris	21
	6 Stbgf	34		
34	Frkn oberständig	35		
	„ unterständig	36		
35	St beblättert, Bl weiss oder grünlich-weiss		Convallaria	27
	„ nur mit Wzlb (Schaft), Bl blau		Muscari	36
36	Mit glockiger Nebenkrone auf dem Schlunde		Narcissus	22
	Ohne „ „ . . .	37		
37	Blb alle gleichgestaltet . . .		Leucojum	23

* Der Anfänger hält daher die Bl für kelchlos.

L. N.	Tabelle VIII u. IX.	V. N.	Gattungsname.	Gattungs-nummer im II. Teil.
	Blb ungleich, die 3 inneren kleiner und vorn mit Ausrandung . . .		Galanthus	24
38	6 Stbgf	39		
	9 „ , Bl in endstdg Dolden, B 3-kantig, am Grunde scheidig . .		Butomus	113
39	Bl doldenförmig, Pfl von knoblauchartigem Geruch		Allium	35
	„ anders geordnet, oder doch nicht so riechend	40		
40	Stbfd abwechselnd breiter, Bl weiss, aussen grün, ebensträussig oder gelb, dann A quer aufliegend		Ornithogalum	32
	„ alle gleich breit	41		
41	Bl gelb	42		
	„ weiss, fleischrot oder blau .	43		
42	St einblütig, P.b ohne grünen Rückenstreifen		Tulipa	29
	„ mit doldenfg Blt.stand, P.b mit grünem Rückenstreifen		Gagea	33
43	Bl blau, Stbgf den Blb eingefügt . .		Scilla	34
	„ weiss, „ dem Fr boden eingefügt		Anthericum	31
	„ fleischrot, braun punktiert. P.b mit wimperiger Saftrinne (Honiggefäss)		Lilium	30

Tabelle IX.

Pflanzen mit rachenförmigen Blumenkronen.

Typus: **Bienensaug.**

L. N.		V. N.		
1	Pfl ohne Blattgrün (Chlorophyll), schmarotzend auf den Wurzeln anderer Pfl, 4 ungleich lange Stbgf, 1 einfächerige Kapsel, St mit schuppenförmigen B	2		
	„ mit B.grün	3		

L. N.	Tabelle IX.	V. N.	Gattungsname.	Gattungsnummer (mit. Teil.)
2	Bl aufgerichtet oder nur wenig geneigt, 4—5zähnig, später sich am Grunde ablösend, aber bleibend		Orobanche	436
	„ hängend, fast 4teilig, nach der Blt abfallend		Lathraea	410
3	Nur 1 Frkn, an dessen Spitze der Gf	4		
	4 Frkn, zwischen welchen der Gf während der Blt.zeit hervortritt .	10		
4	Rutenförmige, Aehren tragende Aeste, Blkr präsentiertellerfg, blassrot, fast 2lippig. Der Frkn teilt sich bei der Reife in 4 Nüsse		Verbena	440
	Ohne solche Aeste	5		
5	K mit 2 B, 2 Stbgf mit zusammengewachsenen Staubkölbchen. Wasserpflanzen		Utricularia	438
	„ mit 4 Zipfeln oder Zähnen, 2 längere und 2 kürzere Stbgf . . .	6		
	„ mit 5 Zipfeln	7		
6	K aufgeblasen, eirund, Samen geflügelt (Bl gelb)		Rhinanthus	408
	„ nicht aufgeblasen, röhrig. Samen ungeflügelt, Oberlippe kantig zusammengedrückt mit zurückgebogenen Rändern		Melampyrum	406
	„ nicht aufgeblasen, röhrig-glockig. Oberlippe nicht kantig zusammengedrückt		Euphrasia	409
7	Blumenkr gespornt	8		
	„ ungespornt	9		
8	Bloser St (Schaft), Blkr.röhre offen. 2 Stbgf		Pinguicula	437
	Blttrgr St, Blkr.röhre durch einen Gaumenfortsatz verschlossen (maskiert)		Linaria	401
9	Blkr.röhre durch einen Gaumen verschlossen, Stbgf daher nicht sichtbar, Bl rot		Antirrhinum	400
	„ nicht verschlossen, Stbgf sichtbar, Bl rot . . .		Pedicularis	407
	„ „ „ Bl grünlich-braun . . .		Scrophularia	405

Z. N.	Tabelle IX.	V. N.	Gattungsname.	Gattungsnummer im II Teil.
10	2 Stbgf, violette oder blaue Blumen .		Salvia	414
	4 Stbgf, 2 kürzere und 2 längere . .	11		
11	Oberlippe sehr klein, oder fehlend, kürzer als die Stbgf	12		
	„ deutlich vorhanden, so lang oder länger	13		
12	Blkr.röhre mit einer querlaufenden Haarleiste im Innern . . .		Ajuga	434
	„ ohne Haarleiste, die Stbgf treten durch eine Spalte der Blkr.-röhre hervor		Teucrium	435
13	Stbgf ganz in der Blkr verborgen, K mit 10 hakenfg Zähnen; Pfl weiss-filzig		Marrubium	429
	„ höchstens mit dem unteren Teile verborgen	14		
14	Stbgf dicht neben einander, wenigstens in ihrem unteren Teil . .	15		
	„ höchstens mit ihrem oberen Teil zusammenneigend, sonst von einander entfernt	21		
15	K 2lippig	16		
	K.zähne gleichmässig verteilt	18		
16	Blkr.röhre mit Haarleiste im Innern, Stbf über die Staubbeutel hinaus dornförmig verlängert .		Prunella	433
	„ ohne Haarleiste, Stbgf ohne Enddorn	17		
17	K nach dem Verblühen geschlossen (wie ein Helm mit geschlossenem Visier)		Scutellaria	432
	„ „ „ „ sehr weit offen		Melittis	423
18	Unterlippe der Blkr 2lappig, Blkr.röhre meist mit Haarleiste		Lamium	424
	„ „ „ 3lappig . . .	19		
19	Blkr.röhre mit Haarleiste im Innern	20		
	„ ohne	23		
20	Bl dottergelb, Zipfel der Unterlippe spitz		Galeobdolon	425
	„ purpurn, rötlich oder gelblich-weiss, Zipfel der Unterlippe stumpf	21		

L. N.	Tabelle IX.	V. N.	Gattungsname.	Gattungsnummer im II. Teil.
21	Die untersten B handfg-5teilig, die obersten 3lappig, Blln stiellos .		Leonurus	431
	Alle B, auch die untersten ungeteilt, aber gekerbt-gesägt	22		
22	Bl.quirle aus b. winkelständigen, kurz gestielten, vielbltgen Doldenträubchen gebildet . . .		Ballota	430
	„ aus ungestielten Bl. .		Stachys	427
23	Unterlippe jederseits mit einem nach oben gerichteten hohlen Höcker, (Staubkölbchen der Quere nach aufspringend)		Galeopsis	426
	„ ohne solchen Höcker . .	24		
24	B nierenförmig, Bl in den B.winkeln, hellviolett, St. liegend		Glechoma	422
	„ länglich eiförmig, St aufrecht	25		
25	Bl trüb-purpurn, Quirle eine endstdg Aehre bildend		Betonica	428
	„ weiss-fleischrot; Pfl weichhaarig; die Seitenzipfel der U lippe zuletzt hinabgeschlagen, sodass diese fast ungeteilt erscheint . .		Nepeta	421
26	K.zähne gleich verteilt	29		
	„ 2lippig gegenübergestellt .	27		
27	Bl.quirle mit zahlreichen borstlichen Deckblättern umgeben . .		Clinopodium	419
	„ ohne solche Deckb . . .	28		
28	Stbgf nach oben divergierend, Bl in 3zähligen Aehren, Deckb. dicht ziegeldachfg		Origanum	415
	„ „ „ convergierend, Bl in Quirlen, gestielt, Bl.stiele öfter gabelspaltig		Calamintha	418
29	Bl in einerseitswendigen, aus Quirlen gebildeten Trauben . . .		Hyssopus	420
	„ „ mehrseitswendigen, kurzgestielten, b winkelstdg, rispenfg geordneten Doldenträubchen .	30		
30	B eiförmig, K.röhre durch einen dichten Kranz von zusammenneigenden Haaren verengt. Stbgf oben auseinander tretend .		Origanum	415

L. N.	Tabelle IX und X.	V. N.	Gattungsname.	Gattungsnummer im II. Teil.
	B. lineal-länglich, K.röhre nicht verschlossen, Stbgf nach oben zusammenneigend		Satureja	417

Tabelle X.

Deutlicher Gegensatz zwischen K und Blkr (vollständige Bl) Einblättrige Blkr (Rachenfg Blkr ausgeschlossen).

Typus: **Schlüsselblume.**

1	Pfl sich um andere Pfl windend, zum Teil mit Wickelranken	2		
	„ nicht sich windend, ohne Wickelranken	6		
2	Pfl ohne grüne B, höchstens mit einzelnen wenig auffallenden, durchscheinenden Schuppen, Schmarotzer mit fadenförmigem St, K 4—5-spaltig, Blkr glockig, 4—5spaltig .		Cuscuta	380
	„ mit grünen B	3		
3	Pfl mit sich windendem St, ohne Wickelranken, Frkn oberständig		Convolvulus	379
	„ mit schraubenfgen Wickelranken, Frkn unterständig .	4		
4	Fr weit grösser, als die Blkr, Kürbisfr	5		
	„ kleiner „ „ „, Beere, manche Pfl haben nur ♂, oder nur ♀ Bl		Bryonia	448
5	Wickelranken ästig verzweigt, B 5-lappig, Fr kugelig, glatt . . .		Cucurbita	446
	„ einfach, B 5eckig, Fr lineal-länglich, warzig . .		Cucumis	447
6	Blt mit 2 Stbgf, Blkr 4spaltig mit etwas ungleichen Zipfeln . . .	7		

L. N.	Tabelle X.	V. N.	Gattungsname.	Gattungsnummer
	Blt mit 3 Stgf	8		
	„ „ 4 „	10		
	„ „ 5 „	24		
	„ „ 8—10 „	55		
7	1 Frkn, 1 oben ausgerandete (umgekehrt herzfg) Kapsel		Veronica	402
	1 „, sich später in 4 nussartige Teilfrüchte teilend, mit rutenfg. Aehren tragenden Aesten . . .		Verbena	440
	4 „ (4 Nüsschen)		Lycopus	413
8	St.b gefiedert, manche Pfl mit nur ♂, andere mit nur ♀ Bltn, Fr von den federig-zerteilten K zipfeln gekrönt		Valeriana	456
	„ unzerteilt	9		
9	Bl in endstdg Doldenträubchen oder einerseitswendigen Aehrchen		Valerianella	457
	„ in b.winkelstdg. armbltg Träubchen, B etwas dick und fleischig, St rasig		Montia	165
10	B quirlig zu 6		Sherardia	449
	„ gegen-, wechselständig oder büschelfg	11		
11	Bl zu endständigen, von einer mehrbltrg Hülle umgebenen Köpfchen oder Kolben vereinigt .	12		
	„ traubig, rispig-ährig oder quirlig	16		
	„ einzeln	21		
12	Jedes Blümchen mit einfachem K, Frkn frei		Globularia	439
	„ „ „ doppeltem K, der innere mit dem Frkn verwachsen	13		
13	Stachelige Kräuter, zwischen den Bl grössere Spreublättchen . . .		Dipsacus	458
	Unbewehrte Kräuter	14		
14	Blkr 5teilig, Randbl strahlend, Blüteboden mit Spreub		Scabiosa	461
	„ 4teilig	15		
15	Blt.boden mit Spreublättchen . .		Succisa	460
	„ ohne		Knautia	459

L. N.	Tabelle X.	V. N.	Gattungsname.	Gattungs-nummer im II. Teil
16	4 Frkn (Nüsse)	17		
	1 Frkn	19		
17	K 2lippig ($\frac{2}{3}$ Zähne).	18		
	„ nicht 2lippig, 5zähnig, krautartig, Blkr mit fast gleichen Zipfeln, B gegenstdg		Mentha	411
18	Bl in weit getrennt stehenden kugeligen Quirlen		Pulegium	412
	„ in kopfigen oder traubigen Quirlen, unterer Teil der Pfl holzig (Halbstrauch) Blkr fast 2lippig . . .		Thymus	416
19	Rutenfge, ährentragende Aeste, der Frkn teilt sich bei der Reife in 4 Nüsse, Blkr fast 2lippig . .		Verbena	440
	Ohne solche Aeste, Kapsel . . .	20		
20	Einerseitswendige Traube mit 6 cm langen, röhrig-glockigen, hängenden Bl, Mündung der Blkr etwas schief-4lappig, Blätter wechselständig		Digitalis	399
	Weit kleinere Bl		Euphrasia	409
21	B gegenstdg oder büschelfg . .	22		
	„ wechselständig		Centunculus	362
22	Bl bwinkelstdg, fast sitzend; B tief gesägt.		Euphrasia	409
	„ endstdg, lang gestielt; B ganzrandig	23		
23	Blkr grün mit röllichem Saum . .		Limosella	403
	„ gelb		Cicendia	375
24	B dreizählig, Bl in Trauben, blassrot		Menyanthes	372
	„ gefiedert mit elliptisch-lanzettlichen Fiedern, Bl in traubigen Rispen, kornblau. . .		Polemonium	381
	„ fiederspaltig mit fadenfg Fetzen, Bl in Quirlen zu 4—6, hellrosenrot		Hottonia	366
	„ einfach	25		
25	Bl u. B auf dem Wasser schwimmend, achselständige Dolden. Bl citrongelb, bewimpert.		Limnanthemum	373
	Landpflanzen	26		
26	1 Frkn (Kapsel oder Beere) .	27		

L. N.	Tabelle X.	V. N.	Gattungsname.	Gattungsnummer im II. Teil
	2 Frkn (1 Doppelkapsel oder 2 Balgkapseln mit einer gemeinschaftl. schildfg Narbe) . .	45		
	4 „ (Nüsse)	46		
27	Frkn oberständig	28		
	„ unterständig oder halbunterständig	42		
28	Staubkölbchen nach dem Verblühen schraubenfg zusammengedreht, Bl rosenrot-fleischrot, trichterig		Erythraea	376
	„ nicht schraubenfg . .	29		
29	Nur Wurzelb in Form einer Rosette vorhanden, Bl in einfachen Dolden, präsentiertellerfg oder trichterfg .	30		
	Mit Stengelblättern	31		
30	Blkr citrongelb, Blkr.röhre ohne Einschnürung, K kürzer als die Blkr		Primula	365
	„ weiss oder blassrot, Blkr.röhre oben mit einer Einschnürung, K länger als die Blkr		Androsace	363
31	Bl in spiralig zurückgerollten Aehren (Wickel, 2reihig einerseitswendig)		Heliotropium	382
	„ nicht ährenfg geordnet . . .	32		
32	Fr eine Beere	33		
	„ eine Kapsel	35		
33	Staubkölbchen an der Spitze mit 2 Löchern sich öffnend . . .		Solanum	393
	„ der Länge nach aufspringend	34		
34	K bei der Reife aufgeblasen, mennigrot gefärbt, Staubbeutel nicht zusammengeneigt, Blkr trichterig-radfg		Physalis	394
	„ nicht aufgeblasen, immer grün, Staubbeutel zusammengeneigt, Blkr glockig		Atropa	395
35	Kapsel mit einem Deckel aufspringend	36		
	„ mit Klappen „	37		
36	Blkr radförmig, rot oder blau, Bl stiele so lang oder länger als die B		Anagallis	361

L. N.	Tabelle X.	V. N.	Gattungsname.	Gattungsnummer im II. Teil
	Blkr trichterförmig, schwefelgelb mit dunkeln Adern, Bl fast sitzend		Hyoscyamus	396
37	Blkr radfg, bisweilen mit fast fehlender Röhre und daher scheinbar mehrblttrg	38		
	„ trichterfg oder glockig-röhrig	40		
38	Blkr weiss; oberer St.teil mit sternfg gestellten B, meist mehr als 5 Stbgf, Blb und K.zipfeln . . .		Trientalis	359
	„ gelb	39		
39	Stbfd alle, oder doch teilweise wollig behaart, Kapsel 2klappig, B wechselstdg		Verbascum	404
	„ kahl, bisweilen drüsig, Kapseln 5—10klappig, B gegenstdg oder quirlig		Lysimachia	360
40	Kapsel dornig		Datura	398
	„ wehrlos	41		
41	Blkr blau, glockig-röhrig, B gegenständig		Gentiana	374
	„ weiss, St mit Wzl.rosette . .		Samolus	364
	„ rosenrot oder gelblichgrün, trichterig, B wechselstdg		Nicotiana	397
42	Staubbeutel zusammenhängend. Köpfe mit kurzgestielten kleinen Bl, deren Blkr vom Grunde aus sich in lineale Zipfel trennen . .	43	Jasione	442
	„ nicht zusammenhängend			
43	Blkr vom Grund aus in lineale, längere Zeit an der Spitze zusammenhängende Zipfel sich teilend, ährenförmiger Blütenstand		Phyteuma	443
	„ nie mit ihren Zipfeln oben zusammenhängend	44		
44	Blkr glockig, (Trauben, Rispen, seltener Köpfe) Kapsel 2—3fächerig, mit seitlichen Löchern sich öffnend		Campanula	444
	„ radförmig, einzelne Bl . .		Specularia	445
	„ „ , Bl in reichbltgn Trugdolden		Sambucus	453
45	Pfl niederliegend und dort wurzelnd		Vinca	377

L. N.	Tabelle X.	V. N.	Gattungsname.	Gattungs-nummer im II. Teil
	Pfl aufrecht, nicht wurzelnd .		Cynanchum	378
46	Schlund der (manchmal sehr kurzen) Blkr.röhre durch schuppenfge oder höckerige Deckklappen geschlossen oder verengt			
	„ offen	47		
47	Nüsse am Rande mit 2 Reihen widerhakiger Stacheln	52		
	„ ohne solche Stacheln . . .	48		
48	Nüsse dreikantig-pyramidal; Bl blassblau, mit Deckb . .	49		
	„ rundlich, plattgedrückt; Bl dunkelblutrot, (seltener weiss) ohne Deckb		Echinospermum	383
49	Blkr radförmig, Staubfäden 2spaltig		Cynoglossum	384
	„ walzig-glockenförmig . . .		Borago	385
	„ teller- oder trichterförmig .		Symphytum	388
50	Blkr röhre in der Mitte gekniet, schief	50		
	„ gerade		Lycopsis	387
51	Deckklappen kahl	51		
	„ flaumhaarig-sammetig		Myosotis	392
52	Blkr teller- oder trichterförmig, Saum regelmässig		Anchusa	386
	„ röhrig oder glockig, erweiterter Saum schief und unregelmässig	53		
53	Nüsse anfangs zu einer 4knotigen Fr vereinigt, erst bei der Reife sich trennend		Echium	389
	„ schon vor der Reife sich trennend		Heliotropium	382
54	Kelch 5spaltig, Schlund der Blkr mit Querfalten	54		
	„ 5teilig, Schlund mit Längsfalten		Pulmonaria	390
55	Niedriger Halbstrauch mit einfachen B und kugeligen oder glockigen, fleischroten Bl . . .		Lithospermum	391
	Kraut mit 3zähligen u. 3geteilten, zarten, nach Moschus riechenden B und grünlich-gelben kopflg beisammenstehenden Bl .		Vaccinium	355
			Adoxa	452

Tabelle XI.

Kreuzblumen.

Typus: Wintersaat, Reps.

L. N.	Tabelle XI.	V. N.	Gattungsname.	Gattungsnummer im I. Teil.
1	Frkn nicht viel länger, höchstens 2—3 mal so lang als breit; Schötchen	2		
	„ bedeutend länger, mindestens 4 mal länger als breit: Schoten	18		
2	St, Bl.stiele, K und Frkn mit warzenfg, dicklichen Drüsen besetzt; Schötchen schief-eifg, aufgedunsen, Fächer über einander liegend (das eine öfter fehlschlagend), einsamig		Bunias	216
	„ „ „ „ ohne solche Drüsen	3		
3	Schötchen einsamig, Bl gelb . . .	4		
	„ zwei- und mehrsamig .	5		
4	Schötchen flach zusammengedrückt		Isatis	214
	„ kugelig		Neslia	215
5	Scheidewand der Schötchen breiter, oder mindestens ebenso breit, als der dasselbe halbierende, senkrecht zur Scheidewand geführte Querschnitt, Fr vom Rücken her zusammengedrückt	12		
	„ „ „ schmäler	6		
6	Fächer des Schötchens einsamig . .	7		
	„ „ „ 2- u. mehrsamig, oder doch mit ebensovielen Samensträngen	10		
7	Bl strahlend (die äusseren Blb viel länger als die inneren)		Iberis	209
	„ nicht strahlend	8		
8	Klappen des Schötchens (Carpelle) scheibenfg-kreisrund, Schötchen daher oben und am Grunde ausgerandet; Bl gelb		Biscutella	210
	„ „ „ nichtscheibenfg	9		

L. N.	Tabelle XI.	V. N.	Gattungsname.	Gattungs-nummer im II. Teil.
9	Klappen kammfg gezähnt, stark netz-aderig-runzelig, nicht aufspringend; B fiederspaltig		Senebiera	213
	„ nicht kammfg gezähnt; Blb bisweilend fehlend)		Lepidium	211
10	Schötchen mit Flügelrand . . .	11		
	„ ohne „ . . .		Capsella	212
11	St ohne B ausser der Wzl.rosette (Schaft); längere Stbgf unten mit schuppenfg Anhängsel		Teesdalia	208
	„ mit B, Stbgf ohne Anhängsel .		Thlaspi	207
12	Fruchtkn gestielt, bis 5 cm lang und 2 cm breit, Bl hellviolett mit dunkleren Adern		Lunaria	203
	„ unmittelbar auf dem Fruchtboden sitzend, weit kleiner, Bl weiss oder gelb	13		
13	Stb.fäden am Grunde gezähnt oder geflügelt	14		
	„ ungezähnt und ungeflügelt	15		
14	Bl gelb, Fächer höchstens mit 4 Samen		Alyssum	201
	„ weiss, „ mit mehr als 4 Samen		Farsetia	202
15	Schötchen stark aufgedunsen, elliptisch-kugelig, oder lineal; mit St.b	16		
	„ nicht so; meist ohne Stengelb		Draba	204
16	Bl weiss, Schötchen kugelig . . .		Cochlearia	205
	„ gelb	17		
17	Schötchen elliptisch, lineal oder rundlich, B gefiedert oder, die untersten wenigstens, fiedersp		Nasturtium	188
	„ birnförmig, B ganzrandig, am Grunde pfeilfg . .		Camelina	206
18	Schote zwischen den Samen eingeschnürt und gegliedert, mit einem kegelförmigen Schnabel .		Raphanus	217
	„ nicht eingeschnürt	19		
19	Bl weiss, rot oder lilafarben . .	20		
	„ gelb oder gelblich-weiss . . .	30		
20	Schote mit Schnabel		Raphanus	217
	„ ohne „	21		

L. N.	Tabelle XI.	V. N.	Gattungsname.	Gattungsnummer im II Teil
21	B. unzerteilt, höchstens fiederspaltig	22		
	„ gefiedert oder 3zählig	28		
22	B. deutlich gestielt, wenigstens die unteren	23		
	„ ungestielt oder äusserst kurz gestielt	24		
23	Bl lilafarben, N aus 2 parallelen, an einander liegenden eifg Plättchen gebildet		Hesperis	194
	„ weiss, Schoten 4kantig		Sisymbrium	195
24	B meergrün (bläulich grün)	25		
	„ nicht meergrün	26		
25	Schoten dem St dicht anliegend		Turritis	190
	„ weit davon abstehend, demselben aber parallel		Arabis	191
26	Bl lilafarben, B nicht stengelumfassend		Arabis	191
	„ weiss	27		
27	B geöhrt u herzfg-stengelumfassend		Arabis	191
	„ nicht so, die stengelstdg ganzrandig, Schoten abstehend		Sisymbrium	195
28	Mit Brutknollen in den B.winkeln, Wurzel knollig, schuppig		Dentaria	193
	Ohne „ , Wurzel faserig	29		
29	Schoten höchstens 1—2 cm lang, fast stielrund, Samen 2reihig		Nasturtium	188
	„ länger, flach, Samen einreihig		Cardamine	192
30	Obere St b seegrün (bläulich grün)	31		
	„ „ grasgrün od. graugrün	32		
31	Samen in jedem Fache zweireihig		Diplotaxis	200
	„ „ „ „ einreihig, Schoten 4kantig		Erysimum	196
	„ „ „ „ einreihig, Schoten rundlich im Umfang		Brassica	197
32	Blb höchstens so lang als der K. Untere B leierfg		Nasturtium	188
	„ „ „ „ „ „ „ B dreifach-fiederspaltig mit linealen Zipfeln		Sisymbrium	195
	„ länger als der K	33		

L. N.	Tabelle XI.	V. N.	Gattungsname.	Gattungsnummer im II. Teil
33	Schoten mit schwertförmigem Schnabel endigend, abstehend		Sinapis	198
	„ „ „ „ „ , an die Spindel angedrückt . . .		Brassica	197
	„ ohne Schnabel, oder doch mit ganz kurzem	34		
34	Untere B unzerteilt	35		
	„ „ fiederspaltig oder gefiedert	36		
35	N tief-2spaltig mit zurückgekrümmten Schenkeln, Bl sehr ansehnlich, sattgelb oder gelbbraun		Cheiranthus	187
	„ kaum ausgerandet, Klappen der Schoten einnervig		Erysimum	196
	„ tief ausgerandet, Klappen der Schoten dreinervig		Sisymbrium	195
36	B stengelumfassend, untere B leierförmig gefiedert	37		
	„ nicht stengelumfassend	38		
37	K.blätter aufrecht		Barbarea	189
	„ zuletzt wagrecht abstehend		Brassica	197
38	Schoten und Bl.stiele an die Aeste angedrückt		Sisymbrium	195
	„ nicht angedrückt	39		
39	Samen in jedem Fache zweireihig, Klappen der Schote mit 1 Nerven		Diplotaxis	200
	„ „ „ „ einreihig		Erucastrum	199
	„ „ „ „ ungleich 2reihig, Klappen nervenlos .		Nasturtium	188

Tabelle XII.

Deutlicher Gegensatz zwischen K und Blkr, mehrblättrige Blkr.

Ausgeschlossen: Kreuzblumen, Doldengewächse, Holzgewächse, Schmetterlingsblumen.

Typen: **Nelke, Erdbeere, Hahnenfuss.**

L. N.	Tabelle XII.	V. N.	Gattungsname.	Gattungsnummer im II. Teil
1	Mehrere Frknoten	2		
	1 Frknoten	23		
2	B zusammengesetzt	3		
	.. einfach	18		
3	Stachelige Pfl mit unpaarig gefiederten B, zahlreiche Nüsschen in der späterhin fleischigen u. rotgefärbten eirunden K.röhre (Scheinfr) .		Rosa	313
	Wehrlose Pfl	4		
4	Blb gespornt, von 5 ebenso gefärbten, als K.b zu betrachtenden, umgeben, B doppelt-3zählig . .		Aquilegia	177
	„ ungespornt	5		
5	Stbgf auf d. Fr.boden sitzend (hypogyn)	6		
	„ „ „ K.rand „ (perigyn)	12		
6	Die unteren B fussförmig zusammengesetzt mit 7—9 B.chen, lederig, die eigentl Blb röhrig, 2lippig; mehrsamige Kapsel		Helleborus	175
	„ „ „ drei—fünfzählig-zusammengesetzt, od. borstlich vielspaltig, nicht lederig . . .	7		
7	Fr einsamig	8		
	„ mehrsamig	10		
8	Blb mit Honiggrübchen am Grunde, meist von einem Schüppchen bedeckt		Ranunculus	172
	„ ohne Honiggrübchen	9		
9	Blb grünlich, oft purpurn überlaufen; Rispe sehr locker und weitschweifig		Thalictrum	168
	„ gelb oder rot, einzelne endstdg Bl		Adonis	170

L. N.	Tabelle XII.	V. N.	Gattungsname.	Gattungsnummer im II. Teil
10	Das obere P.b (K.b) h e l m f g gewölbt, innerhalb dessen 2 langgestielte, röhrige und gewundene B.chen, die eigentl. Bl b		Aconitum	179
	„ „ „ n i c h t h e l m f g . . .	11		
11	P.b (K.b) b l a u, f l a c h ausgebreitet; Frkn am Grunde mit einander v e r w a c h s e n		Nigella	176
	„ „ g e l b, k u g e l i g z u s a m m e n s c h l i e s s e n d, Frkn g e t r e n n t		Trollius	174
12	Alle B 3 z ä h l i g	13		
	Wenigstens die unteren m e h r z ä h l i g oder g e f i e d e r t	14		
13	Frboden zuletzt f l e i s c h i g, b e e r e n-artig mit Grübchen, worin die kleinen, n u s s artigen Fr sitzen (Scheinfr)		Fragaria	317
	„ „ t r o c k e n, n i c h t beerenartig, Fr nussartig . . .		Potentilla	319
	„ „ t r o c k e n, Fr eine aus wenigen Beerchen (Steinfr) z u s a m m e n g e s e t z t e B e e r e .		Rubus saxatilis	316
14	2 Frknoten, B unterbrochen-gefiedert, Bl ährig, Frkn einwärts hakigborstig		Agrimonia	320
	Mehr als 2 F r k n o t e n	15		
15	Blb w e i s s	16		
	„ g e l b	17		
	„ b r a u n r o t, unansehnlich; B unpaarig-gefiedert; Fr.boden schwammig, doch nicht fleischig u. saftig		Comarum	318
16	Obere B 3 z ä h l i g		Potentilla	319
	Alle B u n t e r b r o c h e n - g e f i e d e r t, aus Trugdolden zusammengesetzte Rispen		Spiraea	314
17	Gf n a c h der Blte noch w a c h s e n d, die nussartigen Fr b e g r a n n e n d, B unterbrochen und leierförmig-gefiedert		Geum	315
	„ a b f ä l l i g, Fr g r a n n e n l o s . .		Potentilla	319

L. N.	Tabelle XII.	V. N.	Gattungsname.	Gattungsnummer im I. Teil
18	Nur Wurzelb vorhanden, höchstens mit kleineren Stützb. am Grund der Aeste	19		
	St beblättert	21		
19	Fr boden zuletzt mäuseschwanzartig verlängert; 5 Stbgf. ☿		Myosurus	171
	„ nicht verlängert	20		
20	B tief-pfeilförmig, B.stiele 3kantig. ♂ und ♀ Bl getrennt		Sagittaria	112
	„ eiförmig, am Grunde höchstens stumpf-herzförmig, ☿ Bl		Alisma	111
21	10 Stbgf, 5 Gf, B meist stielrund und fleischig (5 vielsamige Kapseln)		Sedum	289
	Mehr als 10 Stbgf und mehr als 5 Gf	22		
22	Mit Rosette von zahlreichen, dicht übereinander liegenden, fleischigen, bewimperten Wzlb		Sempervivum	290
	Ohne solche Rosette; Blb mit Honiggrübchen, meist von einem Schüppchen bedeckt		Ranunculus	172
23	Frkn unterständig, manchmal dessen unterer Teil mit dem K verwachsen, dann saftig-fleischige B	24		
	„ oberständig, oder doch halb oberstdg, dann öfter mit 2 bleibenden Gf gekrönt	30		
24	B unterbrochen- und einpaarig-gefiedert, 1—2 Nüsse in dem mit einwärts hakigen Borsten gekrönten K, zuletzt rutenfg verlängerte Aehre und goldgelbe Bl		Agrimonia	320
	„ fiederteilig, quirlig, mit borstlichen Zipfeln		Myriophyllum	300
	„ 3zählig-doppelt-fiederspaltig, dornig gezähnt		Eryngium	250
	„ einfach (wenigstens die auf dem Wasser schwimmenden)	25		
25	Wasserpflanzen	26		
	Landpflanzen	27		
26	Bl weiss; B rautenfg (die schwimmenden), die untergetauchten haarfg-vielteilig; 4 Blb, 4 K.zipfel, 4 Stbgf, ☿		Trapa	299

L. N.	Tabelle XII.	V. N.	Gattungsname.	Gattungsnummer im II. Teil
	Bl gelb, B rund, tief-herzfg; 3 Blb, 9 Stbgf. ♂ u. ♀ auf verschiedenen Pfl		Hydrocharis	114
27	2 Bl.blätter. 2 Stbgf, 2fächerige, 2samige Nuss		Circaea	298
	4 „ , 8 „ , 4fächerige, 4klappige, vielsamige Kapsel .	28		
28	Kapsel rundlich, ringsum aufspringend, halb oberstdg; B länglich-keilfg, fleischig		Portulaca	164
	„ länglich-lineal, 4klappig, unterstdg	29		
29	Bl gelb, Samen ohne Haarschopf, K mit langer Röhre		Oenothera	297
	„ rot, „ mit Haarschopf, K mit kurzer Röhre		Epilobium	296
30	Bl gespornt	31		
	„ ungespornt	34		
31	B zusammengesetzt, Bl traubenfg	33		
	„ einfach	32		
32	Bl citrongelb, an fädlichen Stielen hängend, K 2blättrig. Kapsel elastisch mit sich verdrehenden Klappen aufspringend, St durchscheinend, an den Gelenken angeschwollen, Sporn zurückgebogen, spitz .		Impatiens	233
	„ blau oder mehrfarbig, K 5blättrig, Sporn stumpf, gerade, St nicht durchscheinend und nicht angeschwollen . .		Viola	219
33	Kugelige Nüsschen, B doppelt-gefiedert		Fumaria	186
	Längliche Schoten, B doppelt-3zählig		Corydalis	185
34	Bl unregelmässig	35		
	„ regelmässig oder doch symmetrisch	37		
35	1 Gf	36		
	3 Gf, Blb vielspaltig		Reseda	218
36	Bl ansehnlich, fast 5cm breit, rosenrot mit purpurroten Adern, St 15—20cm hoch, K abfällig, 10 freie Stbgf		Dictamnus	235

L. N.	Tabelle XII.	V. N.	Gattungsname.	Gattungsnummer im II Teil.
	Bl weit kleiner, K bleibend, gefärbt, St weit niedriger, Bl blau, rot oder weiss, Stbgf in 2 Bündel zu je 4 mit den Stbf verwachsen		Polygala	238
37	Höchstens 12 Stbgf	46		
	Mehr als 12 „	38		
38	Wasserpflanzen mit grossen, lederigen, schildförmigen, schwimmenden, rundlich-ovalen B, krugfg Frkn, 10—20strahliger, schildfg Narbe	39		
	Landpflanzen	40		
39	Bl weiss, K 4blttrg		Nymphaea	181
	„ gelb, K 5blttrg		Nuphar	182
40	Stbfäden alle zu einer den vielteiligen Gf umgebenden Röhre verwachsen	41		
	„ höchstens am Grunde verwachsen	42		
41	Aeusserer K aus 3 freien B bestehend		Malva	226
	„ „ 6—9spaltig . .		Althaea	227
42	K 2blättrig, abfällig, 4 Blb . .	43		
	„ mehrblättrig	44		
43	Fr eine eiförmig-kugelige, oder keulenförmige Kapsel mit vielen galerieartig geordneten Löchern aufspringend, sternförmige, unmittelbar auf dem Frkn sitzende Narbe		Papaver	183
	„ eine längere 2klappige Schote, Gf kurz mit 2lappiger Narbe . .		Chelidonium	184
44	B 3zählig-doppelt-gefiedert, Blkr u. K 4blttrg, abfällig, schwarze Beere		Actaea	180
	„ einfach	45		
45	1 Gf, einfächerige, 3klappige Kapsel		Helianthemum	222
	3 und mehr Gf, mehrfächerige Kapsel, Stbgf mit den Stbfäden am Grunde in mehrere Bündel etwas verwachsen		Hypericum	223
46	Pfl ohne B, grün, 5 Kb, 5 an der Basis höckerige Blb, traubenfg Bltenstand (Schmarotzer) . . .		Monotropa	358

L. N.	Tabelle XII.	V. N.	Gattungsname.	Gattungs-
	Pfl mit B grün	47		
47	3 rötliche Blb, 6 Stbgf; B gegenstdg; Pfl an überschwemmten Stellen oft niederliegend, von niedrigem Wuchs		Elatine	224
	4 Blumenblätter (bisweilen hat die gipfelstdg deren 5)	48		
	Mehr als 4 Blb	53		
48	Stengelb bilden einen einzigen, meist aus 4 B bestehenden Quirl, P grün, einen doppelten B.kreis bildend, wovon der innere schmälere die Blkr, der äussere den K vorstellt; schwarze Beere		Paris	26
	„ nicht wirtelförmig, aber gegenständig	49		
49	4—5 Gf	50		
	2—3 Gf	52		
50	K.zipfel 2—3spaltig, Kapsel 8—10klappig, 8fächerig, 8samig; B gegenstdg, eifg, sitzend		Radiola	232
	„ ungeteilt	51		
51	K bei der blühenden Pfl wagrecht, Kapsel bis auf den Grund 4klappig, B pfriemlich		Sagina	146
	„ „ „ „ „ aufrecht, schliessend, Kapsel mit 8 Zähnen sich öffnend		Moenchia	154
52	Samen mit weisslichem, gezacktem Anhängsel (unvollkommner Samenmantel); B mit 3 deutlich hervortretenden Nerven		Moehringia	150
	„ ohne Anhängsel; B eiförmig, schwach-nervig		Arenaria	151
	„ „ „ „ pfriemlich		Alsine	149
53	1 Gf	54		
	Mehrere Gf oder sitzende Narben .	60		
54	B zusammengesetzt	55		
	„ einfach, bisweilen nur Schuppen	58		
55	B gefiedert oder fiederteilig .	56		

L. N.	Tabelle XII.	V. N.	Gattungsname.	Gattungsnummer im II Teil
	B handförmig-gelappt oder geteilt, 5 Narben an der Spitze des schnabelfg verlängerten Griffelträgers (Fr.bodens), 10 in ein Bündel zusammengewachsene Stbgf; Teilfr		Geranium	228
56	10 Stbgf in ein Bündel mit den Stbfäden verwachsen, (wie bei Geranium) Pfl niedrig, meist auf dem Boden ausgebreitet		Erodium	229
	„ frei	57		
57	B mehrfach gefiedert, Bl gelb; nur die gipfelstdg Bl mit 10 Stbgf, die übrigen meist mit 8; K bleibend		Ruta	234
	„ einfach gefiedert, Bl rosenrot mit dunkleren Adern, sehr gross, fast 5 cm br; K abfällig . .		Dictamnus	235
58	St am oberen Teil mit 5—7 sternfg geordneten B, woraus der Bl stiel entspringt; Blb weiss, 5—7, am Grund durch einen Ring verbunden, daher Blkr eigentl. 1blttrg; 5—7 Stbgf		Trientalis	359
	„ „ „ „ nicht mit solchen sternfg geordneten B . . .	59		
59	K röhrig, 8—12zähnig, 6—12 Stbgf, Bl rosenrot, quirlig-ährig		Lythrum	302
	„ „ , 12zähnig; 6 Stbgf, Bl rosenrot, einzeln in den B.winkeln, fast sitzend		Peplis	303
	„ 5teilig, 10 Stbgf, Bl weiss, traubig, B lederig		Pyrola	357
	„ 4teilig oder 4blättrig; Pfl im unteren Teile holzig		Calluna	356
60	2 Gf oder 2 Narben, Samen mit mantelfg Anhängsel		Moehringia	150
	„ „ „ „ „ „ ohne Anhängsel	61		
	Mehr als 2 Gf oder Narben	64		
61	Bl weiss, 2 stehen bleibende Gf, wodurch die Kapsel 2hörnig erscheint, B tief eingeschnitten-gelappt, fleischig		Saxifraga	291

L. N.	Tabelle XII.	V. N.	Gattungsname.	Gattungsnummer im II. Teil
	Gf abfällig, verwelkend. B ganzrandig	62		
62	K mit schuppenfg Deckblättern dicht umgeben. Bl rot		Dianthus	158
	.. ohne solche Deckb	63		
63	Bl gebüschelt doldentraubig oder ebenstraussartig. B 3—5mm breit. länglich-elliptisch		Saponaria	159
	.. einzeln in den Gabeln und am Ende der Aeste auf haardünnen Stielen. B schmal-lineal. kaum 1 mm breit		Gypsophila	157
64	B einfach	65		
	.. 3zählig. kleeblattähnlich . .		Oxalis	230
65	4 sitzende N. Bl mit 5 borstig-gewimperten, Drüsen tragenden Nebenkronenblb		Parnassia	221
	3. 4 oder 5 Gf. oder 3 sitzende N .	66		
66	3 Gf oder 3 sitzende Narben . .	67		
	4—5 Gf	76		
67	Schaft mit längerer Bl.ähre u. drüsig gewimperten Wzlb; 3—5 Gf .		Drosera	220
	Blttrg St	68		
68	B wechselständig. 5 Stbgf. 3 Narben		Corrigiola	143
	.. gegenständig	69		
69	K röhrig mit 5 Zähnen . . .	70		
	.. 5blättrig	71		
70	Fr eine mit 6 Zähnen aufspringende Kapsel		Silene	161
	.. eine 1fächerige (vielsamige) Beere		Cucubalus	160
71	Blb 2spaltig oder 2teilig. Kapsel 6klappig		Stellaria	153
	.. ganz, höchstens seicht ausgerandet	72		
72	Bl in armblütigen Dolden. 3 Stbgf .		Holosteum	152
	.. zerstreut in den B.winkeln und Gabeln der Aeste, oder rispigbüschelig. 5—10 Stbgf . . .	73		
73	Samen mit weisslichem Anhängsel (unvollkommener Samenmantel). B mit 3 stärker hervortretenden Nerven, 4—5 K.b und 4—5 Blb, 8—10 Stbgf		Moehringia	150
	.. ohne Anhängsel	74		

T. N.	Tabelle XII.	V. N.	Gattungsname.	Gattungs-nummer im II. Teil.
74	Bl rot		Lepigonum	148
	.. weiss	75		
75	B pfriemlich. Bl büschelfg-rispig; Kapsel 3klappig		Alsine	149
	.. eiförmig, zugespitzt		Arenaria	151
76	K röhrig mit 5 Zipfeln oder Zähnen	77		
	.. 5blättrig	79		
77	Bl in Köpfchen beisammen, von einer gemeinschaftlichen, dachigen Hülle bedeckt. K gefaltet, oberwärts trockenhäutig		Statice	368
	.. anders geordnet, ohne solche Hülle	78		
78	K.zipfel weit über die Blb hinaus verlängert, bleibend. Narben rings behaart		Agrostemma	163
	K.zähne kurz, nicht verlängert, hinfällig. Narben kahl. Krone öfter mit Schlundkranz		Lychnis	162
79	Blb an der Spitze ganz	80		
	.. gekerbt oder gespalten . .	81		
80	Kapsel 1fächerig, B quirlig, 10 freie Stbf		Spergula	147
	.. .. .. gegenstdg . .		Sagina	146
	.. 8—10fächerig, 5 am Grunde in einen Ring verwachsene Stbf . .		Linum	231
81	Blb bis auf den Grund 2teilig. K und Bltenstiele drüsig flaumhaarig . .		Malachium	155
	.. 2spaltig		Cerastium	156

Druckfehler-Berichtigung.

Seite 4 bei L.-N. 13 hinter „vierkantig“ lies „oder stielrund, dann aber mit safrangelbem Samenmantel.“

Seite 16 bei L.-N. 37 lies oft statt oben.

Seite 28 erste Zeile von unten lies Scandix statt Scanpix.

Seite 30 siebente Zeile von unten lies Stbgf statt Stbpf.

Alphabetisches Verzeichnis

der in dem Buch vorkommenden, durch Zeichnungen veranschaulichten Kunstausdrücke.

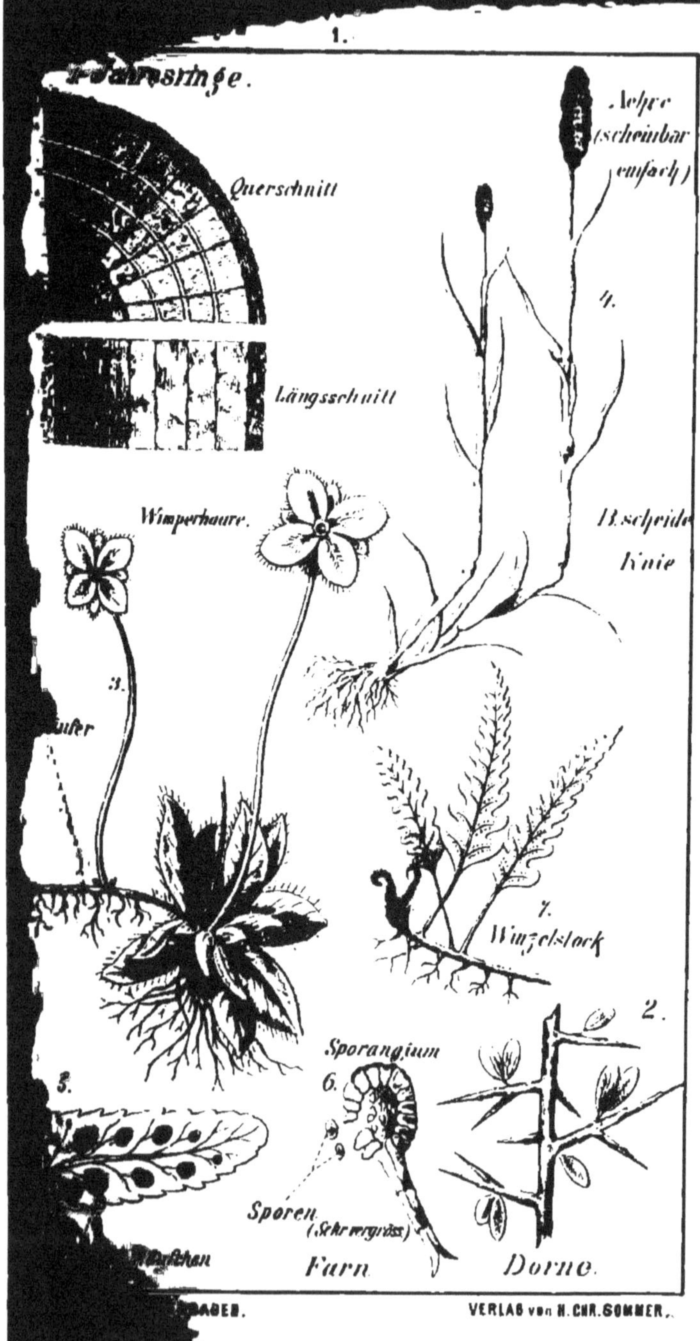

VERLAG von H. CHR. SOMMER.

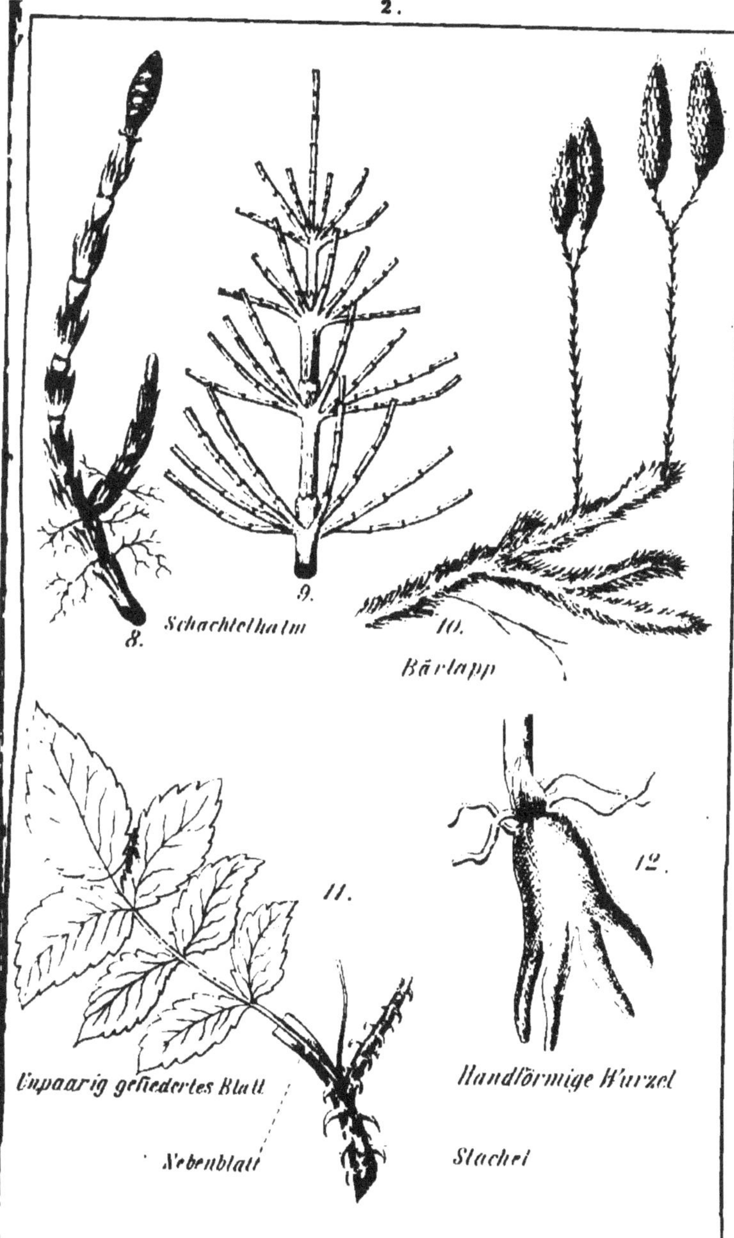

 VERLAG von H CHR SOMMER.

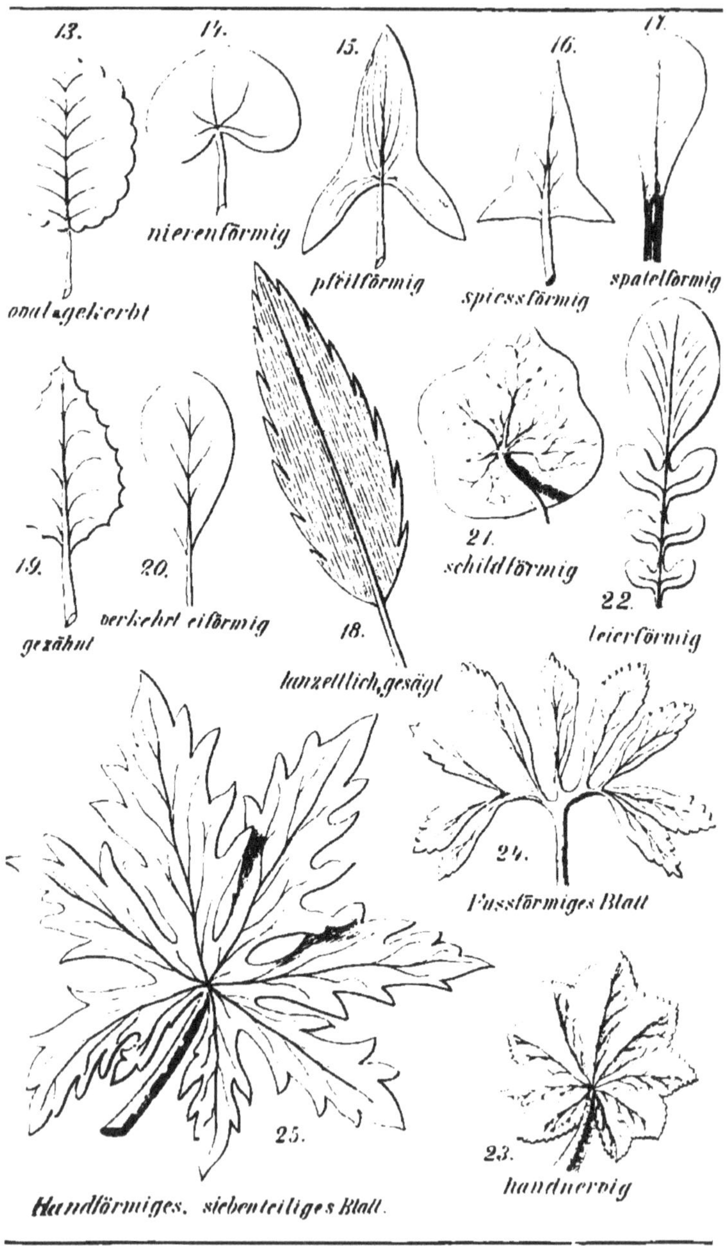
13.
oval, gekerbt
14.
nierenförmig
15.
pfeilförmig
16.
spiessförmig
17.
spatelförmig
19.
gezähnt
20.
verkehrt eiförmig
18.
lanzettlich, gesägt
21.
schildförmig
22.
leierförmig
24.
Fussförmiges Blatt
25.
Handförmiges, siebenteiliges Blatt.
23.
handnervig

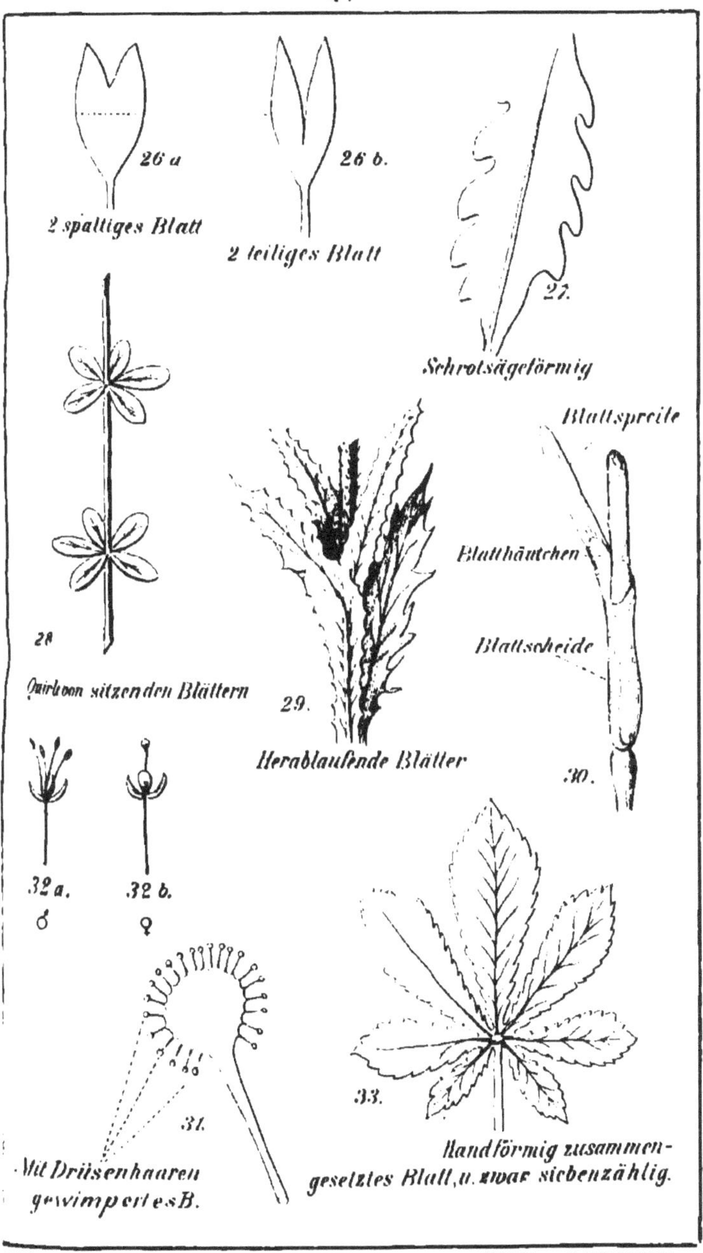
26 a
2 spaltiges Blatt
26 b.
2 teiliges Blatt
27.
Schrotsägeförmig
28
Quirl von sitzenden Blättern
29.
Herablaufende Blätter
Blattspreite
Blatthäutchen
Blattscheide
30.
32 a.
♂
32 b.
♀
31.
Mit Drüsenhaaren gewimpertes B.
33.
Handförmig zusammengesetztes Blatt, u. zwar siebenzählig.

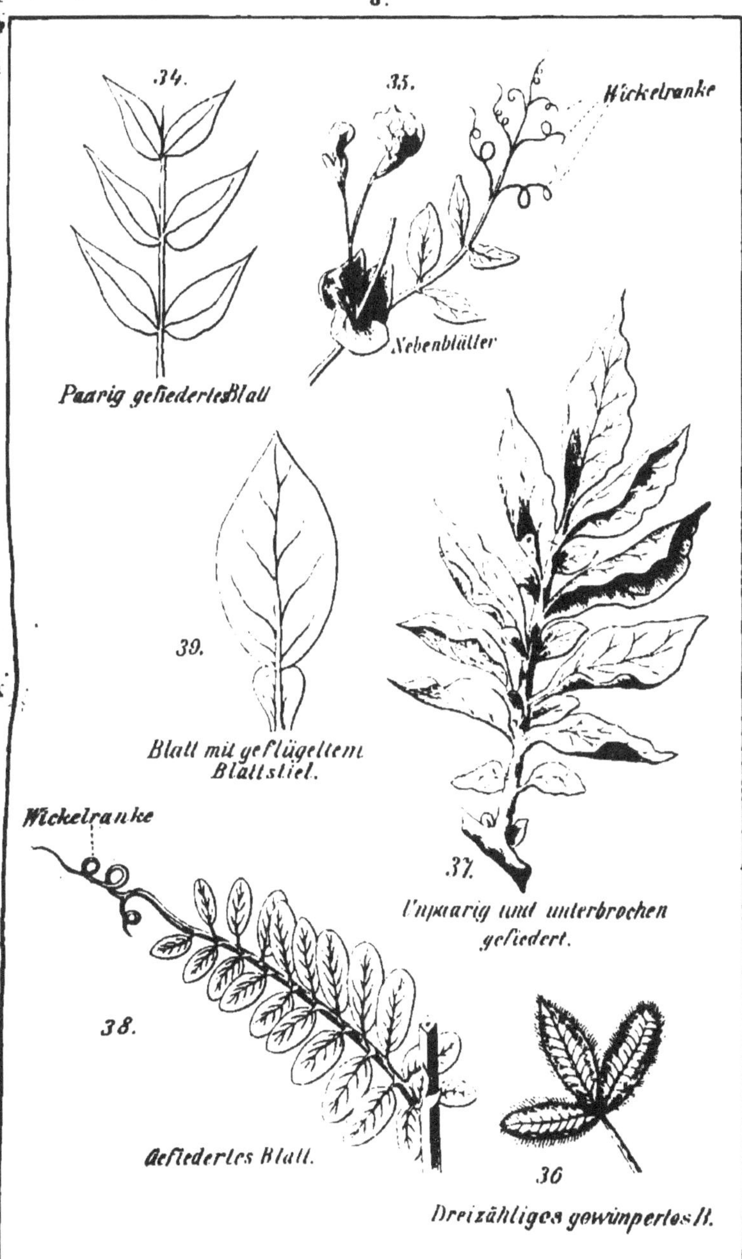
34.
Paarig gefiedertes Blatt
35.
Wickelranke
Nebenblätter
39.
Blatt mit geflügeltem
Blattstiel.
37.
Unpaarig und unterbrochen
gefiedert.
Wickelranke
38.
Gefiedertes Blatt.
36
Dreizähliges gewimpertes B.

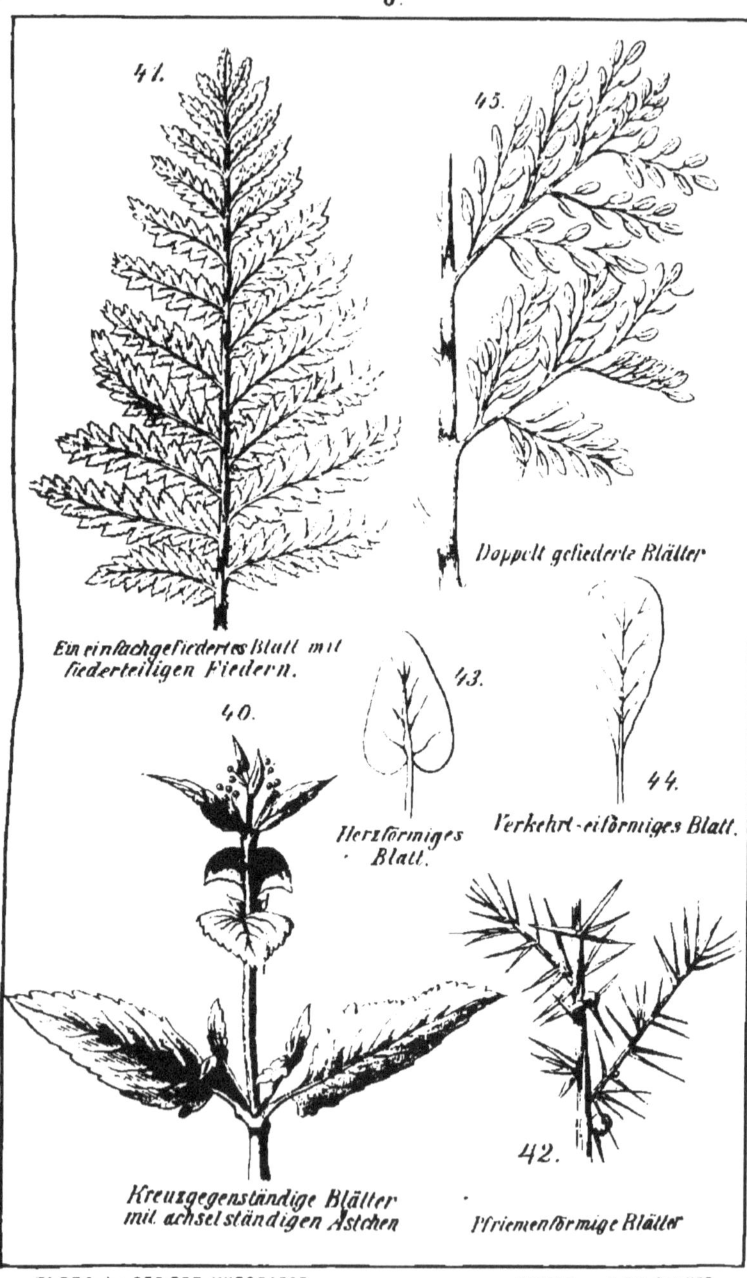
41.
45.
Ein einfachgefiedertes Blatt mit fiederteiligen Fiedern.
Doppelt gefiederte Blätter
43.
40.
44.
Herzförmiges Blatt.
Verkehrt-eiförmiges Blatt.
42.
Kreuzgegenständige Blätter mit achselständigen Ästchen
Pfriemenförmige Blätter

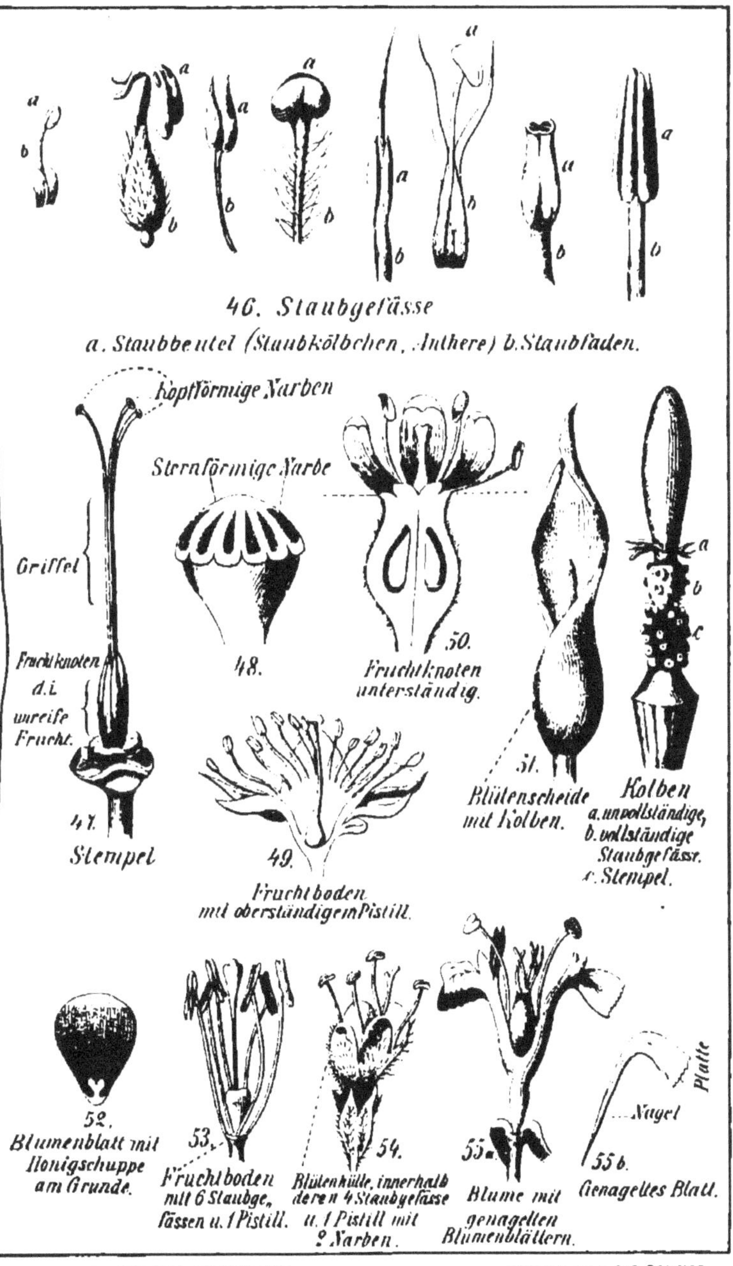

 VERLAG von H. CHR. SOMMER.

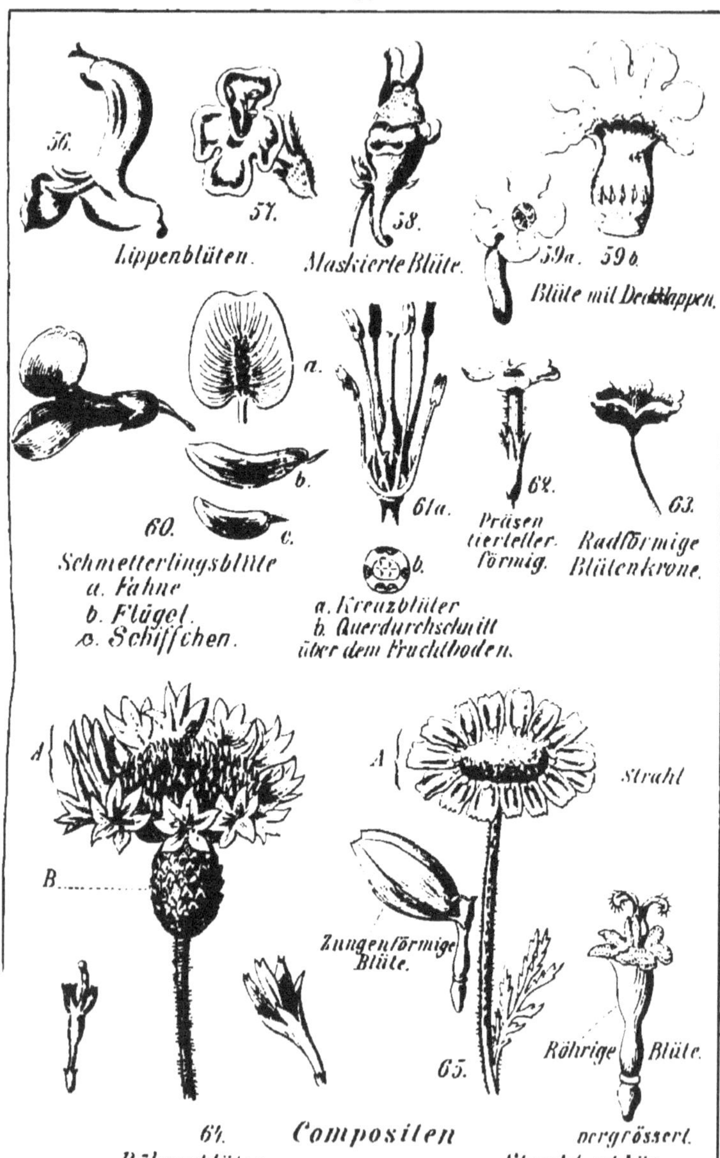
56.
57.
58.
Lippenblüten.
Maskierte Blüte.
59a. 59b.
Blüte mit Deckklappen.
a.
b.
c.
60.
Schmetterlingsblüte
a. Fahne
b. Flügel.
c. Schiffchen.
61a.
b.
a. Kreuzblüter
b. Querdurchschnitt über dem Fruchtboden.
62.
Präsentierteller-förmig.
63.
Radförmige Blütenkrone.
A
B
A
Strahl
Zungenförmige Blüte.
Röhrige Blüte.
65.
64.
Compositen
vergrössert.
Röhrenblüter.
A. Röhrige Blüten. B. Hüllkelch (dachig)
A u B. Blütenkopf-Köpfchen.
Strahlenblüter
A. Blütenkopf mit zungenförmigen Blüten im Strahle u. röhrigen Bl. auf der Scheibe.

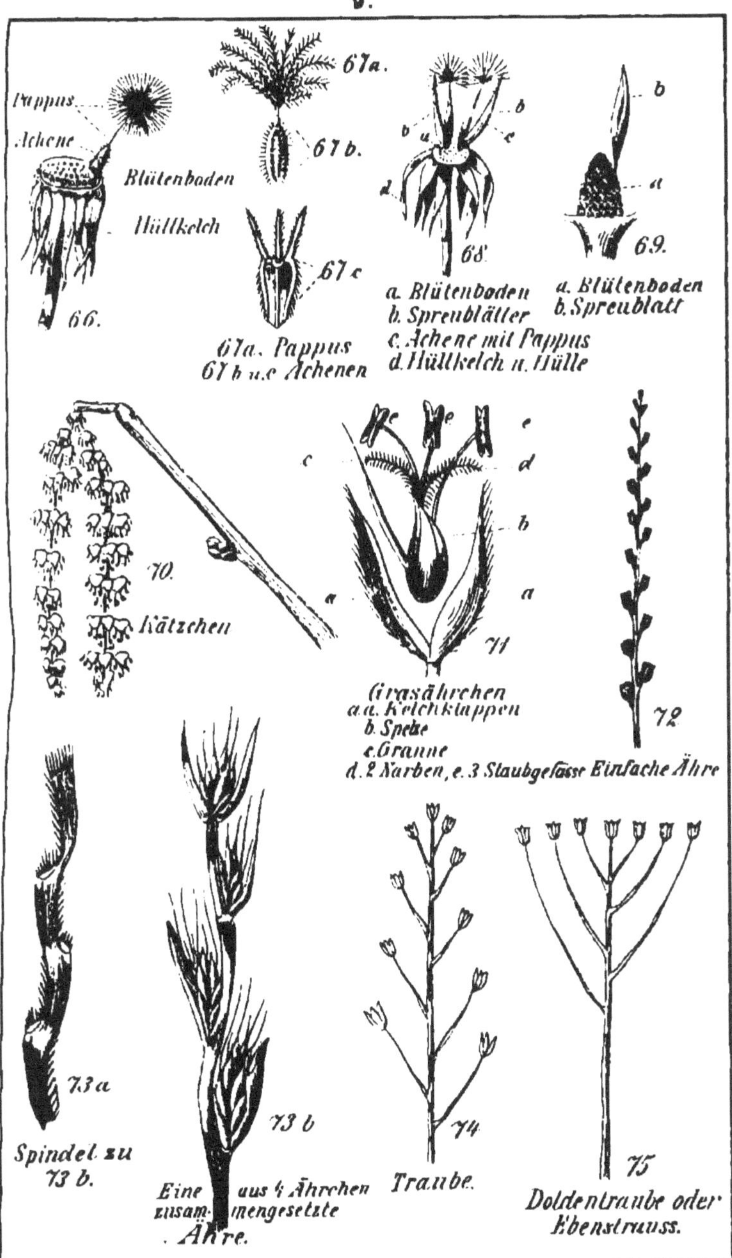
Pappus
Achene
Blütenboden
Hüllkelch
66.
67a.
67b.
67c
67a. Pappus
67b u.c Achenen
68
a. Blütenboden
b. Spreublätter
c. Achene mit Pappus
d. Hüllkelch u. Hülle
69.
a. Blütenboden
b. Spreublatt
70.
Kätzchen
71
Grasährchen
a.a. Kelchklappen
b. Spelze
c. Granne
d. 2 Narben, e. 3 Staubgefässe
72
Einfache Ähre
73a
Spindel zu 73 b.
73 b
Eine aus 4 Ährchen zusammengesetzte Ähre.
74
Traube.
75
Doldentraube oder Ebenstrauss.

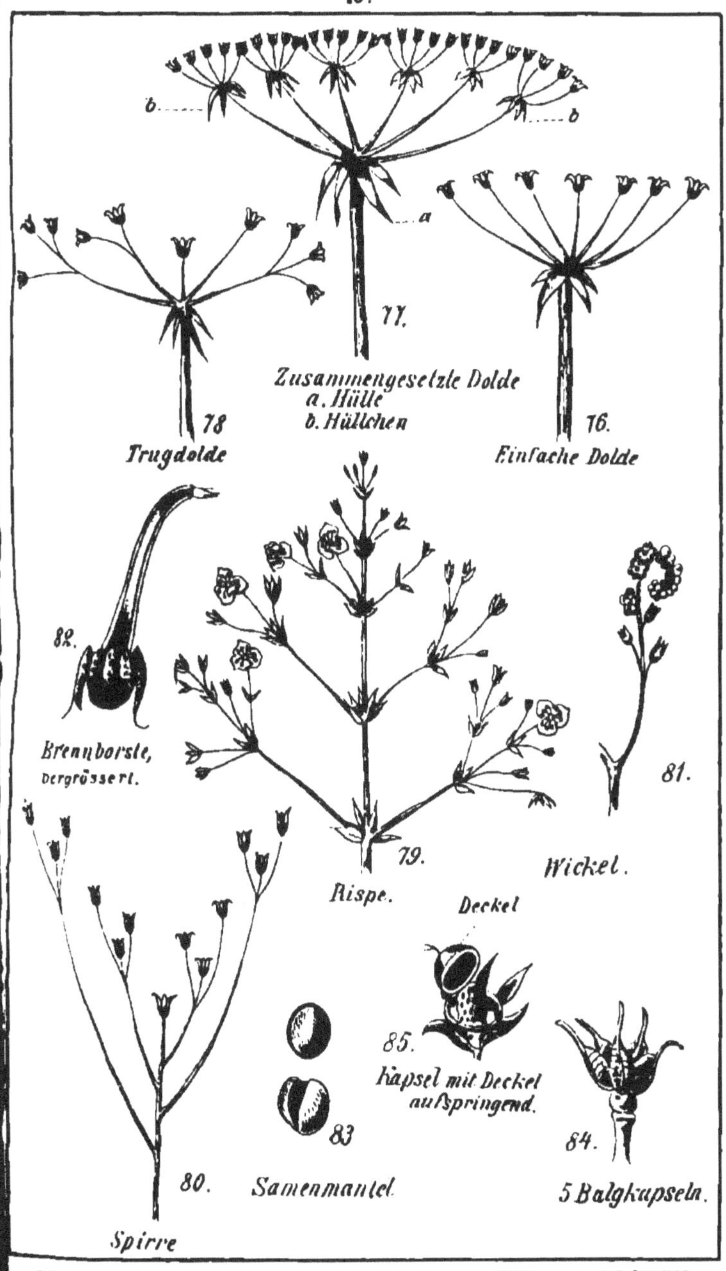
b
b
a
77.
Zusammengesetzte Dolde
a. Hülle
b. Hüllchen
78
Trugdolde
76.
Einfache Dolde
82.
Brennborste,
vergrössert.
79.
Rispe.
81.
Wickel.
Deckel
85.
Kapsel mit Deckel
aufspringend.
83
80.
Samenmantel.
84.
5 Balgkapseln.
Spirre

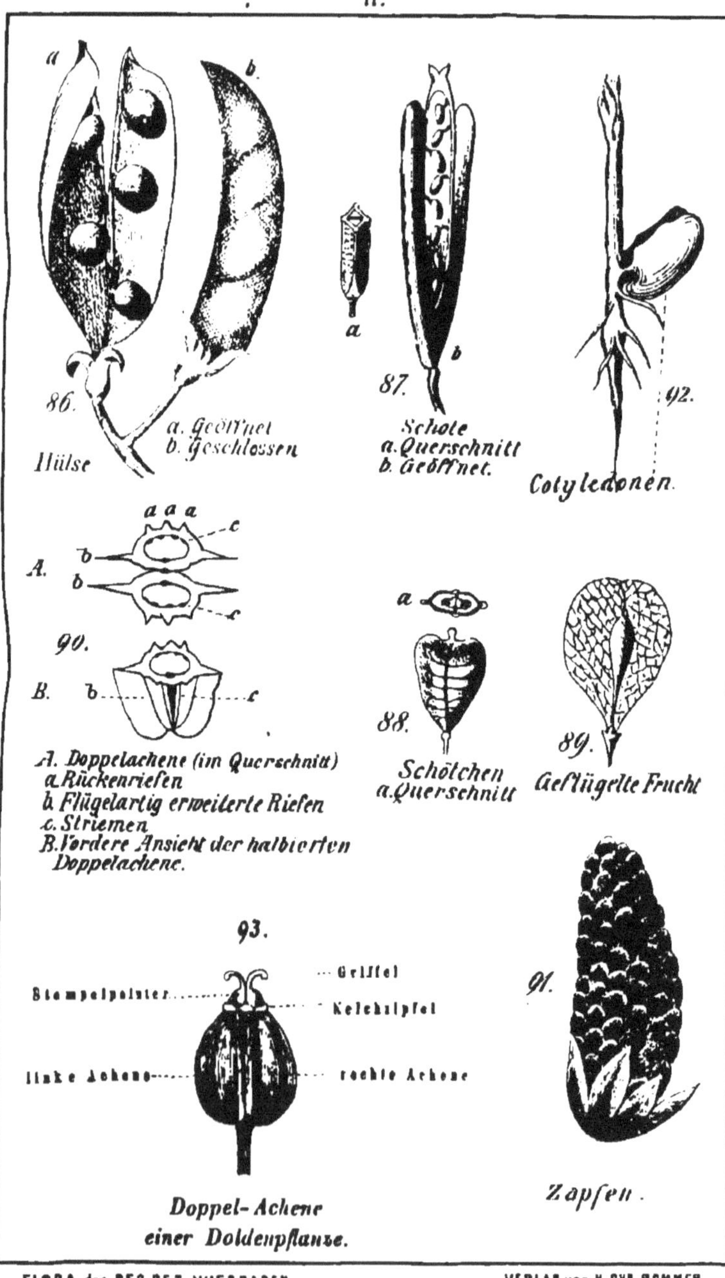
11.
a
b.
86.
Hülse
a. Geöffnet
b. Geschlossen
a
b
87.
Schote
a. Querschnitt
b. Geöffnet.
92.
Cotyledonen.
a a a
c
A.
b
b
c
90.
B.
b
c
A. Doppelachene (im Querschnitt)
a. Rückenriefen
b. Flügelartig erweiterte Riefen
c. Striemen
B. Vordere Ansicht der halbierten Doppelachene.
a
88.
Schötchen
a. Querschnitt
89.
Geflügelte Frucht
93.
Griffel
Stempelpolster
Kelchzipfel
linke Achene
rechte Achene
Doppel-Achene einer Doldenpflanze.
91.
Zapfen.

Flora

des

Regierungsbezirks Wiesbaden.

Zugleich mit einer Anleitung
zum Bestimmen der darin beschriebenen
Gattungen und Arten

von

Hermann Wagner,
Rektor des Realprogymnasiums zu Bad-Ems.

Zweiter Teil:

Analyse und Beschreibung der Arten.

Bad-Ems,
Druck und Verlag von H. Chr. Sommer.
1891.

Vorwort.

Dem Wunsche des Verlegers meiner „Flora des unteren Lahnthals"* sowie den ermutigenden Zureden einiger Freunde der Botanik nachgebend, habe ich es unternommen in der vorliegenden Schrift in ähnlicher Weise und in Erweiterung des früheren Planes den ganzen Regierungsbezirk Wiesbaden zum Gegenstand einer botanischen Synopsis zu machen. Wiewohl ich nun den grösseren Teil dieses Bezirks in jüngeren Jahren vielfach als Sammler durchstreift habe und besonders bemüht gewesen bin, von den Orten aus, die mir mein Beruf als Wohnsitz zwischenzeitlich zuwies, (Weilburg, Dillenburg, Wiesbaden, Diez, Ems) nach allen Richtungen hin botanische Ausflüge auszuführen, so hätte doch die vorliegende Arbeit keineswegs auf irgendwelche wünschenswerte Vollständigkeit und Genauigkeit der Angaben rechnen können ohne die sehr verdienstvollen Vorarbeiten und Mitarbeiten der botanischen Section des nassauischen Vereins für Naturkunde, deren Ergebnisse in den Jahrbüchern des Vereins niedergelegt sind.

Besonders stützte sich meine Hoffnung, irgend etwas Erspriessliches zu Tage fördern zu können, auf die vorangegangene Thätigkeit weiland des Apothekers Franz Rudio, der als Vorsitzender der botanischen Section durch die Herausgabe einer Uebersicht der Phanerogamen und Gefässkryptogamen von Nassau (Jahresheft 1851) nebst Nachträgen (Jahresheft 1852) die bis dahin in diesem Jahrhundert gemachten zahlreichen Beobachtungen von neuem zum ersten Male zusammengestellt und kritisch gesichtet hat.

Schätzbare Beiträge zu dieser Uebersicht der in dem Gebiete vorkommenden Arten und ihrer Standorte hatten demselben nicht nur die litterarischen Vorarbeiten der früheren Botaniker Dörrien, Genth, Leers, Fresenius, Meinhardt, Hergt, Röhling, Wirtgen, sondern auch die Forschungen der gleichzeitigen Mitglieder der botanischen Section, insbesondere die ihm von Fuckel, Geisler, Koch, Lambert, Sandberger, Schenck, Snell, Bayrhoffer, Schübler, Kunz u. a. gemachten Mitteilungen geliefert. Da es dem Verfasser bekannt war, mit welcher streng

* Flora des unteren Lahnthals mit besonderer Berücksichtigung der näheren Umgebung von Ems. Zugleich mit einer Anleitung zum Bestimmen der darin beschriebenen Gattungen und Arten. Bad-Ems. Druck und Verlag von H. Chr. Sommer. 1889.

auf Autopsie der eingeschickten Beleg-Exemplare fussenden Kritik diese wertvolle Statistik entstanden ist, so hat derselbe kein Bedenken getragen, in seine Flora fast alle dort aufgezählten Arten aufzunehmen, auch wenn darunter sich solche befinden. welche nicht an Ort und Stelle von ihm selbst beobachtet werden konnten. Uebrigens ist durch die Bezeichnung „J. V. N.“ bei Angabe der Standorte der selteneren Arten auf die oben erwähnte Uebersicht hingewiesen worden, zugleich in der Absicht, um die sonst einen grossen Raum erfordernde Angabe der Finder zu ersparen.

Nun ist allerdings seit Herausgabe dieser Uebersicht mehr als ein Menschenalter verflossen, und es ist nicht unwahrscheinlich, dass manche Angaben von damals heute nicht mehr zutreffen. Wenigstens hat gewiss bei manchen nicht eine öftere Revision stattgefunden. Immerhin dürfte ihnen als Beiträgen zu einer, wenn auch nur lokalen, Geschichte der Pflanzenverbreitung, eines bisher noch wenig kultivierten Wissensgebietes, ein gewisser Wert innewohnen. Dass auch in unserem verhältnismässig kleinen Bezirke (etwa 100 Quadratmeilen) innerhalb dieses Jahrhunderts Aenderungen der Standorte vor sich gegangen sind, die auf eine Wanderung mancher charakteristischen Species hinweisen, teils bedingt durch natürliche Vorgänge, teils durch die Kultur absichtlich oder unabsichtlich hervorgerufen, erscheint als unumstössliche Thatsache. So sind manche interessante Sumpfpflanzen durch Trockenlegung der betreffenden Standorte, durch Korrektion der Flussläufe u. dergl. leider wieder verschwunden, andere Arten, wohl durch Einschleppung mit Samen von Kulturpflanzen, plötzlich an manchen Orten, wo sie vorher nie gesehen worden waren, aufgetaucht.

Ich habe in dem Texte selbst auf manche dieser Erscheinungen aufmerksam gemacht, auch in dem Vorworte zu meiner Flora des unteren Lahnthals auf einige derselben hingewiesen. Vielleicht gelingt es mit der Zeit, wenn einmal ein reicheres Beobachtungsmaterial bekannt geworden ist, das Gesetzmässige von dem Zufälligen zu scheiden und selbst Fragen von höherem wissenschaftlichen Werte, wie klimatische Veränderungen und Schwankungen, Abhängigkeit der Pflanzen von der chemischen Beschaffenheit des Bodens und dergl. auf Grund solcher Specialbeobachtungen näher zu treten.

In Bezug auf die in der jüngsten Zeit gemachten Beobachtungen standen mir die durch Gymnasiallehrer Geisenheyner in Kreuznach, Mitglied der Kommission für die deutsche Flora und Referent für die Rheinprovinz und Nassau, gütigst übermittelten Separatabdrücke aus den Berichten der deutschen botanischen Gesellschaft seit 1885 zur Verfügung, und habe ich durch den Index „D. B. G.“ im Contexte auf die betreffenden neuen von dort entlehnten Fundorte hingewiesen. In diesen Separatabdrücken werden als Quellen bezw. Finder für unser Gebiet bezeichnet: Dr. Zimmermann, Oberlehrer am Realprogymnasium in Limburg, Freiherr v. Spiessen, Oberförster in Winkel, F. und H. Wirtgen, Vigener, Hofapotheker in Biebrich, L. Dosch, J. Scriba, (Excursionsflora). M. Dürer in Frankfurt a. M., Dr. Buddeberg in Nassau. Haussknecht (kleinere bot. Mitteilungen).

Schliesslich muss ich der wertvollen Beiträge zur Kenntnis der Flora des unteren Lahnthals mit Dank gedenken, welche mir durch die Güte des Reallehrers a. D. Kunz dahier und des Ingenieurs Pauly auf der Nieverner Hütte mitgeteilt wurden.

Aus dem nördlichsten und nordwestlichen Teile des Regierungsbezirks dagegen, insbesondere aus dem Kreise Biedenkopf, sowie aus dem Stadt- und Landkreise Frankfurt standen dem Verfasser nur wenige Beobachtungen und Beobachter zur Seite. Doch dürften sich aus diesem Mangel schwerlich erhebliche Lücken in der Aufzählung der Arten ergeben, da das erstere Gebiet sich der Flora des Westerwaldes, letzteres sich der Taunus- und Mainflora unmittelbar anschliesst. Andererseits habe ich eine Reihe von Standorten aus dem überrheinischen Grenzgebiete, namentlich aus Rheinhessen unterhalb Mainz bis Bingen, als wünschenswerte Ergänzung unserer Flora hinzugezogen.

Bezüglich der Standortsangabe erschien mir es zweckmässig, den ganzen Regierungsbezirk in 4 Hauptabschnitte zu teilen, deren Umgrenzung sich zwar nicht mathematisch genau umschreiben lässt, was aber zur Veranschaulichung der Verteilung mancher charakteristischen Formen sich dienlich erweist.

Hierbei bot sich die geographische Scheidung in eine nördliche und südliche Hälfte durch die Lahn auch in botanischer Hinsicht als verwertbar dar, dies jedoch mit Ausschluss der zunächst an das Lahnthal angrenzenden Niederungen und Nebenflussthäler. Dementsprechend wurden die auf dem höheren Taunus oder Westerwald gelegenen Standorte mit dem Zeichen $\overline{\quad\cdot\quad}$ oder $\underline{\quad\cdot\quad}$ versehen, dagegen die der Niederungen in der Nähe des Mains und Rheins mit M. u. Rh. bezeichnet. Endlich schien mir der Gegensatz zwischen oberem und unterem Lahnthal ($\underline{\text{L.}}$ u. $\overline{\text{L.}}$) wichtig genug, um auch hierauf bei der Bezeichnung der Standorte aufmerksam zu machen.

Es finden sich nämlich, etwa von Diez abwärts, eine nicht unbedeutende Menge von Species, welche, und zwar in immer wachsender Zahl mit der Annäherung an das Rheinthal, der Flora des letzteren vorzugsweise angehören. Ja, es macht ganz den Eindruck, als ob manche Formen lahnaufwärts vom Rhein her eingewandert seien.

Auch auf das Fehlen mancher, sonst häufig vorkommender Pflanzen wurde gelegentlich aufmerksam gemacht, da sich gerade hieraus interessante Anhaltspunkte für eine historische Entwicklung der Verbreitung ergeben können.

Schliesslich sei es gestattet, das zunächst für die strebsame Jugend bestimmte Werkchen der Nachsicht der strengen Kritiker zu empfehlen.

Der Verfasser sähe sich für seine Mühewaltung hinreichend belohnt, wenn er hierdurch in etwas dazu beitragen könnte, dass das jüngere heranwachsende Geschlecht wieder mehr auf die Beobachtung der sie umgebenden heimischen Natur hingelenkt und dadurch zu einer gesunden, naturgemässen Lebensanschauung zurückgeführt und vor frühreifer Treibhausentwicklung abgehalten würde. Dann wäre damit, wenn auch kein hervorragend wissenschaftlicher, doch ein pädagogischer Zweck erreicht.

Inhalts-Verzeichnis.

Erster Teil: Bestimmungs-Tabellen.

Zweiter Teil: Analyse und Beschreibung der Arten.

Druckfehler-Berichtigung.

S. 162 Z. 12 v. u. l. als Ueberschrift: 3. Ordnung: Buxaceae.
S. 185 Z. 17 v. o. l. 1. Ordnung: Thymelaeaceae.
S. 238 Z. 16 v. u. l. XIV statt XV.
S. 239 Z. 16 v. o. l. XIV statt XV.
S. 239 Z. 5 v. u. l. XIV statt XV.
S. 246 Z. 21 v. u. l. XIV statt XV.
S. 248 Z. 15 v. o. l. XIV statt XV.
S. 285 Z. 4 v. o. l. Scabiose statt Skabiose.

A. Gefässkryptogamen. (XXIV.)

(Blütenlose Pflanzen.)

Die vollkommen entwickelte Pfl erzeugt an den B oder in deren Achseln Sporenbehälter (Sporangien), aus deren Sporen sich ein Antheridien oder Archegonien (den ♂ und ♀ Bl der Phanerogamen entsprechend) tragender Vorkeim bildet, durch deren Befruchtung wiederum eine vollkommene Pfl entsteht. Pfl mit St, B, ächten Wzln und Gefässbündeln.

1. Klasse: Equisetinae.

Sporenbehälter an der Unterseite von schildfg, zu einer endstdg Aehre zusammengestellten Schuppen; St gegliedert mit quirlstdg, zu gezähnten Scheiden verwachsenen unansehnlichen B.

1. Equisétum, Schafthalm.

1. Früchte (Sporangien) tragender St vor den unfruchtbaren St erscheinend, rötlich oder blassgelb, ganz einfach. 2.
— — — — gleichzeitig mit den unfruchtbaren erscheinend, grünlich. 3.

2. Unfruchtbare St grün, oft niederliegend, 30—60 cm lang, mit je 8—12 quirlfg gestellten, 4kantigen Aesten; St.scheiden kreiselfg-röhrig mit 8 lanzettlichen, etwas zusammenhängenden, oberwärts trockenhäutigen Zähnen, Scheiden der Aeste 4zähnig, fruchtbare St 10—20 cm h., aufrecht. **E. arvense L. Acker-Sch.**
April - Mai. Auf bebautem Land, an Ufern gemein.
— — weiss mit 30 u. mehr quirlfg gestellten Aesten, St.scheiden kreiselfg-röhrig mit 20—30 pfriemlich-borstlichen Zähnen, Scheiden der Aeste 4—5zähnig, 30—100 cm h., fruchtbare St rötlich-gelb, 15—60 cm h. **E. Telmateja Ehrh. Grösster Sch.**
Apr.l—Mai. An feuchten Waldabhängen. Feldberg; Braubach; J.V.N.

3. Aeste der unfruchtbaren, später auch die der Fr tragenden St wiederholt ästig, grasgrün. (Pfl sehr kleinen Tannenbäumchen ähnlich, etwa 30—45 cm h.), bogenfg herabhängend, bis zu 12 im Quirl, 4kantig, mit 3kantigen Aestchen; Scheiden an der Hauptachse kreiselfg-röhrig, trockenhäutig, mit etwa 6 ungleichen, die der Aeste mit 3 pfriemlichen Zähnen; Fr.ähre wie bei voriger Art zusammengesetzt. **E. sylvaticum L. Wald-Sch.**
April—Juni. Feuchte, schattige Wälder.

Aeste, wenn vorhanden, nicht mehr verästelt. Halm glatt, Scheiden mit bleibenden spitzen Zähnen. 4.
— rauh, Scheiden ohne Zähne oder mit hinfälligen Zähnen, am Grunde schwärzlich; St einfach, 60—90 cm h., 14—20 rippig; Fr.ähre stachelspitzig. E hiemale L. **Polier-Sch.**
Sommer. Wälder.

4. St tief gefurcht (mit 6—8 Furchen) und kantig-gerippt, ziemlich rauh anzufühlen, 30—60 cm h.; Scheiden locker, mit 6—8 lanzettlichen, häutig berandeten Zähnen, wie die der ebenfalls furchigen, zu etwa 12 im Quirl stehenden Aeste: Aehre stumpf, wie bei voriger Art gebildet. **E. palustre L. Sumpf-Sch.**
Juni—Herbst. Feuchte, sumpfige Wiesen. Häufig.
— nur seicht gerillt, glatt, bis zu 90 cm h., weit dicker als vorige Art; Scheiden eng anschliessend, nach oben etwas verbreitert, mit 10—20 lanzettlich-pfriemlichen, schmal-häutig-berandeten Zähnen; Aeste (wenn vorhanden, was seltener vorkommt) 5—6kantig mit 5—6zähnigen Scheiden; Fr.ähre wie bei voriger Art. Variirt mit mehreren ährentragenden Seitenachsen bei verkümmerter Aehre der Hauptachse, auch mit dunkelbraun gegen die Spitze hin gefärbten Scheidezähnen. **E. limosum L. Schlamm-Sch.**
Juni-August. In tiefen Sumpfgräben.

2. Klasse: Lycopodinae.

Sporangien in den B.winkeln, einzeln, mit Klappen sich öffnend St grösstenteils niederliegend mit aufrechten Aesten. B wechselstdg, 2—4 zeilig, zahlreich, die fruchtstdg kleiner und deckb.-ähnlich. Pfl, welche in der Tracht den Laubmoosen ähneln.

2. Lycopódium, Bärlapp.

1. Sporangien zu stiellosen Aehren vereinigt 2.
— meist 2 oder mehrere gestielte Aehren bildend. 4.

2. Die die Sporangien stützenden B weit kleiner als die übrigen, deckb.-ähnlich, gelblich-grün. St kriechend mit aufrechten, 15—30 cm h. Aesten, öfter gabelig geteilt; B lineal-lanzettlich, stachelspitzig, vorn gesägt, abstehend oder zurückgebogen. Aehren einzeln, endstdg. **L. annotinum L. spec. Sprossender B.**
Juli—August. Schattige Wälder des höheren Taunus u. Westerwalds.
— — — — — von gleicher Grösse. 3.

3. St aufrecht oder aufstrebend, gabelspaltig-ästig, 10—20 cm h, Aeste etwa gleich hoch; B lanzettlich, zugespitzt, lederig, starr, meist angedrückt, etwas gezähnelt. **L. Selago L. spec. Tannen-B.**
Juli—August. Schattige Bergwälder. Selten. Höherer Taunus und Westerwald.

St niederliegend, wurzelnd, mit aufrechten, etwa 6 cm h., ganz einfachen Aesten, an deren Spitze eine einzelne Aehre; B lineal - lanzettlich, ganzrandig, am Grunde etwas breiter. L. **inundatum L. spec. Sumpf-B.**

Juli—August. Montabaurer Höhe; im Mühlrod bei der Platte (Taunus). J. V. N.

— meist 2 oder mehrere gestielte Aehren bildend. 4.

4. Aestchen zusammengedrückt-2schneidig, aufrecht, auf der inneren Seite flach, zu gleich hohen Büscheln vereinigt; St kriechend, länger als bei voriger Art, sehr verzweigt, mit gabelspaltig sich abzweigenden, aufrechten Aesten; B der Aestchen in 4 Reihen, lanzettlich, stachelspitzig (jedoch nicht in ein Haar endigend), die seitlichen am Grunde etwas verwachsen und herablaufend, aufrecht abstehend, die übrigen angedrückt; Deckb breit-eifg, fein gekerbt, haarspitzig. L. **Chamæcyparissus Al. Braun. Cypressenähnlicher B.**

Juli—August. In Wäldern sehr selten. Bei Zimmerschied. Chausseehaus bei Wiesbaden, Weissenturm, Wildsachsen; J. V. N.

— rundlich, aufstrebend oder niederliegend; St kriechend, oft von bedeutender Länge, ringsum mit zerstreuten, in ein weissliches, verlängertes Haar endigenden, einwärts gekrümmten B besetzt; Fr.ähren meist paarweise auf schuppigem, gemeinschaftlichem Stiele, mit breit-eifg, haarspitzig gezähnelten Deckb. L. **clavatum L. Gemeiner B.**

Juli—August. Wälder, Heiden.

3. Klasse: Filicinae.

Sporangien meist auf der Unterseite der vollkommen entwickelten, in der Knospe meist schneckenfg zusammengerollten, nie zu Aehren zusammengestellten B, seltener frei durch Umbildung oder Verkümmerung der Fr.b.

a. Filices, Farne.

Mit nur einerlei Sporen. (Landpflanzen.)

3. Botrychium, Mondraute.

Wedel einfach gefiedert oder fiederteilig, 10—20 cm h., mit halbmondfg, ganzrandigen oder gekerbten oder fächerfg ausgeschnittenen Fiedern zur Seite des rispenfg-ährigen Fr.standes, etwa 3mal so lang als breit, gelblich-grün, an den Stiel des letzteren bis zur Mitte und höher angewachsen und denselben umwickelnd; Fr (Sporangien) kugelfg, von einander getrennt, halb-2klappig. B. **Lunaria Swartz. Osmunda Lunaria L. spec. Gemeine M.**

Mai—Juni. Auf trocknen Wiesen, zerstreut durch das Gebiet.

4. Ophioglóssum, Natterzunge.

Wedel ein einfaches, länglich-eifg, ganzrandiges B, bis 15 cm h. mit kurz herablaufender Basis; die Fr (Sporangien) an den

Seiten zusammengewachsen, quer-2klappig, vor der Reife eine gegliederte, 2reihige, einseitige, einfache oder 2spaltige, lineale, später ausgerandet-gezähnte Aehre bildend. **O. vulgatum L. Gemeine N.**

Juni. Feuchte Wiesen. Montabaurer Höhe, Dillenburg, Herborn, Mademühlen. J. V. N.

5. Grammitis, Strich-Farn (Schrift-Farn).

Wedel eine Rosette von tief-fiederspaltigen, etwa 10 cm langen, derblederigen B. mit 3eckig-stumpfen, abwechselnd gereihten Fiederlappen, oberseits mattgrün, unterseits von rotbraunen Spreuschuppen bedeckt, geschweift, gezähnelt; Spreuschuppen und Fr später fast die ganze Unterseite bedeckend; Fr ohne Schleierchen, anfangs in schiefen, fiederig oder gabelig sich verzweigenden Linien erscheinend. **G. Ceterach Swartz. (Asplenium Ceterach L.) Gemeiner S.**

Juni—Juli. An kalkigen Felsen und Mauern. Ziemlich verbreitet, doch nur zerstreut.

6. Polypódium, Engelsüss.

1. Wedel fiederteilig mit fast ganzrandigen, lineal-länglichen, etwas derben (daher überwinternden), allmählich an Grösse abnehmenden, wechselstdg gereihten, kahlen Fiedern, im Umriss länglich-lanzettlich, bis 30 cm lang, meist in lockeren Rasen beisammen, mit rundlichen, in 2 Reihen auf der Rückseite der Fiedern sitzenden, unbedeckten Fr häufchen. Wzlstock von süsslichem Geschmack. **P. vulgare L. Gemeines E.**

Juni—Herbst. An alten Mauern und Baumwurzeln, auf Felsen gemein.

— gefiedert, mit fiederschnittigen Fiedern oder mehrfach gefiedert. 2.

2. Wedel im Umriss eifg, lang zugespitzt, einfach gefiedert mit fiederschnittigen Fiedern, deren unterste Abschnitte (Fiederchen) fein gesägt, mit den entsprechenden gegenüberstehenden zu einer im Umriss fast rautenfg Gruppe verwachsen, die untersten Fiedern abwärts gerichtet, bis 30 cm h., von zarter Beschaffenheit (daher nicht überwinternd), beiderseits flaumhaarig und etwas gewimpert. **P. Phegopteris L. Buchen-E.**

Juli—September. An Felsen in Wäldern. Zerstreut.

— — — etwa gleichseitig-3eckig, 3zählig-doppelt-fiederspaltig. 3.

3. Wedel von sehr zarter Beschaffenheit, bis 30 cm h, schlaff, kahl; Fiederchen länglich, stumpf, ganzrandig oder schwach gekerbt; Fr häufchen stets von einander getrennt, nie zusammenfliessend. **P. Dryopteris L. Eichen-E.**

Juni—August. Auf alten Baumwurzeln, an Felsen in schattigen Wäldern. Gemein.

— derb, unten mit zerstreuten Drüsen besetzt, steif aufrecht, 30—50 cm h.; die untersten Fiedern fiederfg geteilt, Fiederchen länglich, stumpf, ganzrandig oder etwas gekerbt; Fr.häufchen zuletzt zusammenfliessend. **P. Robertianum Hoffm. Roberts-F.**

7. Aspidium, Schild-Farn.

Wedel doppelt gefiedert oder fiederteilig, mit lanzettlichen, schief-eifg, fast halbmondfg, zugespitzten, oft geöhrelten, ungleich stachelig-gezähnten Fiederchen, die obersten sitzend und mit einander verwachsen, derb, überwinternd, im Umriss länglich-lanzettlich, 30—60 cm l., büschelfg beisammen, unten mit spreuigen Haaren besetzt wie die Achse. **A. aculeatum Döll. (Polypodium aculeatum L.) Stacheliger Sch.**

Juli—August. Schattiges Gebüsch. L.

— einfach gefiedert mit unzerteilten, stachelig-doppelt-gesägten, lanzettlich - sichelfg Fiedern, 15—45 cm l., im Umriss verlängert lanzettfg. am Grund spitz geöhrelt, unten mit spreuigen Haaren. **A. Lonchitis Sw. Lanzenartiger Sch.**

Juli—August Sehr selten. Weissenturm, (Rh.) J V.N.

8. Polystichum, Wald-Farn.

1. Achse des Wedels fast kahl. 2.

— — — spreuig-schuppig. 3.

2. Wedel unterseits mit harzigen Drüsen besetzt, 30—60 cm h., gelblich-grün, kurz gestielt, im Umriss länglich-lanzettlich, von der Mitte nach dem Grunde zu verschmälert, gefiedert mit lineal-lanzettlichen, fiederteiligen Fiedern, die untersten sehr klein; Fiederchen länglich, ganzrandig; Fr.häufchen neben dem Rande in Reihen sitzend, die späterhin zusammenfliessen. **P. Oreopteris DC. Berg-W.**

Juli—August. Schattige Wälder. Selten. J. V. N.

— — ohne solche Drüsen. gefiedert, 30—60 cm h., mit lineal-lanzettlichen, fiederteiligen Fiedern und länglichen, ganzrandigen, am Rande zurückgerollten Fiederchen der fruchtbaren Wedel; Fr.häufchen in 2 Reihen, später zusammenlaufend. Wzl.stock kriechend. **P. Thelypteris Roth. (Acrostichum Thelypteris L. spec.) Sumpf-W.**

Juli—August. Auf sumpfigen Wiesen, Selten. Frohnhausen. Altweilnau. Oberhain; J. V. N.

3. Zähne der Fiederchen stachelspitzig; Wedel im Umriss länglich-eifg, doppelt-gefiedert, die untersten Fiedern am kleinsten; Fiederchen nochmals fiederteilig mit länglichen, gesägten, oben zusammenfliessenden Lappen, 60 - 90 cm h., dunkelgrün; Fr.häufchen meist 2reihig, von gezähnelten Schleierchen bedeckt. **P. spinulosum DC. Dorniger W.**

Juli—August. Schattige Wälder. Häufig.

— — — wehrlos; Wedel 60—90 cm h., im Umriss länglich-elliptisch, dunkelgrün, gefiedert mit fiederteiligen oder gefiederten Fiede n, länglichen, stumpfen oder etwas gestutzten, gekerbten, vorn etwas gezähnelten (aber nicht stachelspitzigen) Fiederchen; Fr.häufchen in 2 das

Mittelfeld letzterer vom Grunde an bis zur Mitte bedeckenden Reihen, von ganzrandigen Schleierchen bedeckt. **P. Filix mas Roth. Gemeiner W.**

Juli—August. Gemein an Waldrändern und in Gebüschen.

9. Cystópteris, Blasen-Farn.

Wedel 15—30 cm lang, gelblich-grün, doppelt-gefiedert mit teilweise lappig-fiederspaltigen oder fiederteiligen Fiederchen, im Umriss länglich-lanzettlich; Lappen der Fiederchen verkehrt-eifg. mit spitzen Zähnchen; Stiel des Wedels unterwärts mit Spreuschuppen, zerbrechlich; das unterste Fiederpaar kürzer als die nächsten; die Fr.häufchen rundlich, in undeutlichen Reihen, anfangs von einem (später verschwindenden) an der äusseren Seite schmal angehefteten Schleierchen bedeckt. Variiert sehr bezüglich der Form der Fiederchen. **C. fragilis Bernh. (Polypodium fragile L.) Zerbrechlicher B.**

Juni—Herbst. An Mauern. Weniger häufig. Hier und da.

10. Asplénium, Streifen-Farn.

1\. Wedel mehrfach gefiedert. 2.
— einfach gefiedert oder 2—3spaltig. 4.

2\. Fiedern nach dem Grunde des Wedels an Grösse abnehmend; Wedel ansehnlich, 60 cm l. und länger, im Umriss länglich-elliptisch, spitz zulaufend. mit lang zugespitzten Fiedern und fiederspaltigen oder fiederteiligen, lanzettlichen, spitz gezähnten Fiederchen, von zarter Beschaffenheit (daher nicht überwinternd), dunkelgrün; Wzl.stock mit den Ueberbleibseln der vorjährigen B.stiele besetzt; Fr.häufchen auf dem Mittelfelde der Fiederchen in Reihen, von fransig-zerschlitzten Schleierchen bedeckt. Vielfach abändernd hinsichtlich der Grösse und Zerteilung der Fiederchen. **A. Filix femina Bernh. (Polypodium Filix femina L.) Weiblicher St.**

Juni—Herbst. In Wäldern und an Waldrändern überall gemein.

— — — — — — breiter. 3

3\. Fiederchen 3teilig, rautenfg oder verkehrt-eifg, oder ganz einfach, vorn gekerbt, matt; Wedel kaum 10—15 cm l., im Umriss 3eckig-eifg, doppelt- oder 3fach-gefiedert, ziemlich derb, dunkelgrün; Wedelstiel länger als der b.artige Teil, nur im unteren Teile braun; Schleierchen fransig-zerfetzt. **A. Ruta muraria L. Mauer-Rauten-St.**

Juni—Herbst. Gemein auf Mauern, an Felsen.

— fiederspaltig, mit spitzen Sägezähnen, nach dem Grunde keilfg verjüngt, glänzend, nach oben an Grösse abnehmend und einfacher; Wedel bis 30 cm l., im Umriss länglich-3eckig, zugespitzt, 2—3fach gefiedert oder fiederteilig: Schleierchen ganzrandig; Wedelstiel glänzend-braun. **A. Adiantum nigrum L. Schwarzer St.**

Juni—Herbst. An felsigen Orten. Nicht so häufig, doch ziemlich verbreitet.

4. Wedel mit ungeteilten Fiedern, bis 20 cm lang, im Umriss lineal-lanzettlich, mit dunkelbrauner, glänzender Achse (Spindel); Fiedern eifg oder rundlich, klein gekerbt, am Grunde abgestutzt oder etwas keilfg verjüngt; Spindel mit schmalem, trocken-häutigem, gezähneltem Rande. **A. Trichómanes L. Widerthon-St.**

Juni—Herbst. Sehr gemein an Mauern und felsigen Orten.

— mit 2—3spaltigen Fiedern oder 2—3teilig. 5.

5. Wedel ganz einfach, 2—4teilig mit linealen, vorn gezähnten Fetzen, bis 15 cm lang, lang gestielt mit grünem Stiel; Fr.-häufchen sehr lang, parallel, zuletzt mit einander vereinigt. **A. septentrionale Swartz. (Acrostichum septentrionale L.) Nördlicher St.**

Juni—Herbst. Felsen. Ueberall, wenn auch vereinzelt.

— mit 2—3spaltigen unteren Fiedern und keilfg Zipfeln (die oberen einfach), Wedel im Umriss lanzettlich, bis 15 cm lang, wechselstdg-entfernt-gefiedert, mit keilfg oben eingeschnitten-gezähnten, aufgerichteten, schmalen Fiedern; Wedel tief etwa von der Länge des b.artigen Teils, unten glänzend braun; Fr.häufchen mit ganzrandigem Schleierchen. **A. Breynii Retz. (A. germanicum Weiss.) Deutscher St.**

Juni—Herbst. An felsigen Orten; ziemlich verbreitet.

11. Scolopéndrium, Hirschzunge.

Wedel ganz unzerteilt, 20—40 cm l., am Grunde herzfg ausgerandet, länglich-lanzettlich (bandfg), sattgrün, etwas derb, mit linealen, parallelen, schief aufsteigenden, beiderseits mit Schleierchen (eigentlich einem in der Mitte der Länge nach sich teilenden) versehenen Fr.häufchen. **Sc. officinarum Sm. (Asplenium Scolopendrium L.) Gemeine H.**

Juni—Herbst. An schattigen Felsen des Lahnthals und seiner Seitenthäler. Feldberg.

12. Blechnum, Rippen-Farn.

Ohne quirlfg Aeste und gezähnte Gelenkscheiden. Früchte (Sporangien) auf der Rückseite des Wedels; Wedel einfach gefiedert oder fiederteilig, im Umriss verlängert-lanzettlich, 30—40 cm h., büschelfg beisammen stehend, die mittleren fruchtbar. Fr ohne spreuartige Schuppen, in ununterbrochenen Linien zu beiden Seiten der Hauptader der Fieder, von einem nach innen offenen Schleierchen bedeckt; Fiedern der fr.tragenden, längeren Wedel schmal-lineal, entfernter stehend als die lineal-lanzettlichen der unfruchtbaren, nach dem Grunde zu bedeutend kleiner, ganzrandig, rippenfg von der Spindel ausgehend. **B. Spicant Roth. Gemeiner R.**

Juli—Herbst. Feuchte Wälder. —.— —.— Nicht selten, doch zerstreut.

13. Pteris, Saum-Farn.

Wedel sehr ansehnlich, mit fast wagrecht abstehender, deltafg B spreite, oft über 2 m h. (der grösste aller hier vorkommenden Farne), 3- und mehrfach gefiedert, mit länglichen oder lineallanzettlichen, am Rande zurückgerollten, zum Teile fiederspaltigen Fiederchen, meist ohne Fr; wenn diese vorhanden, so bilden sie eine randstdg, ununterbrochene Linie und werden von einem aus dem Rande des Wedels oder in dessen Nähe entspringenden, nach innen offenen Schleierchen umgeben; Querschnitt der dickeren Wedelstiele die Figur)((annähernd die eines Doppeladlers) zeigend. **P. aquilina L. Adler-S.**

Im Sommer. Häufig in Wäldern und auf unfruchtbaren Oedländereien. Schwer auszurottendes Unkraut.

14. Struthiópteris, Straussfarn.

Fr tragende Wedel einfach gefiedert, lanzettlich im Umriss, mit linealen, ganzrandigen, anfangs zusammengerollten, später flach ausgebreiteten Fiedern, 30—90 cm h., trichterfg umgeben von unfruchtbaren grösseren Wedeln mit fiederteiligen, länglichstumpfen Fiedern. **St. germanica Willd. (Osmunda Struthiópteris L. spec.) Deutscher St.**

Im Sommer. In feuchten Wäldern des höheren Taunus.

b. Rhizocarpeae, Wurzelfarne.

Mit grossen und kleinen Sporen (Makro- und Mikrosporen) in derselben Sporenfrucht, aber in besonderen Sporangien. (Wasserpflanzen).

15. Pilularia, Pillenkraut.

Sporenfr erbsengross, kugelig, einzeln am Grund der binsenartig-borstlichen B, fast sitzend, 4fächerig, mit 4 Klappen aufspringend; lederig; die unteren Sporangien in jedem Fache mit 1 grösseren, die oberen mit zahlreichen sehr kleinen Sporen. **P. globulifera L. spec. Kugeltragendes P.**

Juli—Herbst. Sehr selten. In den Seeburger Weihern; in einer Ausbuchtung der Lahn bei Ems.

B. Phanerogamae.

(Blütenpflanzen.)

I. Abteilung: Gymnospermae (Nacktsamige).

Samenknospen (erste Anlage der Samen vor der Befruchtung) ohne besondere Hülle, daher nackt. ♂ und ♀ Blt getrennt, teils monöcisch (auf derselben Pfl) oder diöcisch (auf verschiedenen Pfl).

Keimling mit 3—15 wirtelfg gestellten Keimb (Cotyledonen). Fr meist zapfenfg. Mit Harzbehältern. Hierzu nur bei uns die Coniferen.

16. Taxus, Taxbaum, Eibe. XXII, 12.

Mässig hoher Baum oder Strauch, mit linealen, spitzen, dunkel- und immer-grünen, einnervigen, fast zweizeilig geordneten B und b.winkelstdg, sitzenden ♂ und ♀ Blt auf verschiedenen Pfl (diöcisch); ♂ Blt in kurzen Kätzchen mit schildfg Schuppen, auf deren Unterseite einfächerige, kreisfg geordnete Stb.kölbchen; ♀ Blt einzeln, am Grunde von dachigen Schuppen umgeben und mit dem später fleischigen, becherfg Samenmantel eine falsche rote Beere darstellend. Borke periodisch sich abschülfernd und erneuernd. **T. baccata L. Gemeiner T.**

März—April. Meist nur als Zierbaum, doch hier und da verwildert, wie an der Nister.

17. Juniperus, Wachholder. XXII, 12.

Niedriger, höchstens 2 m h. Strauch von spitz-pyramidalem Umriss, seltner niederliegend, von unten an ästig, Aeste öfter fast quirlig, die jüngeren Zweige 3kantig; B zu 3 in einander genäherten Quirlen, am Grund gegliedert, abstehend, starr und stechend, lineal-pfriemlich, oberseits mit seichter Rinne und bläulich-weissem Mittelstreifen, unterseits stumpf gekielt; ♂ Bl fast sitzend, unansehnlich (nur wenige mm l.), kugelig-eifg, in Kätzchen, 4—7 am unteren Rand der schildfg Deckb angewachsene Stbgf; ♀ Bl nicht auf derselben Pfl (daher 2häusige Pfl) zu je 3, endstdg, von einer fleischigen, aus 3 Schuppen gebildeten Hülle umgeben, aufrecht; Fr ein Beerenzapfen, fast sitzend, erst im 2 Jahre reifend und dann dunkel-schwarzbraun, blau bereift, auf dem Scheitel mit 3 strahlig zusammenstossenden, von der Verwachsung der 3 Schuppen herrührenden, mehr oder weniger deutlichen Furchen; 3 länglich-eifg, stumpf-3kantige, n a c k t e, knochenharte Samen. **J. communis L. Gemeiner W.***)

April—Mai. Gemein auf Heiden.

18. Cupressus, Cypresse. XXI, 9.

Immergrüner, 20—25 m h. Baum von schlank-pyramidalem Wuchs mit aufrechten Aesten und vierkantigen Zweigen; B 4-reihig-dachig, angedrückt, stumpf; Schuppen der kugeligen Zapfen in der Mitte mit einem Buckel, schildfg, kantig, holzig; ♂ in Kätzchen, mit je 4 einfächerigen Stb.kölbchen am unteren Rande

---

*) Als mässig hoher Zierbaum, aus Nordamerika stammend, kommt in den Anlagen öfter J. v i r g i n i a n a L. mit linealen, auf dem Rücken mit einer kleinen Drüse versehenen, etwas herablaufenden, abstehenden oder anliegenden B, mit spitz-pyramidaler Krone und etwas abstehenden Aesten, aufrechten, endstdg Beerenzapfen vor. Das wohlriechende Holz von rotbrauner Farbe dient zu Bleistift-Einfassungen.

einer eifg, schildfg Schuppe: ♀ mit 8 und mehr auf dem Grunde der Schuppen sitzenden Samenknospen; Samen mit nussartiger Samenhaut. **C. sempervirens L.**

Februar—März. Zierbaum, häufig in Anlagen und auf Friedhöfen gepflanzt. Vaterland: Südeuropa.

19. Thuja, Lebensbaum. XXI, 9.

Mässig hoher Baum oder Strauch mit spitz-pyramidaler Krone und abstehenden, an der Spitze schlaff herabhängenden Aesten, immergrünen, gegenstdg 4zeiligen, flachen, auf dem Rücken mit einem Höckerchen und einer Längsleiste versehenen, zur Hälfte kahnfg gefalteten, höckerlosen, kurz zugespitzten, sehr kleinen (wenige mm l.) B und dicht fiederig-2zeilig in einer wagrechten Ebene ausgebreiteten Zweigen, eifg, an kurzen Zweigen hängenden, zimmetfarbenen, deckb.losen Fr.zapfen mit 4zeiligen Schuppen und einzelnen, endstdg, fast kugeligen ♂ Bl **Th. occidentalis L. Abendländischer L.** *)

April—Mai. Oefter in Anlagen angepflanzt. (Vaterland: Nordamerika, wo derselbe oft eine Höhe von 20 m erreicht).

20. Pinus, Kiefer. XXI, 9

1. Nadeln zu je 2 beisammen, meergrün. Wälder bildender, hier selten über 20 m h. Baum mit unregelmässig quirlfg geordneten Aesten, oft hin- und hergebogenem St, ausgebreiteter Krone, rotgelber, später rissiger, innen braunroter, sich fetzenweise ablösender Borke ♂ Bl in Büscheln zu länglich-eifg Kätzchen vereinigt, mit schwefelgelbem Bl.staub, die ♀ in kugeligen, gestielten, von kurzen Deckb gestützten, später hakenfg abwärts gebogenen, bis 7 cm langen und 3 cm dicken, glanzlosen Zapfen (oft deren 3 beisammen), Schuppen der Zapfen bleibend, mit einer Verdickung — dem Schilde — in der Mitte, dieses an den unteren Schuppen mit stumpfem, zurückgekrümmtem Schnabel. Samen nackt, wie bei allen Gattungen der Ordnung, (d. h. ohne Fruchthaut), lang geflügelt. Die b.stützenden Schuppen weiss berandet und mit spinnewebig-zusammenhängenden Fransen. (Verwendung zu Bau-, Nutz- und Brennholz, Pechfabrikation etc.). **P. sylvestris L. Gemeine K., Föhre.**

Mai.

— zu 5 beisammen. Zierbaum bis 20 m h., mit glatter olivenfarbiger, später rissiger, grauer Rinde, mit regelmässigen Astquirlen und pyramidaler Krone, sehr langen (bis 10 cm l.), schlanken, 3kantigen, etwas spitzen, bläulich-grünen B; Zapfen

---

*) Dieser Art sehr ähnlich ist: Th. orientalis L., morgenländischer L., nur durch die höckerlosen, aber mit einer Längsfurche durchzogenen B, die mehr aufgerichteten, in senkrechter Ebene stehenden Aeste, die spitzigen, oben hakig gekrümmten Schuppen der doppelt so grossen, bläulich bereiften Zapfen und die ungeflügelten Samen von derselben verschieden, (Vaterland: China und Japan. Bei uns hier und da kultiviert.)

bis zu 3 beisammen, gestielt, walzig-spindelfg, bis 15 cm l., etwas gekrümmt, hängend, mit keilfg-zungenfg, nach oben etwas verdickten Schuppen. Samen lang geflügelt. **P. Strobus L. Weymouths-K.**

Mai. (Vaterland: Nordamerika).

-- weit zahlreicher, dicht büschelfg beisammen (wenigstens an den älteren Aesten) Ansehnlicher, bis 30 m h. Baum mit pyramidaler Krone, horizontalen, etwas aufwärts gebogenen Aesten und schlaff herabhängenden, jüngeren Zweigen. B im Winter alle abfällig, hellgrün, zart, schmal-lineal, stumpf; Rinde später aussen grau, innen rotbraun. ♂ Bl einzeln, endstdg, kugelig-eifg. ♀ Bl in gestielten, eifg, anfangs aufrechten, dann abwärts gebogenen, hellbraunen, bis 4 cm langen Zapfen mit purpurroten, die sehr stumpfen Zapfenschuppen überragenden, verkehrt-eifg, oben ausgerandeten, mit langer, aufgesetzter Spitze endigenden Deckb. Samen klein mit ziemlich langem, oben ausgefressenem Flügel. (Verwendung zu Röhrenholz und zur Herstellung von Terpentinöl.) **P. Larix L. Lärche.**

April—Mai. Wälder.

— einzeln, spiralig geordnet. 2.

2. B an der Spitze ausgerandet, flach, lineal, glänzend, immergrün, 2zeilig-kammfg geordnet, unterseits mit 2 bläulich-weissen Längsstreifen. Ansehnlicher, oft über 40 m h. Baum mit quirlfg, horizontalen Aesten und fast 2zeilig geordneten Zweigen, glatter, im Alter weiss-grauer Rinde, anfangs pyramidaler, später mehr walzenfg Krone. ♂ Bl länglich-walzenfg, ♀ Bl in länglich-walzenfg, bis 6 cm langen Zapfen mit fast kreisrunden, in eine lange Spitze endigenden, wimperig-gezähnten Schuppen, Deckb länger als die Schuppen. Fr.zapfen walzenfg, aufrecht, bei 20 cm Länge 4—5 cm dick, hellbraun, mit fast rautenfg, fein gezähnelten, keilfg nach der Basis verschmälerten Schuppen. Samen mit kurzem, breitem, am Grunde umgebogenem Flügel. (Verwendung wie bei P. sylvestris L.) **P. Picea L. Edeltanne, Weisstanne.**

Mai. Hier und da im Walde.

— spitz, stechend, zusammengedrückt 4kantig, dicht beisammen, meist nach allen Seiten vom Zweige abstehend, glänzend, immergrün. Oft ansehnlicher Baum, bis 40 m h und höher, mit schlankem St, sehr regelmässigen Astquirlen, kegelfg-pyramidaler Krone (die unteren Aeste niederwärts, d.e oberen aufwärts gebogen, die mittleren horizontal), rotbrauner, glatter, im Alter schuppig sich ablösender Borke. ♂ Bl in länglich-walzlichen, fast end- und gegenstdg Kätzchen, ♀ Bl in einzelnen, endstdg Zapfen mit kürzeren Deckb; Fr.zapfen hängend, bis 15 cm lang und 4—5 cm dick, länglich-walzlich, stumpf, mit lederigen, hellbraunen, glänzenden, stumpfen, fast rautenfg, etwas gewölbten, abgestutzten oder oben fein gezähnelten, am

Grunde mit 2 zur Aufnahme der sehr lang geflügelten Samen versehenen Grübchen. (Als Bau- und Nutzholz sehr häufig verwendet, auch zur Herstellung des gemeinen Terpentins.)
P. Abies L. Rottanne, Fichte.
Mai. Wälder bildend.

II. Abteilung: Angiospermae (Bedecktsamige).

Samenknospen (ovula) in der Höhlung des Fr.knotens eingeschlossen, dem unteren Teile des Stempels (Pistills), worauf entweder unmittelbar, oder von einem Griffel getragen die Narbe sich befindet. Oefter sind mehrere Gf mit je einer N vorhanden.

1. Klasse: Monocotyleae (Einsamenlappige).

Keimling mit nur 1 Samenlappen (Cotyledon); Gefässbündel zerstreut: B meist schmal und parallelnervig. In den Bl.kreisen herrscht die 3-Zahl vor, seltner die 2- oder 4-Zahl.

I. Reihe: Liliiflorae (Lilienblumenartige).

P regelmässig meist blkr.artig.

1. Ordnung: Irideae.

21. Iris, Schwertlilie. III, 1.

1. Bl gelb oder gelblich-weiss 2.
— blau oder violett. 3.
2. St aufrecht, 60—90 cm h., rundlich, gerieft, oberwärts hin- und hergebogen, mit wechselstdg Aesten, meist die B etwas überragend oder ebenso lang; B schwertfg. sehr lang und spitz, mit hervortretender Rückenlinie, etwas schlaff, zuletzt sichelfg zurückgebogen; Bl.stiele wechselstdg, 1—mehrbltg; Bl mit 7–8 cm langer, krautiger, lanzettlicher, grüner, oben gelblicher Scheide, die zurückgebogenen 3 eirunden, grossen, bartlosen Perigonzipfel mit rotgelbem, dunkler geadertem Flecken, die 3 aufrechten inneren Zipfel kürzer und schmäler als die blb.artigen, tief-zerschlitzten Gf; Frkn 3kantig, doppelt so lang als die Perigonröhre, 3klappig; Klappen mit Scheidewand, vielsamig. **I. Pseud-Acorus L. Wasser-Sch.**
Juni—Juli. Gemein an den Ufern der Flüsse.
— weit niedriger, 15—20 cm h., rund, etwas zusammengedrückt, B schwertfg. meergrün, kürzer als der meist 1-blütige St; P.röhre von den weisslich-grünen, häutigen, etwas aufgedunsenen, spitzen Bl.scheiden eingeschlossen, äussere P.zipfel bärtig, violett geadert, am Grunde wellig, oben rötlich-braun. Bart gelb; die innern am Grunde purpurn geadert.
J. lutescens Lam.. Gelbliche Sch.
Mai. Braubach, am Eimuth. D. B. G.

— blau oder violett. 3.

3. Die äusseren, zurückgeschlagenen Kronzipfel bartlos, St aufrecht, 60—90 cm h, rund, hohl, oberwärts ästig, mit schwertfg, linealen, kürzeren B und 2—3 Bl am oberen Ende. Die äusseren Perigonzipfel hellblau, violett geadert, verkehrt-eifg, kurz benagelt, die inneren violett mit dunkleren Adern. Frkn 3-seitig, mit kurzer Spitze. **I. sibirica L. Sibirische Sch.**
Juni. Wiesen im Niederlahnsteiner Walde; J. V. N.

— — — — bärtig, St 40—60 cm h., aufrecht, rund, die schwertfg, sichelfg gebogenen B überragend, oberwärts geteilt und reichlich mit wechselstdg teils langgestielten Bl versehen. Bl.scheiden mit 2 eirunden, am Rand schwachviolettten Klappen; äussere P.zipfel länglich, ganzrandig, mitten weiss, sonst violett, dunkel geadert; die innern verkehrt eirund, einwärts geneigt, gelblich-blau, violett geadert; Lappen der N eifg, mit dem inneren Rand zusammenschliessend. Bl von dem Geruch der Hollunderrinde. **J. sambucina L. spec. Holderduftige Sch.**
Juni. Westerwald, Ernsthausen, Braubach. (Auf Strohdächern gepflanzt.) J. V. N.

2. Ordnung: Amaryllideae.

22. Narcissus, Narzisse. VI, 1.

St aufrecht, bis 30 cm h., einfach, nur mit grundstdg, linealen, seegrünen, flachrinnigen, unterseits gerillten, zusammengedrückt-2schneidigen B und 1 einfarbig-gelben, ansehnlichen (2—3 cm l.), endstdg Bl mit goldgelber, am Rande ungleich-gekerbter, auf dem Schlunde des Perigons sitzender Nebenkrone, diese so lang oder länger als das präsentiertellerfg, 6teilige Perigon; 6 in der Perigonröhre sitzende, abwechselnd gleiche Stbgf; Frkn unterstdg, 3seitig, 3fächerig, vielsamig. **N. Pseudo-Narcissus L. Gemeine N.**
März—April. Auf einer Wiese bei Misselberg (Unterlahnkr.) häufig. Dörsbachthal bei Arnstein; D. B. G.

St aufstrebend, 30—40 cm l., nur mit grundstdg, linealen, stumpfen, fast flachen, stumpf gekielten, meergrünen B, zusammengedrückt-2schneidig, mit 1 schneeweissen Bl mit breit-eirunden Zipfeln und kurz-glockiger, weit kürzerer, am Rande gekerbter, gelber Nebenkrone mit orangefarbenem Rande; Stbgf 6, 3 kürzere im Schlunde versteckt. **N. poëticus L. Echte N.**
April—Mai. Hier und da verwildert; häufig als Zierpfl in Gärten.

23. Leucojum, Knotenblume. VI, 1.

Schaft 10—20 cm h., einblumig, aus eifg, weisslicher Zwiebel aufrecht, zusammengedrückt 3kantig, mit 4—6 grundstdg, breit-linealen, zurückgekrümmten, hellgrünen, vorn stumpfen, weisslich eingefassten, seicht gefurchten, gekielten B, von 2 straff anliegenden Scheiden umschlossen. Bl gestielt, nickend, 6teilig, mit schneeweissen, vorn grünlich - gelb - gefleckten, gleichfg-eifg

Zipfeln. Frkn unterstdg. Gf keulenfg mit pfriemlichem Spitzchen; Kapsel 3fächerig, 3klappig, vielsamig. **L. vernum L. Frühlings-K.**

Februar–März. Zerstreut durch das ganze Gebiet.

24. Galanthus, Schneeglöckchen. VI, 1.

Schaft 10—20 cm h., einblumig, aus eifg. weisslicher Zwiebel aufrecht, zweischneidig, meergrün, mit 2 aufrecht abstehenden, linealen, meergrünen, von stumpfen und weissgefleckten, oberseits rinnigen, unterseits gekielten, von einer häutigen Scheide umschlossenen B; Bl gestielt, nickend mit 6teiligem schneeweissem P, dessen 3 äussere Zipfel länglich-verkehrt-eirund, abstehend, und dessen 3 innere kürzere aufrecht, verkehrt-herzfg, innen gelb-grün längs-gestreift, aussen gelb-gefleckt, aus weisser grün-gekielter Bl.scheide; Frkn unterstdg, glänzend, mit stielrundem, mit stumpfer N endigendem Gf; Kapsel 3fächerig, 3-klappig, vielsamig. **G. nivalis L. Gemeines Sch.**

März–April. Als Zierpflanze in Gärten häufig; hier und da vielleicht verwildert.

3. Ordnung: Asparageae.

25. Aspáragus, Spargel. VI, 1.

St aufrecht, bis 1 m h., sehr ästig, stielrund; Aeste weit abstehend, rutenfg, rundlich, im oberen Teile mit halbquirlig gestellten Büscheln von 6—9 borstlichen, kahlen, glatten B, von je einem häutigen Nebenb gestützt. Bl am Grunde der Aeste gezweiet, glockig, grünlich-weiss und grünlich-gestreift, zuletzt herabgeschlagen, halb so lang als die Bl.stiele, mit 6teiligem Perigon, zweigestaltig (♂ mit verkümmertem Stempel, ♀ mit 1 Gf, 3 zurückgebogenen Narben und verkümmerten Stbgf). Beere bei der Reife rot, kugelig, 3fächerig; Fach 2samig. **A. officinalis L. Gebräuchlicher S.**

Juni–Juli. Der essbaren wzl.stdg Sprossen wegen gebaut; auch verwildert.

26. Paris, Einbeere. VIII, 4.

St aufrecht, bis 30 cm h., einfach, stielrund, am oberen Teile einen meist aus 4 kurz gestielten, breit-elliptischen oder eifg, zugespitzten, ganzrandigen, kahlen, 3—5 nervigen B bestehenden Quirl tragend, über den die eine, endstdg gelblich-grüne Bl hervorragt. Perigon aus 2 B.kreisen bestehend, der äussere, dem K entsprechende, mit 4 wagrecht abstehenden, zuletzt zurückgebogenen, lanzettlichen, zugespitz en, 3nervigen B, viel länger als die 4 inneren, pfriemlichen, der Blkr entsprechenden B; Frkn und Narbe satt purpurbraun; Beere schwarzblau. **P. quadrifolia L. Vierblättr. E.**

Mai–Juni. Schattige Wälder. Hier und da.

27. Convallária, Maiblume. VI, 1.

1. St nur mit grundstdg B (Schaft), aufrecht, einfach, halbstielrund, 10—20 cm h., mit einer einerseitswendigen, 6–12-blütigen Traube von weissen, glockigen, halb-6spaltigen, überhängenden Bl mit eirunden, zurückgebogenen Zipfeln, von häutigen Deckb gestützt, diese halb so lang als die Bl.stiele. B zu zwei, elliptisch, nach beiden Enden spitz zulaufend, oberseits graugrün, unterseits hellgrün, mit langen, sich scheidig umschliessenden B.stielen; Beere kugelig, oberstdg, rot, 3-fächerig; Fach 1samig. **C. majalis L. Wohlriechende M.**
   Mai. Gebüsche, lichte Wälder. Gemein.
   — beblättert. 2.
2. B wechselstdg. 3.
   — quirlfg, lanzettlich-lineal, sitzend; St kantig, 30–60 cm h, aufrecht, einfach, kahl, unterwärts blos. Bl walzlich, milchweiss, oben grün, mit bärtigen Zipfeln. Beeren kugelig, blau. **C. verticillata L. Quirlige M.**
   Wälder des höheren Westerwalds und Taunus. Selten.
3. St stielrund, bis 60 cm h., einfach; untere Bl.stiele 3–5-bltg, achselstdg; B st.umfassend, länglich-eifg, oder elliptisch, etwas stumpf, kahl; Perigon in der Mitte schmäler als am Grunde, bis 2 cm lang, grünlich-weiss; Stbf behaart, in dem oberen Teile der Röhre sitzend; Beere blau. **C. multiflora L. Vielblumige M.**
   Mai—Juni. Bergwälder. Häufig.
   — kantig; Bl.stiele meist einblütig, einerseitswendig. Der vorigen Art sehr ähnlich, aber mit kürzeren Bl.stielen und fast doppelt so breiten Bl; St niedriger, 30–45 cm h., mit 2 scharfen Kanten, oberwärts gefurcht und fast flügelartig erweitert, zwischen den wechselstdg, zweireihigen, aufwärts gerichteten, länglich-eifg oder elliptischen, halb umfassenden, oberseits hell-, unterseits grau-grünen B hin- und hergebogen. Stbf kahl; Perigon nach oben allmählich erweitert, grünlich-weiss, besonders die eirunden, stumpfen, schwach behaarten Zipfel; Beere blau. **C. Polygonatum L. Weisswurzelige M.**
   Mai–Juni. An sonnigen Bergabhängen auf dem rechten Lahnufer, besonders im unteren Lahnthal an vielen Stellen. Lorch; J. V. N.

28. Majánthemum, Schattenblume. IV, 1.

St aufrecht, 15 cm h., einfach, kantig, braun gefleckt, mit 2 wechselstdg, gestielten, herzfg, zugespitzten, kahlen, ganzrandigen B in der oberen Hälfte und endstdg, 2–3 cm langer Traube von wechselstdg, kurz gestielten, weissen, von kleinen Deckb gestützten Bl; Perigon bis auf den Grund vierteilig, mit ausgebreiteten oder zurückgebogenen Zipfeln; 4 Stbgf am Grund des Perigons; Frkn oberstdg; Beere kugelig, 2–3samig, zuletzt rot. **M. bifolium Wigg. (Convallaria bifolia L.) Zweiblättrige S.**
Mai—Juni. Laubwälder. Nicht so häufig.

29. Tulipa, Tulpe. VI, 1.

St aus fleischiger, eirunder, braunschaliger Zwiebel seitenstdg hervortretend, 25—50 cm h., stielrund, kahl, 1blütig, mit st.umfassenden, lineal-lanzettlichen, etwas rinnigen, meergrünen B mit rötlicher, kappenfg Spitze; Bl glockig, gelb, wohlriechend, mit zugespitzten, schwach bärtigen P.b, die 3 äussern aussen oft grünlich, oberwärts rötlich, am Grunde kahl, die 3 innern dort bärtig-wimperig, elliptisch. Stbfd am Grunde dicht behaart. N sitzend, 3lappig. **T. silvestris L. Wald-T.**

April—Mai. Dillenburg, Herborn, Hachenburg, Hadamar, Eppstein: J. V. N.

30. Lilium, Lilie. VI, 1.

St aus länglicher, locker-schuppiger Zwiebel aufrecht, 30-60 cm h., einfach, rillig, an den Gelenken purpurbraun uud oberwärts, sowie an den Bl.stielen ebenso punktiert uud etwas flaumig. B breit-lanzettlich, in einen kurzen B.stiel verlaufend, bogig-nervig, wimperig, die untern zu 6—8 quirlfg, die oberen gegen- oder wechselstdg. Bl hell-violett-fleischrot bis blass-braunrot mit purpurbraunen Flecken, nickend, P.b zurückgerollt mit wimperiger Saftrinne. Staubbeutel und N purpurbraun, letztere dreiseitig. **L. Martagon L. Krull-L.***)

Juni—Juli. Sehr selten. Dillenburg und Herborn. Grosser Feldberg; J. V. N.

4. Ordnung: Liliaceae.

31. Anthéricum, Zaunlilie. VI, 1.

St meist einfach, aufrecht, bis 60 cm h., stielrund, nur mit grundstdg, fast ebenso hohen, linealen, bläulich-bereiften, etwas rinnigen B und einer lockeren, endstdg Traube von weissen, ziemlich ansehnlichen (2—3 cm br.), am Grunde röhrigen, dann sternfg ausgebreiteten Bl mit 6 lanzettlichen, stumpfen, abwechselnd breiteren, vor der Spitze grünlich gefleckten Perigonb; Bl-stiele unter der Mitte gegliedert; Deckb pfriemlich-borstlich; Gf abwärts geneigt. **A. Liliägo L. Astlose Z.**

Mai—Juni. An sonnigen, felsigen Orten. Zerstreut.

— ästig, 30—60 cm h., mit ganz flachen, linealen, aufrechten B, diese kürzer als der Schaft, oberwärts mit langen Aesten und lockerer, aus Trauben zusammengesetzter Rispe; Bl halb so gross, als bei voriger, weiss, die 3 äusseren P.b an der Spitze rinnig zusammengezogen, die 3 inneren von doppelter Breite; Gf oben nur ein wenig gekrümmt; Stbgf so lang als die Bl; Deckb unten kaum häutig, viel kürzer als der Bl.stiel. **A. ramosum L. Aestige Z.**

Juni—Juli. Ziemlich selten. An sonnigen Orten. Lorsbach Oestrich; J. V. N (Mombach-Hessen).

*) Die in den Gärten als Zierpflanzen gezogenen Lilien sind a) die weissblühende mit innen glatten Blb. L. candidum L. b) die feuerrot blühende mit innen von fleischigen Warzen rauhen Blb. L. bulbiferum L.

32. Ornithógalum, Milchstern. VI, 1.

1. Bl in Doldentrauben an zuletzt wagrecht abstehenden Stielen. St nur mit grundstdg, denselben zuletzt überragenden, linealen, rinnigen, der Länge nach weiss gestreiften, kahlen B., 20—30 cm h., stielrund. Bl lang gestielt, sternfg ausgebreitet, 3—4 cm breit, aussen grün mit weissen Randstreifen; Deckb etwa halb so lang als der Bl.stiel, häutig, weiss und grün gestreift; Stbgf zahnlos, abwechselnd breiter; Frkn mit 6 Furchen, oben gelb. **O. umbellatum L. Doldiger M.**
   April—Mai. Wiesen. Hier und da zerstreut durch das Gebiet.
   — in Trauben. 2.
2. Bl weiss, aussen grün, weiss gerandet, zuletzt herabhängend in lockeren einerseitswendigen Trauben; Stbgf oben mit je 2 abwechselnd kürzeren und längeren Zähnen; Deckb bräunlich, länger als der Bl.stiel, sonst der vorigen Art ähnlich St 25—50 cm h. **O. nutans L. Nickender M.**
   April—Mai. Wiesen; im Rheingau und bei Oberlahnstein. Ziemlich selten. J. V. N.
   — schwefelgelb mit gelb-grünen Streifen auf der Rückseite der P.b in verlängerten, reichblütigen Trauben; Bl.stiele abstehend, Fr.stiele an den Schaft gedrückt; B lanzettlich-lineal; Deckb eilanzettlich; Stbgf zahnlos. **O. sulphureum R. u. S. Schwefelgelber M.**
   Mai—Juni. Wiesen. Sehr selten. Biebrich, Schlossgarten. D. B. G Verwildert?

33. Gágea, Gelbstern. VI, 1.

1. Grundstdg B meist einzeln 2.
   — — — zu zwei. 4.
2. St aus 1 eirunden, festen, aufrechten Zwiebel 15—30 cm h, mit 1 wurzelstdg, aufrechten, lineal-lanzettlichen, flachen, oben in ein pfriemliches kappenfg Ende zugespitzten, graugrünen, unterseits gekielten, 2nervigen B, zusammengedrückt-4kantig; Bl zu 2—5 doldenfg; am Grunde der Dolde 2 lineallanzettliche, am Rande etwas zottige Hüllb, wovon das grössere so lang als die Dolde; Deckb am Grunde der Bl stiele kaum 2—3 mm l. P.b gelb, aussen grün mit gelbem Rand, stumpf; Bl.stiele kahl. **G. lutea Schult. Gelber G.**
   April—Mai. Hecken und Waldwiesen. Weilburg; Runkel; Audenschmiede. — Zerstreut.
   Mehrere entweder freie, oder von einer gemeinsamen Schale umschlossene Zwiebeln. 3.
3. Ein einziges scheidenartiges Hüllb. St schlank, stumpfkantig, aus einer eirunden, aufrechten, erbsengrossen Zwiebel mit vielen Nebenzwiebeln 8—15 cm h.; Wzlb aufrecht, grasgrün, lineal, spitz, oberseits flach, etwas rinnig, unterseits stumpf gekielt; Doldentraube oder Dolde 3—8blütig; Deckb an den Verästelungen schmal; Hüllb der gestielten

Dolde von gleicher Länge, lanzettlich, spitz, rinnig. Bl.stiele fast kahl; P.b halb zusammenschliessend, lineal-lanzettlich zugespitzt. **G. minima Schult. Kleiner G.**

März—April. Gebüsche und Grasplätze. Schloss Falkenstein (im Taunus); D. B. G.

Meist zwei fast gegenstdg Hüllb. St scharfkantig, aus 3 wagrechten freien Zwiebeln 10—15 cm h. Wzlb bogig-zurückgekrümmt, lineal, spitz, etwas fleischig, geschärft-gekielt. 2nervig, vorn kappenfg. rinnig. Bl zu wenigen. 2—5, (bisweilen einzeln) auf 3kantigen, kahlen Bl stielen; die grössern Hüllb länger als die Dolde, zottig; Deckb klein; P.b lineal-lanzettlich. stumpf, von der Mitte an abstehend. gelb, aussen grün mit gelbem Rande, die 3 innern schmäler. **G. stenopetala Rchb Schmalblättriger G.**

April—Mai. Aecker, sonnige Plätze. Zerstreut. Weilburg; Wiesbaden; Okriftel; Oestrich. J. V. N.

4. Zusammengesetzte, reichblütige Doldentraube, Bl stiele flaumig oder etwas zottig. St aus 2 aufrechten, von einer gemeinschaftlichen Schale umschlossenen Zwiebeln 10 - 15 cm h. stumpfkantig; grundstdg B grasgrün, lineal, rinnig. stumpf gekielt, etwas fleischig, zurückgebogen, weit länger als der St. ungleich, die 3 äussern P.b flaumig, vorn kappenfg und bärtig. die 3 innern nur aussen flaumig, gelb mit grünem Rückenstreifen **G. arvensis Schult. Feld-G.**

März—April. Gemein auf Aeckern.

Einfache armblütige (2—3bltge) Dolde. Bl.stiel fast kahl. St wie bei voriger Art und von gleicher Grösse Wzlb schmallineal nach unten fadenfg verschmälert, lang zugespitzt. aufrecht, obere B sehr klein. fast borstenfg, nur das untere scheidenfg st umfassend; P.b länglich-lanzettlich, stumpf gelb, auswendig grün mit gelbem Rand. **G. spathacea Schult. Scheidiger G.**

April—Mai. Schattige Wälder. Sehr selten. Langenaubach (bei Dillenburg).

34. Scilla, Meerzwiebel. VI, 1.

St rund, 10 –20 cm h., meist nur mit 2 grundstdg. aus eirunder Zwiebel hervorsprossenden, lanzettlich-linealen, rinnigen, vorn kappenfg. kurz zugespitzten, kahlen B von etwa gleicher Länge (bis 15 cm lang), mit endstdg, bis 10bltg Traube von schön blauen, flach ausgebreiteten, deckb.losen Bl; die Perigonb lanzettlich, etwas stumpf, nach dem Verblühen nicht abfallend; Stbgf u. Stempel blau; Frkn mit 6 helleren Streifen. **Sc. bifolia L Zweiblttr. M.**

April—Mai. In lichtem Gebüsch häufig; Oestrich; Lahnthal.

35. Allium, Lauch. VI, 1.

1. Endstdg Dolde aus einem von Zwiebelchen gebildeten Köpfchen entspringend. 2.
— — ohne solche Zwiebelchen. 6.

2. Stbf **einfach**, **ohne Zähne**, von der Länge des Perigons; St 30—45 cm h., stielrund, bis zur Hälfte beblättert; B lineal, röhrig, oberseits flachrinnig, unterseits gewölbt-kantig; Bl.scheide ungleich-2klappig, die längere Klappe mit pfriemlicher, die Dolde weit überragender Spitze; Perigonb stumpf, mit einem aufgesetzten Spitzchen; Bl rötlich oder gelblich-weiss, mit grünlichem oder bräunlich-rotem Rückenstreifen. Zwiebel eirund, aussen trockenschalig, am Grunde mit vielen Brutzwiebelchen. **A. oleraceum L. Gemeiner L.**

Juni—Juli. An felsigen Orten. Ziemlich häufig.

— abwechselnd 3**spaltig** oder **gezähnt**. 3.

3. B **stielrund**, hohl. 4.

— **flach**. 5.

4. Bl.scheide **kürzer** als die Dolde, häutig; St 15—25 cm h., am Grunde mit pfriemlichen, gleichfg-stielrunden B; Stbgf etwas **länger** als das weissliche oder violette Perigon, je 3 am Grunde mit 2 kurzen Zähnen. Zwiebel länglich-eirund, aussen mit vertrockneten, rotgelben Schalen, innen aus mehreren violetten Zwiebelchen bestehend. **A. ascalonicum L. Levantischer L. (Schalotte).**

Kommt bei uns selten zur Blüte. Als Küchenpflanze gebaut.

— **länger** und mit schnabelfg Spitze endigend, 1klappig; St 30—60 cm h., bis zur Mitte beblättert; Stbgf länger als das purpurbraune Perigon, die 3 inneren beiderseits mit einem haarspitzigen Zahn. Aus den Zwiebelchen am Grunde der Blstiele sprossen öfter B hervor. Bisweilen fehlen die Bl. **A. vineale L. Weinbergs-L.**

Juni—Juli. Vereinzelt durch das Gebiet.

5. St vor dem Aufblühen oberwärts **ringlg gewunden**, bis zur Mitte bebltrt. 60—90 cm h., rund. Zwiebel ansehnlich, kugelig, von mehreren weissen und rötlichen, dünnen Schalen umgeben, innen aus vielen länglichen, kleineren Zwiebeln zusammengesetzt; B 2zeilig geordnet, in eine lange Spitze auslaufend, 2 bis 3 cm breit, gekielt; Bl.scheide 1klappig, mit langer Spitze endigend; Bl weisslich, bräunlich gestreift; Stbgf das Perigon überragend; Kapsel stumpf-3kantig, eirund. **A. sativum L. Knoblauch.**

Juni—Juli. Zum Küchengebrauch gebaut. (Vaterland: Südeuropa und Orient.)

— — — — — **gerade, nicht gewunden**, bis zur Mitte beblättert, 60—90 cm h., stielrund, vor dem Aufblühen überhängend, aus eirunder, purpurbrauner Zwiebel entspringend, an deren Basis viele kleine Brutzwiebeln; B 1—3 cm breit, lineal, kürzer als bei voriger Art; Bl.scheide so lang als die reichbltg Dolde oder wenig länger, kurz geschnäbelt; Perigonb purpurrot oder violett, mit dunklerem Kiel; Stbgf kürzer als das Perigon, je 3 mit langem, haarspitzigem Zahn beiderseits; Kapsel stumpf-3kantig, eirund. **A. Scorodoprásum L. Schlangen-L.**

Juni—Juli. Wiesen und Aecker. Im unteren Lahnthal und stellenweise im Rh. u. M.thal.

6. Stbf ohne Zähne. 7.
— mit je 1 Zahn beiderseits, oder 3spaltig. 11.

7. B breit, elliptisch. Schaft halbrund, stumpf-3kantig, rinnig, aus aufrechter, lineal-länglicher Zwiebel, an deren Grund ein Schopf von Borsten — den Resten der vorjährigen Schalen — 15—30 cm h. mit 2 wzlstdg langgestielten, oberseits hell-, unterseits graugrünen, fast herzfg B mit unterseits flachem, oberseits konvexem B.stiel; Bl.scheiden von der Länge der Dolde, häutig, abfällig; Bl schneeweiss wie die Stb.kölbchen; P.b abstehend, lanzettlich, spitz, etwas länger als die Stbgf; Kapsel verkehrt-herzfg-dreiknotig; Gf etwas länger. **A. ursinum L. Bären-L.**

April—Juni. Aarthal; Lorsbach. Wenig verbreitet.

— schmal-lineal oder stielrund, röhrig. 8.

8. B röhrig. 9.
— nicht röhrig. 10.

9. Bl lila-rot. Stbgf kürzer als das Perigon; B fast alle grundstdg; St sehr niedrig im Vergleich mit den anderen Arten, bis 15 cm h., stielrund, röhrig, pfriemlich, in der Mitte etwas breiter; Zwiebeln zahlreich, büschelfg gehäuft, länglich, weisslich; Bl.scheide 2klappig, kürzer als die fast kugelfg Dolde; Bl.stiele kaum so lang als die Bl; Perigonb lanzettlich, spitz. **A. Schœnoprásum L. Schnittlauch.**

Juni—Juli. Als Küchenpflanze gebaut.

— grünlich-weiss. Stbgf länger als das Perigon; St röhrig, 45—60 cm h., in der Mitte aufgeblasen-bauchig wie die B, aus einem Büschel von weisslichen, länglichen Zwiebeln hervorsprossend, länger als die B; Bl.scheide kürzer als die kugelige Dolde; Bl.stiele so lang als die eilanzettlichen, spitzen, weisslichen, grün gestreiften Perigonb; Fr 3knotig. **A. fistulosum L. Winterzwiebel, Schlotte.**

Juli—August. Als Küchenpflanze gebaut.

10. Stbgf so lang als das P. Schaft aus länglicher, von weissgrauen Schalen bedeckter Zwiebel mit holzigem Wzl.stock, 20—40 cm h., vor der Blt überhängend, unterwärts halbstielrund und seicht gefurcht, oberwärts scharfkantig; B etwas rinnig, gekielt, grasgrün, mit feinen helleren Punkten; Dolde ziemlich flach mit kürzerer ungeteilter Scheide; P.b lilafarbenrosenrot mit dunkleren Rückenstreifen, länglich-lanzettlich, etwas stumpf, die 3 äusseren etwas kürzer. Frkn dreikantig mit abgerundeten Kanten, Gf so lang als die Stbgf. **A. acutangulum Schrad. Scharfkantiger L**

Juni—August. Nasse Wiesen. Rheingau. J. V. N.

— länger um $^1/_3$ als das P, Dolde fast kugelig gewölbt,

Gf meist länger als die Stbgf, sonst der vorigen ähnlich und vielleicht nur eine Spielart derselben. **A. fallax Don.** (**A. montanum Schmidt.**) **Trügerischer L.**
Juli - August. Kalkfelsen. Flörsheim (M.) J. V. N.

11\. Stbf am Grunde mit je 1 kurzen Zahn; St und B bauchig-röhrig; St 45 – 60 cm h, stielrund, hohl, viel länger als die B; Bl.scheide kürzer als die kugelige Dolde; Zwiebel niedergedrückt kugelig, von rotgelben, trockenen, häutigen Schalen umgeben; Bl.stiele viel länger als die Bl; Perigonb eirund, spitz, kürzer als die Stbgf; Fr 3knotig. **A. Cepa L. Gemeine Zwiebel.**
Juni—Juli. Als Küchenpflanze gebaut.

— — — 3spaltig, die Seitenzipfel lang u. haarspitzig. 12.

12\. B röhrig, halbstielrund. St aus eirunder, weissschaliger Zwiebel 30—60 cm h., bis zur Hälfte beblättert, B zur Blt.zeit meist vertrocknet; Doldenscheide eirund, zugespitzt, höchstens so lang als die reichblütige, kugelige Dolde; P.b läng'ich, stumpf, purpurrot, dunkler gekielt, die 3 äusseren spitzer, etwas höckerig am Grund; Stbgf weit länger als das P. **A. sphaerocephalum L. Rundköpfiger L**
Juni - Juli. Aecker, Weinberge. (Lästiges Unkraut). Rheingau.

— flach (nicht röhrig), Stbgf nicht oder kaum länger als das P. 13.

13\. St aus rundlicher, nur wenig dickerer, einfacher Zwiebel hervorsprossend, bis zur Mitte beblättert, 45 – 60 cm h., stielrund; B flach, lineal, 2—3 cm breit, lang zugespitzt, gekielt; Dolde fast kugelig; Bl.scheide einfach, länger als die Dolde. Am Grunde der 2—5 cm langen Bl.stiele kleine Deckb; Perigon weisslich oder rötlich-weiss; Frkn eirund, stumpf-3kantig; Stbgf länger als das Perigon. **A. Porrum L. Gemeiner L.**
Juni —Juli. Als Küchenpflanze gebaut. (Vaterland: Südeuropa)

— aus einer aus mehreren grösseren und vielen kleineren, rundlichen, dunkelbraunen Zwiebelchen zusammengesetzten Zwiebel entspringend, 30—50 cm h.; Stbgf kaum länger als das purpurrote Perigon. Sonst der vorigen Art nahe verwandt. **A. rotundum L. Runder L.**
Juni—Juli. Im Rheinthal. J. V. N.

36. Múscari, Bisam-Hyacinthe. VI, 1.

1\. Alle Bl gleichlang gestielt. 2.
Obere B auffallend länger gestielt als die unteren, wagrecht abstehenden, verkehrt-eirunden, bräunlichen; St 30 - 60 cm h., nur mit grundstdg, linealen, rinnigen, am Ende zurückgebogenen B und sehr verlängerter, lockerer, endstdg Traube, deren obere, kleinere, amethystblaue Bl schopfig die anderen überragen, im oberen Teile blau gefärbt. Nur die unteren Bl mit vollkommen entwickelten Stbgf und

Stempeln Kapsel 3kantig, armsamig, oberstdg, 3fächerig **M. comosum Mill. (Hyacinthus comosus L.) Schopfblütige B.**

Mai – Juni. Aecker, Wiesen. Rh. u. M.

2. Bl eikruglg, überhängend (die unteren); B schlaff zur Blt.zeit, viel schmäler als bei der vorigen. Schaft aus eirunder Zwiebel 15 – 30 cm h., oberwärts blau wie die Blstiele, stielrund, kürzer als die oberseits graugrünen, zurückgekrümmten B; Traube reichbltg, anfangs gedrungen, zuletzt lockerer; Bl wohlriechend, dunkelblau mit helleren Zähnchen, die obersten viel kleiner, ohne Gf und Frkn. **M. racemosum Mill. Traubige B.**

April – Mai. Aecker. Oberer Rheingau. J. V. N.

— kugelig-eifg, meist überhängend; St aus eirunder Zwiebel kaum 15 cm h., einfach, nur mit grundstdg, lanzettlich-linealen, rinnigen, aufrecht abstehenden, nach dem Grunde verschmälerten, kahlen B und einer endstdg, anfangs ziemlich gedrungenen, aus 15—20 dunkelblauen Bl bestehenden Traube; Perigonzipfel weisslich; Kapsel 3kantig, armsamig, oberstdg, 3fächerig. Die obersten Bl öfter unfruchtbar. **M. botryoides Mill. (Hyacinthus botryoides L.) Traubige B.**

April – Mai. Auf Aeckern, in Weinbergen Rh. u. M.

37. Colchicum, Zeitlose. VI, 3.

St zur Blt.zeit scheinbar fehlend, erst im folgenden Frühjahr mit den breit-lanzettlichen, saftreichen, dunkelgrünen, ziemlich steifen B seitwärts aus eirunder, dichter, mit gelblicher Schale umgebener, weisser Zwiebel bis zur Höhe von 15—20 cm hervorsprossend. Mehrere Bl mit 6teiligem, lila-rotem Saum und sehr langer, bis zum Boden reichender, schmaler, weisslicher, die 3 sehr langen Gf einschliessender Röhre; Perigonzipfel länglich, stumpf, glockig zusammengeneigt, innen am Schlunde mit gelblichem Streifen, abwechselnd kürzer; Stbgf dem Ende der Perigonröhre eingefügt, von den Gf überragt; 3 halb zusammengewachsene, 1fächerige, vielsamige Kapseln; Samen an der Mitte der inneren Naht sitzend. **C. autumnale L. Herbstzeitlose.**

August – Oktober. (Einzelne Spätlinge blühen erst im folgenden Frühjahr.) Auf feuchten Wiesen sehr gemein.

5. Ordnung: Juncaceae.

38. Juncus, Simse. VI. 1.

1. Scheinbar ohne B (die vorhandenen sehen wie b.lose Halme aus). 2.

Mit deutlichen B. 6.

2 Spirre zusammengeknäuelt, seitwärts am oberen Teile des Halmes hervortretend. Halme 30—60 cm h., rasenfg beisammen aus demselben Wzl.stock (Rhizom), steif-aufrecht, b.los, fein gerieft (besonders oben), mit ununterbrochenem

Mark; Bl von weisslichen Deckb gestützt, mit 3 Stbgf und sehr kurzem, auf einer kleinen Schwiele sitzendem Gf; Perigonzipfel lanzettlich, spitz, braun, aussen grün, weisslich berandet: Kapsel gelbbraun, verkehrt-eirund. **J. conglomeratus L. Geknäuelte S.**

Juli—August. Sumpfige Gräben. Häufig.

— locker und meist ausgebreitet. 3.

3. Spirre armblütig (bis 10 bltig), unterhalb oder aus der Mitte der 30—50 cm h., sehr schlanken, lockere Rasen bildenden, grasgrünen, glatten, am Grunde gelb- oder rötlich-braun-beschuppten, etwas nickenden Halme. Deckb weisslich. Pb grünlich mit rötlichem Anflug, spitz; Gf fast fehlend auf der rundlichen, stumpfen, kurz-stachelspitzigen Kapsel. **J. filiformis L. Fadenförmige S.**

Juni—Juli. Sumpfwiesen. Seeburger Weiher; Königstein; Burg bei Herborn.

— reichblütig, oberhalb der Mitte der Halme 4.

4. Halm mit fächerig-unterbrochenem Mark, seegrün oder grau-grün, ziemlich schlank, 30—60 cm h, tief und breit gerillt, später bogig gekrümmt; Schuppen u. Scheiden schwärzlich-purpurn, glänzend; Aeste der Spirre aufrecht; Deckb rotbraun mit hellerem Hautrand; Pb schmal-lanzettlich, spitz, kastanienbraun, aussen grün mit hellerem Hautsaum; Gf deutlich, fast 1/3 so lang als der elliptische, stumpfe, stachelspitzige, schwarzbraune Frkn. **J. glaucus Ehrh. Meergrüne S.**

Juli August. Nasse Orte.

— — ununterbrochenem Mark. 5.

5. Schuppen und Scheiden des Halms schwärzlich-purpurbraun, P kastanienbraun; Halme 30—60 cm h., dunkel-grasgrün, fein gerillt; Kapsel verkehrt-eifg, stumpf, stachelspitzig; Gf deutlich. Steht der vorigen sehr nahe und wird von manchen Autoren als Bastardform von J. glaucus Ehrh. und J. effusus L. angesehen. **J. diffusus Hoppe. Spreizende S.**

Juli—August. Gräben. Dillenburg. J. V. N

— — — — — grün. Von gleicher Grösse und Tracht wie vorige Art; Spirre mehr zusammengezogen, Gf undeutlich, Halme ganz glatt (nicht gerillt), und glänzend, Kapsel gestutzt, mit Grübchen am obern Ende. **J. effusus L. Flatter-S.**

Juli—August. Nasse Orte. Gemein.

6. B röhrig, mit Querwänden in Fächer abgeteilt. 7.

— nicht röhrig, ohne Querwände. 9.

7. P und Deckb weisslich, Spirrenäste zuletzt zurückgebogen. Halme ansehnlich, 50—100 cm h. stielrund, unten mit b.losen Scheiden, weiter oben mit 2 stielrunden, pfriemlichen B; Spirre sehr zusammengesetzt, sperrig, mit zurückgebrochenen Aesten; Hüllb aufrecht; Deckb mit breitem, weissem Hautrand; P.b von gleicher Länge, die 3 innern flacher, die

äussern vorn kappenfg zusammengezogen; Gf von der Länge des eifg. spitzen, dreikantigen Frkn. **J. obtusiflorus Ehrh. Stumpfblütige S.**

Juli—August. Wassergräben. Ziemlich selten. Dillenburg; Herborn; Oestrich. J. V. N.

— — — dunkelbraun, Spirrenäste stets aufrecht. 8.

8. P.b ungleich, sämtlich spitz. Halm 45—90 cm h., etwas zusammengedrückt, steif-aufrecht, mit 3—4 B und einer aus vielen Köpfchen zusammengesetzten, reichbltg, ausgebreiteten, endstdg Spirre; Perigonb lanzettlich, zugespitzt, mit Stachelspitze endigend, abwechselnd ungleich, die 3 inneren länger, braun, kürzer als die scharfkantige, spitz zulaufende Kapsel; Gf weit länger als der Frkn. **J. sylvaticus Reich. Spitzblütige S.**

Juli—August. Sumpfgräben. Gemein.

— gleich, die 3 innern stumpf. Halm aufsteigend, 30 bis 100 cm h., etwas zusammengedrückt; Spirre mehrfach zusammengesetzt mit abstehenden Aesten; P.b braun, mit grünem Rücken, häutig berandet, stachelspitzig; Gf so lang als der eirund-längliche, stachelspitzige Frkn; dieser länger als das P. **J. lamprocarpus Ehrh. Glanzfrüchtige S.**

Juli—August. Wassergräben. Gemein.

9. Halm ohne B (ausser den Wzlb) starr, bis 30 cm h., knotenlos, etwas kantig, am Grunde von B.scheiden bedeckt; Wzlb lineal, tief-rinnig, grasgrün, glänzend, starr, dicht rasig und sperrig; Bl einzeln in Doldenträubchen, eine endstdg zusammengesetzte Spirre bildend; Deckb weisslich; P.b lanzettlich, spitz, glänzend nussbraun, mit breitem, hellerem Hautrand; Gf so lang als der verkehrt-eirunde, stumpfe, stachelspitzige Frkn. **J. squarrosus L. Sperrige S.**

Juli—August. Sumpfige Heiden. Selten. Dillquellen. J. V. N.

— mit Blättern. 10.

10. Bl zu armblütigen (bis 5bltg), entfernt stehenden Köpfchen vereinigt. Halm fadenfg dünn, von der Mitte an in mehrere schlanke Aeste gabelig geteilt, bald aufrecht, rasenfg, bald liegend, bald flutend, mit borstlichen B; Perigonb braun, aussen grün, weiss berandet, lanzettlich, gleich lang, die inneren stumpf, die äusseren gekielt; 3 Stbgf; Gf kurz; Kapsel länglich, 3kantig, stumpf mit einer Stachelspitze. **J. supinus Mœnch Schlamm-S.**

Juli—August. An sumpfigen Orten. Dillenburg. Seeburger Weiher. Oestricher Wald, Montabaurer Höhe; J. V. N.

— einzeln oder in Doldenträubchen. 11.

11. Bl in Doldenträubchen; Halm zusammengedrückt, 15—30 cm h.; Perigonb stumpf, gelbbraun, grün gestreift, weisslich berandet; B lineal, sehr schmal, zugespitzt, grundstdg B fast von der Länge des 1blttrg Halmes; Spirre mehrfach zusammengesetzt; Kapsel eifg-kugelig, sehr stumpf, mit

kurzer Stachelspitze, etwa doppelt so lang als das Perigon. **J. compressus Jacq.** (**J. bulbosus L.**) **Zusammengedrückte S.**
Juli—August. An nassen Orten. Hier und da.

— einzeln auf den Spirrenästen; Halm stielrund; Perigonb spitz. 12.

12 Kapsel kugelfg, sehr stumpf, fast so lang als die Perigonb; Halm mit 1—2 borstlichen B, 10-15 cm h, sehr sperrigästig; Perigonb. kastanienbraun, mit einem grünen oder weisslichen Rückenstreifen, weisslich berandet, breit-lanzettlich, ziemlich flach. **J. Tenageia Ehrh. Zarte S.**
Juni—Juli. An sandigen, nassen Orten. Montabaurer Höhe. Seeburger Weiher. Ziemlich selten.

— länglich, kurz stachelspitzig, viel kürzer als das Perigon; Spirrenäste aufrecht, nicht sperrig ausgebreitet; Halm mit 1—2 borstlichen, schmal-pfriemlichen B., bis 15 cm h, oft rasenbildend, meist von der Mitte, oder auch bei kleineren Individuen von unten an sich gabelspaltig in Spirrenäste teilend; Bl auf der inneren Seite derselben entfernt sitzend; Perigonb grün, mit breitem, weisslichem Hautrand. **J. bufonius L. Kröten-S.**
Juli-Herbst. An feuchten Orten gemein.

39. Lúzula, Hainsimse. VI, 1.

(Bei Linné Arten von Juncus.)

1 Bl einzeln an den fast doldenfg abgezweigten Spirrenästen 2.
— in Büscheln oder Aehrchen zu 2—5 beisammen, eine zusammengesetzte Spirre bildend. 3.

2. Bl tragende Aeste zuletzt herabgeschlagen; Halm aufrecht, 15—30 cm h., rundlich, kahl; grundstdg B in eine Stachelspitze endigend und (wie die übrigen B) besonders am Rande und oben an der B.scheide lang behaart; Spirre aus 15—20 armblütigen Aesten, wovon nur die untersten aufrecht bleiben; Bl meist endstdg; Hüllb und Deckb zottig bewimpert; Deckb braun, weisslich berandet; Perigonb gleich lang, kürzer als die Kapsel, lanzettlich, kurz stachelspitzig, braun, weiss berandet; Kapsel eifg, oben stumpf mit kurzer aufgesetzter Stachelspitze; Samen mit sichelfg Anhängsel. **L. pilosa Willd. Behaarte H.**
April—Mai. Wälder. Hier und da.

— — stets aufrecht; Perigonb so lang als die weniger abgestutzte Kapsel; Anhängsel der Samen gerade und stumpf. Im Uebrigen der vorigen Art sehr ähnlich. **L. Forsteri DC. Forsters H.**
April—Mai. Niederlahnstein am Michelskopf, Soden, Hofheim und Oestrich. J. V. N.

3 Perigonb weisslich, zugespitzt, ziemlich gleich lang; Halm aufrecht. 45—60 cm h.; B lineal, rinnig gefaltet, lang bewimpert wie die Hüllb und Deckb, mit brauner Spitze und einem Stachelspitzchen endigend; Spirre mehrfach zusammengesetzt; Bl zu

2—4 und mehr büschelfg beisammen; Büschel kurz gestielt; Kapsel eirund, 3kantig, spitz mit Stachelspitze, etwas kürzer als das Perigon. Das untere Hüllb länger als die Spirre. **L. albida DC. Weissliche H.**

Juni—Juli. Wälder. Sehr gemein.

— schwarzbraun oder kastanienbraun. 4.

4. Pfl sehr niedrig. kaum 10—15 cm h., besonders zur Blt.zeit; Halme zu mehreren beisammen; grundstdg B büschelfg. lineal-verschmälert und mit einer Stachelspitze endigend, flach. bewimpert und am oberen Ende der Scheide bärtig, zuletzt kahl; Bl zu 3—5bltg, eifg, kurz gestielten oder sitzenden Aehren zusammengeknäuelt Das untere Hüllb etwa so lang als der Blt stand und (wie die Deckb) bewimpert; Perigonb weiss berandet, lanzettlich, mit Stachelspitze, fast gleich lang; Kapsel 3kantig, verkehrt-eirund, stumpf mit Stachelspitze. **L. campestris DC. Gemeine H.***

März—Mai. Sehr gemein au trockenen Wiesen.

— sehr ansehnlich, bis 90 cm h.; B sehr breit (1—2 cm br) und fast lederig derb, nicht leicht verwelkend, lanzettlich-lineal; Spirre mehrfach zusammengesetzt, gross. mit doldentraubig geordneten, meist reichblütigen, teils aufrechten, teils rechtwinkelig sich abzweigenden Aesten; Bl knäuel meist 3bltg; Deckb wie die B gewimpert, braun mit hellerem Rand; Perigonb glänzend, schwarzbraun, heller berandet, mit Stachelspitzchen; Kapsel eifg, stachelspitzig, etwa von gleicher Länge. **L. maxima DC. Grösste H.**

Mai—Juni. In schattigen Bergwäldern des Taunus u. des unteren Lahnthals gemein. Offdilln u. Rittershausen. J. V. N.

II. Reihe: Spadiciflorae.

Blt mit wenigen Ausnahmen mit unvollstdg oder ganz fehlendem P, oft zu kolbigem und mit einer Blütenscheide (spatha) versehenem Blt.std vereinigt.

1. Ordnung: Typhaceae.

40. Typha, Rohrkolben. XXI, 3.

St einfach, steif-aufrecht, 1—2 m h., mit cylindrischer, endstdg, schwärzlich-brauner, etwa 20 cm langer ununterbrochener Aehre, deren obere Hälfte aus ♂, und deren untere aus meist ♀ dicht gedrängten Bl besteht, zwischen diesen borstliche, die Perigone vertretende Deckb; ♂ Bl. mit je 2—3 unten zu-

---

* Die von manchen Autoren (auch Koch, Synopsis, 2. Aufl.) als Art aufgeführte L. multiflora Lej. mit aufrechten (nicht nickenden) Aehrchen und kürzeren Staubbeuteln (nur 2—3mal so lang als die Stbf) scheint doch nur eine Varietät der obigen Art zu sein, bedingt durch die besondere Beschaffenheit des Standorts. (Kommt hier und da vor.)

sammengewachsenen Stbgf, die ♀ Bl mit länglichem, später lang gestieltem, einsamigem Frkn, fädlichem Gf und schief-spateliger, eifg, über die Deckborsten hinausragender Narbe, breit-linealen, schilfartigen, den Bl.kolben überragenden, sitzenden, scheidigen B. T. **latifolia L. Breitblättr. R.**

Juli-August. In stehendem, sumpfigem Wasser. Hier und da, doch nicht häufig.

St. von gleicher Grösse, wie bei voriger Art, aber Blt.stand der ♂ Blt. durch einen 2—4 cm breiten Zwischenraum von den ♀ getrennt, Aehre daher unterbrochen; B schmal-lineal; N lineal-lanzettlich; ♀ Bl von einem Deckb gestützt. T. **angustifolia L. Schmalblättriger R.**

Juli—August. Stehende Gewässer. Selten. Flörsheim, Hattenheim. J. V. N.

41. Spargánium, Igelkolben. XXI, 3.

St steif-aufrecht, 30—60 cm h., ästig, mit sitzenden, scheidigen, wechselstdg, linealen, unten 3kantigen, hohlkehligen B und kugeligen, zahlreichen, seitenstdg ♂ und ♀ Bl köpfen; Bl durch spreubltrg Deckb (die Perigone vertretend) gestützt, ♂ mit je 3 Stbgf, ♀ mit je 1 Gf, 1 Narbe und 1 einsamigen Frkn. Sp **ramosum Huds. (Sp erectum « L.) Aestiger I.**

Juli—August. Gemein an Wassergräben.

St ebenso, aber einfach, B unten dreikantig, mit ebenen Seitenflächen; sonst der vorigen in der Tracht ähnlich. Sp. **simplex Huds. (Sp. erectum β L.) Einfacher I.**

Juli—August. Wassergräben, Ufer. Seltener als vorige Art.

2. Ordnung: Araceae.

42. Arum, Aron. XXI, 1 (XX, 9).

St aus knolliger Wzl aufrecht, 20—30 cm h., einfach, mit wechselstdg, gestielten, spiess-pfeilfg (den Spinatb. ähnlichen), ganz kahlen, dunkelgrünen, saftigen, oft braun gefleckten B und einer den kolbig-keuligen, schwärzlich-purpurnen, endstdg Bl.stand ganz einwickelnden, b artigen, kapuzenfg Bl.scheide; Bl.kolben oben nackt, im untersten Teile mit perigonlosen ♀, weiter oben mit sitzenden Staubkölbchen, zuletzt nur mit Stbf ringsum vielreihig besetzt. Einsamige, zuletzt scharlachrote, erbsengrosse Beeren. A **maculatum L. Gefleckter A.**

Mai. An feuchten, schattigen Orten, im Gebüsch. Hier und da.

43. Calla, Drachenwurz, (Schlangenkraut). XXI, 1 (XX, 9).

Schaft 15—30 cm h., mit endstdg, ganz mit Blt bedecktem Blt kolben, zur Seite desselben eine innen weisse, aussen grüne, flache Blt scheide. P fehlend; ♂ Blt mit 1 sitzenden Stbgf, zahlreich; ♀ mit 1 zur mehrsamigen Beere sich ausbildenden Frkn. B herzfg, gestielt. C. **palustris L. Sumpf-D.**

Juli. Sümpfe. Seeburger Weiher. Selten.

44. Ácorus, Kalmus. VI, 1.

St aufrecht, aus kriechendem, schwammig-fleischigem, mit halbmondfg B.narben versehenem Wzl.stock, bis 75 cm h., 3kantig, mit einem schwertfg, 20—50 cm langem Hüllb — der eigentlichen Bl.scheide (siehe Arum) — endigend; untere St.b schwertfg-lineal, oft über 50 cm lang mit fast ebenso langen Scheiden sich umfassend, mit erhabenem Mittelnerven, zusammengedrückt-3kantig. Bl mit 6blttrg, gelblich-grünem, unansehnlichem Perigon in einem (scheinbar) seitenstdg, dicht-blütigen, walzig-kegelfg, 6—8 cm l und 1—2 cm dicken Kolben; Kapsel 3fächerig, armsamig. **A. Cálamus L. Gemeiner K.** (Wzl.stock dient als Heilmittel.)

Juni—Juli. Hier und da am Lahnufer. Hadamar; Kronberg. J. V. N.

3. Ordnung: Lemnaceae.

45. Lemna, Wasserlinse. II, 1 (XXI, 2).

1. Mehrere büschelig beisammenstehende Wurzeln. B mehrmals grösser wie bei den folgenden, sonst ähnlichen Arten, runder und stumpfer, oberseits mit schwacher Furche, etwas bauchig, unterseits rötlich-braun. **L. polyrrhiza L. Vielwurzelige W.**

   Mai—Juli. In der Lahn hier und da, im stillstehenden Wasser zwischen den Krippen.

   Nur eine Wzl. 2.
2. B (eigentlich die b.artigen St) lanzettlich, zuletzt gestielt, kreuzweise zusammenhängend, unter der Oberfläche schwimmend **L. trisulca L. Dreifurchige W.**

   April—Mai. Zerstreut im Gebiet. Hachenburg, Weilburg, Okriftel. J. V. N.

   — elliptisch, oder verkehrt-eifg, stets ungestielt. 3.
3. B flach-gedrückt, auch auf der Unterseite kaum ¼ cm breit. **L. minor L. Kleine W.**

   April—Mai. In stehenden Gewässern gemein.

   — halbkugelig auf der Unterseite gewölbt, schwammig, verkehrt-eifg, etwas grösser als vorige Art. **L. gibba L. Buckelige W.**

   April—Mai. In stehenden Gewässern mit voriger, aber seltener.

4. Ordnung: Potameae. (Najadaceae).

46. Potamogéton, Laichkraut. IV, 3.

1. B. schmal-lineal oder borstenfg 2.

   — eifg, oder elliptisch. 5.
2. B mit st.umfassenden Scheiden (den verwachsenen Nebenb) St sehr lang, oft über 1 m l, untergetaucht, wie die ganze nur zur Blt.zeit mit den Bl.stengeln über das Wasser emporgerichtete Pfl, sehr ästig; B mit einem Hauptnerven und rechtwinkelig davon abgehenden Seitennerven, wechselstdg; Bl in lockeren, lang gestielten, von 2 gegenstdg B gestützten

Aehren, mit grünlichem, (wie bei allen Arten) 4teiligem Perigon, schief-verkehrt-eifg, auf dem Rücken gekielten, zusammengedrückten Fr. **P. pectinatus L. Fadenblättr. L.**

Juli–August. In der Lahn, im Rh. u. M. häufig.

— ohne solche Scheiden, mit freien Nebenb. 3.

3. St stielrund oder zusammengedrückt, stumpfkantig, sehr ästig. B alle untergetaucht, durchscheinend, sitzend, spitz zulaufend und kurz stachelspitzig, 3—5nervig; Aehre oft unterbrochen 4—8bltg, länger gestielt; Fr. schief-elliptisch. **P. pusillus L. Kleines L.**

Juli-August. In stehendem Wasser. Ziemlich verbreitet.

— zweischneidig zusammengedrückt. 4.

4. Blt.ähre walzenfg, 10- und mehrbltg. B alle untergetaucht, durchscheinend, sitzend, 5nervig, stumpf, aber mit Stachelspitze; Blt.ähre unterbrochen, Aehrenstiel 2 bis 3 mal so lang; St ästig. **P. compressus L. Zusammengedrücktes L.**

Juli—August. Seeburger Weiher. Selten. Marienstadt, Herschbach. J. V. N.

— rundlich, 4—6blütig, B haarspitzig, alle untergetaucht, durchscheinend, sitzend, vielnervig, mit 3–5 stärkeren Nerven; St sehr ästig; Aehrenstiele so lang oder etwas länger als die Aehre **P. acutifolius Link. Spitzblättriges L.**

Juli—August. In stehendem Wasser. Selten. Seeburger Weiher. J. V. N.

5. B zum Teil auf dem Wasser schwimmend. 6.

— alle untergetaucht. 10.

6. Alle B lang gestielt, auch die untergetauchten. 7.

Die untergetauchten B sitzend. 9.

7. Schwimmende B nach dem B.stiel schmal verlaufend, nie herzfg, lederig; B.stiel, wenigstens der älteren B, biconvex; die untergetauchten während der Blt.zeit vorhanden, durchscheinend, verlängert lanzettlich; Blt.ähre gedrängt, schmal; Fr scharfkantig. (Sehr ähnlich P. natans). **P. fluitans Roth. Fluss-L.**

Juli—August. Selten Flüsse und Teiche. Dreisbach und Elkenrod ____, Höchst in der Nied. J. V. N.

— — am Grunde abgerundet oder herzfg. 8.

8. B.stiele der untergetauchten älteren B zur Blt.zeit ohne B.spreite, oberseits etwas rinnig vertieft; die jüngeren B schmäler, länglich-lanzettlich, die schwimmenden lederig, vielnervig, mit grossen Nebenb; St schief aufsteigend, bis 1 m lang und länger, einfach; Bl in lang gestielten, vielbltg, gedrungenen Aehren, welche $1/3$—$1/4$ so lang als ihre Stiele sind; Fr schief-eirund zusammengedrückt, stumpf-kantig, kurz zugespitzt. Sehr abändernd in Form der B u. Grösse. **P. natans L. Schwimmendes L.**

Juli–August. In stehendem und fliessendem Wasser sehr gemein.

— — — — — mit B.spreite, oberseits flach, sonst der vorigen Art sehr ähnlich. **P. oblongus Viv. Längliches L.**

Juli–August. Wissenbach (A. Dillenburg) u. Manderbach; Neukirch, Kroppach; Seeburger Weiher; Schwanheimer Wald. Ziemlich selten.

9. B zugespitzt oder stachelspitzig; Aehrenstiele oben verdickt; die untergetauchten B oft bogig-gekrümmt. lineal-lanzettlich, durchscheinend, nach dem Grund verschmälert, am Rande scharf; die schwimmenden lederig, ei-lanzettlich, öfter fehlend; Fr zusammengedrückt, stumpfkantig; St. sehr ästig. Sehr abändernd in der B.form. **P. gramineus L. Grasartiges L.**

Juli—August. In stehendem oder langsam fliessendem Wasser. Hier und da in der Lahn, dem Rhein und Main; Seeburger Weiher. J. V. N.

— stumpflich; Aehrenstiel nicht verdickt. Schwimmende B lederig, getrocknet rötlich-braun, verkehrt-eifg, in einen kurzen B.stiel verlaufend; die untergetauchten durchscheinend, lanzettlich, am Rande glatt; St einfach; Fr linsenfg-abgeplattet mit scharfem Rand. **P. rufescens Schrad. Rötliches L.**

Juli—August. Stehendes Wasser und Bäche. Haigerhütte; Dillenburg, Wissenbach, Westerburg, Kroppach, Kirchen ___, Steinsler Hof (A. Weilburg), J. V. N. Ziemlich selten.

10. B gesägt, wellig-kraus (mit Ausnahme der jüngsten). dreinervig, sitzend, länglich-lanzettlich, beiderseits abgerundet, vorn mit kurzem Spitzchen, bis 7 cm lang und 2 cm breit, die bl.stdg gegenstdg, mit sehr vergänglichen, daher öfter fehlenden Nebenb; St abgeplattet, ästig, öfter rotbraun wie auch die B, von sehr verschiedener Länge; Bl in unansehnlichen, 5—9bltg Aehren; Fr. zusammengedrückt-elliptisch, etwas scharfrandig, lang geschnäbelt. **P. crispus L. Krauses L.**

Juli—August. In stehendem und fliessendem Wasser gemein.

— ganzrandig. 11

11. Alle B. gegenstdg und untergetaucht, durchscheinend, sitzend, st.umfassend, elliptisch-lineal lanzettlich; Aehren armblütig, kurz gestielt, später zurückgekrümmt, in der gabelfg Verästelung des St. sitzend, Fr zusammengedrückt mit breitem Kiel, geschnäbelt. **P. densus. Dichtblättrg. L.**

Juli—August. Jn stehendem u. fliessendem Wasser; selten. Hachenburg; Tennelbach b. Wiesbaden; Weilbacher Bach. J. V. N.

Höchstens die blstdg gegenstdg, die übrigen wechselstdg. 12.

12. B herzfg st. umfassend, etwas starr, hellgrün, eifg, mit 5 stärkeren Nerven und vielen Quernerven, mässig grossen Nebenb; St einfach oder ästig; Bl in vielblütigen, gedrungenen, ziemlich lang gestielten Aehren; Fr schief eirund, ungestielt, kurz zugespitzt, stumpfrandig. **P. perfoliatus L Durchwachsenes L.**

Juli—August. Lahn, Rhein, Seeburger Weiher. Ziemlich häufig.

— nicht st. umfassend; alle B am Rande scharf, durchscheinend, gestielt, stachelspitzig, oval oder lanzettlich; am Rande rauh; Aehrenstiele oberwärts verdickt; St ästig; Fr zusammengedrückt, schwach gekielt, stumpfrandig. **P. lucens L. Spiegelndes L.**

Juli—August. In stehendem und fliessendem Wasser der Lahn, des Rheins, des Seeburger und Föhler Weihers. J. V, N.

47. Zannichellia, Zannichellie. XXI, 1.

St flutend (in tieferem Wasser) und dann verlängert oder kriechend (in seichterem) und an den Gelenken wurzelnd, fadenfg, B schmal lineal, gegenstdg oder wechselstdg (an unfruchtbaren St) ♂ und ♀ Blt in derselben Scheide, erstere ohne P mit 1 Stbgf, letztere mit glockigem P und schief-schildfg N; 3—5 kurz gestielte Fr mit bleibendem, halb so langem Gf (Nüsse). **Z. palustris L. Sumpf-Z.**

Juli—September. Höchst; Sulzbach und Soden (Taunus.) J. V. N.

48. Najas, Najade. XXI, 1 (XXII, 1).

B lanzettlich-lineal, flach ausgeschweift-gezähnt; St steif, gabelspaltig, 10—50 cm l; B scheiden ganzrandig; ♂ und ♀ Blt auf verschiedenen Pfl; ♂ Blt in 1blttrg, krugfg, an der Spitze 2- 3zähniger, das 1 Stbgf eng umschliessender Scheide als P; Stb.kölbchen 4fächerig; ♀ Blt mit 2—3 N, Fr 1fächerig, sitzend, Samen mit nussartiger Schale. **N. major Roth. Grosse N.**

August - September. Selten. Biebrich, Rheinufer; auch im Main. D. B. G.

— schmal-lineal, zurückgekrümmt, ausgeschweift gezähnt, B.scheiden fein wimperig-gezähnelt; ♂ und ♀ auf derselben Pfl; ♂ ohne P, sonst wie vorige Art, nur kleiner. **N. minor Allion. Kleine N.**

August - September. Selten. Biebrich am Rheinufer; Main. D B. G.

III. Reihe: Glumiflorae.

P fehlend, borstenartig oder spelzenartig; Blt zu Aehrchen und diese oft wieder zu zusammengesetzten Aehren oder Rispen vereinigt. Frkn oberstdg, 1samig. B grasartig, parallelnervig.

1. Ordnung: Cyperaceae.

49. Cyperus, Cypergras. III, 1.

Halm stumpf-kantig, 5—15 cm h; Aehrchen gelblichgrün, ganzrandig. B aufrecht, schmal-lineal, mit langer Spitze, oben vertieft, unten gekielt, glatt, am Rand und am Kiel etwas scharf, die oberen so lang als der Halm; B.scheiden rötlich, die untere b.los. Hüllb 3—4, die Spirre zum Teil weit überragend; Spirre mit 3—4 einfachen, ungleichen, kantigen, unten von einer bräunlichen Scheide umschlossenen, vielblütigen Aesten. Aehrchen genähert; fast sitzend, platt gedrückt aus 12—24 Blt bestehend. Bälge dicht sich deckend, länglich-eirund, gekielt, stumpf oder mit Stachelspitzchen mit grünem Rückenstreifen, die unteren kleiner und öfter leer. 1 Gf mit 2 N. Nüsschen rundlich-eifg, linsenfg, schwärzlich, fein punktiert. **C. flavescens L. Gelbliches C.**

Juli—August. Sumpfwiesen. Selten. Seeburg; Platte; Braubach. J. V. N.

— scharfkantig, 5—15 cm h; Aehrchen schwärzlichbraun, gesägt, 1 Gf mit 3 N. Der vorigen Art ähnlich, aber mit breiteren und starreren, nur vornen scharfen B, zusammengesetzterer Spirre und teilweise längeren Aesten, mit helleren

Scheiden; Aehrchen zahlreicher und sich nicht so dicht deckend. daher am Rande wie gesägt; Bälge kleiner, Nüsse weisslich, scharf 3kantig. **C. fuscus L. Braunes C.**

Juli—August. Auf Sumpfwiesen. Selten. Löhnberg (Lahnufer). Niederhadamar, Okriftel, Braubach. J. V. N.

50. Rhynchóspora, Schnabelsame. III, 1.

Aehrchen weiss, später schmutzig graubraun; Deckb kaum länger. Halm dreikantig, 15—30 cm h., beblättert, glatt, mit 2—3 unbedeckten Knoten, einzeln stehend; B schmal-lineal. oben hohlkehlig, unten gekielt, am Rand scharf mit glatten Scheiden und kurzem B.häutchen. Aehrchen zu 10—20 in doldentraubig geordneten Büscheln, 1 grösseres am Ende des Halmes, und 1—3 b.winkelstdge, lang gestielte. Hüllb 2—3, weisslich, häutig. Bälge 5—6, lanzettlich, durchscheinend, 1nervig, mit Stachelspitze, die 2 unteren kleiner und leer wie die folgenden 2. Stbgf 2 und 2 N auf bleibendem, schnabelartigem Gf; 8—10 Borsten von der Länge der Nuss, rückwärts stachelig. **Rh. alba Vahl. (Schoenus albus L.) Weisser Sch.**

Juli—August. Sumpfwiesen. Sehr selten. __.__; Oberursel; Braubach. J. V. N.

— braun, Deckb viel länger. Der vorigen Art ähnlich, aber mit weit umherkriechenden Wzl, niedrigeren Halmen, nur 1 unbedeckten Knoten, viel schmäleren, fast borstlichen B, mit nur 2 Blt.büscheln, 1 grösseren am Ende des Halmes und 1 kleineren b.winkelstdg; Aehrchen grösser und dicker. 3 Stbgf, P-Borsten nur 3—4, doppelt so lang als die Nuss mit vorwärts gerichteten Stachelchen. **Rh. fusca R. u. Sch. Brauner Sch.**

Juni—Juli. Sumpfwiesen. Sehr selten. Hadamar? Sinn? Löhnberg? J. V. N. (Standort zu revidieren!)

51. Heleócharis, Sumpfbinse. III, 1.

1\. Halme stielrund oder etwas zusammengedrückt, aufrecht, 30—60 cm h. 2.

— 4kantig, wenn flutend, bis zu 30 cm lang, sonst sehr niedrig, kaum 10 cm h., sehr schlank und borstenartig. viele meist büschelfg aus demselben Wzl stock; Aehre eirund. spitz, einzeln, endstdg, armbltg (bis zu 10bltg), viel kleiner als bei voriger Art; Borsten kürzer als die längliche, längs-gerippte Nuss; 3 Narben. B.scheiden wie bei voriger Art. **H. acicularis R. Brown. (Scirpus acicularis L.) Nadelfg. S.**

Juni—August. An nassen Orten.

2\. Der unterste leere Balg die Basis des endstdg Aehrchens ganz umfassend. Bälge ziemlich spitz, rundlich, ziemlich gleich gross; N 2; Nuss verkehrt-eifg, hellbraun, glatt, stumpfrandig, zusammengedrückt; Wzl kriechend. B. grasgrün, aufrecht. Halm 15 cm h. Aehrchen länglich-eifg. **H. uniglumis Lk. Einbälgige S.**

Juni—August. An feuchten Orten. Ziemlich selten __.__

— — — — — — nur halb umfassend. 3.

[illegible]. Aehrchen r u n d l i c h oder b r e i t - e i f g. Bälge breit-eifg. abgerundet stumpf, ziemlich gleich; N 2. Nuss verkehrt-eifg., zusammengedrückt, glatt, scharfrandig. Halm 15—25 cm h., nicht kriechend: Wzl faserig. **H. ovata R. Br. Eiförmige S.**
Sumpfgräben, Teichränder. Selten. Möttauer Weiher. Braubach. J. V. N.
— l ä n g l i c h - l a n z e t t l i c h. Halm unten von 2 straff anliegenden braunen, b.losen Scheiden umgeben, 30 - 60 cm h.. Bälge glänzend, heller oder dunkler kastanienbraun, weisslich berandet mit grünem Rückenstreifen, länglich-lanzettlich, die 2 - 3 untersten leer; 2 N. Nuss zimmetbraun, stumpfkantig, kleiner als die 3 - 4 sie umgebenden Borsten. **H. palustris R. Br. Gemeine S.**
Juni — August. Nasse Orte. Gemein.

52. Scirpus, Binse. III, 1.

1. Aehre e i n z e l n e n d s t d g. 2
— s e i t e n s t d g, oder doch mehrere Aehren. 4.
2. Aehrchen 8—12 zu einer z w e i z e i l i g e n Aehre vereinigt, 6 - 8 blig. Halm undeutlich 3kantig. 10 - 25 cm l; B unterseits gekielt; Bälge eilanzettlich, rostfarbig; Deckb kürzer als die Aehrchen, nur das unterste oft länger und über die Aehre hinausreichend; P borsten rückwärts stachelig; Fr vom bleibenden Gf bekrönt. **Sc. compressus Pers. Zusammengedrückte B.**
Juni — August. Feuchte Orte. Zerstreut Dillenburg, Herborn; Niederhadamarer Wald, Lützendorf, Sulzbach, Sossenheim, Soden, Hofheim, Flörsheim. J. V. N.
— a n d e r s geordnet. 3.
3. Scheiden b. l o s: Halm stielrund, 5—25 cm h. Aehrchen eifg: Bälge stumpf, unbegrannt, der unterste das Aehrchen umfassend, grösser, mit Mittelnerven; N 3; Borsten etwas kürzer als die 3seitige, glatte Nuss. **Sc. pauciflorus Lightf. Armblütige B.**
Juni - Juli. Nasse, torfige Plätze. Westerwald; Soden, Kronthal, Falkenstein, Braubach. J. V. N.
— wenigstens die oberste mit k u r z e m B. e n d i g e n d: Halm stielrund, 10—30 cm h., am Grund mit b.losen Scheiden: Bälge stumpf, der unterste umfassend und fast so lang als das Aehrchen, s t a c h e l s p i t z i g, Stachelspitze fast bartig. N 3 Nuss 3kantig, glatt, kürzer als die sie umgebenden Borsten. **Sc. caespitosus L. Moor-B.**
Mai — Juni. Auf Torfboden. Selten. Kroppach, Kirburg, Braubach. J. V. N.
4. Halm 3 k a n t i g. 5.
— s t i e l r u n d. 6.
5. Spirre einfach, oft fast kopffg-büschelig, endstdg, aus 3—5 grossen, eirund-länglichen Aehrchen; Halm bis zu 90 cm h., glatt, nur an den Kanten oben etwas rauh, fast bis zur Mitte mit B.scheiden bedeckt, mit linealen, gekielten, den Halm zum Teil überragenden, mit 3kantiger Spitze endigenden, etwa 1 cm breiten B auf kurzen B.scheiden; 3—4 Hüllb, das unterste

meist länger als die Spirre; Bälge (die die Bl.stützenden Deckb) 2spaltig, mit langer Stachelspitze in der Spalte, zimmetbraun mit grünlichem Rückenstreifen; 3 Narben. Nuss stumpf-3kantig, bräunlich von 3—6 kürzeren Borsten umgeben. **Sc. maritimus L. Meer-B.**

Juli—August. Rh., M., Lahn.

— mehrfach zusammengesetzt, endstdg. sehr sperrig ausgebreitet, mit weit kleineren, meist büschelfg beisammen sitzenden, etwa $^{1}/_{2}$ cm langen, vielbltg Aehrchen Die oberen Knoten des 60 90 cm h. Halms nicht von den B.scheiden bedeckt; B lineal, 15—20 cm lang und bis 1 cm breit, gekielt, am Rand und Kiel rauh; 3—5 Hüllb an den unteren Aesten, zum Teil länger als die Spirre, die übrigen in häufig berandete Deckb übergehend; Spirrenäste sehr ungleich, am Grunde in einer langen, grünlichen Scheide eingeschlossen; Bälge bräunlich-grün, länglich-eirund, stumpf mit kurzem Stachelspitzchen; 3 Narben. Nuss gelblich, stumpf-3kantig, von 4-6 etwas längeren, geraden Borsten umgeben. **Sc. sylvaticus L. Wald-B.**

Juni—Juli. Gemein an Ufern.

6. Aehrchen einzeln oder zu wenigen, bis 4 beisammen, fast endstdg; Pfl sehr niedrig, kaum 10—15 cm h; Halme gewöhnlich rasenfg ausgebreitet, fädlich, gestreift, rundlich, unten mit einigen braunen Schuppen und von b.tragenden Scheiden umgeben; Hüllb viel kürzer als der Halm, unten häufig verbreitert; Bälge breit-eifg, stumpf, rotbraun, weisslich berandet mit grünem Rückenstreifen und Stachelspitzchen; 1-2 Stbgf; 3 Narben; stumpf-3kantige, längs-gerippte Nuss. Ohne Borsten. **Sc. setaceus L. Borst-B.**

Juli—August Hier und da an feuchten Orten, doch nicht so häufig.

— eine zusammengesetzte Spirre bildend; Pfl sehr ansehnlich, oft über 1 m h. 7.

7. Oberste B.scheide meist mit B; Aehrenbüschel meist gestielt; Halm mit schwammigem Mark, an der Spitze etwas gebogen, glänzend, glatt, dunkelgrün, am Grunde mit braunroten Schuppen und einigen b.losen Scheiden, die oberste ein lineal-pfriemliches, hohlkehliges B tragend; Spirre endstdg, scheinbar seitenstdg wegen des aufgerichteten unteren, etwas hohlkehligen, pfriemlichen Hüllb, ausser diesem 2 grössere Hüllb; Spirrenäste sehr ungleich, halbrund, am Rand rauh von rötlichen Zähnchen; Aehrchen zu mehreren am Ende der Aeste büschelig beisammen, länglich-eirund, vielbltg; Bälge breit-eifg, gestreift, sehr stumpf, 2spaltig, mit Stachelspitze in der Spalte, rotbraun, weisslich gefranst; Staubkölbchen am Ende bärtig; 3 Narben. Nuss bräunlich, stumpf-3kantig; 6 Borsten. **Sc. lacustris L. See-B.**

Juni—Juli. In stehendem und fliessendem Wasser häufig. (Bei Dillenburg und Herborn fehlend.)

— — ohne B: Aehrenbüschel meist ungestielt, Spirre daher gedrungener; Halm meist niedriger als bei voriger Art, seegrün, unter der Spirre deutlich 3kantig; Aehrchen nur halb so gross; Bälge von vielen dunkelrotbraunen Punkten rauh; Staubkölbchen kahl; zwei Narben. Sonst der vorigen Art ähnlich. **Sc. Tabernaemontani Gmel.**

Juni–Juli. Am Lahnufer bei Niederlahnstein und an der Nieverner Hütte, Westerwald, Soden, Kronthal, Rauenthal. J. V. N

53. Erióphorum, Wollgras. III, 1.

1. Halme mit einer einzigen, vielbltg. länglich-eifg, endstdg Aehre, 15—50 cm h, dichte, grosse Rasen bildend, kahl oberseits 3kantig, bis über die Mitte mit mehreren bauchigen Scheiden, die unteren Scheiden mit 3kantigen B; B am Rande rauh; P.borsten zahlreich, ziemlich gerade bleibend, nicht wollig gekräuselt; Bälge trockenhäutig, schwärzlich-grau, am Rande silbergrau, der unterste grösser, hüllbartig. N 3; Nüsse scharfkantig. Die Scheiden der Wzlb am Rande netzfg gespalten. **E. vaginatum L. Scheidiges W.**

April—Mai. Selten. Sumpfboden. Hachenburg, Feldberg-Altkönig. J. V. N.

— mit mehreren Aehren. 2.

2. Aehrenstiele filzig-rauh, B von unten an dreikantig, sehr schmal und lang; Halm 15—30 cm h., schlanker als bei beiden folgenden. Wzl mit Ausläufern. Bälge 3nervig. Nüsse gelblich-grau. P.borstenwolle nicht kraus. **E. gracile Koch. Schlankes W.**

Manderbach, Ebersbach ____, Braubach. J. V. N.

— nicht filzig, doch öfter rauh. 3.

3. Blt.stiele rauh. Halm aufrecht, bis 60 cm h., zur Blt.zeit niedriger, glatt, stumpf-3kantig, mit wenigen (2—3) nackten Knoten, beblättert; B gelblich-grün, lineal, gekielt, in eine mehrere cm lange, dreieckige Spitze endigend, am Rand und Kiel scharf, kürzer als der Halm, das oberste kürzer als seine an der Mündung schwarzbraune, etwas klebrige Scheide; Aehren eirund, etwa 6, kurz gestielt, aufrecht, später teilweise lang gestielt und hängend (nur die mittleren sitzend), mit länglich-eirunden, dunkelbraunen Hüllb, wovon die unteren in eine grüne Spitze endigen; Bl.stiele von kurzen Scheiden umgeben; Bälge lanzettlich, bräunlich-grün, hell berandet; Nuss 3kantig, von vielen Borsten umgeben, letztere später zu einer die Aehre um das Doppelte überragenden Wolle verlängert. **E. latifolium Hoppe. (E. polystachyum ? L.) Breitblättr. W.**

April–Mai. Nasse Wiesen. Hier und da, doch nicht häufig.

— glatt. Hierdurch und durch lange Ausläufer, womit die Pfl sich weit umher verbreitet, längere und starrere, hohlkehlig vertiefte, in eine sehr lange, 3eckige Spitze auslaufende B, doppelt so grosse Aehrchen und viel längere, aus den Borsten sich bildende Wolle von der vorigen Art verschieden. Sonst von gleicher Tracht. **E. angustifolium Roth.** (E. polystachyum α L.) **Schmalblättr. W.**

Blütezeit und Standort wie bei voriger Art.

54. Carex, Segge. XXI, 3.

1. Zwei Narben. 2.
   Drei Narben. 21.
2. Eine einzige, einfache Aehre. 3.
   Mehrere Aehren oder eine zusammengesetzte Aehre. 5.
3. Obere Blt der endstdg Aehre ♂, untere ♀; Fr. (Schlauchfr wie bei allen Arten) entfernt, länglich, nach oben und unten verschmälert, zurückgebogen, nervenlos; Bälge (Deckb) abfällig; B borstlich. Halm 15 cm h. **C. pulicaris L. Floh-S.**
   Mai—Juni. Feuchte Wiesen. Dillenburg; Usingen. Feldberg. Platte. Hallgarten. J. V. N.
   Aehre entweder ganz aus ♂, oder aus ♀ Bltn bestehend. 4.
4. Fr zuletzt abwärts gebogen, länglich-lanzettlich, mit vielen feinen Nerven, oberwärts am Rande etwas rauh wie die B. Halm scharf, bis 30 cm h., Wzl faserig. Variiert selten mit (aus ♂ und ♀ Bltn bestehenden) gemischtbltg Aehren. **C. Davalliana Sm. Davallische S.**
   April—Mai. Torfwiesen. Rh. u. M. J. V. N.
   — — aufrecht, höchstens wagrecht, vielnervig, eifg. oberwärts rauh. Halm fast glatt. 10—20 cm h. Wzl mit Ausläufern. Variiert wie vorige Art. **C. dioica L. Zweihäusige S.**
   April—Mai. Sumpfwiesen. Selten. J. V. N.
5. Aehrchen öfter aus ♂ und ♀ Bltn zusammengesetzt, rundlich-eifg. 6.
   — entweder nur aus ♂, oder nur aus ♀ Bltn zusammengesetzt, länglich-lineal. 19.
6. Die Mehrzahl der Aehrchen aus ♂ und ♀ Bltn gemischt. 7.
   — — — — getrennten Geschlechts; Halm 30—60 cm h., an den Kanten rauh, mit Ausläufern; Aehre doppelt-zusammengesetzt, länglich, gedrungen, die mittleren Aehrchen ♂, die übrigen ♀; Fr eifg, flach-konvex, 9—11nervig, geschnäbelt-2zähnig, länger als der spitze Balg, schmal berandet. **C. disticha Hnds. Zweizeilige S.**
   Mai—Juni. An Ufern, Gräben gemein.
7. Die untersten Bltn der Aehrchen ♀. 8.
   — — — — — ♂ (oder leer). 13.
8. Fr später sternfg spreizend, bräunlich-grün, matt. 9.
   — — kaum —, braun, glänzend. 11.
9. Halm rinnig-vertieft, scharf-dreikantig. 30—60 cm h, Aehre doppelt-zusammengesetzt, länglich-eifg, gedrungen, bisweilen unterbrochen; Aehrchen oberwärts mit ♂ Bltn; Fr flach-konvex, mit 2spaltigem, fein-gesägt-rauhem Schnabel, 6—7-

nervig; Bälge stachelspitzig, etwas kürzer. Wzl faserig. **C. vulpina L. Fuchs-S.**

Mai–Juni. Sumpfgräben. Teiche. Gemein, doch zerstreut.

— mit ebenen Seitenflächen. 10.

10. Deckb der einfachen Aehrchen etwa so lang als letztere oder kürzer. Halm 30–45 cm h., 3kantig, oberwärts rauh, rasenbildend, mit schmalen, kaum 2 mm br. B, Aehre unten zusammengesetzt und oft unterbrochen; Fr fast nervenlos, flach konvex, mit dicht-feingesägtem rauhem Schnabel, bisweilen grün. **C. muricata L. Weichstachelige S.**

Mai–Juni. Wiesen, Waldränder. Gemein.

— länger als die Aehrchen; Halm weit höher als bei voriger Art, bis 1 m h., etwas überhängend, Aehre verlängert, zusammengesetzt, an der Spitze gedrungen, am Grunde locker, das unterste Aehrchen oft weiter entfernt und gestielt; Fr aufrecht-abstehend, eifg, flach-konvex, nervenlos oder schwachnervig, mit rauhrandigem Schnabel, Bälge stachelspitzig, kürzer als die Fr, weiss, mit grünem Rückenstreifen; dichte Rasen bildend. **C. divulsa Good. Zerrissene S.**

Mai–Juni. Wälder. Ziemlich selten. __·__ (Dillenburg, Nister, Herborn).

11. Halm mit längeren, eine abstehende Rispe bildenden Aesten, 30—100 cm h., oberwärts sehr rauh, 3kantig mit ebenen Seitenflächen, dichte Rasen bildend; Fr höckerig-konvex, nervenlos, glatt, am Grund des Rückens etwas rillig, mit 2spitzigem, am Rande fein-gesägtem Schnabel; Bälge etwa ebenso lang, silberweiss berandet, glänzend. **C. paniculata L. Rispige S.**

Mai–Juni. Sumpfige Orte. Selten. Hofheim, Braubach, Sinn, Seeburger Weiher. J. V. N.

— — kürzeren Aesten, Blt.std daher mehr einer zusammengesetzten Aehre ähnlich. 12.

12. Fr fast glatt; Halm 25–50 cm h., oben dreikantig, mit ziemlich gewölbten Seitenflächen, oben ein wenig rauh, etwas kriechend; Aehre gedrungen, zusammengesetzt, die obersten Bltn ♂; Fr eifg, höckerig-konvex, nervenlos, glänzend, am Grund des Rückens etwas rillig, mit 2zähnigem, fein gesägtem Schnabel; Balg so lang als die Fr. **C. teretiuscula Good. Stielrundliche S.**

Mai—Juni. Sumpfwiesen. __·__ ‾‾·‾‾ Hier und da. J. V. N.

— wenig gerillt; Halm oberwärts sehr rauh, dreikantig, mit schwach gewölbten Seitenflächen, 30–60 cm h., dichte Rasen bildend; Aehren fast rispig; sonst der vorigen Art sehr ähnlich. **C. paradoxa Willd. Seltsame S.**

Mai–Juni. Torfige Wiesen. Selten. __·__ J. V. N.

13. Deckb den Halm weit überragend; Halme 20–30 cm h., schlank, überhängend, dicht-rasig; Aehrchen, besonders die unteren, weit von einander entfernt, b winkelstdg und wechselstdg; Fr länglich, flach zusammengedrückt mit 2zähnigem

Schnabel, weisslich-grün, aufrecht, stumpf gekielt; Bälge blass, etwas kürzer. **C. remota L. Entferntährige S.**

Mai–Juni. Schattige Wälder. Ziemlich verbreitet.

— kurz, schuppenfg. 14

14. Aehrchen zu einer gedrungenen Aehre vereinigt. 15.

— — — lockeren — — 17.

15. Aehrchen zur Blt.zeit gelblich-weiss, meist zu 5, wechselstdg. fast 2zeilig geordnet, gekrümmt, länglich-lanzettlich; Halm 30—60 cm h., mit verlängerten Ausläufern kriechend; Fr aufrecht, so lang als der Balg, lanzettlich, flach-konvex, glatt, nach oben schnabelfg verschmälert, fein gesägt-wimperig. **C. brizoides L. Zittergrasartige S.**

Mai–Juni. Feuchte Wälder. Sechshelden, Hachenburg, Oberursel. J. V. N.

— — — bräunlich oder bräunlich-grün. 16.

16. Fr ohne Hautrand, so lang als der Balg, länglich eifg, flachkonvex, fast vom Grunde an fein gesägt-wimperig, mit 2spaltigem Schnabel; Aehrchen spitz, meist zu 5, wechselstdg, gerade, länglich-eifg; Halm 15—30 cm h., mit verlängerten Ausläufern kriechend. **C. Schreberi Schrank. Schrebers S.**

Mai–Juni Sandige Orte. Rh u. M. häufig. L. J. V. N.

— mit weissem Hautrand; flach-konvex, eifg, mit 2zähnigem Schnabel, nervig-gerillt und mit flügelartigem, fein gesägtrauhem Rande; Aehrchen stumpf, meist zu 6, genähert, wechselstdg, rundlich-elliptisch; Halm 15—30 cm h., rasenbildend. **C. leporina L. Hasen-S.**

Juni–Juli Feuchte Wiesen, Waldränder. Hier und da.

17. Fr zuletzt sternfg spreizend, flach-konvex, zart gerillt, mit 2zähnigem, von Sägezähnchen rauhem Schnabel; Halme höchstens 15 cm h., glatt, rasig; Aehre meist aus 3–4 Aehrchen zusammengesetzt. **C. stellulata Good. Sternige S.**

Mai–Juni. An feuchten Orten. Gemein.

— — nicht spreizend, Halm 30 cm h. und höher. 18.

18. Aehrchen weisslich-grün, zu 5—6, breit-eirund, eine zusammengesetzte Aehre bildend, etwas von einander entfernt, besonders die unteren, das endstdg am Grunde lang verschmälert; Halme 15—30 cm h., rasenbildend, mit kurzen Ausläufern; Fr eifg, fein gerillt, zusammengedrückt, auf dem Rücken schwach gewölbt, mit kurzem, ausgerandetem, am Rande etwas rauhem Schnabel; Bälge kürzer, weisslich oder hellgelblich, am Rande weisslich. **C. canescens L. Gräuliche S.**

Mai–Juni. Feuchte Wiesen, Gräben. Ziemlich selten. Steinbrücken, Ebersbach; Herborn; Montabaur; Seeburger Weiher. Wiesbaden unweit der Platte, Mogendorf und Ransbach; Landshuber Hof.

— bräunlich-gelb, länglich, zu 8—12, in eine zusammengesetzte Aehre genähert, walzlich; Halme 30—90 cm h., einen dichten Rasen bildend; Fr abstehend, lanzettlich, zusammengedrückt, auf dem Rücken ziemlich gewölbt, nervig rillig:

Schnabel fast unzerteilt, etwas rauh, wenig zurückgekrümmt; Bälge kürzer als die Fr. **C. elongata L. Verlängerte S.**

Mai – Juni. Nicht häufig. Seeburger Weiher.

19. B.scheiden am Rande sich faserig teilend; Halme steif aufrecht 20—60 cm h, dichte Rasen bildend, scharfkantig; 1–2 Aehren mit ♂, 2–3 mit ♀, aufrecht, meist sitzend, schmalwalzlich; Deckb ohne Scheide, doch am Grunde geöhrelt, das unterste blattartig; Fr elliptisch, flach, nervig, kahl, mit ganz kurzem stielrundem Schnabel. **C. stricta Good. Steife S.**

April – Mai. Sümpfe. Hier und da, doch nicht häufig.

— nicht so sich teilend. 20.

20. Untere Deckb kürzer als der 10—30 cm h., scharfkantige, steif-aufrechte, Ausläufer treibende Halm, am Grunde sehr kurz geöhrelt, ohne Scheide; 1 Aehre mit ♂ (selten 2), 2–4 mit ♀ Blt, aufrecht, länglich-walzenfg, sitzend, die unteren bisweilen gestielt; Fr elliptisch, kahl, flach-konvex, viel-nervig, mit kurzem, stielrundem, ungeteiltem Schnabel. **C. vulgaris Fries. (C. acuta α L.) Gemeine S.**

April—Mai. Feuchte Plätze. Gemein.

— — länger als der 60–90 cm h., scharfkantige, rauhe Ausläufer treibende Halm; 2—3 Aehren mit ♂, 3—4 mit ♀, verlängert-walzenfg, zum Teil nickend, die untersten gestielt; Fr kahl, elliptisch, etwas gedunsen bikonvex, ohne deutliche Nerven, mit kurzem, rundlichem, ungeteiltem Schnabel. **C. acuta L. Scharfkantige S.**

Mai. Sumpfgräben. Gemein.

21. Die oberste Aehre aus ♂ und ♀ Bltn gemischt, (die ♂ unterwärts) verkehrt-eifg; 3 Aehren mit ♀ Blt, die unterste kurzgestielt, von einem an dem Grunde geöhrelten oder kurzscheidigen Deckb gestützt, von den andern weiter entfernt; Halm 30 cm h, B.scheiden netzig-gespalten; Fr kahl, elliptisch, 3kantig, stumpf, mit sehr kurzem, stielrundem Schnabel, oben mit 2 kleinen Zähnen; Bälge haarspitzig. **C. Buxbaumii Wahlbg. Buxbaums S.**

April – Mai Sehr selten. Oberhalb der Leichtweisshöhle bei Wiesbaden auf einer sumpfigen Wiese. (1862 gefunden v. Verf.) (Wiederum erwähnt von D. B. G. 1885).

— — — ♂ Bltn zusammengesetzt. 22.

22. Fr überall fein behaart. 23.

— kahl, höchstens am Rande scharf oder rauh. 33.

23. Die oberste Aehre mit ♀ Blt erreicht oder überragt die mit ♂. 24.

— — — bleibt niedriger als die mit ♂. 25.

24. Alle Aehren fingerfg nebeneinander gestellt, 1 mit ♀, sitzend, meist 3 mit ♀, gestielt, lockerblütig, Bltstiele an einem häutigen, scheidigen, schief-abgestutzten Deckb eingeschlossen; Halme etwa 10 cm h., rasenbildend; Fr verkehrt-eifg, 3seitig, mit sehr kurzem, oben etwas ausgerandetem Schnabel. **C. ornithopoda Willd. Vogelfussförmige S.**

April – Mai. Schattige Gebirgswälder. Selten. Nister; ___ J. V. N.

Die unteren Aehren mit ♀ Blt von den andern entfernt, lockerblütig; 1 sitzende Aehre mit ♂ Blt; Halme 10—25 cm h., Rasen bildend; Deckb schief abgeschnitten, scheidig; Fr verkehrt-eifg, dreikantig, kurz geschnäbelt, so lang als der Balg. **C. digitata L. Fingerförmige S.**

April Mai. Wälder. Zerstreut, nicht selten.

25. Die Aehren mit ♀ Bltn armblütig (2—4bltg), 2—3, entfernt stehend, gestielt, Blt stiel von einer häutigen Scheide umschlossen; 1 Aehre mit ♂ Halme 5—10 cm h, rasig; B rinnig, länger als diese; Fr verkehrt-eifg, 3seitig, mit kurzem, vorn schiefem Schnabel, oben flaumig. **C. humilis Leyss. Niedrige S.**

März—April. Selten. Flörsheimer Steinbruch J. V. N.

— — — — — mehrblütig 26.

26. Fr gestutzt oder mit ganz kurzer Spitze. 27.

— mit längerer, 2zähniger Spitze. 31.

27. Fr kugelig, dicht filzig; Halm 30 cm h., steif-aufrecht, Ausläufer treibend; 1 Aehre mit ♂ Blt, 1—2 mit ♀, fast sitzend, walzlich, stumpf, Deckb wagrecht abstehend, sehr kurz-scheidig; Bälge spitz. **C. tomentosa L. Filzfrüchtige S.**

Mai—Juni Feuchte Wiesen. Dillenburg, Herborn; —— J. V. N.

— nicht kugelig, nach unten mehr oder weniger spitz zulaufend. 28.

28. Bälge der ♂ Bltn weisslich berandet. 29.

— — — nicht weisslich berandet. 30.

29. Bälge der ♀ Bltn mit grünem Mittelnerven, stachelspitzig; Halm rückwärts geneigt, 30 cm l.; 1 Aehre mit ♂, 3 mit ♀ Blt, genähert, rundlich, sitzend; das untere Deckb lineal-pfriemlich, nicht scheidig umfassend, aufrecht abstehend; Fr verkehrt-eifg, dreiseitig, flaumig. **C. pilulifera L. Pillentragende S.**

April—Mai. Nicht selten. —— —— Rh J. V. N.

— — — — ganz braun, stumpf, verkehrt-eifg, kurz gewimpert, mit einem vor der Spitze verschwindenden Mittelnerven; Halme mit Ausläufern, 10—30 cm h.; 1 Aehre mit ♂, 1—2 mit ♀ Bltn, genähert, eifg; Deckb häutig, st.umfassend, spitz oder begrannt; Fr verkehrt-eifg, dreiseitig. **C. ericetorum Pollich. Heide-S.**

April—Mai Selten. Schwanheim. J. V. N (In den Coniferen-Wäldern unterhalb Mainz häufig.)

30. Bälge rostrot; Deckb vollkommen scheidig, den St umfassend, am Rande häutig; Halm sehr niedrig, kaum 10 cm h., mit Ausläufern; 1 Aehre mit ♂, 1—3 mit ♀ Bltn nahe beisammen, fast endstdg, die unterste meist gestielt; Fr verkehrt-eifg, dreiseitig, kurz geschnäbelt. **C. praecox Jacq. Frühzeitige S.**

März April. Sehr gemein auf trockenen Grasplätzen.

schwärzlich-braun, stumpf mit Stachelspitze; Deckb nur umfassend, doch nicht scheidig, oft in eine Granne auslaufend; Halm 15—20 cm h., gedrungene Rasen bildend;

1 Aehre mit ♂, 1–2 mit ♀ Bltn dicht beisammen, endstdg; Fr länglich-verkehrt-eifg. kurz geschnäbelt. B scheiden purpurrot. **C. montana L. Berg-S**

April—Mai. Gebüsche. Zerstreut, hier und da.

31. Aehren am Ende des 20—30 cm h., aufrechten Halms nahe beisammen, nur die unterste kurz gestielt. 1 Aehre mit ♂, 1–3 mit ♀ Bltn; Deckb st.umfassend, randhäutig, das unterste mit kurzer Scheide; Fr verkehrt-eifg; Bälge mit stachelig vortretendem Mittelnerven. Gedrungene Rasen bildend. **C. polyrrhiza Wallr. Reichwurzelige S.**

Mai. Wälder, Gebüsche. Zerstreut, nicht häufig.

— von einander entfernt, die unteren b.winkelstdg. 32.

32. B rinnig, ohne scharfen Kiel, kaum breiter als der Halm, kahl; ♀ Aehre fast sitzend; Halm stumpf-kantig, glatt, höchstens oben ein wenig rauh, 30—100 cm h.; 1—2 Aehren mit ♂, 2—3 mit ♀ Bltn, länglich-eifg, aufrecht, gedrungen; Bälge stachel- oder haarspitzig; Deckb blattartig, das unterste bisweilen mit kurzer Scheide; Fr länglich-eifg, gedunsen, kurzhaarig-flaumig, mit kurzem, doppelt-haarspitzigem Schnabel. **C. filiformis L. Fädliche S.**

Mai—Juni. Stehende Wasser und tiefe Sümpfe. Selten. Herborn im Beilstein. J. V. N.

— scharf gekielt, behaart; ♀ Aehre deutlich gestielt; Halm 15—30 cm h., glatt; 2 Aehren mit ♂, 2–3 mit ♀ Bltn, lockerblütig, aufrecht, länglich-walzlich, bleichgrün; Bälge begrannt (durch den vortretenden Mittelnerven); Deckb blattartig, das unterste mit langer Scheide; Fr eifg, mit doppelthaarspitzigem Schnabel, kurzhaarig, Behaarung übrigens sehr wechselnd, bisweilen fast fehlend. **C. hirta L. Kurzhaarige S.**

Mai–Juni. Sandige Plätze. Nicht selten.

33. Meist nur eine Aehre mit ♂ Bltn. 34.

— mehrere — — — — 48.

34. Fr länger geschnäbelt oder 2zähnig. 35.

— ungeschnäbelt oder sehr kurz geschnäbelt, oben undeutlich gezähnt 44.

35. Aehren später überhängend. 36.

— stets aufrecht, meist kurz gestielt. 38.

36. Bälge borstlich, stachelzähnig bewimpert; Halm 30–60 cm h., scharfkantig und rauh; 1 Aehre mit ♂, 4–6 mit ♀ Bltn, lang gestielt, blass-grün, walzlich, gedrungen; Deckb blattartig, meist mit kurzen Scheiden; Fr. ei-lanzettfg mit doppelt-haarspitzigem Schnabel, nervig. **C. Pseudocyperus L. Trug-Cyperngras.**

Juni. Sümpfe, Teiche. Seeburg, Kirburg, Wehen, Nastätten. J. V. N.

— häutig, ganzrandig. 37.

37. Stiele der dicht gedrungenblütigen Aehren wenigstens halb in den Scheiden verborgen; Fr kurz-geschnäbelt, elliptisch, 3kantig, Schnabel 3seitig, ausgerandet; Halm 3kantig.

oberwärts rauh, sehr ansehnlich, oft über 1 m h.: B lanzettlich-lineal: 1 Aehre mit ♂, meist 4 mit ♀ Blt, gekrümmt, walzlich; Deckb blattartig, scheidig. Pfl rasenbildend. C. **maxima Scop. Grosse S.**

Juni. Feuchte Wälder. Selten. Nister. J. V. N.

— der lockerblütigen bleichgrünen Aehren nicht oder kaum zur Hälfte bedeckt; Fr lang-geschnäbelt, elliptisch, 3kantig, ganz glatt, mit linealem, 2spaltigem, kahlem Schnabel; Halm 30–45 cm h., glatt, mit breit-linealen B; 1 Aehre mit ♂, 4 mit ♀ Bltn, von einander entfernt, lineal; Deckb mit längerer Scheide. **C. sylvatica Huds.** (**C. vesicaria** ? **L.**) **Wald-S.**

Juni. Wälder. Hier und da, nicht selten.

38. Deckb der unteren ♀ Aehren schuppenartig-häutig, st umfassend, das unterste haarspitzig; Halm 10–15 cm h.; Fr kugelig-elliptisch, glänzend, dreikantig, 2lappig-geschnäbelt: 1 lineal-lanzettliche Aehre mit ♂, 1–2 genäherte, rundliche, sitzende, halb so lange mit ♀ Bltn; Pfl mit Ausläufern. C. **supina Wahlbg. Niedrige S.**

April—Mai. Sonnige Orte. Vereinzelt. Kastel u. Kostheim. J. V. N.

— — — — — blattartig. 39.

39. Aehre mit ♀ Blt locker, Fr nervig, mit kurzem, oben schief abgestutztem Schnabel, länglich-lanzettlich, dreiseitig; Halm 60–90 cm h., Ausläufer treibend; 1 Aehre mit ♂, 4 mit ♀ Bltn, entfernt, nickend, schlank, die unteren mit unbedecktem Stiel; Bälge weisslich, mit grünem Rückenstreifen. **C. strigosa Huds. Schlankährige S.**

Mai. Feuchte, waldige Orte. Selten. Kroppach ___ J. V. N.

— — — dichtblütig 40.

40. Schnabel der Fr zurückgekrümmt, lang, vorn flach, am Rande fein-gesägt, 2zähnig; Halme sehr niedrig, 5—15 cm h., gedrungen rasig, kahl; 1 Aehre mit ♂, 2–3 mit ♀ Blt, rundlich-eifg, die oberen fast sitzend, genähert, die unterste verdeckt gestielt; Deckb weit abstehend oder zurückgebrochen; Fr eifg, aufgeblasen, nervig. **C. flava L. Hellgelbe S.**

Mai. Feuchte Wiesen. ___ ___ J. V. N.

— — -- gerade. 41.

41. Nur die untersten Aehren mit ♀ Bltn von den übrigen weiter entfernt; Halme 10–20 cm h., kahl, rasenbildend; 1 Aehre mit ♂, 2–3 mit ♀ Blt, rundlich-eifg, verdeckt gestielt; Deckb wagrecht abstehend oder zurückgebogen, kurzscheidig; Fr etwas gedunsen, rundlich, nervig, 2zähnig-geschnäbelt. C. **Oederi Ehrh. Oeders S.**

Mai–Juli. An nassen Orten. ___ ___ Nicht selten.

Alle Aehrchen von einander weit entfernt. 42.

42. Fr nach oben allmählich schmäler, etwas gedunsen, 2spaltig-geschnäbelt, nervig; Halme 30–60 cm h., kahl, rasenbildend; ♂ Aehre einzeln, ♀ meist 3, eifg-länglich, gedrungen, die unterste mit deutlich aus der B.scheide vortretendem Stiel; Deckb mi

langer Scheide, die untersten die nächste Aehre überragend: Bälge eifg, mit Stachelspitze; B mit länglichem. b.gegenstdg B häutchen. **C. distans L. Entfernt-ährige S.**
Mai—Juni. Selten. Feuchte Wiesen. Soden, Montabaurer Höhe. J. V. N.
— mit abgesetztem Schnabel. 43.

43. Halme in dichten Rasen beisammen, oben rauh, 30—60 cm h., mit kurzen Ausläufern; 1 Aehre mit ♂, 2—3 mit ♀, aufrecht, eifg-länglich, gedrungen, die unterste mit hervortretendem Stiel; Deckb mit langer Scheide, das unterste die ♂ Aehren erreichend oder überragend; Fr eifg, etwas gedunsen, bikonvex, nervig, lang geschnäbelt, abstehend, die untersten oft wagrecht, bisweilen hohl; Bälge spitz; B mit gegenstdg, eifg, kurzem B häutchen. **C fulva Good. Rotgelbe S.**
Mai Juni. Feuchte Wiesen. Selten. ___ J. V. N.
— einzeln stehend, glatt, kahl, 30 cm h.; 1 Aehre mit ♂, meist 3 mit ♀ Blt, aufrecht, länglich-eifg, gedrungen, die unterste weit tiefer, hervortretend gestielt; Deckb mit langer Scheide, das unterste schmal, länger als die Aehre; Fr etwas gedunsen, bikonvex, nervig, mit 2spaltigem, geradem, fein-gesägtem Schnabel, aufstrebend; B häutchen eifg, kurz-gestutzt, gegenstdg. **C. Hornschuchiana Hoppe. Hornschuchs S.**
Mai. Feuchte Wiesen. Selten. Platte (bei Wiesbaden), Naurod, Bremthal, Simmern bei Vallendar. J. V. N.

44. Pfl behaart, besonders die Unterseite der B und ihre Scheiden, rasig; Halm 30—60 cm h.; 1 Aehre mit ♂, 2—3 mit ♀ Bltn nahe beisammen stehend, nickend länglich-eifg, gedrungen; Stiel aus der Scheide der Deckb hervortretend; Fr elliptisch-länglich, stumpf, etwas zusammengedrückt, schwach-nervig, bikonvex. **C. pallescens L. Bleiche S.**
Mai. Nasse Wiesen. Gemein.
— kahl. 45

45. Deckb der ♀ scheidig wenigstens bis auf ½ des Aehrenstiels. 46.
— ohne oder mit weit kürzeren Scheiden. 47.

46. Fr nervig, länglich-lanzettlich, meist 4 ♀ Aehren. (S. oben bei No. 39.) **C. strigosa Hnds.**
— nervenlos, kugelig-eifg, mit sehr kurzem Schnabel, meist 2 ♀ lockerbltg Aehren; Halm 30—45 cm h., glatt, unten beblättert; B lineal, seegrün, am Rande rauh; 1 Aehre mit ♂ Bltn, gestielt, aufrecht **C. panicea L. Fenchelartige S.**
Mai—Juni. Feuchte Wiesen. Gemein

47. Aehre mit ♂ Blt einzeln, 1—2 mit ♀, ziemlich genähert, nickend, lang und dünn gestielt, gedrungen, länglich; Halm bis 30 cm h., Ausläufer bildend; B schmal-lineal, faltig-rinnig, am Rand etwas rauh; Deckb schmal, blattartig, am Grunde geöhrelt oder mit kurzer Scheide; Fr vielnervig, rundlich-elliptisch, stumpf, linsenfg, kurz-geschnäbelt, Bälge stachelspitzig **C. limosa L. Schlamm-S.**
Mai—Juni. Sumpfwiesen. Selten. Braubach. J. V. N.

Meist mehr als eine Aehre mit ♂ Blt. 48.

48. Ganze Pfl seegrün. 49.

— — grasgrün. 50.

49. Fr nervenlos, elliptisch, stumpf, zusammengedrückt-konvex, ein wenig rauh, sehr kurz geschnäbelt; Halm glatt, 30—60 cm h., mit Ausläufern; B am Rand rauh: 2—3 Aehren mit ♀ Blt, walzlich, gedrungen, lang-gestielt, zuletzt hängend: Deckb blattartig, die untersten mit kurzer Scheide. **C. glauca Scop. Meergrüne S.**

April—Mai. Nasse, schattige Orte. Gemein.

— vielnervig, fast kugelig aufgeblasen, weit abstehend, mit linealem, doppelt-haarspitzigem Schnabel. Halm bis 60 cm h., stumpfkantig, glatt: 1—3 Aehren mit ♂, 2—3 mit ♀ Bltn, entfernt, gelblich-grün, walzlich, kurz gestielt, aufrecht, gedrungen; Deckb blattartig, scheidenlos. **C ampullacea Good Flaschen-S.**

Mai—Juni. Sumpfgräben. Hier und da.

50. Halme stumpfkantig, glatt, 10—20 cm h.; meist 3 Aehren mit ♀ Bltn, aufrecht, eifg, gedrungen, die unterste hervortretend-gestielt, fast regelmässig 4—5zeilig; Deckb scheidig, blattartig und nebst den Wzlb viel länger als der Halm; Fr elliptisch, dreiseitig, glatt, mit 2spaltigem, am Rande fein-gesägtem Schnabel, kastanienbraun, glänzend. **C. hordeistichos Vill. Gerstenförmige S.**

April. Sumpfgräben. Selten. Zwischen Biebrich u Castel. D. B. G.

— scharf-dreikantig. 51.

51. ♂ Aehren lineal, schlank, blass rost-braun, 1—3; ♀ 2—3, entfernt, länglich-walzlich, sitzend oder kurz gestielt, aufrecht, gedrungen, grünlich-weiss; Deckb blattfg, scheidenlos; Fr eikegelfg, aufgeblasen, schief abstehend, mit doppelt-haarspitzigem Schnabel, kahl, vielnervig; Halm bis 60 cm h., auf den Kanten rauh. **C. vesicaria L. Blasen-S.**

Mai—Juni. Sumpfige Orte. Hier und da.

— — dick, schwärzlich-braun. 52.

52. Fr aufgeblasen, ei-kegelfg, bikonvex, vielnervig, mit kurzem, 2zähnigem Schnabel, kahl; 3—5 Aehren mit ♂, 3—4 mit ♀ Bltn, walzlich, aufrecht, gestielt, bei der Reife etwas hängend; Deckb blattartig, scheidenlos: Halm 60—120 cm h; Bälge haarspitzig. **C riparia Curt. Ufer-S.**

Mai—Juni. An Gräben und Ufern. Selten. Ebersbach. J. V. N.

— nicht aufgeblasen, eifg, zusammengedrückt, nervig, mit kurzem, zweizähnigem Schnabel, kahl; Halm 50—100 cm h., rauhkantig: B.scheiden oft netzig gespalten; Deckb blattartig, scheidenlos: Bälge haarspitzig: 2—3 fast sitzende ♀ Aehren. **C. paludosa Good. Sumpf-S.**

Mai. Sumpfige Wiesen. Ziemlich häufig

2. Ordnung: Gramineae.

55. Zea, Mais. XXI, 3.

Halm bis 3 m h. und 5 cm dick, markig, mit sehr breiten (bis 10 cm), flachen, gewimperten, oberseits wenig behaarten, anfangs zusammengerollten B, deren B scheide offen, den Halm ganz bedeckend: ♂ Aehren eine endstdg, pyramidale Rispe bildend, aus je 2bltg Aehrchen bestehend; jede Blt mit 2 K klappen und 2 Spelzen (erstere dem K, letztere den Blb entsprechend), beide Paar fleischig-häutig, zusammengerollt; ♀ Aehren achselstdg am unteren und mittleren Teile des Halms, kolbig, mit dicker, fleischiger, von vielen B scheiden bedeckter Achse: Gf aus denselben lang hervorragend, sehr ansehnlich, fadenfg, mit fein gewimperter Narbe; Fr (Karyopsen) rundlich-nierenfg, in 8 paarweise genäherten Reihen, blassgelb. **Z. Mays L. Gemeiner M.**

Juni–Juli Hier und da gebaut. (Stammt aus Südamerika.)

56. Andropógon, Bartgras. III, 2.

Halme 30—60 cm h., mehrere aus derselben Wzl, aufrecht, glatt, etwas starr, mit rotbraunen Knoten: B schmal-lineal, hohlkehlig, am Rande und auf dem Kiel scharf, seegrün; B scheiden zusammengedrückt, teilweise gedunsen. B häutchen kurz bewimpert. Spindel zwischen den grün oder violett angelaufenen Aehrchen zweizeilig behaart. K klappen gleichlang, untere vorn gewimpert, gegen die Basis lang behaart, vielnervig, obere 3nervig, kahl, oder flaumig; 3 Spelzen, mittlere mit geknieter, weit längerer Granne und starkem Nerven, dritte sehr kurz. N sprengwedelfg. **A. Ischaemum L. Vieljähriges B.**

Juli–August. Rh. u. M Ziemlich häufig.

57. Pánicum, Fennich. III, 2.

1. Blt einzeln, zu einer weitläufigen, schlapp überhängenden Rispe geordnet. Halm 50—100 cm h., meist einfach, aufrecht, tief gerillt, unten etwas kantig. B breit-lineal-lanzettlich, am Rande scharf, meist lang behaart, wie der Halm: statt B häutchen eine Reihe am Grunde verwachsener Haare: Rispenäste einzeln oder gezweiet, gleich über dem Grunde geteilt, im unteren Teile ohne Blt: Aehrchen gestielt, eirund, spitz; K klappen nervig, kahl, die unteren von halber Länge des Aehrchens; Spelzen sehr glänzend. **P. miliaceum L. Hirse.**

   Juli—August. Gebaut.

   — zu einseitigen Aehren geordnet. 2.
2. Aehrchen zum Teil begrannt. Halm 30—60 cm h., aufrecht oder am Grunde gekniet, kahl, etwas zusammengedrückt; B am Rande sehr scharf und daselbst wellig gebogen, fast kahl, ohne B häutchen, mit lockeren Scheiden; Rispe aufrecht, aus linealen, einseitigen Aehren zusammengesetzt; Achse des Bl standes hin- und hergebogen, kantig gefurcht, scharf; Hauptäste meist wechselstdg wie die Aestchen, entfernt, allmählich kürzer, am

Grunde lang- und steif-behaart: Bl.stielchen 1—2bltg. am Grunde borstig: Aehrchen eifg, grün und schmutzig violett: K.klappen steif-borstig auf den Nerven, eifg-zugespitzt, untere halb so lang; untere Spelze des unteren Blt chens bald länger, bald kürzer begrannt, die der ☿ Bl knorpelig, glänzend, fein gestreift **P. Crus galli L. Hühner-F.**

Juli - August Auf bebautem Land. Hier und da.

— grannenlos, fast zu fingerfg Aehren geordnet. 3.

3. B und B.scheiden behaart. 4.

— — — fast kahl: Halm 25 - 50 cm l., meist niederliegend, mehrere aus derselben Wzl; Aehren zu 3, Aehrchen breit-elliptisch, flaumig, auf den Nerven kahl: obere K klappe so lang als die untere Spelze der geschlechtslosen Blt. die untere K.klappe sehr klein, stumpf, schuppenfg, häutig, oft fehlend. **P. glabrum Gaud. Kahler F.**

Juli – August. Sandige Felder. Häufig. Rh. u. M. J. V. N

4. Geschlechtslose Blt kahl; Halm 30 - 50 cm h., aus liegender Basis aufsteigend, unten ästig und an den Gelenken wurzelnd, rundlich, kahl. B lineal-lanzettlich, beiderseits mit gelblichen, haartragenden Knötchen. B.häutchen kurz. Aehren meist zu 5 fingerig gestellt, aufrecht und abstehend. Spindel wellig, an deren Einbiegungen die lanzettlichen, grün- oder schmutzig-violetten Aehrchen sich anlehnend: Aehrchenstiele so lang als diese, das unterste Aehrchen fast sitzend: untere K.klappe sehr klein, schuppenfg, obere gewölbt, halb so lang als die Spelzen, fein behaart, ei-lanzettlich; Spelzen der ♀ Blt knorpelig, dicht und fein gestreift. **P. sanguinale L. Blut-F.**

Juli – August. Auf bebautem Land, sandigen Aeckern. Hier u. da.

— — bewimpert, sonst der vorigen ähnlich und wohl nur eine Spielart derselben. **P. ciliare Retz. Gewimperter F.**

Juli — Herbst. Im Mainthale häufig. J. V. N.

58. Setária, Borstengras. III. 2.

Halm 20—30 cm h. mit dicht ährig-walzenfg, endstdg Rispe, oberwärts scharf; Bl.stielchen mit grannenfg, die Aehrchen weit überragenden, durch aufwärts gerichtete Zähnchen rauhen Borsten (Hüllb); Spelzen der ☿ Bl fast glatt, so lang als die obere K.klappe; Rispe meist grün, bisweilen schmutzig-purpurn. **S. viridis Beauv. (Pánicum viride L.) Grünes B.**

Juli—August Gebautes Land. Nicht selten.

Mit dieser in Tracht und Grösse übereinstimmend, aber mit fuchsroten Borsten, quergerunzelten Spelzen und kürzerer oberer K.klappe: **S. glauca Beauv. Bläulich-grünes B.**

Juli — August. Rh. u. M., L. Häufig. J. V. N.

Halm 45—60 cm h. aufrecht oder aufsteigend, unten ästig, rundlich, kahl, oben stielrund, von abwärts gerichteten Stachelchen wie die Aeste scharf. B lineal-lanzettlich, eben, B scheiden kahl, wimperig wie das B.häutchen: Rispe ährenfg-gedrungen, walzenfg, quirlig, unten meist unterbrochen. Blt stielchen 1—3, oben schüsselfg erweitert, von grannenfg, rückwärts stacheligen, daher leicht anhaftenden, die Aehrchen weit überragenden Borsten umgeben. K klappen nervig, die obere stumpf, doppelt so lang als die untere spitze, diese so lang als das eirunde, stumpfe, kahle Aehrchen. Spelzen der ☿ glänzend, glatt, knorpelig schwachnervig **S. verticillata Beauv. Quirliges B.**

Juli August. Schutthaufen, Bebautes Land. Ziemlich häufig. Rh. u M. J. V. N.

59. Phálaris, Glanzgras. III. 2.

Halm bis 1.5 m h., steif-aufrecht, mehrere aus derselben Wzl dicht beisammen, kahl; B ansehnlich, schilfartig, am Rande scharf, mit kahlen Scheiden und grossem B.häutchen; Rispe zur Blt zeit abstehend, 15 cm l., etwas überhängend, später ährenfg zusammengezogen; untere Aeste zu 2—3, nach oben ästig; Aehrchen büschelig und einseitig geordnet, eirund-lanzettlich; K klappen spitz, kahl, fast gleich, grünlich-weiss oder rötlich, 3nervig; Spelzen kürzer, eirund-lanzettlich, glänzend, zart behaart; 2 schmale, behaarte, halb so lange Schuppen als Ansätze der verkümmerten Bl. **Ph. arundinacea L. Rohrblättr. G.**

Juni - Juli. Am Lahnufer sehr gemein.

Halm bis 90 cm h., aufrecht oder aufsteigend, mehre e aus derselben Wzl. B gross, schilfartig, lineal-lanzettlich, lang zugespitzt, scharf. B scheiden schärflich, die oberste bauchig. B häutchen gross, Rispe fast ährenfg zusammengedrängt, am Grunde oft mit einem Deckb gestützt Aeste kurz, vielblütig. Aehrchen stark zusammengedrückt, verkehrt-eirund K klappen fast doppelt so lang als die Spelzen, oben etwas abgestutzt, mit breitem, ganzrandigem, weisslichem, fein behaartem Flügel, beiderseits mit 1 starken Ner en und 2 grünen Streifen; untere Spelze länglicheirund, behaart, spitz, obere länglich-lanzettlich, am Kiel und oben behaart, schuppenfg. Blt ansätze halb so lang als die ☿ Blt, oben flaumig. **Ph. canariensis L. Kanarisches G.**

Juli—August Kultiviert und verwildert.

60. Anthoxánthum, Ruchgras. II, 2.

Halme 30—60 cm h., meist aus gebogener Basis aufsteigend, glatt, rasenbildend, gelblich-grün wie die ganze Pfl; B beiderseits schwach behaart, mit tief gerillten, an der Mündung behaarten Scheiden, Rispe später ährig zusammengezogen, bis 5 cm l.; Aeste zu 2—3, ungleich, kurz; Aehrchen lanzettlich-pfriemlich; K klappen weisslich mit grünem Rücken, kahl, gekielt, stachelspitzig, die unteren 1 nervig, die oberen (doppelt so langen) 3nervig; die 2 unteren Bl geschlechtslos, begrannt, mit einer Spelze, die obere ☿ kleiner, mit 2 Spelzen, ohne Granne; Gf an der Spitze des Aehrchens hervortretend: Pfl. namentlich zerrieben, wohlriechend, (von ähnlichem Geruch wie Waldmeister). **A. odoratum L. Gelbes R.**

Mai - Juni. Sehr gemein auf Wiesen.

61. Alopecúrus, Fuchsschwanz. III. 2.

1. Halm aufrecht. 2.
— am Grunde liegend und an den Gelenken wurzelnd. 3.
2. K.klappen mit lang bewimpertem Kiel. Halm 30—45 cm h., kahl, mit kurzen Ausläufern; B. ziemlich breit, mit etwas verdickten, oberen B.scheiden und länglichem B.häutchen: Rispe 6—8 cm l., ährenfg. walzlich, stumpf; untere Aeste 3—6bltg. obere 1—2bltg; Aehrchen 0.5 cm l, eirund-lanzettlich; K.klappen spitz, am Grunde verwachsen. weisslich mit grünem Kiel und je 1 grünen Seitenstreifen: Spelzen weisslich mit 5 grünen Streifen, untere verwachsen, mit geknieter, längerer Granne (die Verlängerung des Mittelnerven). **A. pratensis L. Wiesen-F.**
Mai Juni. Wiesen. Gemein
— mit sehr kurz bewimpertem Kiel. Halm 30—45 cm h., unten oft ästig und gebogen, mit endstdg ährenfg. beiderseits spitz zulaufender, oft violett angelaufener Rispe. Blt.stiele büschelig beisammen. 1—2bltg. Aehrchen länglich-lanzettlich. K.klappen bis zur Mitte verwachsen, auf den Nerven flaumhaarig, weisslich oder violett mit grünem Nerven. Spelzen etwas länger, länglich-lanzettlich, weisslich mit grüner oder violetter Spitze, halb verwachsen, auf dem Rücken gekniet-begrannt. **A. agrestis L. Acker-F.**
Juni—Juli Auf bebautem Land gemein.
3. Staubbeutel gelblich-weiss, später nussbraun. Halme 30—45 cm lang (im Wasser flutend und länger), einen lockeren Rasen bildend, glatt; B. oberseits und am Rande scharf mit kahlen Scheiden, die oberste etwas dicker, ins Seegrüne spielend, mit länglichem B.häutchen; Aehre stumpf, walzenfg. 2—4 cm l.; Bl.stiele 1—2bltg: Aehrchen länglich-eirund; K.klappen stumpf, abgestutzt, am Grunde verwachsen, weisslich oder violett mit grünen Nerven, etwas flaumig, mit bewimpertem Kiel: Spelzen wie bei voriger Art. **A. geniculatus L. Geknieter F.**
Juni—August. An feuchten Orten. Ziemlich häufig.
— safrangelb; Pfl seegrün. Halm und Tracht wie bei voriger, von welcher sie nur eine Spielart zu sein scheint. Aehren etwas dicker mit kürzeren Aehrchen. Granne aus der Mitte oder höher entspringend, kaum länger als die Spelze und kaum hervorragend. K.klappen nur am Grunde verwachsen. **A. fulvus Sm. Rotgelber F.**
Mai—August. Gräben, Sümpfe. Rh. u. M. J. V. N

62. Phleum, Lieschgras III, 2.

1. Rispe einfach. Halm 45—90 cm h., am Grunde oft verdickt, meist aufrecht, kahl wie die B.scheiden; B. am Rande scharf mit länglichem, abgestutztem B.häutchen; endständige, bis 15 cm lange, meist kürzere, aus kurz gestielten, gedrungenen Aehrchen zusammengesetzte Aehre; K.klappen weisslich mit

grünem Rücken, 3nervig, abgestutzt, mit 3 pfriemlichen Grannen — den verlängerten Nerven — endigend; Kiel steif-borstig; Spelzen halb so lang, häutig. **Ph. pratense L. Wiesen-L.**

Mai—Juli. Gemein auf Wiesen, doch nicht vorwiegend.

— ästig. 2.

2. K.klappen oben abgestutzt. 3.

— — spitz, in eine kurze Granne auslaufend; Halme oft in lockeren Rasen beisammen, 10—15 cm h., glatt; B lineal-lanzettlich, kurz, eben, am Rande scharf, die unteren zur Blt.zeit verwelkt; oberste B.scheiden bauchig, unterste weisslich, durchscheinend, mit länglichem B.häutchen. Aehre (eigentl. Rispe mit sehr kurzen Aesten) walzenfg, stumpf, nach unten verschmälert, öfter verkehrt-eirund; Aehrchen länglich-lanzettlich; K.klappen 3nervig, mit breitem, häutigem Rande, auf dem Kiel steifborstig, Spelzen halb so lang, zart behaart. **Ph. arenarium L. Sand-L.**

Juni—Juli. Sandfelder. Vereinzelt. Rh. J. V. N.

3. K.klappen stachelspitzig, oben aufgeblasen, 3kantig; Halme 15 - 30 cm h., lockere Rasen bildend, kahl, fast bis oben mit B.scheiden bedeckt; B lineal-lanzettlich, kurz, die unteren zur Blt.zeit verwelkt, obere B.scheiden bauchig, oft die Aehre umfassend; Aehre nach oben verschmälert, rauh; Aehrchen mit keilfg, 3nervigen K.klappen; Spelzen halb so lang, grannenlos. **Ph. asperum Vill. Rauhes L.**

Mai—Juni. Trockene Orte. Ziemlich selten. Weilburg, Okriftel, Sulzbach b Soden; Rheingau. J. V. N.

— schief abgestutzt, lineal-länglich. Halme 30—50 cm h., nebst Blt.büschel Rasen bildend, kahl, sehr schwach gestreift. B lineal, eben, etwas scharf und seegrün; obere B.scheide bauchig; B.häutchen kurz, stumpf. Aehre oft purpurrötlich gefärbt, nach oben und unten verschmälert, am Grunde zuweilen unterbrochen. Aehrchen länglich mit grünen, breithäutig berandeten, fast gleich langen, länglich-linealen, kurz begrannten, 3nervigen K.klappen, Kiele derselben gerade, öfter gewimpert. Spelzen kaum grösser als die Hälfte der K.klappen, fast kahl. **Ph. Böhmeri Wibel. Böhmers L.**

Juni—Juli. Sonnige Orte. Ziemlich selten. Runkel, Diez, Schwanheim, Camp. J. V. N.

63. Chamagrostis, Zwerggras. III, 2.

Halme nur wenige cm h., dichte Rasen bildend, von der Dicke eines Pferdehaares, gerade, aufrecht, kahl, glatt, etwas gedreht, nur unten mit B, knotenlos, weisslich, oben violett. B sehr kurz, schmal, zusammengefaltet-rinnig, borstlich, kahl, stumpf; die untersten B.scheiden schuppenfg, durchscheinend, b.los, die folgenden locker, die obersten straff angedrückt, mit breiterem Hautrand nach oben und länglichem stumpfem B.häutchen. Aehren 4—12blfg, violett oder grün gescheckt. Spindel wellig. Aehrchen

länglich, fast sitzend, mit glänzenden, glatten, abgestutzten K.klappen und weisslichen Spelzen. **Ch. minima Borkh. Kleinstes Z.**
März–April. Sandfelder. Rh. u M. J. V. N.

64. Cýnodon, Hundszahn. III, 2.

Pfl kriechend und an den Gelenken der über den Boden hingestreckten längeren Ausläufer 30—50 cm h. Halme hervortreibend; B seegrün, kurz, besonders die untersten, lineal, eben, spärlich behaart, am Rande scharf; untere B.scheiden locker, obere straff, kahl oder mit einzelnen Haaren; statt B.häutchen eine Haarleiste; meist 5, etwas gekrümmte, schmale, einseitige, violett oder grün und violett gescheckte Aehren; K.klappen schmal lanzettlich, abstehend, daher erscheint die Aehre wie gesägt. Spindel 3kantig, unten haarig; Aehrchen wechselstdg, 2reihig auf der unteren Seite, fast sitzend Obere Spelze glänzend, an dem Kiel und den Rändern flaumhaarig, sonst kahl. A und N purpurn. **C. Dáctylon Pers. Wuchernder H.**
Juli—August. Sandige Felder. Rh. u. M. J. V. N.

65. Leersia, Leersie. III, 2.

Halme aufrecht aus aufstrebendem Grunde, oft über 1 m h., rundlich, kahl, an den Knoten kurz behaart, mit Ausläufern, Rasen bildend; B breit-lineal, lang zugespitzt, hellgrün, beiderseits von kleinen Stacheln sehr scharf, (die oberen Stacheln vorwärts, die unteren rückwärts gerichtet); B.scheiden zusammengedrückt, ebenfalls sehr scharf, mit kurzem B.häutchen; Rispe locker, etwas überhängend, mit scharfen, schlängelig gebogenen, bis zur Mitte blt.losen ästigen Aesten, die untersten zu 2, die anderen einzeln, wechselstdg; Aehrchenstiele oben etwas knopffg verdickt. P nur aus 2 k.artigen Schuppen (Spelzen) bestehend, 3 Stbgf, 1 Gf mit 2 federigen Narben; K.klappen fehlend; Spelzen kielfg zusammengedrückt und am Kiele borstig bewimpert, lederig, den gefurchten Samen eng umschliessend. (Blt.stand kommt nur in warmen Sommern zur völligen Entwicklung und bleibt meist ganz oder teilweise von den B.scheiden verdeckt.) **L. oryzoides Swartz. Reisartige L.**
Am Lahnufer Fachbach gegenüber und unweit der Nieverner Hütte. Eltville, Braubach; J. V. N.

66. Agrostis, Windhalm. III, 2.

1. B flach, nicht borstlich. 2.
— borstlich, Halme 30–45 cm h, aus kriechendem Wzlstock und büschelfg Wzlb, mit weitschweifiger, im Umriss eirunder Rispe und sperrigen, scharfen Aesten. B mit lang vorgestrecktem B.häutchen. Obere Spelze sehr klein oder fehlend, untere mit einer unterhalb der Mitte entspringenden, geknieten Granne von der doppelten Länge. Rispe nach der Blt zusammengezogen. **A. canina L Hunds-W.**
Juni—August. Feuchte Wiesen. Zerstreut. J. V. N.

2. Mit kurzem, abgestutztem B.häutchen. Halm 30—45 cm h., oft viel niedriger, aufrecht oder aufsteigend und an den untersten Gelenken wurzelnd, kahl; Aeste sehr schlank, zu 3—12 in Halbquirlen, bis zur unteren Hälfte bl los, zur Blt.-zeit und nachher sperrig-rispig, vorher lappig zusammengezogen; Aehrchenstiele haardünn, schlängelig gebogen, länger als die grünen und violetten, glänzenden Aehrchen; B mit sehr kurzen, abgestutzten Scheiden, schmal-lineal, flach, beiderseits und am Rande scharf; K klappen meist ungleich, die untere länger und mit scharfem Kiel; Spelzen sehr zart, dünnhäutig, kürzer, weisslich. Meist grannenlos. **A. vulgaris With. (A. stolonifera α L.) Gemeiner W.**

Juni–Juli. Sehr gemein auf Wiesen, an Wegen, Waldrändern.

Mit lang vorgezogenem B.häutchen. Rispe im Umriss zur Blt.zeit mehr länglich-kegelfg, späterhin fast ährenfg zusammengezogen. Sonst der vorigen Art sehr ähnlich, auch an Grösse. **A. alba Schrad. (A. stolonifera β L.) Weisslicher W.**

Juni—Juli. Wiesen, Weiden, Wälder. Häufig

67. Apéra, Windfahne. III, 2.

Halm 45—90 cm h., aufrecht, glatt, mit mehreren Knoten; B beiderseits und am Rande scharf, oberseits kurz behaart, mit fast glatten Scheiden und langem B.häutchen; Rispe ansehnlich, aus vielbltg, sehr ästigen Halbquirlen bestehend, oft überhängend; Aeste haardünn, hin- und hergebogen, zur Blt.zeit wagrecht, bis zu 12 beisammen stehend; Aehrchen klein, kaum 2 mm l, grün oder violett; K klappen lanzettlich, ungleich, $^{3}_{1}$nervig, die obere grösser; Spelzen kürzer, untere mit 3—4mal so langer, unter der Mitte entspringender Granne, obere 2zähnig, kahl; Aehrchen mit einem kurzen, stielfg Ansatz zu einer zweiten Bl, zu beiden Seiten desselben mit einem kleinen Haarbüschel. **A. Spica venti Beauv. (Agrostis Spica venti L.) Gemeine W.**

Juni—Juli. Auf Saatfeldern gemein.

68. Calamagróstis, Reithgras. III, 2.

Spelzen am Grunde mit längerem Haarkranz. Halm mit starken Ausläufern, sehr ansehnlich, bis zu 1,5 m h, oben scharf; B fast 1 cm breit, seegrün, starr, mit kurzem B.häutchen; Rispe geknäuelt-lappig, aufrecht, länglich (bis 30 cm l); Aehrchen büschelig beisammen, kurz gestielt; Aeste und Aehrchenstiele sehr scharf; K klappen lanzettlich, mit langer, pfriemlicher, zusammengedrückter Spitze und scharfem Kiel, ungleich, $^{3}_{1}$nervig, aus dem Rücken begrannt. **C. Epigeios Roth. (Arundo Epigeios L.) Land-R.**

Juli—August. An sandigen Orten. Hier und da, doch nicht häufig.

Haarkranz noch nicht halb so lang als die Spelzen, ausser demselben noch ein gestielter Haarpinsel — eine verkümmerte, zweite Blt am Grund derselben. Halm 60—120 cm h.,

Rispe abstehend, schmal, steif aufrecht; B lineal, eben, lang zugespitzt, am Grund oft von kurzen Haaren umgeben; K.klappen mit rückenstdg, gekneter, dieselben überragender Granne. C. sylvatica Dc. Wald-R.

Juli–August. Wälder. Ziemlich verbreitet. L. Königstein. Altkönig, Feldberg, Braubach. J. V. N.

69. Milium, Hirsegras. III, 2.

Halme 0,6—1 m h., aufrecht, glatt, kahl wie die ganze Pfl. lockere Rasen bildend; B am Rande scharf, etwas überhängend. mit langem B.-häutchen und endstdg, weitläufiger, grosser Rispe; Aeste derselben haardünn, hin- und hergebogen, zu 5—6 in Halbquirlen, zuletzt herabgeschlagen, ungleich; Aehrchen wechselstdg. zu 2 oder einzeln, auf ungleich langen Stielchen, eirund, 2 mm l. bikonvex, stumpf; K.klappen 3—5nervig, weisslich berandet; Spelzen ebenso lang, glänzend, knorpelig, grannenlos, glatt. M. effusum L. Ausgebreitetes H.

Mai—Juni. Wälder. Gemein.

70. Stipa, Pfriemengras. III, 2.

Halm 45—90 cm h., aus dichtem Rasen von binsenfg B aufsprossend, schlank, kahl (nur an den Knoten kurz behaart), ganz von B scheiden umgeben; B fädlich, steif, seegrün, zusammengerollt, mit langem B.häutchen; Rispe von der oberen B.scheide länger umfasst, armbltg, zusammengezogen; untere Aeste zu 2. wenig ästig oder einfach; Aehrchen ohne die Granne bis 2 cm l: K.klappen pfriemlich zugespitzt, mit längerer Granne endigend. gelblich-grün, weisslich berandet, $\frac{7}{5}$nervig; Bl stiel seidig behaart; untere Spelze in eine 30 cm lange, gedrehte, kniefg gebogene, 2zeilig abstehend behaarte Granne auslaufend, nervenlos. mit 5 Streifen von Seidenhaaren, obere etwas kürzer. St. pennata L. Federiges P.

Mai—Juni. Sonnige Berge. Rh. u. M.

Granne der unteren Spelze einfach haarig, nicht federig, etwa 15 cm l. Sonst der vorigen in Tracht und Grösse ähnlich; Halme einen etwas dichteren Büschel bildend, steifer; B fast ganz flach, oberseits weich behaart; Rispe grösser, zusammengesetzter; Aehrchen halb so gross. Später blühend. St. capillata L. Haarförmiges P.

Juni—Juli. Sonnige Orte. Flörsheimer Steinbruch. Weniger häufig. J. V. N.

71. Phragmites, Schilfrohr. III, 2.

Halm 1½—3 m h., 1—2 cm dick, steif-aufrecht, glatt, oben etwas rauh; B 2—5 cm breit, seegrün, kahl, am Rand schneidend scharf, mit langer, fast stechender Spitze und glatten Scheiden. an deren Mündung ein Haarkranz statt des B häutchens; Rispe ansehnlich, 15—30 cm l, anfangs aufrecht zusammengezogen, dann abstehend, später oben überhängend, sehr ästig, bräunlich, silber-

glänzend; Aeste halbquirlig, unten seidig behaart; sehr dünn, an den Verästelungen mit Haarbüscheln; Aehrchen 4—6bltg. rotbraun; Spelzen länger als die sehr ungleichen, 3nervigen K.klappen, meist von 2-zeiligen, seidigen, gleich langen Haaren eingehüllt, sehr ungleich, die obere, viel kürzere mit 2 gewimperten Kielen, 2zähnig. **Ph. communis Trin. (Arundo Phragmites L.) Gemeines Sch.**
August. Sehr gemein an Flussufern. (Fehlt an der Dill.)

72. Sesléria, Seslerie. III, 2.

Halm 30—60 cm h., am Grunde mit vertrockneten B.scheiden umgeben, knotenlos, etwas abgeplattet; B mit stark vortretendem Kiel, etwa 0,5 cm breit, mit kappenf'g Spitze, kahl, die oberen sehr kurz mit langen Scheiden und kurzem B.häutchen; Aehre länglich-eifg, aus dicht beisammen sitzenden, einseitigen, sehr kurz gestielten, an den Halm angedrückten, 2—3bltg Aehrchen bestehend, einzeln oder zu 2, die unteren mit einem weisslichen oder violetten Deckb; K klappen eirund, kahl, mit einem in eine kurze Granne auslaufenden Mittelnerven, wie die längeren Spelzen auf dem Rücken blau; untere Spelze häutig, gewölbt, kahl, wimperig, 5nervig, 3—5-spaltig, obere Spelze 2spaltig, fast ebenso lang. **S. caerulea Arduin (Cynosurus caeruleus L.) Blaue S.**
März—Mai. Felsige Orte. Bäderlei bei Ems; Burg in der Ohell, Hohenrhein, Neroberg b. Wiesbaden. Ziemlich selten.

73. Koeléria, Kölerie. III, 2.

Halm 30—45 cm h., aus gebogener Basis aufrecht, kahl, aus dichtem Rasen sich erhebend; B grasgrün, lineal, wimperig, mit kahlen oder schwach flaumigen Scheiden und kurzem B.häutchen; ährige, unterbrochene, bis 8 cm lange Rispe mit kurzen, unten zu 3 stehenden, vom Grund an mit 2-3blütigen Aehrchen besetzten Aesten; K.klappen etwas kürzer als die zugespitzten Spelzen, meist stachelspitzig, kahl, weisslich mit grünem Kiel, $\frac{3}{1}$nervig; Spelzen mit breitem Hautrand, auf dem Rücken grün, obere 2zähnig; Rispenachse fein behaart. **K. cristata Pers. (Aira cristata L.) Kämmige K.**
Mai—Juli. Auf trockenen Wiesen gemein.

Als Spielart derselben zu betrachten: Koeleria glauca DC. Bläulich-grüne K. Nur verschieden durch die seegrüne Farbe der kahlen B und B.scheiden, die stumpflichen unteren Spelzen.
Sandfelder bei Flörsheim, Wiesbaden-Castel. J. V. N.

74. Aira, Schmielen. III. 2.

1. Grannen keulenf'g verdickt. S. Corynephorus No. 75.
— nicht — — 2.
2. B. flach, lineal. 3.
— borstlich, zusammengefaltet, stielrund, glatt oder wenig rauh, meist gekrümmt, die oberen sehr kurz, mit glatten Scheiden und länglichem, kurzem B häutchen; Halm

15—60 cm h., aufrecht aus meist geknieter Basis, kahl, oberwärts oft rötlich; Rispe zur Blt.zeit schlaff überhängend, weitläufig, später mehr zusammengezogen; Aeste sehr dünn, zum grösseren Teile bl.los, die unteren zu 2—3, sich gabelig verästelnd, hin- und hergebogen; K.klappen etwa so lang als die gleich langen Spelzen, 1nervig, untere Spelze meist 4zähnig, abgestutzt, mit einer mindestens um die Hälfte längeren, aus der Basis entspringenden, geknieten und etwas gedrehten Granne; Achse oben behaart. Meist violett angelaufen. **A. flexuosa L. Schlängeliger Sch.**

Juni—August. Wälder, Heiden, wüste Orte.

3. B rückwärts sehr rauh, gefurcht, starr, mit glatten Scheiden und länglichem B.häutchen; Halm 60—90 cm h., aufrecht, kahl; Rispe ansehnlich, 15—30 cm h., sperrig-ästig, aufrecht oder überhängend; Aeste zu 6—10 in Halbquirlen, sehr dünn, vielbltg, hin- und hergebogen, die längeren nur im oberen Teile mit Aehrchen; Aehrchen 2—3 mm lang, glänzend; K klappen spitz, 1nervig, violett, gelblich berandet; Spelzen ebenso lang oder länger, grün mit violettem Rücken und breiter, weisslicher Spitze, untere fast aus dem Grunde begrannt; Granne etwa so lang als die Spelze, fast gerade, obere Spelze 2zähnig; Achse der Bl behaart und mit kurzem Haarkranz am Grunde jeder Bl. **A caespitosa L Rasen-Sch.**

Juni—Juli. Feuchte Waldwiesen.

— nicht rauh, Aehrchen weit länger. S. Avena nuda L.

75. Corynéphorus, Keulengranne. III. 2.

Halme bis 30 cm h., dichte Rasen bildend, aufrecht, schlank, glatt, am Grund oft ästig. B borstlich, seegrün, etwas starr mit ziemlich langen, teils bauchigen B.scheiden, Rispe vor der Blt.zeit darin verborgen, silbergrau, eirund-lanzettlich, nur zur Blt.zeit abstehend, vorher und nachher ährig-zusammengezogen, Aeste zu 2—3 in Halbquirlen; B.häutchen länglich, schlängelig gebogen; K klappen zusammengedrückt, lanzettlich, einnervig, weisslich mit grünem, oben violettem Rücken, 2 Blt einschliessend, das untere sitzend, das obere gestielt, beide am Grunde mit Haaren umgeben, ausserdem noch ein kurzes haariges Stielchen (Ansatz zu einem 3. Blt.chen). Untere Spelze auf dem Rücken mit einer Furche, worin die oben keulenfg verdickte, in der Mitte haarig bekränzte, etwas gedrehte Granne liegt. A meist dunkel-violett. **C. canescens Beauv. Grauliche K.**

Juli—August. Sandige Orte. ___; Okriftel. J. V. N.

76. Holcus, Honiggras. III. 2.

Granne der Spelzen länger als die K.klappen, hervorragend und gekniet; Halm mit kriechendem Wzlstock, 30—60 cm h., aufrecht, kahl wie die B.scheiden und meist auch die B.

nur an den Knoten behaart; B.-häutchen länglich; Rispe bis 15 cm l., länglich-eirund, zur Blt.zeit abstehend, sonst zusammengezogen, aufrecht; Aeste zu 2—3, ästig; K klappen lanzettlich, zusammengedrückt, mit kurzer Stachelspitze, $\frac{3}{1}$nervig, weisslich oder röltlich angeflogen mit grünen Nerven; Spelzen kahl, glänzend; obere Bl mit einem s t a r k e n H a a r b ü s c h e l am Grunde. **H. mollis L Weiches H.**

Juli – August. Wiesen und Wälder gemein.

— — — k ü r z e r als die K.klappen, von denselben verhüllt; Pfl d i c h t e Rasen bildend, wie die B und B.scheiden flaumig behaart; Aehrchen meist kleiner als bei voriger Art; die obere Bl am Grunde kahl. Sonst der vorigen Art sehr ähnlich, aber etwas früher blühend. **H. lanatus L. Wolliges H.**

Sehr gemein auf Wiesen.

77. Arrhenáterum, Glatthafer. III, 2.

Halm 60—100 cm h., aufrecht, höchstens unten gebogen, glatt, kahl wie die meisten Knoten; B 2—6 mm breit, eben, fast kahl, mit glatten Scheiden und kurzem B.häutchen; Rispe länglich, oft an der Spitze umgebogen, bis 20 cm lang; Halbquirle mit 5—8 nicht sehr langen, zur Blt.zeit wagrecht abstehenden Aesten; Aehrchen fast 1 cm lang; K.klappen häutig, $\frac{3-5}{1}$nervig, glänzend, obere grösser, so lang als die Spelzen; ♂ Bl.chen sitzend, am Grunde mit je einem kurzen Haarbüschel; untere Spelze grün, weisslich berandet, kahl, 7nervig; Granne aus der Mitte des Rückens, gekniet, doppelt so lang; obere Spelze 2zähnig; ☿ Bl.chen kurz gestielt, untere Spelze oft mit kurzer, vorgezogener Granne. **A. elatius M. & Koch. (Avena elatior L.) Hoher G.**

Juni—Juli. Sehr gemein auf Wiesen, an Waldrändern.

78. Avéna, Hafer. III, 2.

1\. B. b o r s t e n f g, schmal, eingerollt. 2

— n i c h t borstenfg, e b e n oder zusammengefaltet. 4.

2\. Rückengranne der unteren Spelze k e u l e n f g v e r d i c k t. S. Corynephorus (75).

— — — — ü b e r a l l g l e i c h dick, später gekniet. 3

3\. Rispe w ä h r e n d und nach der Blt.zeit sperrig, 2—8 cm l., fast so breit als lang; Pfl sehr niedrig, kaum 20 cm h.; Halm aufrecht oder aus gekrümmter Basis aufsteigend, meist einfach; B scheiden seegrün, die oberste etwas bauchig; B.häutchen lang; Aeste zu 2, sich in 3 haardünne Aestchen teilend, nur am Ende Aehrchen tragend; Aehrchen 2bltg, kaum 2 mm lang; Spelzen kürzer als die etwa gleich langen, 1nervigen K klappen, untere doppelt - haarspitzig, begrannt; Granne unter der Mitte des Rückens entspringend, länger als die K.klappen und (wie bei allen Arten) g e k n i e t;

K.klappen weisslich mit grünem Kiel. **A. caryophyllea Wigg. (Aira caryophyllea L.) Nelken-H.**

Juni—Juli. Auf sandigen, wüsten Plätzen gemein.

— stets zusammengezogen. Halme sehr niedrig, höchstens 5—10 cm h., viele aus derselben Wzl; der vorigen Art sehr ähnlich, aber meist noch niedriger, mit kürzeren Rispenästen und Aehrchenstielchen, daher Rispe gedrungener, fast ährenfg; untere Spelze doppelt-haarspitzig, bei beiden Blt unterhalb der Mitte des Rückens begrannt. **A. praecox Beauv. Früher H.**

April—Mai. Wüste, etwas nasse Orte ___ (Neuhof, Kroppach, Sophienthal). J. V. N.

4. Rispe fast nur nach einer Seite gerichtet. 5.

— — allen Seiten — 7.

5. Aehrchen meist 3blütig; Halme 60—90 cm h., aufrecht, kahl; B lineal-lanzettlich, am Rande scharf, B.scheiden kahl; B.-häutchen kurz; Spelzen länger als die K.klappen, unten kahl wie die Spindel, untere Spelze krautig-häutig, mit stark hervortretenden Nerven, und 2spaltiger, pfriemlich-haarspitziger, fast begrannter Spitze. Granne gerade, Spelze der oberen Blt grannenlos. Samen (Caryopsenfr) nicht mit den Spelzen verwachsen. **A. nuda L. Nackter H.**

Juli—August. Hier und da gebaut und verwildert. J. V. N.

— 2blütig. 6.

6. Untere Spelze in 2 unbegrannte Zipfel gespalten und nur die der oberen Bltn mit geknieter Rückengranne. Halm 60—90 cm h., B flach, lineal-lanzettlich, am Rande scharf; K.klappen länger als die Spelzen, obere 9nervig; Spelzen kahl, vorn gezähnelt und 2spaltig, die der oberen Blt wehrlos; Achse kahl, nur am Grunde der untersten Blt ein kurzer Haarbüschel. Rispe vor und nach der Blt.zeit zusammengezogen, an der Spitze überhängend. **A. orientalis Schreb. Türkischer H.**

Juli—August. Hier und da gebaut. J. V. N.

— — in 2 begrannte Zipfel gespalten und die beiden Bltn mit geknieter Rückengranne; K.klappen so lang als die Spelzen, obere 7—9nervig, kahl, lanzettlich; Achse kahl, nur am Grunde der oberen Bltn ein kurzer Haarbüschel. Halm 60—90 cm h., B flach, lineal-lanzettlich, am Rande scharf. **A. strigosa Schreb. Rauch-H.**

Juli—August. Unter dem Getreide. ___ J. V. N. Hier und da.

7. Aehrchen nach der Blt.zeit herabhängend. 8.

— stets aufrecht. 9.

8. Spindel (Achse der Aehrchen) dicht und rauh behaart, beide Bltn begrannt; Halm 60—90 cm h., B flach, lineal-lanzettlich, am Rande scharf. Aehrchen meist 3bltg, bräunlich mit grüner Spitze, Spelzen am Grunde bis zur Mitte borstig

behaart, an der Spitze 2spaltig-gezähnt, auf dem Rücken mit gekniieter Granne. **A. fatua L. Wilder H.**

Juli—August. Unter dem Getreide häufig. Rh. u. M J. V. N.

— fast kahl, nur 1 Blt begrannt. Halme einzeln oder zu wenigen aus derselben Wzl, 60—90 cm h., aufrecht, kahl; B eben, am Rande etwas scharf, mit kahlen, teilweise etwas bauchigen Scheiden und kurzem B.häutchen; Rispe zur Blt.zeit ausgebreitet, aus 4—8 halbquirlig geordneten, zum Teil wieder ästigen Aesten; Aehrchen 2bltg, 2—3 cm l.; Spelzen kürzer als die $\frac{9}{7}$nervigen, lanzettlichen, kahlen, etwas ungleichen K.klappen; untere Spelze der unteren Bl 2spaltig und gezähnt, gewölbt, glatt, aus der Mitte des Rückens mit einer starken, gekniieten, die K.klappen weit überragenden, etwas gedrehten Granne; Fr.kn stark behaart; obere Bl halb so gross, grannenlos, (bisweilen ist auch die untere Bl grannenlos); Achse nur am Grunde der unteren Bl büschelig behaart. **A. sativa L. Gemeiner H.**

Juli—August. Gebaut.

9. K.klappen 5—9nervig; Halme 30—50 cm h., wenige aus derselben Wzl, schlank und schmächtig, aufrecht oder unten kniefg gebogen, kahl, zart gestreift, unter den Knoten mit kurzen Borstchen; B schmal-lineal, eben, am Rande scharf, oberseits fein behaart, die unteren zur Blt.zeit vertrocknet. B.scheiden glatt, B.häutchen länglich; Rispe nach allen Seiten abstehend; untere Aeste zu 3—5, obere zu 2 in entfernten Halbquirlen, haardünn, wellig gebogen, nur am Ende mit wenigen (bis 6) 2—3bltg Aehrchen. K.klappen zusammengedrückt, lanzettlich, kahl, blassgrün, weisslich und breit berandet, sehr ungleich, $\frac{7-9}{7}$nervig; Spelzen länger, obere mit stärkeren Nerven, von derselben Farbe, haarspitzig-2grannig mit gekniieter, gedrehter und weit über die K.klappen hinaus ragender Rückengranne; Achse kahl; am Grunde der 2. Blt ein kurzer, dichter Haarbüschel. **A. tenuis Mœnch. Zarter H.**

Juni. Auf trocknen, sonnigen Plätzen. ——.—— ——L—— Weilmünster, Oberursel. J. V. N

— 1—3nervig, ohne Endgranne. 10.

10. Rispenäste mit zahlreichen Aehrchen, (wenigstens die längeren); Halm 45—60 cm h., oft niedriger, kahl bis auf die zuweilen etwas behaarten Gelenke; B lineal, am Rande scharf, beiderseits mehr oder weniger zottig wie die unteren B.scheiden; B.häutchen kurz; Rispe bis 15 cm l., etwas überhängend, abstehend, mit je 5—8 sehr schlanken, hin- und hergebogenen, wieder ästigen oder einfachen Aesten; Aehrchen gelblich-grün, glänzend, 2—3bltg, kaum $\frac{1}{2}$ cm l.; Spelzen meist länger als die sehr ungleichen, $\frac{3}{1}$nervigen, schmal-lanzettlichen K.-klappen; untere Spelze gelblich-grün oder blass-violett, weiss

berandet. 2spaltig und kurz begrannt, mit einer doppelt so langen Rückengranne. Kurze Haare am Grunde der Bl und an der Achse. **A. flavescens L. Gelblicher H.**

Juni—Juli. Auf Wiesen sehr gemein.

— — höchstens 3 Aehrchen. 11.

11. Aehrchen höchstens 3bltg: untere B behaart. traubenfg-rispig, in Halbquirlen bis zu 5; Halm 45—90 cm h., aufrecht oder am Grunde mit einem Knie, kahl; B lineal, stumpflich, beiderseits (wie ihre Scheiden) zottig behaart, nur die oberen meist kahl; B häutchen länglich; Rispe bis 15 cm l., etwas zusammengezogen und oben überhängend; Aehrchen etwa 1 cm l., 2—3blütig, oft bräunlich- u. weisslich-gescheckt; Spelzen etwas länger, als die zusammengedrückt-gewölbten, spitzen, 1—3-nervigen, oben trockenhäutigen K klappen, untere mit starker, doppelt so langer Rückengranne, obere etwas kürzer; am Grunde der Bl kürzere, weissliche, glänzende Haare; Achse u. Frkn an der Spitze behaart. **A. pubescens L. Kurzhaariger H.**

Mai—Juni. Wiesen. Nicht selten.

— mit mehr als 3 Bltn; untere B etwas starr und kahl wie die B scheiden; der vorigen Art ähnlich; Wzlb zusammengefaltet; untere Aeste zu 2, obere einzeln mit nur 1 Aehrchen, diese 4—5bltg; Spelzen länger als die K klappen, mit einer Rückengranne aus der Mitte. **A. pratensis L. Wiesen-H.**

Juni - Juli. Trockene Wiesen. Langenaubach b. Dillenburg; Herborn, Weilburg, Oestrich, Wiesbaden. J. V. N.

79. Triódia, Dreizahn. III. 2.

Halme zum grösseren Teile niederliegend, flache Rasen bildend, bis 30 cm h., meist niedriger, ziemlich starr wie auch die linealen, glatten, gekielten, fast kahlen B; B scheiden zusammengedrückt, oben etwas bärtig; B häutchen sehr kurz, wimperig; Rispe traubig, sehr einfach und armblütig; Aeste einzeln, meist mit 1 Aehrchen; Aehrchen glänzend, eirund, stumpf, gedunsen, 3—5bltg; K klappen bauchig-gewölbt, fast gleich lang und etwa so lang wie die Spelzen, grün mit schmalem, weisslichem Rand; untere Spelze gewölbt, schwach 7—9nervig, zottig bewimpert und am Grunde jederseits mit kurzem Haarbüschel, 3spaltig, der mittlere Zahn oft in eine Stachelspitze oder Granne endigend; obere Spelze etwas kürzer, unzerteilt. **T. decumbens Beauv. (Festuca decumbens L.) Niederliegender D.**

Juni—Juli. Auf trockenen Bergwiesen Hier und da.

80. Mélica, Perlgras. III. 2.

1. Untere Spelze lang bewimpert; Halme 30—60 cm h., starr, oft aus gebogener Basis aufrecht, glatt, zu dichten Rasen beisammen; B lineal, mit langer Spitze, oberseits flaumig, am Rande scharf, mit etwas rauhen Scheiden und länglichem B häutchen; Rispe zu einer cylindrischen, schmalen, oft sehr gedrungenen Aehre zusammengezogen; Aeste der Achse anliegend; Aehrchen etwa

½ cm lang, gescheckt; K.klappen 5nervig, sehr ungleich (die oberen länger); untere Spelze etwas knorpelig, vielnervig, weisslich berandet, auf dem Rücken kahl, an den Seiten mit langen, seidigen Haaren, wodurch die Aehre schon von weitem auffällt; obere Spelze 2zähnig; das obere Bl chen kahl, meist mit nur einer Spelze, 2 unvollkommene Bl einschliessend. **M. ciliata L. Gefranstes P.**

Mai–Juni. An Felsen Ziemlich häufig.

— — nicht bewimpert. 2.

2. B mit pfriemlichem, krautigem, dem B gegenstdg B.häutchen; Halm bis 30 cm h., aufrecht oder aus geknieter Basis aufsteigend, glatt, mit schmal-linealen, ebenen, kahlen oder oberseits schwach behaarten B und zusammengedrückten B.scheiden; Rispe sehr locker, einseitswendig, mit lang gestielten, abstehenden, aufrechten Aehrchen, diese mit nur einer vollkommen ausgebildeten, eirunden, etwas gedunsenen, rötlichen Bl; K.klappen kurz zugespitzt, etwas länger als die Spelzen. **M. uniflora Retz. Einblütiges P.**

Mai–Juli. Wälder. Ziemlich häufig.

— ohne B.häutchen.

Der vorigen sehr ähnlich, aber durch die hängenden, grösseren Aehrchen mit 2 vollkommen ausgebildeten Bl, den etwas höheren Wuchs (bis 60 cm h.) und besonders das Fehlen des pfriemlichen B.häutchens von derselben verschieden. **M. nutans L. Nickendes P.**

Mai–Juni. Wälder. Ziemlich verbreitet. (Fehlt im L.).

81. Briza, Zittergras. III. 2.

Halm 30–45 cm h., einzeln, aufrecht, glatt; B lineal, kurz, kaum ½ cm breit, oben, etwas scharf mit glatten B.scheiden (die oberste bauchig und länger) und kurzem, stumpfem B.häutchen; Rispe aufrecht, sperrig abstehend, locker, vielbltg; Aeste wagrecht abstehend, fadenfg. zu 2, nur im oberen Teile Aehrchen tragend; Aehrchen an sehr dünnen, hin- und hergebogenen, abwärts gekrümmten Stielen, bei dem geringsten Anstoss zitternd, breiter als lang, rundlich-eifg, zur Blt.zeit herzfg, 5–9bltg, dem Anscheine nach quer gefurcht; K klappen fast gleich, eifg, gewölbt-zusammengedrückt, wagrecht von einander abstehend, etwas kürzer als das unterste Bl.chen, violett, mit breitem Hautrand, obere am Grunde beiderseits ausgerandet; untere Spelze breit-eifg, gewölbt, tief ausgehöhlt, nach oben zusammengedrückt, stumpf, beiderseits geöhrelt und dadurch herzfg, grünlich mit breitem Hautrand und violetter Binde, mit 7 auf der innern Fläche stärker hervortretenden Nerven; obere Spelze ausgerandet; Achse glatt. **B. media L. Gemeines Z.**

Mai—Juni. Gemein auf Wiesen.

82. Eragrostis, Liebesgras. III, 2.

Halme bis 45 cm h., B.scheiden kahl, oben an der Mündung

bärtig, B breit lanzettlich-lineal, eben, kahl, glatt; Rispe nach allen Seiten abstehend, Rispen-Aeste einzeln oder zu 2, ziemlich starr; Aehrchen meergrün, lineal-länglich, 15—20bltg, von dem Grunde der Rispenäste an auf kürzeren Stielen sitzend, ziemlich gleich breit, stumpf; K klappen abstehend, untere Spelzen breiter und dicht-dachig, obere stumpf oder etwas ausgerandet mit kurzem Stachelspitzchen, mit starkem, seitlichem Nerven. An der untersten Verästelung bisweilen ein Haarbüschel. **E. megastachya Link. Grossähriges L.**

Juli—August. Auf bebautem Land bei Wiesbaden. (Wohl eingeschleppt!) J. V. N.

83. Poa, Rispengras. III, 2.

1. B.häutchen der oberen B länglich, spitz. 2.
   — — — — sehr kurz, stumpf. 6.
2. Halme unten knollig verdickt, 30 cm h., Rasen bildend. Rispenäste nach allen Seiten aufrecht abstehend, etwas scharf, meist zu je 2, mit eirunden 4–6blütigen Aehrchen, deren breit-lanzettliche Bltn durch Wollhaare zusammenhängend. Wzlb schmal, später zusammengerollt. Kommt öfter mit laubsprossenden Bll (rückschreitende Metamorphose!) vor. **P. bulbosa L. (P. bulbosa β vivipara). Zwiebeltragendes R.**
   — nicht knollig verdickt. 3.
3. Rispenäste einzeln oder zu zwei, oft sehr kurz. 4.
   — meist zu fünf 5.
4. Rispe gedrungen, starr, einseitig, aus einfachen Aehren mit je 3—6 wechselstdg Aehrchen gebildet; Aehrchen sehr kurz gestielt, länglich, 5blütig; untere Spelze länglich-lineal, stumpf oder ausgerandet mit kurzer Stachelspitze, nervig. Halm 5–15 cm l., meist auf dem Boden liegend und wie die ganze Pfl blassgrün, ganz mit lockeren B.scheiden bedeckt, zusammengedrückt, kahl. B lineal, ziemlich breit und stumpf, eben. Spindel wellig gebogen. **P. dura Scop. Hartes R.**

   Mai—Juni. Selten. Bei Kroppach A. Hachenburg. (__.__) J. V. N.

   — sperrig, zuletzt mit herabgeschlagenen Aesten; Halm 15—30 cm h., am Grunde niederliegend, meist ästig, zusammengedrückt, B noch nicht ½ cm breit, kurz, lineal, eben, an den nicht blühenden Pfl 2zeilig; Rispe 5–8 cm l., locker; Aeste zu 2, dünn, zur Blt.zeit wagrecht; Aehrchen länglich-eirund, 3-5blütig, meist nicht mit Wollhaaren zusammenhängend; K.klappen lanzettlich, $\frac{3}{1}$nervig; untere Spelze stumpf oder abgestutzt, weisslich berandet, 5nervig, höchstens auf dem Kiel und am Rande schwach behaart; obere Spelze gezähnelt. **P. annua L. Jähriges R.**

   Blüht das ganze Jahr. Sehr gemein fast an allen Orten.
5. Halm und B scheiden glatt, 30–60 cm h., das oberste B länger als seine Scheide. Rispenäste nach allen Seiten gerichtet, scharf; Aehrchen lanzettlich-eifg. 2—5blütig; Spelzen

schwachnervig und schwach behaart. oben mit einem breiten, ockergelben Flecken; Bltn öfter mit Wollhaaren zusammenhängend. B am Grunde gefaltet. Pfl mit ihrem unteren Teile öfter niederliegend u. wurzelnd. **P. fertilis Host. Vielblütiges R.**
Juni—Juli. Feuchte Wiesen. ‾‾‾, Rh. J. V. N.

— — — r a u h; das oberste B viel k ü r z e r als seine zusammengedrückte Scheide, Halm 30—90 cm h., meist aus liegender Basis aufrecht, dort oft wurzelnd; B lineal, bis ½ cm breit, beiderseits scharf. Rispe weitschweifig, a u f r e c h t oder überhängend (aber nicht herabgeschlagen); Aeste sehr dünn oft hin- und hergebogen, untere zu 5 und mehr, meist sehr ästig; Aehrchen eirund, bis zu 5 mm lang, mit weisslicher Spitze, 2—4bltg; K.klappen stark zusammengedrückt, spitz, $\frac{3}{1}$nervig; untere Spelze zusammengedrückt, stark 5nervig; Bl oft mit Wollhaaren zusammenhängend. **P. trivialis L. Gemeines R.**
Juni—August. An feuchten Orten gemein.

6. Halm 2 s c h n e i d i g z u s a m m e n g e d r ü c k t. 7.
— s t i e l r u n d. 8.

7. Halme **kaum** höher als 30 cm, am Grunde liegend, glatt, mit kriechender Wzl; B kurz, das oberste so lang als seine glatte Scheide, ins Seegrüne spielend: Rispe fast einseitig, aufrecht, ziemlich gedrungen; Aeste zu 2-5; Aehrchen 5—9bltg, mit stumpfen Spelzen, länglich-eifg. **P. compressa L. Zusammengedrücktes R.**
Juni—Juli. Auf Mauern, Felsen nicht selten.
— w e i t h ö h e r, bis über 1 m h., aufrecht, nur im untersten Teile gebogen; B lineal, oft über ½ cm breit, mit starkem Kielnerven, kahl, am Rande u. auf dem Kiel scharf, vorn kappenfg zusammengezogen, mit Stachelspitze; B.scheiden 2schneidig; Rispe bis 15 cm l, sehr ästig, allseitig, vielbltg, zuletzt überhängend: untere Aeste zu 5, halbquirlig, zur Blt.zeit wagrecht; Aehrchen länglich-eirund, 3-4bltg, über ½ cm l; K.klappen lanzettlich, kahl, mit 5 starken Nerven, oft violett angelaufen, mit schmalem Hautrand; Pfl mit beschuppten Ausläufern. **P. sudetica Hæncke. Schlesisches R.**
Juni—Juli. Ziemlich selten. Bergwälder. ___ ‾‾ ‾L.

8. Das oberste Halmblatt meist l ä n g e r als seine Scheide; Halm meist mit kurzen Ausläufern, glatt, 30-45 cm h.; Halmknoten nicht bedeckt, oft dunkel-violett; B über der Scheide etwas ohrfg gefaltet, meist straff rechtwinklig abstehend: Bl mit u n d e u t l i c h e n Nerven, spitz, meist mit gelben Flecken vor der Spitze, mit einem Haarstreifen auf dem Kiel und am Rande, oft mit Wollhaaren zusammenhängend. Variiert in sehr vielen Formen, teils mit nickender, armbltg, teils mit steif-aufrechter, reichbltg, teils mit zusammengezogener Rispe, auch mit seegrünem Anflug. **P. nemoralis L. Hain-R.**
Juni—Juli. Sehr gemein in Wäldern.

— — — — kürzer als seine Scheide; Halm 30—60 cm h., auf fruchtbarem Boden oft höher, kahl, mit langen grundstdg B und grosser, weitschweifiger Rispe; Rispenäste meist zu 5 im Halbquirl; Aehrchen eirund, 3—5bltg, mit deutlichen Nerven und am Grunde behaarten Bl; untere Spelze auf dem Rücken und am Rande mit einem bis zur Mitte reichenden Streifen von wolligen Haaren; Pfl mit verlängerten Ausläufern kriechend. Variiert wie die vorige Art in vielen Formen, die man erst nach längerer Uebung als zu derselben Art gehörig erkennt. **P. pratensis L. Wiesen-R.**
Mai—Juni. Auf Wiesen sehr gemein.

84. Glycéria, Süssgras. III. 2.

1. Untere Spelze schwach 5nervig, abgestutzt-stumpf, violett und grün, oben gelblich-weiss, Halme 15—45 cm h., aus lockerem Rasen gebogen aufsteigend, unten bisweilen wurzelnd, kahl, gestreift; B zusammengefaltet, lineal, oben u. am Rande scharf; B.scheiden glatt, B.häutchen kurz; Rispe anfangs zusammengezogen, zuletzt ausgebreitet; Aeste schlängelig gebogen, in ihrer unteren Hälfte ohne Bltn, dann ästig und vielbltg, unten zu 5 in Halbquirlen, später herabgebogen; Aehrchen mit 4—6 etwas entfernten Bltn; K klappen gewölbt, stumpf, häutig-weisslich mit grünem Rücken, $\frac{3}{1}$nervig, untere halb so lang; Achse kahl. Pfl seegrün. **G. distans Wahlenb. Abstehendes S.**
Mai—August. Feuchte Orte, Salzquellen. Selten. Soden, Sulzbach, Kronberg. J. V. N.

— — stark 7nervig. 2.

2. Rispe einseitswendig. Halm am Grunde liegend, öfter im Wasser flutend, 45—60 cm h., bis zur Rispe mit Scheiden bedeckt, kahl wie die ganze Pfl; Pfl weit umherkriechend; B (wenn flutend) sehr lang, lineal, über ½ cm b.; B.häutchen länglich; Rispe 30 cm lang und darüber, aufrecht, untere Aeste zu 2—3 in entfernten Halbquirlen, anfangs an den Halm angedrückt, zur Blt.zeit wagrecht, sehr ungleich; Aehrchen an die Aeste angedrückt, jedoch nicht während der Blt.zeit, 1—2 cm l., lineal, fast stielrund, 7—12bltg; K.klappen gewölbt, oval, häutig, 1nervig, obere doppelt so lang; untere Spelze gewölbt, abgestutzt, mit 7 starken Nerven, oft violett angelaufen, mit breitem, weisslichem Ende; obere Spelze 2zähnig; A violett. **G. fluitans R. Brown. (Festuca fluitans L.) Flutendes S.**
Juni—Juli. In stehendem und fliessendem Wasser, nassen Gräben. Gemein.

— nach allen Seiten ausgebreitet. 3.

3. Unterste Aeste mit 3—4 mehrährigen Zweigen, abstehend, quirlig, meist zu 5; Halme 30—60 cm h.; jüngere B mehrfach-gefaltet; Aehrchen 7—11bltg; Spelzen länglich-oval, sehr stumpf, schwach 3kerbig; sonst der vorigen Art ähnlich, aber

mit kleineren Bltn und schmächtigeren Aehrchen: A gelb. **G. plicata Fries. Gefaltetes S.**

Juni—Juli. Stehendes und langsam fliessendes Wasser. Selten. Oestrich. J. V. N.

— — mit zahlreichen, vieljährigen Zweigen: Halm steif-aufrecht, oft über 2 m h, unten bis 2 cm dick, kahl, gestreift: B lineal, 1 cm breit, eben, kahl, scharf auf dem Kielnerven und am Rande, mit etwas zusammengedrückten Scheiden, untere mit 2 braunen 3eckigen Flecken und kurzem B.häutchen; Rispe sehr ansehnlich, bis 45 cm lang, zur Blt.zeit ausgebreitet, aufrecht; Aeste etwas hin- u. hergebogen, zum Teil wieder sehr ästig: Aehrchen lineal, 4—10bltg: K klappen stumpf, häutig berandet, mit 1 starken Nerven, oft rötlich angelaufen; untere Spelze mit 7 starken Nerven, oft gescheckt mit weisslicher Spitze, fast so lang als die obere, 2zähnige. **G. spectabilis M. & Koch. (P. aquatica L.) Ansehnliches S.**

Juli—August. An Flussufern häufig.

85. Molinia Molinie. III. 2.

Halme steif aufrecht, bis 1 m h., rund, glatt, unten zwiebelig verdickt, mit wenigen (1—2) dicht übereinander stehenden Knoten, starr, nur am Grunde beblättert. B lineal, eben, glatt, unten öfter mit einzelnen langen Haaren, B.scheidenmündung bärtig, statt B.häutchen eine Querleiste kurzer Haare. Rispenäste unten einzeln oder zu 2, sehr ungleich, fast ganz mit Bltn besetzt, etwas zusammengezogen; Aehrchen 2—4bltg, an die Aeste angedrückt, K klappen ¹/₁nervig, eirund, häutig, violett mit grünem Rückenstreifen, später bräunlich; Spelzen bläulich-grün oder violett, derber, untere mit 2 starken Seitennerven, grannenlos; Achse sehr zerbrechlich, Bltn daher abfällig. **M. coerulea Mœnch. Blaue M.**

August—September. Sumpfwiesen. Fehlt im unteren Lahnthal, sonst gemein.

86. Dáctylis, Knäuelgras. III. 2.

Halm 45—60 cm h., meist aus gebogener Basis aufsteigend, unter der Rispe etwas scharf; B lineal, lang, bis 6 mm breit, stark gekielt, ziemlich rauh, mit zusammengedrückten Scheiden und langem B.häutchen; Rispe einseitig, 7—8 cm l., mit geknäuelten Aehrchen und einzeln stehenden, zur Blt.zeit wagrechten, nachher eingezogenen, scharfkantigen, weit nackten Aesten und borstigen Aestchen; Aehrchen länglich, grün oder violett angelaufen, 6 mm l.; K klappen lanzettlich, $\frac{3}{1}$nervig, untere fast ganz häutig, obere plan-konvex, auf dem Kiel scharf oder borstig: untere Spelze mit kurzer Granne, 5nervig wie die untere K klappe; obere Spelze 2zähnig. **D. glomerata L. Gemeines K.**

Juni—August. Sehr gemein auf Wiesen und an Wegen.

87. Cynosúrus, Kammgras. III. 2.

Halm 45—60 cm h., glatt, aus gebogener Basis aufrecht; B schmal-lineal, eben, glatt, am Rande und Kiel etwas scharf, meist kahl, mit glatten Scheiden und kurzem B.häutchen, Rispe ährenfg gedrungen, 2zeilig, lineal: Spindel wellig hin- und hergebogen, auf einer Seite nackt; Aeste der Rispe wechselstdg, mit 2—5 dicht beisammen stehenden, von einem kammfg Deckb gestützten, 3—5bltg Aehrchen; Deckb aus 5—9 Abschnitten, so lang als die Aehrchen; K.klappen lineal-lanzettlich, zusammengedrückt, häutig, mit grünem, scharfem Kiel; untere Spelze breitlanzettlich, gewölbt, in eine Stachelspitze oder Granne endigend, obere etwas kürzer, 2spaltig. **C. cristatus L. Gemeines K.**

Juni—Juli. Gemein auf Grasplätzen.

88. Festúca, Schwingel. III, 2.

1. Halmblätter borstenfg schmal. 2.
— wenigstens 2—3 mm breit. 4.
2. Spelzen lang begrannt; Granne weit länger als die Spelzen. 3.
— kürzer begrannt oder grannenlos; Granne kaum so lang als die Spelzen; Halme kaum 30 cm h., fädlich, dünn, aus dichtem Rasen emporsprossend, nach oben 4kantig, unter der Rispe etwas scharf; B zusammengerollt mit sehr kurzem B.häutchen; Rispe schmal, länglich, auch zur Blt.zeit wenig abstehend, bis 5 cm lang; Aeste meist einzeln, höchstens zu 2, die unteren mit 3—7, die oberen mit einem 4—8bltg Aehrchen, elliptisch mit lanzettlichen K klappen, $\frac{3}{1}$nervig: Spelzen etwa gleich lang, untere schwach-nervig, oft gelblich oder weisslich berandet, obere 2zähnig. Kommt in vielen Formen vor, auch in der Farbe der B und Aehrchen sehr wechselnd. **F. ovina L. Schafs-Sch.**
Mai—Juni. Sehr gemein auf trockenen Grasplätzen.
3. Rispe während der Blt zeit steif aufrecht, abstehend, einseitig, traubig, die unteren Aeste von der obersten B.scheide weit entfernt, etwa halb so lang als die Rispe, mit 1—4 Aehrchen; Halme 15—30 cm h, oberwärts eine lange Strecke nackt, lockere Büschel bildend; B kurz, schmal-lineal, unten kahl, oben flaumig, am Rande scharf, später zusammengerollt, mit sehr kurzem B häutchen, Aehrenstiele dick, keulenfg; Aehrchen stark zusammengedrückt, lineal-lanzettlich, 5—7bltg. K klappen sehr ungleich, $\frac{3}{1}$nervig, häutig berandet, untere Spelze sehr lang begrannt, obere 2zähnig. **F. bromoides L. (F. sciuroides Roth) Trespenartiger Schw.**
Mai-Juni. An Wegen: selten. Langenbacher Mühle, Oestrich. (Fuckel, Nassaus Flora 1856.)
— — — — bogenfg überhängend. Halm 15—30 cm h., am Grunde gebogen, bis zur Rispe mit B.scheiden bedeckt; auch die grundstdg. oft bereits vertrockneten B borstlich; Rispe einseitig, ährenfg zusammengezogen, 15—30 cm l., die unteren Aeste wieder ästig und

vielbltg, doch viel kürzer als die Rispe, die übrigen armbltg; obere K klappe weit länger als die untere, nur die Mitte der nächsten Bl erreichend. **F. Myurus L. Mäuseschwanzartiger Sch.**

Mai—Juni. An Wegrändern hier und da.

4. Spelzen grannenlos oder mit höchstens die Spitze derselben erreichenden Grannen. 5.

— mit Grannen, welche weit darüber hinausragen. 8.

5. Untere Spelze allmählich zugespitzt; Halme aus gebogener Basis bis zu 1 m h. aufsteigend, glatt, aus lockerem Rasen, woraus noch die vorjährigen, verwelkten B oder B scheiden hervorragen, hervorsprossend; B lanzettlich-lineal, über 1 cm breit, unten dunkel-, oben grau- oder bläulich-grün, am Rande scharf, mit länglichem, abgestutztem, oft zerschlitztem B.-häutchen; Rispe bis 15 cm l., nach der Blt zeit zusammengezogen und überhängend, vielbltg; Aeste zu 2—4, in der unteren Hälfte ohne Blt, wellig gebogen, fadenfg dünn; Aehrchen im Verhältnis zur Grösse der Pfl klein, kaum grösser als ½ cm, 3—5bltg; K klappen lanzettlich, $\frac{3}{1}$nervig; untere Spelze grannenlos, allmählich zugespitzt, matt, bisweilen violett angelaufen, mit 3 stärker hervortretenden Nerven, obere Spelze 2zähnig; Frkn haarschopfig. **F. sylvatica Vill. Wald-Sch.**

Juni—Juli. Selten. ‾‾L.‾‾, Eppstein, Königstein, Oestrich. J. V. N.

— — stumpf. 6.

6. Rispenäste alle einem einzigen Aehrchen, locker-traubenfg, zweizeilig geordnet, etwas überhängend; Halme 30—90 cm h. (von dem Ansehen des Lolium perenne L.); Aehrchen lineallänglich, wechselstdg, von einander entfernt, die unteren kurz gestielt, öfter zu 2, die oberen sitzend; B flach, lanzettlich-lineal; obere K klappe nicht länger als die Spelzen, untere K klappe der oberen Bltn oft sehr klein und in 2 gespalten, bisweilen fehlend. **F. loliacea Huds. Lolchartiger Sch.**

Mai—Juni. Wiesen. Hachenburg, Okriftel, Oestrich. J. V. N.

Längere Rispenäste mit mehreren Aehrchen. 7.

7. Kürzere Rispenäste mit 1—2 Aehrchen. Halm 60—90 cm h., aus gebogener Basis aufrecht, kahl wie die ganze Pfl; B 4—6 mm breit, eben, lanzettlich-lineal, vor der B scheide beiderseits mit einem pfriemlichen oder sichelfg gekrümmten Oehrchen; B häutchen sehr kurz; Rispe locker, einseitig, anfangs ährenfg zusammengezogen, zuletzt etwas überhängend; Aeste zu 2, ungleich, der eine mit 1—2, der längere mit 3—4 linealen, etwas zusammengedrückt-cylindrischen, 5—10bltg (oft mehrbltg), bisweilen etwas bunten Aehrchen; K klappen stumpflich-lanzettlich, $\frac{3}{1}$nervig; untere Spelze grannenlos,

gewölbt, schwach-nervig, mit breitem Hautrand, obere fast gleich lang, 2spaltig; Frkn kahl. **F. elatior L. Höherer Sch.**

Juni—Juli. Sehr gemein auf Wiesen.

— — mit 4—10 Aehrchen, längere mit 5—15. Halme oft 1 m h. und höher, unten rohrartig, dick und starr. B breiter wie bei voriger Art, tiefer gefurcht, mit sehr kurzem B häutchen; Rispe weitschweifig, überhängend, untere Aeste zu 2, oft wiederum ästig: Aehrchen eirund-lanzettlich, 4—5-bltg, Spelzen kurz begrannt oder grannenlos, schwach 5nervig. **F. arundinacea Schreb. Rohrartiger Sch.**

Juni—Juli. Ufer, feuchte Wiesen. Selten. Okriftel, Soden, Wiesbaden, Hattenheim. J. V. N.

8. Grundstdg B eben (nicht borstenfg); Aehrchen meist über 2 cm l.; Halme über 1 m h., aus lockerem Rasen aufrecht, glatt; B lanzettlich-lineal, oft 30 cm lang und über 1 cm breit, mit langer, schlaff überhängender Spitze, am Rande und oft auch oberseits scharf, am Grunde mit 2 sichelfg Oehrchen, glatten Scheiden und kurzem B.häutchen; Rispe 15—45 cm l., weitläufig, locker, überhängend; Aeste scharf, die unteren zu 2, sehr lang, zur Hälfte bl.los, ästig, wellig gebogen, mit vielen 5—8bltg Aehrchen; K.klappen lanzettlich, $\frac{3}{1}$nervig; untere Spelze 5nervig, mit breitem Hautrand; Granne etwas unterhalb der Spitze eingefügt, 2—3 mal so lang, schlängelig; obere Spelze schwach 2zähnig, auf den Kielen kurz wimperig, etwa so lang als die untere; Frkn kahl. **F. gigantea Vill. Riesen-Sch**

Juni—Juli. Waldränder. Nicht selten.

— — borstenfg; Aehrchen höchstens 1½ cm lang. 9

9. Pfl lockere Rasen bildend; Wzl kriechend, mit Ausläufern; Halme 30—45 cm h; Halmb eben, mit 2öhrigem B.häutchen; Rispe zur Blt.zeit abstehend, später zusammengezogen, aufrecht; Aehrchen meist 5bltg; Spelzen aus der Spitze begrannt, Granne etwa von gleicher Länge; Narben kaum länger als der Frkn; Aehrchen oft rötlich angelaufen. Variiert sehr bezüglich der Behaarung und Grösse der Aehrchen. **F. rubra L. Roter Sch.**

Mai—Juni. Auf trockenen Wiesen sehr gemein.

— dichte Rasen bildend; grundstdg B sehr schlaff und lang; Halmb lineal, flach und oft 30 cm lang (viel länger als bei voriger Art, der sie sonst nahe verwandt ist); Rispe ansehnlich, schlaff überhängend; Aehrchen pfriemlich zugespitzt; Granne fast so lang als die Spelze; Narben 2—3 mal so lang als der Frkn. **F. heterophylla Lam. (F. duriuscula L. syst.) Verschiedenblättr. Sch.***

Mai—Juni. An Waldrändern. Selten. Auf der östlichen Abdachung des Winterbergs b. Ems. Wiesbaden, Audenschmiede (Fuckel, Flora v. Nassau.)

* Fehlt in den J. V. N., auch im Nachtrag, demnach als neue Art für das Gebiet anzusehen. Der Verf.

89. Brachypódium. Zwenke. III. 2.

Aehre aufrecht, höchstens mit der Spitze etwas nickend; Grannen kürzer als die Spelzen; Halme 60—90 cm h., einfach, nur am Grunde ästig, kahl, höchstens an den Gelenken schwach behaart oder zottig; B gelblich-grün, ziemlich steif, rückwärts gestrichen scharf; die unteren B.scheiden mit abwärts gerichteten Haaren besetzt, seltener kahl, die oberen meist kahl, an der Anheftungsstelle jederseits etwas zottig oder kurzfilzig; Aehrchen steif-aufrecht, sehr kurz gestielt; Stielchen flaumig, etwas entfernt, eine weitläufige, zusammengesetzte, 2zeilige Aehre bildend, bald ganz kahl, bald mit längeren oder kürzeren Haaren besetzt, oft sehr reichbltg (bis zu 24bltg) und dann etwas gekrümmt; K.-klappen $\frac{7}{5}$nervig, lanzettlich, spitzig; Spelzen gleich lang, obere kammfg gewimpert; Pfl kriechend **B. pinnatum Beauv. (Bromus pinnatus L.) Gefiederte Z.**

Juni—August. Waldränder. Gemein.

— schlaff überhängend; Grannen länger als die Spelzen; Halme aus einem Rasen von schlaffen B emporsprossend. Sonst der vorigen Art sehr ähnlich und von gleicher Grösse. **B. sylvaticum Röm. & Sch. (Bromus pinnatus β L. Wald-Z.)**

Juni—August. Waldränder. Gemein.

90. Bromus, Trespe. III. 2.

1. Untere K.klappe sehr klein, 1nervig, weit kleiner als die obere, 3nervige. 2
   — — fast so gross als die obere, 3—5nervig, obere 5- und mehrnervig. 6.
2. Grannen der Spelzen kürzer als diese. 3.
   — — — länger als diese. 5
3. Rispe schlaff überhängend; Halme oft über 1 m h., aufrecht, flaumhaarig, besonders an den Knoten; B abstehend behaart, besonders unterseits und am Rande, am Grunde geöhrelt, lanzettlich-lineal, 8 mm breit, mit behaarten Scheiden; B.häutchen ziemlich kurz, abgestutzt; Rispe bis 30 cm lang, locker; Aeste lang und dünn, bis zur Hälfte nackt, zu 2—3, die längeren mit 2—4 lineal-lanzettlichen, 2—3 cm langen, zusammengedrückt-rundlichen, 7—9bltg Aehrchen; K.klappen und Frkn wie bei voriger Art; untere Spelze unter der Spitze begrannt; Granne meist fast eben so lang; obere Spelze unzerteilt. **B. asper L. Rauhe T.**

   Juni—Juli. Bergwälder. Ziemlich häufig.

   — steif aufrecht. 4.
4. Wzl.b sehr schmal, lang behaart; Halme 30—90 cm h. aus einem Rasen von B hervorsprossend, meist aufrecht oder aus gebogener Basis aufrecht, stielrund, höchstens an den Gelenken etwas flaumig, sonst kahl; grundstdg B sehr lang, kielig gefaltet, schmal-lineal, am Rande scharf und etwas gewimpert, sparsam lang-behaart; Halmb von doppelter Breite, meist kahl

wie ihre Scheiden, mit kurzem, abgestutztem B.häutchen: Aeste zu 3—6 in Halbquirlen, einfach, meist mit 1—3 cm langen, lineal-lanzettlichen, zusammengedrückt-rundlichen, öfter rötlich gescheckten oder violetten, 5—10bltg Aehrchen: K.klappen lanzettlich, $\frac{3}{1}$nervig; untere Spelze lanzettlich mit 3 stärkeren Nerven, kahl, mit einer etwas unter der Spitze eingefügten, etwa halb so langen Granne; obere Spelze etwas kürzer, stumpf oder 2zähnig; Frkn haarschopfig. **B. erectus Hnds. Aufrechte T.**

Juni—Juli. Sonnige Orte. Im $\overline{\text{L.}}$ nicht selten. Sonst zerstreut.

— sehr breit, kahl; Halm 30—90 cm h., aufrecht; der vorigen Art ähnlich, aber mit doppelt so breiten, kürzeren B, dichteren Rispen, und fast grannenlosen Spelzen. **B. inermis Leyss. Grannenlose T.**

Juni—Juli. An Wegen, Wiesenrändern. M. u. Rh.

5. Halm unter der Rispe kahl, meist aufrecht, 45—60 cm h., fast bis zur Rispe mit B.scheiden bedeckt; Aehrchen nach oben verbreitert; B etwa ½ cm breit, am Rande scharf, beiderseits kurzhaarig, mit scharfen oder flaumigen Scheiden: Rispe 20 cm lang, locker, schlaff, allseitig gewendet, mit überhängender Spitze, mit weit abstehenden, sehr scharfen Aesten, untere zu 5—6 im Halbquirl; Aeste mit 1—3 hängenden, 3—4 cm l. (ohne die Grannen), lineal-länglichen, zusammengedrückten, 7—11bltg Aehrchen; K.klappen schmal-lanzettlich, sehr spitz, oft begrannt; untere Spelze lanzettlich-pfriemlich, oft schmutzig violett angelaufen, mit breitem, weisslichem Rand und 7 starken Nerven, borstig, 2spaltig, mit gerader, längerer, sehr scharfer Granne; obere Spelze etwas kürzer, an der Spitze ganz oder ausgerandet, etwas borstig. **B. sterilis L. Taube T.**

Mai—August. Sehr gemein an Wegen, Mauern, Waldrändern.

— — — — flaumhaarig. Der vorigen Art ähnlich, aber mit fast einseitswendiger, halb so grosser, gedrungener Rispe, halb so grossen, meist zottigen Aehrchen, länger gewimperten Kielen der oberen Spelze, etwas kürzeren Grannen. **B. tectorum L. Dach-T.**

Mai—Juni. Felder, Mauern gemein. (Scheint im $\overline{\text{L.}}$ zu fehlen.)

6. B.scheiden kahl; Halm einzeln oder wenige aus derselben Wzl, 45—90 cm h., steif-aufrecht, an den Knoten etwas flaumig; B lineal, 4—6 mm breit, flach, die oberen mit wenigen Borsten; B.häutchen kurz; B.scheiden tief gefurcht, meist kahl; Rispe bis 15 cm lang, anfangs aufrecht, zuletzt überhängend; Aeste zu 4—5 im Halbquirl, meist mit einem Aehrchen, etwas wellig und scharf; Aehrchen 2—3 cm lang, bis 12bltg, länglich-lanzettlich, anfangs stielrund, später etwas abgeplattet; K.klappen ungleich, $\frac{5-7}{3}$nervig, stumpflich, bisweilen mit kurzer Stachelspitze; untere Spelze elliptisch,

gewölbt, aufgedunsen, 7—9nervig, weisslich berandet, mit wellig gebogener, nicht ganz so langer Granne (manchmal grannenlos); Bl bei der Reife sperrig divergierend. **B. secalinus L. Roggen-T.**

Juni–Juli. Unter der Saat. Gemein.

— behaart. 7.

7. Grannen der Spelzen bei der Fr.reife spreizend-zurückgebogen. Halme 30–60 cm h.; Rispe nach der Blt.zeit einseitig-überhängend, vorher abstehend; Aehrchen lanzettlich, bei der Fr.reife etwas sperrig; untere Spelze 7nervig, länger als die obere, am Rande in der Mitte stumpfwinklig vortretend. B behaart. **B. patulus M. & K. Abstehend-begrannte T.**

— — — stets gerade. 8.

8. Aehrchen lineal-lanzettlich, fast walzenfg, kahl; Halm 45–90 cm h., aufrecht; Rispe ansehnlich, bis 25 cm lang, sehr locker, aufrecht, nach allen Seiten gewendet; untere Aeste zu 5 im Halbquirl, weit nackt, die längeren mit etwa 12 6—7bltg, öfter schmutzig-violett und weisslich gescheckten, fast stielrunden, bei der Fr.reife überhängenden Aehrchen; Bl kahl an den Seiten, nach oben scharf; Grannen ebenso lang; Spelzen fast von gleicher Länge, untere 7nervig, am Rande oberhalb der Mitte stumpfwinkelig hervortretend; B behaart. **B. arvensis L. Acker-T.**

Juni–Juli. Unter der Saat. Gemein.

— breit-lanzettlich oder eifg. 9.

9. Aehrchen weichhaarig wie die Aeste und die Spindel; Halm 30–45 cm h., aufrecht; Rispe aufrecht, nach dem Verblühen zusammengezogen; B und B.scheiden meist beiderseits behaart; Bl breit-elliptisch, mit den stumpfwinkelig vortretenden Rändern sich dachartig deckend; Grannen etwa so lang als die Spelzen; untere Spelze 7nervig, etwas länger als die obere. In vielen Formen variierend, seltener mit kahlen Aehrchen. **B mollis L. Weichhaarige T.**

Mai–Juni. Sehr gemein auf allen Grasplätzen.

— kahl. Halm 30–50 cm h., oben von kurzen Borstchen schärflich; B abstehend behaart, B.scheiden abwärts-zottig, nur die oberen öfter kahl; Rispe aufrecht, zuletzt überhängend, nach der Blt.zeit zusammengezogen. Aehrchen länglich-eirund, Grannen meist so lang als die Spelze, untere Spelze 7nervig, länger als die obere; Bltn auch bei der Fr.reife dachig sich deckend. **B racemosus L. Traubige T.**

Mai–Juni. Weiden und Wiesen. Nicht häufig. (Fehlt im L.)

91. Triticum, Weizen. III. 2.

1. Aehrchen bauchig, meist 4bltg. 2.

— nicht bauchig. 4.

2. Fr von den Spelzen fest umschlossen. Halm 1 m h. u höher, mit endstdg, locker dachiger, etwas zusammengedrückter Aehre,

zerbrechlicher, meist kahler Spindel (Aehrenachse), breiteirunden, abgestutzten, 2zähnigen, stachelspitzigen K klappen: Spelzen teils begrannt, teils grannenlos. Aehre bei der Fr.reife weisslich, doch bisweilen rötlich, violett und bläulichgrau. **T. Spelta, Dinkel-W., Spelz.**

Juni - Juli. Hier und da gebaut.

— frei innerhalb der Spelzen. 3.

3. K.klappen flügelartig-gekielt, halb so lang, als die meist lang begrannten Spelzen: Spindel zähe. Sonst der vorigen und folgenden Art ähnlich. **T. turgidum L. Englischer-W.**

Juni—Juli. Hier und da gebaut.

— nicht flügelartig-gekielt; K klappen eifg-bauchig, abgestutzt, mit Stachelspitze; Halm meist weit über 1 m h., einfach, mit vierseitiger, dachiger Aehre und zäher Achse: Fr nicht von den Spelzen beschalt (wie bei Triticum Spelta L.). Kommt mit begrannten und fast wehrlosen Aehrchen vor, auch die Farbe derselben wechselt (vom helleren bis zum dunkleren Rotgelb), sowie die Behaarung. **T. vulgare Vill. (T. aestivum L.) Gemeiner W.**

Juni—Juli. Gebaut.

4. Pfl kriechend mit längeren Ausläufern: Halm 45—60 cm h., schlank: B flach oder eingerollt, unterseits glatt, oberseits mehr oder weniger rauh; Achse der 2zeiligen Aehre öfter rauhhaarig, seltener kahl; Aehrchen meist 5bltg, begrannt oder wehrlos: untere Spelze zugespitzt oder begrannt (bisweilen sehr lang begrannt) Variiert auch der Farbe nach, bald grasgrün, bald seegrün. **T. repens L. Quecken-W.**

Juni—Juli. An Wegen, Zäunen häufig

— nicht kriechend: B beiderseits rauh; Aehre 2zeilig, nach der Blt.zeit herabgebogen; Aehrchen stets mit längeren, dünneren, schlängelichen Grannen, grasgrün; B stets flach; K klappen 3—5nervig, kurz begrannt, spitz; Achse der Aehre fein-borstig. Im Uebrigen der vorigen Art oft täuschend ähnlich, doch weit seltener. **T. caninum Schreb. (Elymus caninus L.) Hunds-W.**

Juni—Juli. Gebüsche, Zäune. Hier und da.

92. Secále, Roggen. III. 2.

Halm 1—2 m h., einfach, mit endstdg. aus 2bltg Aehrchen zusammengesetzter, gedrängter, zuletzt nickender Aehre, schmalpfriemlichen, gleich langen, 1nervigen K.klappen, etwas längeren, am Kiel bewimperten Spelzen, die untere lang begrannt; Blt fast genau gegenstdg mit einem schwachen Ansatz zu einer dritten: Achse der Aehre zähe; Frkn haarschopfig. **S. cereale L. Gemeiner R.**

Mai - Juni. Sehr häufig gebaut.

93. Hórdeum, Gerste. III. 2.

1. Alle Aehrchen ☿. 2

Nur die mittleren ☿, die seitlichen ♂. 3.

2. Aehre im Zustand der Fr.reife mit 6 gleich verteilten Reihen von etwas abstehenden. kurz begrannten Aehrchen. Sonst von Tracht und Grösse der zweizeiligen G. **H. hexastichon L. Sechszeilige G.**

Juni - Juli. Gebaut.

— — — — — mit 6 ungleich verteilten Reihen Aehrchen (die 2 seitlichen stehen jederseits mehr hervor); Grannen länger als bei der vorigen. etwa 10 cm l. Sonst wie die folgende Art. **H. vulgare L. Gemeine G.**

Juni – Juli. Gebaut.

3. ♂ Blt (die beiderseits der begrannten ☿ Bl stehenden, verkümmerten) grannenlos, lineal; Halm bis zu 1 m h., in fruchtbarem Boden bisweilen höher, einfach; Grannen der K.klappen so lang als die Aehrchen; untere Spelze lang begrannt. obere 2kielig, auf den Kielen zart gewimpert, Grannen aufrecht, Aehrchen 2zeilig, der Achse anliegend; Fr von den verhärteten Spelzen umhüllt. **H. distichon L. Zweizeilige G., Sommer-G.**

Juni – Juli. Häufig gebaut.

Alle Bltn, auch die ♂. zur Seite der ☿ stehenden begrannt. 4.

4. K.klappen der mittleren Aehrchen gewimpert, lineal-lanzettlich; Halme 30—45 cm h., rasenfg gruppiert, aus niederliegender Basis aufrecht, kahl; B beiderseits mit einzelnen, weichen Haaren besetzt, am Grunde mit 2 weisslichen, häutigen, spitzen Oehrchen, mit kahlen, teilweise etwas aufgedunsenen Scheiden und kurzem B.häutchen; Aehre aus gedrängt beisammen stehenden Aehrchen undeutlich-6zeilig, 7—8 cm lang, zuletzt etwas geneigt; Achse kahl, zerbrechlich, zuletzt gliedweise zerfallend; K klappen der ☿ Blt lanzettlich-lineal, 3nervig, begrannt, Granne 2—3 mal so lang; die K klappen der ♂ Blt borstlich, begrannt, die innere einerseits gewimpert; untere Spelze lang begrannt, kahl; Grannen länger als die der K.-klappen. **H murinum L Mäuse-G.**

Juli—August. An Wegen, Mauern truppweise beisammen. (Fehlt in dem nördlichen Teil von ___)

— — — — unbewimpert, borstenfg. der vorigen Art ähnlich, aber höher, bis zu 80 cm h., unterhalb der längeren und zusammengedrückteren Aehre weit b.los. B auf beiden Seiten scharf, die obere B scheide nicht aufgedunsen; Aehrchen kleiner und kürzer begrannt, Granne der mittleren Bltn länger als die der K klappen. die der seitlichen (♂) kürzer. Scheiden der Wzlb zwiebelartig-aufgeblasen. **H. secalinum Schreb. Roggenartige G.**

Juni—Juli. Wiesen im Mainthal. J. V. N.

94. Lólium, Lolch. III. 2.

1. Untere Aehrchen deutlich gestielt. S. Festuca loliacea Huds.

— — ganz ungestielt. 2.

2. Wzlstock blühende Halme und nicht blühende B.büschel treibend; ausdauernde Pfl. 3.
— nur blühende Halme treibend. 4.

3. Jüngere B einfach zusammengefaltet: Halme aus rasigem B.büschel emporsprossend. 30—60 cm h., aufsteigend. etwas zusammengedrückt. kahl. an den unteren Knoten öfter wurzelnd und ästig: B lineal, eben. am Rande und oben scharf, mit zusammengedrückten Scheiden und kurzem B.-häutchen. die jüngeren einfach zusammengefaltet; Achse der endstdg Aehre wellig gebogen: Aehrchen abgeplattet, etwas entfernt von einander. wechselstdg. 2zeilig. 8—10bltg (bisweilen 3—4bltg). nur das oberste mit 2 K.klappen. diese etwa von der halben Länge des Aehrchens; untere Spelze lanzettlich. stumpf. mit breitem Hautrande. besonders im oberen Teile. 5nervig. grannenlos oder nur sehr kurz begrannt. **L. perenne L. Ausdauernder L. (Englisches Raygras.)**
Juni—August. Sehr gemein auf Grasplätzen.

— — zusammengerollt. sonst der vorigen Art ähnlich. Aehrchen meist begrannt. seltener grannenlos. **L. italicum Al. Braun. Italienischer L**
Juni Herbst. Mittelheim (Rh.) häufig. J V. N.

4. K klappen länger als die Aehrchen. Halme 30—90 cm h. aufrecht. starr. kahl. unter der endstg Aehre scharf; B. breit. am Rande und meist auf beiden Seiten scharf; Aehre gross. mit scharfer Spindel und scharfen K.klappen: Aehrchen 5–8-bltg. fast so lang als die K.klappen oder kürzer; Bltn breit-elliptisch. stark begrannt. kürzer als die von kurzen Stachelchen rauhe Granne. **L temulentum L. Betäubender L.**
Juni—Juli Zerstreut im Gebiete unter der Saat.

— kürzer als die Aehrchen, höchstens so lang. Halm 30—60 cm h., Bltn kurz begrannt oder grannenlos. sonst wie vorige Art. **L. linicola Sonder. Flachsliebender L.**
Juni—Juli. Auf Flachsäckern. Hier und da.

95. Nardus, Borstengras. III. 1

Gf mit einer einfachen, fädlichen. flaumigen Narbe. Halme dünn, steif-aufrecht. 15—30 cm h., buschig beisammen aus derselben Wzl, stumpf-4kantig, b los, nur am Grunde von B-scheiden umgeben und mit Knoten versehen; wzl.stdg B borstlich. hohlkehlig. scharf. ziemlich starr, mit rundlichen, kahlen, von gelblichen Schuppen umgebenen Scheiden und kurzem B.häutchen: Bl in einseitigen. aufrechten. aus 1bltg. wechselstdg. in den Aushöhlungen der Achse sitzenden Aehrchen bestehenden Aehren. trüb-violett angelaufen, anfangs angedrückt. später etwas abstehend; untere Spelze begrannt. **N. stricta L. Steifes B.**
Juni—Juli. Auf sumpfigen, torfhaltigen Triften u. Heiden. Gemein.

IV. Reihe: Gynandrae.

Blt ♀ mit unterstdg vielsamigem, einfächerigem Frkn; Stbgf und Gf verwachsen, die Befruchtungssäule bildend; Blt.staub in wachsartige oder körnige Massen — dem Pollinium — zusammengeballt. N auf der vorderen und oberen Seite des Gf als ein klebriger, vertiefter Fleck erscheinend: P meist rachenfg. 6gliedrig, das 6. Glied meist zur Honiglippe (Unterlippe, ursprünglich das obere, durch Drehung des Frkn nach unten gerichtete Glied) umgestaltet. Kräuter mit scheidigen oder st.umfassenden, parallelnervigen B und ährenfg oder traubenfg Blt stand, knollenartiger, oft handfg geteilter Wzl.

1. Ordnung: Orchideae.

96. Orchis, Knabenkraut. XX, 1.

1. Die sämtlichen Perigonb (mit Ausnahme der Unterlippe — Honiglippe —) helmfg zusammengeneigt. 2.
Die 2 äusseren rückwärts abstehend. 6.

2 Honiglippe mit wagrecht oder aufwärts gerichtetem, walzlichem Sporn; Perigon rötlich mit grünen Längsstreifen. Der mittlere Lappen der 3lappigen Honiglippe breit und oft ausgerandet; Deckb 1—3nervig, so lang als der (wie bei allen Arten) schraubenfg-gedrehte Frkn. Wzl knollen ungeteilt. **O. Morio L. Triften-K.**

April—Mai. Wiesen. Häufig.

— mit abwärts gerichtetem Sporn. 3.

3. Honiglippe 3spaltig: Bl weiss. S. Gymnadenia albida Rich.
— 3spaltig, mit ganzen, fast gleichen Lappen, gekrümmtem, kegelfg Sporn; Bl schmutzig rotbraun, mit dunkleren Punkten und grünen, rötlich gerandeten Zipfeln. Frkn 2—3 mal so lang als die Honiglippe; Deckb 1nervig, von gleicher Länge: B lineal-lanzettlich: Wzl.knollen ungeteilt. **O. corióphora L. Wanzen-K.**

Mai—Juni. Auf Wiesen. L u. L. Hier und da. J. V. N.

— 4spaltig. 4.

4 Frkn höchstens doppelt so lang als das 1nervige Deckb; St kaum 30 cm h.; Honiglippe weiss, sammetig-purpurn punktiert, mit 2spaltigem Mittellappen und linealen Seitenlappen, (zwischen den Zipfeln des Mittellappens ein Zähnchen), kurz gespornt. Oberlippe kugelig-helmfg, dunkel-purpurn, fast wie angebrannt, die inneren Perigonb stumpf-spatelfg; B länglich-lanzettlich; Wzl knollen ungeteilt. **O. ustulata L. Angebranntes K.**

Mai—Juni. Zerstreut im ganzen Gebiet; bei Wiesbaden gemein, auch im mittleren Lahnthal häufig.

— mindestens 3—4 mal so lang. 5.

5 Bl blassrot, aussen weisslich. St 30—60 cm h.; Honiglippe purpurrot-punktiert, mit linealen Zipfeln. Mittelzipfel vorn

breiter, 2spaltig, dazwischen ein borstliches Zähnchen, spreizend, fein gekerbt, kurz gespornt; Deckb häutig, 1nervig, vielmal kürzer als der Frkn; B. länglich; Wzl.knollen ungeteilt. **O. militaris L. Helmartiges K.**

Mai—Juni. Berg-Wiesen, lichte Wälder. L. und Wiesbaden ziemlich häufig.

— schwärzlich-rot, dunkler punktiert, sonst der vorigen Art ähnlich, aber in allen Teilen grösser; Honiglippe weiss oder hellrot mit purpurroten, rauhhaarigen Punkten. **O. fusca Jacq. (O. ustulata β und γ L.) Braunes K.**

Mai—Juni. Unterhalb Miellen, rechtes Lahnufer; Weilburg, Diez, Lahnstein auf dem Michelskopf J. V. N.

6. Sporn der Honiglippe aufwärts gerichtet, oder wagrecht, walzlich, so lang als der Frkn; Honiglippe tief- und breit-3lappig, mit ausgerandetem, in der Mitte gezähntem Mittellappen; Oberlippe mit eifg-länglichen, meist spitzen Perigonb, purpurrot; B lineal-lanzettlich; Bl.ähre später locker, verlängert; Wzl.knollen ungeteilt. **O. mascula L. Männliches K.**

Mai—Juni. Auf Wiesen ziemlich häufig.

— — — abwärts gerichtet. 7.

7. Sporn länger oder so lang als der Frkn, kegel-walzenfg. St 15—25 cm h., 4—6blätterig; Honiglippe hellgelb, purpurnpunktiert, mit 3 kurzen Lappen; Deckb 3nervig und teilweise netzaderig, länger als die Bl; Wzl.knollen ungeteilt, oder oben mit 2—3 kurzen Läppchen, länglich. Aehren gedrungen. Bl ähnlich wie Hollunder riechend. — (Bl bisweilen ganz purpurrot). **O. sambucina L. Hollunderduftiges K.**

Mai—Juni, Gebirgswälder. Selten. Zwischen Idstein u. der Platte in den 7 Bergen. J. V. N.

— kürzer als der Frkn. 8.

8. St hohl. 9.

— gefüllt. Deckb meist nicht länger als die blassroten, purpurrot gefleckten Bl; Honiglippe und Sporn wie bei voriger Art; Deckb mit 3 Nerven und Seitennerven; St reich beblättert, unterhalb der Bl.ähre eine grössere Strecke b.los; B an Grösse nach oben abnehmend, oft mit dunkelbraunen Flecken; Wzl.-knollen handfg geteilt. **O. maculata L. Geflecktes K.**

Juni. Auf feuchten Waldwiesen. Gemein.

9. B abstehend. Deckb meist länger als die dunkelroten Bl; Honiglippe 3lappig mit kegelfg-walzlichem Sporn; Frkn länger als der Sporn. Die Deckb der unteren und mittleren Bl länger als diese, 3nervig, mit Seitennerven; B. länglich-oval, oft dunkel-gefleckt, die unteren stumpf, die oberen zugespitzt; Wzl.knollen handfg geteilt. **O. latifolia L. Breitblättr. K.**

Juni—Juli. Auf feuchten Wiesen gemein.

— aufrecht, dem St parallel, verlängert-lanzettfg, vorn mützenfg zusammengezogen, das oberste über die Basis der Aehre hinaufreichend, das unterste kürzer, abstehend. Bl pfirsichblütenrot. Sonst wie vorige Art, doch etwas stärker und später blühend. **O. incarnata L fl. suec. Fleischfarbiges K.**

Juni. Sumpfwiesen. M. u Rh. nicht selten.

97. Gymnadénia, Gymnadenie. XX, 1.

Frkn halb so lang als der Sporn und ebenso lang als das 3nervige Deckb: St 30—45 cm h., einfach, mit verlängerter, walzlicher Bl ähre endigend; Bl mit fädlichem, langem Sporn und 3spaltiger, stumpfzipfeliger Honiglippe: Oberlippe mit weit abstehenden äusseren Perigonb, purpurrot, seltener blassrot oder weiss, wohlriechend; B verlängert-lanzettlich; Wzl.knollen handfg geteilt; Staubkölbchenfächer am Grunde ohne ein dazwischengeschobenes, zweifächeriges Beutelchen, dadurch von Orchis verschieden. **G. conopsea R. Brown. (Orchis conopsea L.) Fliegenartige G.**

Juni—Juli. Bergwiesen. Hier und da.

Frkn dreimal so lang als der Sporn; St 10—20 cm h.; Honiglippe tief 3spaltig mit ganzrandigen Zipfeln, der mittlere stumpf, doppelt so breit als die spitzen seitlichen; P rundlich-helmfg zusammenschliessend: Deckb 3nervig, so lang als der Frkn; Aehre fast einerseitswendig; die untersten B fast spatelfg, die oberen lanzettlich; Wzl knollen büschelig. **G. albida Rich. Weissliche G.**

Juni—August. Selten. Bergwiesen. Auf dem höheren Taunus (Reifenberg, Feldberg), Wiesbaden; Seeburger Weiher. J. V. N

98. Coeloglossum, Hohlzunge XX, 1.

P grünlich, rachenfg, 2lippig; Oberlippe mit helmfg zusammenneigenden Zipfeln; Unterlippe abstehend gespornt. Sporn kurz, beutelfg; St einfach, aufrecht, 30—40 cm h., mit endstdg, fast ährenfg Traube und wenigen, eifg-elliptischen St.b. 3zähniger, linealer Honiglippe (Unterlippe), mittlerer Zahn derselben sehr kurz, seitenstdg Zähne gerade vorgestreckt; Staubkölbchen ganz an das obere Ende des zusammengedrehten Frkn (Befruchtungssäulchen) angewachsen, mit unten getrennten Fächern. **C viride Hartm. Grüne H.**

Juni—Juli. Bergwiesen. Zerstreut im Gebiet.

99. Platanthéra, Breitkölbchen. XX. 1.

St 30—40 cm h., aufrecht, einfach, nur mit 2 grundstdg, vollkommen entwickelten ovalen B, wenig ansehnlichen Hochb und einer endstdg, vielblütigen Traube von weissen Bl mit ungeteilter, linealer Honiglippe und langem, fädlichem Sporn (fast doppelt so lang als der gedrehte Frkn). Fächer des an das sogenannte Befruchtungssäulchen — dem Ende des Bl.stiels — ganz angewachsenen Staubkölbchens parallel. Das äussere Perigonb der Oberlippe viel länger als breit. Wohlriechend. **P. bifolia Rich. (Orchis bifolia L.) Zweiblttr. B.**

Juni—Juli. Hier und da im Wald.

Von dieser wenig verschieden, vielleicht nur eine Spielart derselben ist Pl chlorantha Cust. Staubkölbchenfächer nach unten divergierend, äusseres Perigonb der Oberlippe kaum länger als breit. Bl grünlich-weiss, geruchlos.

Juni—Juli. Wälder. Montabaurer Höhe, Langenaubach, Marienberg, Weilburg. J. V. N.

100. Ophrys, Ragwurz. XX. 1.

Honiglippe ohne Anhang, 3spaltig, länglich, in der Mitte mit 4eckigem, kahlem, hellbräunlichem Flecken, doppelt so lang als die übrigen abstehenden Perigonb, sammetig, satt purpurbraun. Mittelzipfel tief 2lappig; die inneren Perigonb der Oberlippe zottig, zusammengerollt, fädlich; St aufrecht, bis 30 cm h., einfach, mit endstdg Bl.traube: Frkn wenig gedreht: Staubkölbchen ganz an die Befruchtungssäule angewachsen; Fächer parallel, am Grunde getrennt. **O. muscifera Huds. Mückentragende R.**

Juni. Bergwälder, zerstreut. Niederlahnstein, Weilburg, Hierstadt b. Wiesbaden. J. V. N

— mit unzerteiltem, linealem, kahlem, nach unten zurückgeschlagenem Anhängsel des mittleren Zipfels, rundlich-verkehrt-eifg, gedunsen, braun mit gelben Zeichnungen, sammetig, gescheckt, 5spaltig, die 2 hinteren Lappen etwas abstehend, am Grunde mit einem rauhhaarigen Höcker, die 3 vorderen zurückgekrümmt, unterseits zusammenneigend; innere P.zipfel kurz, kurzhaarig. **O. apifera Huds. Bienentragende R.**

Juni—Juli. Sehr selten. Rüdesheim. Wald J. V. N.

101. Herminium, Herminie. XX. 1.

St 10—25 cm h., mit 2—3 lanzettlichen Wzlb; Wzl.knollen einzeln, rundlich. P glockig mit aufrechten Zipfeln, klein, grünlich-gelb: Honiglippe am Grunde sackartig-höckerig, aufrecht, tief 3spaltig mit linealen Zipfeln, die seitlichen abstehend, der mittlere doppelt so lang; innere Zipfel des P 3lappig mit längerem Mittellappen. **H. Monorchis R. Br. Einknollige H.**

Mai—Juni. Sehr selten ____. Hachenburg, Seeburger Weiher. J. V. N.

102. Cephalanthéra, Cephalanthere. XX. 1.

Frkn kahl, Bl reinweiss. St. aufrecht, 30—45 cm h., einfach, mit lanzettlichen und lineal-lanzettlichen, verschmälerten, spitzen B und endstdg Bl.ähre. Honiglippe spornlos, 2gliedrig, mit stumpfer, quer-breiter, an der Spitze gelb gefleckter Platte; Oberlippe mit spitzen äusseren Perigonb; obere Deckb viel kürzer als der gedrehte Frkn; Staubkölbchen endstdg, frei. **C. ensifolia Rich. Schwertfg. C.**

Mai—Juni. Wälder. Zerstreut im Gebiet.

Dieser nahe stehend: C. pallens Rich. (Blasse C.) mit ebenfalls kahlem Frkn, aber längeren Deckb, gelblich-weissen Bl, elliptischen oder ei-lanzettlichen, zugespitzten B und stumpfen Perigonb.

Mai—Juni. Wälder. Michelskopf b. Niederlahnstein, Erdbach b. Herborn. J. V. N.

— flaumig. Bl hellrot; Deckb länger als der Frkn; Perigonb der Oberlippe sämtlich spitz; Platte der Honiglippe eifg, spitz, so lang als die inneren Perigonb. Sonst der vorigen Art ähnlich. **C. rubra Rich. (Serapias rubra L.) Rote C.**

Juni – Juli. Wälder. Montabaurer Höhe, Herborn i. Beilstein, Wallmerod, Hadamar, Greifenstein, Isenburg, Schaumburg, Wiesbaden, Niederselters. J. V. N.

03. Epipáctis, Sumpfwurz. XX. 1.

Vorderes Glied der 2gliedrigen Honiglippe zugespitzt, an der Spitze zurückgebogen, lilafarben. B eifg, etwas flaumig-rauhhaarig, besonders auf den Nerven. St aufrecht, etwa 30—40 cm h., einfach, mit endstdg Bl.traube von grünlich-blassroten, kurz gestielten, herabhängenden Bl mit zuletzt weit abstehendem, kahlem Perigon; Frkn nicht gedreht, aber an gedrehtem Stiel; das erste Glied der Honiglippe sackartig ausgehöhlt; Staubkölbchen frei. **E. latifolia All. Breitblättr. S.**

Juli—August. Wälder. Zerstreut, nicht häufig.

— — — — — rundlich-stumpf, gekerbt. B lanzettlich; Honiglippe weiss, rot gestreift, wie die beiden inneren Perigonb; Oberlippe grünlich-grau, innen am Grunde rötlich. Sonst wie vorige Art. **E. palustris Crantz. Gemeine S.**

Juni – Juli. Sumpfwiesen. Ziemlich selten. ___; L.; Oberursel, J. V. N.

104. Listéra, Zweiblatt. XX. 1.

St aufrecht, 20—30 cm h., einfach, mit endstdg Traube von grünlichen, 2 lippigen, kurz gestielten Bl und 2 fast grundstdg, gegenstdg, eifg B.; Perigonb der Oberlippe helmfg zusammenneigend; Honiglippe spornlos, lineal, 2spaltig, herabgeschlagen. Befruchtungssäulchen mit einem eifg Fortsatz endigend, worauf das Staubkölbchen sitzt. **L. ovata R. Brown. Eirundblättriges Z.**

Mai – Juni. Feuchte Wiesen. Hier und da.

105. Neóttia, Nestwurzel. XX. 1.

St aufrecht, 20—30 cm h., einfach, mit endstdg Aehre von gelblich-braunen, 2 lippigen Bl und wenigen, bräunlichen Schuppen; Oberlippe glockig-helmfg; Honiglippe gerade vorgestreckt, 2spaltig, mit zungenfg Lappen, spornlos, am Grunde ausgehöhlt; Staubkölbchen auf dem hinteren Rand des Befruchtungssäulchens frei sitzend; Frkn nicht gedreht. Schmarotzt auf Baumwurzeln. Wurzeln ein rundliches, vogelnestartiges Conglomerat bildend. **N. Nidus avis Rich. (Ophrys Nidus avis L.) Vogel-N.**

Mai – Juni. Hier und da in Laubwäldern.

106. Spiránthes, Schraubenähre. XX. 1.

St aufrecht, bis 10 cm h., einfach, nur mit grundstdg eifg oder länglich-eifg, nach dem B.stiel verschmälerten B und schraubenfg gedrehter, endstdg Aehre von grünlich-weissen, 2lippigen, spornlosen Bl; Honiglippe von den übrigen

Perigonb umfasst, rinnig, etwas zurückgekrümmt, verkehrt-eifg, ausgerandet; Frkn nicht gedreht. **Sp. autumnalis Rich. (Ophrys spiralis L.) Herbst-Sch.**

August - Herbst. Auf mageren Bergwiesen. Hier und da.

107. Cypripédium, Frauenschuh. XX. 2.

St aufrecht, 30—60 cm h., einfach, beblättert, mit endstdg. einzelner, bräunlich-purpurroter, sehr ansehlicher Bl: Honiglippe holzschuhartig aufgeblasen, gelb, etwas zusammengedrückt, kürzer als die abstehenden Perigonb der Oberlippe. Befruchtungssäulchen 3spaltig, je 1 Staubkölbchen auf den seitlichen, eifg Lappen, (der mittlere ohne ein solches); Frkn nicht gedreht. **C. Calceolus L. Gemeiner F.**

Mai—Juni. Ems, Niederlahnstein und Caub. J. V. N. (Bei Ems noch nicht gefunden. D. Verf.)

108. Epipógium, Widerbart. XX. 1.

St 10—30 cm h., b.los, ohne Chlorophyll, mit scheidigen Schuppen und wenigen, endstdg, hängenden, gelblichen, blassfleischfarben gespornten Bl; P abstehend, ungewendet mit 2gliedriger Honiglippe; Sporn aufrecht, aufgeblasen; A kurz gestielt, in die 3spaltige Spitze der N eingesenkt; Pollinium fein-lappig, gestielt. **E. Gmelini Rich. (Satyrium Epipogium L. spec.) Gmelins W.**

Juli—August. Auf faulem Holz in einem Buchenwalde bei Dillenburg in nur 6 Exemplaren gefunden 1851. D. Verf.

109. Himantoglóssum, Riemenzunge. XX. 1.

St 30—60 cm h., bisweilen noch höher; B lanzettlg; Honiglippe 3teilig mit linealen Zipfeln, der mittlere bandlg, auffallend lang, etwas gedreht, die seitenstdg hin- und hergebogen, mehr als 6 mal kürzer; P aussen weiss, innen purpurrot- und grüngestreift; Honiglippe weisslich-grün, rötlich-punktiert, in der Knospenlage schraubenfg zusammengerollt. Wzl.knollen länglich, ungeteilt. Pfl von etwas widerlichem Geruch. **H. hircinum Rich. (Satyrium hircinum L.) Bocks-R.**

Mai—Juni. Kalkboden. Sehr selten. Rüdesheim (Niederwald). J. V. N. Hohenrheiner Hütte. L.

V. Reihe: Helobiae.

Sumpf- und Wasserpflanzen. Blt regelmässig, 2- u. 3gliedrig.

1. Ordnung: Juncagineae.

110. Triglóchin, Dreizack. VI. 3.

St 30—60 cm h., b- und knotenlos, am Grunde von einem Büschel zweizeilig geordneter, schmal-linealer, halbstielrunder, oberseits schwach-rinniger B mit randhäutigen Scheiden nebst den Ueberbleibseln der früheren umschlossen; Blt in verlängerten endstdg Trauben; äusseres P.b grünlich, oft rotbraun angelaufen.

abstehend, die inneren aufrecht, grünlich. Fr lineal, gestutzt, nach unten verschmälert, aus 3 sich dort hakig ablösenden Kapseln zusammengesetzt. Fr.halter 3seitig geflügelt. 3 sitzende federige N. **T. palustre L. Sumpf-D.**

Juni—Juli. Sumpfwiesen. Sehr zerstreut. Dillenburg, Herborn, Höchst, Soden, Hofheim, Oestrich; (J. V. N.) Bogel bei Nastätten.

Von dieser im übrigen ähnlichen Art verschieden durch die eifg, aus 6 verwachsenen Kapseln gebildeten Fr. den fädlichen Fr.halter, die dickeren u. saftigeren B. den etwas höheren Wuchs, 6 zurückgekrümmte N. (unterhalb deren eine Einschnürung), den gedrängten Blt.stand: **T. maritimum L. Seestrands-D.**

Juni—Juli. Auf Salzboden bei Soden. J. V. N.

2. Ordnung: Alismaceae.

111. Alisma, Froschlöffel. VI, 5

St aufrecht, 30—90 cm h., dreikantig, mit quirlfg meist zu 3 gestellten Aesten, an deren Grund, sowie an den weiteren Verästelungen 3 unansehnliche Stützb chen, sonst nur mit wurzelstdg, lang gestielten, ansehnlichen, bis 30 cm langen, eirund-herzfg, bogig-nervigen, kahlen B: Bl lang gestielt in 5—10bltg Quirlen und endstdg Dolden, eine ziemlich zusammengesetzte, sperrige Rispe bildend. 3 weisse, rundliche, gekerbte Blb mit rötlichem Anflug u. gelblichem Nagel. 3 bleibende K.b. 6 bis zahlreiche, 1samige, nicht aufspringende, abgerundet stumpfe, zu einem stumpf-3kantigen Aggregat zusammengestellte Früchtchen. **A. Plantago L. Gemeiner F.**

Juli—August. In Wassergräben gemein.

112. Sagittária, Pfeilkraut. XXI, 8.

St b.los (ausser den Wzlb und den riemenfg, untergetauchten), 30—90 cm h und höher, mit tief-pfeilfg, lang gestielten, kahlen, aus dem Wasser hoch hervorragenden Wzl.b mit 3kantigen B.stielen, und quirlfg geordneten, teils ♂, teils ♀ Bl mit 3 weissen, rot benagelten, rundlichen Blb und 3teiligem K, zahlreichen, ein kugeliges Köpfchen bildenden, von dem bleibenden Gf geschnäbelten, einsamigen Fr. **S. sagittaefolia L. Gemeines P.**

Juni—Juli. An Ufern, nicht häufig.

113. Bútomus, Wasserviole. IX, 3.

St 60—90 cm h., stielrund, nur mit fast ebenso hoch aus dem Wasser emporragenden, scheidig umfassenden, linealen, 3kantigen, oberwärts seicht rinnigen, ganz kahlen B: Bl in einer endstdg, reichbltg Dolde, lang gestielt, mit 3 eifg, zugespitzten, trockenhäutigen Deckb am Grunde der Doldenstrahlen; Perigon 2×3blttrg, schön rosenrot-braun: 9 Stbgf auf dem Bl boden: 6 bis zur Mitte verwachsene, eifg, gefurchte, von dem Gf kurz geschnäbelte, einfächerige, vielsamige Frkn. **B. umbellatus L. Doldige W.**

Juni—August. Hier und da an den Ufern der Lahn, des M. u. Rh.

3. Ordnung: Hydrocharideae.

114. Hydrócharis, Froschbiss. XXII. 8.

Im Wasser schwimmende Pfl mit tief-herzfg-kreisfg, lang gestielten, im Knospenzustand seitwärts eingerollten einfachen B von etwa 6 cm Durchmesser (ähnlich denen der gelben Teichrose, aber viel kleiner), mit zwei grossen, häutigen Nebenb und fadenfg Ausläufern: 3 Blb: ♂ Bl mit 3 fehlschlagenden Stempeln, 9 Stbgf und 3 aus einer Scheide hervortretenden Neben-Stbgf (Staminodien): ♀ Bl kleiner, mit verkümmerten, fädlichen Stbgf, ohne Scheide, 3 fleischigen Honigschuppen, unterstdg Frkn und 2teiligen Narben: 6fächerige Beere. **H. Morsus ranae L. Gemeiner F.**

Juni—Juli. In der Lahn unterhalb Ems, Nied b. Höchst, Hochheim, J. V. N.

115. Udóra, Wasserpest. XXII, 3. (III. 3).

Untergetauchte Pfl mit quirlig, zu 3—4 gestellten, länglich-lineal-lanzettlichen, stachelspitzigen, kleingesägten B mit nach vorn gerichteten Sägezähnchen. ♂ und ♀ Blt auf verschiedenen Pfl: K 3teilig, Blkr 3blttrg: ♂ mit 3 Stbgf: ♀ mit 3 2spaltigen Gf und federigen, verlängerten N. Bei uns nur die ♀ Pfl. **U. occidentalis Pursh. (Elodea canadensis Rich. u. Michaux.) Gemeine W.**

Mai—August. Seit 1836 aus Nordamerika nach England und von da auf den Continent eingeschleppt und rasch wuchernd in stehendem und langsam fliessendem Wasser. Zwischen Diez und Limburg in Tümpeln neben der Lahn. D. B. G.

2. Klasse: Dicotyleae (Zweisamenlappige).

Keimling (Embryo) mit 2 Cotyledonen (Samenlappen): Querschnitt der Gefässbündel ringfg geordnet: B fieder- oder handnervig. In den Blt kreisen herrscht die Zahl 4 und 5 vor.

I. Unterklasse: Choripetalae (einschl. Apetalae). (Getrenntblttrg.)

P einfach, fehlend oder aus 2 B kreisen bestehend (K und Blkr), der innere mit freien Gliedern.

I. Reihe: Amentaceae: Kätzchenträger.

1. Ordnung: Cupuliferae: Becherträger.

116. Fagus, Buche. XXI. 8

Wälder bildender, oft sehr ansehnlicher Baum mit wechselstdg Aesten, und ebenso geordneten, elliptischen, kahlen, am Rande jedoch, besonders in der Jugend, seidig-wimperigen, etwas ausgeschweiften, anfangs lebhaft hellgrünen, zarten, später dunkelgrünen, derberen, etwas glänzenden B: ♂ Bl in fast kugeligen Kätzchen mit kleinen abfälligen Schuppen, 5—6spaltigem Perigon und 10—15 Stbgf: ♀ Bl gezweiet in 4spaltiger, becherfg Hülle; 3kantige, 1—2samige Nüsse in der später vergrösserten, harten, stachelig-borstigen, kugelig-eifg Hülle eingeschlossen. (Das Holz, feucht geworden, nimmt eine braunrote Farbe an). Dient als Nutz- und Brennholz; aus den Samen wird ein vortreffliches Speiseöl gewonnen. Die sogenannte Blutbuche mit dunkel-rotbraunen B ist nur eine Spielart derselben. **F. sylvatica L. Gemeine B., Rotbuche.**

Anfangs Mai.

117. Castánea, Kastanie. XXI, 8.

Mässig hoher Baum mit wechselstdg Aesten und B; B kahl, länglich-lanzettlich, zugespitzt, etwas lederig, buchtig-gezähnt, mit parallelen, in die stachelspitzigen Zähne verlaufenden Seitenadern; ♂ Bl in verlängerten, linealen, aus Knäueln bestehenden Kätzchen, mit 5—6teiligem Perigon, gelblich-grün; ♀ Bl meist in einzelnen, 2—3bltg Köpfchen am Grunde der oberen Kätzchen. Hülle der 5--8 fächerigen Scheinfr dicht-stachelig. Einsamige Nüsse mit lederartiger Fr.haut. Das Holz ist als Bau-, Nutz- und Werkholz geschätzt. **C. vulgaris Lam. (Fagus Castanea L.) Gemeine K., echte K.**

Juni. Besonders im ——— angebaut.

118. Quercus, Eiche. XXI, 8.

Ansehnlicher, bis 40 m h. Baum mit rissiger, dicker Borke am St und an den älteren Aesten, die jüngeren silbergrau, glatt, etwas warzig: B wechselstdg, im Umriss verkehrt eifg-elliptisch, stumpf, in den B.stiel herablaufend, fiederlappig-buchtig, später ganz kahl, mit schmal-linealen, bald abfallenden Nebenb, fast sitzend, (Q. pedunculata Ehrh.) oder deutlich gestielt (Q. sessiliflora Sm.): erstere Spielart mit länger gestielten, 2—4 cm langen, gelblich-grünen Kätzchen; ♂ Bl mit 5—9teiligem, sitzendem, bewimpertem Perigon und 5—9 Stbgf; ♀ Bl in den Winkeln einer abfälligen Schuppe und umgeben von sehr kleinen, später zu einem Becher, worin die Eichel sitzt, verwachsenden Hüllb, oberstdg, kleinem Perigon, 1 Gf mit 3 roten, zungenfg Narben: 1fächerige, 1samige Nuss (Eichel). Das Holz ist als Bau- und Werkholz, die Rinde der jungen Stämme wegen ihres grossen Gehalts an Gerbsäure zur Herstellung der Lohe geschätzt. **Q. Robur** α u. β. **L. Sommer-E., Winter-E.**

Mai. Wälder bildend.

119. Córylus, Haselstaude. XXI, 8.

Fr.hülle glockenfg an der Spitze sich öffnend. 3—6 m h. Strauch mit rundlich-herzfg, zugespitzten, wechselstdg, doppelt-gesägten, flaumigen B und länglich-stumpfen Nebenb; ♂ Bl zur Zeit der Blt in schlaff herabhängenden, gelblich-grünen Kätzchen mit eifg Schuppen und je 8 Stbgf: ♀ Bl von dachigen Knospenschuppen umgeben, mit 2 an der Spitze derselben hervortretenden.

fädlichen, purpurroten Narben; Nuss 1—2samig, von einer 2lappigen, zur Reifezeit glockigen, ungleich-zerschlitzten Hülle — dem Fr.becher — umgeben. C. **Avellana** L. **Gemeine H.**

Februar—März. Hecken, Gebüsche. Sehr gemein.

— an der Spitze verengert, röhrenfg, weit länger als bei voriger Art, mit roter Samenhaut und braunen Deckb. C. **tubulosa** Willd. **Lambertsnuss, Blutnuss.**

Februar—März. Hier und da angepflanzt. (Vaterland: Südeuropa.)

120. Carpinus, Hainbuche. XXI. 8.

Mässig hoher Baum mit zweizeiligen, länglich-eifg, zugespitzten, kahlen, doppelt-gesägten B mit parallelen Seitennerven. ♂ und ♀ Bl in hängenden Kätzchen, erstere mit eifg Schuppen, dichtblütig, 6—20 Stbgf; die der ♀ locker, endstdg, später sehr vergrössert, 3teilig, einen Weichzapfen bildend, der Mittelzipfel der Schuppen länger als die seitlichen; Blt zu je 2; knochenharte, 1fächerige Nuss. Das sehr harte Holz wegen seiner Dauerhaftigkeit als Werkholz geschätzt, auch als Brennholz. C. **Betulus** L. **Gemeine H., Weissbuche, Hagebuche**

April—Mai. Wälder bildend.

2. Ordnung: Juglandeae.

121. Juglans, Wallnuss. XXI. 8.

Ansehnlicher, bis 20 m h. Baum mit weit ausgebreiteter Krone, aschgrauer Rinde und gefächertem Mark der Zweige. B meist aus 2—4 Paar grosser, eifg oder länglich-eifg, spitzer, fast ganzrandiger u. kahler Fiedern u. einer Endfieder, wechselstdg; ♂ Bl in walzlichen, schlaff herabhängenden, abfälligen und dann schwärzlich-braunen Kätzchen mit lanzettlichen Deckb und bis 12 Stbgf; Perigon 2—6teilig; ♀ Bl einzeln zu 2—5 an der Spitze der Aestchen, ohne Hülle; K oberstdg, 4zähnig, abfällig; 4 krautige Blb; fleischige, grüne Steinfr mit 2 gewunden-faltigen Keimb (der essbare Kern!) J. **regia** L. **Gemeine W.**

Mai. Häufig der Fr und des Holzes wegen angepflanzt. (Vaterland: Mittel- und Südasien.)

3. Ordnung: Salicineae.

122. Salix, Weide. XXII. 2.

1\. Schuppen der Kätzchen gelblichgrün. 2.
— — — oben braun bis schwärzlich. 7.

2\. Schuppen der ♀ Kätzchen nach der Blt zeit abfällig. 3.
— — — — bleibend. 5.

3\. ♂ Blt mit 5—10 Stbgf; baumartig, bis zu 12 m h. Strauch, mit glatten, glänzenden, anfangs grünen, später bräunlichen Zweigen; B eifg-elliptisch-lanzettlich, klein gesägt, kahl mit länglich-eifg, geraden Nebenb und drüsenreichem B.stiel; Kätzchen auf beblättertem Stiel; N dick, tief ausgerandet oder 2spaltig, auf mässig langem Gf; Kapselstiel doppelt so lang als die Honigdrüse. S. **pentandra** L. **Fünfmännige W.**

Mai—Juni. Selten. Flussufer. Hadamar. J. V. N.

— — — 2 Stbgf. 4.

4. B fast kahl; ziemlich hoher, bis 5 m h, oft baumartiger Strauch mit ei-lanzettlichen, kahlen, gestielten Kapseln, Stiele 3—4mal so lang als die am Grunde der Schuppen befindliche Drüse; Kätzchenstiel beblättert; ♂ Blt mit 2 Stbgf; B schmal-lanzettlich, zugespitzt, kahl, nur in der Jugend etwas seidig behaart, mit einwärts gebogenen Sägezähnen und halbherzfg Nebenb; Zweige sehr zerbrechlich. **S. fragilis L. Bruch-W.**
April—Mai. Gemein an Ufern.

— beiderseits seidig-behaart, weisslich, lanzettlich, kleingesägt, mit lanzettlichen Nebenb. Ziemlich hoher Baum mit gestielten, dichtbltgen Kätzchen, deren Stiel beblättert; Fr zuletzt kurz-gestielt, eifg stumpf, Stiel so lang als die kurze Honigdrüse; Gf kurz mit dicker, ausgerandeter N; Nebenb lanzettlich; Zweige grünlich oder bräunlich. **S. alba L. Weisse W.**
April—Mai. Ufer. Ziemlich häufig am Rhein.

5. Gf fast fehlend. Baumartiger Strauch mit aufrechten Aesten und länglich-lanzettlichen, gesägten, kahlen, unterseits bald grasgrünen, bald bläulich-grünen, dunkel geaderten B, halbherzfg Nebenb; Kätzchen auf beblättertem Stiel; Fr ei-kegelfg, stumpf, kahl, gestielt, Stiel 2—3mal so lang als die Honigdrüse, N mit wagrecht divergierenden Schenkeln; 3 Stbgf. **S. amygdalina L. Mandelblättr. W.**
April—Mai. Ufer, sumpfige Orte. Ziemlich häufig.

— deutlich vorhanden. 6.

6. ♂ Blt mit 2 Stbgf; Kapselstiele ebenso lang als die Drüse hinter jeder Schuppe; Kätzchen mit beblättertem Stiel; Schuppen filzig, oben bebärtet; Kapseln eif-kegelfg; Gf verlängert mit 2teiligen Narben; B lanzettlich, mit langer Spitze, drüsig-gezähnelt, zuletzt kahl, Nebenb halbherzfg; Deckb rauhhaarig, rötlich, elliptisch. **S. hippophaëfolia Thuill. Sanddornblättrige W.**
April—Mai. An Ufern. M. u. Rh. und L. J. V. N.

— — mit 3 Stbgf; Kapselstiel doppelt so lang als die Drüse; Kätzchen mit beblättertem Stiel; Schuppen filzig, oben bärtig, Kapseln ei-kegelfg; Gf verlängert; Narben 2teilig; B lanzettlich, mit langer Spitze, klein gesägt; Nebenb halbherzfg. Scheint nur eine Spielart der vorigen Art zu sein. **S. undulata Ehrh. Welligblättrige W.***
April—Mai. An Ufern. M. u. Rh. und L. J. V. N.

* Mit den letzteren beiden Arten nahe verwandt: S. babylonica L. (Trauerweide) mit sitzenden Fr., sehr kurzem Gf., lineal-lanzettlichen, zugespitzten, an der Spitze kahlen, am Rand und am Grund schwach behaarten Deckb, lanzettlichen, etwas ungleich-seitigen, zugespitzten, gesägten, unterseits grasgrünen B. Mässig hoher Baum mit schlaff herabhängenden, längeren Zweigen. Nur ♀ Pfl. bei uns hier und da als Zierbaum angepflanzt. April—Mai. Stammt aus dem Orient.

7. Gf schon zur Blt zeit sehr lang. 8.
— sehr kurz oder fehlend. 10.

8. Fr kahl. Strauch oder mässig hoher Baum meist mit hechtgrau-bereiften Aesten und teils kahlen, teils rauhhaarigen Zweigen, länglich-lanzettlichen, drüsig-gesägten, kahlen, glänzenden älteren und zottigen jüngeren B. und halb-herzfg Nebenb. (übrigens sehr variierend bezüglich der Form und Farbe) sitzenden, von kleinen Deckb gestützten Kätzchen (die ♀ oft sehr zottig); Fr ei-kegelfg; 2 freie Stbgf. Rinde innen citrongelb. **S. daphnoides Vill. Kellerhalsblättr. W.**
März—April (vor Entwicklung der B). Rheinufer. J. V. N.
— filzig behaart. 9.

9. B unterseits weissfilzig, glänzend, sehr schmal-lanzettlich, zugespitzt, ganzrandig, höchstens etwas ausgeschweift; Nebenb lanzettlich-lineal, kürzer als der B stiel; Haare der schwarzbraunen Kätzchenschuppen kürzer als der Gf, silberweiss; Kätzchen sitzend, von Deckb gestützt; Drüse über die Basis des Frkn hinaufreichend; Kapseln ei-lanzettlich, sitzend, filzig; Narben fädlich, ungeteilt. **S. viminalis L. Gertige Weide. Korbweide.** (Mässig hoher Strauch).
März—April. An Flussufern häufig.
— — sparsam behaart, matt, graugrün, verlängert lanzettlich, zugespitzt, gezähnelt, etwas umgerollt, später ganz kahl; Nebenb lineal; Kätzchen sitzend, von Deckb gestützt; Drüse über die Basis des Frkn hinaufreichend; Stbf etwas verwachsen; Kapsel eifg, filzig, sitzend; Narben fädlich. **S. rubra Huds. Rote W.** (Mässig hoher Strauch).
März—April. An Ufern hier und da.

10. B kahl, scharf gesägt, lineal- oder breiter-lanzettlich, auch verkehrt-eifg. Ziemlich hoher Strauch, oft mit spreizenden, aufrechten Aesten, deren Farbe sehr verschieden (rot-gelb-grau); Kätzchen sitzend, oft gegenstdg, von Deckb gestützt; Fr sitzend, filzig; Gf mit eifg, fast sitzender, rosenroter oder gelber N; 2 fast ganz zusammengewachsene Stbgf, vor Entwickelung der B blühend. A anfangs purpurn, später schwärzlich. **S. purpurea L. Purpur-W.**
März—April. An Ufern häufig.
— behaart. 11.

11. B glatt, glänzend, in Behaarung u Form sehr variierend, oval oder lanzettlich, mit rückwärts gekrümmter Spitze und etwas herabgebogenem Rande, ganzrandig oder entfernt-drüsig gezähnt, unterseits seidig behaart, mit lanzettlichen, oft fehlenden Nebenb; niedriger, kaum 30 cm h., oft niederliegender Strauch mit sitzenden, kurz-walzlich-eifg, beblättert-gestielten Kätzchen; Fr ei-lanzettlich, lang-gestielt; Fr.stiel 2—3mal so lang als die Honigdrüse; N eifg, 2spaltig. A später gelb. **S. repens L. Kriechende W.**
April. Ufer der Dill und Lahn. J. V. N.

— runzelig, matt. 12.

12. Schuppen der B- und Blt.knospen flaumhaarig-grau. Ziemlich hohe, baumartige Sträucher mit grau-filzigen Zweigen, elliptischen oder lanzettlichen, verkehrt-eifg, kurz zugespitzten, flachen, wellig gesägten, grau-grünen, unterseits filzigen B, nierenfg Nebenb, sitzenden, walzenfg, lockerfrüchtigen, von Deckb gestützten Kätzchen; Fr ei-lanzettlich, filzig; Fr.stiele 4mal so lang als die Honigdrüse; N eifg, 2spaltig. Kätzchenschuppen oben bräunlich. A nach der Blt gelb. **S. cinerea L. Aschgraue W.**

März—April. Nasse Weiden; Ufer. Gemein.

— — — — — kahl. 13.

13. Ziemlich hoher, oft 5 m h., baumartiger Strauch mit eifg-elliptischen, flachen, zugespitzten, etwas wellig-gekerbten, oberwärts kahlen, unterwärts meergrünen, filzigen B, mit nierenfg Nebenb, sitzenden, von kleinen Deckb gestützten Kätzchen: Kapseln eifg-länglich-lanzettlich, filzig, lang gestielt, Stiel 4—6mal so lang als die Drüse; Narben 2spaltig. **S. Caprea L. Sahl-W.**

März—April. In Wäldern gemein.

Weit niedriger (kaum 60 cm h. Strauch); B verkehrt-eifg, wellig-gesägt, runzelig, oberseits flaumig, unterseits bläulich-grün, etwas filzig, mit nierenfg Nebenb; Kätzchen sitzend, die ♀ später gestielt, am Grunde mit kleinen Stützb; Kapseln eifg-verlängert-lanzettlich, filzig, gestielt, Stielchen nur 3—4mal so lang als die Drüse; Narben ausgerandet. **S. aurita L. Geöhrelte W.**

April—Mai. Weiden, Wiesen, Ufer. Nicht häufig.

123. Pópulus, Pappel. XXII. 7.

1. B zum Teil (besonders die der oberen Aeste) handfg-5lappig, grösstenteils fiederig-buchtig gelappt, unterseits filzig-silberweiss, wechselstdg wie die Aeste; B.stiele von der Seite zusammengedrückt; ziemlich hoher Baum (bis zu 20 m h.) mit meist glatter Rinde und dicken, kurzen Aesten; jüngere Aeste, Knospen u. B stiele grau-filzig; Deckb gewimpert, wenig oder nicht eingeschnitten, lanzettlich, gelb wie das becherfg Perigon; 8 Stbgf; Knospen nicht klebrig. **P. alba L. Silberpappel.**

März—April. Am Rhein stellenweise. Hier und da als Zierbaum.

— niemals handfg; kahl. 2.

2. B breit-rundlich gezähnt; Deckb handfg ausgeschnitten, lang bewimpert, Kätzchen daher zottig. Niedriger, bis 6 m h., mehr strauchartiger Baum, mit fast kahlen, jüngeren Aesten, kahlen, nicht klebrigen Knospen. Die bei dem geringsten Anstoss erfolgende zitternde Bewegung der B ist bedingt durch die langen, dünnen, von den Seiten her zusammengedrückten

B.stiele. Das Holz liefert zur Schiesspulverfabrikation geeignete Kohlen. **P. tremula L. Zitter-P., Espe. Aspe.**

März—April. Wälder.

— rautenfg oder dreieckig-spitz. gesägt: Deckb nicht bewimpert. 3.

3. Hoher Baum mit spitz-pyramidaler, schlanker Krone und nach innen bogenfg gekrümmten, zuletzt fast parallelen Aesten; B fast rautenfg. zugespitzt, gesägt, am Rande kahl: B.stiele von der Seite zusammengedrückt: Knospen klebrig. **P. pyramidalis Rozier. Pyramiden-P.**

März-April. Als Alleeen-Baum häufig angepflanzt, doch bei uns nur der mit ♂ Blt. Heimat: Orient.

— — mit weit ausgebreiteter Krone und dreieckigen, zugespitzten, am Grund abgestutzten, am Rande kahlen, gesägten B: Deckb unbewimpert, zerschlitzt in fadenfg zugespitzte Abschnitte; Knospen klebrig, kahl; 12—30 Stbgf; Rinde rissig: jüngere Aeste rundlich, ledergelb, glänzend, kahl; B stiele von der Seite zusammengedrückt. **P. nigra L. Schwarz-P.**

April. An feuchten Orten, Ufern.

4. Ordnung: Betulineae.

124. Bétula, Birke. XXI, 4.

Mässig hoher, selten über 10 m h. Baum mit wechselstdg. doppelt-gesägten, lang zugespitzten, dreieckig-rautenfg B. meist weiss erscheinender, sich leicht ablösender Oberhaut des St; ♀ Kätzchen zuletzt lang gestielt, hängend, mit zurückgekrümmten, seitlichen Lappen der 2—3bltgen Kätzchenschuppen; ♂ Kätzchen mit gestielten, 1bltgen, an der Spitze schildfg Schuppen, 3blttrgem, auf dem Schuppenstiel sitzendem Perigon und 6 Stbgf; elliptische, breit geflügelte Nüsse. Zweige schlaff herabhängend. (Gibt gutes Nutzholz; die Rinde kann zum Gerben gebraucht werden.) **B. alba L. Weisse B.**

April—Mai. Wälder. Gemein.

Meist niedriger als vorige Art, mit eirunden oder rautenfg, ungleich oder doppelt gekerbt-gesägten, anfangs wie die jungen Zweige, unterwärts flaumhaarigen, später kahlen, in den Aderwinkeln bärtigen B, lang gestielten aufrechten, bei der Fruchtreife hängenden ♀ Kätzchen, verkehrt-eifg, weit schmäler geflügelten Nüsschen; sonst wie vorige Art. Zweige nicht schlaff herabhängend. **B. pubescens Ehrh. Weichhaarige B.**

April—Mai (etwas später als B. alba L.) —·— an sumpfigen Orten. J. V. N.

125. Alnus, Erle. XXI. 4.

Mässig hoher, meist nicht über 12 m h. Baum, mit wechselstdg Aesten und B: B rundlich verkehrt-eifg, gestutzt, stumpf gekerbt oder ausgeschweift-gezähnt, nach dem B.stie keilfg verlaufend. kahl. nur in den Aderwinkeln bärtig. in der Jugend sehr klebrig; ♀ Kätzchen mit bleibenden, später holzig werdenden, keil-verkehrt-eifg, 2bltgen, oben mit 4 Schüppchen versehenen Deckb, ungeflügelten, zusammengedrückten, 2fächerigen Nüssen. ♂ Kätzchen mit gestielten, oberwärts 3bltgen, an der Spitze schildfg. 4lappigen Deckb; 4 Stbgf in 4spaltigem Perigon. **A. glutinosa Gärtn.** (**Betula Alnus α L.**) **Klebrige E.**

Februar—März. An Ufern gemein.

Von voriger Art verschieden durch die eifg spitzen, scharf-doppelt-gesägten, unterseits weichhaarigen oder filzig-grauen B: **A. incana D.C. Graue E.**

Februar—März. ———, ——— (Bleidenstadt, Platte) J. V. N.

II. Reihe: Urticinae.

1. Ordnung: Urticeae.

126. Urtica, Nessel. XXI. 4.

Aehrig-rispiger, b.winkelstdg Bl.stand länger als der B.stiel; ♂ und ♀ Bl auf verschiedenen Pfl (daher diöcisch); B kreuz-gegenstdg, länglich-herzfg, grob-gesägt (den B des weissen Bienensaugs sehr ähnlich), mit Brennborsten; Perigon 4teilig, grünlich; ♂ Bl mit 4, vor dem Aufblühen einwärts gebogenen, bei dem Aufblühen elastisch-zurückspringenden Stbgf; ♀ Bl auf etwas längeren Aesten, mit 2 grösseren und 2 kleineren Perigonzipfeln und sitzender Narbe; St meist viele beisammen, 60—90 cm h. **U. dioica L. Zweihäusige N.**

Juli—September. Sehr gemein an Zäunen, Wegen, auf Schutthaufen. (Aus den Bastfasern wurden Nesseltücher hergestellt.)

— — — — kürzer als der B.stiel; ♂ u. ♀ Bl auf derselben Pfl (daher monöcisch); B eifg-elliptisch, spitz, eingeschnitten-gesägt, Endzahn nicht grösser als die seitlichen, reichlicher mit Brennborsten bewehrt wie vorige Art und von unangenehmerer Wirkung auf die Haut. Sonst wie vorige Art. **U. urens L. Brenn-N.**

Blütezeit und Standort wie bei voriger Art.

127. Parietária, Glaskraut. IV. 1 (XXIII, 1).

St sehr ästig, nach allen Seiten ausgebreitet, seltener aufrecht, 20—30 cm h, rauhhaarig wie die B.stiele; B wechselstdg, eifg, nach beiden Enden verschmälert, dreifältig benervt, durchscheinend punktiert, in den Achseln mit armbltg Bl.knäueln; Deckb herablaufend, kürzer als die Bl; Perigon der 4zähnigen ♂ Bl zuletzt doppelt so lang als die der 4teiligen, mehr oder weniger zottigen, grünen ♀ Bl; Stbgf 4, vor der Blt einwärts gebogen, Stbf bei der Blt elastisch sich aufrollend; Gf fädlich, Narbe pinselfg; Nuss. **P. diffusa M. & K.** (**P. officinalis L.**) **Ausgebreitetes G.**

Juli—Herbst. An Mauern hier und da, im Rhein- und Lahnthal von Diez abwärts; Hadamar.

128. Cánnabis, Hanf. XXII, 5.

St bis 1.5 m h., aufrecht. rauhhaarig wie die 5–7zähligen B, deren B.chen beiderseits verschmälert, lanzettlich. grob gesägt. die obersten B viel einfacher. oft ungeteilt. mit freien Nebenb: endstdg. unterwärts beblätterte Rispen von ♂ Bl mit hängenden Stbgf; ♀ Pfl mit bis zum Gipfel belaubten Bl.ähren, weit stärker als die ♂ Pfl; Deckb vollständig einwärts gerollt bis auf die Narben: Perigon der ♂ Bl 5teilig mit 5 Stbgf, der ♀ Bl 2spaltig. grün: Nuss vom bleibenden Perigon eingeschlossen. **C. sativa L. Gebauter H.**

Juli—August. Gebaut. Vaterland: Indien.

129. Húmulus, Hopfen. XXII. 5.

St bis zu 5 m h. sich windend und rauhhaarig wie die B und B.stiele; B lang gestielt, rundlich-eifg. herzfg. meist zugespitzt. grob gesägt, die obersten einfacher, die übrigen 3—5lappig. Nebenb mehr oder weniger verwachsen; ♂ Bl mit 5teiligem Perigon und 5 Stbgf, ♀ Bl mit schuppenfg. offenem Perigon. einen schuppigen. eifg Weichzapfen bildend. Grünlich, mit gelblichen, trockenhäutigen, innen goldgelb-drüsigen Zapfenschuppen. **H. Lupulus L. Gemeiner H.**

Juli—September. In feuchten Gebüschen, an Waldrändern u. Ufern. Wild und gebaut.

130. Morus, Maulbeerbaum. XXI, 4.

Perigon am Rand rauhhaarig wie die Narben, grünlich Baum mit wechselstdg Aesten und B, 6 m h. und darüber: B oberseits rauhhaarig, rundlich-eifg, etwas schief herzfg, grob gekerbt-gesägt. zugespitzt, fiedernervig mit am Rande zusammenlaufenden Seitenadern, mässig lang gestielt (von der Grösse der B der grossbltr Linde); zusammengesetzte Scheinbeere. schwärzlich-violett; ♀ Kätzchen fast sitzend. **M. nigra L. Schwarzer M.**

Mai. Wegen Seidenraupen-Zucht öfter angepflanzt Vaterland: Orient.

— — — kahl: die ♀ Kätzchen so lang als der Bl.stiel: N kahl mit kleinen Wärzchen besetzt: Scheinbeere weiss. Sonst wie vorige Art. **M. alba L. Weisser M.**

Mai. Gebaut wie vorige Art.

2. Ordnung: Ulmaceae.

131. Ulmus, Rüster. V, 2.

Ansehnlicher Baum. bis 30 m h., Rinde an den Aesten glatt und mit kleinen Wärzchen, am St rissig; Aestchen 2reihig. rechtwinkelig abstehend; B wechselstdg, zweizeilig. kurz gestielt. länglich-eirund, mit schiefer Basis, zugespitzt, doppelt-gesägt. anfangs zottig, später rauh. besonders oberseits. in den Winkeln der Adern bärtig. Bl röllich-grün. mit einblättriger. kreiselfg. 4—5spaltiger, bewimperter Bl.hülle und meist 5 diese überragenden Stbgf. vor den B seitwärts hervorbrechend. fast sitzend. büschelfg in grosser Zahl beisammen; Bl.stiel gegliedert; Flügelfr oval oder breit-elliptisch. einsamig, an der Spitze 2zähnig. U. **campestris** L. **Feld-R.**

März—April. Wälder. Auch angepflanzt.

3. Ordnung: Ceratophylleae.

132. Ceratophyllum, Hornblatt. XXI, 8

Ganze Pfl im Wasser schwimmend: P mit etwa 12 linealen B; ♂ und ♀ Bl getrennt auf derselben Pfl. St sehr lang ausgestreckt (oft bis 1 m lang), schweifartig, mit gabelspaltigen, in 2—4 lineale Zipfel geteilten, dicht quirlfg gestellten, rauhen B besetzt, in deren Achseln die ungestielten Blt; ♂ Bl mit 12 oder mehr fast sitzenden, verkehrt-eifg, oben mit halbmondfg Einschnitt versehenen, kaum das P überragenden Staubkölbchen; ♀ Bl mit einem eifg, 1fächerigen, 1samigen, flügellosen, von dem bleibenden Gf dornig geschnäbelten Frkn (Schnabel so lang als die Fr oder länger), letztere mit noch 2 am Grunde zurückgekrümmten, kürzeren Seitendornen; nussartige Fr. C. **demersum** L. **Rauhes H.**

Juli—August. In der Lahn und im Rhein. Nicht selten.

III. Reihe: Polygoninae.

1. Ordnung: Polygoneae.

133. Rumex, Ampfer. VI, 3.

1. B von säuerlichem Geschmack. ♂ und ♀ Bl meist auf verschiedenen Pfl. 2.
   — nicht säuerlich schmeckend, ☿ Bl. 4.
2. B pfeilfg, eirund, oder länglich-eirund, die unteren lang gestielt; St aufrecht. 30—60 cm h., gefurcht. einfach; Bl in b.loser, endstdg, fast kahler, aus Knäueln und 3—6bltg Quirlen bestehender Rispe; Bl.stiele rot, gegliedert; B mit scheidigen, vorn geschlitzt-gezähnten, meist trockenhäutigen Nebenb. Innere Perigonzipfel häutig, netzaderig, herzfg-rund, am Grunde mit einer Schwiele, äussere zurückgeschlagen. R. **acetosa** L. **Gemeiner Ampfer, Sauerampfer.**

   Mai—August. Sehr gemein auf Wiesen, auch in Gärten als Gemüsepflanze gezogen.

   — spiessfg. 3.
3. B graugrün, lang gestielt, saftig, fast geigenfg. Mehrere St aus derselben Wzl. aus liegender Basis 30 cm h. und höher, aufsteigend, stielrund, etwas rillig, hin- und hergebogen, ästig, bläulich-bereift, oft Rasen bildend. Bl in endstdg, unterbrochenen, aber b.losen Trauben, letztere aus armbltg Halbquirlen bestehend; Bl.stiele gegliedert. Innere Perigonzipfel rundlich-herzfg, ganzrandig, häutig, ohne Schwiele, rosenrot gerändert und geadert. R. **scutatus** L. **Schildfg A.**

   Mai—Juli. Auf felsigem Boden, an alten Mauern. Hier und da.

— grasgrün. St etwa 15 cm h., aufrecht, viele aus derselben Wzl beisammen, einfach, mit einer b.losen, röthlichen Bl.rispe endigend. B schmal-lanzettlich, am Rande umgebogen, am Grunde mit 2 fast rechtwinklig abstehenden, linealen Oehrchen, die bisweilen (den obersten B fast immer) fehlen: Bl.stiele ungegliedert. ♂ Bl offen, ♀ geschlossen; alle Perigonzipfel ohne Schwiele und aufrecht. **R. Acetosella L. Kleiner A.**

Mai—Juli. Auf Aeckern, an Wegen, sandigen Orten gemein.

4. Alle Perigonzipfel ohne Schwiele; St sehr ansehnlich, 1—1½ m h., kantig, gefurcht, oberwärts ästig; B grasgrün, breit-eirund-herzfg; B stiele oberseits rinnig; Bl in rispigen, b.losen Trauben an haardünnen Stielchen; Perigonzipfel meist ganzrandig, fein geadert, häutig, unten mit etwas stärker vortretendem Mittelnerven. **R. aquaticus L. Wasser-A.**

Juni—Juli. Am Rhein- und Lahnufer hier und da.

Mit einer oder drei Schwielen. 5.

5. Innere P.zipfel beiderseits mit 2 borstlichen längeren Zähnen. 6.

— — ungezähnt oder kurz-gezähnt. 7.

6. St 30—90 cm h., sehr ästig, seltener einfach und niedriger, von der Mitte an mit reichblütigen, etwas entfernten, nach oben gedrängter beisammen stehenden, von einem längeren, schmal-lanzettlichen B gestützten, goldgelben Blt.quirlen. B länglich-lanzettlich-lineal, oft über 6 mal so lang als breit, in den B.stiel verlaufend; Blt.stiel gegliedert, sehr dünn; innere P.-zipfel eirund-dreieckig, fast rautenfg, in eine pfriemliche, ganzrandige Spitze endigend, alle mit Schwielen. **R. maritimus L. Goldgelber A.**

Juli—August. Rheinufer. J. V. N.

Voriger Art ähnlich in Tracht und Grösse, aber mit mehr grünlich- oder schmutzig-gelben Blt quirlen, kürzeren Zähnen der eifg-länglichen inneren P.zipfel, fast doppelt so dicken Schwielen; vielleicht nur eine Spielart derselben: **R palustris Sm Grüngelber A.**

Juli—August. Föhler Weiher bei Mehrenberg (1839), dort wieder verschwunden; Diez, Papiermühlengraben. J. V. N.

7. Perigonzipfel herzfg-rundlich 8.

— lineal-lanzettlich oder mit längerer Spitze endend. 9.

8. B wellig-kraus, lanzettlich, spitz, etwas herzfg, die obersten lineal-lanzettlich; St aufrecht, 45—90 cm h., gefurcht, von unten an ästig, bisweilen ganz einfach, fast kahl; Bl in b.losen, aus genäherten, reichbltg Quirlen bestehenden, nur am Grunde öfter mit einem B gestützten Trauben; Bl.stiel gegliedert. P.zipfel stumpf, fast ganzrandig, höchstens unten schwach gezähnt. **R. crispus L. Krauser A.**

Juni—August. Gemein an Wegen, auf Wiesen.

— eben, lanzettlich, graugrün, etwas derb, die grundstdg bis

60 cm l., klein gekerbt, am Grund oft ungleich und etwas wellig, mit fast fingerdicken, unterseits tief-gefurchten B.stielen; St unten 2—3 cm dick und oft bis 2 m h., kantig, gefurcht, oberwärts rispig-ästig. Aeste nur an den Verzweigungen von B gestützt. Blt.ähren zuletzt sehr gedrungen aus genäherten, reichbltgen Quirlen von schlank gestielten Blt; Blt.stiele nach oben verdickt, unter der Mitte gegliedert. Alle inneren P.zipfel mit einer grossen, dicken Schwiele, ganzrandig, netzaderig, eirund-dreieckig. **R. Hydrolapathum Huds. Riesen-A.**

Juli—August. Sümpfe. Flussufer. Nicht häufig. J. V. N.

9. Perigonzipfel ganzrandig, lineal-lanzettlich, stumpf, unterwärts netzaderig, alle mit einer Schwiele; St von unten an ästig, 45—60 cm h., aufrecht; Aeste genähert, rutenfg, weit abstehend; B flach, am Rande etwas wellig, die untersten herzfg, eifg-länglich, die folgenden herzfg-lanzettlich, zugespitzt; Bl in gedrungenen, und (mit Ausnahme der obersten) von einem schmal-lanzettlichen B gestützten Halbquirlen; Bl.stielchen gegliedert. **R. conglomeratus Murr. Geknäuelter A.***

Juli—August. An Ufern, Gräben. Gemein.

— am Grunde pfriemlich-gezähnt, aus dreieckiger Basis in eine länglich-stumpfe, ganzrandige Schneppe vorgezogen, sämtlich mit Schwielen. St 45—90 cm h., aufrecht, gefurcht, fast von unten an ästig, fast kahl; B flach, nur am Rande etwas wellig gekerbt, die unteren B ansehnlich, eirund, stumpf, herzfg, die folgenden spitz oder zugespitzt, länglicher und schmäler. **R. obtusifolius L. Stumpfblättriger A.**

Juli—August. An Ufern, feuchten Orten; hier und da.

134. Polygonum, Knöterich. VIII. 3.

1. St niederliegend, nie kletternd, platt nach allen Seiten rasenfg auf den Boden gestreckt, stielrund, kahl, sehr ästig; B kurz gestielt, elliptisch, oder eifg-lanzettlich, ganzrandig, kahl, kaum 1—2 cm lang; B.scheiden trockenhäutig, durchscheinend, silbergrau, 2spaltig und zerschlitzt; Bl b.winkelstdg, einzeln oder in Büscheln bis zu 4; Perigonzipfel grün, mit breitem, weissem oder rotem Hautrand, später über dem 3kantigen, wenig glänzenden Nüsschen sich schliessend. **P. aviculare L. Vogel-K.**

Juli—Herbst. Sehr gemein auf Wegen und an wüsten Orten.

— aufrecht oder kletternd, höchstens mit dem unteren Teile niederliegend. 2.

2. St kletternd, sich um andere Pfl oder an Zäunen etc. hinaufwindend, Bl gebüschelt in den B.winkeln, (nur 1 Gf mit 3lappiger Narbe). 3.

* R. sanguineus L. Blutroter A., hat ☿ Bl, lineal-längliche, stumpfe, ganzrandige Perigonzipfel, von welchen nur einer eine Schwiele trägt. Die untersten B herzfg-länglich, fast geigenfg; Quirle alle ohne B mit Ausnahme der untersten; St und Adern der B oft blutrot. Nach manchen Autoren nur eine Spielart von R. conglomeratus Murr.

— aufrecht, oder doch nicht kletternd. 4.

3. Perigonkanten geflügelt mit weissem Hautrand. St bis zu 2 m h. emporklimmend, kahl, stielrund, schwach gerieft; B herz-pfeilfg, gestielt, wechselstdg (wie bei allen Arten); Nüsse glatt und glänzend, punktiert; Bl.büschel an den Gelenken des St weit von einander, an den Zweigen nahe beisammen, zu b.losen, grünlichen Trauben vereinigt. **P. dumetorum L. Hecken-K.**

Juli—August. Hier und da.

— ungeflügelt. St weit niedriger als bei voriger Art, öfter niederliegend, doch nicht Rasen bildend, kantig, gerieft, vom Grunde an ästig, Aeste lang und meist windend; B gestielt, herz-eifg, fast pfeilfg, lang zugespitzt, kahl, die oberen schmäler und spitzer; B.scheiden kurz, abgestutzt; Bl in 3—6bltg Büscheln von Deckb gestützt, zuletzt in endstdg, unterbrochene Trauben übergehend; Perigonb grün, mit weisslichem Rand; Nüsse 3kantig, schwarz, nicht glänzend. **P. Convolvulus L. Windenartiger K.**

Juli—September. Auf bebautem Land. Nicht selten.

4. B im Umriss dreieckig, herz-pfeilfg, zugespitzt, die unteren gestielt, die oberen sitzend. 5.

— eifg oder lanzettlich 6.

5. Bl weiss oder rötlich, am Grunde grün, in ziemlich lang gestielten, wagrecht abstehenden, achselstdg Trauben am Ende des St doldenartig beisammenstehend; St aufrecht, 30—45 cm h., stielrund, seicht gefurcht, meist rot angelaufen, etwas behaart (besonders an den Gelenken), oberwärts ästig; B.scheiden oft in 2 kurze Nebenb geteilt; Perigon bei der Blt ausgebreitet; Nüsse 3kantig, zugespitzt, Kanten ganzrandig. **P Fagopyrum L. Buchweizen, Heidegrütze.**

Juli—August. Hier und da gebaut. (Vaterland: Mittelasien. Dient in manchen Ländern als Mehlfrucht).

— grünlich, weit kleiner als bei voriger Art, zu b.winkelstdg Büscheln und endstdg, hängenden, unterbrochenen, längeren b.losen Aehren vereinigt. Kanten der Fr ausgeschweift-gezähnt, sonst wie vorige Art. **P. tataricum L. Tatarischer K.**

Juli—August Auf Aeckern als Unkraut unter P. Fagopyrum L. Hier und da.

6. St ganz einfach, mit einer einzigen, endstdg, gedrungenen, walzlichen Aehre. 45—60 cm h., stielrund, glatt, kahl, mit verdickten Gelenken; B ganzrandig, fein gezähnt, unterseits seegrün, mit hervortretendem Adernetz, die unteren lang gestielt mit geflügeltem B.stiel, die folgenden auf langer, nach oben häutiger, brauner Scheide sitzend, allmählich schmäler und zugespitzter; Bl meist zu 3 beisammen mit aufrechten Zipfeln, blassrot; meist 8 Stbgf und 3 Gf. **P. Bistorta L. Natter-K.**

Juni—Juli. Auf etwas feuchten Wiesen.

— ästig, mit mehreren Aehren. (5—6 Stbgf). 7.

7. B am Grunde abgerundet oder herzfg. 8.

— nach beiden Enden verschmälert. 9.

8. Aehren gedrungen, endstdg. rosenrot; B.scheiden kahl, über den B.stiel hinaus häufig verlängert; St der im Wasser stehenden Individuen schief aufsteigend, sonst aufrecht, öfter, wie die Bl.stiele und Frkn. rot gefärbt; 5 Stbgf; Gf 2spaltig. B abgerundet am Grunde oder herzfg. lang gestielt, öfter schwimmend, etwas ausgerandet am Grunde, kahl, lederartig, glänzend. Sehr wechselnd in Gestalt und Tracht nach den Standorten. **P. amphibium L. Wechsel-K.**
Juni – Juli. Oefter am Ufer der Flüsse und feuchten Gräben.

— locker, fadenfg. fast aufrecht; B.scheiden angedrückt-behaart, lang bewimpert; St kleiner und schlanker als bei voriger Art, 15—30 cm h., am Grunde stets niederliegend und oft wurzelnd; Aeste fast rechtwinkelig vom St abgehend. 5 Stbgf. Ganze Pfl oft rot gefärbt. B schmal-lanzettlich, fast herzfg am Grunde, schwach geadert, kurz gestielt, Blt und Fr von etwa halber Grösse wie bei voriger; Aehren schön rosenrot oder weiss, deutlich gestielt. **P. minus Huds. Kleiner K.**
August – September. Feuchte Orte. Hier und da.

9. Aehren locker, lineal, überhängend. 10.

— gedrungen. 11.

10. B.scheiden fast kahl, kurz bewimpert; St meist aufrecht, 30—45 cm h., ästig, seltener ganz einfach; B glänzend, meist kahl, öfter schwärzlich gefleckt. Perigon grün, rosenrot oder weisslich berandet, mit eingesenkten Drüsenpunkten, meist nur 4spaltig; Nüsse 3kantig, glanzlos. 6 Stbgf. Von scharfem Geschmack. **P. Hydrópiper L. Pfefferiger K.**
Juli – Herbst. An Wassergräben gemein.

— rauhhaarig, lang bewimpert. Von der Tracht und Grösse der vorhergehenden Art; Blt schön rosenrot, seltener weiss, drüsenlos; Nüsse glänzend; B meist ungefleckt; Aehren deutlicher gestielt. 6 Stbgf. **P. mite Schrank. Schlaffblütiger K.**
Juli – Herbst. Feuchte Orte. Dillenburg; Hattenheim. J. V. N.

11. B.scheiden lang behaart und lang bewimpert, wie die unteren Deckb; St 30—60 cm h., aufrecht, einfach oder ästig, grün oder rot; B oft gefleckt, unterseits filzig, ziemlich kurz gestielt; Bl.stiele, Deckb und Bl drüsenlos, Bl weiss oder rötlich; Aehren bisweilen etwas nickend, länglich-walzlich; Nüsse 3kantig, glänzend, schwarz. **P. Persicaria L. Floh-K.**
Juli – Herbst. An Wassergräben nicht selten.

— fast kahl und kurz bewimpert; St oft sehr ästig und bis 90 cm h., steif-aufrecht, oder aus liegender, wurzelnder Basis aufstrebend; B länger gestielt wie bei voriger, dieser sonst sehr ähnlichen Art; Aehren end- und b.winkelstdg, gedrungen, walzlich, meist steif aufrecht, ziemlich dick; Aehrenstiele und Deckb drüsig, wie die 3nervigen, grünlich-

weissen oder rötlichen Perigonzipfel: Gf meist tief-2spaltig mit auseinander fahrenden Schenkeln: Nüsse stumpf-3kantig. glänzend. braun. **P. lapathifolium L. Ampferblättriger K.**
Juli - Herbst. An Wassergräben und feuchten Orten gemein.

IV. Reihe: Centrospermae.

I. Ordnung: Chenopodeae.

135. Sálsola, Salzkraut. V, 2.

St ausgebreitet-ästig, 15—30 cm h. oft niederliegend. starr. stielrund. weisslich. grün oder rot gestreift. zerstreut und kurz behaart. mit gegenstdg unteren Aesten. pfriemlichen. fast stielrunden, in einen knorpeligen Dorn endigenden, oberseits etwas rinnigen, am Grunde wimperig-randhäutigen B in den B achseln. sitzenden. einzelnen. von 2 Deckb gestützten Bl: P tief-5teilig. anfangs häutig. später knorpelig. mit ei-lanzettlichen. aufrechten. einwärts gebogenen Zipfeln. oben häutig. die 3 äusseren breiter mit rundlichen. abstehenden. rot geaderten Anhängseln. Stbgf länger als das P. Gf tief-2teilig. **S. Kali L. Gemeines S.**
Juli—August. Sandfelder zwischen Biebrich u. Castel; (sehr *häufig* auf dem linken Rheinufer unterhalb Mainz.) J. V. N.

136. Polycnémum, Knorpelkraut. III, 1.

St ästig-spreizend. 5—15 cm h., rundlich. stumpfkantig. beblättert. etwas behaart, rötlich. mit knorpelig-gegliederten. zuletzt steifen Aesten. wechselstdg. pfriemlich-3kantigen. etwas dornigen. spitzen B, achselstdg einzeln oder zu 2 sitzenden. kleinen. von 2 weisslichen. trockenhäutigen, etwas kürzeren Deckb eingeschlossenen trübweissen Blt; P 5blttrg; 3 vorstehende, oben zusammenhängende. gelbe A; Schlauchfr mit einem linsenfg. getüpfeltem Samen und aufgewachsenem Deckelchen. **P. arvense L. Acker-K.**
Juli August. Sandige Aecker. Wege. Hadamar, Schadeck. Ardeck. Weilmünster, Lützendorf, Okriftel, Wiesbaden, Langenbach. Rohnstadt. Laubuseschbach. (A. Weilburg). J. V. N.

Von voriger Art nur verschieden durch den höheren Wuchs, (einer Salsola Kali L. oft ähnlich) die längeren das P überragenden Deckb und die grösseren Fr: **P. majus Alex. Br. Grosses K.**
Juli—August. Niederscheld b. Dillenburg. J. V. N.

137. Chenopódium, Gänsefuss. V. 2.

1. B ganzrandig. eirund, beiderseits grün. stachelspitzig. kahl. gestielt. St ausgebreitet. aus niederliegender Basis aufstrebend und aufrecht, bis 60 cm h.; Bl in lockeren, sperrigen. aus Knäueln zusammengesetzten, b winkelstdg Rispen. die nach oben kürzer werden und zuletzt sich in einen fast b.los erscheinenden Schweif zusammendrängen. Perigon bei der Fr.reife sternfg ausgebreitet. Samen (eigentlich nussartige Frucht. Achene) schwarz. glatt. glänzend. fein punktiert. B

öfter mit rotem Rand; bisweilen ist die ganze Pfl rot gefärbt. **Ch. polyspermum L. Vielsamiger G.**

August—September. Schutthaufen, bebaute Orte. Hier und da.

— (wenigstens die unteren) gezähnt. 2.

2. Pfl drüsig-klebrig-behaart, von üblem Geruch. St unterwärts ästig, 15—30 cm h. B gestielt, länglich, fast fiederspaltig-buchtig, mit breiten, kurz-gezähnten Läppchen, nur die obersten, weit kleineren, ganzrandig. Bl in fast b losen, vielfach geteilten Schweifen, zu verlängerten Trauben geordnet. P zipfel aussen drüsig-behaart mit einem auswärts gebogenen Stachelspitzchen. Fr schwarz, glänzend, glatt. **Ch. Botrys L. Traubiger G.**

Juli August. Wüste Orte. Niederursel, Cronberg. Ob verwildert? J. V. N.

— kahl. 3.

3. B bläulich-grau, besonders unterseits, wie mit Mehl bestreut. 7.

— grün. 4.

4. Blt schweife beblättert, seitliche Bl mit 3teiligem P. S. Blitum rubrum Reichb.

— fast blattlos, alle Bl mit 5teiligem P. 5.

5. B herzfg, mit 5—9 Zähnen, oft über 10 cm l., übelriechend. Bl in anfangs gedrungenen u. traubenfg Schweifen, zuletzt zu achselstdgen und grösseren endstdgen Doldentrauben sich entwickelnd. Samen grubig-punktiert, schwarz am Rande stumpf. **Ch hybridum L. Bastard-G.**

Juli—August. Auf Schutthaufen und bebautem Land. Hier u. da.

— nach dem Grund zulaufend, oder doch nicht herzfg, mit weit mehr Zähnen. 6.

6. Blt schweife steif, dem St anliegend. St steif-aufrecht, 60—90 cm h., gefurcht und gestreift; B ziemlich dünn, hellgrün, glänzend, ungleich gezähnt, nur in der Mitte nach dem B stiel vorgezogen, die obersten fast ganzrandig. Fr glatt und glänzend schwarz. **Ch. urbicum L. Reifer G.**

August - Herbst. Dorfwege, Mauern. Ziemlich selten. Herborn; Weilburg, Weilbach, Sulzbach b. Höchst, Braubach. J. V. N.

— ausgebreitet, doldentraubig, sehr ästig, b winkelstdg. St 30—60 cm h., oberwärts mehlig-grau. B dunkelgrün, glänzend, rautenfg, buchtig gezähnt, mit zugespitzten, vorwärts gerichteten Zähnen, am Grunde ganzrandig, oft fast spiessfg. Fr matt, scharf-gekielt, schwarz. **Ch. murale L. Mauer-G.**

Juli—August. Mauern, Schutthaufen. Gemein.

7. B ungezähnt, rautenfg-eifg, gestielt, die unteren gegenstdg, eifg, die oberen wechselstdg, im Alter wenigstens unterseits mehlig-grau-grün. St 15—30 cm l., nach allen Seiten hingestreckt, mehlig-grau, sehr ästig. Blt schweife doldentraubig b los, gestielt, kurz, b winkel- und endstdg. Fr linsenfg.

stumpf gekielt, glänzend-schwarz, fein punktiert. Pfl von widerlichem Geruch wie faule Heringe. **Ch. Vulvaria L. Stinkender G.**

Juli—August. An Wegen, Mauern, Schutthaufen. M. u. Rh. häufig; vereinzelt bei Diez. J. V. N

— gezähnt, wenigstens die unteren. 8.

8. Untere B rundlich im Umriss, fast dreilappig, sehr stumpf, ausgebissen-gezähnt, die obersten elliptisch-lanzettlich. St 30—60 cm h., sehr mehlig bestreut wie die ganze Pfl. Blt.schweife fast b.los in Trugdolden; Samen glänzend, glatt. **Ch. opulifolium Schrad. Schneeballblättr. G.**

Juli—Herbst. Wege, Schutthaufen. M. u. Rh. häufig J. V. N.

— länglich, fast doppelt so lang als breit. St 30—90 cm h., steif aufrecht, ästig-buschig, doch auch bisweilen ganz einfach und weit niedriger, mehlig, wie die B und bläulich-grau. B doppelt so lang als breit, rautenfg, mit dreieckigen, spitzen, ungleichen Zähnen, nur die obersten ganzrandig; Bl in sehr gedrungenen, Schweife bildenden, fast b.losen, aufgerichteten Knäueln. Samen linsenfg, scharf-randig, glänzend, glatt, fein punktiert. Sehr wechselnd in der Tracht. **Ch. album L. Gemeinster G.**

Juni—September. Lästiges, ungemein häufiges Unkraut, fast überall auf bebautem Land.

Alle B länglich. S. Blitum glaucum Koch.

138. Blitum, Erdbeerspinat. V. 2.

St 30—60 cm h., steif aufrecht, gefurcht, ästig, mehlig und etwas fettig anzufühlen. B wechselstdg, gestielt, dreieckig-spiessfg, ganzrandig, beiderseits grün. Bl in gedrungenen, end- u. b.winkelstdg, aus Knäueln zusammengesetzten Aehren, die endstdg kegelfg, b.los. Perigon die stumpf-randige, aufrechte Fr dicht einschliessend. **B. Bonus Henricus C. A. Meyer. Ausdauernder E. (Guter Heinrich).**

Mai—August. Wüste Plätze. Gemein.

St 30—60 cm h., steif aufrecht, bisweilen niedergestreckt (auf magerem Boden) und viel kleiner, mit ausgebreiteten Aesten, oft wie die ganze Pfl, besonders im Herbst, rot gefärbt. B rautenfg-dreieckig, fast spiessfg, 3lappig, buchtig-gezähnt mit lanzettfg Zähnen, beiderseits grün, fleischig. Blt.schweife zusammengesetzt, beblättert. Fr meist aufrecht, glatt, die der oberen Bl wagrecht. Seitenstdg Bl 3teilig mit 1—2 Stbgf. **B. rubrum Reichb. Roter E.**

Juli—Herbst. Schutthaufen, Dorfwege. Zerstreut. Diez, Herborn, Oberneisen, Weilmünster und Ernsthausen, Wehrheim. J. V. N.

St 30—45 cm h., dick, saftig, oft rot gefärbt; B länglich-eifg, stumpf-entfernt- und kurz-gezähnt mit seichten Buchten, oben grün, unterseits sehr mehlig-gräulich-weiss. Blt.schweife achselstdg, b.los, lappig, kurz, Blt.stiel ziemlich dick, P öfter

4spaltig. Fr rotbraun, glatt, glänzend, teils aufrecht, teils wagrecht. **B. glaucum Koch. Graugrüner E.**

Juli—Herbst. Feuchte Orte. Diez; M. u. Rh. gemein; Herborn. J. V. N.

139. Spinácia, Spinat. XXII. 5.

St aufrecht, 30—50 cm h., kahl wie die ganze Pfl. B wechselstdg, gestielt, dreieckig-ei- oder spiessfg, ganzrandig, dunkelgrün. ♂ Bl in unterbrochenen, end- und achselstdg, geknäuelten Aehren, ♀ in den B achseln. Fr wehrlos (**Sp. inermis Moench**) **Sommer-Sp.** oder Fr höckerig (**Sp. spinosa Moench**) **Winter-Sp. Sp. oleracea L. Gemeiner Sp.**

Mai—Juni. Als Gemüsepfl. häufig gezogen.

140. Atriplex, Melde. V. 2 (XXIII, 1).

1. B unterseits schülferig-s i l b e r w e i s s, buchtig-gezähnt, kurzgestielt, ei-rautenfg, fast dreieckig. St 30—60 cm h., stielrund, aufrecht mit weit abstehenden, wieder verzweigten Aesten, weisslich; Blt in unterbrochenen, beblätterten, aus b.winkelstdg Knäueln zusammengesetzten Aehren Fr.hülle bis zur Mitte weiss-knorpelig u. zusammengewachsen, dreieckig-rautenfg, gezähnt, mit grünem Rande. Ganze Pfl graugrün. **A. rosea L. Rosen-M.**

Juli—September. Wege, Schutthaufen. Bei Lorch nicht selten. J. V. N.

— — g r ü n oder r o t. 2

2 Fr.hülle r u n d l i c h-eifg, ganzrandig, 3nervig. St aufrecht, oft über 1 m h., stumpfkantig, untere Aeste gegenstdg, obere wechselstdg. B zart, sehr gross, bis 15 cm l. und 12 cm br., mattgrün, unterseits etwas mehlig, dreieckig, buchtig-spitzgezähnt, die oberen immer schmäler und weniger gezähnt, fast spiessfg, zuletzt fast ganzrandig. Bl in achsel- und endstdg, rispig geordneten Knäueln, einen ansehnlichen Fr.stand bildend. **A. hortensis L. Garten-M.**

Juli—August. Als Gemüsepfl. öfter gebaut. Stammt aus dem Orient.

— r a u t e n f g - d r e i e c k i g, oder s p i e s s f g. 3.

3. Aeste a u f r e c h t, wechselstdg. Fr b e r a n d e t mit 2 b l e i b e n d e n, federfg Gf. St 30—60 cm h. B tief-buchtig gezähnt, fast spiessfg, die unteren 3eckig-rautenfg oder länglich-spiessfg, graugrün; Aehren endstdg, locker, oben überhängend, b.los, nur am Grunde beblättert; Fr hülle bis auf den Grund 2teilig. **A. tatarica L. Tatarische M.**

Juli—August. M. u. Rh. häufig. Adolfseck. J. V. N.

— s p e r r i g a b s t e h e n d, untere oft gegenstdg. 4.

4. B l a n z e t t l i c h oder l i n e a l, höchstens die untersten spiessfg. Fr.hülle dreieckig-spiessfg, 3nervig. St 45—90 cm h., fast stielrund, aus meist niederliegender Basis aufrecht, sehr ästig, mit wagrecht abstehenden Aesten. Untere B gegenstdg, lang gestielt, dreieckig-spiessfg, ganzrandig oder buchtig gezähnt, obere B wechselstdg, lanzettlich, kurz gestielt. Bl in ziemlich

entfernten Knäueln, end- und achselstdg. **A. patula L.** (**A. angustifolia Sm.**) **Schmalblättr. M.**

Juli—August. An Schutthaufen, Wegen. Gemein.

— spiessfg zum grösseren Teil, nur die obersten lanzettlich. ganzrandig; Fr.hülle 3eckig, ganzrandig oder gezähnelt, bis auf den Grund 2teilig, sonst der vorigen Art an Grösse und Tracht ähnlich. **A. latifolia Wahlbg. Breitblättr. M.**

Juni—August. An Wegen. Schutthaufen. Häufig.

Anmkg. Die beiden letzten Arten sind wohl nur Spielarten einer einzigen Art.

141. Beta, Mangold. V, 2.

St einzeln, aufrecht, 60 cm h. und höher, ästig, kahl, wie die ganze Pfl, untere B herz-eifg, stumpf, am Rande hin- und hergebogen, glänzend, dunkelgrün; St b länglich-lanzettlich, bl.-tragende Zweige abstehend; Perigon napffg, mit länglich-linealen, etwas einwärts gebogenen Zipfeln. Narbe eifg. **B. vulgaris L. Gemeiner M.**

Juni—August. Häufig in mehreren Spielarten als Runkelrübe, rote Rübe, römischer Spinat, Gartenmangold gebaut. (Wzl sehr zuckerhaltig, daher im Grossen zur Rübenzuckergewinnung benutzt.) Vaterland: Südeuropa, Mittelasien.

2. Ordnung: Amarantaceae.

142. Amarantus, Amarant. XXI, 5.

St aufrecht, zottig behaart, bis 1 m h, B eifg, zugespitzt, mit stumpfer Spitze, behaart; Deckb doppelt so lang als das 5teilige P, dornig-stachelspitzig; Bl in zusammengesetzten, gedrängten, aufgerichteten, aus Knäueln bestehenden Aehren; P.-zipfel länglich-lineal, stumpf oder mit Stachelspitzchen. 5 Stbgf in den ♂ Blt. **A. retroflexus L. Rauhhaariger A.**

Juli—August. Aecker. M. u. Rh. Ziemlich häufig.

— niederliegend, aufstrebend, kahl, 15—30 cm l., B ei-rautenfg, stumpf, ausgerandet, bald gefleckt, bald ungefleckt; Blt.knäuel teils b winkelstdg und rundlich, teils endstdg, eine b.lose Aehre bildend; Deckb kürzer als das 3teilige P, eifg. 3 Stbgf in den ♂ Blt. **A. Blitum L. Gemeiner A.**

Juli—August. Bebaute Orte. Dort oft als lästiges Unkraut. Hier u. da.

3. Ordnung: Paronychieae.

143. Corrigiola, Hirschsprung. V, 3.

St nach allen Richtungen ausgebreitet und niederliegend, 10—25 cm l., fädlich, stielrund, ästig, kahl, graugrün, wie die wechselstdg, linealen oder lineal-lanzettlichen, stumpfen, ganzrandigen, keilfg verschmälerten, etwas fleischigen B, die untersten eine Wurzelrosette bildend. Nebenb häutig, silbergrau, eifg-zugespitzt. Weisse, unansehnliche Bl in end- und seitenstdg Doldentrauben mit rötlichem, 5teiligem K von gleicher Länge.

K.b mit breitem, weissem Rand, ein 3seitiges, einsamiges Nüsschen umschliessend. **C. littoralis L. Gemeiner H.**

August—September. Selten im Lahnkies u. Dillkies. Mörschbach, A. Hachenburg; auf Getreideäckern. J. V. N.

144. Herniária, Bruchkraut. V. 2.

St niedergestreckt, allseits kreisfg ausgebreitet und fest auf den Boden gedrückt, bis 15 cm l., sehr ästig, stielrund, k a h l. B länglich-eifg, ganzrandig, hellgrün, höchstens am Rande etwas behaart, die unteren gegen-, die oberen wechselstdg, am Grunde beiderseits ein häutiges, fein gewimpertes Nebenb. Bl in mehrbltg, (bis 10bltg) Knäueln, gelblich-grün, den B gegenstdg, zwischen denselben kleine, häutige Deckb. Kapsel im K eingeschlossen, kugelig, einsamig, fast nussartig. Gf fast fehlend. 2 Narben. **H. glabra L. Kahles B.**

Juli—Herbst. Hier u. da auf sandigen Wegen u. dürren Weideplätzen.

Von dieser nur verschieden durch die Behaarung (St, B und K) und die Borsten an den K.zipfeln: **H. hirsuta L. Behaartes B.**

Juli—Oktober. M. u. Rh. Hier und da. J. V. N.

145. Scleránthus, Knauel. X. 2.

Bl.hülle (Perigon) 5teilig, Zipfel aus eifg Basis s p i t z zulaufend, mit sehr s c h m a l e m, h e l l e r e m Saum, grün, auf glockiger, die Frucht einschliessender, doch nicht damit verwachsener Röhre, und bei der Reife mit dieser abfällig. St bald aufrecht, bis 20 cm h., bald niederliegend, ästig, stielrund; B schmallineal, spitz, oben flach, unten gewölbt, etwas fleischig, nur am Grund gewimpert und paarweise daselbst zusammengewachsen. Bl in einer gabelspaltigen Rispe oder Doldentraube, teils einzeln in den Gabeln der Aeste, teils geknäuelt am Ende der Zweige. Häutige Schlauchfr mit einem Samen. **S. annuus L. Jähriger K.**

Juli—September. An unkultivierten Orten. Hier und da.

— mit b r e i t e m, h ä u t i g e m Saum, später g a n z g e s c h l o s s e n (nicht etwas abstehend, wie bei voriger Art), abgerundet, stumpf. Sonst der vorigen Art sehr ähnlich. **Sc. perennis L. Mehrjähriger K.**

Mai—Herbst. An unkultivierten, sonnigen Orten. Hier und da.

4. Ordnung: Alsineae.

146. Sagina, Mastkraut. IV. 4.

1. Bl b l ä n g e r als der K, weiss, kurz-benagelt. St 10—15 cm l., ausgebreitet nach allen Seiten, oder am Ende aufstrebend, fädlich, stielrund, mit verdickten Ge'enken, armblütig; B hellgrün, lineal-pfriemlich, beiderseits konvex, kurz stachelspitzig, am Grunde häutig erweitert und zusammengewachsen, die unteren länger als die St glieder, ohne B.büschel in ihren Achseln, die oberen stets mit solchen. Bl.stiele einzeln, schlank und dünn, endstdg oder b gegenstdg, aufrecht. K.b randhäutig,

länglich, stumpf, nervenlos. Kapsel eifg; Samen braun. **S. nodosa E. Meyer (Spergula nodosa L.) Knotiges M.**

Juli—August. An feuchten, sandigen Orten. Herborn, Emmericheuheim, Flörsheim.

— kürzer oder fast fehlend. 2.

2. B kahl, lineal, stachelspitzig, gegenstdg, mit randhäutiger Basis paarweise zusammengewachsen, sehr schmal, fädlich, kahl, die grundstdg dichte Rasen bildend. Kb stumpf, grannenlos, eirund, nervenlos. Bl.stiele nach dem Verblühen hakig, achsel- u. endstdg, einblütig. Fr.stiele aufrecht. St 5—10 cm l., sehr ästig, niederliegend und wurzelnd, fädlich, rund, kahl. Aeste wechselstdg und teilweise büschelig. Blb kaum halb so lang als der K, eirund, stumpf, sehr vergänglich, weiss. **S. procumbens L. Liegendes M.**

Mai—Herbst. Auf Aeckern, Triften. Gemein.

— bewimpert am Grunde, lineal, begrannt. Bl.stiele stets aufrecht. St meist aufrecht, einfach oder ästig, aber nicht wurzelnd, schlank. B pfriemlich, mit Stachelspitze endend, gegenstdg, etwas zusammengewachsen. Blb sehr unansehnlich, leicht zu übersehen, weiss, Kb stumpf, die 2 äusseren kurz-stachelspitzig. **S. apetala L. Kleinblumiges M.**

Mai—Juni. Auf mageren Bergwiesen. Zerstreut im ganzen Gebiet.

147. Spérgula, Spark X. 5.

St meist zu mehreren, sich allseitig ausbreitenden aus derselben Wzl. aufstrebend. 15—30 cm l., stielrund, meist ästig, mit lockerer Rispe endend. B schmal lineal, fädlich, etwas fleischig, stumpflich, gebüschelt quirlig mit Nebenb, meist verwachsen am Grund, oberseits gewölbt, unterseits fein gefurcht, wagrecht abstehend, bald aufwärts, bald abwärts gekrümmt, drüsig behaart, seltener kahl. Bl weiss, etwas länger als die eifg, nervenlosen, oft bräunlichen, häutig berandeten K.zipfel, Bl.stiele zuletzt vielmal länger, als die Bl, unter dem K verdickt, erst überhängend, dann aufrecht, dann hinabgeschlagen, bei der Fr.reife wieder aufrecht. Blb sehr kurz benagelt. Stbgf öfter nicht vollzählig. Kapsel eifg, wenig länger als der K, mit 5 Klappen bis über die Mitte sich öffnend. Samen linsenfg-kugelig, schwärzlich mit gelblichem Flügelrand. **Sp. arvensis L. Acker-Sp.**

Juni—Juli. Auf bebautem Land. Gemein.

148. Lepigonum, Schuppenmiere. X. 3.

Obere B drüsig behaart, stachelspitzig, meist kürzer als das St glied, gegenstdg, am Grunde frei, lineal-fädlich, etwas fleischig, beiderseits flach, von 2 gegenstdg trockenhäutigen, weisslichen, st.umfassenden Deckb gestützt. St 10—15 cm h., nach allen Seiten ausgebreitet, stielrund, schlaff, gabelspaltig, mit traubigen Blt.ästen. Blt gestielt, weit offen, teils gabelstdg, teils traubig gestellt, Blt.-stiele zuletzt mehrmals länger als der K, nach dem Verblühen wagrecht, zuletzt wieder aufrecht. K.b breit-randhäutig, ohne

Rückennerven, lanzettlich. Bl.b lilarot, rundlich-oval. Samen deutlich bekörnelt, ungeflügelt. **L. rubrum Wahlbg. (Arenaria rubra α L.) Rote Sch.**

Mai—September. An sandigen Orten. Ziemlich häufig.

— — kahl, stumpflich, meist länger als das St.glied, beiderseits konvex. Blt kurz gestielt, blass-rot. Samen meist ungeflügelt u. nicht bekörnelt, nur die unteren weiss geflügelt. Sonst wie vorige Art, doch öfter stärker. **L. medium Wahlbg. (Arenaria rubra β L.) Mittlere Sch.**

Juli—August. Salzhaltiger Boden. Soden an der Quelle No. 6. J. V. N.

149. Alsine, Miere. X, 3.

St aufrecht, 7—15 cm h., oft truppweise beisammen sich nach allen Seiten ausbreitend, von der Mitte an gabelspaltig rispig verzweigt, stielrund, meist kahl wie die ganze Pfl. B borstlich-pfriemlich, spitz, unten etwas gewölbt, 3nervig, am Rande häutig, paarweise am Grund zusammengewachsen, mit Büscheln von kleineren Nebenb in den B winkeln. Bl weiss, einzeln in den Gabeln und endstdg, lang gestielt, auf dünnen, mit 2 Deckb versehenen Stielen. K.b lanzettlich-pfriemlich, 3nervig, am Rande häutig, länger als die ovalen Blb, Kapsel so lang oder länger als der K. Samen klein, braun, mit sehr feinen Runzeln. **A. tenuifolia Wahlb. (Arenaria tenuifolia L.) Feinblättrige M.**

Juni—August. Auf steinigen, sandigen Feldern. Nicht häufig. Zerstreut im ganzen Gebiet.

150. Mœhringia, Mœhringie.

St nach allen Seiten ausgebreitet, oberwärts gabelspaltig, bis 30 cm l., mit entfernten Gelenken, fädlich, stielrund, mit zurückgekrümmten Härchen spärlich bewachsen. B rundlich-länglich-eifg, mit kurzem Spitzchen, fast kahl, 3—5nervig, kurz wimperig, die unteren auf ebenso langem Stiel, die oberen fast sitzend. Bl einzeln in den Gabelspalten und endstdg, lang gestielt, Bl.stiele zuletzt wagrecht oder nach unten gebogen. K.b lanzettlich, spitz, breit häutig-gesäumt, mit stärkerem, kielfg Mittelnerven und 2 schwächeren Seitennerven. Blb weiss, wasserfarben gestreift, länglich verkehrt-eifg, kürzer als der K, Kapsel bis zur Mitte 6spaltig. Samen schwarzbraun, mit gezacktem, weissem Anhängsel (einem unvollkommenen Samenmantel). **M. trinervia Clairville. (Arenaria trinervia L.) Dreinervige M.**

Mai—Juni. In Gebüschen, an Waldrändern. Ziemlich häufig. (Die Pfl ist täuschend ähnlich der als »Vogelmeier, Hühnerdarm« bekannten St. media Vill.)

151. Arenária, Sandkraut. X. 3.

St niederliegend und aufstrebend, 5—20 cm h., meist rasenfg aus derselben Wzl, gabelspaltig, verzweigt, von kurzen, bisweilen Drüsen tragenden Härchen g augrün. B sitzend, paarweise am Grund mit schmaler Leiste zusammengewachsen, eifg, zugespitzt, ganzrandig, schwachnervig, kurz gewimpert. Bl einzeln in den Gabeln und B.winkeln, weiss, kürzer als der abstehende K., K.b lanzettlich, zugespitzt, 3nervig, randhäutig. Fr stiele aufrecht. Kapsel eifg, so lang als der K, mit kleinen, rundlich-nierenfg, gekörnelten Samen. **A. serpyllifolia L. Quendelblättriges S.**

Juli – August. Auf Aeckern, Mauern. Häufig.

152. Holósteum, Spurre. III. 3.

Pll mit bläulichem Anflug. St anfangs niederliegend, dann aufsteigend und gebogen, oder ziemlich aufrecht, kahl, bisweilen von kurzen Drüsenhaaren klebrig, 5—15 cm h., die untersten B rosettenfg ausgebreitet, in einen breiten B.stiel verschmälert, die oberen sitzend, paarweise an der Basis zusammengewachsen, ganzrandig, kahl. Bl.stiele fädlich, am Grund von kurzen Deckb gestützt, zur Bl.zeit aufrecht, dann zurückgebrochen, zuletzt wieder aufrecht, eine endstdg Dolde bildend; Bl weiss, bleich rötlich, etwas länger als der K. K b ei-lanzettlich, breit häutig berandet. Kapsel länglich eirund, etwas länger als der K, mit rotbraunen, höckerigen Samen. **H umbellatum L. Doldenblütige Sp.**

März – April. Unfruchtbare Orte. Hier und da.

153. Stellária, Sternmiere. X. 3.

1. Die unteren St.b gestielt. 2.
   — — — ungestielt. 3.
2. Blb doppelt so lang als der K. St 30—90 cm l., aufstrebend, an Hecken emporklimmend, zerbrechlich, stielrund, zottig behaart, einfach oder gabelspaltig-rispig mit sperrigen Aesten B gegenstdg, die unteren herzfg, gross, die obersten zu Deckb umgewandelt. B.stiele paarweise mit schmaler Leiste zusammengewachsen, zottig. Bl ansehnlich, fast flach ausgebreitet, fast 2 cm br., weiss, wässerig geadert, einzeln in den Gabeln und endstdg. Blb 2teilig mit schmal-keilfg Zipfeln, stumpf. K.b lanzettlich, 1nervig, mit 2 schwachen Seitennerven, weisslich berandet. Kapsel länger als der K, mit 6 Klappen aufspringend, mit rundlichen, bekörnelten Samen. **St. nemorum L. Wald-St.**

   Mai – Juli. In feuchten Gebüschen und Wäldern. Nicht häufig. Hier und da.

   — kürzer als der K. St gabelspaltig, ästig aufstrebend, meist einen ziemlich dichten Rasen bildend, 5—10 cm h., sehr saftig und zerbrechlich, kahl ausser einer herabziehenden schwachen Haarleiste. B eifg, kurz zugespitzt, kahl, am B stiel bewimpert, die oberen sitzend. Bl einzeln gabel- und endstdg. Bl stiele 2—3mal so lang als der K, später zurückgeschlagen. K.b lanzettlich, stumpf, 1nervig, weisslich berandet, aussen weich behaart. Blb weiss, kürzer als der K, tief 2teilig. Staubkölbchen gelb oder rot, später schwärzlich. Sthgf 3—5. Kapsel etwas länger als der K, halb 6klappig. Samen rotbraun, rundlich-nierenfg, fein knötig. **St. media Vill.** (**Alsine media L.**) **Gemeinste St.** (Hühnerdarm, Vogelmeier)

Blüht fast das ganze Jahr. Ueberall auf bebautem Land. Sehr gemein.

3. Blb bis zur Mitte 2spaltig. St aus liegender und an den Gelenken wurzelnder Basis aufrecht, 30--15 cm h., zerbrechlich, 4kantig, mit verdickten Gelenken, fast kahl, oben doldentraubig-ästig. B an der Basis paarweise zusammengewachsen, bis 5 cm l., wagrecht-abstehend, lineal-lanzettlich (fast grasb.artig), etwas starr und saftlos, unterseits bleicher grün, fast seegrün. Bl am Ende der doldentraubigen Rispenäste, fast 2 cm breit auf langen, schlanken Stielen, nach der Blt abwärts gebogen. Am Grund jeder Vergabelung 2 gegenstdg B, oberwärts zu grünen Deckb umgewandelt, K.b eilanzettlich, spitz, nervenlos, weisslich berandet, Blb doppelt so lang, weiss mit wasserfarbenen Adern, flach ausgebreitet, Kapsel kugelig, in 6 Klappen bis unten aufspringend mit rundlichen, gekörnelten Samen. **St. Holostea L. Grossblumige St.**

April--Mai. Hecken und Gebüsche, Waldränder. Sehr gemein.

— 2teilig. 4.

4. B eifg-lanzettlich, sitzend, am Grund paarweise zusammengewachsen, St ausgebreitet und niederliegend, bis 30 cm l., 4kantig, kahl wie die ganze Pfl. saftig und zerbrechlich. Bl in seiten- und endstdg, lockeren, gabelspaltigen, armbltg Rispen, Blb weiss, kürzer als der K. Deckb häutig, weisslich, mit grünem Mittelnerven. K.b lanzettlich, spitz, 3nervig, randhäutig. Blt.stiele unter dem K verdickt, später herabgeschlagen, zuletzt wieder aufrecht. Kapsel länglich-verkehrt-eifg, eben so lang als der K. 6klappig. **St. uliginosa Murr.** (**St. graminea γ. L.**) **Sumpf-St.**

Juni—Juli. An wasserreichen Gräben, in feuchten Wäldern. Nicht häufig.

— lineal. 5.

5. St ausgebreitet, wie bei voriger, auch Bl.stand, doch reichbltger. B grasgrün u. wie die Deckb bewimpert, letztere trockenhäutig. Blb weiss, so lang als der K. Kapsel bedeutend länger als der K. Sonst der vorigen sehr ähnlich, weshalb sie auch Linné unter einem Namen vereinigt hat. **St. graminea L. Grasartige St.**

Mai—Juli. Auf Wiesen und an feuchten Orten sehr gemein.

— aufgerichtet, 20—40 cm h., schwach, vierkantig mit vorspringenden Kanten, bläulich-grün wie die ganze Pflanze. B völlig kahl wie die weisslichen Deckb und Blt.stiele; K.b lanzettlich, häutig berandet mit 3 grünen Nerven; Blb fast um ⅓ länger, bis auf den Grund 2teilig mit parallelen Zipfeln. Sonst wie vorige Art. **St glauca With.** (**St. graminea β L.**) **Meergrüne St.**

Juni—Juli. Feuchte Wiesen. Ziemlich selten. Jsenburg, Okriftel, Braubach, Hattenheim ___. J. V. N.

154. Mœnchia, Mönchie. IV. 4.

St sehr schlank, bis 10 cm h., meist einzeln, rundlich, oft rötlich gefärbt, mit Wzl.b.rosette und 3 Paar gegenstdg. lanzettlichen, ganzrandigen, am Grunde etwas verwachsenen B. (deren oberstes Paar entfernter stehend), gabelspaltig in 2 Blt.stiele geteilt, der eine b.los, der andere mit 1 Paar kleinen B u. meist unentwickelten. b.winkelstdg Stielchen. 4 Blb etwa ⅓ kürzer als die 4 weiss-randhäutigen, steif aufrechten K.b, länglich, weiss. Samen zahlreich, rotbraun, mit feinen Höckerchen. 4 Stbgf und 4 Gf. **M. erecta Fl. d. Wett. (Sagina erecta L) Aufrechte M.**

April–Mai. Auf Heiden und mageren Bergwiesen. Zerstreut im ganzen Gebiet, doch leicht zu übersehen.

155. Maláchium, Weichkraut. X. 5.

St teils auf dem Boden ausgebreitet, teils an anderen Pfl emporklimmend. 45–60 cm l., unterwärts kahl, oberwärts wie die Blt.stiele und der K drüsig behaart. B gegenstdg, herz-eifg, zugespitzt, öfter wellig gebogen, die der bl.tragenden St beträchtlich grösser, sitzend, die anderen gestielt. Bl in endstdg, sperrigen Rispen, weiss, länger als der K, Bl.stiele oben etwas verdickt, zuerst aufrecht, dann wagrecht oder hinabgeschlagen. K.b 1nervig, randhäutig, besonders die inneren. Blb fast bis auf den Grund 2teilig mit weit auseinander tretenden Zipfeln. Kapsel eifg. wenig länger als der K, mit braunen, etwas rauhen Samen. **M. aquaticum Fries. (Cerastium aquaticum L) Wasser-W.**

Juni–Herbst. An feuchten, schattigen Orten.

156. Cerastium, Hornkraut. X. 5.

1. Blb doppelt so lang als der K, St am Grund liegend, wurzelnd, oft dichte Rasen bildend, etwa 15 cm h., stielrund, gegliedert, abstehend- u. oberwärts oft drüsig-behaart. B gegenstdg, lineal-lanzettlich, sitzend, am Grund länger bewimpert, in den B.winkeln öfter mit einem Büschel unentwickelter B. Bl in gabelspaltigen, 5–15bltg, endstdg Rispen, weiss, mit wasserfarbigen Nerven, doppelt so lang als der K, 2spaltig. K.b eilanzettlfg, randhäutig, kurz behaart. Deckb eirund, stumpf, grün, weiss berandet. Bl.stiele nach der Blt wagrecht und nickend. Kapsel länger als der K, an der Spitze mit 10 auswärts gebogenen Zähnchen aufspringend, mit braunen, reihenweise knötigen Samen. **C. arvense L. Acker-H.**

   April–Mai. An sonnigen Acker- und Wegrändern gemein

   — dem K gleich oder kürzer 2.
2. Alle Deckb grün und nebst dem K an der Spitze bärtig. 3.
   Die oberen Deckb am Rande trockenhäutig und wie der K an der Spitze kahl. 4.
3. Fr.stiele höchstens so lang als der K, St aufrecht, bis 30 cm h., oder aufstrebend, Aeste der Rispe geknäuelt. B rundlich-oval, abstehend behaart, wie die ganze Pfl, zum Teil mit Drüsenhaaren, gegenstdg. Bl weiss. (Zuweilen fehlen

die Blb). Kapsel zuletzt sehr verlängert, doppelt so lang als der K. **C. glomeratum Thuill.** (**C. vulgatum L.**) **Geknäueltes H.**

Mai—August. Hier und da auf bebautem Land.

— 3—4mal so lang als der K, mit länglich-eirunden, gegenstdg B. St bis zu 30 cm h., (oft nur 5 cm h.), aufrecht oder aufstrebend mit endstdg. gabelspaltiger Rispe. von längeren Haaren grau-grün. wie die ganze Pfl: Blb weiss, 2spaltig. Bl.stiele nach der Blt.zeit etwas geneigt mit überhängendem K. **C. brachypetalum Desportes. Kurzblumiges H.**

Mai—Juni. Sonnige Orte. Dillenburg, Lahnthal. M. u. Rh. ‾‾·‾‾.

4. St mit dem unteren Teile liegend und wurzelnd, dann aufstrebend. bis zu 30 cm h, mit endstdg, gabelspaltiger, nach oben dichter Rispe, sonst einfach. stielrund, unterwärts oft rot angelaufen und kurz- und steif-behaart. B gegenstdg, am Grund etwas zusammengewachsen (wie übrigens bei allen Arten), zerstreut behaart. bewimpert, allmählich in einen breiten Bl.stiel verschmälert, beinahe spatelfg. die oberen sitzend. länglicher u. spitzer. Bl nach dem Verblühen nickend. weiss. Kapsel bei der Reife aufrecht. länger als der K. mit bräunlichen Samen. (Meist ohne Drüsenhaare). **C. triviale Link.** (**C. viscosum L.**) **Grosses H.**

Mai—Herbst. Auf Aeckern, Wiesen. Sehr gemein.

— aufrecht, nicht wurzelnd. aber öfter aufstrebend. bis 15 cm h, (seltener länger, dann sich niederlegend), mit endstdg. anfangs etwas geknäuelter (wie auch bei den anderen Arten), dann lockerer Rispe. Die untersten B bilden eine bald welkende Rosette. die übrigen oval. kleiner als bei voriger. Deckb und K.b mit breitem, trockenhäutigem Rand, Blb weiss, ausgerandet oder schwach gespalten. Stbgf oft nicht vollzählig (weniger als 10). Oefter mit Drüsenhärchen. **C. semidecandrum L. Kleines H.**

März—Mai. Auf sonnigen Hügeln. Gemein.*

5. Ordnung: Sileneae.

157. Gypsóphila, Gipskraut. X. 2.

St aufrecht. bis 15 cm h.. mit gabelspaltigen. schlanken Aesten sich ausbreitend, fädlich dünn, stielrund, kahl; B lineal, sehr schmal. gegenstdg. am Grund etwas zusammengewachsen, öfter sichelfg gekrümmt. Bl zerstreut, bleich rosenrot, endstdg und gabelstdg. auf langen. sehr dünnen. anfangs aufrechten, dann wagrechten Stielen. K glockig-kreiselfg. häufig mit 5 grünen Streifen. 5zähnig, halb so lang als die Blb. Kapsel eifg. 4klappig.

* Anmerkung. Meist weit kleiner als vorige Art. Die 3 letzten Arten zeigen indessen so viele Uebergangsformen, dass sie von manchen Autoren, wie Schimper, für Spielarten angesehen wurden. Eine drüsig-klebrige Form ist C. glutinosum Fries.

bis zur Hälfte aufspringend, Samen sehr klein, schwärzlich. G. **muralis G. Mauer-G.**

Juli—August. Auf Aeckern, an Ufern, Wassergräben. Hier und da.

158. Diánthus, Nelke. X, 2.

1. Innere Kschuppen (die den K zunächst umgebenden Deckb) abgerundet stumpf, ohne Stachelspitze, die Kröhre ganz einschliessend, trockenhäutig, kahl, (nur die 2 äusseren, um die Hälfte kürzeren, stachelspitzig). St aufrecht, 30—45 cm h, stielrund, kahl wie die ganze Pfl, oft braun und ganz astlos, B schmal-lineal, etwas dick und saftig, nervenlos, unten etwas häutig berandet und mit dem gegenüberstehenden zusammengewachsen, Bl in endstdg, 3—12bltg Büscheln, lila-rosenrot, unansehnlich, Kröhre schmal, trockenhäutig mit 5 grünen Streifen, stumpfzähnig. Frkn länglich-elliptisch, Samen glatt. **D. prolifer L. Sprossende N.**

Juni—August. An sonnigen, trockenen Orten ziemlich häufig.

— — zugespitzt oder mit einer Stachelspitze. 2.

2. Bl einzeln, endstdg, traubig oder rispig geordnet. 3.
— in Köpfen oder Büscheln. 4.

3. Platte der Blb fiederspaltig eingeschnitten, mit unzerteiltem Mittelfelde, bleich rosenrot-lila; Bl doldentraubig, am Grunde oft grünlich, purpurn gebärtet, sehr wohlriechend. St 30—60 cm h., stielrund, glatt, kahl wie die ganze Pfl, mit verdickten Knoten. B gras-grün, lanzettlich-lineal, 3—5nervig, am Rande schärflich, am Grunde zu einer kurzen Scheide verwachsen. K röhrig, 2—3 cm l. von eifg zugespitzten, viel kürzeren, kurz begrannten Schuppen umgeben. **D. superbus L. Pracht-N.**

Juli—August. Wiesen bei Königstein; Schwanheimer Wald. Selten. J. V. N.

— — — gezähnt, (weniger als $\frac{1}{3}$ eingeschnitten) mit karminroter, am Grunde mit gezackter, purpurfarbiger Linie gezeichneter u. weisslich gefleckter Platte, etwas bärtig, verkehrt-eifg. St bis 30 cm h, einen lockeren Rasen bildend, mit etwas dickeren Gelenken, stielrund, von feinen Härchen etwas scharf, ästig. Die untersten B-Paare genähert, vorn breiter, am Grund kurz gewimpert. K schlank, fast 6mal so lang als breit, purpurbraun überlaufen, mit länglich-lanzettlichen, spitzen Zähnen, Stachelspitze der Kschuppen so lang als sie selbst, die 2 äusseren Schuppen schmäler und entfernter. Staubkölbchen schieferblau. **D. deltoides L. Delta-fleckige N.**

Juni—September. An felsigen Orten, Waldrändern gemein.

4. Kschuppen behaart, krautig (nicht trockenhäutig), lanzettlich-pfriemlich, etwa so lang als die Kröhre. St starr aufrecht, 30—45 cm h., flaumig, oberwärts ästig, B lineal zulaufend, paarweise in eine kurze Scheide zusammengewachsen, mehrnervig, gewimpert, scharf. Bl in endstdg, 3 und mehrbltg, gedrungenen Büscheln mit kleinen, hellroten, weiss-

lich punktierten, am Grund dunkler gefleckten und etwas behaarten Blb, 2—3 cm l., schmal walzenfg., lanzettlich-pfriemlich gezähntem K. Kschuppen eifg-pfriemlich mit krautiger, dem K gleicher Spitze und ähnlichen, tief gefurchten, kurzzottigen Deckb. **D. Armeria L. Rauhe N.**

Juli—August. Hecken, Gebüsche. Nicht selten.

— kahl, trockenhäutig, braun, verkehrt-eirund, sehr stumpf, begrannt. St 45—60 cm h., einfach, fast stielrund, unterwärts oft stumpfkantig, kahl wie die ganze Pfl, B satt-, oft lauchgrün, lineal, sehr spitz zulaufend, etwas starr und am Rande scharf, die unteren etwas rinnig und schmäler, die oberen 3—5nervig, paarweise zu ¼ so langen Scheiden verwachsen. Bl in 3—8bltg, gedrungenen, endstdg Büscheln, fast kopffg beisammen, ansehnlich, fast 2 cm br., schön karminrot mit 3 gesättigten purpurnen Linien und zerstreuten, weissen Haaren, Blb mit dreieckigen, verkehrt-eifg, ungleich gekerbten Platten, benagelt, Kröhre walzlich, purpurbraun, unterwärts grün, lanzettlich gezähnt, flaumig, Hüllb wie die Kschuppen sehr stumpf, halb so lang als der K, die äusseren allmählich in eine pfriemliche Spitze zulaufend, so lang als der K und länger, Staubkölbchen schieferblau. **D. Carthusianorum L. Karthäuser-N.**

Juli—August. Sonnige Bergwiesen. Nicht selten.

159. Saponária, Seifenkraut. X. 2.

K walzlich, stielrund, kurz-eifg-gezähnt, öfter rot angelaufen. St aus gebogener Basis aufrecht, 45—60 cm h., mit verdickten Gelenken, stielrund, kurz behaart, besonders unter den Gelenken, B länglich-elliptisch, gegenstdg, paarweise mit einer schmalen Leiste zusammengewachsen; aus den unteren Bwinkeln treten kurze, wenig entwickelte Aeste, aus den obersten ein kurzer, mit einer gebüschelten Doldentraube besetzter Ast, am Ende des St eine reichbltg, büschelige Doldentraube von weissen oder fleischroten, grossen, kurz gestielten, von lanzettlichen Deckb gestützten Bl; Blb lang benagelt mit keilfg, am Schlund schuppig bekränzter Platte. Staubkölbchen schieferblau. Kapsel länglich-eifg, auf kurzem, dickem Fr.halter mit grossen, nierenfg, schwarbraunen, gekörnelten Samen. **S. officinalis L. Gemeines S.**

Juli—August. Trockene Wiesen, steinige Orte u. Ufer. Sehr gemein.

— eifg-pyramidal, später fast kugelig, weisslich mit 5 grünen geflügelten Kanten. St 30—60 cm h, aufrecht, stielrund, seegrün wie die ganze Pfl, mit verdickten Gelenkknoten, gabelspaltig-rispig-ebenstraussartig sich verzweigend. B gegenstdg, sitzend, am Grunde breit zusammengewachsen, länglich-lanzettlich, allmählich in kleine, häutige Deckb übergehend. Blt stiele lang, aufrecht. Blb fleischrot, deren Nägel so lang als der K; Blb-Platte halb so lang, verkehrt-eirund, gezähnelt. Kapsel eifg auf kurzem Fr.halter. mit schwarzen, nierenfg-kugeligen, erhaben punktierten Samen, einfächerig, 4zähnig aufspringend. **S. Vaccaria L. Kuh-S.**

Juli—August. Unter der Saat. Hier und da, doch nicht häufig.

160. Cucúbalus, Taubenkropf. X. 3.

St 60—200 cm l., sehr ästig mit fast rechtwinklig abstehenden gegenstdg Aesten u. Zweigen, schlaff niederliegend, meist kletternd, stielrund oder schwach vierkantig, bleichgrün oder rötlich angelaufen, mit stark verdickten Gelenken, flaumhaarig wie die übrige Pfl, unten auch zottig: Bl einzeln in den Gabelspalten und am Ende der Zweige, kurz gestielt, grünlich oder gelblich-weiss, von einander entfernt, schlank benagelt, mit 2spaltiger, klein gekerbter und am Grunde bekränzter Platte. B gegenstdg, kurz gestielt, eifg, zugespitzt, am Rande mit kurzen Borstchen. K gross und weit, beckenfg-glockig, bleichgrün, aderig, halb 5spaltig mit breiten, eifg Zipfeln. Beere kugelig, schwarz, glänzend auf kurzem Fr-halter. Samen nierenfg, schwarz, glänzend, körnig. **C. bacciferus L. Beerentragender T.**

Juli—August. In Gebüschen, Hecken. Hattenheim, Rüdesheim, Braubach. Ziemlich selten. J. V. N.

161. Siléne, Leimkraut. X, 3.

1. Blb bekränzt d. h. deren Platte am unteren Ende mit 2 schuppenfg Anhängseln. 2.
— unbekränzt. 6.

2. K mit 30 dunkelgrünen Riefen, hellgrün, ei-kegelfg, halb 5spaltig mit sehr spitzen Zipfeln. St 15—30 cm h., stielrund, gegliedert, oft purpurbraun gefärbt, dicht flaumig-behaart wie die lineal-lanzettlichen, schwachnervigen, am Grunde zu einer kurzen Scheide zusammengewachsenen B und K, von der Mitte an ästig-gabelspaltig; Bl einzeln in den Gabelspalten und endstdg, eine gehäufte Doldentraube bildend, lang-gestielt, aufrecht, rosenrot, weiss benagelt: Platte verkehrt-herzfg. Stbgf zottig. A bläulich oder grünlich. Kapsel eifg, sitzend. Samen klein, grau-weiss, bekörnelt. **S. conica L. Kegelfrüchtiges L.**

Mai—Juni. Sandige Felder. Wiesbaden, Hochheim - Flörsheim, Oestrich. J. V. N.

— mit 10 Riefen. 3.

3. Blb unzerteilt. 4.
— 2spaltig oder 2teilig. 5

4. Bl zu traubenfg Wickeln geordnet, am Ende des 15—45 cm h., aufrechten, stielrunden St und der meist wechselstdg Aeste kurz gestielt, von 2 linealen Deckb gestützt. B grasgrün, die unteren gestielt, verkehrt-eirund, fast spatelfg, die oberen gegenstdg, am Grunde etwas zusammengewachsen, nach unten verschmälert, stumpf, die obersten in Deckb verwandelt. Blt.axe (Spindel) allmählich verlängert und winkelig. K anfangs röhrig, zuletzt eifg mit abgerundeter Basis, langhaarig.

mit lanzettlich-pfriemlichen Zähnen. Blb verkehrt-eirund, klein, oft unregelmässig-gezähnt. fast verkehrt-herzfg, hell fleischrot oder weisslich, rötlich geadert. Kapsel eifg. so lang als der K. Samen nierenfg, mit stumpfkantigem, vorspringendem Rande, bräunlich-grau, bekörnelt. Pfl oberwärts drüsig-klebrig. **S. gallica L. Französisches L.**

Juni—Juli. Auf Kartoffeläckern bei Höhr vereinzelt. Bei Diez in Gärten, wohl verwildert. J. V. N.

— in gabelspaltigen. büschelig-gedrungenen Rispen. St 30 cm h., völlig kahl wie die ganze Pfl. die oberen Glieder klebrig-beringelt. oft ganz einfach, 30—45 cm h., hellgrün. stielrund, und wie die gegenstdg. am Grunde etwas zusammengewachsenen, eifg-länglichen B, kurzen Blt.stiele u. K bläulichgrün angelaufen. K röhrig-keulig, dünnhäutig, bleich. mit 10 meist rot gefärbten Kanten, unten tief genabelt. mit 5 eifg Zähnen. Nägel der Blb verkehrt-eirund, etwas ausgerandet oder schwach gekerbt. schön rosenrot, so lang als der K; Blb-Platte von langen, spitzen Schuppen bekränzt, Kapsel auf ebenso langem Fr.träger. **S. Armeria L. Garten-L.**

Juli—August. Steinige u. sandige Orte. Auf den Ruinen Sternberg und Liebenstein, J. V. N. Oberhalb der Ruine Reichenberg bei St. Goarshausen.

5. Bl vereinzelt, aufrecht, gabel- u. endstdg. bleich-fleischrot. mit stumpfen, gekerbten Kranzschuppen, zuletzt. bei der Fr.reife, lang gestielt. etwas geneigt. St oberwärts gabelspaltig, 15—30 cm h., aufrecht. stielrund. mit langen, gegliederten Haaren, besonders unten, oberwärts drüsig-klebrig. wie die Blt.stiele, K.kanten und die gegenstdg, kurz zusammengewachsenen, länglichen. spitzen, trübgrünen, dicht gewimperten, weich anzufühlenden B. Kapsel gross, eifg, auf kurzem, dickem Fr.halter. Samen graubraun, bekörnelt. Untere B spatelfg. K röhrig-bauchig mit 5 stärkeren und 5 schwächeren mit den ersteren durch Queradern verbundenen dunkelgrünen Längsriefen. bis auf ⅓ 5spaltig mit pfriemlichen Zipfeln. **S. noctiflora L. Nachtblühendes L.**

Juni—Juli. Unter der Saat. M. u. Rh. J. V. N.

— mit überhängenden Rispen. K keulig-röhrig, mit purpurbraunen Nerven. St 45—60 cm h., aufrecht, stielrund, unten und an den verdickten Gelenken purpurbraun, kurzflaumig. oberwärts wie die Bl.stiele und der K mit klebrigen Drüsenhaaren. Untere B lang gestielt. elliptisch-verkehrt-eifg, kurz zugespitzt. mit bewimperter Basis in den B.stiel verlaufend, gegenstdg, die oberen mit einer schmalen Leiste verbunden. die obersten sitzend und kleiner; die 2 obersten St glieder sehr lang. Bl in gabelspaltigen Rispen mit 3—7bltg. vor und während der Blt.zeit abwärts geknickten Aesten, überhängend, später aufwärts gestreckt, weiss. mit weit abstehenden, 2teiligen, schuppig bekränzten, sich gegen Abend zusammenrollenden Platten, benagelt. Stbgf doppelt so lang als der nach unten etwas zulaufende, bleichgrüne K. Fr.träger kaum ¼ des eifg Frkn. Samen schwärzlich-braun. bekörnelt. **S. nutans L. Ueberhängendes L.**

Juni - Juli. In Gebüschen, an steinigen Orten. Ziemlich häufig.

6. Blb 2teilig. lang benagelt. K stark aufgeblasen, vielstreifig. netzaderig. kahl. bleichviolett mit dunkelvioletten Adern. breit-eifg. gezähnt; St zu mehreren aus derselben Wzl, 15—45 cm h., im unteren Teil holzig und niederliegend. meist einfach. nur oben in bl.tragende Aeste verzweigt. mit verdickten. nach oben hin entfernter stehenden Gelenken, mit bläulichem Anflug. wie die gegenstdg. mit schmaler Leiste verbundenen. länglich-elliptischen oder eifg B. Bl in gabelspaltiger. ziemlich flacher Rispe an dünnen Stielen. oft überhängend. (bald ☿, bald ♂), milchweiss, öfter hell fleischrot, Stbgf fast doppelt so lang mit grünen, violett gestreiften Kölbchen. Frkn glänzend kastanienbraun, rundlich-eifg. mit halb so langem Fr.halter. **S. inflata Sm. (Cucubalus Behen L.) Aufgeblasenes L.**

Juli - Herbst. Trockene Wiesen, steinige Orte. Sehr gemein.

— unzerteilt, gelblich-grün oder weisslich. schmal-lineal. einwärts gekrümmt. St 30—60 cm h., stielrund. mit wenigen entfernten Knoten, unterwärts flaumig, etwas scharf, weiter oben klebrig. ganz oben kahl wie auch die Rispe. B graugrün. kurzhaarig, am Grunde gewimpert. die Wzl.b langgestielt. rasenfg beisammen. länglich keilfg oder verkehrt-eifg. nach dem B.stiel verschmälert, die st.stdg gegenstdg. etwas zusammengewachsen. die obersten lineal, unansehnlich. Bl in vielbltgen. quirlig-traubigen Rispen am Ende des St; am Grunde der Quirle weissliche, wimperige Deckb. bisweilen auch eine gabelstdg Bl: Bltstiele dünn. mehrmals länger als der röhrig-glockige, 10streifige, oft purpurbraun gefärbte K; K.zipfel eirund. randhäutig; Kapsel eifg. fast sitzend; Samen graubraun. bekörnelt, ziemlich gross. Die Pfl öfter mit ♂ und ♀ Blt auf verschiedenen Pfl (2häusig). **S. Otites Sm. (Cucubalus Otites L) Ohrlöffel-L.**

Mai—Juli Sandfelder. Nicht häufig. Okriftel. Hochheim, Flörsheim. Biebrich. J. V. N. (Unterhalb Mainz ziemlich häufig).

162. Lychnis, Lichtnelke. X. 5.

1. Blb unzerteilt. höchstens flach ausgerandet, fleischrot. lang benagelt mit verkehrt eirunder, bekränzter, am Rande welliger. sonst flacher Platte. St 45—60 cm h. einfach. stielrund, kahl. in der oberen Hälfte unter den Knoten schwarzbraun und klebrig. B hellgrün. vorn purpurbraun, lanzettlich, ganzrandig. kahl, am Grunde wollig-spinnwebig gewimpert. die Wzl.b ziemlich lang gestielt, abstehend, die st.stdg am Grunde zusammengewachsen. aufrecht. Bl in endstdg, quirlig-traubiger Rispe mit gegenstdg, meist 3bltg Aesten, zu kurzen Büscheln

vereinigt; 2 eifg, randhäutige, lang zugespitzte Deckb am Grunde jeden Astes. K mit 10 kraus-flaumhaarigen Nerven, sonst kahl, grünlich, teilweise purpurfarben, röhrig-keulenfg, mit eifg. spitzen Zähnen. A grün mit schiefergrauem Blt.staub. Kapsel auf ebenso langem Fr.träger, fünffächerig. **L. Viscaria L. Klebrige L.**

Mai—Juni. Sonnige, trockene Waldblössen. M. u. Rh. Nicht häufig. J. V. N.

— geteilt oder gespalten. 2.

2. Blb 4teilig mit linealen, fingerfg gestellten Zipfeln, fleischrot, benagelt, bekränzt. St 45—60 cm h., aufrecht, kantig, im unteren Teil und an den etwas verdickten Gelenken rotbraun, etwas rauhhaarig, oberwärts gabelspaltig, mit doldentraubiger Rispe endend. B kahl, länglich oder lanzettlich, gegenstdg, paarweise etwas zusammengewachsen, etwas gewimpert, aufrecht, die unteren in einen B.stiel verlaufend. Bl gabel- und endstdg, die gabelstdg lang-, die endstdg kurz-gestielt. K häutig mit 10 rotbraunen Nerven und 5 eifg Zähnen. Kapsel mit 5 Zähnen aufspringend. **L. Flos Cuculi L. Kukuks-L.**

Mai—Juli. Wiesen. Sehr gemein.

— 2spaltig. 3.

3. Bl rosenrot, geruchlos. St 45—75 cm h., aufrecht, weichzottig, rispig-ästig, stielrund. Obere B eifg, kurz zugespitzt, mit einzelnen Zotten, ohne Drüsenhaare. Blb bekränzt, lang benagelt. K zottig. Kapsel mit 10 sich zurückrollenden Zähnen aufspringend, rundlich-eifg; die oberen B, Blt.stiele u. K oft blutrot gefärbt. Kommt öfter mit fehlschlagenden Stbgf oder Stempeln vor. **L. diurna Sibth. (L. dioica α L.) Tag-L.**

Mai—Juni. Waldränder, Gebüsche. Häufig.

— weiss, wohlriechend. St 60—90 cm h., steif aufrecht oder aufstrebend, mit verdickten Gelenken, stielrund, unterwärts zottig-klebrig, oberwärts drüsig-behaart. B lanzettlich-elliptisch, zugespitzt, am Rand wellig, unterseits mit stark vortretenden Nerven, die untersten in einen B.stiel verschmälert, die anderen sitzend und am Grund paarweise etwas zusammengewachsen, kurz behaart, die obersten schmäler, dicht drüsig behaart. An jedem Gelenke abwechselnd ein kurzer, unfruchtbarer Ast. Bl einzeln in den Gabeln und am Ende der Rispenzweige zu 2—3 näher beisammen, etwas nickend, öfter mit fehlschlagenden Stempeln oder Stbgf, kurz gestielt, des Abends sich öffnend. K der ♂ Bl röhrig-keulenfg mit 10 rotbraunen Kanten, der ♀ Bl ei-kegelfg mit 5 stärkeren und 15 schwächeren Kanten; Nägel der bekränzten Blb länger als der K; Kapsel ei-kegelfg, etwas knorpelig, mit 10 nicht zurückgerollten Zähnen aufspringend. (Variiert selten mit fleischroten Bl). **L. vespertina Sibth. (L. dioica β L.) Abend-L.**

Juni—August. An Wegrändern, Hecken, Gebüschen. Im M. u. Rh. gemein, sonst nicht so häufig

163. Agrostémma, Raden. X. 5.

St aufrecht. 45—60 cm h., oft einfach oder in wenige fast aufrechte Aeste oberwärts geteilt, mit verdickten Gelenken, von angedrückten, längeren Haaren grau, wie die lanzettlich-linealen, zugespitzten, 3nervigen, unten bewimperten, in eine kurze Scheide zusammengewachsenen B; Bl einzeln in den B.winkeln und endstdg. ansehnlich, rosenrot mit 3 dunkleren Adern auf jedem Blb, unterseits blasser u. stark glänzend, unbekränzt, benagelt, so lang wie die K.röhre. K 10kantig mit lanzettlich-linealen, weit über die Bl hinauswachsenden, später abfälligen Zipfeln. Staubkölbchen schieferblau. Kapsel eifg mit 5 Zähnen aufspringend, einfächerig. **A. Githago L. Korn-R.**

Juni—Juli. Unter dem Getreide. Nicht selten.

6. Ordnung: Portulaceae.

164. Portuláca, Portulak. XI. 1.

St 10—20 cm l. kreisfg auf den Boden hingestreckt, stielrund, dick, saftig, kahl, wie die ganze Pfl, oft rötlich angelaufen. B keilfg, sehr stumpf, 2—3 mal so lang als breit, ganzrandig, saftig, grasgrün, ziemlich dick, wechsel- und gegenstdg und am Ende der Aeste fast büschelfg gehäuft. Bl gabelstdg sitzend, gelb, meist zu 2—3. K halb-oberstdg, zusammengedrückt, mit 2 ungleichen, stumpf gekielten Zipfeln, zuletzt mit dem Kapseldeckel abfallend. Blb 4—6 verkehrt-eifg, unten mit den Nägeln zusammenhängend, dem K eingefügt. Stbgf 6—12 den Blb angewachsen. 5fädliche, sitzende N. Kapsel einfächerig, ringsum aufspringend. Samen rundlich, schwarz, glänzend, von kleinen Knötchen schärflich. **P. oleracea L. Gemeiner P.**

Juni—Herbst. Gebautes Land, Weinberge. Okriftel, Hochheim. J V. N

Von dieser Art nur durch den üppigeren, weit höheren Wuchs, die aufrechten St und aufstrebenden Aeste, und die auf dem Rücken geflügelt-zusammengedrückten K.zipfel verschieden ist **P. sativa Haw.** (**P. oleracea** β **L.**) **Gebauter P.**

Als Küchenpflanze hier und da kultiviert.

165. Montia, Montie. III. 1.

St 10—25 cm l, im unteren Teil niedergestreckt u. wurzelnd, dann aufsteigend und aufrecht, öfter lockere Rasen bildend, in tiefem Wasser grosse, dichte 30—60 cm l. Polster bildend, stielrund, brüchig und kahl wie die ganze Pfl. Aeste wechselstdg, oberwärts gabelspaltig. B gegenstdg, lanzettlich-elliptisch in einen breiten B.stiel verlaufend, fast spatelfg, ganzrandig, saftig, glänzend. Bl in 3—5blütgen, b.winkelstdg, von einem eirunden Deckb gestützten Trauben, aufrecht, später umgebogen. K.b 2, breit eirund, stumpf, halb so lang als die trichterfg, bis auf den Grund gespaltene Bl.kr mit 5teiligem Saum, 3 Zipfel der letzteren kleiner. weiss; Kapsel kreiselfg mit sehr kurzem Gf u. 3 flaumigen N, 3klappig. Samen schwarz mit vielen kleinen Knötchen. **M. fontana L. Quellen-M.**

Mai—August. Zerstreut in Bächen, an Quellen. Allendorf, A. Weilburg. Oberursel, Merkenbach-Beilstein. Aarthal. J. V. N.

Anmkg. Neuere Autoren spalten diese Art in die beiden: M. minor Gmel. mit aufstrebendem, bis 10 cm h. St, fast glanzlosen Samen u. M. rivularis Gmel. mit flutendem, untergetauchtem, bis 25 cm l. St. und glänzenden Samen.

V. Reihe: Polycarpicae.

1. Ordnung: Berberideae.

166. Bérberis, Sauerdorn, Berberitze. VI, 1.

Strauch 2—3 m h., mit kantigen, bräunlich-grauen Zweigen, gelbem Holze, kahl, mit gebüschelten, länglich-verkehrt-eifg, gewimpert-stachelzähnigen, ziemlich starren B, an jedem B.büschel ein mehrteiliger Dorn. Bl in reichbltg. aus den B.büscheln herabhängenden, einzelnen Trauben, mit 6 grünlich-gelben, wagrecht abstehenden K.b und 6 gelben, aufrechten, länglichen, stumpfen Blb; am Grunde mit 2 pomeranzenfarbigen Drüsen. Fr eine 2—3samige, längliche, meist zinnoberrote (bisweilen violette oder purpurrote, auch gelbe oder weisse) Beere. Die Stbgf, wenn am inneren Grunde mit einer Nadel berührt, schnellen auf das Pistill hin. **B. vulgaris L. Gemeiner S.**

Mai—Juni. Im Gebüsch. Hier und da. Auch kultiviert.

2. Ordnung: Ranunculaceae.

167. Clématis, Waldrebe. XIII, 2—7.

Pfl kletternd bis zu 2 m hoch, oft höher, mit gewundenen B.stielen sich um benachbarte Sträucher schlingend und dichte Büsche über Hecken bildend. B einfach gefiedert, mit 5 grob gesägten oder ganzrandigen, 3—5nervigen, in der Jugend etwas flaumigen, unterseits bleicher grünen B.chen. K.b beiderseits filzig, lederig. Bl zu 3—15 auf langen, mehrfach sich teilenden Stielen rispenfg am Ende der Zweige geordnet, weiss. Fr zuletzt mit zottig-schweifartigem Gf. **Cl. Vitalba L. Gemeine W.**

Juli—August. Hecken, Waldränder. Ziemlich häufig.

168. Thalictrum, Wiesenraute. XIII, 2—7.

Bl überhängend, wie die Stbgf. grünlich, oft purpurn überlaufen, lang gestielt, zerstreut in weitschweifigen, fast doldenfg Rispen. Pfl aufrecht. 30—75 cm h., St etwas hin- u. hergebogen, fein gerieft, starr und hart, oft purpurbraun gefärbt, mehr oder weniger bereift, an den Gelenken verdickt. B wechselstdg, 3zählig und 2—3fach gefiedert, im Umriss dreieckig mit rundlichen B.chen. **Th. minus L. Kleine W.***

Mai—Juni. Wiesen. Zerstreut im Gebiet mit Ausnahme von . u. L.

* Eine grössere Spielart mit rechtwinkelig abgehenden Aesten und breiteren B.chen ist Thalictrum majus Jacq.

— und Stbgf aufrecht. Rispen fast dolden-traubenfg oder ebenstraussartig; St 60—90 cm h., gerade aufrecht, stark gefurcht, mit erhabenen Kanten, hohl wie die ähnlichen B stiele. B doppelt-gefiedert, länglich-dreieckig im Umriss, wenigstens die oberen, grasgrün, unterseits bleicher oder meergrün mit vortretendem Adernetz, am Rande umgerollt; B.chen verkehrt-eifg. oft 3spaltig, nach oben länglich-keilfg oder lineal. B.scheiden mit grossen, fransigen, länglich-eifg Oehrchen. Blt zu 8—10 büschelfg am Ende der Aeste. Blb weisslich-gelb. Wzl kriechend. **Th. flavum L. Gelbe W.**

Juni--Juli. Feuchte Wiesen. Selten. Rheinufer bei Braubach: Okriftel, Oestrich, Hohenstein. J. V. N.

169. Anemóne, Windröschen. XIII. 2—7.

1. Gf nach der Blüte schweifartig verlängert u. federig. St 15—20 cm h., mit Wzlb.-Rosette (zur Blt.zeit noch wenig entwickelt), anfangs mit schneeweissen, langen, weichen Zotten besetzt, die sich später verlieren, und endstdg, ansehnlicher, sattvioletter, glockiger Bl und 3zähliger, gefingert-vielteiliger, den 2—3 cm langen Bl.stiel scheidig umgebender Hülle **A. Pulsatilla L. Violettes W., Küchenschelle.**

April. Auf sonnigen Hügeln. Lorsbach, Clarenthal, im M. u. Rh., L.

— — — — nicht schweifartig und federig. 2.

2. Frkn filzig-wollig. St 15—30 cm h., stielrund mit lang gestielten, hellgrünen, oberseits kahlen, unterseits kurzhaarigen, etwas bleicheren, gewimperten, dreizähligen, etwas runzeligen Wzlb. Teilb.chen kurz gestielt oder sitzend, das mittlere 3spaltig. mit keilfg Basis, die anderen 2teilig, alle eingeschnitten-gesägt. B.stiele zottig, oft purpurrot; am Grunde des Blt.stiels 3—4 lang gestielte ähnliche, nur etwas einfachere u. kleinere Hüllb; Blt.stiel etwa so lang als der Schaft, behaart, etwas nickend Bl sternfg ausgebreitet, ziemlich gross, innen kahl und weiss, aussen flaumig und oft rötlich; Blb elliptisch, stumpf. Gf kahl. hakig. **A. silvestris L. Wildes W.**

Mai—Juni. Sonnige Hügel und Gebüsche. M u. Rh. Ziemlich häufig. J. V. N.

— kahl, höchstens kurzhaarig. 3.

3. Bl einzeln, weiss, aussen oft rosenrot, St bis 15 cm h. mit 3 gestielten, 3zähligen, fast kahlen, etwas gewimperten, quirlig gestellten Hüllb, deren Teilb.chen kurz gestielt, 2—3spaltig und eingeschnitten gesägt, aus deren Grund der gleichlange Bl.stiel mit nickendem, 6—7blttrg P sich erhebt. **A. nemorosa L. Busch-Windröschen.**

März—April. Gebüsch, Waldwiesen. Sehr gemein.

— meist zu 2, gelb. Der vorhergehenden sonst sehr ähnlich, doch sind die Hüllb kürzer gestielt, fast sitzend, und die P.b aussen flaumig. **A. ranunculoides L. Ranunkelartiges W.**

Mai. Gebüsche, feuchte Wälder. Nicht so häufig, doch im ganzen Gebiet.

170. Adónis, Adonis. XIII. 7.

K.b behaart, gelblich oder graugrün, gezähnelt. St 15–45 cm h., aufrecht, stielrund, gerillt, kahl oder schwach behaart, wenig ästig oder einfach. B fast 3fach gefiedert mit schmal linealen Fetzen, gestielt, die oberen sitzend. Bl einzeln, endstdg, lang gestielt, meist dunkel scharlachrot; Blb 6–8 länglich-verkehrt-eifg, abgerundet-stumpf, flach, vorn gezähnelt, etwas ungleich, an der Basis oft mit dunkelem Flecken; Frkn schwach gekielt, oberwärts abgerundet, vorn mit aufstrebendem, schwärzlichem, wie angebranntem Schnabel. **A. flammea Jacq. Brennendrote A.**

Juni—Juli. Auf Saatfeldern. Weilmünster, Okriftel, Wiesbaden, Löhnberger Hütte. Ziemlich selten. J. V. N.

— kahl. Der vorigen Art in Tracht und Grösse ähnlich, aber mit heller roten, fast strohgelben Bl u. gleichfarbigem, nicht an der Spitze dunklerem Schnabel der Frkn. **A. aestivalis L. Sommer-A.**

Juni—Juli. Auf Saatfeldern. Villmar, Kirberg, Okriftel, Diez, J. V. N; bei Wiesbaden häufig.

171. Myosurus, Mäuseschwanz. V, 6.

Schäfte bis 10 cm h., büschelig beisammen aus derselben Wzl, stielrund, oberwärts verdickt, kaum länger als die Wzlb, 1blumig: B schmal-lineal, nach oben breiter, stumpf, etwas fleischig, meist kahl wie die ganze Pfl; Bl aufrecht, gelblich-grün, unansehnlich mit 5 gespornten, hinfälligen K.b u. 5 etwas kürzeren, benagelten, zungenfg Blb. Stbgf 5—10; Fr.boden zuletzt mäuseschwanzartig verlängert, dünn und walzlich, oberwärts schmäler. N fast sitzend. Fr 1samige Nüsschen. **M. minimus L. Kleinster M.**

Mai—Juni. Aecker. Häufig. (Fehlt im $\overline{\text{L.}}$.)

172. Ranúnculus, Hahnenfuss. XIII, 2—7.

1\. Bl weiss. 2.
— gelb. 6.

2\. St aufrecht, bis 90 cm h., stielrund, glatt, oberwärts ästig, fast kahl. B handfg geteilt, mit 3–7 Teilb.chen u. 3spaltigen Zipfeln. Bl schneeweiss in endstdg, sehr lockerer, doldentraubiger Rispe. Landpflanze. **R. aconitifolius L. Eisenhutblättriger H.**

Mai—August. Ziemlich selten. Gebirgswälder. Langauer Mühle, linkes Ufer des Mühlbachs; Arnsteiner Kloster; Dausenau, ($\overline{\text{L.}}$), Reifenberg; Taunus, Laufenselden, Johannisberg, Lorch, Oberursel.

— liegend, oft flutend. 3.

3\. Alle B nierenfg, gleichgestaltet, stumpf-5lappig, lang-gestielt, hellgrün, glänzend, kahl wie die ganze Pfl, saftreich, etwas dick, in der Mitte oft dunkel gefleckt, auf dem Wasser schwimmend. St an den Gelenken oft wurzelnd, röhrig, ziemlich dick, brüchig. Blt.stiele zuletzt zurückgekrümmt: Bl klein; K.b oval, stumpf, weisslich berandet, kahl; Blb ebenso lang, am Grunde gelblich. Honiggrube ohne Schuppe; Fr kahl, quer-runzelig, kurzbespitzt. **R. hederaceus L. Ephenblättr. H.**

Mai—Juli. Quellen, Bäche. Selten. $\underline{\ \cdot\ }$ Nastätten, Langenbach und Haintgen.

Die untergetauchten B borstlich-vielspaltig. 4.

4. Fetzen der untergetauchten B parallel und verlängert; St bis 5 m l., im Wasser flutend. Bl zur Blt.zeit sich über das Wasser erhebend, 9—12blttrg, Blb länglich-keilfg. **R. fluitans Lam. Flutender H.**

Juni—August. Sehr häufig. In Bächen und Flüssen.

— — — — divergierend. 5.

5. Alle B untergetaucht; Bl weiss; Zipfel der sämtlich borstlich-vielspaltigen B in eine kreisrunde Fläche ausgebreitet; St stumpfkantig; 5 verkehrt-eifg, kurz benagelte Blb; Stbgf viel länger als die anfangs behaarten Stempel. **R. divaricatus Schrank. Spreizender H.**

Mai—Juli. In stehendem Wasser. Nicht so häufig.

Ausser den untergetauchten B noch schwimmende, nierenfg B; 5 Blb. Unterscheidet sich von R. fluitans Lam. dadurch, dass die Fetzen der untergetauchten B nach allen Seiten divergieren, weshalb das B im Umriss fast rund erscheint. **R. aquatilis L. Wasser-H.**

Juni—August. In fliessendem und stehendem Wasser gemein.

6. Alle B unzerteilt. 7.

Stb zerteilt oder zusammengesetzt. 9.

7. B rundlich-eckig, herzfg, glänzend. K 3—5blttrg, weisslich. Blkr mehr als 5blttrg, St meist 1bltg, nach allen Seiten ausgebreitet, 10—15 cm l., wurzelnd, Wurzeln aus länglichen, keulfg, fleischigen Knöllchen bestehend. Die unteren, langgestielten B oft dunkelbraun gefleckt, mit Brutknöllchen in den B.-winkeln. **R. Ficaria L. Feigwurzeliger H.**

April—Mai. Wiesen, Waldränder, Hecken. Sehr gemein.

— lanzettlich-lineal. 8.

8. St steif aufrecht, 60 cm h. und höher, unten bis 2 cm dick, bläulich-grün, B bis 30 cm l. und 2—3 cm br., lang zugespitzt; Bl sehr zahlreich und ansehnlich, bisweilen 4—5 cm br., Blb mit Schuppe auf der Honiggrube, goldgelb; Fr mit breitem, kurzem Schnabel, berandet, glatt. Pfl Ausläufer treibend. **R. Lingua L. Grosser H.**

Juli—August. Sümpfe des Westerwaldes. Hadamar? J. V. N. Sehr selten.

— meist am Grunde liegend u. aufstrebend (seltener hingestreckt u. wurzelnd), weit niedriger u. schwächer als vorige Art, 15—30 cm h., etwas zusammengedrückt, oberwärts ästig. B dicklich, glänzend, hellgrün, mit kleinen, entfernten, schwieligen Sägezähnchen, die unteren lang gestielt, die oberen fast sitzend. Bl goldgelb, einzeln am Ende des St und an der Seite der Aeste den B gegenstdg. Wzl faserig. **R. Flammula L. Brennender H.**

Juni—Herbst. Feuchte Wiesen und Gräben. Sehr gemein.

9. Fr mit dorniger Oberfläche, scheibenfg. St 30—45 cm h., fast stielrund, oberwärts, wie die Aeste, anliegend behaart.

B hellgrün, 3zählig, mit gestielten, in mehrere lineale Fetzen geteilten B.chen, kleinen, blassgelben Bl mit verkehrt eifg Blb und abstehenden, langbehaarten, lanzettlichen K.b.chen. **R. arvensis L. Acker-H.**

Mai—Juli. Unter der Saat. Hier und da.

— glatt. 10.

10. K zurückgeschlagen. 11.

— nicht zurückgeschlagen. . 13.

11. Bl blassgelb, klein, kaum länger als der K. in länglich-walzlichen Köpfchen, auf hohlem Bl.boden. St aufrecht. 30—45 cm h., dick, hohl, gerieft, sehr ästig-rispig und reichbltg, fast kahl wie die ganze Pfl. B grasgrün, saftig, glänzend, die wzl.stdg langgestielt, im Umriss nierenfg, dreilappig, der mittlere Teil wieder dreilappig, die seitlichen zweilappig, mit gekerbten Läppchen, die obersten immer einfacher, zuletzt nur aus 3 linealen B.chen bestehend. B.stiele mit häutigen Oehrchen st.umfassend. K flaumhaarig. Blt.stiele gerieft. Honiggrübchen mit Schuppe. Fr klein, eirund, fein runzelig, ungekielt. **R. sceleratus L. Blasenziehender H.**

Juni—Herbst. Gräben, Sümpfe. Hier und da.

— goldgelb. 12.

12. St unten zwiebelartig verdickt, 30—45 cm h., ohne Ausläufer; untere B (Wzl.b) 3zählig, oder doppelt-3zählig, mit 3spaltigen, eingeschnittenen Teilb.chen. Fr (einsamige Nüsse) linsenfg, glatt. **R. bulbosus L. Knolliger H.**

Mai—Juli. Wiesen. Sehr gemein.

— nicht zwiebelartig verdickt. Der vorigen Art sonst sehr ähnlich, doch heller grün; Fr mit aufwärts gerichtetem, nicht rückwärts gekrümmtem Schnabel, am Rande mit feinen Knötchen, weisslichen Spitzen der B.läppchen und stärkerer zottiger Behaarung. **R. Philonotis Ehrh. Rauhhaariger H.**

Mai—August. ___ häufig, auch bei Okriftel. J. V. N.

13. St mit wurzelnden Ausläufern, meist aus liegender Basis aufstrebend, oft weit umherkriechend, rankenartig niedergestreckt. B ähnlich denen der vorigen, die unteren lang gestielt und mehrfach 3zählig zusammengesetzt mit verkehrt-eifg Abschnitten. Fr linsenfg, fein punktiert. **R. repens L. Kriechender H.**

Mai—Herbst. An feuchten Orten. Sehr gemein.

— ohne Ausläufer. 14.

14. Bl.stiele stielrund. 15.

— gefurcht: St aufrecht, 45—60 cm h.; B im Umriss rundlich-herzfg, handfg geteilt mit 5 Lappen, die mittleren grösser, mit eingeschnitten gezähnten, vielspaltigen, oft schmal linealen Abschnitten, lang gestielten Wzlb, bisweilen weisslich gefleckt. K.b den Blb anliegend; Fr zuletzt mit hakenfg Schnäbelchen (dem bleibenden Gf), von Härchen umgeben. **R. polyanthemus L. Reichblütiger H.**

Mai—Herbst. Waldwiesen. Nicht so häufig.

15. Frkn sammethaarig. Blb öfter nicht vollzählig (weniger als 5), goldgelb. glänzend. St aufrecht. röhrig, fast stielrund, gabelig ästig. im unteren Teil b.los. (abgesehen von den lang gestielten Wzl.b) 30—45 cm h., schwach flaumhaarig. St.b sitzend mit scheidenartig verbreitertem Rand. in 5—7 lineale fingerfg gestellte Fetzen zerteilt. K flaumhaarig. gelblich grün. abstehend. Fr rundlich-eifg, von hakigem Gf geschnäbelt. bauchig und gekielt, kurz und dicht behaart. **R. auricomus L. Goldgelber H.**
Mai—Juli. Grasplätze und lichte Wälder. Gemein.
— kahl. 16.

16. St u. Bl.stiele anliegend- u. kurz-behaart. St aufrecht, 45—90 cm h, stielrund. röhrig, glatt, im oberen Teil ästig. B im Umriss herzfg-rundlich, handfg in drei 3lappige, gezähnte Abschnitte geteilt, (die seitlichen wiederum 2spaltig), etwas behaart, öfter am Grund der Zipfel bräunlich gefleckt, Wzl.b lang gestielt, B.stiel mit längerer Scheide dem St eingefügt. K.b abstehend. gelblich berandet, behaart. Blb goldgelb. glänzend, am Grund mit hellerem Flecken und breiter Schuppe. Bl.boden kahl. Fr kurz geschnäbelt. **R. acris L. Scharfer H.**
Mai - Herbst. Grasplätze. Sehr gemein.
— — — abstehend, lang- und gelblich-behaart. St 30—90 cm h., ziemlick dick, röhrig, mit weit abstehenden Aesten, vielblütig; B meist nur 3lappig-handfg mit breiten. wenig eingeschnittenen Lappen. Fr linsenfg mit schneckenfg oder hakenfg eingerolltem, halb so langem Schnabel; Bl.boden kahl. **R. lanuginosus L. Wolliger H.**
Mai - Juli. ___. Ziemlich häufig.

173. Caltha, Dotterblume. XIII, 2—7.

St meist aus liegender Basis aufstrebend. bis 45 cm l., dick. hohl, stumpfkantig, gefurcht. wenig ästig. kahl wie die ganze Pfl B rundlich-herzfg, gekerbt, glänzend, die grundstdg langgestielt mit B.scheiden dem St eingefügt. weit grösser, die oberen sitzend mit häutigen, gegenstdg. bald vertrocknenden Nebenb (statt B.-scheiden). Bl fast 3 cm br., goldgelb mit eirunden Blb: 5—10 vielsamige Kapseln. K fehlend. **C. palustris L Sumpf-D.**
Apri - Juni. Feuchte Wiesen, Wassergräben. Sehr gemein.

174. Trollius, Trollblume. XIII, 7.

St 30—60 cm h., stielrund, kahl wie die ganze Pfl. einfach. einblütig. höchstens oberwärts mit 2—3 Aesten u. Bl; B 5zählig oder 5teilig, dunkelgrün. unterseits bleicher und glänzend. mit rautenfg, dreispaltigen. spitz-gesägt-eingeschnittenen Zipfeln. Wzl.b lang gestielt. die oberen sitzend. Bl ansehnlich. mit fast kugelig zusammenschliessenden, citrongelben, in mehreren Reihen stehenden. elliptischen, stumpfen, vorn gezähnelten 10—15 P.b. Benagelte. nach oben breitere, länglich-lineale, etwas fleischige. am Rande etwas zurückgerollte Honiggefässe (Nectarien) zwischen P.b und Stbgf; sie vertreten die Blkr. Zahlreiche Stbgf, etwas länger als die Nectarien; mehrere sitzende, vielsamige Kapseln. T. **europaeus** L. **Europäische T.**

häufig. (Fehlt im Lahn-, Main- u. Rh.)

175. Hellèborus, Niesswurz. XIII, 2—7.

St reichbltg, aufrecht, 30—60 cm h., stielrund, dick, im unteren Teil mit Narben der vorjährigen B, oberhalb dicht beblättert, mit endstdg, rispiger Doldentraube grünlicher, rot geränderter. von grossen, eifg, bleichgrünen Deckb gestützter nickender Bl; B lederig, starr, dunkelgrün. fussfg aus 7—9 lanzettlichen, spitzen, etwas gesägten Teilb.chen zusammengesetzt. mit st.umfassenden B.scheiden. Innerhalb des k.artigen P benagelte Blb mit röhriger, 2lippiger Platte. 3—10 Kapseln mit 2 Reihen Samen an der innern Naht. Giftig. H. **foetidus** L **Stinkende N.**

Anfangs Frühling. Waldränder und felsige Orte. Ziemlich häufig im Rheinthal und unteren Lahnthal; Adolfseck u. Langenschwalbach, Wisperthal, Aarthal; Kemel.

St armblütig, höchstens 5bltg. nur am Grunde der Verzweigungen mit dreiteiligen, 3- oder 2spaltigen B besetzt, 30—50 cm h., aufrecht, stielrund, oben stumpfkantig, kahl, unten mit häutigen Schuppen — den Ansätzen zu B —, sich in 2—3 Aeste teilend. Wzl.b fussförmig aus 9—12 länglich-lanzettlichen, ungleich- und geschärft-gesägten, bogenfg sich zurückkrümmenden B.chen, deren mittlere öfter 2spaltig. Bl wie bei voriger Art, nickend, bleichgrün; K.b breit-eifg mit kurzem Spitzchen; 9—12 röhrige. gelblich-grüne, kreiselfg, zusammengedrückte 2lippige Honiggefässe (Nectarien); Stb.fäden grünlich. A schmutzig weiss. Giftig. H. **viridis** L. **Grüne N.**

März—April. Gebirgswälder u. Hecken. ; Kloster Besselich: Laufenselden; Hohlenfels. J. V. N.

176. Nigella, Schwarzkümmel. XIII, 5.

St 10—30 cm h, kantig, unterwärts behaart, oberwärts kahl. vom Grund an in lange, abstehende Aeste sich teilend; B doppelt- bis 3fach fiederspaltig-vielteilig, mit schmal-linealen. fast borstlichen Zipfeln. die unteren gestielt, die oberen sitzend. Bl endstdg, einzeln. am Ende der Aeste, mit 5 breit-eifg, weiss benagelten, vorn himmelblauen, grün-benervten K.b u. weisslich benagelten, am Grunde violetten, honigbehälterfg, kleineren, undeutlich 2lippigen, bunten Blb, an deren Grund ein beschupptes Honiggrübchen. 5—10 halb-verwachsene, glatte, 3nervige Kapseln; Samen 3kantig, fein gekörnelt. N. **arvensis** L. **Acker-Sch.**

Juli—Herbst. Aecker. M. u. Rh. Zerstreut.

177. Aquilègia, Ackeley. XIII. 2—7.

St aufrecht, 45—60 cm h., stielrund, oberwärts ästig, öfter bräunlich und gefleckt. B doppelt 3zählig, mit rundlichen Teilb.chen, das mittlere 3spaltig, länger gestielt. die seitlichen 2spaltig, stumpf gekerbt, unterseits seegrün, Wzl.b langgestielt mit randhäutiger Scheide. Bl endstdg. überhängend, blau. rot oder seltner weiss. später bei der Fr.reife aufrecht. P aus 2×5 blb.artigen B, die 5 äusseren kurz benagelt (der K), länglich-eifg, die 5 inneren (die Blkr) mit schneckenfg einwärts gekrümmtem, an der Spitze schwielig verdicktem Sporn und halb so grosser stumpfer Platte (einem Täubchen gleichend); 5 an der innern Seite aufspringende Kapseln mit eifg. glänzenden, 2reihigen Samen. **A. vulgaris L. Gemeine A.**

Juni—Juli. Waldwiesen. Zerstreut im ganzen Gebiet.

178. Delphinium, Rittersporn. XIII, 3.

St 30—45 cm h., sperrig-ästig; Aeste wechselstdg, etwas flaumig; B wechselstdg. 3teilig-vielspaltig, mit langen, linealen Fetzen u. angedrückten Flaumhaaren, gestielt, die obersten sitzend, einfacher, auch ungeteilt; Bl in armbltg. kurzen, endstdg Trauben; Bl.stiele dünn, abstehend, viel länger als ihre lineal-pfriemlichen Deckb; K blkr.artig, violett-azurblau, 5blättrig; das obere K.b gespornt, die anderen elliptisch, weit abstehend, kurz benagelt, bräunlich gefleckt vor der Spitze; Blkr 3lappig (aus mehreren verwachsenen Blb bestehend), heller oder dunkler violett, gespornt; Sporn von dem Sporn des K umhüllt; Stbf weiss oder blau; Staubkölbchen grünlich-gelb; 1 vielsamige, kahle Kapsel. **D. Consolida L. Feld-R.**

Juni—August. Auf Aeckern. Gemein.

179. Aconitum, Eisenhut. XIII. 3.

Bl blassgelb, flaumhaarig, Helm dreimal so hoch als breit, zusammengedrückt kegelfg-cylindrisch. St aufrecht, bis 1 m h. und höher, etwas kantig, mit endstdg einfacher Blt.traube, oder ausser dieser noch wenige seitenstdg Bl, oberwärts etwas flaumhaarig. B oberseits grasgrün mit weisslichen Flecken, matt, unterseits bleichgrün u. glänzend, tief handfg-7teilig mit 3spaltigen mehrzähnigen Zipfeln; Bl.stiel 3kantig, rinnig, etwas st.umfassend. Blt.stiele aufstrebend, in der Mitte mit 2 kleinen Deckb. Honiggefässe aufrecht mit geradem Nagel und fadenfg, kreisfg zusammengerolltem Sporn. Stb.fäden weiss, A schwefelgelb, später schwärzlich. Samen schwarzbraun, eifg, faltig-runzelig, gekielt. **A. Lycoctonum L. Wolfs-E.**

Juli—August. Gebirgswälder. Selten Feldberg. Isenburg. J. V N.

— blau, (seltener weiss), Helm kaum doppelt so hoch als breit, zusammengedrückt-halbkugelfg. Grösse, B und Blt.stand wie bei voriger Art. Deckb fast am obern Ende des Blt.stiels. Honiggefässe auf gebogenem Nagel wagrecht-nickend, etwas zurückgekrümmt. Fr anfangs ausgespreizt. Samen schwarzbraun, scharf-3kantig, auf dem Rücken faltig-runzelig. Stbf weiss, oberwärts blau. Giftig. **A. Napellus L. Wahrer E.**

Juni—August. An feuchten Orten. ——— hier und da.

180. Actáea, Christophskraut. XIII, 1.

St aufrecht, 45—60 cm h., stielrund, im unteren Teil mit einigen Schuppen, oben mit 2—3 grossen, wechselstdg, im Umriss dreieckigen, doppelt-dreizähligen u. gefiederten, glänzenden, etwas runzeligen B und ungleich zugespitzten, gesägten, unterseits etwas flaumigen Teilb.chen, endstdg. lockerer Traube von 10—15 hinfälligen Bl, mit 4 verkehrt-eirunden, kurz benagelten, grünlichweissen K.b u. 4 spateligen, lang benagelten, weissen Blb; schwarze Beeren. **A spicata L. Gemeines Chr.**

Mai—Juni. Lichte Wälder. Hier und da.

3. Ordnung: Nymphaeaceae.

181. Nymphaea. Seerose. XIII, 1.

Wasserpfl mit sehr dickem, walzlichem Wzl.stock (Rhizome) und schwimmenden, rundlich-ovalen, 15—20 cm breiten, tief herzfg, ganzrandigen, lederigen, sehr glatten, glänzenden, oberseits hellgrünen, unterseits oft purpurbraun gefärbten, strahlig- und netzig-geaderten B, stielrunden B- und Blt.stielen, häutigen, länglichen, grossen Nebenb, sehr grossen, wohlriechenden, schneeweissen, vielblttrg Bl, 4 lederigen, aussen grünen, weiss gerandeten, innen weissen oder rosenrot angelaufenen, wagrecht abstehenden Kb, gelber, 12—20strahliger N, deren Strahlen vorn safranfarbig. **N. alba L. Weisse S.**

Juni—August. Stehende Gewässer. Montabaur, Hattenheim, Dausenau in der Lahn. J. V. N. An letzterem Standort wieder eingegangen.

182. Nuphar, Teichrose. XIII, 1.

Wasserpfl mit grossen (bis 30 cm l.) tief-herzfg, ovalen, lederigen, parallel-nervigen, lang gestielten, schwimmenden und untergetauchten, herz-nierenfg, welligen, weit zarteren, durchscheinenden, untergetauchten B: Bl zur Blt.zeit sich über den Wasserspiegel erhebend, bis 5 cm br., mit rundlichen, sehr stumpfen, oft seicht ausgerandeten, gewölbten, zusammenneigenden, aussen grünen, innen dottergelben K.b und vielen, in mehreren Reihen sitzenden, weit kürzeren, allmählich in Stbgf übergehenden, dicken, dottergelben, aussen mit einer dunkleren Honiggrube versehenen Blb, sehr zahlreichen, später zurückgekrümmten Stbgf, krugfg Frkn mit schildfg, breiter, vielstrahliger, in der Mitte vertiefter Narbe. **N. luteum Sm. Gelbe T.**

Juni—August. Häufig in der Lahn.

VI. Reihe: Rhoeadinae.

1. Ordnung: Papaveraceae.

183. Papáver, Mohn. XIII, 1.

1\. Frkn b o r s t i g. St aufrecht, 15—30 cm h., stielrund, oberwärts etwas ästig, borstig (die oberen Borsten angedrückt). B doppelt- bis 3fach fiederspaltig mit länglichen Abschnitten, steif- u zerstreut borstig, die unteren gestielt, die oberen sitzend. Bl auf langen Stielen, endstdg, überhängend, hellrot mit schwärzlichen Flecken am Grunde der verkehrt-eifg Blb; Stbgf oben v e r b r e i t e r t, Staubkölbchen schieferblau; Kapsel verlängert keulenfg, mit 4—5 Narbenstrahlen. **P. Argemóne L Acker-M.**

Mai—Juli. Unter den Saaten. Hier und da.

— kahl. 2.

2. Ganze Pfl kahl, aufrecht, 60—90 cm h, mit stielrundem, oft ästigem St, seegrün, mit st.umfassenden, tief herzfg, ungleich gezähnten, oft buchtigen, eifg B, meist rosenroten, lang gestielten, vor der Blte überhängenden, sehr ansehnlichen Bl mit dunkelvioletten Flecken am Grunde der Blb, Stbgf etwas verbreitert; Kapsel eifg-kugelig mit vielstrahliger (meist über 8 Strahlen) Narbe. **P. somniferum L. Garten-M.**

Juli—August. Gebaut (und dann oft gefüllt) und verwildert.

— behaart 3.

3. Kapsel verkehrt-eifg, höchstens doppelt so hoch als breit, Narbe 7—14strahlig. St aufrecht, 30—60 cm h, stielrund, ästig, mit abstehenden Borsten, gefiederten B mit länglich-lanzettlichen, fiederspaltigen, gezähnten Teilb.chen, die unteren gestielt, die oberen sitzend. Bl ansehnlich (bis 8 cm breit), scharlachrot, am Grund der ungleichen Blb dunkler rot, Staubkölbchen anfangs schieferblau, Stbf schwärzlich. **P. Rhoeas L. Klatsch-M. Klapperrose.**

Mai—Juli. Sehr gemein auf Saatfeldern.

— länglich-keulenfg, 3—4 Mal höher als breit, Narbe höchstens 7strahlig, sonst der vorigen ähnlich. (Läppchen der N sich nicht, wie bei voriger, teilweise bedeckend). **P. dubium L. Zweifelhafter M.**

Mai—Juli. Unter den Saaten, weniger häufig.

184. Chelidónium, Schöllkraut. XIII, 1.

St aufrecht, 45—60 cm h., stumpfkantig, gabelig-ästig, zerstreut mit gegliederten Haaren besetzt, an den Gelenken etwas verdickt; B unpaarig-gefiedert, zart, trüb-grün, unterseits heller, etwas runzelig, mit meist gegenstdg. gestielten, stumpf-eifg, lappig-gekerbten, am Grunde ungleichen Fiedern, die unteren mit 5, die oberen mit 2—3 Paar Fiedern. Bl zu wenigen in lang-gestielten, seiten- und endstdg Dolden, gelb; am Grund der Bl.stiele eifg Deckb; Schoten schmal-lineal, etwas holperig mit braunen Samen. Mit rötlich-gelbem Milchsaft. **Ch. majus L. Gemeines Sch.**

Mai—August. Gemein an altem Gemäuer, auf Schutthaufen, an Zäunen.

2. Ordnung: Fumariaceae.

185. Corýdalis, Lerchensporn. XVII, 1.

1. Bl gelb. St aus einem Rasen von B aufstrebend, 15—30 cm h., vierkantig, saftig, zerbrechlich, am Grund rot angelaufen, oberwärts wenig ästig, kahl wie die wechselstdg, gestielten, zarten, seegrünen, im Umriss rautenfg, 2—3fach gefiederten B, Fiederchen 3spaltig, keilfg zulaufend, Wzl.b sehr lang gestielt. Bl in 10—20bltgen, zuletzt lockeren, lang-gestielten Trauben, letztere einzeln oder zu 2 den B gegenstdg, oder endstdg, einerseitswendig, mit kleinen gezähnelten Deckb, weisslichem

häutigem. eifg K. Sporn $^1/_6$ der Bl.länge. Schoten schmal-lineal. schwach 4kantig. mit schwarzen, rundlich-nierenfg. glänzenden Samen. **C. lutea De C. Gelber L.**

Juli—September. Wahrscheinlich verwildert. An alten Schloss- und Gartenmauern. Weilburg und Schaumburg; Idstein, Hadamar, Oestrich (J. V. N.) Ems.

— weiss oder rot. 2.

2. Deckb ungeteilt. 3.

— fingerfg geteilt. Wzl.knollen nicht hohl. Sonst wie die folgende Art. nur etwas niedriger, mit schmäleren B.zipfeln, kleineren Bl mit fast geradem Sporn und meist fehlendem K. **C. solida Sm. (Fumaria bulbosa γ L.) Dichtknolliger L.**

Blüht etwas früher an gleichen Orten, wie die folgende Art.

3. Wzl.knollen hohl. St zu mehreren aus derselben Wzl, aufrecht, bis 25 cm h., stielrund, mit 2 wechselstdg, gestielten, doppelt-3zähligen, im Umriss dreieckigen. zarten B und 2-3-spaltigen. oben seegrünen, unterseits weisslichgrünen, kahlen B.chen. endstdg 6—12bltger Traube. 2—3 cm l., von eifg Deckb gestützten Bl, sehr kleinen purpurroten, abfälligen K b; Sporn des oberen Blb hakig gebogen, lang, unteres Blb gekielt, und nach dem B.stiel zu mit Höcker, vorn mit dunkelpurpurroten Flecken. Schoten mit nierenfg, glatten, glänzenden, kohlschwarzen Samen. (Samenmantel bandartig gewunden). **C. cava Schweigg. & Koert. (Fumaria bulbosa α L.) Hohlknolliger L.**

April—Mai. Hecken und Gebüsch. Gemein.

— nicht hohl. St 10—15 cm h., im unteren Teil mit rinnenfg, schuppenfg B, armbltg, mit überhängenden gedrungenen Bl.trauben, doppelt-3zähligen B mit eingeschnittenen B.chen; Blt.stiel = $\frac{1}{3}$ des Fr.stiels. Bl trüb-purpurn. **C. fabacea Pers. (Fumaria bulbosa β L.) Bohnenartiger L.**

März—April. Gebüsche. Selten. Falkenstein. D. H. G.

186. Fumária, Erdrauch. XVII, 1.

1. K.b ebenso breit und 6 mal kürzer als die Bl.kr. St 15—30 cm h.; B mit linealen Zipfeln; Fr.trauben locker, Schötchen eifg-rundlich, vornen ziemlich spitz, runzelig. Bl weiss, an der Spitze rot. **F. parviflora Lam. Kleinblütiger E.**

Juni—Herbst. Bebautes Land. M. u. Rh. Ziemlich häufig. J. V. N.

— schmäler als die Bl.kr. 2.

2. K.b mindestens 6 mal kürzer als die Bl.kr, sehr unansehnlich, abfällig und schmäler als der Blt.stiel. St 15—25 cm h; B grau-grün, mit lanzettlich-linealen Zipfeln; äussere Blb eine kurze, ziemlich dicke Röhre bildend; Schötchen kugelig. zuletzt stumpf, auf kurzem, dickem Fr.stiel, runzelig; Bl blassrot oder weisslich, oben dunkler, in lockeren Trauben, halb so gross als bei der folgenden Art. **F. Vaillantii Lois. Vaillants E.**

Juni—Herbst. Saatfelder. M. u. Rh., Diez, häufig. J. V. N.

— 3 mal kürzer als die Bl.kr, eifg-zugespitzt, ungleich gezähnelt, häutig, rötlich-weiss; St 15—30 cm h., meist schon vom Grund an in wechselstdg. sich nach allen Seiten ausbreitende Aeste geteilt, kantig, röhrig, kahl wie die ganze Pfl; B wechselstdg, doppelt-gefiedert, mit 3teiligen B.chen u. 2—3spaltigen Zipfeln u. lineal-länglichen Fetzen, die unteren gestielt, die oberen sitzend. Bl in gestielten, b.gegenstdg oder endstdg. reichbltgen, zuletzt sehr lockeren Trauben, mit abstehenden, von ebensolangen Deckb gestützten Bl.stielchen, rosenrot, unterseits bleicher, vorn mit schwärzlich-purpurnem Flecken, in einen abwärts gekrümmten Sporn endend. (Die 3 oberen Blb unten zusammengewachsen). Nüsschen rundlich, vorn abgestutzt oder etwas ausgerandet, breiter als lang. **F. officinalis L. Gemeiner E.**

Mai—Herbst. Acker. Gemein.

3. Ordnung: Cruciferae.

187. Cheiranthus, Goldlack XV, 2.

St im unteren Teile holzig, bis 50 cm h., mit 15—30 cm langen, fast gleich hohen, unterwärts b.losen, weissgrauen, stielrunden, b.narbigen Aesten, lanzettlichen, oben zurückgekrümmten, wechselstdg oder büschelfg dicht gestellten, meist ganzrandigen, kurzgestielten, angedrückt-behaarten, graugrünen B. K aufrecht, am Grunde höckerig, oft purpurbraun gefärbt; Bl ansehnlich, fast 3 cm br, satt-dunkel-pomeranzengelb. Blb mit rundlicher Platte, benagelt. Schoten lineal, mit vortretendem Mittelnerven, vom Rücken her zusammengedrückt, 4kantig, grau von anliegender Behaarung. Gf kurz, viel schmäler mit zuletzt zurückgebogenen N.läppchen. Samen rundlich, geflügelt, flach zusammengedrückt, hellbraun. **Ch. Cheiri L.**

Mai—Juni. Mauern, Felsen. Rheinthal häufig; Neuweilnau; Diez. Runkel, Eppstein. (Wohl öfter verwildert.)

188. Nastúrtium, Brunnenkresse. XV, 2.

1. Bl weiss. St Rasen bildend, 30—60 cm l., kantig, im oberen Teile ästig, mit dem unteren niederliegend und wurzelnd; B wechselstdg, gefiedert, mit 3—7 Paar schief-eifg Fiedern und einer grösseren Endfieder, dunkelgrün, kahl, etwas fleischig, die oberen fast sitzend. B.stiel am Grund pfeilfg geöhrt. Bl in lockeren Sträusschen auf kurzen, nach der Blt wagrechten Stielen; K.b hellgrün, schmal, häutig berandet, Blb verkehrt-eifg, stumpf, flach ausgebreitet, benagelt; Schoten etwa so lang als der Stiel, lineal, fast stielrund, mit hellbraunen Samen. **N. officinale R. Br. Gebräuchliche Br.**

Mai—Herbst. An feuchten Orten, Wassergräben, Quellen. Hier u. da.

gelb. 2.

2. Blb so lang oder kürzer als der K; St 30—45 cm h., oft niederliegend, gefurcht, hohl, mit weit abstehenden Aesten. B leierfg-fiederteilig, mit schief gegen die Mittelrippe sich hinaufziehenden, ungleich-stumpf-gesägten Zipfeln; Wzl.b eine flache

Rosette bildend. Bl in endstdg. rispig geordneten Trauben. Bl.stiele zuletzt weit abstehend oder abwärts geneigt, so lang als die lineale, stielrunde, ziemlich dicke, öfter einwärts gebogene Schote. K.b abstehend. **N. palustre DC. Sumpf-B.**

Juni—September. An feuchten Orten. Hier und da.

— länger als der K. 3.

3. Fr etwa 2 cm l., so lang als der Bl.stiel, schmal-lineal. St aus meist niederliegender Basis aufstrebend und ausgebreitet, 30—45 cm l., sehr ästig, hin- und hergebogen. B leierfg-fiederteilig mit schmäleren, nicht schief sich hinaufziehenden Zipfeln, sonst der vorigen ähnlich. **N. sylvestre Rob. Br. Wald-B.**

Juni—August. Gemein an feuchten Orten.

— mehrmals kürzer als ihr Stiel. 4.

4. Fr elliptisch-kugelig. B von verschiedener Gestalt, die untergetauchten wiederholt kammfg eingeschnitten mit linealen Fetzen, die aus dem Wasser hervorragenden lanzettlich, gesägt-gezähnt, nach der Basis zu ganzrandig. St 45—60 cm l., stielrund, röhrig, der im Wasser stehende Teil aufgeblasen dick, mit kriechenden Ausläufern. Bl dottergelb, in anfangs gedrungenen, später verlängerten, zu Rispen geordneten Trauben. Bl.stiele nach der Blt wagrecht abstehend oder abwärts geneigt. K.b abstehend, gelblich. **N. amphibium R. Br. Verschiedenblättrige B.**

Mai—Juni. Ziemlich häufig an allen Flussufern.

— lineal, nach beiden Enden zulaufend, etwas zusammengedrückt, fast zweischneidig. B wie bei N palustre DC., leierfg-fiederspaltig, eingeschnitten-gezähnt oder fiederspaltig mit gezähnten Fiedern. Fr halb so lang als ihr Stiel. **N. anceps DC. Zweischneidige B.**

Juni—Juli. Am Ufer der Lahn stellenweise.

189. Barbaréa, Barbaree. XV, 2.

Obere B unzerteilt, gezähnt, verkehrt-eifg. St 45—60 cm h., aufrecht, kantig, gefurcht, im unteren Teil oft rot, mit abstehenden Aesten. B etwas fleischig und glänzend, kahl wie die ganze Pfl, die unteren leierfg-gefiedert mit sehr grosser, rundlicher Endfieder, gestielt, die oberen mit breiten, abgerundeten Oehrchen. Bl in reichbltg, später verlängerten Trauben, Bl.stiele so lang als der K, später etwas länger und dicker; K.b aufrecht, gelblich berandet, zuletzt ganz gelb; Blb fast doppelt so lang als der K, stumpf, oft etwas ausgerandet, dottergelb. Schoten erst aufrecht, sodann schief abstehend auf wagrechten Stielen, schwach 4kantig. **B. vulgaris R. Br. Gemeine B.**

April—Juni. An feuchten Grasplätzen gemein.

Dieser Art sehr nahe stehend ist B. stricta Andr. (Steife B.), doch von ihr verschieden durch die halb so grossen, gedrungener beisammen stehenden Bl, die mit nur 2—3 Paar weit kleineren Fiederb.chen versehenen B und die grössere Endfieder, sowie die an den St sich anlehnenden, nicht abstehenden, dünneren und längeren Schoten.

April – Mai. Flussufer. Wird bei Braubach von Wirtgen angegeben.

B tief-fiederspaltig, mit linealen, ganzrandigen Fetzen und lineal-länglichem Endfetzen. die unteren mit 5—8 Paar, allmählich grösseren Teilb.chen. 30—45 cm h., Schoten länger und dicker als bei voriger, auf kurzem, sehr dickem Stiel, schief abstehend. **B. praecox R. Br. Frühblühende B.**

April – Mai. Bisher nur in 1 Exemplar auf einem Acker der Platte bei Ems gefunden. Kleeäcker b. Neuhäusel; Rheingau. J. V. N.*

190. Turritis, Turmkraut. XV, 2.

St aufrecht, 45—90 cm h., stielrund, meist einfach oder doch nur im oberen Teil mit wenigen steil aufsteigenden Aesten, reich beblttrt, bläulich bereift wie die ganze Pfl, unten kurzhaarig, sonst kahl. Wzlb tief buchtig gezähnt, länglich-stumpf, mit 3teiligen Haaren besetzt, rosettenfg ausgebreitet, St.b aufrecht, fast ganzrandig, mit wenigen entfernten Zähnchen, pfeilfg den St umfassend: Bl gelblich-weiss, zuletzt in verlängerter Traube (bis 30 cm l.) Bl.stiele länger als der halboffene K, Blb länger, länglich-keilfg. mit dem oberen Teil abstehend. Schoten steif aufrecht an die Axe sich lehnend, lineal, 5—6 cm l., zusammengedrückt mit 2 starken Längsnerven, 6mal länger als ihr Stiel. **T. glabra L. Kahles T.**

Juni – Juli. An steinigen Orten. Hier und da.

191. Arabis, Gänsekraut. XV, 2.

1. Pfl kahl, mit meergrünen B (denen des Repses ähnlich), ganzrandig, tief herzfg den St umfassend. St 45—60 cm h., stielrund, glatt, kahl und seegrün angelaufen, wie die ganze Pfl, astlos, mit langgestielten Wzlb und reichblfg endstdg Traube von weissen Bl, St.b tief-pfeil- oder herzfg st.umfassend, ganzrandig, länglich-lanzettlich. K.b länglich, etwas kürzer als die in einen Nagel keilfg zulaufenden Blb, gelblich-grün mit hellerem Rand. Schoten auf abstehenden Stielen aufrecht (dadurch von der sonst in der Tracht sehr ähnlichen Turritis glabra L. leicht zu unterscheiden), bis 5 cm l. mit 2 starken Nerven u. braunen, länglichen, zusammengedrückten Samen. **A. brassicaeformis Wallr.**

   Mai – Juni. Sehr häufig im unteren Lahnthal; Dillenburg, Herborn, St. Goarshausen; Wisperthal Weilthal, Braubach. J. V. N.

   — behaart. 2.
2. Wzlb ganzrandig oder schwach gezähnt, Schoten aufrecht, schwach 4kantig, 2—4 cm l., an den St angedrückt. St 30—45 cm h., aufrecht, öfter zu mehreren beisammen, stielrund, reich-

---

* Anmkg. Barbaraea arcuata Rchb., die nach Wirtgen bei Braubach und Niederlahnstein und nach Fuckel bei Oestrich vorkommen (cf. J. V. N. VIII, 2) und sich durch nach allen Seiten bogenfg aufstrebende Schoten von der vorigen unterscheiden soll, scheint nur eine Spielart von B. vulgaris R. Br. zu sein; cf Röhling, Deutschlands Flora, pag. 667.

beblttrt, unten abstehend behaart, oberwärts kahl. B gabelig behaart, die grundstdg eine flache Rosette bildend, länglich-elliptisch, stumpf, in einen kurzen B.stiel verlaufend, die oberen aufrecht, mit dem Ende etwas abstehend, mit herzfg Basis sitzend, mehr oder weniger gezähnt oder auch ganzrandig, die obersten lineal. Bl in reichbltg, anfangs gedrungenen Trauben, mit weissen, keilfg zulaufenden, stumpfen Blb; K.b aufrecht, bleichgrün, weisslich berandet. **A. hirsuta Scop. Rauhhaariges G.***

Mai—Juni. Hier u. da. Ems ziemlich häufig; Weilburg, Lahneck, Wisperthal; Johannisberg. J. V. N.

— leierfg-schrotsägefg, Scholen abstehend, 3—4 cm l., schmal-lineal, etwas holperig. St 15 cm h., zuletzt oft höher, stielrund, mit wagrecht abstehenden Haaren, öfter ästig. Wzlb und untere St.b gestielt und mit gabeligen Haaren, die oberen ganzrandig, lineal-lanzettlich und kurz gestielt. Bl in zuletzt lockeren Trauben, schön lilafarben, seltener weiss, Blb doppelt so lang als der K und länger, stumpf, manchmal schwach ausgerandet. **A. arenosa Scop. Sand-G.**

Frühjahr bis Herbst. Sehr gemein, besonders in den Weinbergen des unteren Lahnthals, an sonnigen Orten. Adolfseck, Kamp, Lorch, Caub; Wisperthal, Holzappel, Hohenstein. J. V. N.

192. Cardamine, Schaumkraut. XV, 2.

1. B.stiele der St.b pfeilfg-geöhrt. St aufrecht, 15—45 cm h., kantig, hohl, oberwärts ästig, mit zahlreichen, zarten, kurz bewimperten, sonst kahlen, gefiederten B, davon die unteren, gestielten mit 3—5spaltigen, die oberen, fast sitzenden mit länglichen, wenig gezähnten Teilb.chen. Bl unansehnlich, weiss, meist ohne Blb, in mässig langen Trauben. Schoten 2—3 cm l. auf dünnen Stielen, ziemlich dicht beisammen, nervenlos, bei leichter Berührung aufspringend. **C. impatiens L. Spring-Sch.**

   Mai—Juli. Gemein in Bergwäldern, an Ufern.

   — ohne Oehrchen. 2.

2. Staubbeutel vor dem Aufspringen purpurrot, nachher schwärzlich. St 15—30 cm h., aus gebogener Basis aufstrebend, kahl wie die ganze Pfl; B gefiedert mit 7—9 kurz gestielten, rundlich- oder länglich-eifg, öfter eckig-gezähnten Fiedern. Bl in anfangs gedrungenen Trauben mit weissen, wässerig geaderten, grünlich benagelten Blb, (Nagel derselben ungleich geflügelt). 3mal so lang als der K. **C. amara L. Bitteres Sch.**

   April - Mai. Quellen, Bachufer. Zerstreut im ganzen Gebiet.

---

* Anmkg. A. Turrita L. Turmartiges G. mit breit geflügelten Samen, tief-herzfg st.umfassenden, ästig-behaarten B, auf aufrechten Stielen abwärts gekrümmten, flachen, etwas holperigen, am Rande verdickten Schoten, gelblich-weissen Bl wird von Wirtgen bei Ems angegeben. Bisher noch nicht gefunden. D. Verf.

— — — — gelb. 3.

3. Bl ansehnlich. 1—2 cm im Durchmesser und breiter, 3mal so lang als der K, lilafarben oder weiss mit rötlichen Adern. St 15—30 cm h., stielrund, etwas hin- und hergebogen, bleichgrün, unten oft rötlich, meist kahl und einfach, mit lockerer Bl.traube endend, wie auch die etwa vorhandenen wenigen Aeste. B gefiedert mit 3—8 Paar gestielten, nach dem Ende hin grösseren, rundlichen oder eifg Fiedern, entfernt stehend, die oberen einfacher zusammengesetzt. K.b hellgrün, weisslich berandet, Stbgf doppelt so lang, länger als die Blb, Nagel der Blb geflügelt und gezähnt; Schoten lineal, 2—3 cm l., nervenlos mit länglich-ovalen, etwas abgeplatteten Samen. **C. pratensis L. Wiesen-Sch.**

April—Mai. Sehr gemein auf Wiesen.

— unansehnlich, höchstens doppelt so lang als der K. 4.

4. Schoten abstehend, und dann aufrecht. Gf so lang als die Breite der schmal-linealen, nervenlosen Schoten. St aufrecht bis 30 cm h., oft zu mehreren beisammen, kantig, meist ästig, mit einer zuletzt sehr verlängerten Traube von weissen Bl endend. Wzlb gestielt, gefiedert mit meist 9 rundlich-eifg gestielten, von unten an Grösse zunehmenden, oft gezähnten Teilb.chen, wenig zahlreichen, entfernt stehenden, einfacheren St.b. (Oefter fehlen die beiden kürzeren Stbgf). **C. sylvatica Link. Wald-Sch.** (Ist wohl nur eine Spielart der folgenden!)

April—Juni. Zerstreut im ganzen Gebiet.

— anliegend, Gf kürzer als die Schotenbreite. Wzlb eine blätterreiche Rosette bildend, St armblttrg, mit entfernt stehenden B, stärker als bei voriger, dieser aber sonst sehr nahe verwandt. **C. hirsuta L. Vielstengeliges Sch.**

April—Juni. Feuchte Waldwiesen, Weinberge. Häufig.

193. Dentária, Zahnwurz. XV. 2.

Wzl.stock weisslich mit dicken zahnfg Schuppen. St im untern Teil b.los, 45—60 cm h., stumpfkantig, kahl wie die ganze Pfl, bleichgrün, oft rötlich gefärbt, weiter oben mit entfernt stehenden, gestielten, erst gefiederten, mit 5—7 lanzettlichen, entfernt gesägten Fiedern, dann 3zähligen, ganz oben einfachen und ganzrandigen B, u. b.winkelstdg, erbsengrossen, rundlichen, dunkelbraunen Brutknöllchen (zur Fortpflanzung dienend), endstdg, bis 12bltg Traube von lilafarbenen oder weisslichen Bl; Blb länglich verkehrt-eifg, doppelt so lang als der K, Schoten lineal-lanzettlich, mit langem Schnabel (dem Gf) endend, nervenlos, flach. **D. bulbifera L.**

April—Mai. Wälder. Häufig.

194. Hesperis, Nachtviole. XV, 2.

St 45—60 cm h., aufrecht, schwach gerieft, einfach oder oben ästig, scharf von wagrechten oder abwärts gerichteten, steifen Härchen; B ganz, gestielt (wenigstens die unteren) meist wechselstdg, drüsig gezähnt, nach oben kleiner und kürzer gestielt oder sitzend; Bl ansehnlich, lilafarben, etwa 2 cm breit; Bl.stiele länger als der am Rande u der höckerigen Basis lilafarbene, aufrechte, geschlossene K; Blb lang benagelt, mit verkehrt-eifg, oft seicht ausgerandeter Platte; Staubkölbchen grünlich; Narbe aus 2 parallelen, an einander liegenden, eifg Plättchen gebildet; Schote kahl, bis 8 cm l., lineal. 4kantig, mit stärkerem Mittelnerven, etwas holperig; Samen braun, fast cylindrisch. **H. matronalis L. Gemeine N.**

Mai—Juni. Häufig als Zierpfl. in Gärten und verwildert.

195. Sisymbrium, Rauke. XV, 2.

1. Bl gelb. 2.
— weiss. 5.
2. B einfach schrotsägefg-fiederteilig oder ungeteilt. 3.
— dreifach-fiederspaltig oder gefiedert mit linealen Zipfeln. St 30—90 cm h., schwach-kantig, flaumig-klebrig, seltener kahl, graugrün wie die B, mit abstehenden Aesten, verlängerte Bl.-trauben tragend; Bl unansehnlich mit spateligen Blb; K lineal, aufrecht, grünlich-gelb, wie die etwa ebenso langen, meist kürzeren Blb u. weit kürzer als die Blt.stiele; Schoten schmal lineal, abstehend, etwas aufwärts gekrümmt u. holperig, fast stielrund, kahl, mit einem wenig vortretenden Mittelnerven u. 2 Seitennerven. Samen gelblich-braun. **S. Sophia L. Feinblättrige R.**
Mai—Herbst. Sandfelder, Aecker. Ziemlich häufig. Fehlt im L. u. L..
3. Schoten an den St und die Aeste angedrückt, stielrund-pfriemlich, kurz gestielt, 6nervig, fast ährenfg geordnet; Schotenstiele dicker und an die Axe gedrückt. St 30—60 cm h., steif aufrecht, mit fast rechtwinkelig abstehenden, nur am Grund beblttrt Aesten, Pfl daher von sehr sperrigem (fast kronleuchterartigem) Aussehen, überall flaumhaarig. B gestielt, wechselstdg, mit 2–3 Paar Zipfeln, der Endzipfel spiessfg mit rechtwinkelig abstehenden Oehrchen. Bl unansehnlich, am Ende der Aeste straussartige Träubchen bildend. **S. officinale Scop. Gebräuchliche R.**
Juni—August. Gemein auf Schutthaufen, an Wegen.
— abstehend. 4.
4. B ungeteilt, gezähnt, weichhaarig (Haare einfach), länglich-lanzettlich, gezähnt, etwas glänzend, mit einem starken, weissen Mittelnerven, unterseits bleichgrün, kurz gestielt. St 50—100 cm h., bisweilen noch höher, schwach kantig, starr, reich beblättert, in eine reichblütige Rispe endigend, kahl oder kurz- und steif-behaart mit rückwärts gerichteten Härchen. Rispenäste zum Teil b.los, mit endstdg reichbltg Bl sträusschen. K b zuletzt wagrecht abstehend, gelblich. Blb dottergelb, verkehrt-eifg, benagelt, mit zurückgekrümmter Platte. Schoten schlank, Klappen 3nervig. N tief ausgerandet. **S. strictissimum L. Steifstengelige R.**
Juni–Juli. Nicht häufig. Diez (Kreuzlei); Schwanheim, Hochheim. J. V. N.

— schrotsägefg-fiederspaltig, steif haarig, wie der 30—60 cm h. St, besonders die unteren Haare abwärts gerichtet. Endzipfel der B sehr gross, spiessfg, die übrigen Zipfel gezähnt, ungeöhrt, länglich-lanzettlich; K abstehend; Schoten aufstrebend, ziemlich entfernt, doppelt so lang als die dünnen abstehenden Stielchen, die jüngeren kürzer als das konvexe Bl.sträusschen, meist etwas einwärts gebogen. Bl dottergelb. Samen einreihig oder undeutlich zweireihig. **S. Loeselii L. Lösels R.**

Juni—Juli. Alte Mauern, Schutthaufen. Selten. Hochheim. J. V. K.

5. Untere B nierenfg, gekerbt, lang gestielt, obere herz-eifg, kurz gestielt, die obersten spitz gezähnt. St 45—90 cm h., stielrund, fast überall kahl, unten oft violett überlaufen und schwach behaart, meist mit einigen Aesten. B oberseits mit eingedrücktem Adernetz, entsprechend dem unterseits vortretenden, mattgrün, zerrieben nach Knoblauch riechend; Bl.stiele so lang als der weissliche, vorn grüne K; Blb schneeweiss, 1—2 cm br., verkehrt-eifg, benagelt. Schoten auf verdickten Stielen in nun verlängerten Trauben, 5 cm l., holperig, mit 2 stärkeren und 4 schwächeren (seitlichen 2—2) mit schiefen Seitennerven verbundenen Nerven. Samen gross, schwarzbraun, feingerieft. **S. Alliaria Scop. (Erysimum Alliaria L.) Knoblauchs-R., Knoblauchs-Hederich.**

April—Mai. Sehr gemein an Waldrändern, Hecken, Zäunen.

— länglich-lanzettlich, stumpflich, entfernt gezähnelt. St 15—30 cm h., aufrecht, unterwärts abstehend behaart, ästig, mit wenigen, graugrünen, beiderseits zerstreut-behaarten B: Bl unansehnlich, in zuletzt sehr verlängerten, lockeren Trauben auf schlanken, später abstehenden Stielen. Blb in einen gelblichen Nagel verlaufend, verkehrt-eifg, doppelt so lang als der K; Schoten doppelt so lang als ihre Stielchen, aufstrebend, glatt, fast nervenlos, etwas abgeplattet. **S. Thalianum Gaud. Thals-R. (Arabis Thaliana L.)**

April—Mai. Sehr gemein auf bebautem Land.

196. Erysimum, Hederich. XV, 2.

1. Obere B pfeilfg-st. umfassend, meergrün, weisslich berandet, ganzrandig, stumpf oder gestutzt, etwas fleischig, die untersten verkehrt-eirund, in den B.stiel verlaufend. St 30—60 cm h., stielrund, meist einfach, kahl wie die ganze Pfl. Bl in lockeren, flachen, endstdg, später sich traubenfg verlängernden Sträusschen. K so lang als die Blt.stielchen, aufrecht, walzlich, oben etwas auswärts gebogen, zum Teil am Grunde höckerig. Blb weisslich oder gelblich-weiss mit verkehrt-eirunder Platte, länger benagelt; Schoten abstehend, 4kantig; Gf pfriemlich, zweischneidig. Samen länglich, schwarzbraun, eingestochen punktiert. **E. orientale R. Br. Morgenländischer H.**

Mai—August. Aecker. Selten. Lorsbach, Langenhain b. Hochheim.

— nicht st.umfassend. 2.

2. Blt.stiele 2—3 mal so lang als der K. St 30—60 cm h., aufrecht, straff, stielrund mit schmalen Riefen, angedrückt-borstig, reichbeblttrt, meist einfach, doch auch mit verlängerten, abstehenden Aesten. B lanzettlich, schwach und entfernt gezähnt, etwas scharf von angedrückten Sternhärchen, mit am St hinabziehendem Mittelnerven, die oberen sitzend. Bl dottergelb in zuletzt sehr verlängerten Trauben, (anfangs straussfg verkürzt), auf 4kantigen Stielen; K mehrmals kürzer als letztere; Blb benagelt. Scholen 2—3 cm l., 4kantig, auf beinahe wagrechten Stielen abstehend, mit hellgelben oder rötlich-braunen Samen. E. **cheiranthoides L. Lackartiger H.**

Juni—September. An Flussufern nicht selten.

— kaum so lang als der K. 3.

3. Bl sehr ansehnlich, 1—2 cm br., citrongelb mit rundlicher Platte der Blb, wohlriechend; St 15—30 cm h., 4kantig; B stark-, fast buchtig-gezähnt, oberseits mit sternfg 3fach geteilten Haaren besetzt, etwas rauh, die unteren stumpf, mit kurzer Stachelspitze, in den B.stiel verlaufend, die oberen ungestielt, zugespitzt; Blt.stiele halb so lang als der K; Schoten grau mit 4 kahleren, grünen, stark vortretenden Kanten. N deutlich 2lappig. **E. odoratum Ehrh. Wohlriechender H.**

Juni—Juli. Kalkberge, Felsen. Bei Diez ziemlich häufig, sonst nicht im Gebiet.

— weit kleiner, mit länglicher Platte. 4.

4. B geschweift-gezähnelt, länglich-lanzettlich, etwas scharf von dreiteiligen Sternhaaren, die unteren stumpf, mit kurzer Stachelspitze, in den B.stiel verlaufend, die oberen sitzend, kurz zugespitzt, aufrecht abstehend, genähert; St 30—90 cm h., bisweilen höher, steif aufrecht, reich beblättert, mit vortretenden Riefen, oberwärts ästig, von angedrückten Borstchen scharf; Bl in anfangs gedrungener, später sehr verlängerter Traube; Blt.stiele 4 kantig, halb so lang als der gelbliche, flaumige K, geruchlos; Blb mit verkehrt-eifg Platte, allmählich in den Nagel verlaufend. Schoten auf bogenfg aufsteigendem Stiel, der Spindel parallel oder an diese sich lehnend, 4kantig, etwas zusammengedrückt. N ausgerandet. Samen länglich, hellgelbbraun, vorn mit flügelartigem Anhängsel. **E. strictum Fl. d. Wett. Habichtskrautblättr. H.**

Juni—Juli. Am Main- und Rheinufer hier und da. J. V. N.

— ganzrandig. Der vorigen Art sehr ähnlich, doch mit schmäleren, fast gleichbreiten, lineal-lanzettlichen B, meist kleineren und mehr hellgelben Bl, schwächeren Kanten des St, öfter grauen Schoten. **E. virgatum Roth. Rutenfg H.**

Juni—Juli. Ziemlich selten. Am Rheinufer bei Schierstein und St. Goarshausen; Lurlei. J. V. N.

197. Brássica, Kohl. XV, 2.

1. Schoten an die Spindel angedrückt, mit zweischneidigem, kurzem Schnabel. St 45—60 cm h., schwach gefurcht, bläulich-

bereitt. B alle gestielt, die obersten ganzrandig, öfter herabhängend, die unteren breit-eifg. stumpf, leierfg, mit sehr grossem, gelapptem Endzipfel. Bl sträusschen gewölbt, die Knospen überragen die geöffneten gelben Bl; K wagrecht abstehend; Blt.stiele anfangs ebenso, später aufgerichtet und an die Spindel sich anlegend. Samen hellbraun, eingestochen-punktiert. **B. nigra Koch. Schwarzer K.**

Juni—Juli. Ufer. M. u. Rh. häufig. J. V. N.

— abstehend. 2.

2. K aufrecht, unten fest zusammenschliessend. St aufrecht, 60—90 cm h., meergrün, stielrund, kahl; Wzlb meergrün, leierfg-fiederspaltig, mit grossem rundlichem Endlappen, obere B ungeteilt, länglich, mit verbreiterter Basis st.umfassend, ungezähnt; Bl gelb in endstdg, lockeren Trauben, die geöffneten Bl anfangs von den Bl.knospen überragt. Blb mit flach ausgebreiteter, elliptischer Platte mit kürzerem, aufrechtem Nagel. Staubgefässe alle aufrecht. **B. oleracea L. Garten-K.**

Mai—Juni. Wild an südlichen Seeküsten. Wird in vielen Spielarten als Kappus, Weisskraut, Rotkraut, Wirsing, Rosenkohl, Blumenkohl, oberirdische Kohlrabi etc. gebaut.

— zuletzt mehr oder weniger nach aussen geneigt. 3.

3. Untere B grasgrün, zur Blt.zeit meist nicht mehr vorhanden, behaart, leierfg gefiedert mit grossem, rundlichem Endlappen, K.b endlich wagrecht abstehend. St 60—90 cm h.. aufrecht, stielrund oder schwachkantig, oberwärts oft ästig; St.b mit herzfg Basis st.umfassend, etwas gezähnt, die obersten ganzrandig. Bl in anfangs gedrungenen, flachen oder in der Mitte vertieften Doldentrauben oder Ebensträussen, indem die geöffneten Bl die inneren noch in der Knospenlage befindlichen überragen, später in eine lockere Traube sich verlängernd, Blb gelb mit flach ausgebreiteter, elliptischer, sehr kurz benagelter Platte; kürzere Stbf aus gebogener Basis aufstrebend. Schoten 5 cm l., stielrund, von den Samen etwas holperig, mit 2 hervortretenden Nerven. **B. Rapa L. Rüben-K.**

April—Mai; Juli—August. Gebaut als Sommer- und Winterrübsen, als Oelfr. u. als weisse Rübe. Aus Schweden u. Russland stammend.

— meergrün, kahl. K nur halb offen. Der vorigen zwar ähnlich, aber mit ganz verschiedenem Bl stand, indem die geöffneten Bl über die Bl knospen stets hervorragen und eine verlängerte Traube, keinen Ebenstrauss, bilden. St b mit herzfg Basis st.umfassend, nach vorn wieder etwas breiter als in der Mitte, Bl doppelt so gross, wie bei voriger (2—3 cm br.) mit etwas länger benagelten gelben Blb, längeren, weit abstehenden, fast unmittelbar auf dem Bl boden sitzenden Schoten. **B. Napus L. Reps-K.**

April—Mai. Gebaut als Sommer- u. Winterreps (Oelpfl.) u. unterirdische Kohlrabi. Stammt aus Schweden und Russland.

198. Sinápis, Senf. XV, 2.

Schoten kahl, etwas zusammengedrückt in einen 2schneidigen, riefigen Schnabel endend. St 30—60 cm h., oft von unten an ästig, stumpfkantig, mit kurzen Borsten, oberwärts kahl. B grasgrün, eifg-länglich, ungleich gekerbt-gezähnt, am Grund mit einer oder zwei tiefen Buchten, etwas schief, oft fast leierfg, die unteren gestielt, die oberen einfacher und sitzend, mehr oder weniger borstig. Aeste abstehend und mit flachen, reichbltg Sträussen von offenen, gelben Bl und Knospen, die sich später in Trauben verlängern, endend. Bl.stiele kantig, so lang wie der K, mit der Fr sich verdickend und abstehend. K.b lineal, kahl, zuletzt wagrecht, etwas länger als die Blb.nägel. Samen kugelig, glatt. **S. arvensis L. Feld-S.**

Juni—Juli. Auf bebautem Land gemein.

— borstig-steifhaarig, kürzer als der flache Schnabel, ziemlich holperig; St 30—60 cm h., ästig, stumpfkantig; B grobfiederig-gelappt mit 5—9 länglich-eifg, grob-gezähnten Lappen, grasgrün. Bl etwas kleiner als bei voriger; Samen dicker, fein eingestochen punktiert; Klappen der Schoten (Carpelle) mit 3 starken und 2 schwächeren Längsriefen. Sonst der vorigen Art ähnlich. Bl gelb. **S. alba L. Weisser S.**

Juni—Juli. Hier und da, vielleicht verwildert. Lahnufer b. Balduinstein; Okriftel; Wiesbaden unter der Saat; Dillenburg. J. V. N.

199. Erucastrum, Rempe. XV. 2.

St aufrecht, 30—45 cm h., stumpfkantig, etwas scharf von abwärts gerichteten Borstchen, oft rötlich. Aeste aufstrebend oder ausgebreitet. B grasgrün, etwas dick und saftig, kurzborstig, fiederteilig oder gefiedert mit stumpfen, gezähnten Zipfeln, Wzlb.-rosette ausgebreitet, mit gestielten, fast leierfg B; Bl anfangs in flachen Sträusschen, später in sehr langen, lockeren Trauben, weisslich-gelb, ins Grünliche spielend, mit gesättigteren Adern, mit verkehrt-eifg, benagelten Platten (Nägel etwa so lang als die Platten), auf ebenso langen Stielen. Die unteren Schoten von B gestützt, 3—4 cm l, holperig, 4kantig, mit 2 Nerven und hellbraunen Samen. K.b so lang als die Blb.nägel, lineal, fast aufrecht. **E. Pollichii Schimper u. Spenn. Pollichs-R.**

Frühjahr bis Herbst. M. u. Rh. häufig. Bei Ems vereinzelt.

200. Diplotáxis, Doppelsame. XV, 2.

St bebltrt, aufstrebend, 45—60 cm h., kahl wie die ganze Pfl. (höchstens unterwärts zerstreut behaart), graugrün wie die B, im unteren Teile etwas holzig. Aeste mit langen Bl.-trauben endend; B gestielt, mit breitem, hellerem Mittelnerven, kahl, tief fiederteilig, etwas fleischig, mit linealen, von einander entfernten, öfter wieder fiederspaltigen, stumpflichen Zipfeln, die oberen B einfacher. Bl schön gelb, später bräunlich, ansehnlich, bis 2 cm br, doppelt so lang als der K, anfangs zu mehrbltg.

die bereits entwickelten Schoten überragenden Sträusschen zusammengedrängt, zuletzt in verlängerten, weitläufigen Trauben auf 2—3 cm l., schief abstehenden Stielen. Schoten lineal 3—4 cm l., etwas abgeplattet, mit 2 Nerven, durch die hellbraunen Samen etwas holperig. Die ganze Pfl hat, zerrieben, einen etwas unangenehmen, öhligen Geruch **D. tenuifolia DC. Schmalblättr. D.**

Juni—Herbst. M., Rh. u. L. häufig.

— fast b.los, am Grunde liegend, krautig, 15—60 cm h. mit Wzl rosette von grasgrünen, etwas borstigen, in breite Fetzen geteilten B mit 3—5lappigem, verkehrt-eifg Endzipfel, später fast von unten an mit entfernt stehenden Schoten besetzt; Bl halb so gross und kürzer gestielt als bei voriger Art, später lederbraun. Blb rundlich-verkehrt-eifg mit kurzem Nagel. Blt.stiel so lang als die Blt. N ausgerandet. **D. muralis DC. Mauerständiger D.**

Mai—Herbst. Bebautes Land. M. u. Rh. häufig. J. V. N.

Etwas kleiner als vorige Art, aber ihr sonst in Tracht und Gestalt der B sehr ähnlich, doch mit kleineren Bl, kürzeren Bl.stielchen, länglich-verkehrt-eifg, allmählich zum Nagel sich verschmälernden Blb, kürzeren und kürzer gestielten Schoten ist **D. viminea DC. Rutenästiger D.**

Juni—Juli. Weinberge. Mainthal häufig J. V. N.

201 Alýssum, Steinkraut. XV, 1.

St rasenfg aus derselben Wzl beisammen aus liegender Basis aufstrebend, bis 20 cm h, einfach oder wenig ästig, etwas holzig, stielrund, von Sternhärchen grau wie die bald abfallenden, genäherten, aufrechten, lanzettlichen, ganzrandigen, in einen B.stiel verschmälerten B, die untersten B oft verkehrt-eifg; Bl in endstdg, anfangs gedrungenen Trauben, hellgelb, später weisslich. Blb keilfg, abgestutzt, nur etwas länger als der bleibende K, kürzere Stbf beiderseits mit einem borstlichen Zahn, die längeren ungeflügelt. Schötchen kreisrund, in der Mitte erhaben, vor dem Rand mit einer breiten, concentrischen Furche, seicht ausgerandet, mit grauem Ueberzug, 4 eirunden, abgeplatteten, schmal geflügelten Samen. **A. calycinum L. Kelchfrüchtiges St.**

Mai—Juli. Sonnige Orte. Hier u. da häufig.

Blb doppelt so lang als der abfällige K; längere Stbf mit flügelartigem Ansatz. Sonst wie vorige Art. **A. montanum L. Berg-St**

Mai—Juni. Sonnige, steinige Orte. Schadeck; Okriftel, Flörsheim; Biebrich-Wiesbaden-Castel, Schierstein, Nordenstadt, unteres Rheinthal Weniger häufig. J. V. N.

202. Farsétia, Farsetie. XV, 1.

St 30—60 cm h. aufrecht, stielrund, etwas holzig, von kurzen Sternhärchen graugrün wie auch die B, Bl.stiele, K u. Fr. nach oben zu ästig; B lanzettlich, fast ganzrandig, die unteren gestielt, die oberen, schmäleren, sitzend; Bl in anfangs straussartigen, zuletzt verlängerten, endstdg Trauben; K.b länglich, weiss berandet, halb so lang als die benagelten, 2spaltigen Blb; Schötchen oval, zuletzt fast kahl; Fächer 6samig; Samen schmal geflügelt, linsenfg, braun. **F. incana R Brown. Graue F.**

Juni–Herbst. Auf bebautem Land. M., Rh. u. L.

203. Lunária, Mondviole. XV, 1.

St aufrecht, 45—90 cm h., fast stielrund, mit wagrechten oder abwärts gerichteten Haaren im unteren Teil, oben mit mehreren, rispenfg geordneten, bl.tragenden Aesten. Die unteren B sehr ansehnlich, tief herzfg, zugespitzt, ungleich gezähnt, lang gestielt, die oberen kleiner, wechselstdg, unterseits bleicher grün. Bl in lockeren, armbltg Trauben, ansehnlich, violett mit dunkleren Adern; Blb benagelt mit rundlicher Platte; Nagel länger als der aufrechte, violette, buckelige K. Schötchen sehr gross, 5—7 cm l. und 1—2 cm br., auf fädlichen, dem Bl stiel gleichen Fr.träger, mit nierenfg, quer-breiten, schmal geflügelten Samen. **L. rediviva L. Spitzfrüchtige M.**

Mai. Bergwälder. ___; L.; L.; Hohenstein; Reiffenberger Schloss. Vereinzelt.

204. Draba, Hungerblümchen. XV, 1.

St ganz einfach, 5—10 cm h., fädlich, oft zu vielen beisammen, nur mit Wzl.rosette von lanzettlich-elliptischen, fast ganzrandigen, spitzen, in einen kurzen, breiten B.stiel verlaufenden, meist kahlen, etwas bewimperten B, meist rotbraun überlaufen, mit endstdg lockerer Traube von weissen Bl auf schlanken Stielchen; Blb 2spaltig; Schötchen auf viel längeren Stielen, meist länglich-lanzettlich (seltener rundlich), vielsamig. **D. verna L. Frühlings-H.**

März–April. Ueberall gemein an wüsten, steinigen Orten.

— ästig, 15—30 cm h., beblättert, mit kurzen, gabeligen Haaren besetzt wie die grasgrünen, gewimperten, länglich-ovalen, schwach gezähnten, in einen B.stiel verlaufenden unteren, eine lockere Rosette bildenden u. die herz-eifg, st.umfassenden oberen B. Bl in reichbltg, sehr weitläufigen Trauben auf dünnen, später wagrechten Stielchen, sehr unansehnlich. Blb weiss, verkehrteifg. K.b bleichgrün, oben öfter violett, weisslich berandet. Schötchen lineal, mit kleinem Spitzchen, dem bleibenden Gf, 12—15samig. **D. muralis L. Mauer-H.**

Mai. Steinige Orte. Weilburg, Cronberg, Wisperthal, Presberg. Im L. (?) u. Rh. nicht selten. J. V. N.

205. Cochlearia, Löffelkraut. XV, 1.

Schötchen nervenlos, elliptisch-kugelig, aufgedunsen; Samen glatt. St aufrecht, 45—90 cm h., röhrig, kahl wie die ganze Pfl, stielrund, gerieft, oberwärts kantig, mit schlanken, im unteren Teile b.losen, mit Bl.sträusschen endenden Aesten, mehrere aus weisslicher, sehr dicker, walzenfg Wzl. Untere B lang gestielt, ansehnlich, länglich, ungleich gekerbt, am Grunde schief-herzfg, die oberen weit kleiner und kürzer gestielt, zum Teil kammfg-fiederteilig, mit linealen Fetzen, die obersten linea.. ganzrandig. Bl weiss, anfangs doldentraubig-rispig, später in lockere Trauben sich ordnend; K.b gelbgrün, weisslich berandet, kaum halb so lang. C. **Armoracia L. Gemeines L., vulgo Meerrettich.**

Juni–Juli. Gebaut als Küchenpfl. u. verwildert.

— beiderseits mit je 1 vortretenden Längsnerven, kugelig. Samen von feinen Erhabenheiten rauh. Obere St.b tief-herzfg-st.umfassend. St 15--30 cm h., kantig, kahl wie die ganze Pfl. ziemlich dick; Wzlb etwas fleischig, lang gestielt, breit-eifg, sehr stumpf, etwas herzfg, am Rande geschweift, die ältesten rundlich. Bl in endstdg gedrungenen, zuletzt traubenfg verlängerten Sträusschen; Blb mehr als doppelt so lang als die eifg, oft rosenrot gefärbten, weisslich berandeten K.b, verkehrt-eifg, benagelt. C. **officinalis L. Gebräuchliches L.**

Mai–Juni. An Salzquellen. Soden. Ob wild? J. V. N.

206. Camelina, Leindotter. XV, 1.

St aufrecht, 45–90 cm h., stielrund, etwas scharf von gabeligen Härchen. B oft graugrün behaart, die unteren stumpf in einen B.stiel verschmälert, bald vergänglich, die mittleren und oberen pfeilfg-sitzend, ganzrandig oder nur schwach gezähnt. Bl in endstdg, sich später zu lockeren Trauben entwickelnden Sträusschen, citrongelb, später verblassend, Blb länglich-keilfg, breit benagelt, fast doppelt so lang als der höckerige, etwas zottige K. Schötchen verkehrt-eifg-birnfg, aufgedunsen, geschärft-berandet, mit dem ziemlich langen Gf bekrönt, mit Adernetz, runzelig; Samen gelbbraun, fein punktiert. C. **sativa Crantz. (Myagrum sativum L.) Gebauter L.**

Juni–Juli. Auf gebautem Land besonders unter dem Flachs.

Mittlere St.b buchtig-gezähnt, jederseits mit 4–5 Zähnen oder fiederspaltig, nach unten verschmälert, an der pfeilfg umfassenden Basis wieder breiter. Sonst der vorigen Art sehr ähnlich, doch mit schmäleren B, dickeren, oben mehr abgestutzten Schötchen, kürzerem Gf, und fast doppelt so grossen, deutlich punktierten Samen. Ob eine gute Art? C. **dentata Pers. (Myagrum sativum γ L.) Gezähnter L.**

Juni—Juli. Auf Flachsäckern. Hier und da.

207. Thlaspi, Täschelkraut. XV, 1.

1. Schötchen kreisrund. St aufrecht, etwas kantig, 15—30 cm h., oberwärts etwas ästig. B etwas dick und saftig, kahl wie die ganze Pfl, die grundstdg verkehrt-eifg, ganzrandig, in den B.stiel verschmälert, bald verwelkend, die oberen wechselstdg, länglich, gezähnt, die obersten sitzend, mit pfeilfg Basis st.umfassend; Bl anfangs in Sträusschen, zuletzt zu langen Trauben sich entwickelnd, an fädlichen Stielen, weiss, doppelt so lang als die weisslich berandeten K.b; Blb verkehrt-eifg,

sehr stumpf, kurz benagelt. Schötchen 1—2 cm l., tief ausgerandet, mit schmalem, linealem Einschnitt, breitgeflügelt, mit vielen rostbraunen, eifg, fein bogig gerieften Samen. **Th. arvense L. Feld-T.**

Mai—Herbst. Gemein auf gebautem Land.

— d r e i e c k i g. 2.

2. Staubbeutel p u r p u r r o t, zuletzt schwärzlich. St einfach, 10—15 cm h., mehrere aus derselben Wurzel rasenfg beisammen; St b herzfg, sitzend; Bl weiss; Blt.sland wie bei voriger. B fast ganzrandig, länglich, die oberen sitzend. Schötchen verkehrt-herzfg, nach dem Grunde schmal zulaufend, geflügelt; Flügel oben so breit als das Fach, ausgebuchtet bis zu $^1/_8$ der Länge, 8—16samig; Samen glatt. **Th. alpestre L. Felsen-T.**

April - Mai. Auf mageren Wiesen, an Wegrändern ziemlich häufig im $\overline{\text{L.}}$; Dillenburg u. Herborn.

— g e l b. Der vorigen Art in der Tracht, Grösse, B.form, dem Blt.sland oft sehr ähnlich, doch meist mit ästigem St. B sind mehr blaugrün und s t. u m f a s s e n d. Stbgf nicht aus den Bl hervorragend; Schötchen höchstens 8samig. **Th. perfoliatum L. Durchwachsenes T.**

April—Mai. Fast überall häufig. Fehlt bei Dillenburg.

208. Teesdália, Teesdalie. XV, 1.

Schaft 10—20 cm h., kahl wie die ganze Pfl, mit b.reicher Wzl.rosette, steif aufrecht; Wzlb grasgrün, gestielt, leierfg-fiederspaltig oder fiederteilig mit eifg-rundlichen Zipfeln und bedeutend grösserem Endzipfel. Bl in endstdg, sich später zu längeren Trauben entwickelnden flachen Sträusschen, weiss, unansehnlich. Blb ungleich, die äusseren fast doppelt so lang wie die inneren u. die abstehenden, weisslich berandeten, stumpfen K.b; Schötchen rundlich-verkehrt-herzfg, etwas geflügelt mit rundlichen, flachen Samen. Pfl öfter mit niederliegenden oder aufstrebenden, längeren mit einigen B besetzten Nebenst. **T. nudicaulis R. Br. (Iberis nudicaulis L.) Nacktstengelige T.**

April - Mai. Heiden. Nicht häufig. Hier und da. Fehlt im $\overline{\text{L.}}$

209. Ibéris, Bauernsenf. XV, 1.

St 15—30 cm h., dünn, hart und zerbrechlich, oberwärts gefurcht, schärflich-flaumig, wiederholt ästig, mit flachen, endstdg, später traubenfg Bl.sträusschen von ebenstraussartigem Ansehen; B wechselstdg, länglich-keilfg nach dem B.stiel zulaufend, vorn mit wenigen grösseren Zähnen, etwas gewimpert, ziemlich dick und fleischig, hellgrün. K.b abstehend, sehr gewölbt, mit breitem meist violett gefärbtem Rande; Blb schneeweiss, seltner lilafarben, länglich-verkehrt-eifg, flach ausgebreitet, strahlend, weit länger als der K, besonders die äusseren, grün benagelt. Stbf zahnlos. Schötchen rundlich, konkav-konvex, vorn geflügelt u. ausgerandet. Samen oval, flach, braünlich. **I. amara L. Bitterer B.**

Juni - Herbst. Aecker. Sehr vereinzelt. Nassau, (wieder eingegangen) Oestrich. Scheint nicht sesshaft zu sein!

210. Biscutella, Brillenschote. XV. 1.

St 15—45 cm h., stielrund, unterwärts behaart, wenig- und entfernststehend-beblättert, oberwärts doldentraubig-ästig. Wzlb länglich-oval, etwas stumpf, in einen langen B stiel verlaufend, mit starkem, weisslichem Mittelnerven, meist beiderseits behaart, die mittleren und oberen B meist ganzrandig oder nur schwach gezähnt, halb st.umfassend, die obersten lineal, unansehnlich. Bl schwefelgelb, wohlriechend in kurzen Doldentrauben auf fädlichen Stielen; K.b aufrecht, gelblich, zum Teil am Grund höckerig, kürzer als die verkehrt-eifg. kurz benagelten Blb, diese mit herzfg Platte. Stbf zahnlos; 6 Drüsen auf dem Fr.boden. Schötchen oben und unten ausgerandet. Samen flach, fast nierenfg, kahl und glatt. **B. laevigata L. Gemeine B.**

Mai—Juli. An felsigen Orten. Bisher nur im untern Rheinthal, zwischen Lorch und Caub nicht selten. J. V. N.

211. Lepidium, Kresse. XV. 1.

1. Schötchen oben d e u t l i c h a u s g e r a n d e t. 2.
— k a u m oder n i c h t ausgerandet. 4.

2. B pfeilfg-s t. u m f a s s e n d. e i n f a c h, gezähnt. St aufrecht, 15—30 cm h, stielrund, oberwärts mit doldentraubig geordneten Aesten, reich beblättert. Wzlb verkehrt-eifg, stumpf, in einen langen B.stiel verlaufend, klein gezähnelt, auf dem Boden ausgebreitet, zur Blt.zeit meist fehlend. Bl weiss, unansehnlich, auf wagrechten oder abwärts geneigten Stielen in ziemlich gedrängten Trauben. K.b weisslich berandet. Schötchen eifg, warzig punktiert, von der Mitte an breit geflügelt, oben abgerundet und ausgerandet, von ebenso langem Gf bekrönt. **L. campestre R. Br. (Thlaspi campestre L.) Feld-K.**

Juni—Juli. Gemein auf bebautem Land.

— n i c h t umfassend, kahl. 3.

3. Blb d o p p e l t so lang als der K, weiss, benagelt; Schötchen der Spindel anliegend, rundlich-oval, geflügelt, stumpf. St aufrecht, 30—60 cm h., stielrund, glatt, weisslich-grün, mit bläulichem Anflug, ästig. B gestielt, gefiedert, die unteren mit länglichen, gezähnten Fiedern, die obersten ungeteilt, lineal, blaugrün bereift. Bl in endstdg. b gegenstdg. sich traubenfg verlängernden Sträusschen. K.b abstehend, randhäutig, etwas behaart; A violett. **L sativum L. Gartenkresse.**

Juni—Juli. Kultiviert und bisweilen verwildert.

— meist f e h l e n d, oder u n a n s e h n l i c h; St.b einfach- und doppelt-g e f i e d ert, die oberen l i n e a l. St 15—30 cm h., ästig und oft auf dem Boden sperrig ausgebreitet, kurz abstehend-behaart. Wzlb rosettenfg, bald verwelkend. Bl in später verlängerten Trauben an sehr dünnen Stielen, fast stets ohne Blb u. mit nur 2 Stbgf; K.b weisslich berandet, gelblichgrün. Schötchen elliptisch-rundlich, ausgerandet, oben schmal geflügelt. **L. ruderale L. Stink-K.**

Juni—August. An unfruchtbaren Orten gemein.

4. B pfeilfg umfassend, länglich-eifg, geschweift-gezähnt, die Wzlb in einen B.stiel verlaufend; St 30—50 cm h., stielrund, fein-gerieft durch die hinabziehenden B.ränder, oberwärts doldentraubig-ästig, kahl, unterwärts kurz-flaumig. Bl weiss, in flachen Doldentrauben; K.b abstehend, gelblich-grün, weisslich-berandet; Blb verkehrt-eifg, lang-benagelt. Schötchen am Grund ausgerandet, breiter wie lang, flügellos, aderig-runzelig. Gf lang. Samen rotbraun. **L. Draba L. Stengelumfassende K.**

Mai–Juni. Weg- u. Ackerränder. Weiden. Sehr vereinzelt. Oberlahnstein, Limburg, D. B. G. Ems.

— nicht umfassend. 5.

5. Wzlb ungeteilt, eifg, am Grunde abgerundet, lang gestielt, gekerbt-gesägt, unterwärts flaumhaarig, die obersten B fast ganzrandig, länglich-lanzettlich, alle etwas lederig, graugrün. St 45—90 cm h., stielrund, kahl, hellgrün, bläulich bereift, oberwärts wiederholt-ästig mit endstdg. kurzen Trauben. Bl weiss, klein in reichbltg. aus Träubchen zusammengesetzten Rispen. K.b gelblich-grün, weiss berandet. Blb verkehrteirund, benagelt. Schötchen kreisrund bei der Reife, oben mit seichtem Kerbeinschnitt, flaumhaarig. Gf sehr kurz mit grosser N. **L. latifolium L. Breitblättrige K.**

Juni–Juli. Selten. Soden an den Salinen. Camp, Braubach; an letzteren Orten vielleicht verwildert.

— am Grunde fiederspaltig, öfter mit gesägten Zipfeln, viel grösser als die übrigen B, länglich oder spatelfg. in den B stiel verschmälert, die oberen lineal, ungeteilt. St 30—60 cm h., von unten an mit weit abstehenden, schlanken wiederholt verzweigten Aesten, kahl oder unterwärts sehr kurz behaart wie auch die Unterseite der B. Bl unansehnlich, in dichte, später zu lockeren Trauben sich verlängernden Sträusschen. K.b rundlich, weit abstehend, oben violett, weiss-berandet, halb so gross als die verkehrt-eifg. seicht ausgerandeten, schneeweissen Blb. Schötchen eifg, spitz. Gf kurz. **L. graminifolium L. Grasblättrige K.**

Juni–Herbst. Auf unbebauten Orten, an Mauern, Wegen. M. u. Rh. häufig.

212. Capsélla, Hirtentäschel. XV, 1.

St aufrecht, 30–45 cm h., oft mehrere aus derselben Wzl, von unten an ästig, Aeste zuletzt weit abstehend, stielrund, fast kahl. Wzlb lanzettlich im Umriss, schrotsägefg fiederteilig, mit eifg-dreieckigen, vorn gezähnten Zipfeln, in den B.stiel verlaufend St.b mit pfeilfg Basis sitzend, lanzettlich, gezähnt, die obersten ganzrandig. Bl weiss, anfangs in unansehnlichen Sträusschen, zuletzt zu sehr lockeren Trauben (nach Verblühen der untersten Bl) verlängert. K.b häutig berandet, etwas kürzer als die Bl, Schötchen vielsamig, auf dünnen Stielen weit abstehend, dreieckig, umgekehrt-herzfg, ungeflügelt. C. Bursa pastoris Moench. (Thlaspi Bursa pastoris L.) Gemeines H.

Fast das ganze Jahr blühend. Ueberall gemein auf Feldern und an Wegen.

213. Senebiéra, Krähenfuss. XV, 1.

St 10—25 cm l., nach allen Seiten hingebreitet, einen flachen Rasen bildend, kahl wie die ganze Pfl. B etwas dick u. saftig, gefiedert mit geflügelter Mittelrippe und 3—4 Paar lineal-länglichen, oben oft 2—3zähnigen Fiedern und einer ungeteilten Endfieder, lang gestielt, besonders die Wzlb. Bl in kurzen, später sich verlängernden Trauben, sehr kurz gestielt, unansehnlich, weiss. K.b wagrecht-abstehend wie die lineal-länglichen Blb, eifg, weiss berandet; Schötchen stark zusammengedrückt, breiter als lang, fast nierenfg, netzig-runzelig, am Rande zackig-kammfg durch vortretende Riefen, nicht aufspringend; Gf pyramidal, kurz. S. Corónopus Poir. (Cochlearia Coronopus L.) Kurztraubiger K.

Juli—August. Triften, etwas feuchte Orte. Vereinzelt. M. u. Rh. J. V. N.

214. Ísatis, Waid. XV, 1.

St aufrecht, 45—90 cm h., stielrund, schwach gerieft, oberwärts sehr ästig, kahl. B bläulich grün mit weissem Mittelnerven, etwas fleischig, die untersten länglich-stumpf, in einen langen B.stiel verschmälert, fast ganzrandig, die oberen mit pfeilfg Basis st.umfassend. Bl gelb, in weitläufige Rispen bildenden, später sich hinabbiegenden Trauben, an sehr dünnen Stielchen. K.b länglich, stumpf, abstehend, kürzer als die Stbgf. Schötchen länglich, etwas ausgerandet, stumpf, nach unten verschmälert, flach zusammengedrückt, hängend, einfächerig, mit 1 länglichen, glatten Samen. I. tinctoria L. Färber-W.

Mai—Juni. An sonnigen Bergabhängen. Im Rheinthal und seinen Seitenthälern, sowie auch im L. häufig.

215. Neslia, Neslie. XV, 1.

St 15—60 cm h., stielrund, schwach gerieft, mit kurzen, sternfg Härchen besetzt wie die länglich-lanzettlichen, fast ganzrandigen, pfeilfg umfassenden B, einfach oder oberwärts in wenige mit flachen Bl.sträusschen endigende Aeste geteilt; obere B linealpfeilfg; Wzlb in ein B.stiel verschmälert. Bl in zuletzt verlängerten reichbltg Trauben, goldgelb. Blb verkehrt-eirund, etwas länger als der aufrechte K. Schötchen rundlich, bauchig, fast kugelig, netzig, runzelig, fein berandet; Gf bleibend, halb so lang. N. paniculata Desv. (Myagrum paniculatum L.) Rispige N.

Juni—Juli. Brachfelder, unter den Saaten. Selten. Vereinzelt. ___; Okriftel, J. V. N. Singhofen.

216. Búnias, Zuckerschote. XV, 1.

St aufrecht, bis 90 cm h., stumpfkantig, mit kurz- und dickgestielten, fast wie kleine Hühneraugen aussehenden Drüsen bestreut wie auch die Bl.stiele, K, Frkn, Ränder und Unterseiten der B, sich in eine weitschweifige Rispe verzweigend; untere B länglich-lanzettlich. am Grunde schrotsägefg, mit gabeligen Härchen besetzt, die mittleren gefiedert mit zurückgerichteten. nach oben grösseren, gezähnten Fiedern und einer fast pfeilfg, sehr grossen Endfieder, die obersten allmählich kürzer und einfacher, lanzettlich-lineal, ganzrandig und sitzend; Bl citrongelb, in reichblütigen, anfangs straussfg Trauben; K grünlich-gelb, wagrecht abstehend; Blb verkehrt-eifg, länger als der K, schmal benagelt; Fr auf 2—3 cm langem, abstehendem Stiele, ungeflügelt und ohne Kanten, knötig-runzelig, hart, vom bleibenden Gf bekrönt, in der Mitte etwas eingeschnürt (bei sich ausbildenden Fächern); Samen hellbraun. **B. orientalis L. Orientalische Z.**

Juni—Juli. Wohl eingeschleppt! Bebautes Land. In wenigen Exemplaren in der Umgebung von Ems.

217. Ráphanus, Rettich. XV, 2.

Schoten wenig eingeschnürt, stielrund, zugespitzt mit kegelfg Schnabel endend, Samen netzig-runzelig, aufgedunsen. St aufrecht, 60—90 cm h., stumpfkantig, bläulich bereift, meist steif-borstig, oberwärts sehr ästig. B leierfg, stumpf gezähnt, dunkelgrün, von kleinen Borsten rauh, die unteren länger gestielt, die obersten fast ganzrandig, einfach. Bl in anfangs armbltg, lockeren Sträusschen, zuletzt in langen Trauben, auf dünnen Stielen, lilafarben mit violetten Adern, oder weisslich; Blb benagelt; K geschlossen; die äusseren K.b am Grund höckerig. **R. sativus L. Garten-R. Spielart: Radieschen.**

Juni—September. Gebaut und verwildert. (Stammt aus Asien.)

— perlschnurartig eingeschnürt, bei der Reife in Glieder zerfallend, gerieft, in einen walzig-pfriemlichen Schnabel verlaufend. Samen glatt. Bl gelb oder weisslich gelb mit violetten Adern. St 30—45 cm h., stielrund, etwas bereift. B leierfg-gefiedert mit 4—10 Fiedern und grosser, am Grund oft gelappter Endfieder, die obersten einfacher, oft ungeteilt u. sitzend. Blb benagelt mit verkehrt-eirunder, sehr stumpfer Platte. (Pfl von dem Aussehen von Sinapis arvensis L.) **R. Raphanistrum. Acker-R.**

Juni - August. Nicht selten auf bebautem Land.

VII. Reihe: Cistiflorae.

1. Ordnung: Resedaceae.

218. Reséda, Resede. XI. 3.

1. K 4teilig. St aufrecht, 45—90 cm h., kantig, kahl wie die ganze Pfl, oberwärts ästig. B lineal-lanzettlich, ganzrandig, etwas wellig, am Grunde mit 2 kleinen Zähnen, hellgrün, glänzend, mit starkem, weisslichem Mittelnerven, dicht und zerstreut sitzend, nur die untersten in einen breiten B.stiel verschmälert, mit Wzl.rosette. Bl gelblich-weiss, in endstdg, gedrungenen, anfangs überhängenden, ährenfg Trauben, sehr

kurz gestielt. Bl.stiele so lang als der K; K.zipfel ungleich. länglich, stumpf. Kapsel kurz-eifg-rundlich, knotig. mit 4 zugespitzten, aufrechten und 4 einwärts geschlagenen Zipfeln. **R. luteola L. Gelbliche R.**

Juli—August. Ackerränder, Mauern, trockene Plätze. Gemein.

— 6 teilig. St ausgebreitet und aufsteigend 2

2. B doppelt-fiederspaltig. die oberen 3spaltig mit linealen Fetzen, wechselstdg; St meist buschfg beisammen. 30—60 cm h., kahl wie die ganze Pfl, stielrund, schmal gerieft, meist von unten an ästig. Bl in endstdg, zuletzt verlängerten Trauben, grünlich-gelb. Bl.stiele eben so lang als der K und die Bl; Deckb pfriemlich, weisslich, hinfällig. K.zipfel lineal, stumpf. Blb.nägel verkehrt-eifg. fein gewimpert. Kapsel gross, mit 3 stumpfen Ecken und oben mit einem 3eckigen Loche, letzteres von den einwärts gebogenen Zipfeln begrenzt. **R. lutea L. Gelbe R.**

Juli—August. Steinige Orte. M. u. Rh., Wiesbaden, Wisperthal ziemlich häufig; im L selten. Fehlt ___

— unzerteilt, höchstens 3lappig; Bl.stiele doppelt so lang als der K. St aufstrebend, ästig, 30—60 cm h; Bl in endstdg Trauben, weisslich-gelb, wohlriechend. **R. odorata L. Wohlriechende R.**

Juli—Oktober. Zierpflanze aus Nord-Amerika; bisweilen verwildert.

2. Ordnung: Violariceae.

219. Viola, Veilchen. V, 1.

1. St fehlend, nur aufstrebende Aeste vorhanden oder auch mit Ausläufern. 2.

— vorhanden. 4.

2. B kahl, nieren-herzfg. stumpf, schmutzig-grün. B.stiel ungeflügelt, mit eifg, gefransten oder ganzrandigen, freien Nebenb. Pfl bis 15 cm h.; Bl blass-lilafarben, mit abstehenden mittleren Blb, das unpaarige mit violetten Adern. Bl.stiele unterhalb der Mitte oder in der Mitte mit 2 Deckb, im fr.tragenden Zustand aufrecht. Kapsel 3kantig, kahl. **V. palustris L. Sumpf-V.**

Mai—Juni. Sumpfwiesen. ___ ___ Wiesbaden; Schwanheim. Oestrich, Laufenselden, Hasselbach b. Usingen. J. V. N.

— behaart. 3.

3. Mit längeren Ausläufern; Bl wohlriechend; K.b stumpf. Wzlb büschelfg beisammen, herzfg, fast so breit als lang. schwach flaumhaarig, stumpf oder kurz zugespitzt, die ersten fast nierenfg; Nebenb lanzettlich, drüsig-wimperig. Blb verkehrt-herzfg. abgerundet-stumpf, dunkelblau (seltener weiss), mit bleicherem Nagel und dunkleren Adern. die beiden mittleren gebärtet. Sporn kaum halb so lang als das unpaarige Blb. **V. odorata L. Wohlriechendes V.**

März—April. Gemein auf Grasplätzen.

Ohne Ausläufer; Bl geruchlos, bleich violett; B tief-herzfg, unterseits nebst den B.stielen behaart, meist länglich-eifg mit grossen, häutigen, eirunden, drüsig-wimperig-gezähnelten, mit dem unteren Teil an den B.stiel angewachsenen Nebenb; K.b eifg, stumpf, kurz-behaart, oder nur gewimpert. Blb meist ausgerandet, die mittleren bärtig. Kapsel kugelig, kurz behaart, niederliegend; Pfl 10 cm h. wie die vorige, ihr nahe verwandte Art. **V. hirta L. Rauhhaariges V.**

April—Mai. Wiesen, Gebüsche. Gemein.

4. Seitliche Blb aufrecht, N krugfg, gross, auf keulenfg verdicktem Gf; Blb bunt gefärbt (weiss, gelb und blau), sehr stumpf, die mittleren stark gebärtet; Nebenb gross, leierfg-fiederspaltig mit linealen Zipfeln. St aufstrebend, 10—20 cm h., dreikantig, etwas flaumig, oft vom Grund an ästig; B gestielt, grob gekerbt, fast kahl, rundlich-eirund, herzfg, stumpf, die unteren lang gestielt, die oberen mehr länglich, kürzer gestielt; Bl.stiel 2—3 mal länger als die B; Deckb dicht unter der Bl. Im Sporn 2 bärtige Linien. **V. tricolor L. Dreifarbiges V.**

Mai—Herbst. Auf Brachäckern gemein.

— — abstehend, N nicht krugfg. 5.

5. Kapsel abgestumpft mit aufgesetztem Gf; St.ende ohne neu entwickelte B, niederliegend und aufstrebend; B aus herzfg Basis länglich-eifg, spitzlich, die unteren stumpf; B stiele flügellos; die Nebenb der mittleren B länglich-lanzettlich, gefranst-gesägt, mehrmals kürzer als der B.stiel; K eifg-lanzettlich, verschmälert spitz; Sporn fast doppelt so lang als die Anhängsel des K, stumpf. In Form und Grösse (bis 30 cm h.), sehr abändernd u. von neueren Botanikern in eine Menge von Arten zerlegt. (Einer solchen scharfsinnigen Unterscheidung vermögen wir nicht zu folgen; der Verf.) **V. canina L. Hunds-V.***

Mai—Juni. Heiden, Waldränder, Gebüsche.

— spitz, länglich. St niederliegend u. aufstrebend, am Ende mit neu hervorgesprossten B (aus deren Achseln keine Zweige kommen). B herzfg, fast nierenfg; Nebenb vielmal kürzer als der ungeflügelte B stiel, gefranst-gesägt; K.b lanzettlich, zugespitzt. Ebenfalls sehr wechselnd nach Form und Grösse. **V. sylvestris Lam. Wald-V.****

April—Mai. Wälder und Gebüsche, Zäune. Gemein.

Die Form mit rundlich-herzfg B u. eilanzettlichen Nebenb grau-flaumigem St u B.stiel ist V. arenaria DC., bisher nur v. Fuckel b. Usingen gefunden. J.V N

* Hierher gehören die auch in J. V. N. angeführten V. Schultzii Bill mit längerem (2—3mal so lang als die K.anhängsel), hakig aufwärts gekrümmtem Sporn, schmäleren B u. weissen Bl. soll nach Fuckel, (der sie aber V. stricta Hornem. (?) nennt) auf den Erlenwiesen bei Okriftel sehr selten vorkommen; ferner V. stricta Hornem. mit kürzerem Sporn (etwa so lang als die K.anhängsel) und geflügeltem B.stiel, lilafarbenen Bl; V. pratensis M. u K. mit lanzettlichen, nicht herzfg, kahlen B, hellblauen Bl, geflügeltem, kürzerem B.stiel als die Nebenb der mittleren B. Auch die letzteren beiden u. noch einige andere Arten will Fuckel auf den Erlenwiesen bei Okriftel gefunden haben.

** Anmerkung. Die in Koch Synopsis der deutschen Flora 2. Auflage gegebene Diagnose von V. canina L. gibt fast keine Anhaltspunkte, um sie

3. Ordnung: Droseraceae.

220. Drósera, Sonnentau. V, 5.

Schaft 10—20 cm h., stielrund, kahl, mit endstdg. anfangs zurückgekrümmter, zuletzt aufrechter, einerseitswendiger, bisweilen 2spaltiger Aehre von weissen Bl. Wzl.rosette von langgestielten, kreisrunden oder quer-elliptischen, ziemlich saftigen, zerbrechlichen, anfangs schneckenfg eingerollten, oberseits weichhaarigen, purpurrot- und drüsig-gewimperten B gebildet, deren B.stiel ebenfalls oberseits mit saftigen Haaren und an seinem unter der B.spreite verbreiterten Ende mit ähnlichen Drüsenhaaren besetzt wie das B und am Grunde beiderseits mit pfriemlich zerschlitzten Nebenb. K tief-5teilig, bleibend; Blb verkehrt-eirund; Stbf nach oben verbreitert; Frkn eifg. N keulenfg, ungeteilt. **D. rotundifolia L. Rundblättriger S.**

Juli—August. Sumpfwiesen. ___ Altweilnau u. Hasselbach (A. Usingen.) J. V. N.

B lineal-keilfg, halb so lang als der aufrechte Schaft. Sonst wie vorige Art. **D. longifolia L. Langblättriger S.**

Juli—August. Sumpfige Orte. Seltner als vorige Art. ___ Braubach. J. V. N.

221. Parnassia, Parnassie (Studentenröschen). V, 4.

St einfach, 15—20 cm h., kantig, mehrere beisammen aus derselben Wzl; Wzlb lang gestielt, herzfg, ganzrandig, stumpf, mit kurzer Spitze, unterseits öfter braun punktiert; ein einzelnes, sitzendes St b; K 5teilig, mit lanzettlichen Zipfeln; Blb herz-eifg, kurz benagelt, milchweiss mit wasserfarbenen Adern, ausgerandet; 5 verkehrt-herzfg, gelblich-grüne, in viele fächerfg, weissliche, pfriemlich-borstliche Zipfel geteilte Nebenkronenb (diese an der Spitze grünlich); Frkn eirund, weiss; Kapsel 1fächerig, vierklappig, mit unvollständigen Scheidewänden in der Mitte der Klappen, vielsamig. **P. palustris L. Sumpf-P.**

Juli—August. Nasse Wiesen. Hier und da. Im ___ fehlend!

4. Ordnung: Cistineae.

222. Heliánthemum Sonnenröschen. XIII, 1.

B gegenstdg, oval oder länglich-lineal, gestielt, mit umgerolltem Rande, linealen Nebenb; Pfl unten halbstrauchig, einen zum Teil niedergestreckten Busch von 15—30 cm h. St bildend. St oft rotbraun gefärbt, fast filzig. Bl citrongelb, mit safranfarbener Basis, in endstdg, bis 20bltg, (nur wenige Bl gleichzeitig offen), anfangs gedrungenen, später sich verlängernden Trauben, nach

von letzterer zu unterscheiden. Auch in J. V. N. wird sie als sehr selten bei Weilburg, Dillenburg, Weilmünster (NB. wohldurchsuchte Gebiete!) angegeben. Fast scheint es, als liege hier wieder eine von neueren Autoren leider beliebte Teilung einer Linnéschen Art vor, nur geeignet, um Anfänger zu verwirren. Vgl. auch J. C. Röhling, Deutschlands Flora, bearb. von Mertens & Koch, 2 Bd. pag. 261 ff.

der Blt herabgebogen, mit lanzettlichen Deckb; Bl.stiele so lang als der K, die 3 inneren K.b breit-eifg, die 2 äusseren lineal-lanzettlich. Frkn zottig mit mehrmals längerem Gf; Kapselfr mit vielen Samen am centralen Samenträger. **H. vulgare Gärtner. (Cistus Heliánthemum L.) Gemeines S.**

Juni—August. Auf trockenen, sonnigen Wiesen. Gemein.

— w e c h s e l s t d g, schmal-lineal, o h n e Nebenb. sitzend, stumpflich, mit kurzer Stachelspitze (dem Ende der Mittelnerven), etwas rauh, schwach gewimpert. St 10—20 cm h., im unteren Teile holzig, nach allen Seiten ausgebreitet oder aufstrebend, mit beblätterten, oft rot gefärbten, flaumigen Aesten, aus den B.winkeln derselben entspringen kleine B.büschel. Bl goldgelb, einzeln, seitenstdg, auf später zurückgekrümmten Stielen. K.b ungleich, 3 grössere eifg, meist rot gefärbt, 2 kleinere lineal; Blb grösser als der K, verkehrt-eifg. Gf 3mal so lang als der Frkn. **H. Fumana Mill. (Cistus Fumana L.) Dünnblättriges S.**

Juni—Juli. Sonnige Hügel. Flörsheim. Sehr selten. J. V. N.

5. Ordnung: Hypericineae.

223. Hypéricum, Johanniskraut. XVIII. 4.

(Bl. aller Arten gelb.)

1\. K.b d r ü s i g bewimpert. 2.
— u n b e w i m p e r t. 4.

2\. Pfl b e h a a r t. St 30—45 cm h, aufrecht stielrund, einfach, mit längerer, ziemlich lockerer Rispe endend. B länglich-eifg-lanzettlich, gegenstdg, kurz gestielt, beiderseits, besonders unterseits behaart, o h n e schwärzliche Punkte. Blb am Ende mit einem oder mehreren kurzgestielten schwärzlichen Drüschen. Kapsel 3fächerig mit rostfarbenen, auf der Oberfläche sammetartigen Samen. **H. hirsutum L. Behaartes J.**

Juni—August. In Wäldern zerstreut.

— k a h l. 3.

3\. K.b s p i t z. St bis 45 cm h., aufrecht, stielrund, glatt, einfach mit etwas gedrungener Rispe endend. B gegenstdg, länglich-eifg, etwas herzfg, 5nervig, sitzend, etwas st.umfassend, auf der Unterseite mit schwärzlichen Randpunkten, die oberen B.paare weiter von einander entfernt und durchscheinend punktiert. Bl blasser gelb als bei den anderen Arten, kurz gestielt, o h n e schwärzliche Punkte. Kapsel mit sehr fein punktierten, dunkelbraunen Samen. **H. montanum L. Berg-J.**

Juli—August. Wälder. Nicht so häufig.

— s t u m p f, verkehrt-eifg. St 30—45 cm h., aufrecht, stielrund, oft rot angelaufen. B sehr stumpf, herzfg-dreieckig, st.umfassend, ziemlich derb, unterseits weisslich-grün, durchscheinend punktiert, die oberen Paare meist entfernter, wagrecht abstehend, die unteren zurückgeschlagen. Endstdg Rispe locker mit dünnen Bl.stielen. Blb aussen mit rötlichem Anflug und roten Linien, mit kurzgestielten. schwarzen Randdrüsen. Kapsel mit lederbraunen, fein punktierten Samen. H. **pulchrum** L. **Schönes J.**

Juli—August. Bergwälder. Ziemlich verbreitet. Im L. und L. ziemlich selten.

4. St vierkantig. 5.
— stielrund, jedoch mit je 2 schmalen Leisten, durch die herablaufenden Mittelnerven der B gebildet. 6.

5. Querschnitt des aufrechten St quadratisch, St 30—60 cm h., mit 4 geflügelten Kanten und gedrungener, endstdg Doldentraube. B mit breiterer Basis sitzend, elliptisch-eifg, mit schwärzlichen Randpunkten, länglich-ovalen Deckb, lanzettlichen, zugespitzten K.b; Blb nur wenig länger als der K: Kapsel mit hellbraunen, fein punktierten Samen. H. **tetrapterum** Fries. **Vierflügeliges J.**

Juli—August. An nassen Orten, Ufern. Häufig.

— — — — rhombisch. St 30—60 cm h., abwechselnd mit je 2, von den hinabziehenden Mittelnerven der B herrührenden Längsleisten; B eifg-elliptisch, mit schwarzen Randpunkten, öfter durchscheinend punktiert; Deckb länglich oval; die 3 äusseren K.b stumpf, die 2 inneren spitz, mehr oder weniger schwarz punktiert wie die ausserdem gestrichelten Blb. H **quadrangulum** L. **Vierkantiges J.**

Juli—August. An Gräben, Ufern. Nicht selten.

6. St niederliegend, bis 15 cm l., mit je 2 schwachen Längsleisten, fädlich. B länglich-oval, durchscheinend punktiert: K.b länglich-lanzettlich, stumpf mit Stachelspitzchen, doppelt so lang als der Frkn. Pfl kahl. Blb vorn mit 2—3 Zähnchen. dazwischen einige schwarze Punkte, ausserdem mit schwarzen Randpunkten, unterseits mit blutroten Linien. Kapsel mit sehr kleinen, punktierten Samen. H. **humifusum** L. **Niederliegendes J.**

Juli—August. An feuchten Orten. Ziemlich häufig.

— steif aufrecht, 30—60 cm h., mit je 2 deutlichen Längsleisten, hier und da an denselben schwarz punktiert, stielrund. kahl wie die ganze Pfl, von unten mit dünnen Aesten besetzt. oben mit einer reichbltg. mehr oder weniger ebensträussigen Rispe endend; B länglich-oval, stumpf, 5—7nervig, halbst.-umfassend, paarweise mit einer feinen Querleiste verbunden, durchscheinend punktiert und mit kohlschwarzen Randpunkten; Blb doppelt so lang als der K, ähnlich wie auch die Deckb und K.b punktiert. Frkn eifg, grünlich, mit dunkelbraunen, glänzenden u. punktierten Samen. H. **perforatum** L. **Gemeines J.**

Juli - August. Sehr gemein auf trockenen Wiesen, an Waldrändern.

6. Ordnung: Elatineae.

224. Elatine, Wasserpfeffer, Tännel. VIII, 4.

Niedrige Schlammpflanze mit gegenstdg, kurz gestielten B und 3blttrg gestielten, weissen oder rötlichen Bl; Blt.stiel so lang als die Fr oder länger; K 3teilig; 6 Stbgf. Kapsel 3fächerig, niedergedrückt-kugelig, vielsamig. Samen schwach gekrümmt, längs gerillt und quer-runzelig. **E. hexandra DC. (E. Hydropiper ? L.) Sechsmänniger W.**

Juni—August. Teichufer. Selten. Seeburger- u. Möttauer Weiher.

Von der vorigen nur unterschieden durch die halbierte Zahl der Stbgf (Fehlschlagen von 3!) und den 2teiligen K, die sitzenden Bl: **E. triandra Schk. Dreimänniger W.**

Juni—August. Teichufer. Seltener als die vorige Art; ob aber eine gute Art, ist noch nicht für alle Autoren entschieden. Fehlt in J. V. N. Wird von Fuckel in seiner Flora v. Nassau bei Hattenheim erwähnt.

VIII. Reihe: Columniferae.

1. Ordnung: Tiliaceae.

225. Tilia. Linde. XIII, 1.

Bl in armblütigen (2—3bltg) Doldentrauben oder Ebensträussen; B unterseits kurzhaarig, in den Winkeln der Adern gebärtet, schief-herzfg, gesägt, mit kurz zugespitzten Zähnen und in eine ganzrandige Spitze endend, unterseits heller grün. Baum bis 25 m h. und bisweilen von 3—4 m Umfang, mit graubrauner, rissiger Rinde am älteren Stamm, glatten, anfangs grünen, oft rot überlaufenen, wechselstdg jüngeren Aesten u. breit-rundlicher, dichten Schatten gebender Krone. Der gemeinschaftliche Bl.stiel mit lineal-länglichen, pergamentartigen, blassgelben, bis zur Mitte an den B.stiel angewachsenen Deckb gestützt. Blb länglich-stumpf, gelblich, etwas heller als die ebenso gefärbten, länglich-lanzettlichen, innen flaumigen und am Grunde seidig behaarten K.b; Frkn dicht seidig behaart, elliptisch-rundlich mit einigen Längsriefen; 1—2samige Nuss. **T. grandifolia Ehrh. Grosblättrige L., Sommerlinde.**

Juni—Juli. In Wäldern zerstreut.

— in mehrblütigen (5—9bltg) Doldentrauben; B bis auf die Bärte in den Winkeln der Adern der bläulich-grünen Unterseite kahl und etwa halb so gross, als bei der vorigen, dieser sehr ähnlichen Art. Auch die Bl sind kleiner und etwas heller gelb, sowie die Nüsse. **T. parvifolia Ehrh. Kleinblättrige L., Winter-L.**

Blüht etwas später als vorige. Häufig angepflanzt als Zierbaum in Alleen.*

2. Ordnung: Malvaceae.

226. Malva, Malve. XVI, 8.

1\. Obere St.b handfg geteilt; Bl einzeln in den B.winkeln. 2.
— — höchstens bis zur Mitte gespalten; Bl büschelig beisammen. 3.

* Anmerkung. Linné vereinigte beide Lindenarten unter T. europaea, bemerkt wird aber in seinem Systema vegetab. (15. Aufl.): Ceterum nunc distinguitur in T. grandifolia et T. parvifolia.

2. Fr kahl, fein-querrunzelig. St aufrecht, ½—1 m h., scharf von ästigen, angedrückten Haaren. von Grund an ästig: B wechselstdg, gestielt. mit lanzettlichen Nebenb; Bl ziemlich lang gestielt und am Ende des St doldig gehäuft. ansehnlich. 6 cm br; Blb rosenrot mit dunkleren Streifen. verkehrt-eifg. gezähnelt, am Nagel dicht bebärtet; K von Sternhärchen filzig. doppelt. die äusseren K.b eifg. spitz, der innere K 5spaltig mit eifg, zugespitzten Zipfeln. **M. Alcea L. Schlitzblättrige M.**
Juli—August. Auf trockenen Hügeln. Hier und da.
— dicht rauhhaarig-zottig. übrigens glatt, sonst der vorigen sehr ähnlich. Die äusseren K.b länglich-lineal. St mit abstehenden Haaren. **M. moschata L. Bisam-M.**
Juli—Herbst. Zwischen Gebüsch, an Rainen und unbebauten Orten. Weniger häufig als die vorige.

3. Bl 3—4 cm br., purpurrot (seltener weiss), dunkel gestreift, etwa 3mal so lang als der K. gehäuft. St aus liegender Basis aufstrebend, 30—60 cm l, rauhhaarig wie die B.-, Bl.stiele u. K; B fast bis zur Mitte eingeschnitten. 5—7lappig, schwach herzfg; Bl.stiele stets aufrecht; Fr kahl, netzig-runzelig. **M. sylvestris L. Wilde M.**
Juni—Herbst. Zäune, Schutthaufen. Hier und da.
— weit kleiner, etwa 1—2 cm br., hell rosenrot, etwa doppelt so lang als der K, gehäuft. Fr glatt. öfter flaumig. abwärts geneigt. Aeussere K.b lineal-lanzettlich; B weniger eingeschnitten. als vorige. herzfg. rundlich, etwas niedriger. sonst dieser in der Tracht ähnlich. **M. rotundifolia L. Rundblättrige M.**
Juni—Herbst. An Wegen, Schutthaufen. Gemein.

227. Althaea, Eibisch. XVI, 8.

St aufrecht, 60—90 cm h., stielrund, dicht filzig-grau wie die ganze Pfl; B gestielt, beiderseits weich-filzig, handnervig mit 5 Hauptnerven. die unteren herzfg, rundlich, schwach 5lappig. ungleich-gekerbt, die oberen und mittleren eifg, 3lappig mit lanzettlich-pfriemlichen, 2spaltigen Nebenb. Bl auf b.winkelstdg. reichbltg Bl.st, diese weit kürzer als die B, weiss mit rosenrotem Anflug, seidenartig glänzend; Blb verkehrt-eifg, seicht ausgerandet, benagelt, am Grunde bärtig. Stbf hell violett; A dunkler violett. N bleichrot. Kapsel filzig. **A. officinalis L. Gebräuchlicher E.**
Juli—Herbst. Auf salzhaltigem, feuchtem Boden. Sehr selten. Soden. J. V. N.

IX. Reihe: Gruinales.

1. Ordnung: Geraniaceae.

228. Geránium, Storchschnabel. XVI, 3.

1. Bl.stiele meist einblütig. St meist aufrecht, bis 50 cm h., von unten sperrig-ästig. stielrund. an den Gelenken verdickt und wie die B.- und Bl.stiele abstehend-rauhhaarig. B meist

gegenstdg, im Umriss nierenfg, in viele lineale Zipfel geteilt, mit bald verwelkenden, eifg, etwas häutigen Nebenb; Blb verkehrtherzfg, karminrot mit dunkleren Adern, doppelt so lang als die breit-randhäutigen, langbegrannten K.b; Bl.stiele mit aufrechter Fr; Kapseln (Teilfr) glatt mit behaarter Rückenlinie und braunen, glatten Samen. **G. sanguineum L. Blutroter St.**

Juni—Herbst. Ziemlich selten. Zwischen Ems u. Fachbach oberhalb der Weinberge an einer sonnigen, felsigen Stelle; Flörsheim, Rambach, Schwanheim, Wiesbaden, Lorch, Braubach, Schadeck. J. V. N.

— 2blütig. 2.

2. Blb ganzrandig. 3.

— ausgerandet. 10.

3. Die mittlere Partie der 3zähligen oder 3teiligen B gestielt; B gegenstdg, im Umriss 5eckig, aus 3—5 fiederspaltigen u. eingeschnitten-gezähnten Teilb.chen handfg zusammengesetzt; Zähne der B.zipfel mit purpurrotem Stachelspitzchen; St aufrecht, gabelspaltig-ästig, 30—45 cm h., stielrund, zerbrechlich, abstehend- und zerstreut-behaart wie die B- und Bl.stiele, mit etwas verdickten Gelenken, im unteren Teile purpurrot (öfter die ganze Pfl). K b glockig-zusammenneigend, lanzettlich, lang begrannt, weit kürzer als die rosenroten, heller gestreiften Blb. Kapseln schwach flaumhaarig, netzig-runzelig mit braunen, glatten Samen. **G. robertianum L. Stinkender St.**

Juni—Herbst. Sehr gemein an Hecken, steinigen Orten. (Pfl mit unangenehmem, säuerlich-scharfem Geruch.)

Keine B.abteilung gestielt. 4.

4. K kugelig aufgeblasen mit rundlich-ovalen, aufgesetzt-weich-stachelspitzigen, drüsig-behaarten, rot angelaufenen K.b; St 30 cm h., aufrecht, stielrund, gabelspaltig-ästig, klebrig-flaumig wie die B- und Bl.stiele. Aeste am Grunde verdickt. B handfg in 7 rautenfg-längliche, undeutlich 3spaltige, eingeschnitten-gezähnte, am Rand öfter purpurrot eingefasste Zipfel geteilt, mit eilanzettlfg Nebenb. Bl.stiele stets aufrecht; Blb blutrot, spatelfg. Stbgf rosenrot, später weit länger als der K. Kapseln kahl mit Querrunzeln; Samen glatt. **G. macrorrhizon L. Grosswurzeliger St**

April—Juli. Wohl nur verwildert. Weilburg, Karlsberg.

— nicht kugelig, ausgebreitet. 5.

5. Blkr ansehnlich, 2 cm br. oder breiter, am Grunde der Blb.nägel behaart. 6.

— kaum halb so gross, Blb.nägel kahl. 9.

6. Blb schwärzlich-violett, rundlich-eifg, ungleich-gekerbt; Kapseln quer-runzelig, behaart. St 30—60 cm h., einfach, oder oberwärts mit wenigen Aesten, kantig; B rundlich-herzfg, handfg in 7 fast rautenfg, 3spaltige, gezähnte Zipfel geteilt, die wzl stdg lang-gestielt, die oberen sitzend, wechselstdg mit häutigen, eilanzettlfg Nebenb; Bl in beblätterten, lang zottigen Trauben: K.b länglich, stumpf, mit kurzem Weichstachel,

wagrecht abstehend oder wie die Blb zurückgebogen, unten violett gefärbt. Samen glatt. Stbf unten mit Wimperhaaren. **G. phaeum L. Rotbrauner St.**

Mai—Juni. Wälder u. Bergwiesen. An der Nister u. Sieg. J. V. N.

— purpurrot oder blau-violett, Kapseln glatt. 7.

7. Kapseln mit drüsenlosen, abwärts gerichteten Haaren. St 30—45 cm h., rauhhaarig, mit sperrig ausgebreiteten, längeren Aesten und Blt.stielen, letztere nach dem Verblühen wagrecht oder abwärts geneigt mit aufgerichtetem Fr.k: Blb verkehrt-eifg, doppelt so lang als der begrannte K; B handfg in 5 eingeschnitten-gezähnte Lappen geteilt, mit stark-behaarten B.-stielen. Samen sehr fein punktiert. **G. palustre L. Sumpf-St.**

Juli—August. An feuchten Orten, Bachrändern. Langenbach bei Diez. J. V. N.

— mit Drüsenhaaren. 8.

8. Blt.stiele nach der Blt.zeit abwärts gebogen wie auch die nickenden, später bisweilen wieder aufgerichteten Fr.k. St 30—60 cm h., aufrecht, unterwärts dicht flaumhaarig, fast filzig. B handfg-7teilig mit eingeschnittenen Lappen. Blb verkehrt-eifg, doppelt so lang als der lang-begrannte K. *Blb* kornbl-blau mit helleren Längsstreifen; Nagel etwas gewimpert. Stbf unten dreieckig-eifg verbreitert. Samen sehr fein punktiert. Schnabel mit vielen wagrechten Drüsenhaaren. **G. pratense L. Wiesen-St.**

Juni—August. Wiesen. M. u. Rh., Wiesbaden häufig. Dillenburg. Hadamar, Weilmünster. J. V. N.

— nach der Blt.zeit aufrecht bleibend. Stbf mit nur schmalem Flügelrand; Blb violett-rötlich mit gesättigten Adern, am Grunde mit 3 helleren Streifen und zottig-bärtigem Nagel; sonst wie vorige Art, doch öfter kleiner und mit kleineren Bl. **G. sylvaticum L. Wald-St.**

Juni—Juli. Wälder u. Waldwiesen. Oestrich. J. V. N.

9. St und B abstehend flaumhaarig. Fr glatt. St meist sperrig ausgebreitet-ästig, bis 25 cm h., weich behaart, wie die gegenstdg, im Umriss herz-kreisfg, in 7—9 Zipfel gespaltenen B; Blb länglich-keilfg, stumpf oder abgestutzt (nicht 2spaltig), hellrosenrot, kaum länger als der kurz begrannte K, am Grunde mit dunkleren Adern. Kapseln glatt, flaumhaarig mit abstehenden Haaren. Samen wabenartig punktiert. **G. rotundifolium L. Rundblättriger St.**

Juni—Herbst. Am rechten Lahnufer an felsigen Stellen dicht oberhalb Ems, auch zwischen Ems u. Fachbach ziemlich häufig. Oestrich, Johannisberg. Lorch, Braubach. N.-Lahnstein. Diez. J. V. N.

— — — fast kahl, Fr netzig-runzelig. St 15—30 cm h., stielrund, zart, brüchig, purpurrot oder blutrot gefärbt wie oft die ganze Pfl, mit etwas verdickten Gelenken. B gegenstdg, gestielt, glänzend, oft rot gerändert, im Umriss nierenfg, 5—7teilig mit verkehrt-eifg, stumpfen, 3spaltigen Lappen. Blt.stiele später wagrecht abstehend, mit aufrechter Fr. Kb zusammenschliessend, hellgrün mit 5 dunkelgrünen, scharfen Kanten und dunkeln Querrunzeln der Mittelfelder, mit kurzem Weichstachel; Blb etwas länger als der K, mit linealem Nagel und verkehrt-eifg, gestutzter Platte, rosenrot, heller gestrichelt. Samen glatt. **G. lucidum L. Glänzender St.**

Mai – August. An felsigen, schattigen Orten. Weilburg; Falkensteiner und Königsteiner Schloss. J. V. N.

10. B bis auf den Grund geteilt mit linealen Zipfeln. 11.
— kaum bis zur Hälfte geteilt. 12.

11. Blt.stiele länger als das stützende B. Fr kahl oder schwach behaart. St schlank u. schwach, auf den Boden hingestreckt, bis 60 cm l., und wie die B.- u. Bl.stiele mit abwärts angedrückten Härchen. B handfg-5teilig, mit schmal-linealen Zipfeln der Teilb.chen. Blb so lang als die Granne, verkehrt-herzfg, hellrot mit dunkleren Linien. K.b eifg, breit-randhäutig. Samen fein bienenzellig punktiert. **G. columbinum L. Tauben-St.**

Juni – Herbst. Auf bebautem Land und steinigen Hügeln häufig.

— kürzer als das B, höchstens eben so lang; Fr drüsenhaarig. St ausgebreitet u. sich niederlegend, bis 25 cm h., kurz behaart wie die B; Bl stiele u. K am oberen Teile sowie Klappen u. Schnabel der Fr öfter mit Drüsenhaaren. Bl dunkler rot als bei voriger. Sonst dieser ähnlich. **G. dissectum L. Schlitzblättriger St.**

Mai – Juli. Auf Brachland. Ziemlich häufig.

12. Blkr kaum länger als der K. 13.
— doppelt so lang oder noch länger. St 25—50 cm h., aufrecht und nebst den B flaumhaarig und etwas zottig; B im Umriss nierenfg, 7—9spaltig, zum Teil mit eingeschnittenen und stumpf gekerbten Zipfeln; Blt.stiele nach dem Verblühen abwärts geneigt; Blb verkehrt-herzfg, purpurviolett, über dem Nagel dicht-bärtig, 2spaltig; K.b mit kurzem Weichstachel; Fr glatt, angedrückt-flaumhaarig; Samen glatt. **G. pyrenaicum L. Pyrenäischer St**

Juni – Herbst. Hecken und Grasgärten bei Dillenburg.

13. St abstehend-zottig u. flaumig (bisweilen mit einigen Drüsenhärchen), ringsum ausgebreitet, 15—30 cm h, ästig, stielrund; Kapseln runzelig, kahl mit glatten Samen. B meist wechselstdg (mit Ausnahme der untersten), grau-grün durch die Behaarung, die Wzlb lang gestielt, herz-kreisfg, 7—9teilig, mit mehrspaltigen, vorn breiteren Zipfeln; Nebenb rosenrot, eifg, öfter 2spaltig, häutig. Bl stiele nach der Blt.zeit wagrecht zurückliegend. Blb karmin-fleischrot mit dunkleren Adern, verkehrt-herzfg, am Grund bewimpert. Staubkölbchen schieferblau. **G. molle L. Weicher St.**

Mai – Herbst. An Wegen, Zäunen, Hecken gemein.

— nicht zottig, nur drüsig-flaumhaarig, ausgebreitet wie vorige Art, der sie sehr ähnlich ist, 15—30 cm h.; Kapseln ohne Querrunzeln, dicht und kurz behaart, mit glatten Samen.

Blb bläulich oder blass violett, länglich verkehrt-herzfg; Deckb grün, fast lineal. G pusillum L. Niedriger St.

Juli–Herbst. An Wegen, Zäunen, auf bebautem Land. Gemein.

229. Eródium, Reiherschnabel. XVI, 3.

St schief aufgerichtet oder niederliegend, bis 30 cm lang und länger, stielrund, oft purpurbraun gefärbt und etwas klebrig behaart. B meist wechselstdg mit 9—11 sehr kurz gestielten Fiedern, im Umriss länglich-eifg, die unteren lang gestielt, mit häutigen, weisslichen oder rötlichen, dreieckig eifg Nebenb; Bl.stengel etwa 6bltg; Bl.stiele anfangs aufrecht, zuletzt wagrecht, von eifg, häutigen Deckb gestützt, (mit grünem Mittelnerven). 5 rosenrot berandete K.b; 5 rosenrote ungleiche Blb mit dunkleren Adern, 2 breiter, kurz benagelt und gebärtet; 5 Stbgf mit Kölbchen, 5 ohne solche; Fr bei der Reife in 5 einsamige, fuchsrot behaarte Kapseln sich teilend, indem die anfänglich an die schnabelfg Axe festgewachsenen Gf sich vom Grund an schraubenfg loslösen. Samen glatt. E. cicutarium l'Hérit. Schierlingsblättriger R.

Frühjahr—Herbst. Sehr gemein auf Brachäckern u. bebautem Land.

2. Ordnung: Oxalideae.

230. Óxalis, Sauerklee. X, 4.

Bl weiss Schaft (b loser St) über der Mitte mit 2 Deckb, aus fleischig-zackigem, rötlichem Wzl.stock sich erhebend, bis 15 cm h, mit langgestielten, dreizähligen Wzlb und breit verkehrt-herzfg, sehr kurz gestielten, unterseits oft rötlichen, gegen den Mittelnerven mehr oder weniger nach oben gefalteten Teilb chen. B.stiel rinnig, mit stark bewimperter, fleischiger, eirunder Basis den Bl.stiel umfassend. Bl einzeln, weiss mit rötlichem Anflug (seltener rosenrot), etwa 4mal so lang als der K, am Grund gelb gefleckt. 10 im unteren Teile zusammengewachsene, in 2 Kreisen sitzende Stbgf, der innere, mit den Blb wechselnde Kreis kürzer. 5 Gf; Kapsel 5fächerig, 5klappig, an den 5 Kanten sich öffnend. Pfl sehr sauer schmeckend. O. Acetosella L. Gemeiner S., Hasenklee.

April—Juni. In schattigen Wäldern sehr gemein.

— gelb. St aufrecht, öfter ästig, bis 30 cm h., mit kriechenden Ausläufern, ohne Deckb; Blb doppelt so lang als der K; B 3zählig, abwechselnd und gegenstdg, sonst wie vorige Art. Meist mehrblütig. O. stricta L. Steifer S.

Juni—Oktober. Lästiges Unkraut auf bebautem Land, aus Amerika stammend. Ziemlich häufig.

3. Ordnung: Lineae.

231. Linum, Flachs. V, 5.

1. B gegenstdg, kahl, die untersten verkehrt-eifg, die oberen lanzettlich, kleiner. St fädlich und gabelspaltig sperrig-ästig, aus liegender Basis aufrecht bis 15 cm l. Blb weiss mit

gelbem Nagel und wässerig geadert; Bl.stiele vor dem Aufblühen überhängend; K.b elliptisch, zugespitzt, 1nervig, drüsig-bewimpert. Kapsel kugelig, so lang als der K, 5klappig. **L. catharticum L. Purgier-F.**

Juli—August. Auf Wiesen gemein.

— wechselstdg und zerstreut. 2.

2\. Bl blau; B mit glattem Rand, kahl, schmal-lanzettlich, 3nervig; St aufrecht, 30—60 cm h., einfach. K.b eirund, kurz bewimpert, aber drüsenlos. Bl und Staubbeutel blau; endstdg Rispen. Kapsel 5klappig, 5fächerig, mit je 2 Samen, länger als der K. **L. usitatissimum L. Gewöhnlicher F.**

Juli—August. Kultiviert und verwildert.

— rötlich (seltener weiss); B stachelig-gewimpert, schmal-lineal, starr, grau-grün, 1nervig, oberwärts weiter von einander entfernt, die blt.stdg drüsig-wimperig. St 15—30 cm h., aufrecht, schlank, oberwärts rispig-ästig, öfter truppweise beisammen stehend; Blt.stiel so lang als die elliptisch-pfriemlichen, drüsig-gewimperten K.b u. die kugelige, kurz-geschnäbelte Kapsel. **L. tenuifolium L. Dünnblättriger F.**

Juni—Juli. Auf trockenen, sonnigen Hügeln. Diez, Hochheim; Dotzheim, Niederwald. J. V. N.

232. Radiola, Zwergflachs. IV, 3.

St sehr niedrig, bis 5 cm h., aufrecht, fädlich, oft rötlich angelaufen, kahl wie die ganze Pfl, von unten an gabelig-ästig. B gegenstdg, sitzend, eirund, spitz, ganzrandig. Bl unansehnlich, aufrecht, weiss, einzeln, lang-gestielt, gabelstdg und am Ende der Aeste auf kurzen Stielen. K 4teilig, mit 2—3spaltigen Zipfeln: 4 verkehrt-eirunde, stumpfe Blb. Frkn kugelig, 8klappig, 8samig. Gf kurz. **R. linoides Gmel. (Linum Radiola L.) Tausendkörniger Z.**

Juli—August. Feuchte Sandplätze. Selten. Seeburg; Braubach, Rüdesheim. J. V. N.

4. Ordnung: Balsamineae.

233. Impátiens, Balsamine. V, 1.

St aufrecht, 45—90 cm h., oberwärts sehr ästig, etwas durchscheinend, glänzend, zerbrechlich, bleichgrün, an den Gelenken verdickt, die unteren Aeste gegen-, die oberen wechselstdg; B eifg, gekerbt, mattgrün, kahl, sehr zart, die unteren lang-, die oberen kurz-gestielt. Bl in gestielten, armbltg Trauben, citrongelb, blutrot am Schlund punktiert, mit 2 abfälligen K.b; das gespornte, umgekehrt-kegelfg, mit der Basis angeheftete P.b ist wohl als 3. K.b anzusehen. Ausser diesem 1 oberes rundliches und 2 2spaltige seitliche Blb mit ungleichen Zipfeln. 5 Stbgf den 5-fächerigen Frkn dicht umschliessend, mit zusammengewachsenen Kölbchen. Kapsel elastisch mit spiralig sich aufrollenden Klappen aufspringend. **I. Noli tangere L. Gelbe B.**

Juli—August. In feuchten Gebüschen, an Bachufern. Hier und da.

X. Reihe: Terebinthinae.

1. Ordnung: Rutaceae.

234. Ruta, Raute. X, 1.

St aufrecht. 45—60 cm h., starr, stielrund, kahl, graugrün wie die ganze Pfl, mit eingesenkten Drüsen, oberwärts ästig-gabelig und flach-doldentraubig, unten holzig, fast strauchig. B wechselstdg. im Umriss dreieckig, doppelt-gefiedert mit länglich-keilfg. nach oben kürzer werdenden Fiedern, die obersten 2 oder 3 am Grunde verwachsen, ziemlich dick und saftig, durchscheinend-punktiert, die untersten lang-gestielt, die obersten sitzend und zuletzt in Deckb übergehend. Bl gestielt, gelb, mit eifg, spitzen Kzipfeln und eirunden, benagelten und neben dem Nagel faltig gebogenen Blb. Frkn breit-eifg mit 4—5 stumpfen Lappen und vielen halbkugeligen Drüsen. (Die mittleren Bl 5gliedrig: 5 Blb, 10 Stbgf etc., daher zur X., nicht zur VIII. Linnéschen Klasse). R. gravéolens L. Gemeine R.

Juni—Juli. Auf steinigen Hügeln Bei Braubach (Eduardslust) verwildert. D. B. G.

235. Dictámnus, Diptam. X. 1.

St aufrecht, 45—60 cm h., einfach, etwas hin- und hergebogen, schwach kantig, etwas flaumig-drüsig wie B stiel, K. u. Blb; B wechselstdg. gestielt. besonders unterseits glänzend, fast kahl, die untersten kurz gestielt. kleiner und einfach, die oberen gefiedert, mit 7—11 ungestielten, länglich-elliptischen, ungleich gesägten, durchscheinend punktierten Fiedern. Bl in ansehnlichen, vielbltg. endstdg Trauben, weisslich-rosenrot mit purpurbraunen Adern; Blb 5, benagelt. etwas ungleich, die oberen 2 aufwärts genähert, die 2 mittleren abstehend, das untere abwärts gerichtet. K.b 5. abfällig, rotbraun, am Grund mit linealen Deckb. Stbgf abwärts geneigt, dann aufstrebend. Frkn auf einem ziemlich dicken Stielchen, in 5 einwärts aufspringende Kapseln sich teilend. Samen sehr glatt und glänzend. D. Fraxinella Pers. Gemeiner D.

Mai—Juli. Steinige, sonnige Berge. Im ‾L.‾ von Mietten abwärts. Wisperthal; Bodenthal b. Lorch; Caub: Schwanheimer Wald. J. V. N.

XI. Reihe: Aesculinae.

1. Ordnung: Hippocastaneae.

236. Aesculus, Rosskastanie. VII. 1.

Kapsel stachelig, 3fächerig. 3klappig, mit mittelstdg Scheidewand. mit 2—4 sehr grossen, dunkelgelb-braunen Samen mit lederiger Samenhaut, öfter durch Fehlschlagen nur 1samig. und breitem, gelblich-grauem Nabel am Grunde. Bl in ansehnlichen, aufrechten Trauben. meist 5 Blb. weiss, rot und gelb-gefleckt, bisweilen rot. B.chen sitzend. Baum von 20—25 m Höhe und ansehnlicher, ei-kugelfg Krone. **A. Hippocastanum L. Gemeine R.**

Mai—Juni. Zierbaum aus Asien. (Himalaya).

— glatt; 4 rote Blb; Stbgf gerade, nicht abwärts gekrümmt wie bei voriger Art, mit gestielten B.chen, sonst wie diese. **A. Pavia L. Amerikanische R.**

Mai—Juni. Zierbaum aus Nordamerika.

2. Ordnung: Acerineae.

237. Acer, Ahorn. VIII, 1.

1. B 3lappig-handfg, lederig, mit stumpfen, ganzrandigen Lappen, meist strauchartig, seltener sich über 2—3 m erhebend, mit glatter Rinde; Bl in hängenden Doldentrauben, gelblich-grün, mit verkehrt-eirunden und kahlen Blb und K.zipfeln; Stbgf der ♂ Bl doppelt so lang als das P; Flügel der Fr meist rot, fast parallel nach vorn gerichtet, etwas abstehend. **A. monspessulanum L. Dreilappiger A.**

April. Bergwälder. Im Lahnthal bei Holzappel, Rheinthal von Rüdesheim abwärts. J. V. N.

— 5lappig-handfg. 2.

2. Bl in hängenden Trauben. Baum von etwa 20 m Höhe mit ansehnlicher, im Umriss rundlich-eifg Krone; B oberseits dunkelgrün und glänzend, unterseits matt und meergrün, auf den Nerven behaart, etwas herzfg, mit ungleich gekerbt-gesägten Lappen. Bl meist zu 3, (die mittleren ☿, die seitlichen ♂); Blt.stiele von kurzen, lanzettlichen Deckb gestützt; K und Bl.-krone lanzettlich, stumpf, grün, am Grund behaart. Frkn zottig, später bei der Reife kahl, mit wenig divergierenden Flügeln. Stbgf der ♂ Bl doppelt so lang als das P. **A. Pseudoplatanus L. Weisser A.**

Mai—Juni. Wälder und kultiviert als Zierbaum. Häufig.

— in Doldentrauben oder Ebensträussen. B beiderseits glänzend. 3.

3. Zähne der B.zipfel verschmälert-haarspitzig, mit runden Buchten. Frkn kahl. Baum von 20—25 m Höhe und breit-kugelfg Krone, glatter Rinde, roten Knospen. Bl mit den B sich entfaltend, in reichbltg. aufrechten, endstdg, (bei der Fr.-reife hängenden) Doldentrauben, mit kleinen, pfriemlichen Deckb, länglich-stumpfen K.zipfeln und Blb; letztere kurz benagelt, etwas länger als der K und heller grün. Stbgf der ♂ Bl so lang als der K, bei den ♀ halb so lang. Frkn kahl, mit weit divergierenden Flügeln. **A. platanoides L. Spitzer A.**

April—Mai. Wälder und kultiviert als Zierbaum. Häufig.

— stumpf, mit öfter ganzrandigen, länglichen Zipfeln, deren mittlerer 3lappig. Strauch von 2—3 m, seltener Baum bis 10 m Höhe, mit rissiger, korkig-geflügelter Rinde und sammetig-flaumigen jüngeren Trieben. Bl in aufrechten, kurzen, zuletzt hängenden Doldentrauben oder Rispen, dunkler grün wie bei voriger Art, kurz- und weich-behaart; K.zipfel von gleicher Farbe und Behaarung; Stbgf der ♂ Bl so lang als die Blb, bei den ☿ Bl halb so lang. Frkn zottig mit kahlen, fast unter einem flachen Winkel divergierenden Flügeln. A. **campestre** L. **Feld-A.***

Mai. Hecken, Wälder. Häufig.

3. Ordnung: Polygaleae.

238. Polýgala, Kreuzblume. XVII, 2.

1. Bl in armbltg (kaum mehr als 5bltg), zuletzt seitenstdg Trauben, bläulich-weiss; St nach allen Seiten hingestreckt, fadenfg dünn, oft sehr ästig; B meist gegenstdg, besonders die unteren, kürzeren, verkehrt-eifg, lederartigen, glänzenden. Deckb ei-lanzettlich, das mittlere, hinfällige so lang als der Bl.stiel, die seitenstdg. bleibenden halb so lang. Flügelartige K.b elliptisch, mit 3 vorn durch eine schiefe Ader verbundenen Nerven; Seitennerven aussen mit netzig-verbundenen, ästigen Adern. Pfl bis auf den schwach-flaumigen St kahl. **P. depressa Wenderoth. Niedergedrückte K.**

Mai–Juni. Auf torfhaltigen Wiesen. Selten. Montabaurer Höhe. Platte b. Wiesbaden. J. V. N.

— in reichbltg, endstdg Trauben. 2.

2. Deckb länger als die Bl.knospen, dieselben schopfartig überragend. St bald aufrecht bis 30 cm h., bald mit dem unteren Teile niederliegend, aufstrebend oder rasenartig auf dem Boden ausgebreitet. Bl meist rosenrot, seltener blau oder weiss. Der folgenden, von welcher sie nur eine Spielart zu sein scheint, in allen Teilen sehr ähnlich. Auch blüht sie zu gleicher Zeit und an gleichen Orten. **P. comosa Schkuhr. Schopfige K.**

Lahneck; Platte b. Wiesbaden; Mainthal. J. V. N.

— kürzer als die Bl.knospen. 3.

3. Die unteren B keine Rosette bildend; die Seitennerven der grösseren K.b durch eine Quer-Ader mit den Mittelnerven verbunden. St im unteren Teile holzig, meist zu mehreren aus derselben Wzl rasenfg ausgebreitet beisammen, mit dem unteren Teil niederliegend, aufstrebend bis 15 cm h., mit einer reichbltg, anfangs gedrungenen, einerseitswendigen Traube von meist nickenden blauen, lilaroten oder weissen, bis 1 cm l. Bl endend, meist einfach. B wechselstdg, sitzend, kahl, schmal lanzettlich oder elliptisch; Deckb breit-eifg, häutig, oft fein gewimpert, das mittlere grösser, mit stärkeren Mittelstreifen, früher abfallend, als die beiden seitlichen. Die 3 äusseren K.b

* Anmerkung. Acer Negundo L. mit unpaarig gefiederten, meist aus 5 B.chen zusammengesetzten B. und traubenfg Bl.stand findet sich vereinzelt in Anlagen. (Zierbaum aus Nordamerika). März-April.

länglich, spitz, vorn blau oder rot gefärbt, die 2 inneren Flügel elliptisch, kurz benagelt, ebenfalls gefärbt, zuletzt grünlich weiss, 3nervig, dreimal so lang als die beiden unteren und äusseren; Kapsel verkehrt-herzfg. (Samen mit vierzähnigem Mantel). **P. vulgaris L. Gemeine K.**

Mai—Juli. Gemein auf Grasplätzen.

— — — eine Rosette bildend; die Seitennerven der grösseren K b nicht durch eine Querader mit dem Mittelnerven verbunden, (höchstens im oberen Teile damit sich vereinigend); St 15 cm h., die seitenstdg Nerven aussen mit schwach verzweigten, nicht netzig verbundenen Adern. Pfl von bitterem Geschmack **P. amara L. Bittere K.**

Juni—August. Feuchte Wiesen. Seltener. Hachenburg; Dillenburg; Feldberg; Oestrich. J. V. N.

XII. Reihe: Frangulinae.

1. Ordnung: Aquifoliaceae.

239. Ilex, Stechpalme. IV, 3

Strauch oder niedriger Baum, bis 6 m h., mit grünen, glänzenden, jüngeren Aesten und Zweigen, wechselstdg, länglich-elliptischen B mit dornig endigenden groben Zähnen, zwischen diesen wellig gebogen, (seltener ganzrandig), starr, lederig, dick, oberseits spiegelnd, satt-grün, kahl, auf kurzem, dickem Stiele. Bl in vielblütigen Dolden oder Doldentrauben in den B.winkeln, trüb-weiss, öfter mit rötlichem Anflug. Blkr radfg, 4teilig, mit rundlichen Zipfeln; K 4zähnig, bleibend. Frkn oberstdg, mit 4 fast sitzenden Narben. Rote, rundliche, 4samige, überwinternde Beere. **I. Aquifolium L. Gemeine St.**

Mai—Juni. Wälder. Im westlichen Teile des Westerwaldes bis zum unteren Lahnthal hin stellenweise.

2. Ordnung: Ampelideae.

240. Vitis, Weinstock. V, 1.

Kletternder, oft baumartiger Strauch mit Wickelranken, herzfg rundlichen, 5lappigen, grobgezähnten B; Bl in reichbltg, länglichen, b.gegenstdg Rispen mit 5 an der Spitze sich mützenfg von der Basis trennenden, gelblich-grünen Blb und schwach 5zähnigem K, sehr wohlriechend Beeren 5samig; Samen hart, birnfg. **V vinifera L. Edler W.**

Juni—Juli. Häufig gebaut, hier und da verwildernd.

241. Ampelópsis, Zaunrebe. V, 1.

Kletternder Zierstrauch (bis 12 m h. an Wänden), mit 3—5zähligen, im Herbst hochroten B und gestielten, eifg, zugespitzten Teilb chen; Trugdolden von grünen Bl mit 5 von der Spitze gegen die Basis sich trennenden, an der Spitze nicht zusammenhängenden Blb und fast ungeteiltem K; schwarzblaue Beeren. **A. hederacea Mich. (Hedera quinquefolia L.) Ephenblättrige Z.**

Juli–August. Häufig als Zierpflanze an Hecken u. zur Bekleidung der Mauern gepflanzt.

3. Ordnung: Rhamneae.

242. Rhamnus, Wegedorn. V, 1.

B ganzrandig, wechselstdg, oberseits dunkel-, unterseits bleich-grün, elliptisch, mit hervorspringenden, parallelen Hauptadern, stark glänzend, kahl (nur die jüngeren etwas flaumig), mit pfriemlichen, abfälligen Nebenb. Strauch 2—3 m h. mit grauer, an den jüngeren unbewehrten Aesten grüner, oft röllicher Rinde. Bl zu 2—5 b.winkelstdg, gestielt, überhängend, weisslich. Blb zusammengefaltet, die Stbgf umschliessend. K 5spaltig mit eirunden, spitzen, abstehenden Zipfeln. Rote. zuletzt schwärzliche, 2—3samige Beeren. **Rh. Frangula L. Glatter W.** (Faulbaum. Pulverholz).

Mai–Juli. In schattigen Wäldern und Gebüschen. Zerstreut.

— gekerbt, gegenstdg, rundlich-eifg, zugespitzt, fast herzfg, klein gesägt, gestielt, beiderseits mit etwa 3 gegen den Mittelnerven sich neigenden Seitennerven. Strauch 2—3 m h., mit fast rechtwinkelig ausgesperrten, in einen Dorn endigenden, gegenstdg Aesten, grünlichen, etwas büschelig beisammen stehenden Bl, 4teiligem, flach ausgebreitetem K, schwarzen, steinfruchtartigen Beeren. Meist ganz kahl. **Rh. cathartica L. Gemeiner W., Kreuzdorn.**

Mai–Juni. Wälder. Seltener wie vorige Art.

Die Pfl hat teils Bl mit verkümmertem oder fast fehlendem Frkn (♂), teils solche mit unvollkommenen Stbgf (♀).

4. Ordnung: Celastrineae.

243. Staphyléa, Pimpernuss. V. 3.

Strauch bis 5 m h., mit grauer Rinde und stielrunden, meergrünen Zweigen. B gegenstdg, gefiedert mit 4—6 fast sitzenden, elliptischen, klein gesägten Fiedern und einer lang gestielten, ähnlichen Endfieder, unterseits grau-grün, mit linealen, häutigen, bald abfallenden Nebenb, endstdg, hängenden, zusammengesetzten Trauben von weissen Bl an gegliederten, von je 2 schmalen Deckb gestützten Stielen. Blb verkehrt-eirund, zusammengeneigt; K 5teilig, weisslich, mit glockenfg zusammenneigenden, öfter rosenrot gefleckten, eirunden Zipfeln. 2—3 aufgeblasene, gelblich grüne, häutige, an der inneren Seite zusammengewachsene, einsamige Kapseln. Samen eifg-kugelig, unten abgestutzt, semmelfarben, beinhart. **St. pinnata L. Gemeine P.**

Mai–Juni. Hier und da als Zierstrauch gepflanzt.

244. Evónymus, Spindelbaum. V, 1.

Kapsel mit 3—5 stumpfen Kanten, 3—5 Klappen und einmigen Fächern, fleischrot. Strauch 2—4 m h., mit sperrigen, vengrünen, in der Jugend 4kantigen, gegenstdg Aesten, gegenstdg, stielten, lanzettlich-elliptischen, klein gesägten, fast kahlen, zuspitzten B; Bl in den B.winkeln auf gabelspaltig sich verzweigenden stielchen, bis zu 5 beisammen, mit 4 bleichgrünen, flach ausbreiteten, länglich-stumpflichen, am Grund kurz gewimperten b auf dunkelgrünem Stempelpolster. Samen mit safrangelbem nselben ganz einhüllenden Samenmantel. **E. europaeus L.** **meiner Sp.**

Mai – Juni. In Hecken und Gebüschen. Hier und da.

— meist 5lappig, an den Kanten geflügelt, karminrot, an rlängerten blutroten Stielen herabhängend. Strauch 2—3 m h., t glatten, stielrunden, im jüngeren Zustand etwas zusammendrückten Aesten, länglich-elliptischen, klein-gesägten, kahlen B, eist 5 rundlichen (seltener 4), oft rotbraun-punktierten oder eränderten Blb und den ganzen Samen einschliessendem, safranlbem Samenmantel. Meist 5 Stbgf. **E. latifolius Scop. Breitättriger Sp.**

Mai—Juni. Wald. Im Wisperthal b. Lorch. Vereinzelt. J. V. N.

XIII. Reihe: Tricoccae.

1. Ordnung: Euphorbiaceae.

245. Euphórbia, Wolfsmilch. XXI, 1 (XII, 3.)

Zum besseren Verständnis dieser etwas schwierigen Gattung id zur Vermeidung von Wiederholungen diene die nachfolgende iarakteristik derselben.

Perigon (besser: allgemeine Hülle) glockig, 9—10zähnig, ıufrechte oder einwärts gekrümmte Zähne, mit diesen abwechselnd oder 4 auswärts gekehrte, von einer bald halbmondfg, bald ndlichen, fleischigen Scheibe — der sogenannten Honigdrüse - bedeckte; 10—20 gegliederte Stbgf, die man aber als besondere Bl betrachten kann, jedes mit gewimperten oder gespaltenen :huppen gestützt. (also eigentlich gestielte, 1männige Bl), die stielte, einzelne ♀ Bl, bei der kaum ein besonderes Perigon :merkbar ist, umgebend. 3-knötige, auf dem Rücken elastisch ıfspringende, den Samen dadurch fortschleudernde Kapseln. —

Honigdrüsen halbmondfg. 2.
– rundlich-elliptisch. 8.

B kreuzweise-gegenstdg, 4 reihig geordnet, länglich-lineal, stachelspitzig, sitzend, die oberen mit herzfg Basis, graugrün; St 60—90 cm h., am Ende in 4 wiederholt 2spaltige Aeste doldenfg sich verzweigend; Hüllchen länglich-eifg, spitz;

Drüsen blassgelb; Kapseln runzelig (in getrocknetem Zustand deutlicher). **E. Lathyris L. Kreuzblättrige W.**

Juni—Juli. In Gärten. Hier und da verwildert.

— zerstreut sitzend. 3.

3. Hüllchen zu je 2 im unteren Teile ganz zu einem flachen Scheibchen verwachsen, rundlich; St 30—60 cm h., mit vielstrahliger Dolde endigend; Doldenstrahlen wiederholt 2teilig sich verzweigend. B verkehrt-eifg, länglich, weichhaarig oder flaumig, in den B.stiel verlaufend, wechselstdg. Drüsen gelblich oder purpurn. Kapseln kahl, fein punktiert; Samen glatt. **E. amygdaloides L. Mandelblättrige W.**

April—Mai. Schattige Wälder des Rheinthals. Hier u. da. J. V. N.

— nicht verwachsen. 4.

4. Dolde mit 3—5 Hauptstrahlen. 5

— vielstrahlig. 7.

5. Hüllb am Grund der Strahlen lineal-lanzettlich, lang zugespitzt. Aeste der Dolde wiederholt 2spaltig; Kapseln glatt; Samen knötig-runzelig; B lineal, nach dem Grunde zu keilfg, kahl. Honigdrüsen gelb. **E. exigua L. Kleine W.**

Juni—Herbst. Aecker und bebautes Land. Gemein.

— breit-eifg. 6.

6. B verkehrt-eirund, oder rundlich, nach dem B.stiel keilfg verschmälert, ganzrandig, sehr stumpf. Aeste der 3strahligen Dolde wiederholt gabelspaltig. Kapsel auf dem Rücken etwas geflügelt-gekielt. Samen grubig-punktiert, auf der einen Seite mit 2 Furchen. Honigdrüsen gelblich. **E. Peplus L. Garten-W.**

Juli—Winter. Auf bebautem Land. Gemein.

— lanzettlich oder lineal-lanzettlich, nach der Basis verschmälert, spitz, kahl, die untersten spatelig, stumpf, öfter mit Stachelspitzchen; Strahlen der Dolde wiederholt gabelspaltig; Kapsel glatt; Samen mit 4 Querreihen von vertieften Punkten; Honigdrüsen gelb. **E. falcata L. Sichelfg. W.**

Juli—Herbst. Unter der Saat. Bei Lahnstein. J. V. N.

7. B lineal, die unteren verschieden gestaltet, die aststdg sehr schmal (1—2 mm br.) borstlich, ganzrandig, kahl; Strahlen der Dolde wiederholt gabelspaltig; Hüllb am Grund der Strahlen rautenfg oder 3eckig-eifg, breiter als lang, ganzrandig; Kapsel auf dem Rücken der Knoten fein punktiert; Samen glatt; Honigdrüsen wachsgelb. **E. Cyparissias L. Cypressen-W.**

April—Mai. An Wegen, auf trockenen Bergwiesen. Sehr gemein. (Die B. sind häufig von einem Rostpilz verunstaltet.)

Alle B von gleicher Gestalt, lineal, sonst der vorigen Art sehr ähnlich. **E. Esula L. Gemeine W.**

Blüht etwas später, an gleichen Orten. M. u. Rh. häufig. Hadamar. Fehlt im übrigen Gebiet.

8. Dolde vielstrahlig. 9.

— höchstens 5strahlig. 10.

9. Kapseln glatt, sehr fein punktiert: B bläulich-grün, lanzettlich-lineal oder lineal, zugespitzt-stachelspitzig, ganzrandig, kahl. Hüllb am Grund der buschig gehäuften Strahlen 3eckig-eifg, breiter als lang, begrannt-stachelspitzig, am Grund oft herzfg; Honigdrüsen gelb; Samen glatt. E. **Gerardiana Jacq. Gerard's W.**

Juni—Juli. Sandfelder, Ufer, Wege. Häufig bei Niederlahnstein, Schwanheim, Braubach. J. V. N.

— warzig (Warzen länglich-walzlich), mit glatten Samen; B sitzend, lanzettlich, ganzrandig, kahl; Stützb elliptisch, stumpf, am Grund verschmälert; Honigdrüsen rotgelb; Aeste wiederholt 2—3teilig; St bis 100 cm h. **E. palustris L. Sumpf-W.**

Mai—Juni. An Ufern, sumpfigen Orten. Oefter im M. u. Rh. (Fehlt im L.) J. V. N.

10. Kapseln glatt. Samen mit vertieften Punkten, wabig-netzfg; Dolde meist 5strahlig, mit 3gabeligen und wiederholt gabelspaltigen Aesten; B verkehrt-eifg, vorn mit Sägezähnen; Honigdrüsen gelb. **E. helioscópia L. Sonnenwendige W.**

Juli—Herbst. Auf bebautem Land gemein.

— warzig. 11.

11. Obere B stumpf, entfernt- und schwach-gesägt, nach dem Grund verschmälert, fast sitzend. Dolde 5strahlig, gabelspaltig; Hüllb am Grund der Strahlen lanzettlich, am Grund der Strählchen dreieckig-eifg, klein-gesägt; Warzen der behaarten Kapsel ungleich, stumpf; Honigdrüsen dunkel-purpurn. **E. dulcis Jacq. Süsse W.**

April—Mai. Auf Waldwiesen und in Hainen. Im unteren Lahnthal. Hadamar. J. V. N.

— — spitz. 12.

12. Warzen der Kapsel walzenfg; Samen eifg, rötlich, glatt; Dolde 3—5strahlig, wiederholt gabelspaltig; B von der Mitte an ungleich-gesägt, mit herzfg Basis sitzend, die untersten verkehrt-eifg, sehr stumpf, in den B.stiel verschmälert; Hüllb am Grund der Strahlen fast dreieckig-eifg, stachelspitzig, klein-gesägt. **E. stricta L. Steife W.**

Juni—September. An waldigen Orten. L. Nicht selten. Braubach, Lorch, Wisperthal. J. V. N.

— — — fast halbkugelig. Samen rundlich, graubraun; Kapsel fast doppelt so gross, als bei voriger Art. Sonst derselben sehr nahe verwandt. **E. platyphylla L. Flachblättrige W.**

Juli—September. An bebauten Orten, Wegen, Gräben. Niederlahnstein und Hohenrhein; Braubach, Oestrich, Mosbach. J. V. N.

246. Mercuriális, Bingelkraut. XXII, 8.

Pfl ohne Ausläufer. St ästig, aufrecht, bis 30 cm h., kahl wie die länglich-eifg oder lanzettlichen, zugespitzten, gekerbt-gesägten, hellgrünen, gestielten, gegenstdg B; ♀ Bl grün, fast sitzend, b winkelstdg; Kapseln höckerig, behaart; Samen schwach-runzelig. **M. annua L. Jähriges B.**

Juni–Herbst. Lästiges Garten-Unkraut, fast überall auf bebautem Boden.

— mit kriechenden Ausläufern. St einfach, 30–45 cm h., nur oben beblättert; B gegenstdg, länglich-eifg oder lanzettlich, kurz zugespitzt, gekerbt-gesägt, dunkelgrün, lang gestielt und meist schlaff überhängend; ♀ Bl lang gestielt, grün; Kapsel rauhhaarig; Samen runzelig. **M. perennis L. Ausdauerndes B.**

April–Mai. Schattige Laubwälder. Nicht so häufig.

2. Ordnung: Callitrichaceae.

247. Callitriche, Wasserstern. I, 2 oder XXI, 1.

1. B sämtlich verkehrt-eifg. 1 Stbgf mit nierenfg Staubkölbchen; Frkn 4kantig, 4fächerig, 1samig, mit 2 pfriemlichen, bleibenden, zuletzt zurückgekrümmten Gf; saftlose Steinfr, sich zuletzt in 4 Teilfr trennend: St niedrig, hin- und hergebogen, etwa 10–20 cm lang, schwach. **C. stagnalis Scop. Breitblättr. W.**

Mai–Herbst. In stehendem Wasser der Lahn. Hier u da. Weilburg (Tiergartenweiher); Weilmünster, Möttauer Weiher.

Untere B der Aeste lineal. 2.

2. Deckb an der Spitze hakenfg, sichelfg gekrümmt. Frkn geflügelt, breiter als hoch; Gf sehr lang, spreizend; obere B verkehrt-eifg, bisweilen auch diese lineal (C angustifolia Hoppe). Sonst wie vorige. **C. hamulata Kütz. Hakenblättriger W.**

Frühling–Herbst. In stehendem und langsam fliessendem Wasser. Weilwehr in Weilmünster. J. V. N.

— nicht hakenfg. 3.

3. Gf zuletzt zurückgebogen, bleibend; Kanten der Fr flügelig gekielt. **C. platycarpa Kütz. Breitfrüchtiger W.**

Frühling–Herbst. In stehendem und langsam fliessendem Wasser. Weilmünster. J. V. N.

— aufrecht, abfällig; Kanten der Fr scharf-gekielt, kaum geflügelt, paarweise mehr genähert. **C. vernalis Kütz. Frühlings-W.**

Frühling–Herbst. Stehende und langsam fliessende Gewässer. Weilmünster, Möttauer-Weiher, Tiergartenweiher bei Weilburg, Seeburger Weiher; Okriftel. J. V. N.

248. Buxus, Buxbaum. XXI, 4.

Niedriger, dicht-buschiger Zierstrauch (zum Einfassen der Gartenbeete) mit länglich-eifg oder elliptischen, stumpfen oder gestutzten, kurz gestielten, lederartigen, oberseits dunkelgrünen, spiegelnden, unterseits hellgrünen B; Holz sehr dicht, gelblich (wird zu feinen Drechslerarbeiten verwendet, auch zur Verfertigung von Flöten, Klarinetten). ♂ Bl mit 2 Blb und 3teiligem K, 4 Stbgf; ♀ Bl mit 3 Blb, 4teiligem K u. 3schnäbeliger, 3fächeriger, 6samiger Kapsel. **B. sempervirens L. Immergrüner B.**

März–April. Kommt bei uns nicht zur Blüte. (Wild wachsend an der Mosel, im Oberelsass und im Oberbadischen).

XIV. Reihe: Umbelliflorae.

1. Ordnung: Umbelliferae. V, 2.

249. Sanicula, Sanikel.

St aufrecht, 30—45 cm h., gefurcht, wenig ästig, oft ganz einfach; Bl öfter in einfachen Dolden, indem die ungestielten ☿ Bl zu rundlichen, aber doldenfg geordneten Köpfchen vereinigt sind. Die ♂ Bl kurz gestielt, weiss oder rötlich. Hülle aus wenigen gesägten B; Hüllchen ganzrandig, öfter fehlend. **S. europaea L. Gemeiner S.**

Mai—Juni. Laubwälder. Hier und da zerstreut.

250 Erýngium, Mannstreu.

St sperrig gabelspaltig-ästig, 30—60 cm h., gerillt, kahl. B starr, stechend, meergrün, mit weissen, hervortretenden Adern, die unteren lang gestielt, doppelt- und 3fach-fiederspaltig, manchmal auch einfach und 3lappig oder einfach-fiederspaltig; Fiedern an dem gemeinsamen B.stiel herablaufend, alle mit dornigen Zähnen, die st.stdg in schmälere Lappen geteilt, st.umfassend, die oberen immer kleiner, zuletzt fast handfg. Die Stiele der Köpfchen aus den Winkeln der Aeste hervortretend. Hüllb lineal-lanzettlich, stechend, länger als die mit ungeteilten Spreub besetzten Köpfchen Bl hell-bläulich-grün oder weiss. **E. campestre L. Feld-M.**

Juli—August. An sonnigen Orten. M. u. Rh. häufig; L.

251. Cicúta, Wasserschierling.

St 60—120 cm h., stielrund, fein gerieft, kahl wie die ganze Pfl. an den untersten Gelenken wurzelnd, oberwärts ästig; Aeste öfter gegenstdg; B 2—3fach-gefiedert mit 2—3teiligen Fiederchen und lineal-lanzettlichen, gesägten Fetzen mit weissen Spitzchen. B.stiel röhrig, stielrund, aus bauchiger Scheide hervortretend. Dolden end- und seitenstdg, sehr gedrungen und gewölbt, besonders erstere. Hülle 0 oder 1—2blttrg; Hüllchen vielblttrg, pfriemlich, zuletzt zurückgeschlagen; Bl weiss. Fr breiter als hoch, 2knotig, vom bleibenden K und 2 divergierenden Gf bekrönt, mit dunkelbraunen Striemen. Wzl mit markigen Querwänden, querfächerig. Sehr giftig. **C. virosa L. Giftiger W.**

Juli—August. Gräben, Sümpfe. Flörsheim; Braubach. J. V. N. Dreifelder Weiher.

252. Ápium, Sellerie.

St sehr ästig, 30—60 cm h., hohl, kahl wie die ganze Pfl. gefurcht, mit fast wagrecht abstehenden Aesten. B gefiedert, spiegelnd, dunkelgrün, mit 5 rundlichen, 3lappigen, gezähnten B.chen: Zähne kurz-stachelspitzig, die st.stdg 3zählig, die obersten mit keilfg B.chen und helleren, knorpeligen Zahnspitzen: Dolden 6—12strahlig, meist kurz gestielt, zahlreich. Statt Hülle öfter ein

3teiliges B. Bl unansehnlich, weiss. Wzl knollig, essbar. **A. graveolens L. Gewöhnl. S.**

Juli—September. Meist nur gebaut (Suppenkraut); wild bei Soden, an der Salzbach bei Wiesbaden.

253. Petroselinum, Petersilie.

St zu mehreren aus derselben Wzl, 30—45 cm h., stielrund, sehr ästig, mit rutenfg Aesten, kahl, mit schwachen Rillen. B dunkelgrün, spiegelnd. 3fach gefiedert mit eirunden, 3spaltigen, gezähnten B.chen, Zähne mit weissem Stachelspitzchen, die obersten 3zählig mit schmalen Fetzen. Hülle 1—2blttrg; Hüllchen 6—8blttrg mit pfriemlichen B.chen, halb so lang als die Bl.stiele. K undeutlich; Fr mit helleren Riefen, eirund, von der Seite zusammengedrückt. Blb rundlich, kaum ausgerandet, mit einwärts gebogener Spitze, gelblich-grün. Gf zurückgekrümmt. **P. sativum Hoffm. Gewöhnliche P.**

Juni—Juli. In Gärten zum Küchengebrauch angepflanzt, bisweilen verwildert.

254. Trinia, Trinie.

St 15—30 cm h., oft niedriger, vom Grund an ästig, buschfg, sehr kantig, wie die Aeste, und kahl, oft violett gefärbt. B meergrün, 2—3fach gefiedert mit 3—5teiligen B.chen und linealen, etwas fleischigen, spitzen Fetzen, die oberen auf kurzen, aufgedunsenen, breit-randhäutigen Scheiden einfacher, die obersten oft nur ein 3teiliges B. Dolden zahlreich, 3—9strahlig; Döldchen 15—20blütig. Hüllen 0, oder 1, hinfällig; Hüllchen 0 oder 1—3; Blb weiss, aussen rötlich, mit einwärts gekrümmter Spitze. K mit 5 stumpfen Zähnchen. Fr schwarzbraun, mit stumpfen Riefen, elliptisch oder oval. Stbgf der ♂ länger als die Blkr bei fehlendem Frkn, die der ♀, kleineren Bl kürzer bei vollkommen entwickeltem Frkn. **Tr. vulgaris DC. Gemeine Tr.**

April—Mai. Kalkbrüche bei Flörsheim nicht selten. J. V. N. Sonst im Gebiet fehlend: (häufig unterhalb Mainz in den Coniferenwäldern).

255. Helosciádium, Sumpfschirm.

St niederliegend, dann aufstrebend oder schwimmend, an den unteren Gelenken wurzelnd, 10—50 cm l., stielrund, röhrig, gerillt, kahl wie die ganze Pfl, sehr ästig mit kantig gefurchten Aesten. B gefiedert, die Wzlb bis 30 cm l., mit gegenstdg, eirund-lanzettlichen, am Grunde schiefen, geöhrten u. ungleich-gekerbten Fiedern und einer 3lappigen Endfieder. Dolden b.gegenstdg, gestielt, mit kurzen, 4kantigen Strahlen. Hüllen 1—2, breit-randhäutig, hinfällig, ziemlich gross; Hüllchen bleibend, mehrblttrg; Döldchen sehr gewölbt. Blb grünlich weiss, eirund, spitz. Fr rundlich-oval mit dicklichen Riefen. **H. nodiflorum Koch. Knotenblütiger S.**

Juli—August. Gräben, Bäche. M. und Rh. häufig. Wiesbaden, Isenburg, Diez. J. V. N.

256. Falcária, Sichelдolde.

St sehr sperrig-ästig, kahl, stielrund, schwach gerillt, bis 1 m h.; B einfach oder 3zählig, öfter mit sichelfg seitwärts gekrümmten, lineal-lanzettlichen, klein gesägten, mit helleren Nerven versehenen B.chen, auf länglichen, am Rande etwas häutigen Scheiden sitzend. Dolden etwa 15strahlig; Hülle und Hüllchen 6—8blttrg, die inneren viel kürzer, lineal-borstlich. Blb weiss, verkehrt-herzfg; K deutlich 5zähnig; Fr länglich, bräunlich mit röllichen Striemen. **F. Rivini Host. Rivin's S.**

Juli—August. Auf Aeckern. Hier u. da, nicht häufig.

257. Aegopódium, Geissfuss.

St 50—60 cm h., aufrecht, stielrund, gefurcht, kahl, oberwärts mit gegenstdg Aesten. St.b auf kurzen, breiten Scheiden, doppelt-3zählig, mit eifg-länglichen, doppelt-gesägten, ziemlich grossen, bis 10 cm langen, etwas schief-herzfg, sitzenden Fiedern mit lang gestielter Endfieder, die obersten 3lappig. Grosse, hüllenlose, vielstrahlige Dolden von weissen Bl; Fr dunkelbraun, eirundlänglich. **A. Podagraria L. Gemeiner G.**

Mai—Juli. An Hecken und schattigen Stellen gemein.

258. Carum, Kümmel.

Hüllen fehlend, auch Hüllchen. St aufrecht, 30—90 cm h., kantig, kahl, von unten an ästig; B im Umriss länglich, doppeltgefiedert; B.chen fiederteilig mit linealen Fetzen, sitzend, kreuzweise gestellt, die oberen B auf den aufgedunsenen, am Rande häutigen Scheiden sitzend, an deren Basis beiderseits ein vielteiliges Nebenb. Dolden ziemlich reichstrahlig, (oft über 12strahlig); Blb weiss, verkehrt-herzfg, mit einwärts gebogenem Zipfel; Fr länglich, seitlich zusammengedrückt. **C. Carvi L. Gemeiner K.**

Mai—Juni. Auf Wiesen gemein

— reichblttrg, auch Hüllchen. Wzl kugelig-knollig. St bis 60 cm h., stielrund, rillig, aufrecht, oberwärts ästig, kahl. B im Umriss dreieckig, doppelt-gefiedert, mit linealen Fetzen, die oberen einfach-gefiedert mit 3spaltigen Fetzen, wie bei voriger Art. Dolden meist recht ansehnlich, bis zu 20strahlig. Bl weiss. **C. Bulbocastanum Koch. Knolliger K.**

Juni—Juli. Hier u. da in Saatfeldern. Herborn, Dillenburg, Villmar, Dehren; im Rheinthal häufig. Im unteren Lahnthal hier und da, so bei Ems.

259. Pimpinélla, Bibernell.

St tief gefurcht, kantig, aufrecht, bis zu 1 m h., meist kahl, nach oben ästig. B glänzend, gestielt, die oberen auf ihren Scheiden sitzend, mit eirunden-länglichen Fiedern, Endfieder 3lappig Dolden zuerst überhängend, dann aufrecht, etwa 12strahlig. Hüllen fehlend. Bl weiss. Fr länglich-eirund, kahl. Gf länger als der Frkn. **P. magna L. Grosse B.**

Mai—Juni. Auf Wiesen. Gemein.

— stielrund, zart gerillt, meist niedriger als die vorige Art. Gf kürzer als der mehr kugelige Frkn. St nicht so beblättert. Sonst der vorigen Art sehr ähnlich. P. **saxifraga** L. **Gemeine B.**

Juni—August. Sonnige Hügel. Gemein.

260. Bérula, Berle.

St aufrecht mit kriechender Wzl, ½ m h. und höher, stielrund, schwach gerillt, hohl, kahl, sehr ästig. B einfach-gefiedert mit 4—7 Paar Fiedern. Endfieder 3lappig, das unterste Paar Fiedern kleiner als die übrigen und von den folgenden entfernter. Dolden 15—20strahlig, den B gegenstdg, kurz gestielt. Hülle fast so lang als die Dolde, oft fiederspaltig. Blb weiss, verkehrt-herzfg mit einwärts gebogenem Ende. Gf zurückgekrümmt. Fr eirund, von der Seite stark zusammengezogen. Pfl von möhrenartigem Geruch. B. **angustifolia Koch. Schmalblättrige B.**

Juli—August. An Bächen und Gräben. Ziemlich häufig.

261. Sium, Wassermerk.

St 90—180 cm h., dick, kantig, hohl, kahl wie die ganze Pfl, mit kriechenden Ausläufern, oberwärts ästig. B gefiedert mit 9—11 sitzenden, gegenstdg, gesägten, eirund-länglichen, am Grunde schiefen oder lanzettlichen, allmählich verschmälerten und feiner gesägten Fiedern; die der untergetauchten doppelt-fiederspaltig mit eingeschnitten-gesägten oder borstlich-zerschlitzten Fetzen. B.stiel hohl und gegliedert. Dolden endstdg, gross, gewölbt, vielstrahlig. Hülle und Hüllchen reichblttrg, randhäutig, zurückgeschlagen. Blb weiss; K deutlich 5zähnig. Fr länglich-oval mit je 5 stumpfen Riefen. S. **latifolium** L. **Breitblättriger W.**

Juli—August. Selten. In stehendem u. langsam fliessendem Wasser. Hattenheim, Braubach. J. V. N.

262. Bupléurum, Hasenohr.

B länglich-elliptisch, die unteren ziemlich lang gestielt, in den B.stiel verlaufend, die oberen sitzend, spitz, oft hin- und hergebogen und zurückgekrümmt, seegrün. St aufrecht, bis 60 cm h., einfach oder mit wenigen abstehenden Aesten, stielrund. Endständige, 6—9strahlige Dolden mit 2—4blttrg Hülle und 5blttrg Hüllchen von der Länge der Döldchen. Fr von der Seite zusammengedrückt-eirund, (Thälchen mit 3 rostroten Striemen). B. **falcatum L. Sichelblättriges H.**

August—Oktober. Auf sonnigen, felsigen Stellen. $\overline{\text{L.}}$; M. und Rh. häufig.

— rundlich-eifg, durchwachsen, vielnervig, seegrün, die untersten st.umfassend und nach dem Grunde verschmälert; St 15—60 cm h., aufrecht, schlank, ziemlich steif, kahl wie die ganze Pfl, oberwärts mit aufrecht-abstehenden Aesten. Dolden kurz- und armstrahlig (5—7strahlig). Hülle 0, Hüllchen 3—5, eirund, doppelt so lang als die Döldchen, innen gelb, zuletzt

aufrecht. Fr wie bei voriger Art gestaltet, schwarzbraun mit dünnen Riefen, striemenlos. B. **rotundifolium L. Rundblättr. H.**
Juni—Juli. Unter der Saat als Unkraut. Runkel. M. u. Rh. häufig.

263. Oenánthe, Rebendolde.

1. B.stiele und B.chen hohl. Mit langen, gegliederten, an den Gelenken wurzelnden, untergetauchten Ausläufern. St aufstrebend, bis 1 m h., röhrig, gerillt, meergrün. Wzlb doppeltgefiedert mit flachen, in meist 3 längliche Fetzen gespaltenen B.chen, die st.stdg einfach-gefiedert auf dickem, hohlem B.stiel; B.chen lineal, 2—3spaltig. Dolden armstrahlig (2—7strahlig). Hülle 0—1blttrg; Hüllchen vielblttrg. Fr kreiselfg, (Thälchen 1striemig). **O. fistulosa L. Röhrige R.**
Juni. Sehr selten. In einem sumpfigen Graben unterhalb Fachbach. Braubach, J. V. N.
— nicht hohl. 2.
2. St an den unteren Gelenken wurzelnd, öfter mit Ausläufern, sperrig-ästig, 45—60 cm h., kahl, hohl, gerillt. B grasgrün, gestielt, die unteren 3fach-gefiedert mit eirunden, fiederspaltigen Fiederchen, die untergetauchten B in viele, sehr schmale Fetzen geteilt. Dolden vielstrahlig, kurz gestielt, den B gegenstdg, die Döldchen gedrungen. Hülle fehlend oder armblttrg. Bl weiss. Fr länglich-eirund, etwas zusammengedrückt. Gf kaum halb so lang als die Frucht. **O. Phellandrium Lam. Fenchelsamige R.**
Juli—August. Sumpfgräben. Weiher. Vereinzelt oberhalb Nievern, linkes Lahnufer. Föhler Weiher, Hochheim-Kostheim, Oestrich, Braubach. J. V. N.
— — — — — nicht wurzelnd, ohne Ausläufer. Gf so lang als die Fr. St 30—90 cm h, hohl; Wzl mit 3—6 fast kugeligen oder länglich-ovalen, rübenfg Knollen; B mit schmal-linealen Fetzen, die unteren doppelt-gefiedert, die oberen einfacher. Hülle 0, 1—2 Dolde 7—10strahlig. Blb strahlend, verkehrt-herzfg, bis auf ⅓ gespalten, weiss, keilfg nach unten verschmälert; Fr unter dem K etwas verengert, länglich, nach unten verschmälert. **O peucedanifolia Poll. Haarstrangblättr. R.**
Juni—Juli. Wiesen. Sehr selten. Föhler Weiher b. Mehrenberg. J. V. N.

264. Aethúsa, Gleisse.

St bis zu 1 m h, meist niedriger, stielrund, röhrig, kahl, wie die ganze Pfl, ästig. B dunkelgrün, unterseits heller und daselbst spiegelnd, doppelt- und 3fach-gefiedert mit fiederspaltigen Fiederchen und linealen Fetzen, kurz-stachelspitzig, die oberen B auf randhäutigen Scheiden. Dolden den B stielen gegenstdg, lang gestielt. Hülle fehlend. Hüllchen aus 3 äusseren linealen, herabhängenden B.chen (halbiert), diese länger als die Döldchen. Blb weiss, die äusseren doppelt so gross, als die inneren. Fr strohgelb mit rotbraunen Striemen, eifg-kugelig. Giftig. **A. Cynápium L. Garten-G.**
Juni—Herbst. Schutthaufen, Gartenland. Gemein.

265. Foeniculum, Fenchel.

St aufrecht, 1—1½ m h., stielrund, schwach gerillt, meergrün, ästig, kahl wie die ganze Pfl. Hüllen fehlend. K.zipfel unmerklich. Bl goldgelb, mit einwärts gerollter Spitze. Fr lineal-länglich, stielrund mit 2mal 5 hervortretenden Riefen. Gf kurz. zurückgebogen. **F. officinale All. Gemeiner F.**

Juni – Juli. Wellmich in den Weinbergen. In Gärten gezogen und teilweise verwildert.

266. Silaus, Silau.

St 60—90 cm h., aus gelblicher Pfahlwzl aufrecht, stielrund, oberwärts etwas kantig u. ästig, kahl wie die ganze Pfl. B gestielt. doppelt- oder 3fach-gefiedert mit tief-fiederteiligen Fiederchen und lineal-lanzettlichen stachelspitzigen Fetzen, die obersten weit kleiner u. einfacher, auf randhäutigen, geöhrelten Scheiden sitzend. Hüllen 0—2, lineal; Hüllchen vielblttrg, lineal-lanzettlich, mit hellerem. häutigem Rande u. roter Spitze. Dolden 5—10strahlig, eben; Blb schmutzig-gelb, ausswendig oft rötlich, verkehrt-eifg, mit einwärts gebogener Spitze. Fr länglich-eirund, mit je 5 etwas geflügelten Riefen, braun. K undeutlich. **S. pratensis Besser. Wiesen-S.**

Juni—August. Wiesen. Ziemlich gemein, doch nicht überall, z. B. im ~~1.~~ fehlend..

267. Selinum, Silge.

St aufrecht aus brauner Pfahlwzl, 60—90 cm h., scharfkantig u. gefurcht, an den zuweilen flügelartigen Kanten durchscheinend; B grasgrün, 3fach-gefiedert mit fiederspaltigen Teilb.chen u. linealen oder lineal-lanzettlichen, kurz stachelspitzigen Fetzen, im Umriss länglich-eirund, die oberen immer einfacher, auf schmalen randhäutigen, eingerollten Scheiden; Bl in 15—20strahligen, gedrungenen. meist hüllb.losen Dolden, mit langen, zuletzt zurückgebogenen Gf; K.rand verwischt; Fr mit 2×5 häutig geflügelten Riefen, die seitenstdg breiter, vom Rücken her zusammengedrückt (mit 1—2-striemigen Thälchen). **S. carvifolia L. Kümmelblättr. S.**

Juli – August. Auf Waldwiesen. Zerstreut im ganzen Gebiet.

268. Angélica, Engelwurz.

St aufrecht, bis zu 1½ m h., stielrund, gerillt, röhrig, kahl. oberwärts ästig. Die unteren B 3fach-gefiedert mit elliptischen, ansehnlichen B.chen (6—7 cm lang), fast kahl. Sehr grosse. bauchig aufgeblasene B.scheiden. Sehr ansehnliche, 20 – 30strahlige. flaumhaarige Dolden von grünlich- oder rötlich-weissen Bl mit aufwärts gekrümmten Blb. Hülle fehlend oder armblttrg; Hüllchen zahlreich, borstlich, herabgebogen. Fr oval mit schmalen Flügeln auf dem Rücken, breiten Randflügeln und durchleuchtenden Striemen. K.zipfel fast unmerklich. Gf später zurückgebogen. **A. sylvestris L. Wald-E.**

Juli—August. Auf feuchten Waldwiesen, an Wassergräben. Hier u. da.

269. Archangélica, Engelwurzel.

St 120—150 cm h., aufrecht, dick, stielrund, gefurcht, kahl, rotbraun, oberwärts ästig und etwas flaumhaarig. B wiederholt 3zählig-zusammengesetzt, mit 3—5blttrg Fiedern und eirunden, eingeschnitten-gesägten Fiederchen, die oberen immer einfacher, zuletzt nur einfach-3zählig, auf sehr grossen, aufgeblasenen Scheiden. Dolden fast kugelig, gedrungen, 30—40strahlig, mehlig-flaumig; Hülle u. Hüllchen hinfällig, wenig zahlreich. Bl grünlich. K undeutlich 5zähnig; Fr strohgelb, länglich-oval, vom Rücken her zusammengedrückt, fast 2flügelig. **A. officinalis Hoffm. Gebräuchliche E.**

Juli—August. Feuchte Orte. Oefter in Gärten gezogen. Sehr selten. Reichelsheim (Fuckel „Nassaus Flora").

270. Peucédanum, Haarstrang.

1. Hülle fehlend oder armblttrg (1—2blttrg), abfällig. St 60—120 cm h., aufrecht, stielrund, fein gerillt, kahl wie die ganze Pfl, oberwärts ästig; B mehrfach-3zählig zusammengesetzt mit schmal-linealen, stachelspitzigen, etwas starren, am Ende der Verzweigungen gedreieten Teilb.chen, die unteren gestielt, die oberen einfacher auf randhäutigen, wenig gedunsenen Scheiden sitzend. Dolden ebenstraussartig, bis 40strahlig; Hüllchen borstlich, zahlreich, bleibend. Bl bleichgelb. K mit 5 deutlichen Zähnen. Fr länglich-oval, gelblich-braun, bisweilen rot angelaufen. **P. officinale L. Gemeiner H.**

   Juli—August. Grasreiche Wiesen. M. u. Rh. Hier u. da. J. V. N.

   — reichblättrig. 2.
2. B.chen fast dornig-gesägt, unterseits meergrün, eirund, die unteren am Grunde gelappt. St 30—120 cm h., aus schwarzer Pfahlwzl aufrecht, oberwärts tief gerillt. Wzlb lederig, derb, 3fach-gefiedert, unterseits mit zierlichem Adernetz, die oberen einfacher und weit kleiner; B.stiele schmal-rinnig, zusammengedrückt; Scheiden randhäutig, etwas gedunsen, geöhrelt. Dolden 20—30strahlig, ebenstraussartig; Döldchen gedrängt, mit vielen lanzettlich-pfriemlichen, randhäutigen, ebenso langen Hüllchen. Bl gelblich-weiss (zuweilen rötlich). K.zähne eirund, spitz. Fr länglich-oval. **P. Cervaria Lapeyr. Starrer H.**

   Juli—August. Gebirgswälder, trockene Wiesen. M. u. Rh. Hier und da, selten. J. V. N.

   — nicht dornig-gesägt. 3.
3. Hülle zurückgebogen. St 30—90 cm h., aufrecht aus gelblicher Pfahlwzl, sehr fein gerillt, kahl wie die ganze Pfl; Wzlb gross, glänzend, gestielt, 3fach-gefiedert, mit rechtwinklig oder stumpfwinklig spreizenden Abteilungen, Fiederstiele oft gleichsam herabgeknickt, am Grunde knotenfg verdickt und rötlich, daselbst oft 2 B.chen. K 5zähnig oder verwischt. Sonst wie vorige Art, aber mit noch rundlicherer, platterer Fr.

breiterem, weissem Fr.rand u. bogenfg dem Rand anliegenden Striemen der Berührungsfläche der beiden Teilfr. **P. Oreoselinum Moench. Berg-H.**

Juli—August. Trockene Wiesen. Okriftel, Flörsheim; Braubach, Horchheim. J. V. N. (Häufig in den Coniferenwäldern unterhalb Mainz)

— abstehend, aber nicht zurückgebogen. St 90—120 cm h., oberwärts kantig-gefurcht, oft braunrot, aufrecht, kahl wie die ganze Pfl, ästig-rispig. öfter mit rutenfg, eine Dolde tragenden Aesten. B sattgrün, die unteren 3fach gefiedert mit eirunden, 3—5spaltigen Teilb.chen, deren Zipfel lanzettlich, am Rande rauh, in ein weisses Spitzchen endigend, die oberen einfacher, auf geöhrelten Scheiden sitzend, mit schmäleren Fetzen. B stiel rinnig. Dolden 6--20strahlig. Hülle u. Hüllchen 5—8, lanzettlich, haarspitzig, mit breitem Hautrand. Bl bleichgelb, seltener weiss. Fr oval, rotbraun, mit breitem, weissem Rand, linsenfg flach. **P. alsaticum L. Elsässer H.**

Juni—Herbst. Trockene, steinige Hügel. Selten. Zwischen Biebrich, Castel und Erbenheim. D. B. G.

271. Thysselinum, Sumpf-Haarstrang, Olsenik.

Wzl gelblich-weiss, mit Milchsaft; St 90—180 cm h., aufrecht, gefurcht, kahl wie die ganze Pfl, mit weit abstehenden Aesten. B im Umriss dreieckig, 3- und mehrfach-gefiedert, besonders die unteren, mit eifg Fiederchen und linealen Fetzen, die obersten viel einfacher und auf randhäutigen, zusammengerollten Scheiden sitzend. Dolden 20—30strahlig, ansehnlich, etwas gewölbt, mit flaumigen Strahlen. Hülle und Hüllchen zahlreich, lanzettlich-pfriemlich, randhäutig. Bl weiss. K deutlich-5zähnig. Fr breitberandet, auf dem Rücken gewölbt, mit je 4 Rückenstriemen. **Th. palustre Hoffm. (Selinum palustre L.) Gemeiner Sumpf-H.**

Juli—August. Selten. Sumpfige Wiesen, Gräben. __.__ Braubach. J. V. N.

272. Anéthum, Dill.

St $^1/_2$—1 m h, aufrecht, stielrund, glatt und kahl wie die ganze Pfl, weisslich- und dunkelgrün-gestreift, mit blauem Anflug, oben ästig. B 3fach-gefiedert mit linealen Fetzen. B scheiden nicht aufgeblasen, länglich, mit breitem Hautsaum. Hüllen fehlend. Blb sattgelb, rundlich, mit einwärts gerollter Spitze. Fr linsenfg zusammengedrückt. K.zipfel wenig merklich. Gf kurz, später zurückgekrümmt. Striemen von gleicher Breite wie die Thälchen. **A. graveolens L. Gemeiner D.**

Juni—Juli. In Gärten zum Küchengebrauch gebaut und bisweilen verwildert.

273. Pastináca, Pastinak.

St aufrecht, oft über $^1/_2$ m h., kantig, gefurcht, die oberen Aeste gegenstdg oder wirtelfg. Die oberen B auf länglichen, einwärts gerollten Scheiden sitzend. ganz oben b.lose Scheiden. Hülle und Hüllchen meist fehlend, bisweilen 1—2 abfällige B chen. Blb sattgelb, mit eingerollter Spitze. K.zipfel kaum merklich.

Fr sehr flach, oval, mit 2mal 4 Striemen auf dem Rücken und verbreitertem Rand. **P. sativa L. Gemeiner P.**

Juli—August. Sehr häufig auf Wiesen, an Wegen, Ufern.

274. Heracléum, Heilkraut (Bärenklau).

St aufrecht, bis 1 m h. und höher, gefurcht, röhrig, ästig. Ganze Pfl rauhhaarig und scharf anzufühlen. B gefiedert mit 5 Fiedern; B.chen lappig-fiederspaltig; Endfieder handfg 3teilig mit lappigen Fetzen, ungleich gekerbt-gesägt; B.stiele rinnig, die oberen B auf ansehnlichen, aufgeblasenen Scheiden sitzend. Dolden reichstrahlig (bis 30strahlig), drüsig behaart. Hülle fehlend oder armblttrg; Hüllchen vielblttrg. Bl des Doldenrandes strahlend, weit grösser als die inneren. Frkn anfangs kurz behaart, später fast kahl, oval, mit breitem Flügelrand und 4 keulenfg, bis etwa zur Mitte des Rückens hinabziehenden Striemen, sehr abgeplattet. **H. Sphondylium L. Gemeines H.**

Während des ganzen Sommers. Auf Wiesen sehr gemein.

275. Orláya, Breitsame.

St 15—30 cm h., von unten an ästig, gefurcht, kahl. B 2—3fach-gefiedert mit linealen, stachelspitzigen Fetzen, fast kahl, auf breit-randhäutigen, etwas gedunsenen Scheiden. Dolden 5—9strahlig, ebenstraussartig, mit grösseren äusseren Bl. Hüllen 3—5, lanzettlich, breit-randhäutig, wimperig, fast so lang als die Strahlen; Hüllchen 3—8, elliptisch-lanzettlich. Bl teils ☿, teils ♂, die äusseren, grösseren, schneeweissen Blb bis auf den Grund 2teilig mit länglichen Zipfeln. Fr eifg, vom Rücken her zusammengedrückt mit 2×5 fädlichen borstentragenden Hauptriefen, die Borsten der Mittelriefen aufwärts gekrümmt, länger u. zahlreicher, die Nebenriefen mit fast 3zeilig stehenden, bisweilen hakig umgebogenen Stachelchen. **O. grandiflora Hoffm. Grossblumiger B.**

Juli—August. In Saatfeldern. Zerstreut im Gebiet, besonders auf Kalk oder Löss. J. V. N.

276. Siler, Rosskümmel.

St 60—180 cm h., stielrund, bläulich bereift, glatt, kahl wie die ganze Pfl, oberwärts ästig. B unterseits seegrün, einfach- bis 3fach-3zählig, lang gestielt (die unteren) mit langgestielten, ungleich-stumpf gekerbten Teilb.chen, das Endb.chen herzfg, 3teilig mit lappigen Fetzen, die Seitenb.chen meist 2lappig; die oberen B immer einfacher, zuletzt nur 3lappig. Scheiden lang und bauchig. Dolden ansehnlich, 15—20strahlig, ebenstraussartig-flach. Hülle und Hüllchen 0 oder wenig zahlreich, pfriemlich. Bl weiss, die inneren und die der seitlichen Döldchen meist ♂. Blb verkehrt-eifg, ausgerandet, mit einwärts gebogener Spitze. K 5zähnig. Fr mit je 5 Haupt- und 4 weniger vortretenden Nebenriefen. **S. trilobum Scop. Dreilappiger R.**

Juli—August. Sehr selten. Gebirgswälder, auf Kalkboden. Unweit Cleeberg, A. Usingen. (Oberkleen-Weiperfelden). J. V. N.

277. Tordýlium, Zirmet.

St 60—120 cm h., stark rillig, steifhaarig von rückwärts gerichteten Haaren wie die gefiederten B; die unteren gestielt, mit eirunden, ungleich-gekerbten, nach der Basis keilfg verlaufenden Teilb.chen, die oberen auf kurzer Scheide, grob-gesägt mit 3lappigem Endb.chen. Dolden lang-gestielt, ebenstraussartig-flach, 10—15-strahlig: Strahlen, Blt.stiele und Fr borstig-scharf; Hüllen 6—8; Hüllchen 6, steif-abstehend, pfriemlich-lineal, so lang als die Döldchen. Bl aussen rot, innen weiss. Fr rundlich-oval mit je 4 Rückenstriemen, mit verdicktem Rand. K 5zähnig. Blb verkehrt-eifg, ausgerandet mit einwärts gebogener Spitze. **T. maximum L. Grösster Z.**

Juli—August. Sehr selten. Weinberge bei Patersberg (unweit St. Goarshausen). D. B. G.

278. Daucus, Mohrrübe.

St aufrecht, ½ m h. und höher, ästig, steifhaarig. B 2—3-fach gefiedert; Fiederchen in lineale, stachelspitzige Fetzen geteilt, kurz-gewimpert; B.scheiden randhäutig. Dolde reichstrahlig; nach dem Verblühen krümmen sich die äusseren Strahlen nach innen und neigen sich gegen einander, wodurch der Bl.stand hohl-kugelig erscheint. Hülle und Hüllchen reichblttrg, erstere so lang als die Dolde, wimperig. Randbl strahlend; Blb verkehrt-herzfg mit zurückgebogenem Zipfel, weiss oder rötlich. K 5zähnig. (Häufig findet sich im Innern eine centrale, schwärzlich violette, einzeln stehende, gestielte Bl). Fr oval, mit 5 borstigen Hauptriefen und 4 stacheligen Nebenriefen. **D. Carota L. Gewöhnliche M.**

Juni—Juli. Auf trockenen Wiesen, Berghängen sehr gemein. (Kultiviert mit gelber oder roter, fleischiger Pfahlwurzel.)

279. Caúcalis, Haftdolde.

St 15—30 cm h., mit ausgebreiteten Aesten. B nur auf den Adern der Unterseite steifhaarig, wie der B.stiel. Dolden armstrahlig (2—5strahlig), lang-gestielt, mit armbltg Döldchen. Hülle 0- oder 1blttrg. Stacheln der Fr hakig. Weiss. **C. daucoides L. Mohrrüben-H.**

Juni—Juli. Unter der Saat. Ziemlich selten. Im $\overline{\text{L.}}$ hier u. da. Scheint im M. u. Rh. zu fehlen.

280. Turgénia, Turgenie.

St 30—45 cm h., aufrecht, gefurcht, flaumig, oberwärts von steifen Borsten rauh, wenig ästig. B meist kahl oder kurz-borstig, gefiedert oder fiederteilig, mit lineal-lanzettlichen, grob- und tief gezähnt-gesägten Fiedern, kurz gestielt, die oberen sitzend auf länglichen, randhäutigen Scheiden. Dolden 2—4strahlig mit armblütigen Döldchen, die inneren Bl ♂, lang-gestielt, die äusseren ☿, strahlend, kurz-gestielt. Hüllen 2—4, Hüllchen 5—7, fast ganz häutig, wimperig. Blb weiss oder schön rot. Fr eirund, seitlich etwas eingezogen mit je 9 Riefen, wovon die beiden auf der Berührungsfläche kürzere, die 7 übrigen längere in 2—3 Reihen stehende, mit kurzen Widerhäkchen versehene Stacheln tragen. **T. latifolia Hoffm. Breitblättrige T.**

Juli—August. Unter der Saat. In der Umgebung von Wiesbaden.

281. Tórilis, Borstdolde.

Hüllb 6—12, pfriemlich. St aufrecht, bis 1 m h., stielrund, mit schwachen Rillen, von unten an mit langen, aufrecht abstehenden Aesten, mit abwärts anliegenden Haaren besetzt und daher sich rauh anfühlend. B schmutzig-grün, oft violett gefärbt, rauh wie der St, doppelt-gefiedert, nach oben einfacher. Dolden mit 6—12 Strahlen; Bl strahlend, weiss oder rötlich, die mittleren unfruchtbar. Stacheln der ovalen Fr ohne Widerhäkchen. **T. Anthriscus Gärtn. Hecken-B.**

Juni—Juli. An Hecken, Wegrändern, auf Schutthaufen sehr gemein.

— fehlend oder einblttrg; Stacheln der Fr widerhakig, sonst der vorigen Art sehr ähnlich. **T. helvetica Gmel. Kletten-B.**

Juli—August. An Hecken, Wegrändern, mit der vorigen, doch nicht so häufig.*

282. Scandix, Nadelkerbel.

St vom Grund an in abstehende Aeste sich ausbreitend, kaum 20 cm h., teilweise borstig; B 2—3fach gefiedert mit rundlichen, in lineale Fetzen geteilten Fiederchen, die oberen auf aufgedunsenen, randhäutigen, gewimperten Scheiden. Dolden von kleinen, weissen Bl, sehr armstrahlig (bis zu 3strahlig); Döldchen etwa 10bltg, die mittleren Bl unfruchtbar; Hüllen fehlend. Hüllchen 5, 2—3spaltig. Fr in einen fast 4 cm langen Schnabel auslaufend. **Sc. Pecten Veneris L. Kammfg. N.**

Mai—Juni. Auf Saatfeldern. Bei Obernhof in den Weinbergen. M. u. Rh. Wiesbaden, Dillenburg und Herborn, Hadamar, Diez.

283. Anthriscus, Klettenkerbel.

1. Fr überall mit kurzen, aufwärts gerichteten, hakigen Stachelchen besetzt, eifg, mit kurzem, fast halb so langem Schnabel. St und B wie bei folgenden Arten. St und Dolden kahl; Blt.stielchen unterhalb der Fr mit weissen Borstchen ringsum besetzt. Hüllen 0, Hüllchen 2—4. N fast sitzend; Gf sehr kurz. **A. vulgaris Pers. (Scandix Anthriscus L.) Gemeiner K.**

   Mai—Juni. An Wegen, Zäunen. Herborn, Braubach. J. V. N. (?)

   — stachellos. 2.

2. Dolden lang gestielt, endstdg, 8—12strahlig, kahl. St aufrecht, bis zu 1 m h., stielrund, seicht gefurcht, behaart, oberwärts kahl. Obere Aeste öfter gegenstd, oder quirlfg. B

---

* Anmerkung. T. nodosa Gärtn. wurde auf Ewigklee-Aeckern bei Weilmünster seit 1844 beobachtet, war aber 1846 wieder ausgegangen. J. V. N.

mehrfach gefiedert, spiegelnd, mit lineal-lanzettlichen Fetzen, die oberen, einfacheren, auf randhäutigen, zottigen Scheiden sitzend. Dolden zuerst überhängend, kahl. Hüllen 1—2; Hüllchen 5—8; Bl.stielchen bewimpert. Blb trüb-weiss, kaum ausgerandet, die äusseren etwas strahlend. Fr mit gefurchtem Schnabel, glänzend dunkelbraun; Schnabel etwa $^1/_4$ so lang. **A. sylvestris Hoffm. Grosser K.**

Mai—Juni. Auf Wiesen gemein.

— kurz gestielt, fast sitzend, seitenstdg, höchstens 5strahlig, flaumhaarig. St 30—60 cm h., aufrecht, stielrund, ästig, über den Gelenken flaumig. B sehr zart, blassgrün, fast kahl, doppelt-gefiedert mit tief-fiederspaltigen, im Umriss rundlich-eifg B.chen; die oberen B auf stark gewimperten Scheiden. Hülle fehlend; Hüllchen aus 2—3 lanzettlichen, halbierten (aber nicht herabhängenden) B.chen bestehend. Blb klein, weiss, mit eingebogener Spitze. Fr lineal, glatt, dunkelbraun; Schnabel halb so lang. **A. Cerefolium Hoffm. Gebräuchlicher K.**

Mai—Juli. Häufig gebaut zum Küchengebrauch und verwildert.

284. Chaerophyllum, Kälberkropf.

1. St unter den Gelenken stark angeschwollen, oft über 1 m h., oberwärts, wie die 5—6 Hüllchen, kahl, aufrecht, stielrund, meergrün, rot gefleckt. B mehrfach gefiedert, zuletzt in schmale, fast lineale, die obersten in fast haardünne Fetzen geteilt. Dolden reichstrahlig (15—20strahlig); Hülle 0- oder 1blttrg. Fr lineal, nach oben verschmälert, bräunlich-grün, zuletzt gelbbraun mit ziemlich breiten, dunkleren Striemen. Blb weiss, verkehrt-herzfg. **Ch. bulbosum L. Knolliger K.**

Juni—Juli. Hier und da an dem Lahnufer. M. und Rh.

— nicht bedeutend angeschwollen. 2.

2. Gf so lang als das Stempelpolster. St meist niedriger als die vorige Art, violett gefleckt, überall behaart; 5—8 bewimperte Hüllchen; Hülle 0- oder 1—2blttrg; B schmutziggrün, beiderseits von kurzen Haaren rauh, doppelt-gefiedert und lappig-fiederspaltig, aber nicht in lineale, sondern eifglanzettliche Fetzen geteilt. Dolden zuerst überhängend, 6—12strahlig, kurz borstig. Blb weiss, fast bis zur Mitte 2spaltig. Fr meist violett angelaufen, lineal-lanzettlich. **Ch. temulum L. Berauschender K.**

Juni—Juli. Hier u. da in Hecken, an Waldrändern.

— mehrmals länger als das kegelfg Stempelpolster, gerade. St 45—60 cm h., aufrecht, hohl, glänzend, gerillt, meist behaart, unter den Gelenkknoten kaum verdickt. B unterseits bleich-grün u. spiegelnd, doppelt-3zählig mit eirund-länglichen, 2—3spaltigen, lappig-eingeschnittenen und gesägten oder fiederspaltigen Teilb.chen, die unteren gestielt, die oberen auf grossen bauchigen Scheiden sitzend. Dolden anfangs überhängend, gedrungen, gewölbt, etwa 15strahlig. Hüllen 0; Hüllchen 5—10, lanzettlich, häutig und gewimpert. Blb weiss oder lilarot, verkehrt-herzfg, gewimpert. Fr lineal mit flachen Riefen u. schmäleren Striemen. **Ch. hirsutum L. Rauhhaariger K.**

Juli—August. An feuchten Orten, in Gebüschen, an Bächen. Hier und da.

285. Cónium, Schierling.

St hohl, 1—2 m h., schwach gerillt, meergrün angeflogen, meist rotbraun gefleckt, oberwärts gabelspaltig-ästig; Aeste öfter quirlfg gestellt. B ziemlich zart, dunkelgrün, spiegelnd, 3fach gefiedert mit fiederspaltigen Fiederchen, die obersten einfacher, auf randhäutigen Scheiden. Dolden reichstrahlig (12—20strahlig). Hülle zurückgeschlagen; Hüllchen halbiert, 3—4blttrg, am Grunde zusammengewachsen. Blb weiss, verkehrt-herzfg; K.zipfel kaum bemerklich. Pfl kahl und von widerlichem Geruch, besonders wenn zerrieben. Fr eirund, seitlich zusammengedrückt. Giftig. **C. maculatum L. Gefleckter Sch.**

Juli—August. Auf Schutthaufen, in Hecken. Nicht mehr häufig. (Wohl als Giftpfl grösstenteils ausgerottet.)

286. Coriándrum, Koriander.

St 45—60 cm h., aufrecht, stielrund, glatt, kahl wie die ganze Pfl, oberwärts sehr ästig. B hellgrün, doppelt-gefiedert mit eirunden, dreispaltigen u. eingeschnittenen Fiederchen; die oberen fein zerschlitzt mit schmal-linealen, ganzrandigen Fetzen. Dolden 3—5strahlig; Hülle 0 oder 1; Hüllchen 3, halbiert, lineal. Bl weiss, strahlend. Blb gegeneinander geneigt, verkehrt-herzfg, die äusseren 2teilig. K deutlich 5zähnig. Fr fast kugelig mit 10 flachen, schlängeligen Riefen und 8 gekielten Nebenriefen. **C. sativum L. Gebauter K.**

Juni—Juli. Hier und da gebaut und zuweilen verwildert unter dem Getreide. J. V. N.

2. Ordnung: Araliaceae.

287. Hédera, Epheu. V, 1.

Immergrüner Strauch, an Mauern, Bäumen hoch emporkletternd und daselbst grosse Polster bildend oder in Ermangelung von benachbarten, zur Stütze dienenden Objekten weithin auf dem Boden ausgebreitet. B lang gestielt, lederig, spiegelnd, eckig, 3—5lappig, die der blühenden Zweige rautenfg, ganzrandig. Bl 5blttrg, grünlich-weiss; K klein, 5zähnig. Frkn unterstdg, kreiselfg; Gf fehlend. Fr eine schwarze, erst im folgenden Jahre reifende, kugelige, 5samige Beere. **H. Helix L. Gemeiner E.**

September—Oktober. Häufig. (Kommt hier seltener zum Blühen).

3. Ordnung: Corneae.

288. Cornus, Hornstrauch. IV, 1.

Doldentrauben von weissen, 4blttrg. aussen flaumigen Bl. Strauch 2—3 m h., mit blutroten, glänzenden Zweigen im Winter und vor Entwicklung der breit-elliptischen, ganzrandigen, im Herbst sich rötenden, kurz gestielten, mit parallelen Seitennerven versehenen B. Bl.stiele mit hinfälligen, schmalen Stützblättchen. K oberstdg, 4zähnig. Steinfr erbsengross, schwarz, weiss punktiert, mit 2fächerigem Stein und 1samigen Fächern. C **sanguinea L. Roter H.**

Mai—Juni. Hecken, Waldränder. Gemein.

Gelbe Bl in 15—30bltg Dolden, vor den B erscheinend; Dolden von einer 4blttrg Hülle umgeben, am Ende der Aeste: Hüllb eirund, spitz, aussen bräunlich-grün, innen schmutzig-gelb. etwa von der Länge der Dolde. Strauch bis 6 m h, mit gegenstdg, runden, kahlen, in der Jugend anliegend behaarten Aesten. B kurz-gestielt, gegenstdg, eirund oder elliptisch, ganzrandig, parallelnervig, oben dunkel-, unterseits bleichgrün, angedrücktbehaart, in den Nervenabzweigungen etwas bärtig. Blt.stiele dichtzottig. Beere länglich-oval, kirschrot, spät reifend. C. **mas L. Gelber H.** (Cornelkirsche).

März—April. Trockene Hügel. Hier u. da angepflanzt u. bisweilen verwildert, so bei Breitscheid, Hadamar, Platte bei Wiesbaden. J. V. N.

XV. Reihe: Saxifraginae.

1. Ordnung: Crassulaceae.

289. Sedum, Fetthenne. X, 5.

1. B flach und breit. 2.
— fast stielrund und schmal. 3.

2. B st.umfassend oder doch mit breiter Basis sitzend. Trugdolden auch aus den unteren Aesten entspringend und mit den endstdg nicht sich zu einem einzigen gedrungenen Ebenstrauss vereinigend. Blb grünlich-gelblich-weiss, vorn in ein Hörnchen vorgezogen. Stbgf ganz unten den Blb eingefügt. Sonst wie folgende Art, nur meist etwas grösser. (Beide sind nach Linné nur Varietäten von S. Telephium). S. **maximum Sut. Breitblättrige F.**

August—Herbst. An sonnigen Bergabhängen und Ruinen. Hier und da. Weniger häufig als die folgende Art.

— nicht st.umfassend, mit abgerundeter Basis sitzend. verkehrt-eifg, länglich oder lanzettlich, fleischig, ungleichgezähnt-gesägt oder ganzrandig, kurz gestielt, die oberen sitzend; Bl in endstdg, gedrungenen Trugdolden, hellrosenrot (seltener weisslich), mit dunkleren Streifen, innen purpurn, hellgestreift. Wzl mit rübenfg Knollen. St 30—60 cm h., aufrecht oder aufstrebend, stielrund, oft rot punktiert.

Stbgf oberhalb der Basis der Blb eingefügt. K.b lanzettlich, spitz, kaum halb so lang als die Blb. **S. purpurascens Koch. Knollige F.**

Juli. Sonnige Bergabhänge u. Raine. Hier u. da. Ziemlich häufig.

3. Bl weiss oder rötlich. 4.

— gelb. 5.

4. B und Bl.stiele drüsig-behaart und klebrig. St einzeln stehend, keine Rasen bildend, 15—30 cm h., aus gebogener Basis aufrecht; B an dem blühenden St wechselstdg, aufrecht, lineal, fast stielrund, am Grunde nicht zu einem Anhängsel herabgezogen. Bl in endstdg Rispe. Kb lanzettlich-stumpf u. wie die doppelt so langen, hellrosenroten, auf dem Rücken purpurn-gestreiften Blb u. Kapseln mit Drüsenhaaren. **S. villosum L. Drüsenhaarige F.**

Juni – August. Sumpfwiesen. Selten. . . G. J. V. N.

— — — kahl. Bl weiss. Lockere Rasen von blühenden und nicht blühenden St, erstere aufrecht aus aufstrebender Basis, stielrund, kahl, 10—15 cm h., mit reichbltg, 3teiliger, doldentraubiger, endstdg, weitläufig beblätterter Rispe, letztere kaum halb so hoch u. dicht beblättert. B zerstreut, wagrecht, cylindrisch, sehr stumpf und mit ganzer Basis aufsitzend. Blb 3mal länger als der K. lanzettlich-stumpflich. K zipfel eirund, stumpf. **S. album L. Weisse F.**

Juli – August. Auf Mauern, Felsen und sonnigen Orten sehr gemein.

5. B stachelspitzig, lineal-pfriemlich, beiderseits gewölbt, am Grund in eine Schneppe vorgezogen, gleichsam gespornt. St stielrund, die blühenden 15—30 cm h., mit gedrungener, reichbltg Trugdolde sich in 3—5 Hauptäste teilend, diese wiederum 2spaltig, anfangs hakenfg an der Spitze zurückgekrümmt, nach dem Verblühen aufrecht, die unfruchtbaren St mit dachigen, 5—7zeiligen, abstehenden u. zurückgekrümmten B. Blb lanzettlich, doppelt so lang als der K, abstehend; K.zipfel spitz. **S. reflexum L. Zurückgekrümmte F.**

Juli – August. Auf Mauern, Felsen häufig.

— ohne Stachelspitze. 6.

6. B wenig länger als breit, an den nicht blühenden St 6zeilig geordnet, blassgrün. 7.

— mehrmals länger als breit, mit abwärts bespitzter Basis sitzend, grasgrün, an den blühenden, 10—15 cm h. St locker (nicht deutlich 6zeilig. Trugdolde mindestens 6bltg, sonst wenig verschieden von den folgenden Arten. **S. boloniense Lois. (S. sexangulare M. u. K.)* Bologneser F.**

Juli – Herbst. Auf Mauern, Felsen häufig.

---

* Ich habe, abweichend von Koch (Synopsis der Deutschen und Schweizer Flora, 2. Auflage, Leipzig 1846), neueren Autoren folgend, deren Analyse der letzten 3 Arten hier aufgenommen, obwohl ich mich bisher noch nicht völlig von der Berechtigung derselben habe überzeugen können, behalte mir daher vor, weitere Beobachtungen bezüglich dieser neuen Nomenclatur zu machen.

7. Trugdolde armblütig (4—6bltg); St 10—15 cm h; B etwas abstehend, locker. S. acre L. **Scharfe F.**
Juni—Juli. Mauern, Felsen, Ufer.
— reichblütig, in 2—3 doldentragende Aeste geteilt; St 10—15 cm h.; B aufrecht, sich dachig bedeckend. S. sexangulare L. **Sechszeilige F.**
Juni—Juli. Mauern, Ufer, Felsen.

290. Sempervivum, Hauswurz.

Endstdg Trugdolden von kurz gestielten, radfg ausgebreiteten, rosenroten, dunkler geaderten Bl mit etwa 12teiligem K und 12 doppelt so langen, lanzettlichen, aussen drüsig behaarten Blb, 24 rosenroten Stbgf mit violetten Staubkölbchen, grünen, drüsigen Frkn mit rötlichen Gf, am Grunde mit kurzen, drüsenfg Schuppen; St 30—45 cm h., dick, stielrund, drüsig behaart wie der grössere Teil der Pfl, nach oben sich in Bl tragende Aeste verzweigend, mit zahlreichen, fleischigen, rot gestrichelten, ungestielten B besetzt; Kapseln am Grunde zusammengewachsen, oberwärts schief abgeschnitten S. **tectorum** L. **Gemeine H.***
Juli—August. Auf Felsen; öfter auch auf Strohdächern angepflanzt. Nicht häufig.
Blb aufgerichtet u. glockenfg zusammenschliessend, gelblich-grün, 6; 12 Stbgf; 6 Frkn. St 10—25 cm h. aus einer Rosette von grasgrünen, länglich-keilfg, spitzen, sehr zahlreichen Wzlb emporsteigend; St.b länglich, zugespitzt oder eifg (die obersten), gewimpert, sonst kahl; K ebenso, halb so gross als die Blkr. S. **soboliferum** Sims. **Sprossende H.**
Juli—August. Auf Mauern, Felsen und Dächern. ___. Usingen. Rod a. d. Weil. Oestrich. J. V. N.

2. Ordnung: Saxifragaceae.

291. Saxifraga, Steinbrech. X, 2.

1. Wzlb herzfg-nierenfg, lang gestielt, in den B.stiel verschmälert, lappig-gekerbt mit etwa 10 grossen Lappen, etwas fleischig. St aufrecht, 15—30 cm h., oberwärts ästig, mit wenigen, lappig-gekerbten, nach oben kleiner und einfacher werdenden, 3—5spaltigen B besetzt. B.stiel an der Basis verbreitert, rinnig. Deckb lineal; K glockig, seine Röhre zum Teil mit dem Frkn verwachsen; K.zipfel aufrecht, länglich, stumpf. Blb doppelt so lang als der K und länger, milchweiss, halb aufgerichtet, verkehrt-eifg, 3—5nervig. S. **granulata** L. **Körniger St.**
Mai—Juni. Auf Wiesen gemein.
— keilfg verschmälert. 2.

---

* Bei dieser Pfl tritt bisweilen eine insofern fortschreitende Metamorphose ein, als sich ein Teil der Stbgf in Carpella (Fruchtblätter) verwandelt.

2. Pfl einzeln stehend, nicht Rasen bildend; St aufrecht. 5—15 cm h., fädlich, einfach, oder wenig ästig, hin- und hergebogen, drüsig-abstehend-behaart. wie die B, Blt.stiele u. K. Wzlb lang-gestielt, ganzrandig oder schwach-3lappig wie eine dreifingerige Hand ausgestreckt, fleischig. die oberen B allmählich in Deckb übergehend, je 2 am Grunde der dünnen, langen, 1blütigen Bl.stiele. K.röhre unter den Zipfeln etwas krugfg eingeschnürt, mit eirunden, stumpfen Zipfeln. Blb doppelt so lang als letztere, verkehrt-eirund oder seicht ausgerandet. S. **tridactylites L. Dreigefingerter St.**

April—Mai. Auf Mauern, Felsen, an trockenen Orten. Gemein; nur hier und da weniger häufig z. B. im L.

— Rasen bildend. St 10—25 cm h., die seitlichen niedergestreckt; B gestielt mit flachem oder nur schwachgefurchtem Bl.stiele. Wzlb handfg-5—9spaltig mit lanzettlichen, zugespitzten, stachelspitzigen Zipfeln; St.b handfg-3spaltig; Bl zu 3—9 am oberen Teile der St, weiss (seltener gelblichweiss) mit ovalen oder länglichen, stumpfen Blb; K halb so lang. S. **sponhemica Gmel. Sponheimer St.**

Mai—Juni. Sehr selten. Nur auf der Bodensteiner Ley bei Runkel an einer wenig zugänglichen Stelle.

292. Chrysosplénium, Milzkraut. (X, 2.) VIII, 2.

B wechselstdg. St aufrecht, bis zu 15 cm h., geschärft 3kantig, hellgrün, oft rötlich, am Grunde mit mehreren rosettenfg geordneten, in der Mitte nur mit 2—3 kurz gestielten B, oberhalb ästig und reich beblättert, mit goldgelber Doldentraube. Wzlb lang-gestielt, nierenfg, tief eingeschnitten-gekerbt, die blt.stdg halbkreisrund, am Grunde abgestutzt, in den kurzen B.stiel verlaufend, gleichsam eine Bl.hülle bildend; Bl sehr kurz gestielt. Ch. **alternifolium L. Wechselblättriges M.**

April—Mai. An Quellen, feuchten Orten. Hier und da.

— gegenstdg, sonst der vorigen Art sehr ähnlich, nur in allen Teilen kleiner und gesättigter grün. Wzlb.stiel kaum länger als die B. Bl grünlich-gelb. **Ch. oppositifolium L. Gegenblättr. M.**

März—Mai. An Quellen und feuchten Stellen im Walde. Hier u. da.

293. Philadélphus, Pfeifenstrauch. XII, 1.

Strauch von 1—2 m Höhe mit elliptischen, zugespitzten, gesägt-gezähnelten, oberseits kahlen, kurz gestielten B u. weissen, sehr wohlriechenden, kurzgestielten, 4—5blttrg Blumen in endstdg Trauben. Bl.stiel so lang als der 4—5zipfelige K. K.röhre kreiselfg. Kapsel 4—5klappig, 4—5fächerig, halb an den K angewachsen, vielsamig. Ph. **coronarius L. Wohlriechender Pf. (Fälschlich Jasmin genannt).**

Mai—Juni. Häufig als Zierstrauch angepflanzt und verwildert.

294. Ribes, Johannis- oder Stachelbeere. V, 1.

1. Strauch mit Stacheln, ½—1 m h., einen sehr ästigen Busch bildend; Aeste oft zurückgekrümmt. B 3lappig, eingeschnitten-

gesägt, mit zottigen B.stielen. Bl e i n z e l n oder zu 2—3; K glockig; K.zipfel länglich, zurückgebogen, am Rande rot; Blb halb so lang, aufrecht, verkehrt-eifg, grünlich weiss. Beere kugelig, grünlich gelb, an kultivierten Arten heller oder dunkler rot. Am Grunde der Zweige meist 3 zusammengewachsene Stacheln. R. **Grossularia L. Stachelbeere.**

April—Mai. Hecken, Gebüsch. Wild und kultiviert.

— o h n e Stacheln; Bl in T r a u b e n. 2.

2. Deckb l ä n g e r als die Bl.stiele; Strauch 2—3 m h.; B tief 3lappig, länger als breit, mit stark glänzender Unterseite, fast kahl; B.stiel mit drüsigen Härchen. Bl in aufrechten, teils reichbltg (♂), teils armbltg (♀) Trauben. Bl bleichgrün, braunrot angelaufen; K sehr flach. Die ♂ Bl etwas grösser, die ♀ Bl mit Staubkölbchen ohne Blt.staub mit roter Narbe. Beere kleiner wie die von Ribes rubrum L., widerlich süss und schleimig. **R. alpinum L. Alpen-J.**

Mai. An Bergabhängen, im Gebüsch. Ziemlich häufig.

— k ü r z e r als die Bl.stiele. 3.

3. Beere r o t (seltener bleichrot oder perlweiss). Strauch 1—2 m h., mit wechselstdg, lang-gestielten, fast 5lappigen, im Umriss rundlichen, ungleich doppelt-gesägten, in der Jugend zottigen, später kahlen B. Bl trauben erst aufrecht, dann schlaff herabhängend. Der Bl.stengel sparsam u. drüsig behaart. K kahl, gelb-grün, flach-glockig, mit wagrechten, spatelfg Zipfeln. Blb unansehnlich, keilfg, sehr stumpf. **R. rubrum L. Rote J.**

April—Mai. Nur kultiviert.

— s c h w a r z. Strauch 1—1½ m h.; B meist grösser wie bei voriger Art, unterseits wie Knospen. K und B.stiele etwas drüsig. Bl in hängenden, flaumig oder filzig behaarten Trauben mit pfriemlichen Deckb; K.zipfel länglich, zurückgekrümmt; Blb länglich, blassrot. Beere weit grösser als bei voriger Art. Pfl mit etwas widerlichem Geruch. **R. nigrum L. Schwarze J.**

April—Mai. Selten angebaut.

3. Ordnung: Platanaceae.

295. Plátanus, Platane. XXI. 8.

Mässig hoher Baum mit g r o s s s c h u p p i g sich ablösender, olivengrüner Borke, wechselstdg, handfg-5lappigen, buchtiggezähnten, im Umriss rundlich-herzfg, handnervigen, gestielten, etwas rauhen und derben B, hinfälligen, tutenfg Nebenb; Blt ohne Deckb und Perigon, in kugeligen, teils ♂, teils ♀ Kätzchen; ♀ Kätzchen mit einsamigen Nüsschen, von der Grösse einer Wallnuss, schlaff herabhängend, mit langem, seitlichem, bleibendem Gf, am Grunde von langen, steifen Haaren umgeben. **P. orientalis L. Platane.**

Mai. Als Zierbaum zu Alleen und Anlagen benutzt. (Vaterland: Südosteuropa, Orient).

XVI. Reihe: Myrtiflorae.

1. Ordnung: Onagrarieae.

296. Epilóbium, Weidenröschen. VIII. 1.

1. Blb kaum ausgerandet, benagelt, verkehrt-eifg, hellkarminrot; St aufrecht, oft über 1 m h., starr, stielrund, oberwärts wenig ästig oder astlos, meist rot gefärbt; B zerstreut, lanzettlich, spitz, ganzrandig, unterseits hellgrün mit hervortretendem Hauptnerven. Bl in reicher, lockerer, endstdg, anfangs überhängender, dann aufrechter Traube, 2—3 cm br.; K violett angelaufen; Stbgf und Gf abwärts geneigt; Narbe 4teilig, mit linealen, zurückgekrümmten Zipfeln. **E. angustifolium L. Schmalblättriges W.**

Juli—August. In Wäldern häufig.

— deutlich ausgerandet. 2.

2. Narbe unzerteilt. 3.

— zuletzt 4teilig. 5.

3. B (oder B.stiele) nicht herablaufend, schmal-lanzettlich u. mit breiter Grundfläche sitzend, am Rand etwas umgerollt, fast ganzrandig, höchstens mit schwieligen Zähnchen, die unteren B gegenstdg und paarweise mit einer schmalen Leiste zusammenhängend; St aufrecht, 30—60 cm h., stielrund, einfach oder ästig. Traube von bleichroten, seltener weissen, in der Knospenlage überhängenden Bl. **E. palustre L. Sumpf-W.**

Juli—August. Auf sumpfigen Wiesen und an Gräben Hier u. da.

— — — herablaufend; St daher mit 4 schmalen Leisten. 4.

4. B deutlich gestielt, länglich-elliptisch-lanzettlich, matt, etwas runzelig, auf den stark hervortretenden Nerven und am Rande flaumig, die unteren gegenstdg, gezähnelt-gesägt; St 30—60 cm h., sehr ästig, reichbltg, oberwärts flaumhaarig. N keulenfg-4knötig. Bl blass-rot, klein. **E. roseum Schreb. Rosenrotes W.**

Juli—August. Gräben, Ufer. Hier und da.

— sitzend, nur die untersten kurz gestielt, halb umfassend, lanzettlich, aus breiterem Grunde allmählich zulaufend, glänzend, gezähnelt-gesägt, am Rande und Mittelnerven flaumig, die obersten lineal-lanzettlich; St 30—90 cm h., aufrecht, von unten an sehr ästig, fast kahl, oberwärts wie die Blt.stiele und Frkn dicht- und angedrückt-flaumig. Bl klein, bleich-rosenrot. N keulenfg. **E. tetragonum L. Vierkantiges W.**

Juni—Juli. An sumpfigen Orten. Hier u. da. Weilburg, Okriftel, Lorsbach, Oestrich, Roth, Langenbach, Diez. J. V. N.

5. Pfl kaum behaart mit anliegenden Haaren. St 30—45 cm h., aufrecht, stielrund, oft rot gefärbt; B kurz gestielt, eifg oder länglich-eifg, am Grunde oft herzfg, ungleich gezähnt-gesägt, kahl bis auf den flaumigen Rand und die Adern, die unteren

gegenstdg, mit schmaler Leiste zusammenhängend, die oberen wechselstdg, nicht herablaufend. Blb rosenrot mit dunkleren Linien, tief ausgerandet; armbltg, endstdg, lockere Trauben. Kapsel zuletzt fast kahl. E. **montanum** L. **Berg-W.**

Juni—August. In Wäldern häufig.

— abstehend behaart. 6.

6. St 30—60 cm h., meist einfach, ohne Drüsenhaare. B fast sitzend, nicht herablaufend, die unteren deutlich gestielt, entfernt-schwielig-gezähnt; Bl violett oder weisslich, weit kleiner als bei der folgenden Art. K.b ohne Stachelspitze. Ohne Ausläufer. E. **parviflorum** Schreb. **Kleinblumiges W.**

Juni—Juli. Auf sumpfigen Wiesen. Hier und da.

— weit höher, oft über 1 m h., mit weit umherkriechenden Ausläufern, meist sehr ästig, mit Drüsenhaaren zwischen den wagrecht abstehenden Zotten. B länglich-lanzettlich, st.umfassend und ein wenig herablaufend, geschärft-gezähnelt. Bl weit grösser als bei der vorigen Art, fast 3 cm breit, kurz gestielt, in endstdg, zu Rispen zusammengesetzten Trauben. K zipfel in eine kurze, weiche Stachelspitze endigend, fast halb so lang als die schön rosenroten Blb mit dunkleren Linien. E. **hirsutum** L. **Zottiges W.***

Juni—Juli. An Wassergräben nicht selten.

297. Oenothéra, Nachtkerze. VIII, 1.

St 45—60 cm h., aufrecht, einfach oder oberwärts ästig, mit wechselstdg, ei-lanzettlichen, kurz gestielten oder sitzenden, entfernt gezähnelten, flaumhaarigen B; Bl einzeln in den B.winkeln und am Ende des St ährenfg geordnet, zuletzt in sehr verlängertem Bl.stand; Blkr über 2 cm breit, schwefelgelb, gegen Abend sich öffnend, wohlriechend. K.röhre länger als die kurz benagelten, breit-verkehrt-eifg, gestutzten Blb. Staubbeutel halb so lang als die Stbf; Kapsel sitzend, 4kantig. O. **biennis** L. **Zweijährige N.**

Juni—August. An Flussufern gemein. (Soll nach Linné von Amerika eingewandert sein.)

298. Circáea, Hexenkraut. II, 1.

1. Ohne Deckb; St halb liegend und dann aufrecht, bis 50 cm h., mit gegenstdg Aesten, eifg oder ei-lanzettfg, gegenstdg, lang-gestielten, besonders auf den Nerven zart behaarten,

* Neuere Autoren wie Garcke nehmen entgegen der in Koch Syn. ed II. pag 1068 und 1069 geäusserten Ansicht zwischen Epilobium palustre L. und Epilobium tetragonum L. noch eine Mittelform, die F. W. Schultz Bip. Epilobium Lamyi nannte, als eine gute Art an. Auch die D. B. G. führt dieselbe bei Weilburg u. Hofheim an. Ferner wird von Letzterer ein Epilobium obscurum Rchb. wird als bei Falkenstein im Taunus wachsend aufgeführt. Ich bin leider nicht im Besitze von lebenden oder getrockneten Exemplaren dieser, wie es nach allem scheint, doch noch sehr zweifelhaften Arten. Auch Koch sagt l. c., dass alle ihm unter diesem und anderen synonymen Namen zugesandten Exemplare zum E. tetragonum gehören und führt sie gar nicht bei den übrigen Arten auf. Das Weidenröschen scheint das Schicksal mancher Weiden zu teilen!

geschweift-gezähnelten B. Bl in endstdg und seitenstdg, sehr lockeren Trauben, mit rötlichem, borstlichem K und tief ausgerandeten, fast 2spaltigen, verkehrt-herzfg Blb. Nussartige Kapsel mit hakigen Borsten. **C. lutetiana L. Gemeines H.**

Juni—August. An feuchten Stellen der Wälder. Hier u. da.

Mit borstlichen Deckb unter den Bl.stielen. 2.

2\. St sehr niedrig, kaum 15 cm h., mit verdickten Gelenken, glashell, mit sperrigen, fast zurückgebrochenen, weitschweifigen Aesten; B herzfg, buchtig, gezähnt-gesägt, sehr zart u. durchscheinend, am Rande weichhaarig mit häutig-gesäumtem, fast geflügeltem B.stiel. Bl in lockeren, öfter ästigen Trauben. Blb verkehrt-herzfg, tief eingeschnitten, mit schmalen Zipfeln, kürzer als der K. Kapseln länglich-keulenfg, spärlich behaart. **C. alpina L.** (**C. lutetiana** β **L.?**) **Alpen-H.***

Juni—Juli. Schattige Bergwälder. (Häufig bei Langenaubach, sonst ziemlich selten).

— weit höher, bis 30 cm h; B am Grunde abgerundet, fast herzfg; B.stiel nicht häutig berandet; Blb so lang als der K; Fr fast kugelig-verkehrt-eifg. Steht in der Mitte der beiden vorgenannten Arten; fast könnte man hiernach vermuten, dass die drei „Arten" nur Formen einer einzigen seien. Züchtungsversuche dürften dies entscheiden. **C. intermedia Ehrh.** (**C. lutetiana** γ **L.**) **Mittleres H.**

299. Trapa, Wassernuss. IV, 1.

Wasserpfl mit mehreren, dünnen, stielrunden, einfachen, an den unten entfernten Gelenken wurzelnden u. nach der Oberfläche emporsteigenden St, mit gegenstdg, etwa 3—5 cm l., haarfg-vielteiligen, untergetauchten und kreisfg ausgebreiteten, schwimmenden, im Umriss rautenfg, vorn gezähnt-gesägten, lederigen, glänzenden, unten auf den Adern zottigen B, die unteren lang-gestielt; B.stiele oberhalb der Mitte angeschwollen und mit schwammigem Mark erfüllt, zuletzt blasig, eine natürliche Schwimmblase, um die Bl über dem Wasser zu erhalten; Bl weiss, b.winkelstdg, 4blttrg, auf zottigen, später verlängerten Bl.stielen mit 4teiligem, kürzerem K; 4 Stbgf; 1 Gf; Fr eine graubraune Nuss meist mit 4 an der Spitze rückwärts rauhen Dornen, den vergrösserten, bleibenden K.zipfeln, 2—3 cm dick. **T. natans L. Gemeine W.**

Juni—Juli. In stehendem und langsam fliessendem Wasser, sehr selten. Limburg. J. V. N.

2. Ordnung: Halorageae.

300. Myriophyllum, Tausendblatt. XXI, 8.

Pfl im Wasser flutend, 1—2 m l., mit ährenfg, aufrechtem Bl.stand am Ende des St aus meist 4bltg Quirlen; die Deckb der

* Der Herausgeber der 15. Auflage von Linné, System. veget. bemerkt am Schlusse der Diagnose von C. alpina: „an forte Linnaei planta longe alia, pro qua ut plurimum nostra sumta est?"

unteren kammfg. die der oberen Bl ungeteilt und kürzer als die Bl; 4 Blb, sehr hinfällig (schon bei dem Oeffnen der Bl). rosenrot. ♂ Bl mit 8 Stbgf; ♀ Bl mit 1 mit der K.röhre verwachsenen Frkn und 4 sitzenden, zottigen Narben; 4 K.zipfel. Steinfr später in 4 Steine zerfallend. **M. spicatum L. Aehriges T.**

Juli—August. Häufig in den Flüssen.

Sehr ähnlich Myriophyllum spicatum L., aber dadurch verschieden, dass sämtliche Bl.quirle von kammfg-fiederspaltigen, meist weit längeren Deckb gestützt sind: **M. verticillatum L. Quirlblütiges T.**

Juli—August. Selten. Im »Hasenkümpel«, einer Ausbuchtung der Lahn bei Ems; Löhnberg (Hundsbach); Hattenheim, Braubach. J. V. N.

301. Hippúris, Tannenwedel. I, 1.

St 15—30 cm h., wenn flutend weit länger, bis zu 1 m l. und länger, gegliedert, hohl, an den unteren Gelenken wurzelnd und mit Nebenst. B pfriemfg, steif abstehend, wirtelig zu 8—12, kaum 2—3 cm l., an den flutenden St doppelt so lang, lineal, durchscheinend, nervenlos. Bl ohne P; K mit dem Frkn verwachsen. Frkn in den B.achseln sitzend mit pfriemlichem Gf, auf dem Rand des ersteren 1 Stbgf mit tief gespaltener A. Fr ein einsamiges, glattes, längliches Nüsschen. Die obersten Bl oft ♂, die untersten ♀. **H. vulgaris L. Gemeiner T.**

Juli—August. In Gräben, stehendem und fliessendem Wasser. Sehr selten. Im Elsbach; Driedorf?, Beilstein? J. V. N.

3. Ordnung: Lythrarieae.

302. Lythrum, Weiderich, Blutkraut. XI, 1.

Bl in langen aus Quirlen bestehenden Aehren. St aufrecht, 1 m h. und höher, 4—6kantig; Aeste und oberer Teil des St mit ansehnlichen, zuletzt verlängerten Aehren. B bald quirlig zu 3—4, bald gegenstdg, sitzend und mit herzfg Basis st.umfassend, lanzettlich; rot angelaufene Deckb unter den Bl-Quirlen, die obersten kleiner als die Bl-Quirle; K mit etwa 12 rötlichen Riefen oder ganz rot; Blb purpurrot, stumpf-keilfg, kurz benagelt. Staubkölbchen teils grau, teils gelb. Kapsel häutig im bleibenden K, reichsamig, mit 2—4 Zähnen sich öffnend. **L. Salicaria L. Gemeiner W.**

Juli—Herbst. An Gräben, Ufern gemein.

— einzeln in den B.winkeln sitzend. St 10—30 cm h., aufrecht, hohl, oft ganz einfach, oder mit rutenfg, aufrechten Aesten, oder mit sich niederliegenden Nebenst, meist mit 4 schmalen Leisten, ziemlich starr, kahl wie die ganze Pfl. von unten an mit Bl besetzt. B wechselstdg, nur die untersten zuweilen gegenstdg, sitzend, länglich-lineal. 2 kleine, pfriemliche Deckb am Grunde des mehrmals längeren, anfangs fast trichterfg, später walzlichen, mit 12 Riefen durchzogenen, 12zähnigen K; K.zähne abwechselnd einwärts gebogen, eifg, häutig, auswärts gerichtet, lineal-pfriemlich, doppelt so lang. Blb 6, länglich-verkehrt-eifg, hellviolett, anfangs faltig geknickt. 6 Stbgf; Kapsel walzlich, so lang als der bleibende K. **L. Hyssopifolia L. Ysopblättr. W.**

Juli—Herbst. An feuchten, überschwemmten Orten. Bei Kronthal häufig; hier und da im Rheingau. J. V. N.

303. Peplis, Afterquendel. VI, 1.

Pfl niedrig, bis 20 cm l., aufstrebend, oft hingestreckt, mit gegenstdg Aesten, 4kantig, oft wurzelnd, meist rötlich angelaufen; B gegenstdg, kaum 1 cm l., verkehrt-eirund, fast spatelfg, ganzrandig, kurz gestielt, kahl wie die ganze Pfl; Bl unansehnlich, in den B.achseln fast sitzend, von 2 hinfälligen Deckb gestützt; K.röhre mit purpurroten Adern, bleibend; 6 Blb, sehr hinfällig, meist fehlend, bleichrot, dem K eingefügt; Frkn eirund, mit kurzem Gf und scheibenfg Narbe; Kapsel 2fächerig, vielsamig. **P. Portula L. Gemeiner A.**

Juni—September. Ueberschwemmte Uferstellen, Gräben, Sümpfe.

XVII. Reihe: Thymelinae.

304. Passerina, Vogelkopf, Sperlingszunge. VIII, 1.

St 15—30 cm h., kahl, steif-aufrecht, ganz einfach oder von unten mit vielen rutenfg Aesten. B zerstreut sitzend, lineal-lanzettlich, ganzrandig, die oberen zuletzt weit abstehend. Bl unansehnlich, zu wenigen oder einzeln in den B.winkeln sitzend, von je 2 Deckb gestützt, grünlich, innen gelblich, glockig-bauchig, aussen flaumig, mit aufrechten, später zusammenneigenden Zähnen. Blt.stiele am Grunde von steifen Borstchen umgeben. A pomeranzengelb; Nuss umgekehrt-eifg, schwarz. **P. annua Wikstr. (Stellera Passerina L.) Jähriger V.**

Juli—Herbst. An sonnigen, trockenen Orten. Zwischen Hadamar und Molsberg, Runkel u. Villmar. Stellenweise im M. u. Rh. J. V. N.

305. Daphne, Kellerhals. VIII, 1.

B n a c h d e n B l e r s c h e i n e n d, anfangs büschelig am Ende der Zweige, später zerstreut stehend, lanzettlich, keilfg in den kurzen B.stiel verschmälert, kahl, hellgrün, unterseits blasser. Strauch bis zu 1 m h., mit schlanken Zweigen, grauer, mit kleinen, braunen Warzen bestreuter Rinde und blass-citrongelbem Holz. Bl seitlich in den Achseln vorjähriger B, büschelig zu 2—4, eine unterbrochene Aehre bildend, von braunen, trockenhäutigen Knospenschuppen gestützt, rosenrot (selten weiss). Beere eifg, erbsengross, fleischig, meist scharlachrot. **D. Mezereum L. Gemeiner K., Seidelbast.**

März—April. An Waldrändern hier und da. (Der Saft blasenziehend, auch die wohlriechenden Bl greifen die Nasenschleimhaut an).

— i m m e r g r ü n, lederartig, glänzend, zerstreut, oder büschelfg-endstdg (an älteren Trieben), fast sitzend, lineal-lanzettlich, nach dem Grunde keilfg zulaufend, ganzrandig, öfter mit kurzem Stachelspitzchen, kahl. Niedriger, bis 30 cm h. Strauch mit oft doldig gestellten Aesten. Bl zu 6—10 einen flachen, sehr kurz gestielten, endstdg Büschel bildend, aussen trüb-, innen schönrosenrot, seltener weiss, mit etwas gekrümmter Röhre und eifg Zipfeln. Frkn flaumig mit kurzem Gf und schildfg benabelter N. Steinfr zuletzt braun, ziemlich trocken. **D. Cneorum L. Wohlriechender K.**

Juni—Juli. Trockne Stellen im Schwanheimer und Frankfurter Wald. Sonst im Gebiet fehlend.

XVIII. Reihe: Rosiflorae.

I. Ordnung: Pomaceae.

306. Cratáegus, Weissdorn. XII, 3.

Bl.stiele kahl, teilweise mit linealen, drüsig-gezähnelten Deckb; K.zipfel zurückgekrümmt. Dorniger, 2—4 m h. Strauch; B im Umriss eifg, 3—5lappig, ungleich-gesägt, kahl, spiegelnd. Nebenb der jüngeren Zweige lanzettlich-sichelfg, tiefgesägt. Bl in reichbltg Doldentrauben am Ende der kurzen Zweige. Bl.knospen rosenrot; Blb weiss oder rötlich, rundlich, nach aussen gewölbt. Staubbeutel rosenrot, meist 2 Gf. **C. oxyacantha L. Gemeiner W.**

Mai—Juni. In Hecken gemein.

— zottig wie auch die jüngeren B; K.zipfel zurückgebrochen und an die K.röhre sich anlegend, drüsenlos. Bl kleiner und etwa 14 Tage später erscheinend als bei der vorhergehenden, im Uebrigen sehr ähnlichen Art. 1 Gf; Fr 1steinig. **C. monogyna L. Einsamiger W.**

Mai—Juni. Hecken. Weniger häufig als vorige Art.

307. Cotoneaster, Steinapfelbaum. XII, 4.

Niedriger, 60—120 cm h. Strauch, mit bräunlicher, glatter Rinde, filzigen jüngeren Zweigen, am Grunde abgerundeten, 3—5 cm l., oberseits grünen, matten, unterseits graufilzigen B: K kreiselfg, kahl, mit aufgerichteten, eirunden, etwas flaumigen Zähnen; erbsengrosse, rote Steinfrüchte von den bleibenden, einwärts sich neigenden K.zipfeln bekrönt, mit 3—5 an der Spitze freien, nicht in das Fr.fleisch eingewachsenen Steinen. **C. vulgaris Lindl. Gemeiner St.**

Mai. An sonnigen, felsigen Orten. Zerstreut im ganzen Gebiet.

308. Mespilus, Mispelbaum. XII, 4.

Niedriger, 2—5 m h. Baum mit meist dornigen Aesten, filzigen, jüngeren Trieben, fast sitzenden, länglich-lanzettlichen oder elliptischen, drüsig-gesägten, am Grunde ganzrandigen, unterseits von kurzen Zotten grünlich-grauen, etwas schlaffen B, endstdg, einzelnen, ziemlich grossen, kurz gestielten, grünlichweissen Bl, filzigem Blt.stiel und kreiselfg K. K.zipfel pfriemlichlanzettlich, länger als die Blb. Steinfr wallnuss-gross mit breiter.

konkaver Scheibe endigend, mit 5 Steinen. Die kultivierte Pfl gewöhnlich wehrlos. **M. germanica L. Gemeiner M.**

Mai. Hier und da angepflanzt.

309. Cydónia, Quitte. XII. 3.

Strauch 1—2 m h., mit abstehenden Aesten; B.stiele und Bl.stiele, sowie Unterseite der B filzig; B oval, stumpf oder kurz zugespitzt, etwas herzfg, mit eirunden drüsigen Nebenb. Bl einzeln am Ende der jüngeren filzigen Zweige. Frkn eifg, filzig; K b gross, eirund, aussen drüsig und etwas behaart, abstehend oder zurückgeschlagen. Bl rosenrot, doppelt so lang als der K, am Grunde bärtig. Gf unten zusammengewachsen und wollig. **C. vulgaris Pers. Gemeine Q. (Pyrus Cydonia L.)**

Mai—Juni. Hier und da angepflanzt.

310. Pyrus, Birn- oder Apfelbaum. XII. 3.

Obstbaum mit niedergedrückt kugeliger Krone im Umriss, breiter als hoch, und bei wilden Individuen mit teilweise in Dorne endigenden Aesten, breit-eifg B, deren B.stiel halb so lang als das B oder kürzer; Bl zu 3—6 doldentraubig oder doldig, mit langen, oft filzigen Stielen. K zipfel lanzettlich, zurückgeschlagen, innen wollig; Blb oval, kurz benagelt, aussen hell rosenrot, inwendig weiss mit rötlichem Anflug. Staubbeutel gelb; Gf wie bei Cydonia; 2—5fächerige Apfelfrucht mit 2samigen Fächern. **P. Malus L. Apfelbaum.**

April—Mai. Wild in Wäldern u. in zahlreichen Spielarten angebaut.

— mit pyramidaler Krone, höher als breit; Aeste öfter mit senkrecht aufsteigenden Zweigen, welche bei wilden Pfl zuweilen in Dorne endigen. B lang-gestielt, eirund-länglich, ganzrandig oder kaum gesägt, später ganz kahl; B.stiel fast so lang als die B.spreite. Bl zu 6—12, doldentraubig. Blb rundlich, kurz benagelt, weiss. Staubkölbchen zuerst purpurrot. Gf frei, unten zottig. **P. communis L. Gemeine Birne.**

April—Mai. In Wäldern und in vielen Spielarten angepflanzt.

311. Arónia, Felsenbirnbaum. XII, 4.

Strauch 1—2 m h., wenig beblättert, mit grau-braunen Aesten; jüngere Zweige, B.stiele und Bl.stiele, auch untere Seite der B anfangs wollig-filzig; B später kahl, gestielt, oval, abgestutzt, einfach gesägt. Bl in seitenstdg, aufrechten, armblütigen (3—8bltg) Trauben. K unten wollig mit pfriemlich endigenden Zipfeln. Blb schmal länglich, 4mal so lang als breit, keilfg, aussen flaumig, weiss. Fr rundlich, erbsengross, schwarzblau, 3—5fächerig, 3—5samig. Fächer durch falsche Scheidewand 2teilig. **A. rotundifolia Pers. Gemeiner F.**

April—Mai. Sonnige Bergabhänge. L. M. u. Rh.

312. Sorbus, Eberesche. XII. 3.

1. B gefiedert. 2.
   — einfach. 3.

2. Knospen filzig. B in der Jugend zottig, später kahl, mit etwa 7 Paar länglichen, gesägten, gegenstdg. ungestielten Fiedern und einer gestielten Endfieder. Mittelgrosser Baum. 3—6 m h. mit etwas herabhängenden Zweigen. Reichbltg Doldentrauben von trüb-weissen Bl; Blb am Grunde behaart; 3—4 Gf, im unteren Teil dicht wollig. Fr kugelig, scharlach-blutrot, (bisweilen wachsgelb). **S. aucuparia L. Gemeine E., Vogelbeerbaum.**
   Mai–Juni. Hier und da im Walde, häufig an Strassen angepflanzt.
   — kahl, klebrig. Bl und Fr doppelt so gross als bei voriger Art, weiss; Doldentrauben mit nur 6—12 über 3 cm l. grünlich-gelben, auf der einen Seite geröteten, birnfg Fr. mit meist 5 Fächern, entsprechend den 5 Gf. Sonst vorigem Baum ähnlich, aber etwas stärker. Samen fast scharfkantig. **S. domestica L. (Sperberbaum, Speierling, Spierapfel.) Zahme E.**
   Mai—Juni. Selten angepflanzt. (Okriftel).
3. B im Umriss breit-eifg mit etwa 7 zugespitzten, ungleich gesägten Lappen, unterseits später kahl, oberseits glänzend. Mässig hoher Baum oder Strauch mit geraden, nicht hängenden Aesten, filzigen Bl.stielen und K, mit weiss-wolligen, reichbltg Doldentrauben am Ende der jüngeren filzigen Seitenzweige von trüb-weissen Bl. Blb am Grunde schwach wollig-gebärtet. Gf kahl. Fr länglich-oval, braun. **S. torminalis Crantz. Elsebeerbaum.**
   Mai—Juni. Hier und da.
   — länglich-eifg, doppelt-gesägt, unterseits stets weiss-filzig. Mässig hoher Baum oder Strauch, mit geraden Aesten. Blb und Gf am Grunde stark wollig-gebärtet. Fr kugelig, rot, weiss punktiert u. oft mit weisslichen Flocken bestreut. Sonst wie vorige Art. **S. Aria Crantz. Mehlbirnbaum.**
   Mai. Im Rhein- und unteren Lahnthal häufig.

2. Ordnung: Rosaceae.

313. Rosa, Rose. XII, 5.

1. Gf zu einer Säule von der Länge der Stbgf zusammengewachsen. B oberseits hell-, unterseits blassgrün, matt. B.stiele mit gekrümmten Stacheln. Nebenb gleichgestaltet, schmal, mit lanzettlich-zugespitzten Enden, öfter drüsig-gewimpert. Stacheln des St stark, sichelfg gekrümmt. St oft mit verlängerten, rankenfg Aesten, 1—2 m h.; Bl weiss. Schein-Fr (Hagebutte) rundlich-eifg, lederig, scharlachrot; K.zipfel zur Zeit der Fr.reife abfällig. **R. arvensis Hds. Feld-R.**
   Juni An Waldrändern. Hier u. da, ziemlich häufig im M.-, Rh.- u. Lahnthal.
   — beträchtlich kürzer als die Stbgf. 2.
2. K.zipfel ungezähnt, fast ganzrandig. 3.
   — fiederspaltig. 4.

3. K zipfel halb so lang als die Blb. Strauch bis 1,50 cm h., sehr ästig, mit vielen geraden, pfriemlichen, wagrecht abstehenden, oder abwärts gerichteten, dicht stehenden, borstlichen oder allmählich spitz zulaufenden Stacheln, mit glatter, glänzender Rinde. B mit 5—9 ovalen oder kreisrunden, oberseits dunkelgrünen, unterseits graugrünen, etwas lederartigen Fiedern; Bl meist einzeln oder zu 2; K.röhre kugelig mit lanzettlichen, später zurückgeschlagenen, zuletzt wieder aufrechten u. gegeneinander geneigten Zipfeln; Blb meist weiss, länger als der K. Fr aufrecht, dunkelrot, lederig, zuletzt schwärzlich, von den K.zipfeln bekrönt, platt-kugelig. **R. pimpinellifolia DC. Bibernellblättr. R.**

Juni—Juli. Sonnige Hügel, Hecken, Gebüsche, Ackerränder. Langenaubach; Falkenstein; Rheinthal. J. V. N.

— wenigstens ebenso lang mit lanzettlich-verbreiterter Spitze. Strauch bis 2 m h. mit vielen feinen, drüsenlosen, abfälligen, geraden Stachelchen, die älteren etwas sichelfg gebogen, mit zimmetfarbener Rinde der älteren u. — besonders im Winter — purpurroten der jüngeren Axen. Deckb, Blt.stiele und K oft rosenrot angelaufen. Erstes Paar Fiedern viel kleiner als die übrigen oval-länglichen, oberseits matten, fast kahlen, schmutziggrünen, unterseits kurzbehaarten, graugrünen, am Grunde ganzrandigen, einfach gesägten Fiedern. Nebenb mehr als den halben Zweig umfassend, mit zusammenneigenden Rändern. B.stiele kurz-zottig, meist ohne Stacheln. Bl einzeln oder zu 2—3. Blt.stiele und platt-kugelige K.röhre kahl. Fr klein, aufrecht, rot, von den bleibenden K.zipfeln bekrönt. **R. cinnamomea L. Zimmet-R.**

Mai—Juni. In Hecken, wohl verwildert z. B. bei Dillenburg, Herborn, Weilmünster.

4. B graugrün, wie filzig erscheinend; Stacheln gerade, nur die der jüngeren Zweige etwas sichelfg gebogen; Nebenb der bl stdg B elliptisch, die anderen länglich, mit zugespitzten, gerade vorgestreckten Oehrchen; St 1—2 m h.; Schein-Fr rundlich, knorpelig, von den bleibenden K.zipfeln gekrönt, scharlachrot; Bl schön rosenrot. **R. tomentosa Smith. Filzige R.***

Juni—Juli. Ziemlich selten im M. u. Rh., sonst hier u. da öfter.

— grasgrün. 5.

5. B und Bl.stiele völlig kahl; Stacheln sichelfg, ziemlich gleich, meist paarweise unter den Nebenb, sonst zerstreut; Nebenb unter den Bl elliptisch, die anderen länglich; K.zipfel von der reifenden Fr abfallend; Fr.stiele gerade, aufrecht. Schein-Fr elliptisch-rundlich, knorpelig, scharlachrot, darin die eigentlichen Früchtchen auf fleischigen, bei der Reife rot werdenden

* R. pomifera Herrm. mit doppelt so langen als breiten B.chen, zusammenneigenden, bleibenden K.zipfeln, drüsig gezähnter Blkr, geraden Stacheln und kugeliger, aufrechter, später nickender, fleischiger, grosser Fr soll bei Niederlahnstein, Lorch, Dillenburg, im Wisperthal, (J. V. N.) und bei Nassau (D. B. G.) vorkommen.

Stielchen. Bl hell-rosenrot, seltener weiss. Die Gf bilden ein rundliches, behaartes Köpfchen, weit kürzer als die Stbgf. Aufrechter Strauch. 1—3 m h. **R. canina L. Hunds-R.**

Juni. Sehr gemein im Gebüsch, an Waldrändern, sonnigen Orten.

— auf der Unterseite mit rostfarbenen, Weingeruch verbreitenden Drüsen. Strauch 1—1.5 m h., mit weniger ansehnlichen, satt-rosenroten Bl auf meist drüsig-borstigen Stielen. Fr.stiele gerade; Nebenb und K.zipfel, auch Schein-Fr wie bei voriger Art. **R. rubiginosa L Wein-R.**

Juni—Juli. Wild und angepflanzt zu Hecken.*

314. Spiráea, Spierstaude. XII, 4.

1. B doppelt- u. dreifach-gefiedert, wechselstdg. lang-gestielt, im Umriss fast dreieckig, in der Jugend zerstreut-behaart, mit länglich-eirunden, lang-zugespitzten, doppelt-gesägten, gegenstdg, kurz-gestielten oder sitzenden Fiedern und grosser, länger-gestielter Endlieder, ohne Nebenb. St 1—2 m h., steif-aufrecht, kahl, gefurcht, oberwärts ästig. Bl klein, weiss, in zahlreichen, eine Rispe bildenden Aehren, kurz gestielt; pfriemliche oder fiederspaltige Deckb; Blb verkehrt-eirund. Pfl teils mit ♂, teils mit ♀ Bl, bezw. verkümmerten Frkn oder Stbgf, dazwischen ☿. **Sp. Aruncus L. Geisbärtige Sp.**

Juni—Juli. An Bächen um Wiesbaden.

— einfach- und unterbrochen-gefiedert. 2.

2. Fiedern fiederspaltig-eingeschnitten, die untersten sehr klein, die übrigen länglich und schmal, kahl, mit halbherzfg, eingeschnitten-gesägten Nebenb. St 30—45 cm h., kahl, gefurcht, wenig beblättert, oberwärts b.los. Rispe einfacher wie bei der folgenden Art; Bl doppelt so gross, weiss, bisweilen rötlich. Kapseln gerade, kurzhaarig. Wzl.faser mit knolligen Verdickungen. **Sp. Filipendula L. Knollige Sp.**

Juni—Juli. Wiesbaden, Höchst, Oestrich. Stellenweise.

— gesägt, breit-eifg; St aufrecht, ½—1 m h., bisweilen höher, gefurcht kahl. B wechselstdg mit ungleich doppelt-gesägten, sitzenden, eifg, zugespitzten, unten mit 1—2 Läppchen versehenen B.chen; Endlieder viel grösser, handfg 3—5spaltig; Nebenb halb-herzfg, gezähnt; Bl weiss, 5—8 zu einem Köpfchen zusammenschliessende, 2—4samige, gewundene, kahle Kapseln. **Sp. Ulmaria. Sumpf-Sp.**

Juni—Juli. An Bachrändern und in feuchtem Gebüsch häufig.

Als 1—2 m h. Zierstrauch öfter gepflanzt und bisweilen verwildert: Sp. salicifolia L. mit einfachen, länglich-lanzettlichen, gesägten, kahlen B, mit rosenroten, in gedrungenen, pyramidalen, endstdg Rispen mit linealen, kraus-gewimperten Deckb, ohne Nebenb.

Juli—August. Nach J. V. N. wild (?) bei Niederreifenberg (Taunus), Braubach.

---

* Die in den Gärten gezogenen gefüllten Rosen sind meist Varietäten der Rosa centifolia L.

315. Géum, Benediktenkraut. XII, 5.

K grün, später zurückgeschlagen. Blb goldgelb, kaum länger als der K. St aufrecht, 25—50 cm h., oberwärts ästig und wie die B fast kahl. B aus 3—4 Paar B.chen und einer grösseren Endfieder, eifg, ungleich gekerbt-gesägt, öfter gelappt, besonders die Endfieder, die obersten 3zählig mit länglich-keilfg B.chen und einfach, die Nebenb gross, st.umfassend. Bl einzeln, langgestielt; Granne der Fr 2gliedrig, am Grunde steifhaarig, sonst kahl. **G. urbanum L. Gemeines B.**

Juli—August. In Hecken und Gebüschen.

— braunrot, glockenfg aufgerichtet mit eifg inneren und schmal-lanzettlichen äusseren Zipfeln. St 15—45 cm h., einfach, oberwärts purpurbraun, rauhhaarig von wagrechten Haaren, oberwärts, wie die Blt.stiele und K drüsig-behaart. Wzlb leierfg- und unterbrochen-gefiedert mit eingeschnitten-gekerbten, sehr ungleichen Fiedern und rundlicher, oft herzfg, 3—5—7lappiger, weit grösserer Endfieder. St b 3zählig mit keilfg Teilb.chen, das mittlere meist 3lappig. Nebenb länglich-eifg, zugespitzt u. gesägt. Bl zu 2—3 endstdg, lang-gestielt, überhängend, mit aufrechten, benagelten Blb so lang als der K mit breit-verkehrt-eifg Platte, gelb mit rötlichem Anflug. Fr.köpfchen aufrecht, gestielt, mit sehr zottigen, begrannten Fr: Granne aus 2 etwa gleichlangen Gliedern, das obere zottig behaart, das untere am Grunde behaart, zum Teil mit Drüsenhaaren. **G. rivale L. Bach-B.**

Mai—Juni. Feuchte Wiesen. Nicht selten bei Dillenburg, Herborn, Hadamar. Fehlt im übrigen Gebiet.

316. Rubus, Brombeerstrauch. XII, 5.

1. St krautig, aufrecht, 15—30 cm h. mit einer Doldentraube von weissen Bl endigend; ausserdem einige niederliegende rankenartige, bl.lose, astlose, ausläuferartige St, alle stielrund, abstehend-behaart u. mit einigen schwachen borstlichen Stachelchen. B 3zählig, wechselstdg, mit 2 eifg, doppelt-gekerbt-gesägten, unterseits auf den Adern flaumigen Teilb.chen und einem gestielten Endb.chen. Nebenb länglich, stumpf; die oberen lanzettlich; Blt.stiele aufrecht; K.zipfel aufrecht-abstehend; Blb aufrecht, kurz benagelt, lanzettlich. Fr aus 2—4 kleinen, roten Beeren, eigentlich Steinfr zusammengesetzt. **R. saxatilis L. Felsen-B.**

Juni—Juli. Gebirgswälder. ___ ‾‾‾ J. V. N. Ziemlich selten.

— strauchartig. 2.

2. Blb aufrecht, schmal, keilfg, weiss. Rote, (aus Steinfrüchtchen) zusammengesetzte Beeren. St aufrecht, 1—1,5 m h., ästig, mit feinen Stacheln. B gefiedert, die oberen 3zählig, unterseits weissfilzig. K abstehend; Fr rot. **R. Idaeus L. Himbeerstrauch.**

Mai—Juni. In Gebüschen. Häufig.

— ausgebreitet; St meist bogenfg herabgekrümmt

und niederliegend, oft mehrere m l. 3.

3. Beere dunkelblau bereift, matt; Stacheln weniger stark: Beerchen in geringerer Zahl und grösser wie bei der folgenden Art. Bl weiss. **R. caesius L. Acker-B.***
Juli—August. Auf Aeckern, an Hecken und Wegen. Hier u. da.

— schwärzlich, glänzend. Bl weiss oder rosenrot. **R. fruticosus L. Gemeiner B.****
Juli—August. In Hecken, Wäldern, Gesträuchen. Sehr gemein.

317. Fragária, Erdbeere. XII, 5.

St aufrecht. 10—25 cm h., oft mit 30—60 cm langen Ausläufern. K 10zipfelig in 2 Reihen, die äusseren 5 Zipfel kleiner mit den innern 5 abwechselnd, bleibend; 5 weisse Blb vor den zahlreichen Stbgf sitzend. Gf seitlich aus den nussartigen Frkn hervortretend, am Grunde gegliedert, später abfällig. Fr.boden (Ende des Bl stiels) ei-kegelfg, später sehr vergrössert, beerenartig, rot, mit vielen Grübchen, worin die flohgrossen Nüsschen sitzen (Scheinfr). **F. vesca L. Wilde E.*****
Mai—Juni u. später. Wälder, unbebaute Hügel, Gebüsche. Sehr gemein.

318. Cómarum, Siebenfingerkraut. XII, 5.

St 30—60 cm h., mit dem unteren, oft längeren Teile niederliegend und wurzelnd, ästig, kahl, oberwärts kurz behaart, öfter rotbraun. B unpaarig gefiedert mit 5—7 länglich-lanzettlichen, unten ganzrandigen, nach der Spitze zu scharf gesägten, kahlen, unterseits bläulich-grünen Fiedern; die oberen B 3zählig und noch einfacher. Nebenb eifg, fast ganzrandig, an den untersten B statt deren eine häutige Verbreiterung des B.stiels. Bl zu 2—5 endstdg. K innen düster-braunrot mit eifg Zipfeln, die äusseren, kleineren herabhängend. Blb unansehnlich, etwa so lang als $\frac{1}{3}$ des K, dunkel purpurbraun. Fr.boden dick, kugelig, saftlos, behaart. Nüsschen kahl und glatt. **C. palustre L. Sumpf-S.**
Juni—Juli. Sumpfige Orte, Torfwiesen. ___ Schwanheimer Wald. Wehen. J. V. N. Limburg-Oranienstein. D. B. G.

---

* Pedunculi et calyces glandulis obtecti, quo facilius a sequente (R. fruticosus L.) distingui potest. Schkuhr Handb. pag. 50.

** Als botanisches Curiosum verdient bei dieser Gattung angeführt zu werden, dass in der von Dr. A. Weihe u. Dr. Ch. G. Nees von Esenbeck unter dem Titel: Rubi Germanici descripti et figuris illustrati, 1822—1827 Elberfeld, herausgegebenen Monographie der deutschen Brombeersträuche nicht weniger als 48 (!) Arten beschrieben und unterschieden werden — meist nach dem Ueberzug des St und der B —, während Linné in seinem »Systema Vegetab.« überhaupt nur 20 ihm bekannte, darunter nur 5 deutsche Arten aufführt. So auch Koch in seiner »Synopsis der Deutschen u. Schweizer Flora«, welcher Auffassung ich mich hier gerne anschliesse. Nicht so einige neuere Botaniker, wie Wirtgen, Garcke u. a.

*** Die von den meisten Autoren angenommenen beiden Arten F. elatior Ehrh. und F. collina Ehrh. sind der oben beschriebenen Art bis auf die Behaarung der Bl.stiele und die aufrechte Stellung des Fr.kelchs sehr ähnlich und wurden von Linné nur als Varietäten angesehen, von welcher Ansicht abzuweichen dem Verfasser nicht genügend begründet erscheint.

319. Potentilla, Fingerkraut. XII. 5.

1. Blkr 4blttrg; St teils niederliegend, teils aufgerichtet bis 30 cm h., oberwärts ästig. B 3zählig, kurz gestielt oder ungestielt, 3—5zählig mit länglich-lanzettlichen B.chen, die der untersten, länger gestielten B verkehrt-eifg; Nebenb 3- und mehrspaltig. gelb. **P. Tormentilla Sibth. Ruhrwurzel, Blutwurz, Rotwurz.**
   Juni—Juli. Wälder, Haine.
   — 5blttrg. 2.
2. Blkr weiss. 3.
   — gelb. 6.
3. St aufrecht, 30—50 cm h., oberwärts ästig, die unteren B gefiedert mit 5—7 eifg-rundlichen B.chen, die oberen 3zählig; Nebenb breit-eifg, meist ganzrandig. Grosse, über 2 cm breite Bl in Doldentrauben mit rundlichen oder verkehrt-eirunden Blb. **P. rupestris L. Felsen-F.**
   Mai—Juli. Sonnige Felsen. Sehr selten. Bäderlei bei Ems. Runkel, Braubach, Schwanheim. J. V. N.
   — niederliegend, schwach. 4.
4. Untere B 3zählig. 5.
   — — meist 5zählig. (selten 3- oder 4zählig) mit länglich-lanzettlichen, oberseits kahlen, unterseits seidig-behaarten, sattgrünen B.chen. St 10—25 cm h., kriechend, mit 1 oder wenigen 3zähligen, kleineren B. ei-lanzettlichen Nebenb und 3—5 milchweissen Bl; K.b ei-lanzettlich, die äusseren lineal-lanzettlich; Blb breit-verkehrt-herzfg. Zwischen Stbgf und Stempeln ein safrangelber Drüsenkranz. Nüsschen runzelig, lang-behaart am Nabel. **P. alba L. Weissblumiges F.**
   Mai—Juni. Trockne Waldränder. Selten. Schwanheim, Braubach. J. V. N.
5. Auch die St.b 3zählig, mit rundlich-eifg B.chen (den Erdbeerb täuschend ähnlich), oberseits kahl, unterseitszottig oder seidig behaart. St bis 10 cm h. B.stiele u. Nebenb meist purpurrot und zottig. Bl.stengel 1—2bltg, etwas länger als die B; K zottig; Blb milchweiss, verkehrt-herzfg. kaum länger als der K, meist etwas aufgerichtet (dadurch von der ausgebreiteten Blkr der Fragaria vesca L. leicht zu unterscheiden). Nüsschen mit einigen langen Zotten. **P. Fragariastrum Ehrh. Erdbeerartiges F.**
   April—Mai. An grasigen Wegrändern gemein.
   St.b einfach, schwach, niederliegend, doch nicht kriechend, 5—10 cm h.; Wzlb mit ovalen, gesägten, etwas gestutzten, oberseits kahlen, unterseits zottigen, in der Jugend seidig behaarten B.chen; 1—2 Bl, kürzer als die B mit 10spaltigem, fast gleich-zipfeligem K; Blb so lang oder etwas kürzer, länglich-verkehrt-herzfg. Nüsschen am Nabel behaart. **P. micrantha Ramond. Kleinblumiges F.**
   April—Mai. Gebirgige Orte. Sehr selten. Braubach. D. B. G.

6. B gefiedert. 7.
— 3- oder mehrzählig. 8.
7. St kriechend, bis 50 cm l., rankenartig sich ausbreitend und an den Gelenken wurzelnd. Die Wzlb mit zahlreichen, kammfg-gesägten, oberseits grünen, unterseits silbergrauen, behaarten, seltener kahlen B.chen, zwischen welchen sich kleinere ganze oder mehrspaltige befinden (daher unterbrochen-gefiederte B); die stengelstdg Nebenb durch Verwachsung je zweier scheidig, vielspaltig. Bl.stiele einzeln, lang, einblütig, aufrecht. Blb doppelt so lang als der K. **P. anserina L. Gänse-F.**
Mai—Juli. An Wegen, Gräben. Häufig.
— nicht kriechend, wenn auch niederliegend, 15—30 cm l., schwach, gabelspaltig sich verästelnd, zerstreut behaart wie die hellgrünen, aus 7—11 länglich-eifg B.chen bestehenden B. Untere B lang-, obere kürzer gestielt, u. nur 3zählig; Nebenb eifg, ungeteilt. Bl klein, einzeln in den Gabelspalten, am Ende der Aeste dichter beisammen und kürzer gestielt. Blt.stiele später zurückgekrümmt; K.zipfel eifg — die inneren, — oder lanzettlich — die äusseren. Blb verkehrt-herzfg, so lang als der K. Nüsse runzelig, kahl. Der obere Teil der Blt.stiele und Aeste dicht flaumhaarig. **P. supina L. Niederliegendes F.**
Juni—Herbst. Feuchte, sandige, überschwemmte Plätze. Ziemlich selten. M. u. Rh., J. V. N.
8. St rankenfg, lang-hingebreitet, bis 60 cm l., an den Gelenken wurzelnd. Einbltg, lange, von einander entfernte Stiele in den B.winkeln. B 5zählig, zum Teile 3zählig; B.chen länglich verkehrt-eifg, gesägt, fast kahl. Nüsschen körnig-rauh. Ansehnliche, goldgelbe Bl. **P. reptans L. Kriechendes F.**
Juni - August. An Wegen, Gräben, Rainen gemein.
— aufrecht, aufstrebend oder Rasen bildend, nie lang-hingebreitet. 9.
9. St steif aufrecht, 30—60 cm h und höher, starr, einfach, oben in doldentraubig geordnete Aeste sich teilend, mit langen, steif abstehenden, aus feinen Knötchen entspringenden, zum Teil Drüsen tragenden Haaren besetzt, wie auch B.- u. Blt.stiele; Nebenb und die Adern der Unterseite der aus 5—7 verkehrt-eirunden, grob gesägten, unterseits bleicheren, runzeligen B.chen bestehenden B. Bl ansehnlich, 2—3 cm br.; Blb verkehrt-herzfg, bleich- schwefelgelb, innere Kb breiter-lanzettlich als die äusseren. Nüsschen braun, schmal weisslich-berandet, runzelig. **P. recta L. Aufrechtes F.**
Juni—Juli. Sonnige Hügel. Selten. Wiesbaden, Lorch (Wisperthal). J. V. N.
— aufstrebend oder Rasen bildend. 10.
10. St aufstrebend, 30—50 cm h.; Bl an der Spitze einen anfangs gedrungenen, später weitschweifigen Ebenstrauss bildend. B auf der ganzen Unterseite mit weissgrauem Filz bedeckt, 5zählig, am Rande umgerollt; B.chen mit schmal-keilfg Basis, eingeschnitten-gezähnt. Nebenb eifg mit langer.

lanzettlicher Spitze, meist mit mehreren Zähnen. Bl wenig ansehnlich, kaum über 1 cm br, citrongelb; Blb kaum länger als der K. **P. argentea L. Silberweisses F.**

Juni—Juli. An sonnigen Orten gemein.

— Rasen bildend, öfter mit wurzelnden Aesten. 11.

11. B grau-filzig von Sternhaaren wie die 10—15 cm h., ausserdem mit aufrechten, etwas abstehenden Haaren besetzten St; untere B mit 5 länglich-verkehrt-eifg, gestutzten, tief gesägten B.chen, Letztere mit meist 4 Sägezähnen auf jeder Seite; Nebenb schmal-lineal; Nüsschen etwas runzelig. Fr.-stiel gerade. **P. cinerea Chaix. Aschgraues F.**

April—Mai. Trockne, sonnige, sandige Orte. Schwanheimer Wald. J. V. N. (Häufig in den Mombacher Coniferenwäldern unterhalb Mainz).

— nicht filzig. 12.

12. Fr.stiel gerade; Haare des St, der B und B.stiele aufrecht abstehend. St nach allen Seiten hingestreckt und oft ansehnliche Rasen bildend, die Bl.tragenden bis 15 cm h., im unteren Teile aufstrebend; die untersten Nebenb schmal-lineal; Bl zur Seite der Zweige von ungestielten B gestützt, lang-gestielt. **P. verna L. Frühlings-F.**

April—Mai, bisweilen zum 2. Mal im Herbst. An trockenen, sonnigen Orten gemein.

— — herabgebogen; Haare wagrecht. **P. opaca L. Glanzloses F.**

Mai—Juni. Schwanheimer Wald. Ems? J. V. N.

Anmkg. Die letzten 3 Arten bilden wohl nur Formen einer und derselben Art, die man wohl nach Linné unter P. verna zusammenfassen könnte.

320. Agrimónia, Odermennig. XI, 2.

St steif aufrecht, kantig, bis 1 m h., mit zuletzt rutenfg verlängerten, endstdg, unterbrochenen Aehren; Röhre des 5spaltigen Frkn kreiselfg, mit hakigen Dornen, die äusseren weit abstehend. Nebenb halb-herzfg, st.umfassend. B wechselstdg mit 4—6 Paar grösseren Fiedern, dazwischen kleinere B.chen. Goldgelbe, fast sitzende, 5blättrige Bl. **A. Eupatoria L. Gemeiner O.***

Juni—August. An trockenen Orten, Wegrändern. Gemein.

3. Ordnung: Sanguisorbeae.

321. Alchemílla, Frauenmantel. IV, 1.

Endständige Doldentrauben oder Rispen von grünlichen Bl mit bleibendem, 8teiligem, kelchartigem Perigon, dessen 4 äussere Zipfel kleiner als die 4 inneren, die Blkr vertretenden. B nierenfg, 7—9lappig, oft fächerartig gefaltet; Einschnitte höchstens $\frac{1}{3}$ der B.breite. Nebenb gross, zu einer tutenfg Röhre verwachsen.

* A. odorata Ait. mit fast halbkugeligem Fr.kelch, stärker zurückgebogenen Dornen, nach Lamarck u. Lejeune nur eine Spielart der vorigen, wird von Wirtgen bei Ems angegeben. Der Verfasser hat keinen specifischen Unterschied der hier vorkommenden Arten finden können.

Bl.stiele etwa so lang als die walzenfg K.röhre. St aus liegender Basis aufsteigend, bis 30 cm h. **A. vulgaris L. Gemeiner Fr.**

Mai—Juli. Sehr gemein auf Grasplätzen.

Bl b. winkelstdg, geknäuelt. B handlg, 3spaltig am Grunde keilfg in den B.stiel verlaufend; Zipfel mehrspaltig mit linealen Zipfelchen. Nebenb gross, rundlich, verwachsen; St meist einfach, am Grunde liegend und aufsteigend, oder ausgebreitet, weit niedriger und schwächer als bei voriger Art, meist nur 5—8 cm h.; Bl grünlich mit 8 Riefen, äussere 4 Zipfel sehr klein. **A. arvensis Scop. Feld-Fr.**

Juni—August. Auf bebautem Land. Hier und da.

322. Sanguisórba, Wiesenknopf. IV, 1.

St $^1/_2$—1 m h., aufrecht, mit Riefen und wie die aus 4—5 Paar B.chen zusammengesetzten B kahl; B.chen gestielt, gegenstdg, herzfg, länglich, stumpf, gekerbt-gesägt, unterseits hellgrün. B.stiele am Grunde breiter mit halb-herzfg Nebenb. Bl purpurbraune, sehr gedrängt stehende endstdg, länglich-ovale Köpfe bildend. Stbf, Gf und Narbe purpurn; Staubbeutel schwärzlich. **S. officinalis L. Gemeiner W.**

Juni—August. Auf Wiesen. Gemein

323. Potérium, Becherblume. XXI, 8.

St aufrecht, kantig, 30—60 cm h.; B mit 3—6 Paar herznierenfg oder rundlichen, gesägten B.chen, lang-gestielt; Bl in kugeligen, endstdg Köpfchen, die obersten ♀ (ohne Stbgf), die untersten ♂ (unfruchtbar), mit grünlichem, später braunem Perigon und lang heraushängenden Stbgf. **P. Sanguisorba L. Gemeine B.**

Mai—Juli. Sehr gemein auf Wiesen.

4. Ordnung: Amygdaleae.

324. Amýgdalus, Mandelbaum. XII, 1.

Obst-Baum bis 2 m h., mit sitzenden, hell-rosenroten oder weissen, vor den B.knospen sich öffnenden Bl mit 5 Blb und 5zähnigem K, vielen auf dem Rande desselben befestigten Stbgf, 1 Frkn mit 1 Gf und 1 Narbe. Saftlose Steinfrucht, bei der Reife unregelmässig aufspringend. Nussschale glatt, sehr porös, mit einer stumpfen und einer scharfen Kante. **A. communis L. Gemeiner M.**

März—April. Hier und da kultiviert.

325. Pérsica, Pfirsich. XII, 1.

Obst-Baum bis 8 m h., mit lanzettlichen, doppelt-gesägten B ohne Drüsenzähne, höchstens finden sich solche an den untersten Zähnen, meist einzeln stehenden Bl unter den B.knospen. Saftige Steinfrucht mit gefurchter, runzeliger Steinschale mit tieferen Gruben. **P. vulgaris Mill. Gemeiner Pf.**

April—Mai. Angepflanzt.

326. Prunus, Pflaume, Kirsche. XII, 1.

1. Bl in herabhängenden, reichbltg Trauben; B gestielt, elliptisch, klein gesägt, kahl mit linealen Nebenb; B.stiel oben mit

2 Drüsen. K.zähne mit Drüsenzähnen, zurückgeschlagen. Steinfrucht kugelig, schwarz, erbsengross mit eifg, etwas runzeligem, gefurchtem und stumpf gekieltem Stein. Rinde nach bitteren Mandeln riechend. P. **Padus L. Ahlkirsche.**

Mai. Ansehnliche, oft über 10 m hohe Bäume. Hier und da; zuweilen angepflanzt.

— — aufrechten, armbltg Doldentrauben. Strauch 2—5 m h; B rundlich-eifg, oft etwas herzfg, an den Seiten der Zweige büschelfg beisammen, kurz zugespitzt und klein gesägt. B.stiel oben mit einer Drüse. Am Grunde der Doldentrauben 2—3 kleine Stützb; Fr rundlich, schwärzlich, etwas grösser als eine Erbse. Stein eifg, glatt, etwas gekielt und am Kiel gefurcht. Rinde stark nach bitteren Mandeln riechend. P. **Mahaleb L Mahaleb-K.**

Mai—Juni. Hier u. da im L.; Wisperthal; Rheinthal.

— einzeln, gezweiet oder in Dolden. 2.

Pfl dornig; Bl meist einzeln oder zu 2; Bl.stiel kahl, so lang als der K; sehr ästiger, 2—3 m h. Strauch mit schwärzlicher Rinde; B gestielt, elliptisch, kurz zugespitzt, ungleich gesägt, anfangs flaumhaarig, später kahl, nach den Bl erscheinend. Fr kugelig, blauschwarz, bereift (ausgeschwitzter Zuckerstoff), mit rundlichem, wenig zusammengedrücktem, grubig-runzeligem Stein, aufrecht. P. **spinosa L. Schlehe, Schwarzdorn.**

April—Mai. Sehr gemein. Hecken bildend.

— unbewehrt. 3.

3. Bl einzeln oder gezweiet, kurz gestielt. 4.

— in armbltg (2—4bltg) Dolden, lang-gestielt. 7.

4. Steinfr unbereift, sammetig, kugelig. Bl.stiel in der B.knospe eingeschlossen; Bl vor den B sich entfaltend, oft rötlich; B ei-herzfg, zugespitzt, doppelt-gesägt, kahl; B.stiel mit Drüsen. **P. Armeniaca L. Aprikosenbaum.**

März—April. Oefter als 3 - 4 m h. Obstbaum angepflanzt.

— bereift, glatt. Bl.stiel länger als die B.knospe. 5.

5. Fr kugelig, hängend. 6.

— länglich, hängend, blau; Zweige kahl; Bl weiss, ins Grünliche spielend; Blb länglich-oval. P. **domestica L. Zwetsche. Damascener Pflaume.**

April—Mai. Häufig angebaut. (Bis 8 m h. Obstbaum). Eine Spielart mit rötlich-blauer, grösserer Fr: Eierzwetsche.

6. Zweige sammetig. Bl.knospen meist 2blütig; Fr sehr verschieden gefärbt: blau (Pflaume), gelb (Mirabelle), grün (Reineclaude); Blb rundlich, reinweiss. (Die verwilderten 3—6 m h. Stämme haben öfter dornige Zweige, unterscheiden sich aber von P. spinosa L. durch den baumartigen, nicht ästig-strauchartigen Wuchs, die weit grösseren Steine und die frühere, Ende Sommer, beginnende Reife der Fr.) P. **insititia L. Haferschlehe, Kriechenpflaume.**

April—Mai. Oefter angepflanzt.

— und Bl.stiele kahl. B elliptisch: Bl rein-weiss. Fr saftig, hängend, rot: Mässig hoher, etwa 5 m h., dem Prunus domestica L ähnlicher Baum. **P. cerasifera Ehrh. Kirsch-Pflaume.**

April–Mai. Selten angepflanzt. J. V. N.

7. B.stiel mit 2 rötlichen Drüsen oberwärts. B büschelig an den Seiten der Zweige, sonst wechselstdg, gesägt, mit kleineren Drüsen auf den Sägezähnen, etwas runzelig; Nebenb lineal. Bl.knospen und B.knospen zu gleicher Zeit sich öffnend, erstere zu 2—3 um eine B.knospe gestellt, diese am Ende der Zweige gehäuft, daher dort reiche Bl.sträusse bildend. Blb doppelt so lang als der K, schneeweiss, oval, nach aussen gewölbt; Aeste aufrecht. Fr rot (oder schwärzlich bei den kultivierten Exemplaren) mit eifg-rundlichem, glattem Stein. **P. avium L. Süsse Kirsche.**

April–Mai. In Wäldern und als 5–8 m h. Obstbaum angepflanzt.

— ohne Drüsen, nur die Sägezähne der B drüsig, die Dolden einzeln an der Seite der Zweige, nicht zu 2—3 um eine B knospe geordnet; die die Bl.knospen umgebenden Schuppen bilden sich zu vollkommenen B aus. Aeste dünn, rutenfg, oft hängend. Blb rundlich, stark gewölbt: Fr von säuerlichem Geschmack **P. Cerasus L. Saure Kirsche.**

April–Mai Nur kultiviert als 4–6 m h. Obstbaum. (Aus Kleinasien stammend).

XIX. Reihe: Leguminosae.

1. Ordnung: Papilionaceae. XVII, 3.

327. Sarothamnus, Besenstrauch.

Niedriger, 1—1.5 m hoher Strauch mit grünen, rutenfg. kantigen Aesten und Zweigen. 3zähligen, unansehnlichen B, ansehnlichen, goldgelben, einzelnen oder gezweieten, seitwärts hervortretenden, kurz gestielten Bl mit rundlicher, aufrechter Fahne und zuletzt herabhängendem, sich leicht symmetrisch halbierendem Schiffchen. 2lippigem, $\frac{2}{3}$zähnigem K, seidig behaartem Frkn und schneckenfg eingerolltem, langem Gf; grünlich-braunen, fast 4eckigen Samen in kohlschwarzer Hülse. **S. scoparius Wimm. (Spartium scoparium L.) Gemeiner B.**

Mai–Juni Sehr gemein an Waldrändern.

328. Genista, Ginster.

1. Bl purpurrot. S. Lathyrus Nissolia L.
 — gelb. 2.
2. St dornig, (Dornen grün, an der Spitze rötlich, die unteren einfach, die oberen 3gabelig oder fast fiederfg geteilt), aufrecht. 15—30 cm h., fast stielrund, unterwärts b.los, nach oben ästig, rauhhaarig. Bl.stengel wehrlos. Halbstrauch mit Trauben von

goldgelben, kurzgestielten, von pfriemlichen Deckb gestützten Bl; K 2lippig, $\frac{2}{3}$zähnig. Schiffchen gerade vorgestreckt und offen: Fahne wenig länger als die stumpfen Flügel und viel kürzer als das Schiffchen. Frkn dicht behaart. Reife Hülse schwärzlich-braun. 2—3samig. **G. germanica L. Deutscher G.**

Mai—Juni. In Wäldern hier und da.

— wehrlos. 3.

3. Frkn kahl. Halbstrauch mit mehreren krautigen, 30—45 cm hohen einfachen St aus demselben holzigen Wzl.stock, mit dunkelgrünen, glänzenden, elliptisch-lanzettlichen, kurz gestielten, wechselstdg B; endstdg Trauben von gelben Bl; Deckb den B ähnlich, doch kleiner. K röhrig-glockig, kahl wie die Bl; Fahne sehr kurz benagelt, etwa so lang als das Schiffchen. Flügel am Grund quergefaltet, kürzer als dieses; Hülse lineal, bisweilen etwas sichelfg. **G. tinctoria L. Färber-G.**

Juni—Juli. Auf trockenen Bergwiesen und Waldrändern gemein.

— seidig behaart. St im unteren Teile holzig, niederliegend und aufstrebend, 15—30 cm l., gefurcht und mit Knötchen (den Narben der früheren B- und Bl.stiele) versehen, die jüngeren grün und seidig behaart, die älteren braun u. kahl. B wechselstdg, grasgrün, länglich, stumpf, mit kurzer, zurückgekrümmter Spitze, kurz gestielt, unterseits seidig behaart. Bl.stiele halb so lang als der $\frac{2}{3}$teilige, seidig behaarte K, ohne Deckb; Bl einzeln oder mehrere beisammen, von B.büscheln umgeben, gelb; Fahne, Flügel und Schiffchen fast gleich lang, letzteres zuletzt herabgeschlagen und wie die Fahne aussen seidig behaart. Hülse lineal-länglich, angedrückt behaart. **G. pilosa L. Haariger G.**

Mai—Juni. An Waldrändern und sonnigen Orten. Ziemlich häufig.

329. Cytisus, Bohnenbaum.

Strauch 4—5 m h. mit 3zähligen, wechselstdg oder büscheligen, oberseits kahlen und dunkelgrünen, unterseits von angedrückten Härchen graugrünen, lang-gestielten B u. elliptischen, ganzrandigen, spitzen Teilb.chen, ansehnlichen, reichbltg, herabhängenden Trauben von citrongelben Bl; K kurz glockig, $\frac{2}{3}$zähnig, nabelfg am Grunde eingedrückt; Fahne rundlich, am Grunde mit braunen Linien; Frkn und Gf ganz kahl; Hülse flach, holperig durch die Samen. **C. Laburnum L. Gemeiner B.**

April—Mai. Häufig als Zierstrauch gepflanzt. (Wild im südlichen Alpengebiet).

Halbstrauch bis 25 cm hoch mit krautigem, oberirdischem Teil und holzigem Wzl.stock. St breit geflügelt von den herablaufenden, einfachen, ei-lanzettfg, entfernt sitzenden, abstehend behaarten B, ganz einfach, grasgrün, glänzend, gegliedert, rasenfg beisammen, mit endstdg, gedrungenen Trauben von gelben Bl; K gelblich, $\frac{\text{2teilig}}{\text{3spaltig}}$; Fahne tief ausgerandet und zottig-wimperig wie der Stiel. Flügel so lang als das Schiffchen, wenig kürze als die Fahne; Frkn stark behaart. C. sagittalis Koch. Pfeilginster

Mai—Juni. An Waldrändern, auf trockenen Bergwiesen häufig.

330. Onónis, Hauhechel.

St bis 0,5 m h., im unteren Teile holzig, drüsenhaarig, m. rutenfg, meist mit 1 oder 2 Dornen endenden Aesten; untere B 3zählig mit gezähnelten B.chen, (das mittlere grösser und länge gestielt), die oberen einfach, vorn gezähnelt mit ähnlichen Nebenb Bl in unterbrochenen Trauben, schön rosenrot, kurz gestielt in den B.winkeln; Fahne mit dunkleren Adern, Flügel bleicher rot K 5spaltig, mit Drüsenhärchen. Alle 10 Stbf im unteren Teil zusammengewachsen. Frkn gedunsen-eifg, kaum länger als der K meist nur 1samig. O. spinosa L. Dornige H.

Juni—Juli. Auf mageren Wiesen, unfruchtbaren Feldern. Häufig

Die nahe verwandte O. repens L. mit kriechendem und wurzelndem, allseitig zottig behaartem St, meist drüsig behaarten B und kürzeren Hülsen, (kürzer als der K), soll nach J. V. N. an gleichen Orten sich finden. Scheint nicht so häufig zu sein.

331. Anthýllis, Wundklee.

Niedriges, 15—30 cm h. Kraut mit wechselstdg. unpaarig gefiederten, leierfg B mit scheidenartig erweitertem B.stiel; B oberseits fast kahl, unterseits anliegend behaart, die grundstdg rasenfg beisammen, lang-gestielt. Bl in endstdg, von zwei 3—7spaltigen Deckb gestützten Köpfchen, gelb, mit eifg, an den Seiten zurückgebogener, länger benagelter Fahne, an deren Grund je 1 hakenfg Anhängsel. Alle Stbgf mit den Stbf verwachsen. K blassgrün häutig, behaart, länglich röhrig, bauchig mit schiefzähniger Mündung Hülse im K verborgen, mit kurzer Stachelspitze — dem Rest des Gf —, einsamig, netzaderig, schwärzlich. Samen oval, glatt bräunlich-grün. A. Vulneraria L. Gemeiner W.

Mai—Juli. Auf trockenen Wiesen nicht selten.

332. Medicágo, Schneckenklee.

1. Bl stets gelb oder grünlich. 2.
— wenigstens blau oder violett, 1—2 cm l.; St aufrecht, bis 45 cm h., stielrund, gerillt, flaumhaarig, wie der grössere Teil der Pfl, oberwärts ästig; B 3zählig mit lanzettlichen oder lineal-keilfg B.chen (das mittlere länger gestielt), mit ei-lanzettlichen, öfter eingeschnitten gezähnten Nebenb; Bl in reichbltg. b.winkelstdg, gestielten, über die B hinausragenden Trauben; K röhrig mit pfriemlichen, längeren Zähnen. Flügel länger als das Schiffchen, kürzer als die Fahne. Hülse mehrfach rechts gewunden, wehrlos, netzaderig mit hellgelben oder bräunlichen, länglich-ovalen Samen. M. sativa L. Luzerne, ewiger Klee.

Juni—Herbst. Häufig angepflanzt als Futterpflanze und verwildert.

2. Hülsen dornenlos. 3.
— dornig. 4.
3. Bl sehr klein (etwa 2 mm l.), in gedrungenen, gestielten, b.winkelstdg Aehren, anfangs fast kopffg, zuletzt walzlich. St ausgebreitet niederliegend oder an anderen Pfl sich aufrichtend. 15—45 cm l., stumpfkantig, ästig flaumig wie die übrige Pfl; B gestielt, 3zählig mit verkehrt-eifg, fast rautenfg oder keilfg B.chen (das mittlere länger gestielt), mit eifg, zugespitzten Nebenb; Aehrenstiel so lang als das stützende B; Bl.stielchen halb so lang als die K.röhre mit pfriemlich-borstlichen Deckb; K.zähne pfriemlich, die unteren so lang als das Schiffchen, die beiden oberen kürzer. Hülse schwärzlich, nierenfg, einfach gewunden mit 1 wachsgelben Samen. **M. lupulina L. Hopfenartiger Sch.**
Mai—Herbst. Auf Grasplätzen sehr gemein.
— weit grösser (1—2 cm l.) in gedrungenen, oft fast kopffg Trauben. St bald ausgebreitet, bald aus liegender Basis aufstrebend, sehr ästig, bis 45 cm h.; Hülsen mit nur 1 Windung, (bisweilen fast gerade), mehrsamig, sonst der M. sativa L. sehr ähnlich. **M. falcata L. Sichelfg Sch.**
Juni—Herbst. Auf trockenen Wiesen und an sonnigen Orten. Hier und da.*
4. B.ansätze (Nebenb) ungezähnt oder klein-gezähnt. St aufstrebend, 10—30 cm l., oft allseitig ausgebreitet und ästig, zottig-flaumhaarig. B 3zählig, mit dunkel-grünen, verkehrt-eifg oder länglich-keilfg, vorn gezähnelten, ausgerandeten, zottigen B.chen. Bl hellgelb, in armbltg (bis 7bltg), b.winkelstdg Träubchen, sehr klein. Blt.stiele etwas kürzer als die K.röhre mit sehr kleinen Deckb. K zottig mit längeren, ei-pfriemlichen Zähnen kürzer als die Blkr. Fahne fast doppelt so lang als das Schiffchen und die etwas kürzeren Flügel. Hülsen meist mit 5 dicht aufeinander schliessenden Windungen, schneckenfg, mit einfachen Adern, aber nicht netzaderig, schwach behaart, zuletzt schwärzlich, mit spreizenden, 2zeiligen, oben hakigen Dornen. **M. minima Lam. (M. polymorpha var. minima L.) Kleinster Sch.**
Mai—Juni. Trockene, sonnige Orte. Okriftel, Diedenbergen, Eppstein, Falkenstein, J. V. N. Wiesbaden; Biebrich; Mosbach-Schierstein.
— — wimperig-fiederspaltig-gezähnt. St 30—90 cm l., ausgebreitet und aufstrebend. Blt.stiele mehrblütig, etwas kürzer als das stützende B, kahl wie die verkehrt-eifg oder verkehrt-herzfg, stumpf-gezähnelten Fiedern u. Blt.stiele; Hülsen kahl mit 2—3 von einander getrennten, quergrubig-aderigen, 2zeilig-dornigen Windungen; Dorne pfriemlich, spreizend, hakig an der Spitze, beiderseits eingedrückt. **M. denticulata Willd. Gezähnelter Sch.**
Mai—Juni. Unter der Saat. Wiesbaden, Diez.

---

* Anmkg. Eine Spielart, vielleicht Bastard-Form von M. sativa L. und M. falcata L., hat zuerst gelbliche Bl, die späterhin grün und zuletzt blau werden.

333. Melilótus, Steinklee.

1. Hülse fast kugelig, bleich-braun, stumpf, netzig-runzelig. St 15—45 cm h.; Fiedern verkehrt-eifg, seicht ausgerandet, in der oberen Hälfte gezähnelt, die der oberen B länglich. Nebenb am Grund schwach gezähnelt; Blt.stielchen kürzer als die Deckb, halb so lang als der K; K.zähne ei-lanzettfg, später breit-eifg; Bl unansehnlich, gelb, kaum doppelt so lang als der K, in anfangs gedrungenen, später verlängerten Trauben. Flügel und Schiffchen etwas kürzer als die Fahne. **M. parviflora Desf. Kleinblütiger St.**

Juni—Juli. Unter Medicago sativa L. Wohl eingeschleppt hier und da. J. V. N.

— länglich-eifg. 2.

2. Hülse kahl, etwas gedunsen, eifg, mit Stachelspitze (dem Gf-Reste), runzelig, lederbraun oder strohgelb. St aufrecht, oder aus liegender Basis aufrecht, 45—90 cm h., fast kahl, unterwärts stielrund, oberwärts kantig uud gerillt, von unten an wechselstdg-ästig mit einfachen Aesten; B gestielt, 3zählig, mit gezähnelten, am Grund ganzrandigen, stumpfen B.chen (das mittlere länger gestielt), die der oberen mehr länglich: Nebenb pfriemlich-borstlich. Bl in b.winkelstdg, verlängerten, lockeren Trauben, gelb oder weiss, kurz gestielt. K etwas länger als der Bl.stiel, glockig, kaum halb so lang als die Bl, mit pfriemlichen Zähnen. Flügel länglich, gerade vorgestreckt, so lang als die etwas ausgerandete Fahne. **M. officinalis H.W. (Trifolium Melilotus officinalis « u. β L.) Gebräuchlicher St.**

Juli—Herbst. Auf trockenen Grasplätzen, an Wegrändern, auf Brachfeldern. Ziemlich häufig.*

— flaumhaarig, grubig-netzig-runzelig, breit, verkehrt-eifg, bei der Reife schwarz, gekielt. St 60—120 cm h., aufrecht, von unten an in rutenfg Aeste verzweigt. Fiedern länglich oder lineal-länglich, gesägt, die der unteren B elliptisch oder breit-verkehrt-eifg. Bl sattgelb; Fahne braun gestreift, so lang als die Flügel und das Schiffchen. Nebenb pfriemlich-borstlich, ganzrandig. Samen eifg, glatt, grünlich oder bräunlich. Wzl sehr dick. **M. macrorrhiza Pers. Langwurzeliger St.**

Juli—Herbst. Wiesen, Ufer, Gräben. Hier u. da. M. u. Rh. J. V. N.

334. Trifólium, Klee.

1. Bl trüb gelblich-weiss, sitzend, in kugeligen oder ovalen, einzelnen, endstdg Köpfen oder Aehren. St aus aufstrebender Basis aufrecht, 15—30 cm h., stielrund, fast einfach, ausser

* Anmerkung. Eine längere Beobachtung der gelb- und weissblühenden Pfl, welche von manchen Autoren wie Desrousseaux als besondere Art beschrieben wird, nötigt mich, die Ansicht Linné's insofern aufrecht zu erhalten, als beide Formen nur als Spielarten derselben Art von ihm angesehen werden. Allerdings dürfte die Abscheidung der Gattung Melilotus von Trifolium schon eher begründet erscheinen, und beide Pfl der ersteren Gattung, abweichend von Linné, zuzuzählen sein.

den beiden gegenstdg Hüllb des Bl.kopfes im oberen Teile b.los, behaart wie die ganze Pfl, die untersten B lang-, die oberen kurz-gestielt mit fast ganzrandigen, ovalen bis lanzettlichen B.chen; Nebenb häutig mit grünen Adern, mit lanzettlich-pfriemlichem Ende. K 10nervig, rauhhaarig, lanzettlich-pfriemlich gezähnt, der untere Zahn länger; Fahne doppelt so lang als die Flügel und das Schiffchen, lanzettlich. **T. ochroleucum L. Gelblich-weisser K.**

Juni—Juli. Hier und da. Bei Wiesbaden u. im ‾L.‾ nicht selten.

— r o t, r ö t l i c h - w e i s s oder w e i s s. 2.

— g e l b oder b r ä u n l i c h. 11

K ganz k a h l. 3.

— wenigstens an den Zähnen b e h a a r t. 4.

St allseits ausgebreitet und w u r z e l n d, bis 40 cm l., etwas zusammengedrückt, unterwärts ästig; B lang-gestielt, fast kahl, mit verkehrt-eifg B.chen, häutigen, grün und rötlich geaderten, grösstenteils zusammengewachsenen Nebenb: Bl in kugeligen, anfangs oben abgeplatteten, später wegen der hinabgeschlagenen Bl.stiele gewölbten, unterseits flachen Köpfchen, weiss, später blassrot, zuletzt hellbraun, mit länglich-eifg Fahne, diese doppelt so lang als die Flügel und das Schiffchen; K halb so lang, kahl, mit 10 hell-grünen Streifen; Hülsen länglich-lineal, etwas länger als der K, mit 3—4 hellbraunen Samen. **T. repens L. Kriechender K.**

Mai—Herbst. Sehr gemein auf Wiesen, an Wegen.

— n i c h t w u r z e l n d, aufrecht oder aus liegender Basis aufstrebend, bis 30 cm h. Der vorigen sehr ähnlich, ausserdem aber durch die später schön r o s e n r o t e n äusseren Bl mit länglich-elliptischer, vorn stumpf gezähnelter Fahne, die w e i t auseinander stehenden beiden oberen K.zähne, die 2—3mal l ä n g e r e n Stielchen der innersten Bl des Köpfchens, die rautenfg B.chen, den r ö h r i g e n St verschieden. **T. hybridum L. Bastard-K.**

Mai—Herbst. Gemein auf feuchten Wiesen, an nassen Orten.

W a l z e n f g Aehren (wenigstens bei völliger Entwicklung). 5.

K u g e l i g e Köpfe. 8.

Bl s a t t - p u r p u r n. 6.

— b l a s s r o t oder r o s e n r o t. 7.

Pfl z o t t i g b e h a a r t. K kürzer als die Blkr, 10nervig, rauhhaarig; K.zähne lanzettlich-pfriemlich, fast gleich lang, später abstehend, 3nervig. Schlund der K.röhre o f f e n, am Rand behaart. St aufrecht, 15—30 cm h., einfach oder vom Grund an mit langen Aesten, mit anfangs eifg, später walzenfg, einzelnen, 5 cm l. Aehren endend; untere B lang-gestielt, die obersten fast auf den häutigen, grün geaderten Nebenb sitzend, mit breit verkehrt-eifg B.chen. **T. incarnatum L. Fleischroter K.**

Juni—Juli. Hier und da gebaut.

— k a h l. St 30—60 cm h, aufrecht, oft rot gefärbt, meist einfach mit e i n e r oder zwei Bl.ähren. B ziemlich kurz gestielt oder sitzend, mit schmalen, länglich-lanzettlichen, mit parallelen Seitenadern versehenen, dornig-gesägten B.chen, länglichen, oben entfernt-gesägten Nebenb, die obersten dieser die Blt.stiele stützenden verbreitert; Aehrenstiel von ihnen bedeckt; K.röhre weisslich, 20nervig, mit grünen Zähnen, die oberen 4 kaum halb so gross, der untere sehr lang, die Basis der Flügel erreichend; der Schlund der K.röhre durch einen schwieligen Ring verengert. **T. rubens L. Rötlicher K.**

Juni—Juli. Bergwälder. Selten. Schwanheimer Wald, Lurley, Braubach. J. V. N.

7. Knie aufgeblasen, länger als die Blkr, 10nervig, mit pfriemlich-borstlichen, etwas abstehenden, nervenlosen Zähnen; K.röhre später geschlossen. St ästig, ausgebreitet, etwas hin- und hergebogen, bis 30 cm h., zottig wie die trübgrünen B; B.chen lineal-länglich, vorn schwach gezähnelt, keilfg verschmälert; Nebenb häutig mit grünen oder rötlichen Adern. Aehren anfangs eifg, zuletzt walzlich, sehr zottig und lang gestielt, ohne Deckb. Bl blass-rot. **T. arvense L. Acker-K.**

Juli—Herbst. Gemein auf Brachfeldern.

— bei der Reife aufgeblasen und mit Haaren geschlossen. 10nervig, rauhhaarig, mit etwas abstehenden, pfriemlichen, vorn rötlichen, stachelspitzigen Zähnen, deren unterster etwas länger. St 10—20 cm h., stielrund, aufrecht, oder bisweilen niedergestreckt. B trübgrün mit länglich-keilfg, oder verkehrt-eifg, gezähnelten, schwach ausgerandeten B.chen, diese mit geraden, nach dem Rande sich gabelig teilenden, nicht verdickten Seitenadern; Nebenb häutig mit grünen oder roten Adern, eifg, mit pfriemlicher Spitze. Köpfchen anfangs oval, zuletzt walzenfg, einzeln, seltener zu 2, endstdg, von verbreiterten Stützb umschlossen. Bl so lang als die K.zähne, rosenrot. Flügel fast so lang als die freie Fahne, wenig länger als das Schiffchen. **T. striatum L. Gestreifter K.**

Juni—Juli. Ziemlich selten. Sonnige Abhänge, Weiden. Dillenburg, Herborn, Weilmünster, Lützendorf. J. V. N. Limburg. D. B. G.

8. Bl weiss in deckb.losen Köpfen, sehr kurz gestielt, später abwärts gerichtet; St bis 30 cm h., steif aufrecht, oder aus gebogener Basis aufsteigend, ziemlich derb, stielrund, etwas behaart und dadurch grau; B oberseits kahl, unterseits flaumig, die unteren lang gestielt, die obersten fast sitzend. B.chen klein gesägt mit stachelspitzigen Sägezähnchen, in welche die nach dem Rand hin dicker werdenden Adern verlaufen; Nebenb häutig, grünnervig, lang zugespitzt; Bl.köpfe zu 2, endstdg, lang gestielt, reichbltg; K halb so lang als die Blkr, etwas zottig, am Schlund nackt, mit fast gleichlangen Zähnen; Flügel viel kürzer als die oben zusammengefaltete Fahne, lineal-länglich wie das Schiffchen. **T. montanum L. Berg-K.**

Mai—Juli. Auf trockenen Bergwiesen. Hier und da.

— rot oder röllich-weiss. 9.

9. K zuletzt kugelig-aufgeblasen, netzig, weisslich mit grünen $\frac{2}{3}$ Zähnen, die 2 oberen, etwas kürzeren gerade vorgestreckt mit längeren weisslichen Haaren. St kriechend, 15—30 cm l., nach allen Seiten hingestreckt, kahl, unterwärts ästig. B lang gestielt, kahl, mit ovalen, schwach ausgerandeten, gezähnelten, gabelig geaderten, grasgrünen B.chen, häutigen, grün-geaderten Nebenb. Blt.stiel länger als das stützende B. Köpfchen zuletzt kugelig, gedrungen, rauhhaarig, mit meist aufrechten, anfangs weissen, dann rötlichen Bl; die dasselbe umgebende Hülle häutig, in viele lanzettliche Zipfel gespalten. Deckb fast so lang als K.röhre. **T. fragiferum L. Erdbeer-K.**

Juni—Herbst. Feuchte Triften. M. und Rh. häufig. J. V. N. Freiendiez vereinzelt.

— nicht aufgeblasen. 10.

10. Bl.köpfchen meist zu zwei, von Deckb gestützt. St rasenfg beisammen, bis 60 cm h., stielrund, glatt, aufstrebend, wenig ästig, fast kahl wie die B, letztere wechselstdg, unten bleichgrün, angedrückt behaart, die untersten langgestielt, mit fast ganzrandigen, eifg, stumpfen, oder länglich-elliptischen, ausgerandeten, öfter halbmondfg, heller gefleckten B.chen; Nebenb häutig, weisslich, grün geadert. Bl sitzend, aufrecht, mit dunkleren Adern auf der länglich ovalen Fahne, kürzeren, weisslichen, nur am Rande rot gefärbten Flügeln, diese wenig länger als das Schiffchen; K 10nervig mit bewimperten Zähnen, die unteren länger. **T. pratense L. Wiesen-K.**

Mai—Juni. Häufig gebaut.

— einzeln, am Grund nackt (ohne Deckb). St meist nach allen Seiten ausgebreitet, nur mit dem oberen Teil aufstrebend, bis 50 cm l.; B.chen länglich-eifg, etwa doppelt so lang als breit; Nebenb allmählich (nicht plötzlich, wie bei voriger) verschmälert, mit divergierenden Enden; Bl.köpfchen lockerer mit längeren Bl; K nur an den Zähnen behaart. Sonst der vorigen ähnlich. **T. medium L. Mittlerer K.**

Juni—Juli. Auf trockenen Bergwiesen, an Waldrändern ziemlich häufig.

— zu 2, behüllt; St 15—30 cm h., aufrecht, ziemlich starr, flaumig, einfach; K 20nervig, zottig, mit fädlichen, gewimperten Zähnen, diese bei der Fr.reife aufrecht, die 4 oberen so lang als die K.röhre, der untere bis an den Grund der Flügel reichend; K.röhre durch einen schwielichen Ring verengert; Nebenb lanzettlich-pfriemlich, am Rande bewimpert; B mit länglich-lanzettlichen, fein gezähnelten Teilb.chen. Bl dunkelrot. **T. alpestre L. Wald-K.**

Juni—August. Steinige Gebirgswälder. Hier und da im Rhein- und Lahnthal. Nordenstadt und Rambach. Scheint an vielen Orten des ___ zu fehlen.

11. Bl.köpfchen armblütig (kaum mit mehr als 10 Bl), seitenstdg. gestielt, locker. St nach allen Seiten auf dem Boden aus-

gebreitet, kaum 10 cm h., fadenfg, ästig, stielrund, kahl; B unterseits kahl, bläulich-grün, mit verkehrt-eifg, keilfg, vorn ausgerandeten und gezähnelten B.chen, halb-eifg, spitzen, bewimperten Nebenb; die 2 oberen K.zähne länger. Bl schwefelgelb mit löffelfg gewölbter, vorn rundlicher, gezähnelter Fahne, gerade vorgestreckten, kürzeren, einwärts gekrümmten Flügeln und halb so langem Schiffchen. T. **filiforme L. Fadenförmiger K.**

Mai—Herbst. Auf Wiesen, an Wegen häufig.

— reichblütig (mit mehr als 20 Bl). 12.

12. Bl fast von Anfang an bräunlich, zuletzt schwärzlich-kastanien-braun. St 15—30 cm h., aufrecht, unterwärts kahl, oberwärts anliegend behaart, einfach mit 1—2 endstdg, länglich-walzlichen, hüllenlosen Bl.köpfen. B mit bläulich-grünen, fast kahlen, gezähnelten, elliptischen, stumpfen, sehr kurz gestielten B.chen, länglich-lanzettlichen, fast ganzrandigen, etwas behaarten Nebenb. K.röhre sehr kurz, kahl; K.zähne lineal, die oberen 2 sehr kurz, kahl, die unteren 3mal so lang als die K.röhre, behaart. Fahne gefurcht, gewölbt, die kürzeren Flügel und das Schiffchen bedeckend. Blt.stielchen später herabgebogen. T. **spadiceum L. Kastanienbrauner K.**

Juli—August. Feuchte Wiesen. ____. ‾‾‾‾; Braubach; Dotzheim, Wiesbaden (Leichtweisshöhle).

— höchstens nach der Blt.zeit bräunlich, meist gelb. 13.

13. Das mittlere der 3 Teilb.chen gestielt. St und Aeste niederliegend und ausgebreitet, bis 20 cm h., stielrund, angedrückt behaart wie die unterseits bläulich-grünen B; Nebenb halbeifg, bewimpert. Bl.köpfchen seitenstdg, gestielt, eifg-kugelig; Bl sehr kurz gestielt, später herabgeneigt, mit löffelfg, gefurchter, gezähnelter Fahne. Gf 3—4mal kürzer als die Hülse. Bl später bräunlich. K nur an den Zähnen schwach behaart, die 2 oberen kürzer. T. **procumbens L. Liegender K.**

Mai—Herbst. Auf Aeckern, an Rainen ziemlich häufig.

— sitzend oder fast ungestielt. St stärker als bei voriger Art, aufrecht oder aufstrebend, 30—40 cm h., mit seitenstdg, gestielten, rundlich-ovalen, gedrungenen Bl.köpfchen; Bl zuletzt hinabgebogen, goldgelb, später hellbraun, mit löffelfg, gefurchter Fahne und divergierenden Flügeln; Gf so lang wie die Hülse; Nebenb länglich-lanzettlich, sonst der vorigen ähnlich. T. **agrarium L. Goldfarbener K.**

Juni—Juli. Auf Bergwiesen und unfruchtbaren Hügeln, an Waldrändern. Ziemlich häufig.

335. Lotus, Schotenklee.

St röhrig, stielrund, ziemlich aufrecht, bis 40 cm h., mit reichblütiger Dolde (bis 12 Bl); B dunkel-meergrün, gestielt, mit ganzrandigen, fast kahlen, schief-eifg oder verkehrt-eifg B.chen und fast ebenso grossen, schief-eifg Nebenb, (so dass das ganze B mit den Nebenb wie ein gefiedertes B erscheint). Bl kurz gestielt, gelb, mit ovaler Fahne, länglichen Flügeln und doppelt so breitem, fast rautenfg und allmählich in einen kurzen Schnabel auslaufendem Schiffchen; K.zähne vor dem Aufblühen zurückgekrümmt und auswärts gebogen. Ohne Ausläufer. Doldenstiel 4—5mal länger als das stützende B. Hülsen lineal, stielrund, von den Samen etwas holperig, gerade. **L. uliginosus Schkuhr. Sumpf-Sch.**

Juli—August. Auf nassen Wiesen und in Gräben. Nicht selten.

— gefüllt, liegend oder aus liegender Basis aufstrebend, bis 25 cm h., mit armbltg (etwa 5bltg), langgestielten Dolden von sehr kurz gestielten, gelben Bl; Fahne rundlich, mit blutroten Strichen schön gezeichnet; Schnabel des Schiffchens fast rechtwinkelig aufsteigend. Lange, unterirdische Ausläufer. K.zähne vor dem Aufblühen zusammengeneigt. Sonst der vorigen ähnlich, aber mit breiteren Hülsen, grösseren und weniger zahlreichen Samen. **L. corniculatus L. Gemeiner Sch.***

Mai—Herbst. Auf Wiesen, an Wegen sehr gemein.

336. Tetragonólobus, Spargelerbse.

Flügel der Hülse noch nicht halb so breit als die Hülse, gerade. St 10—30 cm l., meist nach allen Seiten ausgebreitet, zuweilen aufrecht oder aufstrebend, hellgrün, stielrund; B wechselstdg, aus 3 rautenfg-verkehrt-eifg, kurz stachelspitzigen, ganzrandigen, unterseits meergrünen, spärlich behaarten, öfter auch rauhhaarigen, meist rot punktierten B.chen bestehend; Nebenb eifg, länger als der B stiel; Bl sehr ansehnlich 2—3 cm l., auf b.winkelstdg längeren Blt.stielen mit meist kahlem, hellgrünem, oft rötlich geflecktem K, wimperigen, lanzettlichen, dunkler grünen K.zähnen, rundlicher, ausgerandeter, hellgelber, bräunlich geaderter, Fahne, etwas kürzeren, vorn citrongelben Flügeln und weisslichem, grünlich-geschnäbeltem Schiffchen. Stbgf nach oben sich verbreiternd, zum Teil keulenfg. Hülse braun, vielsamig; Samen kugelfg, braun. **T. siliquosus Roth. (Lotus siliquosus L.) Schotentragende Sp.**

Mai—Juni. Selten. Auf feuchten Wiesen. Wiesbaden (Dietenmühle); Fachingen. Diez, Mosbach, Dotzheim. J. V. N.

— — — ebenso breit als diese, wellig gebogen. mit meist aufrechtem St, trüb-roten, einzelnen oder auch gezweieten Bl; sonst der vorigen ähnlich. **T. purpureus Moench. (Lotus tetragonolobus L.) Purpurblütige Sp.**

Juli—August. Hier und da als Gemüsepflanze kultiviert.

---

* Eine schmalblättrige Form letzterer Art mit rechtwinkelig aufsteigendem Schiffchen, schmäleren Nebenb und Flügeln wird von manchen neueren Autoren als eine besondere Art (Lotus tenuifolius Rchb.) aufgeführt. S. hierüber J. C. Röhling, „Deutschlands Flora“ V. Bd pag. 306, wo derselbe sagt: die Merkmale, welche die Schriftsteller angegeben haben, um diese Varietät als eine Art aufzustellen, habe ich teils unzureichend, teils gar nicht bestätigt gefunden“. Fuckel führt in seiner Flora Nassaus diese Art als sehr häufig bei Oestrich vorkommend an.

337. Astrágalus, Traganth.

Hülsen kahl, lineal, fast 3kantig, gebogen, aufrecht. St niedergestreckt, nur an der Spitze aufstrebend, 1—2 m l., stielrund, nach oben seicht gerillt und etwas kantig, kahl oder spärlich behaart. B gross, 15 cm l., mit 4—7 Paar B.chen, letztere mit Stachelspitzchen, nach oben an Grösse abnehmend, die Endfieder lang-gestielt. Nebenb gross, fast 2 cm l., oval, stumpf mit Stachelspitzchen; schmutzig-gelblich-weisse Bl in 2—3 cm langen Trauben, rötlich angelaufen auf dem Rücken, dem Rande der Fahne und an der Spitze (Schnabel) des Schiffchens: Fahne mit feinen grünen Linien. Gegen Ende der Blt zeit rauchfarben. **A. glycyphyllos L. Süssholzblättr. Tr.**

Juni—Juli. An Waldrändern, an Wegen. Hier u. da. vereinzelt.

— behaart, kugelig-eifg, aufgeblasen, aufrecht, in dem K fast sitzend. St 15—60 cm l., niedergestreckt und dann aufstrebend, anliegend behaart. B mit 8—12 Paar länglich-lanzettlichen oder ovalen Fiedern; Bl gelblich-weiss, später grünlich-gelb, aufrecht in eifg, gedrungenen, ährenfg Trauben mit eifg, ausgerandeter, an den Seiten zurückgerollter Fahne und kürzeren, länglichen Flügeln; Deckb lanzettlich, viel kürzer als der schwärzlich behaarte K; K zähne pfriemlich, die unteren länger, kaum halb so lang als die K.röhre. Obere Nebenb in ein b.gegenstdg B zusammengewachsen. **A. Cicer L. Kicherartiger T.**

Juni—Juli. Wiesen. Sehr selten. Niederwalluf; an der Salzbach unweit Mosbach-Biebrich

338. Colútea, Blasenstrauch.

Strauch von 2—3 m Höhe, sehr ästig, mit aschgrauer Rinde, jüngere Zweige grün, oft rötlich, stielrund. B mit 4—5 Paar ovalen oder rundlichen Fiedern. Bl in armbltg, b.winkelstdg Trauben, etwa so lang als das stützende B, gelb; Fahne breiter als lang, herz-eifg, sehr kurz benagelt, am Grunde mit 2 länglichen Schwielen und daselbst mit einem blutrot gesäumten Flecken von halber Fahnenlänge. Hülse stark-aufgeblasen, fast halb-eifg, reichsamig. **C. arborescens L. Baumartiger B.**

Mai—Juni. Als Zierstrauch kultiviert. (Stammt aus Südeuropa).

339. Robínia, Robinie.

Lang gestielte, hängende Trauben von weissen, wohlriechenden Bl. Zweige und fast sitzende, vielsamige Hülsen kahl. B mit vielen eirunden Fiederpaaren. K $\frac{2}{3}$zähnig; Nebenb zu starken Stacheln umgebildet. **R. Pseud-Acacia L. Falsche Akazie.**

Juni. Zierbaum. Oefter verwildert und strauchartig.

340. Coronílla, Kronwicke.

St krautig, liegend, 30—60 cm l., nach allen Seiten ausgebreitet, kantig gefurcht, kahl, ästig. B unpaarig gefiedert mit 9 Paar Fiedern, lauchgrün, matt, die unteren gestielt, die oberen fast sitzend, mit länglichen, stumpfen, frei abstehenden, zuletzt zurückgekrümmten Nebenb; Dolden 12- und mehrblütig, b.winkelstdg, deren Stiel länger als die B; Blt.stielchen 2—3mal länger als der $\frac{2}{3}$zähnige K. Fahne schön lilafarben mit purpurroten Strichen, wenig länger als die heller gefärbten Flügel. Schnabel des Schiffchens so lang als die Flügel, dunkelpurpurn. Hülsen aufrecht, lineal, 4kantig. Wzl weit kriechend. **C. varia L. Bunte K.**

Juni—Juli Auf sonnigen Hügeln. M. u. Rh. und L. gemein. Selten bei Weilburg, Burg bei Herborn und Diez.

341. Ornithopus, Vogelfuss.

St 10—30 cm lang, nach der Blt.zeit noch wachsend, zahlreich aus derselben Wzl nach allen Seiten sich ausbreitend und aufgerichtet, dünn, fast stielrund, meist einfach, behaart wie die übrige Pfl; B wechselstdg. nach oben hin kleiner, die untersten kurz gestielt, die obersten sitzend; Teilb.chen oval, stumpf, mit Stachelspitzchen, fast sitzend; Nebenb sehr klein, ganzrandig oder fehlend; Doldenstiel länger als das B; Bl klein, kurz gestielt; K röhrig, mit 5 gleich verteilten Zähnen, letztere kürzer als die K.röhre; Fahne weisslich, rot geadert; Flügel etwas kürzer, oberwärts rötlich; Schiffchen rötlich; Hülsen stark zusammengedrückt, 2schneidig, sanft gekrümmt, aus mehreren hinter einander liegenden, bei der Reife sich trennenden Gliedern bestehend, 2—3 cm lang, kurz geschnäbelt; Samen länglich, abgeplattet. **O. perpusillus L. Kleiner V.**

Mai—Juni. Auf sandigen Aeckern. Bergebersbach, Offdilln; Hachenburg. Im Mainthal. J. V. N.

342. Hippocrepis, Pferdehuf.

St rosettenfg auf dem Boden ausgebreitet und dann aufstrebend, bis 30 cm l., unten ästig, schwachkantig, fast kahl, nur oben schwach behaart; B wechselstdg, gestielt, kahl, höchstens unterseits angedrückt-behaart; Teilb.chen verkehrt-eifg oder länglich, sehr stumpf, mit Stachelspitzchen, kurz gestielt; Nebenb eifg, spitz, an den B.stiel angewachsen, weit abstehend; Bl in b.winkelstdg und endstdg, 4—8blig Dolden, dottergelb, braunrot gestrichelt; Bl.stiele von bräunlichen Deckb gestützt, so lang als der K; Flügel so lang als die Fahne; Nägel der Blb doppelt so lang als der K; Hülse lederbraun, sanft gekrümmt, mit halbmondfg. bei der Reife sich trennenden Gliedern und dunkelbraunen Knötchen besetzt, 2—3 cm l.; Samen halbmondfg, stielrund, rotbraun. **H. comosa L. Schopfiger P.**

Mai—Juli. An trockenen, sonnigen Orten M. u. Rh. J. V. N.

343. Onóbrychis, Esparsette.

St aufstrebend, 30—60 cm h., stielrund, weisslich gestreift, kahl oder sehr sparsam behaart; B mit 6—12 Paar Fiedern, diese mit einem Stachelspitzchen. Nebenb trockenhäutig, eifg, zugespitzt, bewimpert. Trauben lang gestielt u. zuletzt sehr verlängert;

Stiele doppelt so lang als das stützende B; Bl.stielchen halb so lang als die K.röhre. Fahne eifg. ausgerandet; Flügel sehr klein. kürzer als der K; Hülsen dornig-gezähnt. **O. sativa Lam. Angebaute E.**

Mai—Juli. Hier und da angebaut und verwildert.

344. Viola, Wicke.

1. Bl in lang-gestielten reichbltg Trauben. 2.
— in den B.winkeln einzeln. gezweiet. oder in armblütigen (bis 5bltg). kurz-gestielten Trauben. 5.

2. Bl gelblich weiss, hängend; St einzeln. aufrecht. 45—90 cm h., vierkantig. gerieft, meist einfach. weisslich-grün, kahl wie die ganze Pfl. B wechselstdg-zweizeilig aus 8—10 kurz gestielten. eifg. etwas ausgerandeten Fiedern zusammengesetzt, deren unterstes Paar grösser. dicht am St, die folgenden immer kleiner. alle mit einem zurückgebogenen Stachelspitzchen — dem vorstehenden Mittelnerven —; Wickelranken 3- und mehrspaltig; Nebenb halb pfeilfg. gezähnt; Bl.trauben 10—15bltg. samt Stiel so lang als das B oder etwas kürzer; K kahl. glockig. grünlich, mit kurzen. pfriemlichen Zähnen. Fahne rundlich, ausgerandet; Flügel länglich, etwas kürzer. Gf von der Mitte an behaart. Samen kugelig. braun. matt, mit grossem Nabel. **V. pisiformis L. Erbsenartige W.**

Mai—Juni. Bergwälder. Burg und im Beilstein bei Herborn häufig. Wiesbaden (Nerothal), Braubach. J. V. N.

— blau oder rot. 3.

3. Blattansätze (Nebenb) scharf gezähnt. halbmondfg. St niederliegend oder an anderen Pfl emporklimmend. öfter über 1 m l, mit 4 fast flügelartigen. oft kurz behaarten Kanten; Pfl sonst kahl. B aus 8—10 allmählich kleineren. eifg. stumpfen Fiedern mit kurzem Stachelspitzchen. Bl in lockeren. etwa 6blütigen, lang-gestielten Trauben mit röllich-violetter. verkehrteifg, ausgerandeter Fahne. etwas kürzeren. ebenso gefärbten. dunkler geaderten Flügeln, deren Nägel wie das Schiffchen grünlich-weiss, letzteres vorn violett-gefleckt. Gf in der oberen Hälfte behaart und einerseits bärtig, Hülse lang-gestielt, netzaderig, kahl. bräunlich. Samen kugelig. schwärzlich-sammetig; Nabel gross. **V. dumetorum L. Hecken-W.**

Juli—August. Gebüsche, Wälder. Selten. Hofheim. Braubach? J.V.N.

— ganzrandig, höchstens stumpf-gezähnt. 4.

4. B angedrückt-flaumig. Trauben etwa so lang als das 10paarige B. Nebenb halb-spiessfg. ganzrandig; Platte der Fahne so lang als ihr Nagel, die oberen Zähne des K aus breiter Basis pfriemlich, sehr kurz. Hülsen lineal-länglich. Stiele derselben kürzer als die K.röhre. Bl aussen rötlich-violett, inwendig hellblau. mit dunkleren Linien auf der Fahne und auf den Flügeln, und einem dunklen Flecken vor dem Ende des Schiffchens; Gf allseitig behaart; Hülse länglich.

kahl; Samen kugelig; Pfl niederliegend oder an Hecken etc. 60—90 cm h. emporklimmend. **V. Cracca L. Vogel-W.**

Juni—August. In Gebüschen und an Ufern gemein.

— abstehend behaart. Platte der Fahne meist doppelt so lang als ihr Nagel. Flügel meist auffallend blasser als die Fahne. Sonst wie vorige Art. **V. tenuifolia Roth. Schmalblättrige W.**

Juni—August. Wiesen und Waldtriften. Idstein; Wiesbaden; Niederlahnstein.

5. Bl einzeln oder gezweiet in den B.winkeln. 6.
— in kurzen, armblütigen Trauben. 8.

6. Nur die obersten B mit Wickelranken endigend, die unteren mit Weichstachelspitze (einer unvollkommenen Wickelranke). St 10—25 cm h., einfach, schwach flaumhaarig wie die ganze Pfl. Untere B mit 2 Paar, obere mit 3—5 Paar verkehrt-eiherzfg, bald breiteren, bald schmäleren Fiedern. Bl einzeln oder zu 2, fast sitzend in den B.winkeln, klein, hellviolett. K.zähne pfriemlich, gleich lang. Gf kurz, vorn bärtig. Hülse lineal, bei der Reife schwarz. Samen würfelig, mit erhabenen Knötchen bräunlich-grau. Nabel klein. **V. lathyroides L. Platterbsenartige W.**

April—Mai. Trockene Bergwiesen. Selten. Schwanheimer Wald. Weilmünster, Herborn an der Rüsterbach. J. V. N. und Fuckel, „Nassaus Flora“.

Alle B mit Wickelranken. 7.

7. B.chen lineal; Bl einfarbig, purpurn; B meist 5paarig; Hülsen abstehend, lineal, später kahl, bei der Reife kohlschwarz; Samen kugelig. **V. angustifolia Roth. Schmalblättrige W.**

Mai—Juni. Auf Saatfeldern.

— verkehrt-eifg, länglich; Hülsen aufrecht, flaumig, lederbraun. Samen niedergedrückt-kugelig. Fahne blau; Flügel violett-rot oder purpurn; B meist 7paarig. Aus liegender Basis aufstrebend. 30—60 cm h. Sonst der vorigen Art ähnlich und wie diese mit 3gabeliger Wickelranke. **V. sativa L. Futterwicke.**

Juni—Juli. Gebaut und verwildert.

8. St steif aufrecht, 60—100 cm h.; B.stiel ohne Ranke mit einer krautigen Stachelspitze endigend, meist mit nur 2 Paar 5 cm langen und 2—3 cm breiten, elliptischen B.chen; Nebenb in der Mitte mit einem braunen Flecken; Bl in 2—4bltg, fast sitzenden Trauben in den B.winkeln; Blkr weiss mit grossen, kohlschwarzen Flecken auf den Flügeln und dunkeln Linien am Grunde der Fahne. Hülsen 7—8 cm lang und 1—2 cm dick, gedunsen, fleischig, zuletzt schwarzbraun, mit weissem Mark zwischen den grossen, 1—2 cm langen Samen. **V. Faba L. San-W. (Sanbohne).**

Juni—Juli. Gebaut.

— ausgebreitet oder aufstrebend, 30—60 cm h.; B.stiel

in eine Wickelranke endigend: B meist 5paarig, mit länglich-stumpfen B.chen; Bl in etwa 5bltg, sehr kurz gestielten, b.winkelstdg Trauben; Blkr hell- und schmutzig-violett; Fahne mit dunkleren Adern. Hülsen lineal, kahl. **V. Sepium L. Zaun-W.**

April—Juni. In Hainen, Gebüschen, an Zäunen. Gemein.

345. Ervum, Linse.

1. Hülsen kahl. 2.

— behaart. Bl.stengel 2—6bltg: St nach allen Seiten ausgebreitet und an anderen Pfl emporrankend, 15—60 cm l.: B mit 8—10 Paar lineal-länglichen, kurz gestielten, fast kahlen Fiedern u. einer 3—5teiligen Wickelranke. Nebenb lanzettlich, an der Basis mit einem Zahne, daher halbspiessfg, dieser oft 2—3spaltig. Bl sehr klein, kaum 4 mm lang; Bl.stiele kürzer als die K.röhre; Blkr weiss, schwach bläulich; Schiffchen vor der Spitze mit grossem, dunkelem Flecken. Hülse fast 1 cm l., mit 2 den Samen entsprechenden Erhabenheiten. **E. hirsutum L. Rauhhaarige L.**

Juni—Juli. Auf bebautem Land, an Wegen. Häufig.

2. Bl.stengel begrannt. 3.

— grannenlos, ungefähr so lang als die B, letztere mit 3—4 Paar linealen Fiedern, die oberen mit einer Wickelranke; Nebenb halb-spiessfg; Hülsen lineal, 4samig, kahl. Fahne lilafarben, blau gestreift; Flügel und Kiel weiss, an letzterem ein violetter Flecken. Samen kugelig; St meist ausgebreitet oder aufstrebend, bis 60 cm l. **E. tetraspermum L. Viersamige L.**

Juni—Juli. Auf Aeckern, unter der Saat.

3. B.ansätze (Nebenb) einander gleich, halb-spiessfg oder lanzettlich. 4.

— — — sehr ungleich, das eine lineal, sitzend, das andere halbmondfg, gestielt, mit langen borstlichen Zähnen; St 30—60 cm h., kahl wie die B, höchstens etwas flaumig. B mit 3—7 Paar linealen, abgestutzten, oder ausgerandeten Fiedern, deren unterstes Paar kürzer und breiter. Bl einzeln, b.winkelstdg; Blt.stiel gegliedert, öfter mit einer Granne am Gelenke. K kurz-glockig mit pfriemlichen Zähnen diese länger als die K.röhre, der untere Zahn am längsten. Fahne lilafarben mit violetten Adern; Flügel halb so lang, weiss wie das an der Spitze dunkel-violett gefärbte Schiffchen. Gf oben ringsum behaart. Hülsen hellbraun, mit 2—3 hellbraunen, oft dunkel gefleckten, ziemlich grossen, linsenfg Samen. **E. monanthos L. Einblütige L.***

Juni—Juli. Auf Aeckern. Selten. Herborn und Dillenburg. Hier und da kultiviert.

* Von den oben beschriebenen verschieden durch die nicht mit einer Wickelranke, sondern mit krautiger Spitze endigenden Hauptnerven der B (wie bei der Gattung Orobus) ist E. Ervilia L. (Knotenfrüchtige Linse). St

4. Blt.st so lang als das meist 6paarige B; Bl 6 mm lang, weiss; Fahne mit lilafarbenen Adern; Schiffchen mit violettem Flecken an der Spitze. Rautenfg Hülse über 1 cm lang und fast 1 cm breit, 2samig, linsenfg zusammengedrückt. Obere B mit einfachen Wickelranken, untere mit krautiger, kurzer Stachelspitze, mit 6—7 Paar Fiedern. Nebenb lanzettlich, ganzrandig. St aufrecht, 15—30 cm h. **Ervum Lens L. Gemeine L.**

Juni—Juli. Gebaut.

— zuletzt doppelt so lang als das 3—4paarige B, 1—4bltg; St 15—30 cm h.; Fiedern lineal, spitz; Nebenb halbspiessfg; K viel kürzer als die Bl; K.zähne kürzer als die K.röhre; Hülse lineal, mit 6 kugeligen, braunen, dunkel gefleckten Samen. Sonst E. tetraspermum L. sehr ähnlich, aber mit viel grösseren Bl. **E. gracile DC. Schlanke L.**

Juni—Juli. Aecker. Ziemlich selten. Wiesbaden. J. V. N.

346. Pisum, Erbse.

1. Fiedern (ausser den Nebenb) nur an den untersten B.stielen vorhanden. S. Lathyrus.

— an allen B vorhanden. 2.

2. Samen kugelig; Fahne schneeweiss, am Grunde grünlich; Flügel halb so lang, verkehrt-eifg; Schiffchen mit stumpfem Schnabel. Bl.stiel so lang als die K.röhre, oft mit 1 oder 2 kleinen Deckb; Bl.stengel b.winkelstdg, 2- und mehrblütig, viel kürzer als die B; Nebenb doppelt so gross als die untersten ganzrandigen Fiedern, halb-herzfg, am Grunde gekerbt; B mit 2—3 Paar Fiedern und 5teiliger Wickelranke. Pfl an anderen Pfl gegen 1 m h. emporkletternd. **P. sativum L. Gemeine E.**

Mai—Juni. Häufig gebaut.

— kantig, eingedrückt, graugrün, braun punktiert. Fahne hellviolett; Flügel purpurn; B.chen fein gekerbt; Bl.-stengel 1—2bltg, sonst der vorigen Art sehr ähnlich. **P. arvense L. Feld-E.**

Mai—Juni. Gebaut.*

aufrecht bis 30 cm h., hin- und hergebogen, kantig, kahl wie die ganze Pfl. B mit 5—10 Paar linealen, stumpfen Fiedern; Nebenb halb-spiessfg, die unteren mit mehreren pfriemlichen Zähnen, die oberen ganzrandig. Blt.st 1—3bltg, viel kürzer als das B, öfter mit einem grannenartigen Deckb gestützt. K kurz-glockig; Zähne länger als die K.röhre, pfriemlich, gleichgross. Fahne bleichrot mit purpurnen Linien. Flügel weisslich; Schiffchen vorn dunkelgefleckt. Gf oben rundum behaart. Hülse lineal-länglich mit 3 kugelig-holperigen, kantigen Samen, zwischen den Samen eingeschnürt. Juni—Juli. Hier und da in den Aemtern Herborn und Dillenburg kultiviert.

* Linné gibt als Diagnose der beiden Pisum-Arten in seinem Systema Vegetab.: P. sativum pedunculis multifloris und P. arvense pedunc. unifloris. J. C. Röhling sagt in »Deutschlands Flora« (fortgesetzt von Koch, dem Verfasser der „Synopsis der Deutschen und Schweizer Flora"): »Ich habe diese kultivierte Pfl noch zu wenig beobachtet, als dass ich darüber etwas mit Bestimmtheit vortragen könnte. Es hat mir aber früher geschienen, als ob auch das P. arvense noch mit sativum zusammenfiele etc.« Letztere Ansicht ist jedenfalls sehr beachtenswert.

347. Láthyrus, Platterbse.

1. Nur an den untersten B.stielen befinden sich ausser den grossen. ei-spiessfg Nebenb (eigentl. dem untersten Paar Fiedern) noch Fiedern; B.stiele daher scheinbar b.los, nur mit Wickelranken endigend. St 15–30 cm h., am Grunde sich in mehrere niederliegende oder aufstrebende, oder an anderen Pfl emporklimmende Aeste sich teilend, kahl wie die übrigen Pfl.teile. 4kantig, lauchgrün. Bl.st 1blütig. doppelt so lang als die Nebenb. gegliedert. K.röhre kurz-glockig; K.zähne 3nervig. länger; Fahne rundlich, ausgerandet, schwefelgelb mit dunkelvioletten Linien am Grunde; Flügel halb so lang, etwas dunkler gelb, rundlich, das kurz geschnäbelte Schiffchen bedeckend. Gf innen bärtig. Hülsen länglich-lineal, etwas gekrümmt, kahl. holperig, schwarzbraun. mit 5–6 stumpfkantigen, glatten. schwarzen Samen. L. Áphaca L. **Deckblättrige P.**
   Juni–Juli. Saatfelder. Selten. Wiesbaden, Dotzheim, Schierstein. J. V. N.
   Mit Fiedern an allen B. oder einfache B. 2.
2. Gelbe Bl zu 3–8 traubenfg geordnet; Bl.stengel viel länger als die B; Bl.stiel so lang als die K.röhre; St zusammengedrückt vierkantig, niederliegend oder an anderen Pfl emporklimmend, oft sehr ästig, ½–1 m h; B in eine einfache oder 3teilige Ranke endigend; B.chen lanzettlich, stachelspitzig; B.stiel nicht geflügelt. Nebenb gross. fast so breit als die Fiedern, ganzrandig. L. **pratensis L.** **Wiesen-P.**
   Juni–Juli. In Wiesen, an feuchten Orten, Ufern gemein.
   Rote, blaue oder weisse Bl. 3.
3. B einfach (eigentlich die b.ähnlichen B.stiele), lineal, sitzend. ganzrandig, ohne Wickelranke, kahl; St 30–45 cm h. aufrecht, kantig. einfach oder unterwärts etwas ästig. Nebenb pfriemlich, unten zuweilen mit einem Zähnchen. Bl meist einzeln oder zu 2 b.winkelstdg, lang-gestielt, etwas überhängend; Blt stiele oben gegliedert und mit einem pfriemlichen Deckb. K glockig-röhrig, halb so lang als die blutrote Bl; der unterste K.zahn länger als die 2 oberen. Fahne rundlich, ausgerandet. Hülse gedunsen, fast walzlich, braun, angedrückt-kurzbehaart mit ovalen oder kugeligen. braunen, schwarz gefleckten, etwas rauhen Samen. L. **Nissolia L.** **Einfachblättrige P.**
   Mai–Juli. Sehr selten. Bisher nur bei Dillenburg am laufenden Stein.
   — mit Fiedern. 4.
4. St ungeflügelt, 30–120 cm l., niederliegend oder an anderen Pfl emporkletternd. B kurz-gestielt mit 2 lauchgrünen. länglich-ovalen. stachelspitzigen B.chen und einer 3teiligen. langen Wickelranke; Nebenb länger als der B.stiel, lanzettlich. halbpfeilfg. Blt.st 2–3 mal so lang als das B, b.winkelstdg. stumpfkantig, mit 3–5 ansehnlichen, purpurroten Bl; Blt-stielchen so lang als der kurz-glockige K nnd die pfriemlichen Deckb. Fahne mit dunkleren Adern. querbreit. Schiffchen

bleicher-rot. Gf auf der inneren Seite oben flaumhaarig. Hülse lineal, kahl, mit vielen braunen, runzeligen, glänzenden Samen. Wzl mit rundlichem, haselnussgrossem Knollen. **L. tuberosus L. Knollige P.**

Juli—August. Saalfelder. M. u. Rh. häufig. Niederselters. J. V. N.

— geflügelt. 5.

5. Blt.st einblütig, kürzer als das B, b.winkelstdg, oberwärts gegliedert und kurz begrannt. St 25—50 cm l., niederliegend oder emporklimmend, kahl und lauchgrün, wie die ganze Pfl, vierkantig; Flügel so breit wie der St. B mit 2 lanzettlich-linealen, stachelspitzigen Fiedern und 3—5teiliger Wickelranke (an den mittleren und oberen B). B.stiel schmal-geflügelt; Nebenb ei-lanzettlich, kürzer, haarspitzig, meist halb-pfeilfg. K.röhre kurz-glockig; K.zähne fast gleich lang. Bl weiss, rosenrot oder hellblau, ansehnlich; Fahne rundlich, ausgerandet, grünlich- oder rötlich-geadert; Flügel fast ebenso lang; Schiffchen viel kürzer, vorn etwas gedreht; Gf innen bärtig. Hülse kahl, fast 3mal so lang als breit, 2flügelig mit 4 bräunlichen, kantigen oder pyramidalen, glatten Samen. **L. sativus L. Essbare P.**

Mai—Juni. Hier und da angebaut. J. V. N.

— 4—12bltg, so lang oder länger als die B; Bl.stiel länger als die K.röhre. St beiderseits breit-geflügelt, vierkantig, niederliegend oder aufstrebend und klimmend. 1—2 m lang; B mit 3teiliger Ranke, (an den unteren B einfach, oft nur mit Weichstachel). Fahne rundlich, aussen bleichgrün und schwach purpurn, innen purpurn und fleischfarben, mit dunkleren Adern; Flügel vorn purpurn wie der vordere Teil des Schiffchens; Hülse lederbraun. **L. sylvestris L. Wald-P.**

Juli—August. An Waldrändern. Hier und da.

348. Órobus, Walderbse.

1. St ästig, kantig, aufrecht. 2.

— einfach. 3.

2. Blt.st 1—3blütig. S. Ervum Ervilia.

— reichblütig, 50—100 cm h., schmal geflügelt, etwas flaumhaarig, unterwärts stielrund. B zweizeilig geordnet, mit 3—6 Paar Fiedern und einer Endfieder; Nebenb halbpfeilfg und meist am Aussenrand etwas gezähnt. Bl in langgestielten, gedrungenen, einerseitswendigen, herabhängenden Trauben, rosenrot mit dunkleren Adern; Flügel zuletzt violett; Schiffchen weiss, rötlich an der Spitze. Hülse lineal, kahl, schwarz. (Die B werden bei dem Trocknen dunkelbraun). **O. niger L. Schwarze W.**

Juni—Juli. Ziemlich selten. Nur stellenweise im Taunus, im —— L. und in den Rheinischen Wäldern.

3. St geflügelt, aufstrebend, 15—30 cm h. und niederliegend; B mit 2—3 Paar Fiedern, gestielt, meergrün wie die ganze

Pfl; Nebenb halbpfeilfg, ganzrandig; Bl in 3—5bltg Trauben, zuletzt hängend; Fahne und Flügel hellrot mit dunkleren Adern, zuletzt blaurot, mit grünlich-weissem Nagel; Schiffchen weiss, rötlich an der Spitze. Wzl.stock an den Gliedern mit Knollen. **O. tuberosus L. Knollige W.**

April—Mai. Wälder. Gemein.

— ungeflügelt, bis 30 cm h, aufrecht, zusammengedrückt-vierkantig, fast zweischneidig, (doch nicht geflügelt), grasgrün wie das ganze Kraut. B mit 2—3 Paar unterseits bleicher grünen, stark glänzenden, eifg, lang zugespitzten, flaumhaarig-gewimperten Fiedern. Blt.st b.winkelstdg, gerade, meist 4blütig, fast so lang als das B. Bl purpurrot, azurblau schillernd, später blaugrün. Hülsen kahl. Samen glatt. Sonst wie O. tuberosus. **O. vernus L. Frühlings-W.**

April—Mai. Wälder. ___ Wiesbaden (?) J. V. N.

349. Phaséolus, Bohne.

Bl in b.winkelstdg, armbltg Trauben, diese kürzer als die B; St bis 4 m h, rankend, mit breit-eifg Deckb; Blkr weiss, später gelblich; Hülsen glatt; Samen in Farbe sehr wechselnd. (Variiert mit niedrigem, kaum ½ m h, fast nicht windendem St, = Ph. nanus L.) **Ph. vulgaris L. Gemeine B.**

Juli—August. Häufig gebaut, letztere Spielart als Zwerg- oder Buschbohne.

— in reichbltg Trauben, diese länger als die B; Deckb länglich. Fahne scharlachrot; Flügel mennigrot; Hülsen an den Rändern von Knötchen rauh. St bis 4 m h, rankend. (Variiert weissblühend). **Ph. multiflorus Lam. Vielblumige B.**

Juni—September. Häufig gebaut.

2. Ordnung: Caesalpinieae.

350. Gleditschia, Gleditschie, Christus-Akazie. XXIII, 2.

Mässig hoher Zierbaum mit meist doppelt-gefiederten B, an deren Grund sich starke, kegelfg Dorne mit 2 kleinen seitlichen befinden. ☿ Bl in kurzen Aehren mit 4 Blb, 4teiligem K, 6 Stbgf und 1 Frkn; ♂ Bl mit 3blättrigem K und 3blättriger Blkr; ♀ Bl mit 5blättrigem K und 5blättriger Blkr; Hülsen bis 30 cm lang mit süssem Fruchtfleisch. **G. triacanthos L. Dreidornige G.**

(Bisher nicht blühend beobachtet.) Mehrfach in Anlagen als Zierbaum. (Aus Asien stammend).

Anhang zu den Choripetalen.

3. Ordnung: Aristolochieae.

351. Aristolóchia, Osterluzei. XX, 6.

Kraut. St 0,60—1 m h., aufrecht, hin- und hergebogen; B lang-gestielt, rundlich-eifg, am Grund tief-herzfg ausgerandet mit abgerundeten Lappen, wechselstdg. ganzrandig. 5—7nervig. Bl gelblich in achselstdg, armbltgen Büscheln, kürzer als der B.stiel. hinfällig mit gerader Röhre und zungenfg Lippe. Kapsel kugelig oder birnfg. **A. Clematitis L. Gemeine O.**

Mai—Juni. An Wegen, wüsten Orten. Hier u. da, doch nicht häufig.

Strauch, bis 6 m h., als Schlingpflanze zur Bedeckung der Wände hier und da gezogen, mit grossen, rundlich-herzfg, lang gestielten B, einzeln oder zu 2 in den B.achseln sitzenden, lang gestielten, pfeifenkopfartigen, aufwärts gekrümmten, grünlich-braunen Bl. Saum des Perigons regelmässig 3lappig, schmutzig-purpurn gesäumt. **A. Sipho L. Grossblättrige O., Pfeifenkopf.**

Juli—August.

352. Asarum, Haselwurz. XI, 1.

St 5—10 cm h., horizontalen unterirdischen Wzl.stöcken entspriessend, mit 3 grossen, häutigen Schuppen und 2 lang gestielten, breit-nierenfg, tief herzfg, ganzrandigen, vorn etwas ausgerandeten, oberseits dunkelgrünen und glänzenden, unterseits bleichgrünen, beiderseits mit gegliederten Haaren bewachsenen, später fast kahlen und lederigen B. St und Blt.stiele dicht mit langen, krausen, gegliederten Haaren bedeckt, spärlicher auch die düster-blutroten, glockigen, aussen bräunlich-grünen Bl. P.zipfel 3—4, lederig, einwärts gekrümmt, eifg, spitz. Stbgf 12 auf dem Frkn; A in der Mitte der Stbfd angewachsen; N strahlig, 6lappig; Kapsel 6fächerig, nicht aufspringend. Pfl von kampferartigem Geruch. **A. europaeum L. Europäische H.**

März—April. Bergwälder. Sehr vereinzelt im Gebiet.

4. Ordnung: Santalaceae.

353. Thesium, Thesium, Leinblatt. V, 1.

P anfangs wagrecht, später nur am oberen Teile einwärts gebogen, nicht eingerollt, auch nach dem Verblühen röhrenfg. St 15—30 cm h., aufrecht, später niederliegend, gelblich-grün wie die lanzettlich-linealen B, mit hin- und hergebogenen Aesten bei der Fr.reife und wagrecht abstehenden Blt.-stielen. P.röhre fast so lang als der 5spaltige Saum. Fr beinahe kugelig, der Länge nach gerippt, von dem bleibenden P bekrönt. Bl in traubigen Rispen. Deckb zu 3. Nüsse. **Th. pratense Ehrh. Wiesen-Th.**

Juni—Juli. Bergwiesen. Nicht häufig.

— zur Fr.zeit bis auf den Grund eingerollt, einen kaum ⅓ der Fr.länge betragenden Knoten darauf bildend. St 15—30 cm h., Ausläufer treibend, liegend oder aufstrebend, pyramidal-rispig. B lineal oder lineal-lanzettlich, gelblich-grün. Fr länglich, oval, gestielt. Deckb zu 3. Der vorigen Art sonst ähnlich. **Th. intermedium Schrad. Mittleres Th.**

Juli—August. Bergwiesen, Ziemlich selten. J. V. N.

5. Ordnung: Loranthaceae.

354. Viscum, Mistel. XXII. 4.

Auf Obstbäumen, besonders Apfel- und Birnbäumen schmarotzender, 30—45 cm h. Strauch mit gabelspaltigem, stielrundem, immergrünem St, lederartigen, derben, immergrünen, lanzettlich-spatelfg, stumpfen, nervenlosen, ganzrandigen B. 4teiliger, gelblichgrüner Blkr: Bl endstdg, sitzend, meist zu 5 in Knäueln; ♂ mit an die Blb angewachsenen, sitzenden Staubkölbchen: ♀ mit unterstdg Frkn; Narbe sitzend. 1samige, weisse Beere mit gallertartigem Fleisch. **V. album L. Weisse M.**

März—April. Auf Bäumen, besonders Apfel- und Birnbäumen schmarotzend.

II. Unterklasse: Sympetalae.

Mit K und Blkr. Blb fast immer verwachsen.

I. Reihe: Bicornes.

1. Ordnung: Vaccinieae.

355. Vaccinium, Heidelbeere. VIII, 1.

Blkr kugelig-krugfg mit zurückgebogenen Zähnchen, grünlich u. fleischfarben. Halbstrauch; sehr ästig, bis 30 cm h., kahl, mit scharfkantigen, grünen Aesten; ältere B lederartig, dunkelgrün, abfällig, jüngere hellgrün, sehr zart, länglich-eifg mit kleinen Kerbzähnen. 1—2 Bl am Grunde der Zweige an überhängenden, kurzen Bl.stielen. Beere unterstdg, von dem ungeteilten K.rand gekrönt, mit der K.röhre verwachsen, 4—8 mm dick, kugelig, schwarzblau, glänzend, blau bereift, vielsamig, mit purpurnem, bald blau werdendem Saft, säuerlich-süss, von etwas zusammenziehendem Geschmack. (B im Winter abfallend.) **V. Myrtillus L. Gemeine H.**

Mai—Juni. Wälder und Heiden. Sehr gemein.

— glockig, weiss oder rötlich, 4spaltig. Niedrige, im unteren Teile holzige, 10—20 cm h. Pfl. B immergrün, unterseits mit dunkeln Drüsenpunkten; Aeste rund; K 4teilig: Bl in endstdg, überhängenden Trauben; Gf länger als die Blkr: Beeren rot. **V. Vitis Idaea L. Preisselbeere, Kronsbeere.**

Mai—Juli. Wälder und Heiden. Zerstreut. ___ ‾‾‾. Weilburg, Winkel, Hadamar. Nicht sehr häufig.

— bis auf den Grund geteilt, ausgebreitet radfg, dann zurückgeschlagen, mit länglichen, stumpflichen, weisslichen, am Grunde und vorn rosenroten Zipfeln. St holzig, schwach kriechend und wurzelnd, kahl. B unansehnlich, eirund-herzfg, am Rande umgerollt, fast sitzend, immergrün, unterseits grau: Bl zu 2—3 lang-gestielt, endstdg, nickend, purpurn. Deckb wimperig, purpurrot. Beere ziemlich gross, kugelig, rosenrot, niederliegend. **V. Oxycoccos L. Moos-H.**

Juni—August. Sumpfige Wiesen. Ebersbach ? (Amt Dillenburg). J. V. N. Schwanheimer Wald (Fuckel).

2. Ordnung: Ericineae.

356. Callúna, Heidekraut. VIII, 1.

Niedriger. 30—45 cm h. Strauch, sehr ästig, buschig, mit rutenfg, stielrunden Aesten, welche viele gegenstdg, dicht 4zeilig beblätterte, kurze, später mit den B abfällige Zweige tragen; B 2—3 mm lang, dachig sitzend, über den Anheftungspunkt am Grunde nach unten pfeilfg verlängert, lineal, 3kantig nach unten zusammengefaltet. Bl nickend, kurz gestielt, in endstdg, einerseitswendigen Trauben, rosenrot (seltener weiss), glockig, 4spaltig, von 4 ebenso gefärbten, aber längeren K.b umgeben, unter welchen 6, den übrigen St.b mehr oder weniger ähnliche Deckb sitzen, (welche bei oberflächlicher Betrachtung für die K.b angesehen werden können); Staubkölbchen zusammenneigend, schwarzbraun, mit 2 Anhängseln. Frkn flaumig. 1 Gf mit 4lappiger Narbe. **C. vulgaris Salisb. (Erica vulgaris L.) Gemeines H.**

Juli—Herbst. Wälder und Heiden. Sehr gemein.

3. Ordnung: Pyrolaceae.

357. Pýrola, Wintergrün. X, 1.

1. St mit nur einer Bl und mit nur 6—8 rundlichen oder breiteifg, klein gesägten, kahlen, hellgrünen Wzlb, (Schaft), bis 10 cm h. In den Winkeln der B.rosette mehrere gefranste Schuppen. Bl nickend, ziemlich gross, flach, weiss, wohlriechend. Blb eirund, kurz-benagelt, am Rande wellig, wässeriggeadert, fein-gefranst wie die eirunden, weisslichen, anliegenden K.b. Frkn und Gf bleichgrün; N gross, 5eckig. **P. uniflora L. Einblütiges W.**

   Juni—Juli. Nadelwälder. Ziemlich selten. Dillenburg, Burg, Niederscheld, Herborn, Weilburg, Usingen. J. V. N.

   — mit mehreren Bl. 2.

2. Blkr grünlich-weiss. 3.

   — weiss. 4.

3. B alle nach einer Seite gewendet, nickend. St 10—15 cm h., oft am Grunde ästig, mit einigen Schuppen besetzt, kantig. B wechselstdg, oft quirlig, eifg, mit Stachelspitze, entfernt- u. kleingesägt, hellgrün, etwas glänzend, lederig; B.stiel kaum halb so lang. Deckb lanzettlich, länger als die Blt.stiele. K.zipfel eirund, viel kürzer als die Blb und wie diese fein gezähnelt. Blb zu einer eifg Bl zusammenneigend, sehr konkav. Gf etwas aufwärts gebogen. **P. secunda L. Einseitswendiges W.**

   Juni—Juli. Wälder. Selten. Dillenburg, Herborn, Weilburg, Weinbach, Niederhadamar, Heckholzhausen-Obertiefenbach, Lautert (bei Nastätten). J. V. N.

— nicht einerseitswendig, in armblütigen Trauben. Schaft 15—20 cm h., rötlich. B dunkelgrün, lederig, meist rundlich, öfter spatelig. Schuppen des St meist fehlend oder nur wenige schmale und grünliche; Deckb grün. K.zipfel grün, weiss gerandet, breit-eifg, $\frac{1}{4}$ so lang als die Blb, an diese anschliessend. Blkr fast halbkugelig; Blb gleichförmig nach dem Grunde verschmälert, nicht benagelt, verkehrt-eifg. Stbgf aufwärts-, Gf abwärts-gekrümmt. **P. chlorantha Swartz. Grünlichblühendes W.**

Juni—Juli. Nadelholzwald. Sehr selten. Dillenburg (Näulsberg).

4. Griffel am Ende gekrümmt, abwärts geneigt, rosenrot, noch einmal so lang als die aufwärts gekrümmten Stbgf. St, ausser der Wzlb.rosette von eifg-rundlichen, seicht gekerbten, derben, spiegelnden B, nur mit wenigen Schuppen besetzt, bis 25 cm h., hellgrün, kantig, mit endstdg, reichbltg (20bltg), lockerer Traube von nickenden, weissen Bl; Bl.stiele länger als der weissliche, 5teilige K von zarter Beschaffenheit; K.zipfel halb so lang als die verkehrt-eirunden, weit abstehenden, etwas ungleichen, nach aussen gewölbten Blb. Staubkölbchen ledergelb. Frkn hellgrün; 5fächerige Kapsel mit 5 auf der Mitte scheidewandtragenden Klappen aufspringend. **P. rotundifolia L. Rundblättriges W.**

Juni—Juli. Wälder. Hier und da, doch nicht häufig.

— — — gerade, (wenn auch manchmal schief stehend). 5.

5. Griffel senkrecht auf dem Frkn. St viel niedriger als bei voriger Art, bis 15 cm h.; B heller grün und nicht so starr und glänzend, rundlich-eifg; Bl in gedrungenen, reichblütigen Trauben; K.zipfel breit-eirund mit kurzer, pfriemlicher Spitze; Blb etwa 4mal so lang, kugelig zusammenschliessend, stark gewölbt, hellrot oder weiss; Stbgf gleichfg gegen den Gf geneigt, grün mit bleichgrüner, tellerfg aufgesetzter, doppelt so breiter, gefurchter, 5kerbiger Narbe. **P. minor L. Kleineres W.**

Juni—Juli. Lichtes Gehölz. Zerstreut, häufiger als vorige.

— schief auf dem Frkn, grösser als die vorige Art, mit doppelt so grossen, weissen Bl; Gf oberwärts etwas verdickt; Trauben lockerer, nicht so reichbltg; Narbe schmäler als das tellerfg Ende des Gf. **P. media Swartz. Mittleres W.**

Juni—Juli. Wälder. Sehr selten. Auf der Montabaurer Höhe in der Nähe von Hillscheid. J. V. N.

4. Ordnung: Monotropeae.

358. Monótropa, Ohnblatt. X. 1.

St aufrecht, bis 15 cm h., bleich-strohgelb wie die ganze, leicht zerbrechliche Pfl mit Ausnahme der honiggelben Narbe u. der braunen Staubkölbchen, mit endstdg, anfangs überhängender, gedrungener, später aufgerichteter, lockerer, reichbltg Traube von kurz gestielten, glockigen, fast krugfg, an der Basis etwas höckerigen Bl; gipfelstdg Bl 5blttrg, seitenstdg 4blttrg, mit 10, bezw. 8 Stbgf und mit 5, bezw. 4 K.b; B schuppenfg, aufrecht, unterwärts dichter stehend, breit-eirund, stumpf, am Grunde öfter gezähnt, die oberen in ähnlich gestaltete Deckb übergehend. Kapsel mit 5 oder 4 Furchen und Klappen, vielsamig. Samen sehr klein. **M. hypopitys L. Vielblumiges O.***

Juli—August. In Wäldern zwischen faulenden B. Hier und da.

II. Reihe: Primulinae.

1. Ordnung: Primulaceae.

359. Trientális, Siebenstern. VII, 1.

St 10—20 cm h, aufrecht, unterwärts mit einigen Schuppen, weiter oben mit wenigen B, ganz oben mit 5—7 grösseren, sternfg geordneten, elliptischen, kurz gestielten, ungleich grossen, fast ganzrandigen, graugrünen B. Blt.stiel aus der Mitte des B.sterns hervorgehend, meist mit 1, seltener mit 2—4 schneeweissen Bl. A purpurrot; 5—9 Stbgf; Blkr flach, 7teilig mit elliptischen Zipfeln. Frkn oberstdg, kugelig. Kapsel vielsamig, dünnhäutig. **T. europaea L. Europäischer S.**

Mai—Juli. Bergwälder. Sehr selten. Ebersbach, A. Dillenburg. Altkönig. J. V. N.

360. Lysimáchia, Lysimachie. V, 1.

1. Bl in endstdg, rispenfg geordneten Trauben. St aufrecht, 0.60—1 m h. und höher, stumpfkantig, oberwärts kurz- und teilweise drüsig-behaart. B gegenstdg, bisweilen quirlfg zu 3—4, kurz gestielt, länglich-eifg, ganzrandig, unterseits stärker behaart, die untersten unansehnlich und abfällig. Bl.stiele so lang als die goldgelben Bl, behaart, von einem Deckb gestützt; K.zipfel gewimpert, mit roter Randlinie, lanzettlich. Blkr.zipfel oval, stumpf, am Rande kahl. Stbf fast zur Hälfte verwachsen. Kapsel vom bleibenden Gf bekrönt, 5klappig. Samen 6eckig. **L. vulgaris L. Gemeine L.**

   Juni—September. An Ufern und nassen Orten. Gemein.

   — einzeln in den B.winkeln. 2.

2. Bl.stiele kürzer als die B. St niederliegend, kriechend und am unteren Teile wurzelnd, zusammengedrückt-4kantig, einfach, kahl. B gegenstdg, kurz-gestielt, herzfg-rundlich, meist sehr stumpf, bräunlich-fein-punktiert. K.zipfel herzfg, zugespitzt, punktiert wie die B; Blkr citrongelb, verhältnismässig gross, gewimpert, mit kurzen Drüsenhärchen. Stbgf nur unten verwachsen. Kapsel oft fehlschlagend. **L. Nummularia L. Kriechende L. (Wiesengeld.)**

   Juni—Juli. Nasse Orte. Gemein.

---

* Ueber den Wechsel in der Anzahl der Bl-Organe sagt Linné in seinem Systema Vegetab.: Quinta pars numeri quibusdam excluditur.

— länger als die B. St aus niederliegender Basis aufstrebend, kahl wie die ganze Pfl. stielrund. flach-gefurcht, rötlich. glänzend, späterhin sich ansehnlich (bis zu 60 cm) verlängernd und wurzelnd, ästig. B gegenstdg. kurz gestielt, eirund, spitz, ganzrandig, 3nervig, unterseits mit dunkleren Flecken, spiegelnd. Bl.stiel sehr schlank, nach der Blüte abwärts gebogen. K.zipfel lineal-pfriemlich, halb so lang als die goldgelben, eirunden, stumpfen Blb; Bl kleiner als die der vorigen Art. Stbgf fast frei. **L. nemorum L. Hain-L. (Gelber Gauchheil).**

Mai–Juli. Feuchte Orte im Wald. Stellenweise. Weilburg, Ems, Löhnberg, Laufenselden. J. V. N.

361. Anagállis, Gauchheil. V, 1.

Bl mennigrot. St gleich über der Wzl in mehrere, kreuzgegenstdg, einfache, ausgebreitete, aus liegender Basis aufstrebende, vierkantige Aeste sich verzweigend. B gegenstdg. sitzend, eirund, ganzrandig, 3nervig, kahl, unterseits mit dunkleren Punkten. Bl einzeln auf langen Stielen, b.achselstdg, nach dem Verblühen zurückgekrümmt. K.zipfel lanzettlich, spitz, häutig-gesäumt, gekielt. Blb drüsig-gewimpert. Gf rot mit grüner Narbe. Kapsel kugelig, so lang als der K. **A. arvensis L. Acker-G.**

Juni–August. Auf bebautem Land. Nicht selten.

— blau. Von der vorhergehenden Art fast nur durch die Farbe der Blkr verschieden, daher auch von vielen Botanikern nur als Spielart derselben angesehen. Kapsel länger als der K: K.zipfel länger zugespitzt. **A. coerulea Schreb. Blauer G.**

Juli–August. Auf Aeckern. Hier und da.

362. Centúnculus, Kleinling. IV, 1.

Sehr niedrige, leicht zu übersehende Pfl, bis 5 cm h., ästig, kahl, von unten an beblättert und mit b.winkelstdg. kurz gestielten, unansehnlichen, weissen oder blassroten Bl; B wechselstdg, fast sitzend, eirund, spitz, ganzrandig, kahl. K 4teilig, bleibend; Röhre der Blkr fast kugelig mit 4teiligem, meist geschlossenem Saum: Kapsel sehr klein, oberstdg, kugelrund, rundum sich öffnend, vielsamig. **C. minimus L. Wiesen-K.**

Juni–August. Auf feuchtem Sandboden. Montabaurer Höhe. Platte bei Wiesbaden, Alpenrod (__.__). Weilmünster. J. V. N.

363. Andrósace, Mannsschild. V, 1.

Schäfte 10–15 cm h. aus derselben Rosette von elliptischen, beiderseits verschmälerten, geschärft-gesägten, unterseits oft rot gefärbten, kahlen oder spärlich behaarten B, rötlich, stielrund, mit gegliederten Haaren wie auch die Blt.stiele und K, dazwischen kurze Drüsenhärchen. Bl doldenfg, weiss oder rötlich mit gelblichem Schlund, zu 3–8, von verkehrt-eirunden Hüllb umgeben. Blt.stiele zuletzt doppelt so lang als diese. K.röhre bleich-grün, mit 5 grossen, eirunden, grasgrünen, später vergrösserten, meist roten Zipfeln. Blkr.röhre kegelfg, mit konkavem Saum und eirunden Zipfeln. Deckklappen kurz und aufrecht, den Schlund kaum verengernd. **A. maxima L. Grösster M.**

April—Mai. Saatfelder. Selten. Wiesbaden, Mosbach. J. V. N.

364. Sámolus, Pungen. V, 1.

St bis 30 cm h., aufrecht, meist mit mehreren Nebenst. stielrund, einfach oder mit wechselstdg Aesten. B verkehrt-eirund, sehr stumpf, mit einem kurzen Spitzchen, ganzrandig, hell- oder meergrün, die unteren rosettenfg, die oberen wechselstdg kürzer gestielt oder sitzend. Bl in zuletzt verlängerten Trauben, weiss; Blt.stiele sehr dünn mit einem lanzettlichen Deckb; Blkr.zipfel 5, verkehrt-eirund, stumpf, fein gekerbt, weit abstehend, doppelt so lang als die Röhre. K halboberstdg, 5spaltig, bleibend. Kapsel vom bleibenden K.saum umgeben, halb-5spaltig, vielsamig, kugelig. **S. Valerandi L. Valerands P.**

Juli—August. Sumpfige Wiesen. Selten. Rauenthal, Salzquelle. (F u c k e l).

365. Primula, Schlüsselblume. V, 1.

Schaft (b.loser St) 20—30 cm h., oft mehrere aus derselben Wzl. f i l z i g - s a m m e t i g wie die Bl.stiele und K, mit endstdg, bis 12bltg Dolde von nickenden, c i t r o n g e l b e n, wohlriechenden, von eirund-pfriemlichen Deckb gestützten, präsentiertellerfg Bl mit k o n k a v e n, rundlich-verkehrt-herzfg Zipfeln und 5 safrangelben Flecken am Schlunde. K die Blkr.röhre einschliessend, etwas aufgeblasen, 5kantig, kurz-gezähnt. Die B der Wzl.rosette stumpf, gekerbt, runzelig, oberseits kahl, unten flaumig mit vorspringenden Adern, fast herzfg, mit geflügeltem B.stiel. Gf entweder kurz, dann Stbgf dicht unter dem Schlund eingefügt, oder Gf lang, dann Stbgf in der Mitte der Blkr.röhre eingefügt. (Dimorphismus). Kapsel eirund, halb so lang als der K, mit 10 Zähnen oben aufspringend. **P. officinalis Jacq. (Primula veris α L.) Gebräuchl. Schl.**

Frühlings-Anfang. Sehr gemein auf Wiesen.

— z o t t i g - b e h a a r t wie die K.kanten; Blkr mit f l a c h e n Zipfeln, trichterfg, geruchlos, s c h w e f e l g e l b, am Schlunde meist etwas dunkler, bisweilen mit dottergelbem Kreis. Sonst wie vorige Art, doch meist etwas höher. **P. elatior Jacq. (P. veris β L.) Garten Sch.**

März—April. Wiesen. Seltener als vorige und nur stellenweise. Weilburg, Eppstein, Dotzheim. Fehlt im Rheingau.

366. Hottónia, Hottonie. V, 1.

St 15—45 cm h., stielrund, ästig, röhrig, bleichgrün, oberseits an dem aus dem Wasser hervorragenden Teile drüsig-flaumhaarig und klebrig. B saftig, zerbrechlich, kammfg-fiederteilig, mit fadenfg-pfriemlichen Fetzen, zerstreut stehend. Bl traubig in 4—6bltg Quirlen, auf später abwärts gebogenen, am Grunde mit einem pfriemlichen Deckb gestützten, längeren Blt.stielen, tellerfg, weiss oder hellrot. Der obere Teil der Blkr.röhre und der Schlund dottergelb: Zipfel des Saums länglich-verkehrt-eirund, oft etwas ausgerandet. K.zipfel lineal-lanzettlich, spitz. Frkn kugelfg. vom bleibenden K umgeben, einfächerig, 5klappig. **H. palustris L. Sumpf-H.**

Mai—Juni. Sümpfe. Selten. Bremthal, Niedernhausen. A. Idstein; Kroppach. A. Hachenburg. J. V. N.

367. Glaux, Milchkraut. V. 1.

St 5—10 cm h., aufrecht, stielrund, kahl wie die ganze Pfl oder auch niederliegend bis 30 cm l. und wurzelnd; Aeste gegenstdg; B lineal-lanzettlich, öfter breiter oval, eingedrückt-punktiert, hell- oder graugrün, fast sitzend, die unteren gegen-, die oberen wechselstdg, fleischig. Bl einzeln in den B.winkeln sitzend, zu dicht beblätterten Aehren geordnet, hellrot, aussen am Grunde dunkler; Stbf purpurrot; A trüb-violett; Frkn grün. P glockig, tief-5spaltig, blkr.artig, mit zurückgebogenen Zipfeln. Kapsel kugelfg, einfächerig, 5klappig, 5samig. **G. maritima L. Meerstrands-M.**

Mai—Juni. Nur an der Saline von Soden. J. V. N.

2. Ordnung: Plumbagineae.

368. Státice, Grasnelke. V, 5.

Schaft bis 30 cm h., aufrecht, mit nur 1 Bl.kopf, kahl; B lineal, 1nervig, gewimpert; äussere Hüllen haarspitzig, lederig, innere sehr stumpf mit stachelspitzig endigendem Mittelnerven. Blt.stielchen so lang als die zottig-gerielte K röhre; Blb 5 am Grunde zusammengewachsen, rosafarben, klein-gekerbt oder etwas ausgerandet, spitzlich. K 5zähnig, gefaltet, bleibend, oberwärts trockenhäutig; 5 Gf. Kapsel. **St. elongata Hoffm.** (**St. Armeria L.**) **Verlängerte G.**

Mai—September. Sandfelder. Nur im Mainthal. J. V. N.

Anmkg. Die von dieser nur durch die 3—7nervigen, lineal-lanzettlichen B verschiedene St. plantaginea All. (ob nur 2 Formen derselben Art?) findet sich sehr häufig auf dem linken Rheinufer im Kieferwalde unterhalb Mainz, bisher dem einzigen deutschen Standorte und soll — nach F u c k e l — bisweilen sich auf unser Gebiet verirren.

III. Reihe: Contortae.

1. Ordnung: Oleaceae.

369. Ligústrum, Rainweide, Hartriegel. II, 1.

Strauch mit glatter, warziger Rinde, 2—3 m h., mit gegenstdg Aesten und gegenstdg oder wirtelfg zu 3 gestellten, länglich-elliptischen, völlig kahlen, ganzrandigen, etwas glänzenden, fast sitzenden B, endstdg, gedrungenen, im Umriss eifg Rispen von

weissen Bl mit 4spaltiger, regelmässiger Blkr und 4zähnigem, kleinem K, 2 in der Blkr.röhre sitzenden Stbgf und 1 oberstdg 2fächerigen Frkn. Beere erbsengross, schwarz, meist 2samig. **L. vulgare L. Gemeine R. (Liguster, Hartriegel).**
Mai—Juni. Hecken. Gemein.

370. Fráxinus, Esche. II, 1. (XXIII, 2.)

Ansehnlicher Baum, 20—40 m h., mit senkrechtem, bräunlich-grauem, glattem, erst im Alter runzeligem Stamm mit grossen, schwärzlich-braunen, von weichhaarigen Schuppen umhüllten Knospen, gegenstdg Aesten und B; letztere mit 4—7 Paar kurz gestielten, länglich-lanzettlichen, kahlen, grob-gesägten, keilfg zulaufenden Fiedern. Blt ohne Blkr und K, in schlaffen, aus den Seitenknospen der jüngeren Zweige nahe unter der Spitze hervortretenden Rispen; 2 Stbgf mit roten Staubbeuteln; 1 Stempel mit 1 Gf und einer 2spaltigen Narbe. Kapsel länglich-eirund, flach-zusammengedrückt, lederartig, oberwärts geflügelt, 2fächerig, 1samig. (Bl bald ♂, bald ♀, bald ☿, weshalb Linné sie zur XXIII. Cl. rechnete). **F. excelsior L. Hohe E.**
April—Mai. Wälder. Gemein.

371. Syringa, Flieder. II, 1.

Strauch oder niedriger Baum bis zu 6 m h., mit kreuzstdg (dekussierten), ganzrandigen, herz-eifg, gestielten B u. lilafarbenen, (seltener weissen) in endstdg. aufrechten, gedrungenen, ansehnlichen, gepaarten Rispen sitzenden, wohlriechenden Bl; Blkr präsentiertellerfg, Saum 4lappig, mit 2 in der Blkr.röhre sitzenden Staubkölbchen; K 4zähnig. Gf mit 2lappiger Narbe; Kapsel länglich, lederig, 1—2samig. **S. vulgaris L. Gemeiner F.**
April—Mai. Oefter wegen der wohlriechenden Bl kultiviert.

2. Ordnung: Gentianeae.

372. Menyanthes, Zottenblume. V, 1.

St halbstielrund, kahl, aus langem, gegliedertem, starkfaserigem Wzl.stock (Rhizom) 15—30 cm h., ganz von B.scheiden umschlossen. B 3zählig, wechselstdg, lang-gestielt; Teilb.chen verkehrt-eirund, stumpf, ausgeschweift-gekerbt, hellgrün. Bl trichterig, blass-rosenrot in zierlicher, endstdg Traube; Saum der Blkr 5teilig. Zipfel von langen, weissen Haaren bärtig. Am Grund jedes Blt.stiels ein lanzettliches Deckb. 5 länglich stumpfe, etwas rötlich gefärbte, bleibende K zipfel. A trüb-violett. Kapsel einfächerig, 2klappig, vielsamig. **M. trifoliata L. Dreiblättrige Z.**
Mai—Juli. Sumpfige Orte. Zerstreut im Gebiet u., wo vorkommend, truppweise.

373. Limnánthemum, Pfützenblume. V, 1.

St unter das Wasser getaucht, von bedeutender Länge, gabelspaltig-ästig, mit aufsteigendem Ende; B gegenstdg, die unteren sehr lang gestielt; B.stiel scheidig, oft bis 60 cm lang, die oberen kürzer gestielt, rund, tief-herzfg, auf dem Wasser schwimmend, oberseits dunkel-, unterseits hellgrün, bleigrau oder rostfarben, dunkel punktiert. Grosse, 2—3 cm breite, citrongelbe, schwimmende, radfg Bl auf langen, b achselstdg, dicken Stielen doldenfg beisammen sitzend, mit 5 eirunden, fransig-gewimperten Zipfeln, deren Schlund behaart, nach dem Verblühen wieder untergetaucht. K 5teilig; Kapsel 1fächerig, 2klappig, vielsamig. **L. Nymphoides Link. (Menyanthes Nymphoides L., Villarsia Nymphoides Ventenat). Seerosenähnliche P.**

Juli—August. In stehendem oder langsam fliessendem Wasser; in der Lahn hier und da, von Nievern abwärts. Hattenheim, im Rhein. J. V. N.

374. Gentiana, Enzian. V. 2.

1. Blkr unbewimpert. 2.
— am Rande oder am Schlunde bewimpert. 3.

2. Blkr 4spaltig, bauchig-röhrig, fast keulenfg, 4kantig-gefaltet, dunkel-violett; Saum 4teilig, flach ausgebreitet, innen schön azurblau. St 15—30 cm h, einfach, kahl wie die ganze Pfl, schwach 4kantig. B kreuz-gegenstdg, lanzettlich: 3nervig, oberseits dunkelgrün und glänzend, am Grunde paarweise zu lockeren Scheiden vereinigt. Bl zu 4—6 in b.winkelstdg Quirlen. Deckb lanzettlich, ungleich lang. K meist mit 4 ungleichen Zähnen. 4 Stbgf. N zurückgerollt. **G. cruciata L. Kreuz-E.**

Juli—Herbst. Trockene Wiesen. Ziemlich selten. ___ Weilburg, Dehrn. J. V. N.

— 5spaltig oder mehrspaltig, ansehnlich, bis 5 cm l., keulenfg-glockig, innen azurblau mit 5 breiten, helleren, grünlich-punktierten Streifen, mit 5 in einen spitzen Zahn ausgehenden Falten; Zipfel des Saums aufrecht, eirund-spitz, gezähnelt. St 15—60 cm h., 4kantig, reichbeblättert, kahl wie die ganze Pfl. B gegenstdg, lineal-lanzettlich, die untersten schuppenfg, am Grund zu einer kurzen Scheide verwachsen. Bl einzeln, endstdg oder mehrere in den oberen B winkeln, gestielt. K von 2 Deckb gestützt, röhrig, mit 5 lanzettlichen Zähnen. A zusammenhängend, lineal. Gf mit 2 zurückgerollten N. Bl selten weiss. **G. Pneumonanthe L. Gemeiner E.**

August—September. Auf sumpfigen Wiesen. Selten. Nordenstadt (Mechtildshäuser Hof). J. V. N.

3. Blkr im Schlunde bärtig. 4.
— kahl, nur am Rande bewimpert; St bis 30 cm h., aufrecht oder aufstrebend, 4kantig, hin- und hergebogen, kahl wie die lineal-lanzettlichen, spitzen B (die untersten, meist zur Blt.zeit fehlenden, verkehrt-eirund), meist einfach mit einer endstdg Bl, seltener ästig und mehrbltg; Blkr ansehnlich, 3—4 cm lang, bauchig-glockig erweitert mit länglich-stumpfen.

gesägten, lang gewimperten Zipfeln, licht- oder azurblau (seltener weiss); K 4spaltig mit lanzettlichen Zipfeln; Stbf am Grunde zottig; Frkn lang gestielt mit sitzenden, eifg Narben. **G. ciliata L. Gefranster E.**

August—Herbst. Niederlahnsteiner Berg, Wiesbaden, Dotzheim, Bierstadt, Hofheim, Kloppenheim-Sonnenberg, Hermannstein (Kr. Biedenkopf). J. V. N.

4. K meist 4zähnig; Blkr im Schlund gebärtet, gesättigt blau (seltener weiss), mit breiten, stumpfen Zipfeln; St aufrecht, 10—20 cm h., meist einfach; B sitzend, gegenstdg. eifg oder ei-lanzettlich, kahl, die unteren verkehrt-eirund, gestielt; Bl end- und b winkelstdg, einzeln oder zu 2, oder rispig-traubig geordnet, gestielt; die äusseren beiden K zähne breiter als die inneren linealen (bisweilen auch mit 3 inneren). **G. campestris L. Feld-E.**

Juli—Herbst. Auf sonnigen Bergwiesen. Nicht häufig. Haiger, Dillenburg, Westerburg. Wehen. Arzbach-Fachbach.

— — 5spaltig oder 5teilig, mit lineal-lanzettlichen, spitzen, etwas ungleichen Zipfeln. St aufrecht, bis 20 cm h., kantig, einfach oder rispig-ästig. B gegenstdg, sitzend, 3—5nervig, ei-lanzettfg, kahl, die unteren verkehrt-eirund, in einen B.stiel verschmälert. Bl end- und b winkelstdg, einzeln oder zu 2, gestielt. Blkr.röhre weisslich; Saum rötlich-blau mit ei-lanzettfg, ganzrandigen Zipfeln, zwischen diesen innen eine aufrechte, gleich breite, fein zerfetzte Schuppe. N zuletzt zurückgebogen. **G. germanica Willd. Deutscher E.**

August—Herbst. Trockene Bergwiesen. Stellenweise, doch nicht häufig, im ganzen Gebiet. Fehlt im L. Im . selten.

375. Cicendia, Bitterblatt. IV, 1.

St aufrecht, meist kaum 10 cm h., schlank, fädlich, kahl, einfach oder vom Grunde an ästig; Aes'e gegenstdg, die obersten über die Hauptachse hinausragend; B 4—8 mm lang, lineal-lanzettlich oder verkehrt-eirund, fleischig, kahl, ganzrandig, die untersten rosettenfg genähert, die oberen am Grunde breit verwachsen; K 4kantig, 4spaltig mit 3eckigen, spitzen, randhäutigen Zipfeln; Bl goldgelb, präsentiertellerfg, mit 4teiligem Saum und eirunden, stumpflichen, nach aussen gewölbten Zipfeln; 4 Stbgf der kugelig-bauchigen Blkr.röhre eingefügt; Frkn rundlich, mit 1 Gf und 1 kopffg Narbe. Kapsel 2klappig, vielsamig. **C. filiformis L. Fädliches B.**

Juli—August. Auf feuchten Triften. Ziemlich selten. Montabaurer Höhe, Frohnhausen-Wissenbach, Kroppach, Platte b. Wiesbaden. J. V. N.

376. Erythráea, Tausendguldenkraut. V, 1.

St aufrecht, bis 30 cm h., einfach, 4kantig, kahl wie die ganze Pfl, mit endstdg, gedrungener, fast büschelartiger, gabel-spaltiger Doldentraube; 3—5nervigen, gegenstdg, ganzrandigen, verkehrt-eirunden oder lanzettlichen, unten rosettenartig gestellten, nach oben schmäleren, fast linealen, sitzenden B, welche am Grunde der Bl.stiele in Deckb übergehen. Blkr trichterfg mit 5 ovalen Zipfeln, schön fleischrot; K 5spaltig mit pfriemlichen, randhäutigen Zipfeln, etwas kürzer als die walzliche Blkr.röhre. Kapsel 2fächerig, schmal-länglich, vielsamig, von der welkenden Blkr und dem K eingeschlossen, länger als der K. **E. Centaurium Pers. (Gentiana Centaurium L.) Gemeines T.**

Juli—August. In lichten Wäldern und Gebüschen. Hier und da.

— ausgebreitet, von unten an gabelig-ästig, scharf 4kantig-geflügelt, ohne Wzlb.rosette; St.b gegenstdg; untere Bl länger gestielt. (Stiel 1—2 cm l.), b.winkelstdg; K so lang als die Blkr.röhre; Blkr.zipfel lanzettlich; Staubkölbchen weniger gedreht wie bei voriger Art; Kapsel kaum länger als der K. Sonst wie vorige Art. (daher von Linné nur als Spielart derselben angesehen). **E. pulchella Fries. (Gentiana Centaurium β L.) Niedliches T.**

Juli—August. An feuchten Orten. Zerstreut.

3. Ordnung: Apocyneae.

377. Vinca, Sinngrün. V, 1.

St auf dem Boden kriechend und wurzelnd, mit aufrechten, 15—30 cm h., bl.tragenden, stielrunden Aesten; B gegenstdg, elliptisch, gestielt, glänzend, ziemlich derb, ganzrandig und immergrün; B.stiel mit 1 Drüsenzahn jederseits. Bl in den B.achseln, einzeln, lang gestielt, blau (seltener rot oder weiss), tellerfg mit 5kantigem Schlund, abstehend behaart, mit nach oben sich erweiternder Röhre und 5teiligem, flachem Saum; K 5teilig; 5 mit den Blkr.zipfeln wechselnde Stbgf mit länglichen, über dem Stempel zusammenneigenden und den Schlund verschliessenden Staubkölbchen. Fr eine doppelte, der Länge nach sich öffnende Balgkapsel mit vielen schopflosen Samen, (seltener bei uns zur Reife gelangend). **V. minor L Kleineres S.**

Mai—Herbst. Hecken, Gebüsche. Hier und da. Auch als Zierpflanze in Gärten kultiviert.

4. Ordnung: Asclepiadeae.

378. Cynánchum, Hundswürger (Schwalbenwurz). V. 2.

St 30—45 cm h., aufrecht, einfach, meist mehrere aus derselben Wzl, stielrund, kahl wie die gegenstdg, kurz gestielten, herz-eifg, ganzrandigen B. Bl in seitenstdg, paarweise gestellten, teils sitzenden, teils gestielten Dolden, fast radfg, 5spaltig, weiss, mit 5lappiger, gelblicher Nebenkrone (Anhängsel der in eine Röhre verwachsenen Stbgf); K 5teilig; 2 lange, glatte Balgkapseln mit vielen, haarschopfigen Samen; Narbe schildfg, stumpf-5kantig. **C. Vincetoxicum R. Brown. (Asclepias Vincetoxicum L.) Gemeiner H.**

Mai—August. Sonnige Berge und steinige Orte. Häufig.

IV. Reihe: Tubiflorae.

1. Ordnung: Convolvulaceae.

379. Convólvulus, Winde. V, 1.

Bl.stiele in der Mitte mit 2 pfriemlichen Deckb. meist einbltg. St meist gestreckt auf dem Boden liegend oder sich um andere Pfl windend und daran emporklimmend, 45—60 cm l., kantig, mehrere aus derselben Wzl. kahl wie die wechselstdg, pfeilfg oder spiessfg, ganzrandigen, stumpfen, paralleladerigen B. Bl trichterig-glockig, anfangs 5fach gefaltet, eckig-5lappig, weiss oder rötlich, aussen mit 5 dunkleren Streifen; K 5teilig, weit kleiner, mit eirunden, stumpfen, in eine kleine Spitze endigenden Zipfeln. Kapsel oberstdg, rundlich, 2—4fächerig; Fach mit je 2 Samen. C. **arvensis L. Acker-W.**

Juni—Juli. Auf Wegen und Aeckern gemein.

— dicht unter dem K mit 2 grossen, herzfg Deckb, diesen einhüllend. St sich an anderen Pfl hoch emporwindend (oft bis 3 m h.), kantig. B wechselstdg, gestielt, eifg, tief-herz-pfeilfg mit winkelig-abgerundeten Lappen, oft mit schmalem, purpurnem Saum (oft auch so die Deckb). Blkr ansehnlich, bis 6 cm lang, reinweiss, auf langen, einbltg. vierkantigen Bl.stielen, trichterig-glockig, eckig-5lappig und 5faltig. Kapsel mit unvollständig getrennten Fächern, mehrsamig. C. **sepium L. Zaun-W.**

Juli—Herbst. An Zäunen und Gebüschen. Gemein.

380. Cúscuta, Flachsseide. IV, 2. (V, 2)

1\. Schlund der Blkr durch gefranste Schuppen geschlossen. 2.
— — — — — — nicht geschlossen. 3.

2\. Blkr.röhre walzlich; St ästig, purpurn, um niedrige Pfl sich schlingend, haardünn; Fl.knäuel von einem, übrigens wenig in die Augen fallenden Deckb gestützt; Saum der blassroten Blkr.röhre 4—5spaltig, flach ausgebreitet, so lang als letztere; Gf länger als der kugelige Frkn; Narbe fädlich. C. **Epithymum Weihe.** (C. **europaea** ; **L.**) **Thymseide.**

Juli—August Auf Heiden und trockenen Grasplätzen. Gemein.

— glockig mit 5spaltigem, eben so langem Saum, dessen Zipfel abstehend, hornartig einwärts gebogen. St ästig, hell pomeranzengelb; Bl in gestielten Büscheln, weiss; Staubkölbchen gelb; Narbe kopfig. Auf Medicago sativa L. (auch auf Anthemis-, Sonchus- u. Galium-Arten) schmarotzend. C. **Hassiaca Pfeiff. Hessische F.**

August—September. Niederlahnstein, Weilmünster, Weilburg, Okriftel, Wiesbaden. Ob noch jetzt?

3\. St ästig, lange Strähne bildend und damit auch an grösseren Pfl wie Weiden, Nesseln hoch emporkletternd und die zärteren gleichsam erdrosselnd. Schuppen kleiner wie bei vorigen Arten, 2- und mehrspaltig, im Grunde der Blkr aufrecht, nicht zusammenneigend. Bl in 10—15bltg, von einem wenig ansehnlichen Deckb gestützten, sitzenden Knäueln, röllich-weiss. Gf kürzer als der birnfg Frkn. Sonst den vorigen Arten ähnlich, aber ansehnlicher. **C. europaea L. Gemeine F.**

Juli-August. An Hecken, Ufern sehr gemein.

— einfach (astlos), grünlich-gelb, oft röllich angelaufen: Bl.knäuel ohne Deckb. stiellos, am Grund etwas zusammengewachsen. Blkr krugfg-kugelig mit bauchiger Röhre, deren Saum halb so gross, mit 5 breit-eirunden, abstehenden, etwas spitzen, oft röllichen Zähnen; K weisslich, fleischig, durchscheinend, halb 5spaltig, glockig, mit spitzen Zipfeln. Schuppen der weissen Blkr wie bei voriger Art, an die untere Blkr.röhre angedrückt. **C. Epilinum Weihe. Leinseide.**

Juli—August. ___; Königstein; Weilmünster. Hier und da auf Flachsäckern. Fehlt im L.

2. Ordnung: Polemoniaceae.

381. Polemonium, Sperrkraut. V, 1.

St aufrecht, 60 cm h. und höher, kantig, gefurcht, kahl, oben rispig-ästig. B wechselstdg, unpaarig-gefiedert mit vielen fast gegenstdg, schief gestellten, lanzettlich-elliptischen, ganzrandigen, bis auf die zottige Spindel und Hauptader der oberen B, kahlen Fiedern. Aeste, Blt.stiele u. K mit Drüsenhaaren. Bl kornblumenblau zu 2—3 traubig, am Ende der Aeste ebenstraussartig; Blt.stiel so lang als der K; K.zipfel lanzettlich; Blkr.röhre und Schlund weiss mit violettem Adernetz; Schlund durch haarige Schuppen geschlossen; Saum ausgebreitet, 5spaltig. Gf oben und 3 N blau. Kapsel kugelfg, 3klappig, 3fächerig. **P. caeruleum L. Blaues Sp.**

Juni-Juli. Sumpfwiesen. Selten. Marienstadt bei Hachenburg. Kroppach. J. V. N.

3. Ordnung: Borragineae.

382. Heliotrópium, Sonnenwende. V, 1.

St aufrecht, 15—45 cm h., stielrund, graugrün durch Behaarung, scharf anzufühlen, von unten an ästig. B wechselstdg, elliptisch, in einen langen B.stiel verlaufend, ganzrandig, rauh, graugrün, besonders unterseits. Bl in end- und seitenstdg zurückgerollten, einzelnen oder gezweieten Aehren (Wickeln) sehr kurz gestielt, 2zeilig, einerseitswendig, weiss oder bleich-violett, trichterig mit grünlicher, zottiger Röhre; Saum 5spaltig mit rundlichen Zipfeln; Schlund gefaltet ohne Deckklappen. K 5teilig mit aufrechten, linealen, steifhaarigen, später sternfg abstehenden Zipfeln. Nüsse 4, eirund, körnig-runzelig, flaumig, erst bei der Reife sich trennend. **H. europaeum L. Europäische S.**

Juli—August. Sonnige Orte. Weinberge. Wiesbaden. Rheinthal an vielen Stellen. J. V. N.

383. Echinospérmum, Igelsame. V, 1.

St aufrecht. 15—45 cm h., einzeln, nach oben ästig und einseitig-gabelspaltige (scheinbare) Bl.trauben (sogenannte Wickel) tragend. B lineal-lanzettlich, ganzrandig, ziemlich lang- und weich-behaart und bewimpert; (Haare auf Knötchen sitzend), wechselstdg, die untersten kurz gestielt, die oberen stiellos. Bl himmelblau (seltener gelb oder weisslich), sehr kurz gestielt, aufrecht. Deckb und K steif-borstig gewimpert; K wenig länger als die Blkr.röhre; Frkn weit abstehend. Nüsse 3kantig, am Rand mit 2 Reihen widerhakiger Stacheln. **E. Lappula Lehmann. Klettenartiger I.**

Juli—August. Auf sonnigen Hügeln. Im ‾I.‾, Mainthal; Biebrich-Wiesbaden. J. V. N.

384. Cynoglóssum, Hundszunge. V, 1.

St 45—90 cm h., aufrecht, oberwärts ästig, weich-zottig. B wellig, ganzrandig, filzig-graugrün, die unteren eirund-länglicheirund in einen langen B.stiel verlaufend, die oberen kürzer gestielt oder halb-st.umfassend mit eirunder Basis. Bl in einzelnen, einseitigen, anfangs zurückgerollten, zuletzt sehr verlängerten Trauben (Wickeln), deckb.los. Blt.stiele und K zottig-grau. K mit 5 länglichen, stumpfen, ungleichen, zuletzt wagrecht abstehenden Zipfeln, etwas kürzer als die trüb-blutroten Bl, deren Saum aufrecht-glockfgtrichterig, etwas länger als die weissliche, kurze Röhre. Deckklappen sammetig-filzig, purpurbraun, verdickt und sehr stumpf, die K.röhre nur verengernd. Nüsse 4, vorn sehr platt, mit kurzen, widerhakigen Stacheln, am Rande wulstig. **C. officinale L. Gebräuchliche H.**

Mai—Juli. An Wegen, Schutthaufen. Stellenweise. (Im _L._ fehlend).

385. Borágo, Boretsche. V, 1.

St ästig, 30—60 cm h., steifhaarig von wagrechten, ziemlich starren Borsten besetzt, wie fast die ganze Pfl. B wechselstdg, runzelig, gewimpert, breit-elliptisch, lang-gestielt, die oberen länglich, mit ihrem breit-geflügelten B.stiel etwas st.umfassend. Bl.trauben (Wickel) gedrungen, anfangs zurückgekrümmt, zuletzt aufrecht. Deckb eirund, spitz, zur Seite des Bl.stiels. K halb so lang als der Bl.stiel, mit linealen, spitzen Zipfeln. Blkr kornblumenblau (seltener weiss oder rötlich), mit breit-lanzettlichen Zipfeln; 4 am Grunde ausgehöhlte und mit einem gedunsenen, faltig-gerieften Rand umgebene Nüsse. **B. officinalis L. Gebräuchliche B.**

Juni—Juli. Häufig in Gärten und verwildert auf Schutthaufen.

386. Anchúsa, Ochsenzunge. V, 1.

St aufrecht, 30—90 cm h., kantig, oberwärts ästig, die ganze Pfl mit auf Knötchen sitzenden Borsten besetzt; B wechselstdg, fast ganzrandig, lanzettlich, graugrün, die untersten (Wzlb) in einen langen B.stiel verlaufend, (oft bis 15 cm lang und 2—3 cm breit), die oberen kürzer gestielt oder sitzend und halb st.umfassend. Bl.trauben (Wickel) end- und seitenstdg, gabelspaltig mit einer Bl in der Gabel, anfangs einwärts gerollt, gedrungen, später aufrecht und verlängert. Bl.st kurz. K fast 5teilig, mit lineal-lanzettlichen, aufrechten, rötlichen Zipfeln, später glockig aufgeblasen, die der unteren Bl nickend. Bl.stiele ebenso gefärbt. Bl violett, dann blau. Deckklappen stumpf, weiss-filzig. Nüsse zusammengedrückt-eifg, dunkelgrau, überall fein gekörnelt, unten ausgehöhlt, mit einem gedunsenen, faltig-gerieften Ring umgeben. **A. officinalis L. Gebräuchliche O.**

Mai—Herbst. An unbebauten Orten. Hier und da, doch nicht so häufig.

387. Lycópsis, Krummhals. V, 1.

St meist aufstrebend, 30—60 cm h., borstig-behaart wie die ganze Pfl; Borsten weit abstehend, auf Knötchen sitzend. B länglich-lanzettlich, stumpf, wellig gebogen, wechselstdg, bleichgrün, die untersten in einen kurzen Stiel verlaufend, die oberen mit gerundeter Basis halb st.umfassend und etwas herablaufend. Bl lichtblau, in endstdg, gezweieten, anfangs gedrungenen, dann verlängerten Aehren (Wickeln), von seitlichen Deckb gestützt, mit einer nackten Bl in der Gabelspalte. K 5teilig mit schmal-lanzettlichen Zipfeln, kaum halb so lang als die gekniete, walzliche Blkr.röhre. Deckklappen weiss, behaart. K bei der Fr aufgeblasen. Nüsse am Grunde ausgehöhlt, mit einem gedunsenen, faltigen Ringe. **L. arvensis L. Acker-K.**

Juni—Herbst. Auf Saatfeldern gemein.

388. Sýmphytum, Beinwurz. V. 1.

St aufrecht, 30—90 cm h., oberwärts ästig und von den herablaufenden B geflügelt-kantig. B ganzrandig, wechselstdg, unterseits heller grün mit dickem, weisslichem Hauptnerven und erhabenen Seitennerven, oberwärts runzelig, rauhhaarig wie die ganze Pfl, die untersten länglich-eirund, lang zugespitzt, in einen rinnigen B stiel verlaufend, die obersten sitzend und bis zu den nächsten B am Stengel herablaufend. Bl in endstdg, gezweieten, bis zum Verblühen zurückgebogenen, einseitigen, fast ährigen Trauben (Wickeln), anfangs abwärts gerichtet. K.zipfel lanzettlich, mit hervortretendem Hauptnerven. Nüsse stark glänzend, am Grunde schwach gerandet. Gelblich-weiss oder rot. **S. officinale L. Gebräuchliche B.**

Mai—Juni. An feuchten Wiesen, an Ufern. Gemein.

389. Échium, Natterkopf. V, 1.

St aufrecht, 60—90 cm h., stielrund, von der Mitte an mit b.winkelstdg, einfachen, wechselstdg Aesten, eine endstdg, reichbltg, aus vielen 2reihigen Aehren (Wickeln) bestehende Rispe von anfangs roten, dann hellblauen Bl mit unregelmässigem Saum tragend, steifhaarig wie die ganze Pfl; Haare auf schwärzlichen Knötchen sitzend. B lanzettfg, ganzrandig, die untersten eine Rosette bildend, in den B.stiel verschmälert, die oberen sitzend. Stbf rosenrot mit schieferblauen Staubkölbchen. Gf behaart, gabelspaltig. Nüsse schwärzlich-braun, schief-eirund oder dreikantig, gekörnelt. **E. vulgare L. Gemeiner N.**

Juni—Herbst. Auf Mauern, an felsigen Ufern sehr gemein.

390. Pulmonária, Lungenkraut. V, 1.

St 15—30 cm h., aufrecht, durch die herablaufenden B etwas kantig, borstig wie die ganze Pfl. B wechselstdg, ganzrandig, unterseits heller grün, oft daselbst gefleckt; Wzlb breit-herz-eirund, späterhin ansehnlich vergrössert, lang gestielt, mit rinnigem, etwas geflügeltem B.stiel, die mittleren und oberen B sitzend. Bl erst rot-lila, dann violett, am Schlund locker behaart, trichterfg, in mehreren endstdg, einseitigen, anfangs zurückgebogenen oder nickenden Trauben (Wickeln). K röhrig, 5kantig, 5spaltig, später aufgeblasen, verkehrt-eirund mit einwärts geneigten Zipfeln. **P. officinalis L. Gebräuchliches L.***

März—April. Am Rand von Wäldern, in Gebüchen häufig.

Voriger Art sehr ähnlich, nur verschieden von ihr durch die lanzettlichen, oder elliptisch-lanzettlichen, beiderseits verschmälerten (nicht herzfg) Wzlb der nicht blt.tragenden St, breiter geflügelte B.stiele, meist ungefleckte St.b, den dichter behaarten Schlund ist **P. angustifolia L. Schmalblättriges L.**

Frühling. Waldränder und lichte Gebüsche.

Beide Arten kommen schwerlich an demselben Standorte vor; während diese sehr häufig im M. u. Rh. u. die vorige dort sehr selten ist, fehlt umgekehrt P. angustifolia im ___ u. Lahngebiet und ist hier P. officinalis gemein.

Auch P. azurea Bess., die bisher nur von Wirtgen auf dem Niederwald gefunden worden ist, ist letzter Art sehr ähnlich, hat aber sehr schmale, mehr steifhaarige Wzlb und St.b, längeren und mehr glockenfg Saum der Blkr, ausserdem von ihr verschieden durch 5 kleine wimperige Schlundschüppchen und die schöne, azurblaue Farbe der Bl. Blüht zu selben Zeit an waldigen Orten.

391. Lithospérmum, Steinsame. V, 1.

Bl anfangs rot, dann azurblau, trichterig, teils in den Gabelspalten, teils zur Seite der B und unterbrochene Trauben (Wickel) bildend. St 30—45 cm h., oft zu mehreren beisammen, schwachkantig, einfach, oben in wenige, aufrecht abstehende Aeste sich teilend, von aufrechten Haaren scharf, die nicht bl.tragenden St rutenfg, lang niedergestreckt und öfter wurzelnd. B wechsel-

* Bei Pulmonaria sind die Bl zweigestaltig dimorph), indem bei der einen Form die Stbgf in der Mitte der Blkr.röhre, bei der anderen oben sitzen. Erstere hat einen langen, darüber weit hinausragenden, letztere einen weit kürzeren Gf.

stdg, aufrecht abstehend, fast sitzend, lanzettlich, spitz, ganzrandig, unterseits blassgrün, von kurzen, vorwärts gerichteten Härchen scharf. K tief-5teilig, mit linealen, spitzen, rauhhaarigen Zipfeln, so lang als die Blkr.röhre; Schlund der Blkr mit 5 dicht-drüsig-behaarten, hellgrauen Falten. Nüsse schief-eirund, weiss, glatt und glänzend. L. **purpureo-coeruleum L. Purpurblauer St.**

Mai—Juni. Sonnige Berge im L. unterhalb Nievern.

— w e i s s (seltener blau), in zuletzt verlängerten Aehren (Wickeln). St 15—45 cm h., einfach, öfter zu mehreren aus derselben Wzl. oben meist in 3 abstehende Aeste sich teilend. fast stielrund, borstig wie die ganze Pfl; Borsten auf feinen Knötchen sitzend. B ganzrandig, wechselstdg, schwach gewimpert, von vorwärts gerichteten Borstchen scharf, die unteren länglich-verkehrt-eirund, die folgenden lanzettlich oder lineal-lanzettlich. K 5teilig, mit lineal-lanzettlichen, ungleichen Zipfeln; Blkr röhre so lang als der Saum, mit violettem Ring. Schlund mit 5 zottigen Falten; Nüsse schwarz, eirund, k n ö t i g - r u n z e l i g. **L. arvense L. Acker-St.**

April—Juni. Aecker. Gemein.

— s c h m u t z i g - g e l b oder g r ü n l i c h - w e i s s. St steif aufrecht, 30—60 cm h, oberwärts kantig, sehr ästig, sehr scharf anzufühlen wegen angedrückter Borstchen, mit vielen, wechselstdg, sitzenden, breit-lanzettlichen, ganzrandigen, etwas umgerollten, oberseits dunkler-grünen, rauhen B. Bl in endstdg, gezweieten, einseitswendigen, anfangs zurückgerollten Trauben (Wickeln). K.zipfel ungleich, lineal-lanzettlich, stumpf. Blkr.röhre so lang als der K; Schlund von 5 flaumhaarigen Deckklappen verengert. Nüsse eirund, weiss, glatt, hart und glänzend. **L. officinale L. Gebräuchlicher St.**

Mai—Juli. Hin und wieder kultiviert und verwildert. (F u c k e l gibt die Münchau bei Hattenheim als natürlichen Standort an).

392. Myosótis, Vergissmeinnicht (Mauseohr). V. 1.

1. K mit a n g e d r ü c k t e n Haaren, g r ü n, offen, tief 5zähnig. 2
— von a b s t e h e n d e n Haaren g r a u. 3.
2. St k a n t i g, mehrere aus derselben Wzl, 30—45 cm h., aufstrebend, am Grunde oft niederliegend und wurzelnd. B länglich-lanzettlich, wechselstdg, kurz-behaart, am Grunde etwas bewimpert. Bl himmelblau, seltener fleischrot oder weiss, mit gelben Deckklappen, in zuletzt verlängerten, deckb.losen Trauben (Wickeln); K bei der Fr.reife fast 2lippig; Nüsse glatt. Gf so lang als der K. **M. palustris With. Sumpf-V.**

Mai—Juli. An feuchten Grasplätzen gemein.

— s t i e l r u n d. Sonst der vorigen sehr nahe verwandt und von manchen Autoren nur als Varietät derselben angesehen; von derselben ausserdem verschieden durch den k ü r z e r e n Gf, die faserige, nicht kriechende Wzl, den dickeren St, die kleineren Bl mit schmäleren und meist unzerteilten Zipfeln, die meist mit einigen B am Grunde versehenen Bl.trauben. **M. caespitosa Schultz. Rasiges V.**

Juni—Juli. Sumpfgräben. Seltener. Dillenburg; Oestrich. J.V.N. Zwischen Limburg und Oranienstein. D. B. G.

3. Stiele der unteren Bl meist kürzer als der K. Haare auf der unteren Seite der B hakig. St höchstens 20 cm h., meist niedriger, oft vom Grunde an in mehrere Aeste geteilt, meist viele aus derselben Wzl. B wechselstdg, länglich-elliptisch; Bl in unten beblätterten, straffen Trauben (Wickeln), diese länger als der übrige St; Bl.stiele kaum halb so lang, als der K, meist fast unmerklich; K. später geschlossen. Gf viel kürzer. Himmelblau. **M. stricta Link. Steifes V.***

April—Juni. Auf Brachäckern häufig.

— — — — meist länger als der K. 4

4. Saum der Blkr flach ausgebreitet. St zu mehreren aus derselben Wzl, aufrecht oder aufstrebend, 30—45 cm h., von unten an ästig, ziemlich lang und abstehend behaart, untere B eine Rosette bildend, oft lang gestielt, spatelfg, obere wechselstdg, länglich. Bl.trauben (Wickel) sehr locker, zuletzt länger als der übrige St. Fr.stiele wagrecht abstehend, doppelt so lang als der 5spaltige, hakig-borstige, nach dem Verblühen geschlossene K. Bl grösser als die der vorigen Arten, grell himmelblau, mit anfangs weisslichen, später gelben Deckklappen. **M. sylvatica Hoffm. Wald-V.**

April—Mai. Bergwälder; seltener. L. · . Hier u. da. Dotzheim, Wisperthal.

— — — halb aufgerichtet. 5.

5. Fruchttragende Stiele 2—3 mal so lang als der geschlossene K. Der vorhergehenden Art sehr ähnlich, aber durch die weit kleineren Bl mit konkavem Saum, den stärkeren und höheren St (30—60 cm h), die mehr grau-grünen B leicht zu unterscheiden. Auch die Blt.zeit fällt fast 2 Monate später. **M. intermedia Link. Mittleres V.**

Juni—August. Auf Aeckern. Häufig.

— — eben so lang als der nicht ganz geschlossene, fast 2lippige, hakig-borstige K. St schlaff, oft niederliegend, schlank, bis 20 cm lang, oft einfach oder vom Grunde an in lange, dünne Aeste sich teilend. B wechselstdg. länglich. Bl.trauben (Wickel) oft doppelt so lang als der übrige St, meist einzeln, die unterste Bl oft weit entfernt von den übrigen. Bl klein, erst lilarot, dann himmelblau, im K eingeschlossen **M. hispida Schlechtend. Steifhaariges V.**

Juni—August. Sonnige Hügel und Brachäcker. Gemein.

---

* Nahe verwandt: M. versicolor Pers. mit anfangs gelben, dann roten und blauen, später weit hervortretenden Blkr. Gf fast so lang als der nach dem Verblühen geschlossene K. Mai—Juli. Trockene, sonnige Orte, doch nicht überall.

4. Ordnung: Solaneae.

393. Solánum, Nachtschatten. V, 1.

1. Halb-Strauch (wenigstens im unteren Teil holzig), emporstrebend und öfter an anderen Pfl emporklimmend, oft bis 3 m h., hin- und hergebogen, bisweilen sich windend, mit anfangs krautig-grünen, später holzigen grauen Zweigen. B wechselstdg, gestielt, herzfg oder spiessfg, geöhrt, 3lappig (die oberen, im Umriss länglich-eifg, wenig behaart; Bl tief-5spaltig, radfg, violett (seltener weiss), mit grünen, hell geränderten Flecken am Grund der anfangs horizontalen, dann zurückgebogenen Zipfel, in meist b.gegenstdg, überhängenden Trugdolden. Staubkölbchen citrongelb, in eine Röhre verwachsen. Beere rot. S. **Dulcamára L. Bittersüsser N.**
 Mai—August. In Hecken, an Waldrändern hier und da.

 Krautiger St. 2.

2. B einfach, eirund, wechselstdg, gestielt, bald mehr, bald weniger buchtig-gezähnt oder ausgerandet, meist kahl. St 30—90 cm h., aufrecht, kantig, von unten an sperrig-ästig. Bl radfg, weiss (bisweilen violett angelaufen), zu 3—7 in kurz gestielten Trugdolden. Beeren schwarz, glänzend (seltener grünlich-gelb), auf oben verdickten, herabgebogenen Stielen. Giftig. S. **nigrum L. Schwarzer N.**
 Juli—Herbst. Schutthaufen. Brachäcker. Gemein.

 — unterbrochen-gefiedert mit 3—5 Paar eifg, zugespitzten, oft schief-herzfg, unterseits grauhaarigen Fiedern und einer solchen Endfieder. St 50—90 cm h., kantig, sperrigästig. Bl in lang gestielten, endstdg Trugdolden, weiss, rötlich oder lilafarben, radfg, mit 5eckigem Saum. Beeren (seltener entwickelt) kugelfg, grün. S. **tuberosum L. Kartoffel.**
 Juli—August. Ueberall in vielen Spielarten massenweise kultiviert. Wurde am Ende des 16. Jahrhunderts aus Amerika (wahrscheinlich Chile oder Bolivia, wo sie heute noch wild wächst) nach Europa gebracht. Die essbaren, unterirdischen Knollen sind verkürzte und verdickte Stengelglieder.

394. Phýsalis, Schlutte (Judenkirsche). V, 1.

St 30—60 cm h., aufrecht, krautig, kantig, einfach oder ästig; B lang gestielt, eirund zugespitzt, fast ganzrandig, behaart, besonders unterseits wie auch der St, wechselstdg oder gezweiet, dann aber ungleich; Bl einzeln, achselstdg, radfg, abwärts gebogen, später hinabgeschlagen, schmutzig-weiss, mit 5lappigem, gefaltetem Saum. K wie die Bl.stiele zottig, glockig, später 2—3 cm lang, aufgeblasen, eirund, mennigrot, mit einem Adernetze; Beere scharlachrot, kugelig, von dem K ganz eingeschlossen, 2fächerig, vielsamig. Ph. **Alkekengi L. Gemeine Sch.**
 Juni—Juli. Sehr selten. Stellenweise im M. u. Rh.; Lahnthal. Sporkenburg bei Ems.

395. Atropa, Tollkirsche. V, 1.

St sperrig-ästig, oft über 1 m h., fast stielrund, rötlich-braun angelaufen und wie die ganze Pfl weichflaumig-drüsig. B ansehnlich, elliptisch, zugespitzt, ganzrandig, fettig anzufühlen, die oberen ungleich-gezweiet, die unteren wechselstdg. Bl trüb-violett, 2—3 cm lang, am Grunde oliven-grünlich mit dunkleren Adern, glockig, deren Schlund von den jedoch oberwärts divergierenden Stbgf fast geschlossen. Diese, wie der Gf, abwärts geneigt und am Grunde zottig. Beere täuschend ähnlich einer schwarzen Kirsche, auf dem sternfg ausgebreiteten, 5spaltigen K sitzend, glänzend, mit hellrotem, **sehr giftigem** Safte. **A. Belladonna L. Gemeine T.**

Juni—Juli. Bergwälder. Hier und da.

396. Hyoscyamus, Bilsenkraut. V, 1.

St 30—60 cm h., einfach oder ästig, mit weichen, drüsentragenden Zotten besetzt und daher klebrig, von widerlichem Geruch. B trüb-grün, bis 20 cm lang und 10 cm breit, länglicheifg, grob-buchtig oder eckig-gezähnt, oft fast fiederspaltig, die unteren in den B.stiel verlaufend, die oberen halb st.umfassend, sitzend, etwas herablaufend, wechselstdg. Bl b.winkelstdg, schmutzig-gelb, violett geadert, mit 5lappigem Saum und violettem Schlund, fast ungestielt. K schief-krugfg-glockig, mit aufrechten, zuletzt stachelspitzigen, starren Zipfeln. Kapsel 2fächerig, am Grund bauchig, oben mit einem Halse endigend, mit einem Deckel sich öffnend, vielsamig. Sehr giftig. **H. niger L. Schwarzes B.**

Juni—Juli. Nicht häufig. Hier und da, vereinzelt.

397. Nicotiana, Tabak. V, 1.

1. Blkr gelblich-grün, präsentiertellerfg, mit walzlicher, weisslicher Röhre und rundlichen, stumpfen Zipfeln. St bis 1 m h., stielrund, klebrig-kurzhaarig; B ziemlich lang gestielt, eifg, bisweilen etwas herzfg, stumpf; K becherfg mit kurzen, 3eckigen Zipfeln, kürzer als die Blkr.röhre; Kapseln fast kugelfg. Giftig. (Liefert den türkischen Tabak). **N. rustica L. Bauern-T.**

   Juli—August. Angebaut. Stammt aus Mexiko und Südamerika.

— rosenrot, bauchig aufgeblasen. 2.

2. B breit-eifg oder ei-lanzettlich, aus geöhrter Basis herablaufend, Seitennerven fast rechtwinklig vom Mittelnerven abgehend, sitzend, bis 60 cm l. und 20 cm br.; St bis 1,5 m h., oberwärts ästig, aufrecht, stielrund, drüsig kurzhaarig. Bl in endstdg Rispen, mit kleinen, schmal-lanzettlichen Deckb. K länglich-walzlich mit 3eckig-lanzettlichen Zipfeln. Kapsel eifg. Giftig. **N. latissima Mill. (Maryländischer T). Grossblättriger T.**

   Juli—August. Angebaut, doch seltener wie folgende Art.

— länglich-lanzettfg, verschmälert-herablaufend; Seitennerven spitzwinkelig vom Mittelnerven abgehend. Sonst wie vorige Art, die vielleicht nur eine Spielart der letzteren ist. Giftig. **N. Tabacum L. Virginischer T.**

Juli—August. Früher häufig angebaut.

Die beiden letzten Arten wurden zuerst 1518 in Lissabon durch Samen eingeführt. Anfangs bediente man sich der Blätter nur als Arzneimittel und zum Schnupfen. Erst seit 1660 begann die Kultur des Tabaks in Deutschland im Grossen.

398. Datúra, Stechapfel. V, 1.

St 45—90 cm h., aufrecht, wiederholt gabelig, hohl, fast kahl bis auf die Aeste; B wechselstdg oder gezweiet, gestielt, bis 20 cm lang und 15 cm breit, eifg, zugespitzt, herzfg oder am Grunde gestutzt und etwas herablaufend, lappig-gezähnt mit ungleichen Zähnen, zart und leicht welkend, anfangs flaumig, später kahl, unterseits heller grün. Bl einzeln in den Gabelspalten, ansehnlich, schneeweiss, mit faltigem Saum und 5 zugespitzten Zipfeln. K etwas aufgeblasen, 5kantig, bleichgrün, abfällig mit bleibender Basis. Kapsel eifg, dicht-stachelig, unvollständig-4fächerig, 4klappig, vielsamig. Samen flach, nierenfg, schwarz, grubig und runzelig, matt. Sehr giftig. **D. Stramonium L. Gemeiner St.**

Juni—Herbst. Auf Schutthaufen hier und da. Bei uns wahrscheinlich ursprünglich Zierpflanze und dann verwildert. Soll erst seit Ende des 16. Jahrhunderts nach West-Europa eingewandert sein.

V. Reihe: Labiatiflorae.

1. Ordnung: Scrophulariaceae.

A. Antirrhineae.

399. Digitális, Fingerhut. XV, 2.

Bl karminrot mit Seidenglanz (seltener weiss). St 30—120 cm h., aufrecht, einfach, stielrund, sammetig-grau-filzig; B eifg oder ei-lanzettlich, bis 20 cm lang, gekerbt, oberseits behaart, die grundstdg in einen langen, geflügelten B.stiel verlaufend, die folgenden, wechselstdg, kurz gestielt, die obersten sitzend, mit unterseits stark hervortretenden Adern. Bl in ansehnlichen, einerseitswendigen Trauben, mit bauchig-glockiger, aussen kahler, innen bärtiger, dunkelrot gefleckter (Flecken mit hellem Saum) Blkr, deren Saum schief abgeschnitten, fast 2lippig, 4spaltig: Oberlippe ausgerandet; Unterlippe mit abgerundeten Lappen. K drüsig-filzig wie der Bl.stengel, 5teilig, mit teils lanzettlichen, spitzen, teils eifg-stumpfen Zipfeln. Kapsel drüsig-behaart, eifg, 2klappig, 2fächerig, vielsamig. Giftig. **D. purpurea L. Roter F.**

Juli—August. In höher gelegenen, mit lichtem Unterholz bestandenen Bergwäldern.

— blassgelb. St aufrecht, 45—60 cm h., meist einfach, unterwärts stumpfkantig, mit langen, gegliederten Haaren, oberwärts stielrund und wie die übrige Pfl mit klebrigen Drüsenhaaren besetzt. B länglich-lanzettlich, spitz, ungleich- gezähnt-gesägt, unterseits bleichgrün mit stark hervortretenden, zottigen Adern, kurz gewimpert. Untere B in einen breiten B.stiel verlaufend, die folgenden, wechselstdg, sitzend, zuletzt in schmale Deckb übergehend. Bl in reichbltg, einerseitswendigen Trauben mit ansehnlicher, aussen drüsig-flaumiger, innen zottiger, mit braunen Wellenlinien gezeichneter Blkr; Saum derselben weniger schief als bei voriger Art, oberer Teil (Oberlippe) meist stumpf ausgerandet oder mit 2 kleinen Zähnen; Zipfel der Unterlippe dreieckig, der mittlere von doppelter Breite. K.zipfel spitz, etwas auswärts gebogen. Kapsel wie bei voriger Art. Giftig. **D. grandiflora Lam. Grossblütiger F.**

Juni—Juli. Zerstreut im ganzen Gebiet.

400. Antirrhinum, Löwenmaul. XV, 2.

K.zipfel länger als die Blkr. St aufrecht, 15—30 cm h., meist einfach, höchstens am Grunde etwas ästig, stielrund, unterwärts entfernt-behaart, oben dicht drüsig-haarig, mit lockerer, endstdg Bl.ähre. B lineal-lanzettlich, kurz gestielt, schwach behaart; Blkr aussen wie der 5teilige, bleibende K drüsig-behaart, 1—2 cm lang, rosenrot; Röhre und Oberlippe dunkelrot gestreift; Unterlippe auf dem Gaumen netzfg gezeichnet, innen gelblich gebärtet. K.zipfel schmal-lineal. Kapsel drüsig-behaart, an der Spitze mit 3 Höckern, daselbst sich öffnend, 2fächerig, vielsamig. **A. Orontium L. Feld-L.**

Juli—Herbst. Auf bebautem Land. Gemein.

— kürzer als die Blkr, ungleich. St aufrecht oder aufstrebend, 30—60 cm h., stielrund, oberwärts wie der ganze obere Teil der Pfl klebrig, drüsenhaarig. B etwas fleischig, weit abstehend oder abwärts gebogen, ganzrandig, gestielt, breit-lanzettlich, die obersten schmäler, sitzend und drüsig-behaart, wechselstdg, oft büschelig beisammen wegen Verkürzung der aus den B.winkeln entspringenden Aestchen. Bl sehr ansehnlich, 5—6 cm lang, in lockeren, endstdg Trauben, heller oder dunkler purpurrot mit 2 gelben Höckern auf dem mit 2 behaarten Streifen besetzten Gaumen. Bl.stiele an den St angedrückt. Oberlippe 2teilig mit breit-eifg Zipfeln; Unterlippe 3spaltig, stumpf. Kapsel schief-eifg, 2fächerig, vielsamig. **A. majus L. Grosses L.**

Juni August An alten Mauern, in der Nähe von Gartenland. Ueberall wahrscheinlich nur verwildert.

401. Linária, Leinkraut. XV, 2.

1. St niedergestreckt; B rundlich, oder nur wenig länger als breit. 2.
— aufrecht; B schmal lanzettlich, mehrmal länger als breit. 3.

2. B n i e r e n f g-herzfg. 5lappig. St vom Grunde an in lange, fadenfg. den Boden rasenfg überziehende, oder Mauern tapetenartig bedeckende Aeste sich teilend, kahl wie die ganze Pfl. B hellgrün, unterseits oft mit purpurfarbigem Anflug, lang gestielt, meist wechselstdg. weit von einander entfernt; Bl ohne Sporn noch nicht 1 cm l., einzeln in den B.winkeln, lang gestielt, hell violett, mit weissem Gaumen und gelben Höckern; Oberlippe 2spaltig; Unterlippe 3teilig, mit stumpfen Zipfeln. Sporn gerade, halb so lang als die Blkr. Kapsel kugelig, Klappen 3zähnig. Samen rundlich, schwarz mit erhabenen Runzeln. **L. Cymbalaria L. (Antirrhinum Cymbalaria L.)**

Juni – August. Selten. An Mauern der Nievernerhütte; im Rheinthal; bei Wiesbaden.

— e i - s p i e s s f g. St und Aeste fadenfg, niedergestreckt, wie vorige Art, zottig von wagrechten, gegliederten Haaren, zwischen denselben kürzere Drüsenhaare, oft 60 cm lang und länger. B wechselstdg., ausgenommen die untersten, kurz zugespitzt, trübgrün, zottig, die mittleren spiessfg, die oberen fast pfeilfg, die obersten ohne Oehrchen. Bl.stiele k a h l, b.winkelstdg, länger als die B, sehr schlank, nur a n i h r e m E n d e nebst K z o t t i g. Oberlippe weisslich, innen etwas violett schimmernd, mit aufrechten, rundlichen Zipfeln; Unterlippe gelb; Schlund nicht ganz geschlossen, mit rundlichen, stumpfen Zipfeln; Sporn weisslich, so lang etwa als die Bl, fast gerade oder nur wenig gekrümmt. Kapsel kugelig, erbsengross, mit braunen, ovalen runzeligen Samen. **L. Elatine Mill. (Antirrhinum Elatine L.) Liegendes L.***

Juli – Herbst. Auf Aeckern. Gemein.

3. Bl l a n g gestielt; Stiel 2—3 mal so lang als der K, b.winkelstdg, hell violett. St bis 15 cm h., stielrund, vom Grunde an ästig, mit klebrigen, abstehenden Drüsenhaaren besetzt, wie die ganze Pfl, untere B und Aeste gegenstdg, obere wechselstdg, mit endstdg, lockeren Bl.trauben. B ganzrandig, schmal lanzettlich oder lineal, in den kurzen B.stiel verlaufend, etwas fleischig. K.zipfel etwas kürzer als die Blkr, lineal, sehr ungleich, auswärts gebogen. Oberlippe der Blkr 2spaltig mit rechtwinklig divergierenden, stumpfen Zipfeln; Unterlippe gelblich-weiss, mit 2 violettbraunen Streifen. Sporn kaum halb

* Die in J. V. N. VII, 1 angeführte und dieser sehr ähnliche L. s p u r i a Mill. mit ü b e r a l l z o t t i g e n Bl.stielen, dickerem St, grösseren, e i f g, n i c h t s p i e s s f g B, innen schwarz-purpurfarbiger Oberl.ppe und g e k r ü m m t e m Sporn will W i r t g e n zwischen Ems und Fachbach häufig (!) beobachtet haben, dieselbe ist bisher daselbst noch nicht, wohl aber neuerdings u n t e r h a l b Nievern (P a u l y) gefunden worden, während an ersterem Standorte L. Elatine Mill. sehr häufig zu finden ist. Ob wohl eine Verwechslung vorliegt? Uebrigens scheinen auch die Diagnosen beider Arten von einigen Autoren mit einander verwechselt worden zu sein. (Bei Dillenburg und Herborn, Runkel, Wiesbaden, Schierstein, Braubach, Eberbach selten).

so lang als die Blkr. Kapsel eifg. Samen länglich mit Längsriefen. **L. minor Desf. (Antirrhinum minus L.) Kleines L.**

Juli—Herbst. Auf gebautem Land häufig.

— fast sitzend. 4.

4. Bl hellgelb, ansehnlich, ohne Sporn etwa 2 cm l., mit citrongelber Unterlippe u. safranfarbigem, behaartem Gaumen. St 30—60 cm h., stielrund, starr, oberwärts rispig-ästig, oft mit verkümmerten Aestchen in den unteren B.winkeln, kahl; B lineal, sehr schmal, kaum 2 mm breit bei 5 cm Länge, unterseits meergrün, 3nervig, ganzrandig, ohne Ordnung gedrängt am St sitzend; Sporn grünlich-gelb, schwach gebogen, 1½ cm l.; Oberlippe halb 2spaltig mit stumpfen Zipfeln; Röhre der Blkr fast 3 mal so lang als der kahle K, letzterer mit breit-lanzettlichen, 3nervigen, oben etwas abstehenden und ungleichen Zipfeln. Kapsel oval, fast doppelt so lang, mit schwärzlichbraunen, breit-gesäumten Samen. **L. vulgaris Mill. (Antirrhinum Linaria L.) Gemeines L.**

Juli—Herbst. Sehr gemein auf Feldern, an Wegen, Rainen.

— bläulich, klein, mit weisslichem, violett geadertem Gaumen. St 15—30 cm h., aufrecht, stielrund, meergrün u. kahl, wie fast die ganze Pfl, wenig ästig; B lineal, ganzrandig, etwas fleischig, einnervig, die unteren quirlfg zu 4, die oberen zerstreut und aufrecht; Bl anfangs in gedrungenen Köpfchen, später lange, unterbrochene Aehren bildend. Blt.stielchen drüsig-behaart, halb so lang als die K.zipfel. Deckb auswärts gebogen, lineal, schwach behaart. Sporn der Blkr schlank, so lang als die Blkr.röhre, sanft gekrümmt. Zipfel der 2spaltigen Oberlippe aufrecht, divergierend, länglich; Unterlippe mit 3 eirunden Zipfeln. Kapsel verkehrt-eifg, oft drüsig-behaart; Samen glatt, flach, mit kreisrundem Flügel. **L. arvensis Desf. Feld-L.**

Juli—August. Ziemlich selten. Sand- und Brachfelder. Stellenweise im ganzen Gebiet mit Ausnahme vom ___ u. dem Rheingau.

402. Verónica, Ehrenpreis. II, 1.

1. Bl einzeln, b.winkelstdg oder St.b allmählich in Deckb übergehend 2.

— in Aehren oder Trauben. 12.

2. Obere St.b bis fast auf den Grund in 5—7 fingerfg Lappen geteilt. 3.

— — nicht über die Mitte eingeschnitten. 4.

3. Blt.stiele kürzer als der K; St bis 10 cm h. meist von der Mitte an ästig und wie die ganze Pfl drüsig-weichhaarig. Untere B ganz, nur schwach gekerbt, elliptisch, die blt.stdgen lineal, länger als der Bl.stiel, ungeteilt oder 3teilig. Bl unansehnlich, blassblau. 4 ungleiche K.zipfel, gewimpert. Kapsel tief verkehrt-herzfg, anfangs gewimpert, später kahl, fast doppelt so breit als hoch. Samen flach. **V. verna L. Frühlings-E.**

April—Mai. An sonnigen, trockenen Orten. Weinberge bei Lahneck; Dillenburg, Herborn, Weilburg, Lützendorf, Hofheim, Wiesbaden, Schadeck. J. V. N.

— länger oder doch ebenso lang. St bis 15 cm h., unterwärts etwas niedergebogen, aufsteigend, sperrig-ästig, drüsig klebrig und kurz-behaart wie die ganze Pfl. Untere B gestielt, eifg-rundlich, ganzrandig, die oberen fast sitzend, 5teilig mit länglichen, verkehrt-eirunden Zipfeln, der mittelste breiter, die blt stdg B 3teilig, wechselstdg; alle B etwas fleischig, oberseits dunkelgrün, unterseits rötlich. K 4teilig mit stumpfen, fast gleichen Zipfeln. Kapsel kreisfg, ausgerandet, gewimpert, aufgedunsen; Bl dunkelblau, in lockeren, reichbltg Trauben. **V. triphyllos L. Dreiblättriger E.**

März—Mai. Aecker. Ziemlich häufig. (Im ‾L.‾ zum Teil fehlend).

4. Bl fast sitzend. 5.

— deutlich gestielt; Stiel so lang als die Deckb oder länger. 6.

5. B herz-eifg, die untersten eirund, gekerbt, lang gestielt, die folgenden fast sitzend, gegenstdg, 3nervig, runzelig, mit gegliederten Borsten, die blütestdgen wechselstdg, lanzettlich, ganzrandig. St bis 25 cm h., sperrig-ästig, meist niederliegend oder aufstrebend, borstig-behaart, mit gegenstdg, weit abstehenden Aesten. Bl.stiele kürzer als die B, kaum 2 mm l.; 4 lanzettliche, rauhhaarige, die Blkr überragende K.zipfel. Kapsel tief-verkehrt-herzfg, gewimpert. Blkr hellblau, dunkel gestrichelt. **V. arvensis L. Feld-E.**

März—Juli. Aecker. Gemein.

— länglich-verkehrt-eifg, gegenstdg, die unteren elliptisch, in den B.stiel verschmälert, ganzrandig, die oberen sitzend, grösser, stumpf-gezähnt oder ganzrandig u. spatelig, die blt.stdg lineal-lanzettlich. St bis 15 cm h., kahl wie die ganze Pfl, etwas gebogen und niederliegend, dann aufrecht, meist ästig, stielrund. Bl klein, bläulich-weiss. K.zipfel gleich lang, länger als die Blkr und die umgekehrt-herzfg, kahle, zusammengedrückte Kapsel. St u. Aeste vielblütig. **V. peregrina L. Fremder E.**

Mai—Juli. Sehr selten. Rheinufer bei Schierstein. D. B. G.

6. Die unteren B viel breiter oder doch anders gestaltet als die oberen. 7.

Alle B fast einander gleich. 8.

7. Kapsel flach zusammengedrückt, verkehrt-herzfg, verhältnismässig breit und kurz. St mit dem unteren Teile niederliegend und wurzelnd, dann aufrecht oder aufstrebend, kaum 10 cm h., sperrig-ästig, rund, wenig behaart. B gegenstdg, kurz gestielt, sehr verschieden gestaltet, meist rundlich, gekerbt-gezähnelt, etwas fleischig, glatt, oberwärts in Deckb übergehend. Bl in lockerer, längerer, ähriger Traube. Bl.stiel doppelt so lang als der K. Samen flach. **V. serpyllifolia L. Quendelblättriger E.**

April—Herbst. Auf bebautem, etwas feuchtem Boden.

— gedunsen, verkehrt-eirund, schwach ausgerandet. St 10—20 cm h., von unten an ästig, hin- und hergebogen, drüsig-behaart, wie die ganze, etwas fleischige Pfl. B gegenstdg, herz-eifg, gekerbt, die oberen lanzettlich, ganzrandig, ziemlich dick und runzelig, unterseits wie der St rötlich. Blt.stiele zottig, einwärts gebogen. K 4teilig mit gleichen, eifg-spitzen Zipfeln, so lang als die Kapsel. Gf weit vorragend. St und Aeste reichblütig. Bl dunkelblau. V. **praecox All. Früher E.**

März—Mai. Aecker. Selten. Dillenburg, Oestrich, Lorsbach, Hattersheim, Braubach. J. V. N.

8. Kapsel kaum ausgerandet, kahl, fast kugelig und 4kantig, armsamig (2—4); obere und mittlere B herzfg-rundlich, 3—5-lappig, gekerbt. St 15—30 cm l., spreizend ausgestreckt, etwas kantig und behaart. Untere B gegenstdg, stumpf, lang-gestielt, die untersten ungelappt, die folgenden wechselstdg etwas fleischig, unterseits, wie der St, rötlich. Bl.stiele länger als die B, zuletzt zurückgekrümmt, weichhaarig. K ungleich 4blttrg, etwas länger als die hellblaue Blkr, bewimpert, die Kapsel überragend und eng einschliessend, pyramidal. Samen beckenfg. V. **hederaefolia L. Epheublättriger E.**

Mai—Juni. Brachäcker und bebautes Land. Gemein.

— deutlich ausgerandet. 9.

9. Die oberen Blt.stiele länger als die Deckb, weichhaarig, zuletzt zurückgekrümmt, b.winkelstdg, einzeln. St 20—40 cm h., am Grunde mit gegenstdg, schwachen, niederliegenden Aesten, bogig aufstrebend und bisweilen dort Wzl treibend, weichhaarig. Die unteren B gegen-, die oberen wechselstdg, behaart; Wzlb lang gestielt, herzeirund, ganzrandig, hinfällig; die übrigen kurz gestielt oder sitzend, tief-gekerbt-gesägt. K zipfel ziemlich gleich, eilanzettlich, zottig, zuletzt ausgebreitet und vergrössert. Blkr ansehnlich, mit rundlichen Zipfeln, blau. Kapsel netzaderig, haarig und wimperig, mit spreizenden Hälften. V. **Buxbaumii Pers. Buxbaum's E.**

April—Mai. Auf bebautem Land. Selten. Dillenburg, Wolfenhausen (A. Runkel), Kroppach (__.__), Biebrich, Diez, Weilburg. J. V. N.

— — — höchstens so lang als die Deckb. 10.

10. Bl blassblau oder milchweiss, blau-gestreift, oft mit rötlicher Oberlippe und weisser Unterlippe, kürzer als der weichhaarige, mit dem Frkn fortwachsende K. Fr.kelch offen. Obere und mittlere B eirund, tief-gesägt. St aufstrebend oder niederliegend, von der Basis an ästig, 5—15 cm h., mit gegliederten Haaren. B wechselstdg, kurz behaart, nur die untersten gegenstdg; Bl.stiele doppelt so lang als die eifg K.zipfel, zuletzt zurückgekrümmt; Kapsel aufgetrieben, stark ausgerandet, drüsig-gewimpert, mit enger Gf.bucht, armsamig (8—12); Samen beckenfg. V. **agrestis L. Acker-E.**

März—Herbst. Aecker. Gemein.

— dunkelblau. 11.

11. B und K meist kahl. St bis 25 cm h. Blt.stiele b.winkelstdg. einzeln später zurückgekrümmt. B rundlich-eifg, fast herzfg. etwas fleischig, tief-gesägt-gekerbt, glänzend-dunkelgrün. K.zipfel eifg. spitz. Kapsel von abstehenden Haaren dicht-drüsig-flaumig, spitz ausgerandet, mit kugelig-gewölbten Hälften; Fächer meist 10samig. V. **polita Fries. Glänzender E.**
März—Herbst. Bebaute Orte. Wohl nicht häufig. Im T. fehlend.
— — — zottig behaart. Kapsel fast 2 mal breiter als hoch, gekräuselt flaumig, mit drüsenlosen Haaren und kielfg Rand. Fächer nur 3—5samig. Staubfäden am Schlunde eingefügt. Sonst wie vorige Art. V. **opaca Fries. Glanzloser E.**
März—Mai. Bebautes Land. Seltener (vielleicht oft übersehen. wie vorige Art, da sie viel Aehnlichkeit mit V. agrestis hat). Dillenburg, Weilmünster, M. u. Rh.
12. Trauben oder Aehren b. winkelstdg. 13.
— endstdg. St 60 cm h. und höher (besonders als Zierpflanze) steif aufrecht, stielrund, oberwärts ästig, weichhaarig wie die B.stiele. B herzfg-länglich-lanzettlich, ungleich-scharf-gesägt, die oberen ei-lanzettlich, schmäler, kleiner und wechselstdg, fast immer mit B.büscheln in den Achseln. Aehren aufrecht, gedrungen mit mehreren Seitenähren aus den oberen B.achseln. Deckb länger als der K, zugespitzt. pfriemlich; Blt.stiele an die Spindel angedrückt. K zipfel 4. sehr ungleich, die beiden grösseren etwas länger als die rundliche, verkehrt-herzfg, etwas zusammengedrückte Kapsel. Bl blau, rötlich-weiss. V. **longifolia L Langblättriger E.***
Juli—August. An feuchten Orten. An der Nister; Rheinufer. Selten. J. V. N.
13. Pfl völlig kahl. 14.
— behaart. 16.
14. B lineal, vielmal länger als breit, gegenstdg, glatt, fleischig. entfernt gezähnt mit rückwärts gerichteten Zähnen. St bis 30 cm lang (oft viel kürzer) aus niederliegender Basis aufstrebend, wurzelnd, unterwärts ästig, rund, kahl. Bl lila, rot. bläulich, oder weiss, sehr klein, in meist wechselstdgen. schlaffen. lockeren Trauben, teils länger, teils kürzer als die B; Bl.stiele fadenfg, später gebogen, mehrmals länger als die Deckb; K mit 4 fast gleichen, spitzen Zipfeln. Kapsel fast bis zur Mitte ausgerandet, daher fast von dem Ansehen einer Doppelkapsel, zusammengedrückt. V. **scutellata L. Schildsamiger E.**
Juli—August. Nasse Orte. Sumpfgräben. Gemein.
— lanzettlich oder eifg, höchstens 3mal so lang als breit. 15.
15. B st.umfassend-sitzend, gegenstdg, ei-lanzettlich, oft lang-zugespitzt, gesägt, etwas fleischig, glänzend. St 30—60 cm h.,

---

* Die von Fuckel in „Nassaus Flora" angeführte V. spicata L. mit gekerbt-gesägten, an der Spitze ganzrandigen, unten stumpfen. eilanzettfg B, mit etwas niederliegendem, niedrigerem, bis 30 cm h. St. sonst der obigen nahe stehend, ist bisher nur im Schwanheimer Walde gefunden worden. Blt.zeit: Juli—August.

aufstrebend, öfter mit dem unteren Teil kriechend u. wurzelnd, 4kantig, röhrig, ästig. Bl lichtblau, rötlich gestrichelt in b.winkelstdg einzelnen oder gezweieten vielblütigen, sehr langen Trauben; Blt.stiele fädlich, abstehend, so lang als die Deckb. sehr kurz drüsig-behaart, wie auch der K und die rundliche, etwas ausgerandete, wimperige Kapsel. K.zipfel fast gleich lang, länger als letztere. V. **Anagallis L. Wasser-E.**
Juni—Herbst. Bäche. Wassergräben. Gemein.

— gestielt, gegenstdg, fleischig, elliptisch oder eifg. St 30—45 cm h., mit dem unteren Teil niederliegend und wurzelnd, oberwärts oft ästig, saftreich, stielrund. Bl dunkel-blau oder bläulich in langen, reichbltg seitwärts geneigten Trauben. Bl.stiele dünn, meist länger als die lanzettlichen Deckb. Kapsel aufgedunsen, fast wie eine Doppelkapsel erscheinend. **V. Beccabunga L. Quellen-E.**
Mai—Herbst. In Sumpfgräben. Gemein.

16. St 2zeilig behaart, 30—45 cm h., am Grunde oft mit 2 stärkeren Aesten, erst niederliegend, dann aufrecht, rund; B kreuz-gegenstdg, gesägt, rundlich-eifg, unterseits, wie die Bl.stiele und Deckb weisshaarig, fast sitzend, nur die untersten kurz gestielt; Bl lichtblau, dunkel gestrichelt, oder rötlich und weiss, in b.winkelstdgen, aufrechten, reichblütigen, zottig behaarten Trauben, viel grösser als der K; 4 ungleiche K.zipfel; Kapsel kleiner, verkehrt-herzfg, wenig ausgerandet, zusammengedrückt und etwas gewimpert. **V. Chamaedrys L. Wald-E.**
Mai—Juli. Auf trockenen Wiesen, an Wald- und Wegrändern. Sehr gemein.

— rundum behaart. 17.

17. Trauben armblütig (4—5bltg), locker. St meist einfach, niederliegend und wurzelnd, dann aufsteigend, 15—30 cm h., rund. B dreieckig-eirund, gegenstdg, gestielt, ungleich gesägt, mit wenigen, gegliederten Haaren besetzt, unterseits rötlich wie der B.stiel und der untere St. Bl weisslich-blau, mit rötlichen Adern, die unteren oft einzeln. Bl.stiel viel länger als die Deckb, behaart. Kapsel fast kreisrund, zusammengedrückt, gewimpert, weit grösser als der K, einer Doppelkapsel gleichend. **V. montana L. Berg-E.**
Mai—Juni. Selten. Herborn, Marienstadt, Langenaubach, Laufenselden, Ems.

— mit weit mehr Bl. 18.

18. K 4teilig mit ungleichen, ei-lanzettlichen Zipfeln. St mit dem unteren Teil niederliegend und wurzelnd, kaum 25 cm h., rund. B gegenstdg, kurz gestielt, meist umgekehrt-eirund, grob-gesägt, rauh anzufühlen, grau-grün. Bl blass-blau mit dunkleren Adern, seltener weiss, in b.winkelstdgen, wechselstdgen, seltener gegenstdgen Trauben, sehr kurz gestielt, fast sitzend. Deckb länger als der Bl.stiel. Kapsel doppelt so

gross, verkehrt-herzfg, zusammengedrückt, behaart. **V. officinalis L. Wald-E.**

Mai—Juli. Waldränder und in lichtem Gebüsch. Ziemlich häufig.

— 5 t e i l i g. 19.

19. St n i e d e r l i e g e n d und aufstrebend. 10—20 cm h., weitschweifig, meist einfach, graufilzig, unterwärts rötlich und holzig. B kurz behaart mit umgerolltem Rand, fast sitzend, umgekehrt-eirund, gekerbt-gesägt, die oberen fast st.umfassend, die obersten lineal. Bl violett-fleischfarbig oder weiss, in b.winkelstdg Trauben aus den Achseln der obersten B.paare, aufrecht-abstehend, anfangs dicht gedrängt, eifg, später verlängert. Deckb lineal, gewimpert, so lang als die fein behaarten, aufrecht abstehenden Blt.stielchen. K.zähne pfriemlich, der eine sehr klein, schwach gewimpert. Kapsel umgekehrt-herzfg, kaum länger als die K.zipfel. **V. prostrata L Gestreckter E.**

Mai—Juni. Sonnige Hügel, Wiesen, Waldränder. J. V. N.

— a u f r e c h t n i c h t w u r z e l n d, meist viel höher als die vorige Art, bis zu 90 cm h., am Grunde aufstrebend, rund. B gegenstdg, ungestielt, sehr verschieden gestaltet; Bl schön himmelblau mit dunkleren Adern, in gegenstdgen, abstehenden, b.winkelstdgen Trauben, ansehnlich, mit lineal-lanzettlichen Deckb. K 5teilig, der eine Zipfel leicht zu übersehen, ungleich, gewimpert. Kapsel verkehrt-herzfg, zusammengedrückt, oben wimperig. **V. latifolia L. Breitblättr. E**

Juni—Juli. Waldwiesen. M. u. Rh. häufig; stellenweise bei Wiesbaden; Weilthal; Steeten. L.

403. Limosélla, Sumpfkraut. XV, 2.

Schaft bis 5 cm h., 1blütig, mit fädlichen Ausläufern und Büscheln von länglichen, spatelfg, stumpfen, bleichgrünen, zarten, ganzrandigen, kahlen, lang gestielten B, unterhalb deren sich wieder Wzl.fasern bilden. Bl unansehnlich, mit weisslich-fleischfarbenem, 5spaltigem Saum, grüner Blkr.röhre und fünfriefigem, purpurbraunem, kürzerem K, 5 eifg. spitzen K.zipfeln. Blt.stiele anfangs aufrecht, später mit der ovalen Kapsel sich niederlegend. 2 längere und 2 kürzere Stbgf. **L. aquatica L. Wasser-S.**

Juli—August. An überschwemmten Orten. Zerstreut und wohl oft übersehen wegen der geringen Grösse.

404. Verbascum, Wollkraut. V, 1.

1. Stbf v i o l e t t - w o l l i g behaart. 2.
   — mit w e i s s e r Wolle. 3.
2. Bl b ü s c h e l i g zu 3 oder mehr, eine z u s a m m e n g e s e t z t e, endstdg, ährenfg Traube bildend, gelb, meist mit 5 braunen, dreieckigen Flecken vor dem Schlunde und einem Kreis von solchen im Schlunde. St 60—90 cm h, stielrund, oberwärts kantig, rotbraun, mit Sternhärchen, einfach, bisweilen mit wenigen, schwachen Aesten unter der rutenfg Bl traube. B wechselstdg, gestielt, doppelt-gekerbt, unterseits schwach-

filzig, länglich-eirund, meist tief-herzfg, die obersten sitzend, herz-eirund. Blkr radfg mit 5 ungleichen Zipfeln. K kaum halb so lang als die Blkr mit lineal-lanzettlichen Zipfeln. Kapsel an der Spitze 2klappig, vielsamig. **V. nigrum L. Schwarzwolliges W.**

Juni—Juli. An steinigen Wegrändern und unbebauten Orten gemein.

— einzeln, länger gestielt und abstehend, eine einfache Traube bildend, ansehnlich, gelb, seltener weiss, inwendig mit blauer Behaarung wie die Stbfd. St 45—120 cm h., stielrund, schwach kantig, wenig ästig, kahl, mit wenigen Drüsenhaaren, wie der obere Teil der Pfl. B kahl, glänzend, ungleich-gekerbt, die untersten länglich-verkehrt-eifg, stumpf, nach dem Grund verschmälert, kurz gestielt, buchtig oder fiederspaltig, die übrigen fast sitzend und kleiner, die obersten mit herzfg Basis. K zipfel schmal lanzettlich. **V. Blattaria L. Motten-W.**

Juni—Juli. An Wegen, Ufern. Selten. Oestrich; Camp. J. V. N.

3. B ganz herablaufend bis zu den nächst darunter sitzenden, runzelig, beiderseits von Sternhärchen wollig-filzig, unterseits mit hervortretendem Adernetz, gekerbt, die unteren 15—30 cm lang, länglich-lanzettlich in den B.stiel verlaufend, die oberen sitzend, eifg. St steif-aufrecht, bis 2 m h., einfach, stielrund, geflügelt, dicht filzig. Bl sehr ansehnlich, 3—4 cm breit, gelb, mit 5 verkehrt-eirunden Zipfeln, büschelfg zu mehreren beisammen; Büschel eine ährenfg, verlängerte, endstdg Traube bildend Stbf bis auf 2 ganz oder teilweise wollig. Kapsel wie bei V. nigrum L. **V. thapsiforme Schrad. Grossblumiges W.***

Juli—August. Auf sonnigen, steinigen Hügeln. Gemein.

— nicht oder höchstens halb-herablaufend. 4.

4. Stbf alle stark behaart. 5.

Die 2 grösseren Stbfd fast kahl. St bis 2 m h. B gekerbt, filzig-gelblich, die oberen kurz- oder halb-hinablaufend. Trauben meist einzeln; die Blt.stiele kürzer als der K. Blkr radfg. Pfl sehr ähnlich V. thapsiforme Schrad., doch die unteren B gestielt und gar nicht hinablaufend. **V. phlomoides L. Windblumenähnliches W.**

Juli—August. Sonnige, unbebaute Orte. Ziemlich selten.

5. Pfl oberseits fast kahl; B unterseits mit stark hervortretenden Adern, gekerbt, die unteren fast 15 cm lang, länglich-elliptisch, in den B.stiel verlaufend, die folgenden immer kürzer gestielt, zuletzt fast sitzend, und schmäler. St bis 1 m h. und höher, unten stielrund, oben kantig, weisslich-grau-filzig wie die Aeste und B unterseits, sowie die Bl.stiele und K, oben eine

* Die von vielen Botanikern als besondere Art angesehene V. thapsus L. (V. Schraderi Meyer) unterscheidet sich hiervon durch die weit kleineren Bl (1—2 cm breit) und die im Verhältnis zu den Stbf kürzeren Staubkölbchen der längeren Stbgf (kaum $^1/_4$ so lang). Juli—August. Sonnige, unbebaute Orte. Seltener als V. thapsiforme. Ob wohl eine gute Art? oder nur Spielart der obigen? oder Bastard-Form?

pyramidale Rispe von wenig ansehnlichen (im Vergleich mit der vorigen Art), gelblich-weissen oder gelben, gebüschelten und zu ährenfg Trauben vereinigten Bl tragend. Kapsel wie bei voriger Art. **V. Lychnitis L. Lychnisartiges W.***

Juli—August. An Wegen und trockenen, unbebauten Orten. Häufig.

— dicht flockig-filzig, Filz abfällig; St bis 120 cm h., stielrund, oberwärts mit schlanken, weit abstehenden Aesten. B ziemlich dick, klein gekerbt oder ganzrandig, unterseits mit vorspringendem Adernetz, die untersten kurz gestielt, länglich-elliptisch, die obersten rundlich-eifg, sehr lang zugespitzt. Blt.büschel entfernt. Blt.stiele etwa so lang als der später kahle K. Bl grösser als bei voriger Art. **V. floccosum W. & Kit Flockiges W.**

Juli—August. Sonnige, unbebaute Orte. Umgegend von Wiesbaden. J. V. N.

405. Scrophulária, Braunwurz. XV, 2.

St mit flügelartig erweiterten Kanten, hohl, oft über 1 m h., aufrecht, mit kreuzstdg, fast wagrecht abstehenden Aesten aus den Winkeln der ebenso gestellten B. und einer endstdg, reichbltg Rispe von braun-purpurroten, ziemlich lang gestielten, kaum 1 cm langen Bl. B mit breit-geflügelten Stielen, ziemlich gleichfg-gesägt, nur die unteren Zähne kleiner, länglich-eifg, etwas herzfg, kahl wie die ganze Pfl. Blkr mit kugelig aufgeblasener Röhre und kurzem, ungleich 5lappigem Saum, (Lappen 2lippig gegenüber gestellt, der untere Lappen zurückgebogen). K 5spaltig, breit-häutig-gesäumt; Kapsel rundlich-eifg, 2fächerig, 2klappig, vielsamig. Ausser 2 grösseren und 2 kleineren Stbgf noch ein 2lappiger Ansatz zu einem 5. Stbgf. **Sc. Ehrharti Stev. (Sc. aquatica L.) Wasser-B.**

Juli—Herbst. An Wassergräben häufig.

St.kanten nicht oder nur wenig flügelartig, der vorhergehenden Art sonst sehr ähnlich; St oft purpurbraun gefärbt. B doppelt-gesägt, die unteren Zähne länger; K.zipfel kaum häutig-gesäumt; Oberlippe gerade vorgestreckt; Ansatz zum 5. Stbgf schwach ausgerandet. Bl mehr grünlich-braun. **Sc. nodosa L. Gemeine B.****

Juni—Herbst. An Gräben, in feuchtem Gebüsch. Häufiger als die vorige Art.

---

* Die Gattung Verbascum zeichnet sich durch eine Menge von Bastard-Formen aus, deren Bildung wahrscheinlich von Insekten veranlasst wird, besonders tragen wohl die Hymenopteren, wie die Honigbiene, zur Bestäubung und Kreuzung verschiedener Arten bei. Es schien mir dem Zwecke der nur für angehende Botaniker bestimmten Arbeit nicht entsprechend, diese hybriden Formen hier aufzuführen.

** Die von Wirtgen und Fuckel angegebenen Arten: Sc. Neesii Wirtgen und Sc. Balbisii Hornem. sind dem Verfasser gänzlich unbekannt. Derselbe erlaubt sich daher kein Urteil über deren Aechtheit; doch anerkannte Botaniker, wie Alex Braun haben dieselbe in Zweifel gezogen. Es würde den Anfänger nur verwirren, wollte man solche dubiöse Formen hier einer

B. Rhinanthaceae.

406. Melámpyrum, Wachtelweizen. XIV, 2.

1. Bl paarweise beisammen, einerseitswendig, lockere Aehren bildend. St 15—30 cm h., einfach oder unterwärts mit wenigen langen, weit abstehenden Aesten, mit dem untersten Teil meist niederliegend und aufstrebend, schwach flaumhaarig. B sehr kurz gestielt, lineal-lanzettlich, die bl.stdgen am Grunde mit 1—2 vorspringenden lanzettlichen Zähnen. K glockig, 4teilig mit lanzettlich-pfriemlichen Zipfeln, braun gefleckt, aufwärts gekrümmt, nicht halb so lang als die Blkr.röhre. Blkr gelb oder weiss, 1—2 cm lang; Unterlippe mit 2 orangegelben Flecken und mit 2 den Schlund verschliessenden Höckern. Kapsel schief-eifg mit 1—2samigen Fächern. Samen glatt. **M. pratense L. Wiesen-W.**

   Juni—August. In lichten Wäldern und auf trockenen Wiesen sehr gemein.

   — ährenfg geordnet und nach allen Seiten gewendet. 2.

2. Aehren scharf-4kantig, dicht-dachig. St aufrecht, 30—45 cm h., stumpf-4kantig, nach oben gegenstdg-ästig. B gegenstdg, sitzend, schmal-lanzettlich, lang ausgezogen, weit abstehend oder hängend. Deckb breit-herz-eifg, aufwärts zusammengefaltet und an der Spitze zurückgebogen, kammfg gezähnt mit pfriemlichen Zähnen. K mit pfriemlichen, gewimperten, ungleichen Zähnen. Bl weiss oder rötlich (oft auch die oberen Deckb), 1—2 cm lang; Blkr.röhre fast rechtwinkelig vorwärts gebogen. Oberlippe stumpf gekielt, innen behaart, etwas kürzer als die mit 2 den Schlund verschliessenden Höckern versehene Unterlippe. Kapsel stark zusammengedrückt, schief-eifg, mit je 2 länglichen Samen in jedem Fache. **M. cristatum L. Wald-W.**

   Juni—Juli. In Wäldern; ziemlich häufig im L.; Hadamar, Weilmünster, Weilburg, Westerburg, Laugenbach-Rohnstadt, Sonnenberg. Im . stellenweise. J. V. N.

   — im Umfang rundlich, locker. St aufrecht, bis 60 cm h. Obere B am Grunde mit 2 langen pfriemlichen Zähnen, allmählich in karminrote, zerschlitzte Deckb übergehend, letztere nach dem Verblühen wieder grün, unterseits mit 2 Reihen kohlschwarzer, glänzender Drüsenpunkte. Bl von gleicher Länge, 2 cm lang, karminrot mit weissem Ring; Unterlippe gelb gefleckt; K flaumhaarig, mit weisslicher, purpurrot angelaufener Röhre; K.zipfel über den Schlund der Blkr hinaus-

Analyse unterziehen; leider sind deren nur zu viele seit Linné in dessen scharf umschriebene Artenreihe eingedrungen und drohen immer mehr selbst den weiter Fortgeschrittenen alle Systematik zu verleiden. Es fehlt nur noch — difficile est satyram non scribere —, dass aus einer und derselben Wzl 2, 3 und mehr Arten emporsprossen! Diese scharfsinnige Entdeckung mag den „Zukunfts-Botanikern“ aufgespart bleiben.

31

ragend. Kapsel eifg, mit ziemlich grossen Samen. **M. arvense L. Acker-W.**

Juni—Juli. Unter der Saat. Hier und da.

407. Pediculáris, Läusekraut. XIV, 2.

St niedrig, höchstens 10 cm h., mit mehreren niedergestreckten und dann aufstrebenden Nebenst, etwas kantig, kahl oder kaum behaart, wie auch die gefiederten oder tief-fiederspaltigen B; Fiedern öfter wieder fiederspaltig-gelappt; Läppchen stachelspitzig. Den untersten B fehlt die B.spreite fast ganz. Bl hellrosenrot mit karminroten Flecken auf der Unterlippe, mit helmartig gebogener, kurz geschnäbelter Oberlippe (woran 2 pfriemliche Zähne) und schief gestellter Unterlippe, in gedrungenen. kurz gestielten Trauben. K gleichmässig 5zähnig; Zähne oberwärts blattartig und gezähnt; Kapsel kürzer, schief-eifg, sehr stumpf, mit einer seitlichen Stachelspitze. Samen zahlreich. netzig-grubig. **P. sylvatica L. Wald-L.**

Mai—Juli. Trockene Weiden. Gemein.

— weit höher. 30—45 cm h., mit aufrecht abstehenden Aesten, meist purpurrot und wie die Aeste mit lockeren Bl.ähren endigend. Unterste B mit deutlicher B.spreite. K 2lappig mit eingeschnitten-gezähnten oder gekerbten Lappen; Blkr mit wenig bemerklichem Schnabel, doch mit 2 pfriemlichen Zähnen an der Oberlippe. Kapsel länger als der K, in eine stachelige Spitze verlaufend. **P. palustris L. Sumpf-L.**

Mai—Juli. Auf nassen Wiesen Stellenweise, seltener als vorige Art.

408. Rhinánthus, Klappertopf. XIV, 2.

1. K zottig behaart; Deckb verschiedenfarbig, bleichgrün. Samen schmal-geflügelt; Flügel halb so breit als der Same. Wahrscheinlich nur eine Spielart der folgenden Art. **Rh. Alectorólophus Poll.** (**Rh. Crista galli** γ **L.**) **Acker-K**

Mai—Juni. Wiesen Nicht selten mit den andern Arten.

— kahl, oder nur flaumig. 2.

2. Deckb bleichgrün oder hellgelblich-grün, von den St.b sehr verschieden an Farbe, breit-eifg oder rautenfg, mit dunkelgrüner Spitze gesägt. St 15—45 cm h., aufrecht, vorspringend 4kantig, braun gestrichelt, oberwärts etwas behaart, einfach oder ästig. B gegenstdg. mit herzfg Basis sitzend, länglich-lanzettlich. am Rand etwas umgerollt, gesägt, unterseits weisslich gefleckt. allmählich in Deckb übergehend. Bl in endstdg, einerseitswendigen, anfangs gedrungenen, später lockeren, und unten lückenhaften Trauben, kurz gestielt, fast sitzend; K breit-eifg. viel breiter als die ebenso flach-zusammengedrückte, citrongelbe Blkr, nur in der Mitte etwas bauchig. grünlich-gelb mit je 3 Längsnerven und 2 2zähnigen Zipfeln. Oberlippe vorn mit eifg. violettem. stumpfem Zahn; Unterlippe 3spaltig mit stumpfen. breit-eifg Zipfeln (die seitlichen senkrecht gestellt). Kapsel flach-zusammengedrückt, schief rundlich-eifg, seicht ausgerandet;

Gf mit dem unteren Teil bleibend. Samen schief eifg, breit geflügelt. **Rh. major Ehrh. (Rhinanthus Crista galli ꞵ L.) Grosser K.**

Mai—Juni. Wiesen. Häufig.

— grasgrün wie die St.b, oft purpurbraun angelaufen. Sonst der vorigen Art in allen Teilen sehr ähnlich, nur kleiner. Bl nur halb so gross; Blkr.röhre mehr gestreckt, mit kürzeren Lippen; Unterlippe etwa halb so lang als die Blkr.röhre; K.zähne stumpfer, an der Spitze braun. **Rh. minor Ehrh. (Rh. Crista galli α L.) Kleiner K.**

Blüht an gleichen Standorten, wie vorige Art, aber etwas früher. Sehr gemein.

409. Euphrásia, Augentrost. XIV, 2.

1\. Zipfel der 3lappigen Unterlippe tief ausgerandet, fast verkehrt-herzfg. St niedrig, bis zu 15 cm h., einfach oder ästig und Rasen bildend, stielrund, rotbraun angelaufen, oberwärts oft mit gegliederten Drüsenhaaren; B kurz gestielt, fast sitzend, eifg, tief-gesägt, öfter, wie der K, drüsig-behaart, die unteren gegenstdg, die oberen wechselstdg. Bl fast sitzend in den B.winkeln, weiss mit mehreren violetten Streifen; Unterlippe am Grund gelb, wie auch der Schlund. Oberlippe 2lappig, mit gekerbten Lappen, gewölbt. K 4spaltig, länger als die längliche, abgestutzte, oft mit Stachelspitze (dem bleibenden Gf.teil) endigende, vielsamige Kapsel. Samen gerieft. (Pfl sehr verschieden gestaltet). **E. officinalis L. Gemeiner A.**

Juli—Herbst. Auf Wiesen, Heiden sehr gemein.

— — — — ganz, höchstens seicht ausgerandet. 2.

2\. Blkr hellrot. Pfl meist höher als die vorige Art, bis 30 cm h., von der Mitte an mit aufrechten, einerseitswendigen, rispenfg geordneten Aehren, von hellroten, kurz gewimperten, etwas flaumigen Bl; B gegenstdg, sitzend, lanzettlich-lineal, entfernt stumpf-gesägt, am Rande etwas umgerollt. Deckb länger als die Bl, nach oben kleiner werdend. K röhrig-glockig, bis in die Mitte in 4 Zipfel geteilt, grün mit rotem Anflug. Blkr.röhre eben so lang. Oberlippe gewölbt, abgestutzt, so lang als die Röhre. Unterlippe viel kürzer mit länglichen Zipfeln. Staubkölbchen an der Spitze mit zottigen Haaren zusammenhängend. Gf hervorragend, rötlich mit grüner Narbe. Kapsel länglich, stumpf, kurz behaart. **E. Odontites L. Roter A.**

Juni—Herbst. Auf Aeckern. Gemein.

— gelb, aussen abstehend-flaumig-behaart, kurz gestielt. Oberlippe länglich-verkehrt-eifg, gestutzt, etwas gewölbt; Unterlippe 3teilig mit verkehrt-eirunden, seicht ausgerandeten Zipfeln, der mittlere zuletzt herabgeschlagen. St 15—30 cm h., stumpfkantig, bräunlich in schlanke, gegenstdg, abstehende, mit Blt.trauben endigende Aeste von der Mitte an geteilt und eine zusammengesetzte Rispe bildend. B gegenstdg, sitzend, schmal spitz, abstehend oder zurückgekrümmt, angedrückt-behaart, fast ganzrandig; Trauben einerseitswendig, beblättert; K röhrig-glockig mit eilanzettfg Zähnen. A bräunlich-gelb, frei, kahl, kurz-dornig. Kapsel oval, ausgerandet, oben zottig. **E. lutea L. Gelbblütiger A.**

Trockene, sonnige Orte. Flörsheimer Steinbruch. J. V. N. (Sehr häufig in den Kieferwäldern unterhalb Mainz). Im übrigen Gebiet fehlend.

410. Lathraéa, Schuppenwurz. XIV, 2.

St 15—30 cm h., aus schuppigem, weissem, schmarotzendem Wzl.stock mit schuppigen, nach allen Seiten sich verbreitenden Aesten, truppweise beisammen stehend, aufrecht, rundlich und häutig-schuppig, weiss oder rötlich gefärbt, unterwärts kahl, oberwärts drüsig-flaumig. Schuppen weiss, dick, fleischig, herzfg, sehr stumpf. Bl kurzgestielt, nickend, in langen gedrungenen, einerseitswendigen, anfangs überhängenden Trauben. Deckb rundlich, zweizeilig-dachartig. K und Blt.stiele drüsig-behaart; K.zipfel eirund, spitz, kürzer als die weisse Blkr, deren Unterlippe meist mit 2 rötlichen Streifen, 3lappig; Oberlippe helmfg. Kapsel eirund, zusammengedrückt, unten mit fleischiger Honigdrüse, 2klappig, einfächerig, vom vergrösserten 4spaltigen K bedeckt. **L. Squamaria L. Gemeine Sch.**

März—Mai. Schattige Wälder. Selten. Langenaubach; Westerburg, Niederhadamar. J. V. N.

2. Ordnung: Labiatae.

411. Mentha, Münze. XIV, 1.

1. B fast sitzend. 2.
   — deutlich gestielt. 3.
2. Deckb lineal-pfriemlich, bis an die K.zähne reichend; B von breit-eifg Form wechselnd bis zur schmal-lanzettlichen, gesägt, am Grund meist herzfg oder abgerundet, unterseits mit stark hervortretenden Adern. St 60—90 cm h., ästig, die oberen Aeste mit rispenfg geordneten Bl.ähren endigend. Aehren gedrungen, bis 5 cm lang, lineal-walzlich, kurz gestielt, vor dem Aufblühen spitz zulaufend, die untersten, die Aehre zusammensetzenden Bl.quirle öfter von den übrigen etwas entfernt. Bl.stiele so lang als der röhrig-glockige K; K.zähne aus breiter Basis pfriemlich oder borstig. Blkr doppelt so lang als der K, lila-blau, mit gerader Röhre und eifg, stumpfen Zipfeln. Rundliche Nüsse im bauchig gewordenen, etwas eingeschnürten K. **M. sylvestris L. Wilde M.**

   Juli—August. In feuchtem Gebüsch, an Ufern. Hier und da, nicht häufig.

   — lanzettlich, zugespitzt, so lang als die Bl.quirle. St 30—60 cm h., dicht-zottig; Haare abwärts gerichtet; B oval, abgerundet-stumpf mit kurzer Spitze, vorn ganzrandig, sonst gekerbt-gesägt, sehr runzelig, beiderseits zottig, unterseits oft graufilzig.

Aehren etwas schlanker als bei voriger Art. Blt.stiele kahl oder mit kurzen, abwärts gekrümmten Härchen. K schwach gerieft, wagrecht-abstehend-behaart, mit lanzettlich-pfriemlichen, bewimperten, zuletzt zusammenneigenden Zähnen, weitglockig-bauchig und nicht eingeschnürt im Fr.zustand. Sonst der vorigen Art ähnlich. **M. rotundifolia L. Rundblättrige M.**

Juli—August. Gräben, feuchte Gebüsche. Häufig im M. und Rh. L. J. V. N.

3. Bl in endstdg, aus 3—5 Quirlen zusammengesetzten Köpfen oder Aehren. St 30—60 cm h., behaart, einfach oder ästig; B eifg, seicht herzfg, gesägt bis auf die ganzrandige Basis und Spitze, zerstreut-behaart, unterseits bisweilen etwas filzig. Deckb elliptisch oder lanzettlich. K mit 10 starken Riefen, behaart; K.zähne dreieckig mit pfriemlicher Spitze, nicht zusammenneigend. Unterhalb des eifg oder länglich-eifg Bl.kopfs bisweilen davon getrennt einige Quirle. **M. aquatica L. Wasser-M.**

Juli—August. Ufer, Wassergräben. Gemein.

— in entfernten Quirlen, deren höchster nicht endstdg. 4.

4. Blkr.röhre innen kahl. St 30—60 cm h., meist ganz kahl. B beiderseits verschmälert, elliptisch, gesägt mit vorwärts gerichteten Sägezähnen, sehr abändernd in Form und Behaarung. K röhrig-glockig, K.zähne dreieckig-lanzettlich, später nicht zusammenneigend. Sonst den beiden folgenden sehr ähnlich und vielleicht, wie diese, Formen einer einzigen Art. **M. gentilis L. Wiesen-M.**

Juli—August. Ufer. Nicht häufig. Dillenburg, Herborn, Weilmünster, Oestrich. J. V. N.

— — behaart. 5.

5. K röhrig, mit dreieckigen, zugespitzten Zähnen. St 30—45 cm h., aufrecht, mit getrennten, kugeligen Bl.quirlen, über denselben mit einem B.büschel endigend (hierdurch hauptsächlich verschieden von der anderwärts nicht seltenen, hier (im L.) aber noch nicht von mir beobachteten M. aquatica L., deren Bl.quirle einen endstdg, nicht von B überragten, rundlichen Kopf bilden); K röhrig-trichterfg, später nicht zusammenneigend; B eifg oder elliptisch, gesägt, mit abstehenden Zähnen. Kommt in vielen Spielarten vor, die sich besonders durch die Behaarung u. die B.form unterscheiden. **M. sativa L. Gezähmte M.**

Juli—August. An Ufern häufig.

— kurz glockig. K.zähne nicht länger als breit, sonst der vorigen Art sehr ähnlich. **M. arvensis L. Acker-M.**

Blütezeit und Standort wie bei voriger Art.

412. Pulégium, Polei. XIV, 1.

St 15—30 cm h., oft mit seinen zahlreichen Aesten niedergestreckt und wurzelnd, dann aufgerichtet, von der Mitte an mit 8—10 kugeligen, getrennten Bl.quirlen besetzt, stumpfkantig. B klein, elliptisch, in den B.stiel verlaufend, entfernt-gezähnelt, beiderseits zerstreut-behaart oder kahl. Blt.stiele so lang als der röhrige, geriefte K; K.zähne lanzettlich-pfriemlich, gewimpert, die oberen zurückgebogen, der Schlund später durch Haare geschlossen. Blkr doppelt so lang als der K, lilarot oder purpurn. **P. vulgare Mill.** (**Mentha Pulegium L.**) **Gemeiner P.**

Juli—August. Selten. Feuchte Orte. Rheinauen; Braubach. J. V. N.

413. Lýcopus, Wolfsfuss. II, 1.

St aufrecht, 60—90 cm h., 4kantig, einfach oder wenig ästig, auf den Kanten behaart; B kreuz-gegenstdg, ei-lanzettlich, die unteren gestielt, fast fiederspaltig, besonders nach dem Stiele zu, oder doch grob-gesägt, etwas runzelig, behaart, besonders auf den Nerven. Bl in gedrängten Wirteln, mit lineal-lanzettlichen Deckb; 5 pfriemliche K.zipfel; Blkr weiss, innen rot punktiert, unansehnlich, mit behaartem Schlund und nur 2 vollkommenen Stbgf, fast regelmässig. **L. europaeus L. Gemeiner W.**

Juli—August. An feuchten Gräben. Hier und da.

414. Sálvia, Salbey. II, 1.

1\. Quirle reichblütig (12—24bltg). St mehrere aus derselben holzigen Wzl, aufstrebend, 45—60 cm lang, 4kantig und, wie die ganze Pfl, zottig behaart. B kreuz-gegenstdg, lang gestielt, die oberen sitzend, herzfg, gekerbt, runzelig; B stiele öfter mit rundlichen Anhängseln. Bl in anfangs gedrängten, zurückgebogenen Aehren vereinigt, später ziemlich lang gestielt und dann Trauben bildend. Deckb etwa 6, hinfällig, so lang als der K, oder kürzer. K mit Längsstreifen, rauhhaarig, mit $\frac{3}{2}$ Zähnen. Blkr blau oder blau-lila, weit kleiner als bei der folgenden Art; Oberlippe helmfg; Unterlippe mit kurz zurückgebogenen Seitenlappen und 2spaltigem Mittellappen. **S. verticillata L. Wirtelständiger S.**

Juni—September. Wegränder, trockene Wiesen. Selten. Ems, Seelbach-Aumenau (A. Runkel), Weilmünster, Höchst, Hattersheim, Wiesbaden. J. V. N.

— armblütig (6—12bltg). 2.

2\. Röhre der Blkr ohne Haarleiste. 3.

— — — mit Haarleiste. St halbstrauchig, rundlich, nur die Zweige 4kantig, und weiss filzig. B (Stellung wie bei voriger Art) und Blt.stiele grau-filzig, eirund-lanzettlich, gestielt, gekerbt, runzelig. K glockig, drüsig-weichhaarig; K.zähne $\frac{3}{2}$, gerade vorgestreckt, dornig begrannt, gleich lang, obere rot, untere grün. Blkr violett, unten bärtig; Oberlippe sichelfg, ausgerandet; Unterlippe breit, niedergebogen, 3spaltig, mittlerer Zipfel umgekehrt-herzfg; Deckb eirund, 2 unter jedem Quirl, spitz. **S. officinalis L. Gemeiner S.**

Juni—Juli. Oefter als Gewürz- und Arzneipflanze in Gärten gezogen. (Wild im österr. Littorale und Kanton Tessin.)

3. Deckb grün, eirund, spitz, drüsig behaart, kürzer als der kantige, 2lippige K. St 30—60 cm h., aufrecht, 4kantig, oberwärts meist ästig und klebrig, mit einfachen und Drüsen-Haaren. Aeste aufrecht abstehend. B doppelt-gekerbt, runzelig, oberseits kahl, unterseits behaart, die untersten lang gestielt, die obersten sitzend, st.umfassend, herzfg-eirund, kreuz-gegenstdg; Bl blau, gross, in aus Quirlen bestehenden ansehnlichen Trauben. Mittlerer Zahn der Oberlippe des K sehr klein; Oberlippe der Blkr sichelfg, ausgerandet; Unterlippe hohl, tief ausgeschnitten. Gf viel länger als die 2 unter der Oberlippe verborgenen Stbgf. **S. pratensis L. Wiesen-S.**

Mai—Juli. Wiesen. Nicht so häufig.

— violett oder rötlich mit dunkleren Adern, herzfg, langzugespitzt, gewimpert, kürzer als die Bl. St 30—90 cm h., stumpfkantig, rinnig, nach oben hin dichter behaart wie die B.stiele. B herzfg, die unteren lang-gestielt, elliptisch oder eirund, die oberen herzfg-lanzettlich, sitzend, mehr oder weniger grob gesägt oder gekerbt und runzelig, unterseits grau mit einzelnen Drüsen. Quirl 4—6bltg. Blkr violett oder rosenrot, mit weisshaarigem Helm und vielen, weissen, später gelben Drüsen. Oberlippe des K mit 3 kurzen, eifg, stachelspitzigen Zähnen; Unterlippe 2spaltig. **S. sylvestris L. Wilder S.**

Juli—August. Selten. Auf Ewigkleeäckern bei Löhnberg und Weilmünster; Höchst; Hattersheim (Eisenbahndamm). J. V. N.

415. Origanum, Dosten. XIV. 1.

St aufrecht, ästig, 45—60 cm h., stumpf-kantig, meist rot überlaufen, behaart, die unteren b.winkelstdg Aeste kurz und bl.los, die oberen rispig und gabelig sich teilend. B gestielt, herabgebogen, ganzrandig oder sehr schwach gezähnt, unterseits bleicher, gegen das Licht gesehen drüsig-punktiert, behaart, oberwärts bisweilen kahl. Bl hellrot, (bisweilen weisslich), kurzgestielt, in gedrungenen, 4zeiligen Aehren; Deckb elliptisch, spitz und meist zum grösseren Teil rot; Aehren zu kleinen endstdg Doldentrauben geordnet. Kzähne eifg, spitz, gleich gross; Schlund des K mit einem dichten Haarkranz. Blkr aussen flaumig. Oberlippe gerade vorgestreckt, breit-eifg, tief ausgerandet, zuletzt mit den Seiten zurückgebogen, mittlerer Zipfel der Unterlippe länger und breiter als die seitlichen; 4 rundliche, dunkelbraune, kleine Nüsse. **O. vulgare L. Gemeiner D.***

Juli—August. An Hecken, Rainen. Sehr gemein.

416. Thymus, Thymian. XIV. 1.

St rasenbildend, zu vielen beisammen aus derselben Wzl, niedrig, kaum 10 cm h., etwas holzig, besonders im unteren Teil,

* Die in den Gärten als Gewürzpflanze gezogene O. Majorana L. hat einen fast ganzrandigen, 2lippigen oder halbierten K, gefurchte, sehr dicht-dachige Deckb, ovale, 3zählige Aehren und grau-filzige, gestielte, ganzrandige, stumpf-elliptische B, rötlich-weisse, im Juli und August blühende Bl. (Vaterland: Nordafrika.)

öfter an den Gelenken wurzelnd, vierkantig. B kurzgestielt, unterseits bleicher, beiderseits mit Drüsenpunkten, am Grund bewimpert, lineal oder elliptisch. Bl purpurn, in Köpfchen oder längeren, aus Quirlen gebildeten Trauben; K glockig, $\frac{3}{2}$zähnig, untere Zähne meist bewimpert; Schlund des K mit Haarkranz geschlossen. Blkr flaumig, mit gerader Röhre, ohne Haarleiste. Oberlippe ausgerandet, breit-eirund; Unterlippe 3spaltig, herabgeschlagen; Zipfel fast gleich (weshalb der Anfänger die Bl nicht für eine rachenfg Bl hält). Stbgf oberwärts divergierend, übrigens von sehr verschiedener Länge, wie auch die Grösse der Blkr sehr wechselt; 4 kugelige Nüsse. **Th. Serpyllum L. Feld-Th.***
Juli—Herbst. Auf Heiden, Mauern. Sehr gemein.

417. Saturéja, Bohnenkraut. XIV, 1.

St bis 20 cm h., ästig-buschig, undeutlich-4kantig, meist rötlich überlaufen, sehr kurz behaart; B sehr kurz gestielt, ganzrandig, etwas glänzend, mit Drüsenpunkten, fast kahl. Bl kurz gestielt in b.winkelstdg, 5blütigen Ebensträusschen, hell-lilafarben, violett punktiert, aussen etwas flaumig. Oberlippe ausgerandet, breiter als lang; Unterlippe 3zipfelig; Mittelzipfel länger und breiter, ausgerandet. K kahl, harzig punktiert, glockig-röhrig, ohne Haarkranz, mit 5 pfriemlichen, gewimperten Zähnen; 4 ovale Nüsse. **S. hortensis L. Gemeines B., (Pfefferkraut).**
Juli—Herbst. In Gärten als Gewürzpfl. gezogen. (Wild in Friaul).

418. Calamíntha, Calaminthe. XIV, 1.

Bl zu 6 auf ungeteilten Stielen Quirle bildend. St aufrecht, ästig, bis 25 cm h., stumpf-4kantig, krausflaumig, oberwärts, wie die Aeste, mit entfernten Quirlen von hell-violetten, dunkler gefleckten Bl; B gegenstdg, ziemlich lang gestielt, elliptisch, mit 3—4 kleinen Sägezähnchen beiderseits, unten bleicher grün, kahl, nur auf den Adern kurz behaart. K nickend, mit langer Röhre, tief gerillt, kurz borstig, unten bauchig. Oberlippe etwas kürzer als die Unterlippe, die pfriemlichen K.zähne später die K.röhre schliessend. Blkr mit ausgerandeter Oberlippe; Mittelzipfel der Unterlippe verkehrt-herzfg, kaum breiter als die eifg Seitenzipfel; 4 ovale Nüsse. **C. Acinos Clairville. (Thymus Acinos L.) Feld-C.**
Juni-August. An sonnigen Berghängen. Hier und da.

— auf je 2 gabelspaltigen, 3—5bltg Stielen in den B.winkeln. St aufrecht oder aufstrebend, 30—45 cm h., 4kantig, besonders nach oben behaart, oft purpurbraun, mit bl.losen, kürzeren Aesten in der unteren Hälfte, oberwärts mit 1 oder 2 Paar bl.tragenden, und mit einer lockeren, aus Quirlen zusammengesetzten Traube endigend. B gestielt, im mittleren Teil gesägt,

* Die in manchen Gärten als Gewürzpflanze gezogene Th. vulgaris L. hat unterseits fein-filzige, am Rande umgerollte B, B.büschel in den B.winkeln und blassrote, im Sommer blühende Bl.

etwas runzelig, eifg, weich-behaart, gegenstdg. unterwärts mit Drüsenpunkten, von aromatischem Geruch. Deckb lineal. kürzer als die Blt.stiele; K $\frac{3}{2}$, rotbraun, mit 10 Riefen, etwas drüsig-flaumig, Oberlippe des K aufwärts gebogen. die Zähne der Unterlippe gerade vorgestreckt, alle K.zähne borstig gewimpert, K.-schlund spärlicher und kürzer behaart wie bei voriger Art; Blkr hellkarminrot-lilafarben, Oberlippe gerade, tief ausgerandet, Unterlippe weiss- und violett-gefleckt, flach, abwärts gebogen. mittlerer Zipfel derselben breiter und kaum ausgerandet. mit 2 behaarten Höckern; 4 kugelige, braune Nüsse. **C. officinalis Moench. (Melissa Calamiutha L.) Gebräuchliche C.**

Juli—August. An Weg- und Waldrändern häufig im $\overline{\text{L.}}$ bis Laurenburg. Okriftel, Weilburg, Braubach hier und da. J. V. N.

419. Clinopódium, Wirtelborste. XIV, 1.

St aufrecht, 30—45 cm h., 4kantig. dicht-zottig, einfach. höchstens im oberen Teil mit wenigen Aesten, mit 2—4 gedrungenen, reichbltg Bl.quirlen endend. B gegenstdg, kurz gestielt, länglich-eifg. entfernt-gesägt, parallel-aderig, trübgrün, kurz behaart. Deckb steifhaarig; K mit walzlicher, etwas gekrümmter Röhre und pfriemlichen $\frac{3}{2}$ Zähnen und Schlundhaarkranz. Blkr purpurrot, flaumig, Oberlippe ausgerandet, gerade vorgestreckt, Mittelzipfel der Unterlippe verkehrt-eifg; Schlund der Blkr mit 2 Haarleisten und dazwischen dunkler rot; 4 braune, rundliche, am Nabel weiss gefleckte Nüsse. **C. vulgare L. Gemeine W.**

Juli—August. Im Gebüsch, an Waldrändern gemein.

420. Hýssopus, Ysop. XIV, 1.

St 30—50 cm h., unten holzig, stumpf-4kantig, kurz flaumig, meist einfach, mit einer aus Halbquirlen bestehenden Aehre endigend. B kreuzgegenstdg, sitzend, lineal-lanzettlich, ganzrandig, beiderseits durchscheinend-drüsig, unterseits bleicher grün. Halbquirle einerseitswendig, aus kurz gestielten, etwa 6blütigen Doldenträubchen gebildet. Deckb wie die übrigen B nach oben allmählich kleiner und stachelspitzig. K vielriefig, glänzend-drüsig und angedrückt-flaumig, oben violett, mit eifg Zipfeln. Blkr dunkelblau, flaumig, Blkr.röhre trichterig, nicht so lang als der K, ohne Haarleiste, Oberlippe gerade vorgestreckt, 2spaltig, flach, später an den Seiten zurückgebogen, kürzer als die 3spaltige Unterlippe, deren Mittelzipfel grösser, verkehrt-herzfg. A schwärzlich-blau; Stbfd länger als die Blkr, oben divergierend, von einander entfernt. Nüsschen sehr fein punktiert. **H. officinalis L. Gemeiner Y.**

Juli—August. Mauern. Selten. Dillenburg, Weilburg, Schaumburg. J. V. N. Wohl verwildert. Vaterland: Südeuropa.

421. Népeta, Katzenmünze. XIV, 1.

St 60—90 cm h., vierkantig, rinnig, flaumig, von unten an abstehend ästig. B gestielt, herzfg, im Umriss dreieckig, grob gesägt, trüb-grün, unterseits grau-filzig, eingestochen-punktiert. Bl in kurz-gestielten, gedrungenen, reichblütigen Doldenträubchen zu Quirlen vereinigt, diese mit herzfg, weiter oben mit lanzettlg und weit schmäleren Deckb gestützt. K vielriefig, weich- und abstehend-behaart, mit lanzettlich-pfriemlichen, stachelspitzigen, rot geränderten $\frac{2}{3}$Zähnen. Blkr flaumig, weisslich-fleischrot. Unterlippe purpurrot punktiert, Blkr.röhre ohne Haarleiste, schlank, mit erweitertem Schlund. Oberlippe gerade, tief ausgerandet, an den Seiten zurückgebogen, halb so lang als die zurückgebogene, an der Basis bärtige Unterlippe, deren Mittelzipfel grösser, rundlich, gekerbt. Stbfd genähert, kahl. Nüsschen kahl und glatt, mit weissem Querstrich. **N. Catária L. Gemeine K.**

Juni—August. Schutthaufen. Zerstreut im ganzen Gebiet.

422. Glechóma, Gundelrebe. XIV, 1.

St niedrig, bis zu 15 cm h., mit dem unteren Teile kriechend, 4kantig, einfach, kahl. B gegenstdg, lang gestielt, nierenfg, stumpf-gekerbt, kahl, höchstens auf den Adern unterseits kurz behaart, wie auch die B.stiele. Bl blau oder hellviolett, in einerseitswendigen, etwa 6bltg (2×3 Bl) Quirlen (eigentlich 2 Doldenträubchen). Deckb pfriemlich, klein; K eifg, begrannt; Blkr 3mal so lang als der K, Unterlippe und bärtiger Schlund mit dunkelviolettem Flecken. Staubkölbchen zu je 2 kreuzweise gestellt. 4 ovale Nüsse. **G. hederacea L. Gemeine G.**

April—Mai. An Hecken, Wegrändern gemein.

423. Melittis, Immenblatt. XIV, 1.

St 30—45 cm h., einfach, stumpf-4kantig, rauhhaarig wie die B- und Blt.stiele. B herz-eifg, grob gekerbt-gesägt, oberseits runzelig, spärlich und abstehend behaart, gestielt. Bl in den B.winkeln, einerseitswendig, lang gestielt, bis zu 3. Deckb pfriemlich, klein. K weit-glockig, 2lippig, zerstreut-behaart. Blkr ansehnlich, 2—3 cm l., ohne Haarleiste, weiss und purpurrot, anfangs gelblich-weiss; Mittellappen der Unterlippe karminrot, weisslich eingefasst, seltener ist die ganze Blkr weiss. Stbfd zottig, A kreuzweise gestellt, strohgelb, mit zahlreichen perlartigen feinen, weissen Drüsen. Nüsse flaumig. **M. Melissophyllum L. Melissenblättriges I.**

Juli—August. Wälder des höheren Taunus. Selten. J. V. N.

424. Lámium, Bienensaug. XIV, 1.

1. Bl weiss. St aufrecht oder aufstrebend, meist mehrere beisammen aus derselben Wzl, 30—40 cm h., vierkantig, einfach, schwach behaart; B kreuzgegenstdg, gestielt, herzeifg, zugespitzt, ungleich gesägt, schwach behaart; Bl in 12- u. mehrbltg. b.winkelstdg Quirlen, sitzend, mit linealen Deckb; K an dem Grund oft schwärzlich braun, mit schiefer Mündung und dreieckigen, pfriemlich zugespitzten, gewimperten Zähnen. Blkr fast 3 cm

lang, mit blass olivengrünen Flecken auf der Unterlippe und schiefer, aussen durch eine Einschnürung im unteren Teil der gekrümmten Röhre angezeigten Haarleiste, flaumhaarig, Oberlippe stark helmfg gewölbt, vorn etwas gezähnelt und gewimpert, Zipfel der Unterlippe an den Seiten hinabgeschlagen; Schlund auf beiden Seiten mit 3 Zähnchen und einem längeren pfriemfg Zahn; Staubkölbchen bärtig. **L. album L. Weisser B.**

April—Herbst. Sehr gemein am Saum der Wiesen, an Zäunen, Hecken.

— rot. 2.

2\. Röhre der Blkr gerade. 3.

— — — gekrümmt. In allen Teilen sehr ähnlich der vorigen Art, auch die Grösse und Tracht ist fast ganz dieselbe. Kleinere Unterschiede finden sich an der Blkr.röhre, welche aussen, der Stelle gegenüber, wo die innere wagrechte Haarleiste endigt, keinen Kerbzahn hat, (der dort vorhanden), auch ist sie etwas länger als der K und der Rand des Schlundes nicht eckig, sondern abgerundet **L. maculatum L. Gefleckter B.**

April—Herbst. An feuchten Waldrändern, Hecken gemein.

3\. Röhre der Blkr mit Haarleiste, alle B gestielt. St von unten an ästig; Aeste und B kreuzgegenstdg, niedriger als die vorigen Arten (15—30 cm h.) im oberen Teil nur Bl.quirle und B tragend, einfach, 4kantig, oft rötlich; B ungleich gekerbtgesägt, etwas runzelig, schwach behaart, die unteren lang gestielt, stumpf herzfg, fast rundlich, die oberen kürzer gestielt, aber grösser. Bl weit kleiner als die der vorigen Arten, flaumhaarig, rosenrot, auf der Unterlippe purpurn gefleckt, in 16—24bltgen Quirlen; Lappen der Unterlippe verkehrt-herzfg, an den Seiten zurückgeschlagen. K kahl, 10nervig, mit schiefem Schlund und lanzettlich-pfriemlichen, längeren Zähnen. **L. purpureum L. Roter B.**

Fast das ganze Jahr blühend. Sehr gemein auf bebautem Land.

— — — ohne Haarleiste, obere B sitzend und st.umfassend. In Bezug auf Grösse, Tracht, B.stellung der vorigen Art ähnlich, aber durch die nierenfg, grob gekerbten B unter den Bl.quirlen, die dichter behaarte K.röhre, die sattpurpurne Blkr (besonders in der Knospenlage) die verhältnismässig weit längere K.röhre (3 mal so lang als die Zipfel), die kleineren Nüsse leicht zu unterscheiden. **L. amplexicaule L. Stengelumfassender B.**

Fast das ganze Jahr blühend. Auf bebautem Land. Gemein.

425. Galeóbdolon, Waldnessel. XIV. 1.

St zu mehreren aus derselben Wzl, bis 30 cm h., teilweise aus niedergestreckter und wurzelnder Basis aufrecht, vierkantig, einfach, behaart, oft rötlich. B kreuzgegenstdg, gestielt, eifg, doppelt gekerbt-gesägt, oberseits oft weiss gefleckt, unterseits purpurrot, runzelig, schwach behaart, die unteren lang gestielt, etwas herzfg, die oberen kürzer gestielt und am Grunde abgerundet.

Bl ansehnlich (so gross wie die von L. maculatum L.), goldgelb. in 6bltg, von B gestützten Quirlen; Deckb lineal, Blkr.röhre so lang wie der geriefte K, mit Haarleiste im Innern; Oberlippe helmfg gewölbt, flaumig und wimperig, etwas gezähnelt, Unterlippe mit 3 ei-lanzettfg, spitzen Zipfeln; K.zähne etwas ungleich, dreieckig-pfriemlich. **G. luteum Smith. (Galeopsis Galeobdolon L.) Gelbe W.**

Mai—Juni. Gemein in feuchtem Gebüsch und an Waldrändern.

426. Galeópsis, Hohlzahn. XIV, 1.

1\. Bl hellgelb, mit schwefelgelbem Hof auf der Unterlippe, 4mal so gross als der K, weit grösser als die der übrigen Arten. St 30—45 cm h., stumpf-4kantig, flaumig, von unten an mit gegenstdg Aesten in den B winkeln; B eifg oder ei-lanzettlich, weichflaumig, unterseits fast filzig. K und Deckb drüsig-klebrig; Oberlippe der Blkr etwas gezähnelt. **G. ochroleuca Lam. Gelblich-weisser H.**

Juli—August. Zerstreut im ganzen Gebiet. (Die seltenere, rot blühende Spielart unweit Scheuern (A. Nassau) auf dem Klopp.)

— rot oder weiss, kaum doppelt so gross als der K. 2.

2\. St unter den Gelenken auffallend verdickt, wie angeschwollen, 30—45 cm h., steifhaarig, von abstehenden, stechenden Borsten, besonders dicht behaart unter der B.einfügung, stumpf-4kantig, meist von unten an ästig, seltener einfach; B kreuzgegenstdg, gestielt, länglich-eifg, zugespitzt, grob gesägt, nur am Grunde und an der Spitze ganzrandig, besonders auf den Adern flaumhaarig oder borstig. Bl in sehr gedrungenen, immer näher an einander gerückten Quirlen. Deckb den stachelspitzigen, stechenden, pfriemlichen K.zähnen ähnlich, länger als die K.röhre; K.schlund mit Borstenkranz; Blkr flaumig, Oberlippe eifg, vorn gekerbt, aussen etwas borstig, Mittelzipfel der Unterlippe sehr stumpf ausgerandet, breiter und länger als die seitlichen. Die Farbe der Blkr wechselnd, bald rot, bald weiss, meist mit einem gelben, rot geränderten Flecken auf der Unterlippe. **G. Tétrahit L. Gemeiner H.***

Juli—Herbst. Sehr gemein an Ufern, Gräben, Schutthaufen.

— — — — kaum verdickt, 30—35 cm h., aufrecht, stumpf-4kantig, oft bräunlich angelaufen, flaumig, meist von unten an ästig wie vorige Art. B kreuzgegenstdg, gestielt, länglich-lanzettlich, spitz, entfernt- und schwach-gesägt. Bl hellrot, sitzend, in reichbltgen, von einander getrennten, seltner

---

* Ueber Galeopsis bifida v. Bönningh., welche sich von vorhergehender Art durch den länglichen, an der Spitze ausgerandeten, später am Rande zurückgerollten Mittelzipfel der Unterlippe unterscheiden soll, sind die Akten noch nicht geschlossen, und bleibt es sehr fraglich, ob es eine gute Art sei. Wirtgen will sie in grosser Menge bei Fachbach und Ems gefunden haben, (cf. J. V. N. VIII, 2 pag. 189), mir ist sie bis jetzt noch nicht zu Gesicht gekommen. Auch Fuckel führt sie als an verschiedenen Orten vorkommend an.

dichter beisammen stehenden Quirlen. Deckb lineal-lanzettlich, stachelspitzig, aber kaum stechend, wie auch die dreieckig-pfriemlichen K.zipfel. K.schlund kurz-behaart. Unterlippe der Blkr meist etwas heller rot mit gelblich-weissen, dunkler geaderten Flecken, gerade abwärts gerichtet. **G. Ladanum L. Acker-H.**

Juli—September. Auf Saatfeldern gemein.

427. Stachys, Ziest. XIV, 1.

Bl gelblich-weiss. 2.

— rot. 3.

Quirle armblütig, höchstens 6bltg. K.zähne bis zur Spitze kurz behaart. St aufrecht, bis 30 cm h., meist von unten an mit langen bl.tragenden Aesten, fast kahl wie die B, nur die B.stiele am Grunde bewimpert; B lang-gestielt, eifg-lanzettlich, kreuzgegenstdg (wie bei allen Arten); Deckb mit kurzer, aber nicht stechender Spitze; K zottig, kürzer als die Blkr.röhre; Blkr mit bleichgelber Unterlippe, aussen zottig, am Schlund rot punktiert; Oberlippe etwas kraus. **St. annua L. Jähriger Z.**

Juli—Herbst. Auf bebautem Land. Gemein.

— reichbltg, bis 12bltg. K.zähne mit kahler. stechender Spitze. St aufrecht oder aufstrebend, einfach oder buschig-ästig, bisweilen niederliegend und rauhhaarig, wie der grössere Teil der Pfl; B lanzettlich, runzelig, nur die untersten gestielt, stumpf-gesägt oder ganzrandig, allmählich in breit-eifg, stechende Deckb übergehend; Bl in entfernten, eine unterbrochene Aehre bildenden Quirlen, fast sitzend; K 10riefig, ohne Haarkranz im Schlund; Blkr aussen flaumig, innen violett punktiert oder gestrichelt; Oberlippe stark gewölbt, nicht kraus; Unterlippe fast rechtwinkelig abstehend. **St. recta L. Gerader Z.**

Juni—August. Auf sonnigen, trockenen Stellen. Nicht so häufig. (Fehlt bei Dillenburg, Weilburg und im Weilthal.)

Mittlere und obere B sitzend. St scharf 4kantig, rauhhaarig, meist einfach, 60 cm h. und höher; B aus herzfg Basis länglich-lanzettlich, spitz, gekerbt-gesägt, beiderseits weich behaart, unterseits bleicher grün, wagrecht abstehend, allmählich in zurückgeschlagene Deckb übergehend. Bl rosenrot, sitzend, von pfriemlichen Deckb gestützt. Untere Bl.quirle entfernter von den eine gedrungene Aehre bildenden oberen; K 10riefig, drüsig behaart, wie die Deckb und die gerade vorgestreckte, eifg, schwach gekerbte Oberlippe. Unterlippe weiss und rot punktiert, flach, abwärts gebogen; Mittelzipfel rundlich, viel grösser als die seitlichen. **St. palustris L. Sumpf-Z.**

Juli—August. An feuchten Orten gemein.

— — — — gestielt. 4.

Quirle mit mehr als 6 Bl. 5.

— mit höchstens 6 Bl. 6.

5. Pfl weiss-filzig, dicht zottig. St aufrecht 45—90 cm h., meist einfach, 4kantig. B kreuzgegenstdg, länglich-eifg-herzfg, gekerbt, runzelig, dick, gestielt, nur die oberen, kleineren und schmäleren sitzend und ganzrandig. Bl in reichbltg, zuletzt fast kugeligen und zu unterwärts unterbrochenen Aehren zusammenfliessenden Quirlen. Deckb zahlreich, lineal-lanzettlich, wollig wie der etwas schiefe K; K.zähne eifg, mit purpurroter Stachelspitze. Blkr hellrot mit weisser, etwas gekrümmter Röhre. Oberlippe länglich, ausgerandet, gewölbt, gerade vorgestreckt, weiss gebärtet, an den Seiten später umgebogen. Unterlippe herabgeschlagen, purpurrot gefleckt, nach dem Aufblühen zurückgebogen, deren Mittelzipfel halb-kreisrund, schwach gekerbt. Stbfd blutrot gefleckt, zottig. **St. germanica L. Deutscher Z.**

Juli—August. Wüste Orte, Schutthaufen. Zerstreut im ganzen Gebiet, doch nicht häufig. Im T. L. fehlend.

— nicht weiss-filzig, grün. St aufrecht, 45—90 cm h., rauhhaarig, oberwärts mit Drüsenhaaren wie der K; B breit ei-herzfg, spitz, gekerbt-gesägt, Kerbzähne schwielig; Bl bräunlich-trüb-purpurn mit bräunlichen Flecken auf der Unterlippe und dem weisslichen Schlunde. K.zähne eifg, stachelspitzig; Deckb mindestens halb so lang als der K. **St. alpina L. Alpen-Z.**

Juli—August. In höher gelegenen Wäldern. Montabaurer Höhe, Herborn, Dillenburg.

6. Blkr etwa so lang oder kaum länger als der K; B stumpf, gekerbt, ei-herzfg; St höchstens 30 cm h., aufrecht oder aufstrebend, 4kantig, von unten an ästig, behaart; Bl bleichrosenrot; K rauhhaarig, länger als die Blkr.röhre, meist rötlich gefärbt; Oberlippe der Blkr rundlich, innen mit roten Strichen; Unterlippe gerade vorgestreckt, mit 3 eifg-rundlichen Zipfeln, am Grund rot punktiert. **St. arvensis L. Acker-Z.**

Juli—Herbst. Auf gebautem Land gemein.

— bedeutend länger als der K; B zugespitzt, langgestielt, herz-eifg, grob-gesägt, rauhhaarig. Pfl weit höher als die vorige Art, bis 1 m h.; St aufrecht, 4kantig, steifhaarig, rotbraun, nach oben ästig und etwas drüsig-behaart; Bl gesättigt bräunlich rot; Quirle eine lange, unterbrochene, endstdg Aehre bildend, fast wagrecht abstehend und sitzend. K schwach gerieft, behaart, auch mit Drüsenhaaren, mit dreieckig-pfriemlichen Zähnen. Oberlippe der Blkr gerade vorgestreckt, sehr gewölbt, aussen drüsenhaarig; Unterlippe viel grösser, gerade hinabgeschlagen, mit grossem, rundlichem Mittelzipfel. **St. sylvatica L. Wald-Z.**

Juli—August. An feuchten, schattigen Stellen im Walde gemein.

428. Betónica, Betonie. XIV, 1.

St aufrecht, 30—45 cm h., meist ganz einfach, rauhhaarig, mit endstdg, aus vielen Quirlen bestehender Aehre von trüb pur-

purroten Bl; B länglich-herzfg, grob-gekerbt, stumpf, die unteren lang gestielt, gegenstdg, die oberen fast sitzend und lineal-länglich, B.stiel mit verbreiteter Basis st.umfassend; K kaum halb so lang als die Blkr.röhre, mit gleichen, dreieckig-pfriemlichen, fast stechenden Zähnen. Oberlippe der Blkr gerade vorgestreckt, dann aufrecht und zurückgebogen, kaum gekerbt oder auch 2spaltig; Unterlippe länger, hinabgeschlagen; Mittelzipfel auffallend grösser als die seitlichen, rundlich, gekerbt. **B. officinalis L. Gebräuchl. B.**
Juni–August. Wiesen, Waldränder, Gebüsche. Häufig.

429. Marrúbium. Andorn. XIV, 1.

St 30—45 cm h., stumpf-4kantig, hart, wollig-weiss-filzig, von unten an ästig, mehrere beisammen stehend. B runzelig, trübgrün, weich-behaart, unterseits dünn filzig und wollig, bleicher grün, die unteren langgestielt, rundlich-eifg, fast herzfg. stumpf-gekerbt, die oberen fast sitzend, in den B.stiel verlaufend, eifg. Bl quirle sehr reichblütig, fast kugelig, Blkr klein, weiss-grau; Blkr.röhre gekrümmt, eingeschnürt, kurzflaumig wie die halb 2spaltige Oberlippe, deren Zipfel lineal; Unterlippe abwärts gebogen, mit länglichen kurzen Seitenzipfeln und sehr breitem, ausgerandetem Mittelzipfel. Deckb schmal lineal, zottig, mit hakig zurückgerollter kahler Spitze, so lang als die 10riefigen, zottigen K. K.zähne ungleich, sternfg ausgebreitet, pfriemlich, hakenfg wie die Deckb. **M. vulgare L. Gemeiner A.**
Juli–Herbst. An sonnigen, wüsten Orten. Weilburg. Braubach. J. V. N. Diez-Oranienstein.

430. Ballóta, Balotte. XIV, 1.

St aufstrebend, 60—90 cm h., meist bräunlich-rot, stumpf-4kantig, sehr ästig; Aeste aufrecht-abstehend, kurz behaart. B gestielt, herabhängend, unterseits heller-grün; Bl in kurzgestielten, b.winkelstdg, reichbltgen Doldenträubchen; Deckb lineal-stachel-spitzig; K ohne Haarkranz, flaumig, mit abstehenden, gleichlangen, eifg-pfriemlichen Zähnen; Blkr hell-lila (seltener weiss), Oberlippe gerade vorgestreckt, sehr zottig, ausgerandet, Unterlippe mit weissen Linien, an den Seiten herabgeschlagen; Mittelzipfel viel grösser, verkehrt-herzfg. **B. nigra L. Gemeine B. (Schwarznessel).**
Juni–August. An Hecken, auf Schutthaufen gemein.

431. Leonúrus, Löwenschwanz. XIV, 1.

St aufrecht, bis 1 m h., 4kantig, nur auf den Kanten flaumig, oberwärts mit aufrecht-abstehenden Aesten, mit endstdgen, beblätterten, aus sehr gedrungenen Quirlen zusammengesetzten Aehren von blassroten Bl; B gestielt, herabhängend, runzelig, wenig behaart, handfg-5teilig, herzfg; Mittellappen länglich-rhombisch, fast 3spaltig. obere B 3teilig, keilfg nach dem B.stiel sich verschmälernd; Deckb lineal; K starr, mit schiefer, kahler Mündung und eifg-pfriemlichen, stechenden Zähnen, die beiden unteren, etwas längeren, herabgekrümmt. Oberlippe der Blkr erst vorgestreckt, zuletzt zurückgekrümmt, Unterlippe 3spaltig, scheinbar sich zu einem einzigen pfriemlichen Zipfel zusammenrollend, gelblich-weiss. bräunlich- und rot-gefleckt. Nüsse scharf 3kantig. **L. Cardiaca L. Gemeiner L.**

Juni – August. Hier und da an wüsten Orten.

432. Scutellária, Helmkraut. XIV, 1.

1. B herzfg-länglich, kreuzgegenstdg, kurz-gestielt, entfernt-gesägt mit stumpfen Zähnen, kahl, unterseits auf den Adern flaumhaarig. St aufrecht, 30—45 cm h., 4kantig, kahl, oft purpurbraun gefärbt, mit liegendem Wzl.stock, aus dem einzelne St sich erheben; Bl hellviolett, in den oberen B.winkeln paarweise sitzend; Deckb borstlich; Blkr.röhre am Grund höckerig und fast rechtwinklig aufwärts gekniet, Oberlippe 3spaltig. Mittelzipfel gewölbt, wenig ausgerandet; Seitenzipfel zurückgerollt. Unterlippe stumpf, ungeteilt. Nüsse braungelb, warzig. **S. galericulata L. Gemeines H.**

Juli – August. An feuchten Ufern. Hier und da.

— spiessfg oder pfeilfg. 2.

2. Blkr.röhre gerade, höchstens 3—4mal so lang als der kurz behaarte K. St 10—25 cm h., ohne Drüsenhaare. Untere B eifg, mit 2 entfernten, kleineren Zähnen am Grunde. Bl b.winkelstdg zu 2. einerseitswendig, mit gerader, unten ein wenig bauchiger Röhre, violett, so lang oder kürzer als die stützenden Deckb. Oberlippe der Blkr fast gerade, nicht gewölbt. **S. minor L. Kleines H.**

Juli – August. Auf feuchten Wiesen und an Wegen. Selten. Am Reichenbach bei Falkenstein; Königstein. J. V. N.

— rechtwinkelig gebogen. vielmal länger als der drüsig-flaumige K. violett. an der Röhre unterseits mit 3 helleren Streifen; Unterlippe der Blkr bleich-violett u. weisslich-gefleckt, breit-eifg, seicht ausgerandet. Oberlippe 3spaltig mit stärker ausgerandetem Mittelzipfel. St 15—30 cm h., aufrecht, vierkantig, oben mit kurzem, drüsentragendem Flaume besetzt. wie auch die Blt.stiele, Deckb und Bl. B deutlicher spiessfg. wie vorige Art. im übrigen Umfang fast ganzrandig. Bl paarweise b.winkelstdg, einerseitswendig, zu beblätterten Trauben vereinigt. **S. hastifolia L. Spiessblättriges H.**

Juli – August. Gräben, feuchte Orte. Selten. Höchst, Kirchen an der Sieg, im Wisperthal. J. V. N. (Mombach unterhalb Mainz).

433. Prunélla, Brunelle. XIV, 1.

1. Bl gelblich-weiss. St 10—15 cm h. B gestielt, länglich-eifg, ganzrandig oder gezähnt, selbst bisweilen fiederspaltig: Zähne der Oberlippe des K breit-eifg, begrannt, die der Unterlippe lanzettlich-pfriemlich, kammfg-weiss-gewimpert; die längeren Stbgf oben mit einem vorwärts gebogenen Dorn Zähne der Unterlippe der Blkr mit geraden Rändern; zwischen

den Seitennerven nicht aderig. Aehre mit 2 verlängerten Stützb. **P. alba Poll. Weisse B.**

Juli—August. Trockene Wiesen. Selten. Lorch (Wisperthal). J. V. N. D. B. G.

— violett. 2.

2. Blkr doppelt so lang als der K; St meist mehrere aus liegender, an den Gelenken oft wurzelnder Basis aufstrebend, höchstens 30 cm h., vierkantig, schwach behaart, ästig. B gestielt, länglich-eifg, fast ganzrandig, wenig behaart. Bl in gedrängten, aus Quirlen zusammengesetzten, endstdg, fast kopflg Aehren. Deckb rundlich-eifg, weisslich, borstig bewimpert, grün- und violett-berandet. Bl.stiele kürzer als der violett angelaufene K, dessen Oberlippe wenig eingeschnitten; Zähne der Unterlippe des K lanzettlich, stachelspitzig. Längere Stbgf mit Enddorn. Nüsse länglich. **P. vulgaris L. Gemeine B.**

Juli—August. Sehr gemein auf Wiesen, Waldblössen.

— viel länger, 3—4 mal so lang als der K; Zähne der deutlich 3lappigen Oberlippe desselben breit-eifg, begrannt; Stbgf ohne Enddorn; Bl.ähren nicht von B gestützt, sonst der vorigen Art ähnlich, aber meist rauhhaariger. Violett. **P. grandiflora Jacq. (P. vulgaris β L.)**

Juli—August. Grasplätze. Stellenweise im ganzen Gebiet südlich von der Lahn.

434. Ajuga, Günsel. XIV, 1.

1. Mittlere und obere B 3teilig, mit linealen Lappen. Unterlippe der Bl gelb, braunrot punktiert. St aufstrebend, niedrig, bis 20 cm h., einfach oder am Grund ästig, rotbraun, stumpf-4kantig, lang behaart wie die etwas klebrigen, lang gestielten, unteren, fast ganzrandigen B; Bl einzeln, b.winkelstdg, fast sitzend, viel kürzer als die B; K 5zähnig, rauhhaarig, später mit der vertrocknenden Blkr geschlossen. Oberlippe der Blkr unansehnlich, ausgerandet, kürzer als der K. Mittelzipfel der Unterlippe gerade vorgestreckt, verkehrt-herzfg. **A. Chamaepitys Schreb. (Teucrium Chamaepitys L.) Acker-G.**

Juni—Herbst. Auf Aeckern und Brachfeldern Selten. M. und Rh. Unterhalb der Nieverner Hütte im Berghang. Mühlkopf bei Niederlahnstein. (Mombach).

— — — — unzerteilt, Bl blau (selten rot oder weiss). 2.

2. St mit kriechenden Ausläufern, einzeln, aufrecht, bis 30 cm h, 4kantig, fast kahl, meist purpurbraun überlaufen; Deckb fast ganzrandig. Wurzelb rosettenfg auf dem Boden liegend, länglich-eirund, stumpf, schwach gekerbt, spiegelnd, gewimpert, wenig behaart, die folgenden sitzend, kreuzgegenstdg, die oberen meist rotbraun. Bl in 6—12bltg Quirlen, nach oben eine gedrungene Aehre bildend, selten rot oder weiss. K 5spaltig, kahl, vorn höckerig, mit lang behaarten, lanzettlichen Zähnen. Oberlippe der aussen flaumigen Blkr sehr

klein, ausgerandet mit eifg Läppchen, Unterlippe 3spaltig, Mittelzipfel breit, verkehrt-herzfg. Nüsse netzig-grubig, verkehrt-eifg. **A. reptans L. Kriechender G.**

Mai—Juni. Auf Grasplätzen sehr gemein.

— ohne Ausläufer. 3.

3\. Deckb meist 3lappig. Der vorhergehenden Art sehr ähnlich. B nach dem B.stiel mehr keilfg, meist stärker und ungleich gezähnt, obere Bl.quirle gedrungener. Bl gesättigter blau. K am Grund weniger höckerig, K.zähne länger und schmäler, ganze Pfl meist stärker behaart; Wzlb.rosette fehlt meist. **A. genevensis L. Haariger G.**

Mai—Juni. Auf trockenen Bergwiesen. Hier u. da im ganzen Gebiet.

— kaum gezähnt, die oberen doppelt so lang als die Bl.quirle. St zottig, 15—30 cm h. Bl kleiner als bei der vorigen Art und heller blau. Untere B nahe beisammen, beträchtlich grösser als die folgenden, verkehrt-eifg. Bl.quirle einander sehr genähert, am unteren St.teile beginnend. Pfl im Umriss pyramidal. Höhe der Pyramide bisweilen nicht grösser als die Breite der Wzlb.rosette. **A. pyramidalis L. Pyramidenfg. G.**

Mai—Juni. Lichte Waldplätze. Sehr selten. Niederscheld. Frickhofen. J. V. N. Aarthal zwischen Michelbach u. Hohenstein. D. B. G.

435. Téucrium, Gamander. XIV, 1.

1\. B doppelt-fiederspaltig (auch die bl.stdgen), mit linealen Fetzen, lang gestielt, am Rande umgerollt. unterseits bleichgrün. Mehrere aufstrebende, ästige St aus derselben Wurzel, 4kantig, weich- u. drüsig-behaart; Bl lilafarben, weiss-gestreift mit purpurroten Flecken, aussen flaumig, zu 2—6, halbierte, b.winkelstdg Quirle bildend; Bl.stiele kürzer als der weitglockige, am Grund sehr höckerige, 5zähnige K; K.zähne dreieckig mit kurzer Stachelspitze. **T. Botrys L. Trauben-G.**

Juli—Herbst. Auf unbebautem Boden. Hier und da.

— nicht über die Mitte zerteilt. 2.

2\. Bl gelblich oder grünlich-weiss, in einseitigen, endstdgen Trauben. St rasenfg beisammen, 30—45 cm h., stumpf-kantig, flaumig, unterwärts öfter rauhhaarig, oberwärts ästig. B herz-eifg, ungleich-gekerbt-gesägt, sehr runzelig, beiderseits kurz behaart, unterseits blassgrün, mit stark hervortretenden Adern, die unteren lang-, die oberen kurz-gestielt. Deckb eifg, zugespitzt, kurz-gestielt, unansehnlich. K kurzglockig, 2lippig, $\frac{1}{4}$zähnig, 5nervig, doppelt so lang als die Bl.-stiele, flaumig wie die Blkr. K.schlund schwach-bärtig. Nüsse kugelig, glatt, sehr klein. **T. Scorodonia L. Salbeiblättriger G.**

Juli—August. Sehr gemein an Waldrändern, auf sonnigen Hügeln.

— rot, in den B.winkeln. 3.

3\. B gestielt, gegenstdg, keilfg in den B.stiel verlaufend, stumpf, stumpf-gekerbt, oberseits etwas glänzend, kurz behaart. St aus liegender Basis aufstrebend, stumpf-4kantig, bis zu 15 cm h., einfach, kraus-flaumig, öfter nur auf 2 gegenstdgen Seiten behaart; Bl blass-bräunlichrot oder rosenrot, in 6blütigen, b.winkelstdg, halbierten Quirlen. Obere bl.stdg B fast ganzrandig, purpurfarbig am Grund gefleckt. K glockig, purpurbraun, 5nervig, unten etwas höckerig, kurz behaart, harzig punktiert wie die Blkr. **T. Chamaedrys L. Gemeiner G.**

Juli—September. Auf sonnigen Berghängen des M. u. Rh. stellenweise.

— sitzend, gegenstdg, länglich-lanzettlich, grob-gesägt, trübgrün, flaumig, die unteren am Grunde abgerundet, öfter rot gefärbt, die oberen nach dem Grund verschmälert. St 15—45 cm lang, aufstrebend, stumpf 4kantig, zottig-behaart, einfach oder auch sehr ästig und ausgebreitet. Bl in halbierten 4blütigen Quirlen, kürzer als die Stützb, purpurrot, flaumhaarig, mit 4 spitzen, aufrechten, seitlichen und 1 viel grösseren, verkehrteifg, meist ausgerandeten vorderen Zipfel. Nüsse netzigrunzelig. **T. Scordium L. Knoblauch-G.**

Juli—August. Sumpfige Wiesen, überschwemmte Orte. Sehr selten. Zwischen Biebrich und Castel. D. B. G.

3. Ordnung: Orobancheae.

436. Orobánche, Sommerwurz. XIV, 2.

1. K einblättrig, ringsum geschlossen. 2.
— zweiblättrig, höchstens vorn zusammenstossend, aber nicht ringsum geschlossen. 4.

2. St von unten an ästig, 10—30 cm h., mit längeren Haaren besetzt und zottig; Schuppen und Deckb kurz-eifg. Die zur Seite der Blt stehenden Deckb lineal-lanzettlich. K häutig, kurz glockig, mit 4 lang zugespitzten, eifg Zähnen. Blkr röhrig, über der Basis etwas verengt, fast gerade, bläulich, später gelblich, weit kleiner, als die der beiden folgenden Arten, $\frac{2}{3}$lappig. Stbgf in der Verengerung der Röhre eingefügt mit kahlen, weissen A. Auf den Wurzeln von Hanf, Tabak und Mais schmarotzend. **O. ramosa L. Aestige S.**

Juni—August. M. u. Rh., Wiesbaden, Sonnenberg, J. V. N.

— einfach. 3.

3. Zipfel der Unterlippe spitz. Blkr vorwärts gekrümmt. St 30 cm h., mit stumpfen, stahlblau angelaufenen Kanten, strohgelb, bisweilen blau oder schmutzig grün oder braun, oberwärts, wie die Deckb, K und Blkr mit vielen Drüsenhärchen, ei-lanzettlichen, braunen, bleichrandigen, entfernt stehenden Schuppen. Bl in lockeren, bis 15 cm langen Trauben, sehr kurz gestielt, von drei ei-lanzettfg, anfangs blauen, später braunen Deckb gestützt. Blkr lila mit dunkelvioletten Nerven, am Grunde weisslich, mit unten etwas verengerter und dann allmählich erweiterter, sanft gekrümmter Röhre, tief $\frac{2}{3}$lappig; Lippen mehr als doppelt so lang als die Röhre; Unterlippe

mit länger behaarten Höckern. K 5spaltig, lederig. mit pfriemlichen Zähnen (der hintere Zahn öfter fehlend). Stbgf aufwärts gebogen, kahl, unten spärlich behaart, mit weisslichen oder gelben Kölbchen; Frkn eifg, mit 4 Furchen, gelblich, kahl; Gf weiss, drüsig behaart; Narbe gelblich-weiss, 2spaltig, 2knötig. Auf Achillea millefolium L. schmarotzend. **O. caerulea** Vill. **Blaue S.**

Juni—Juli. Selten. Unweit des Lahnsteiner Forsthauses; Dillenburg, Feldberg, Altkönig, Okriftel, Bierstadt. J. V. N. Aardeck. D B. G.

— — — stumpf, am Rand zurückgerollt. Blkr fast gerade. St 30 cm h., reicher beschuppt als vorige Art, der sie sonst sehr ähnlich ist, einfarbig, gelblich-weiss, zuletzt bläulich. Blkr 2—3 cm lang (länger als bei voriger Art), Schlund im oberen Teil etwas bauchig, zart hellblau oder dunkler violett, besonders der dunkler geaderte Saum. Deckb gelblich-weiss, später bräunlich-rot. Staubkölbchen auf der Naht der beiden Fächer überall wollig behaart. Kzipfel lanzettlich-pfriemlich zugespitzt, weit über die Hälfte der Blkr.röhre hinaufreichend. Auf Artemisia campestris L. schmarotzend. **O. arenaria Borkh. Sand-S.**

Juli—August. Stellenweise im M. und Rh.

4. Staubfäden ganz kahl, wenigstens im unteren Teile. St 30—90 cm h., kantig, gefurcht, steif aufrecht, bräunlich gelb mit reichblütiger, endstdg Aehre, meist auf den Wurzeln von dem Besenstrauch (Spartium scoparium L.) schmarotzend, mit rundlicher, zwiebelfg verdickter, mit breiten Schuppen besetzter Basis, im unteren und mittleren Teile mit lanzettlichen, entfernt stehenden Schuppen, die zuletzt in meist die Bl überragende, gelblich-weiss bewimperte und behaarte Deckb übergehen. K so lang als die Blkr.röhre, mit 2 meist 2spaltigen, 2nervigen Kb. Blkr bauchig-rachenfg, am Rande stark gekräuselt, mit sehr kurzen Härchen bewimpert, bis 3 cm l. Oberlippe helmartig, schwach ausgerandet, Unterlippe mit 3 eifg Zipfeln, der mittlere doppelt so gross, meist hellgelb oder braun, auch trüb-fleischrot oder -violett. Stbf weiss, tief unten in der Blkr.röhre eingefügt, nur oberwärts mit Drüsenhaaren, mit gelben Staubkölbchen. Frkn weisslich mit citrongelbem Ring, Gf nach oben violett mit tief ausgerander, citrongelber Narbe, letztere mit röllichem, nicht hervortretendem Rand. **O. Rapum Thuill. Rübenstengelige S.**

Mai—Juni. Hier und da an lichten Waldstellen.

— dicht behaart, besonders im unteren Teil. 5.

5. Narbe gelb. 6.

— sammetig-dunkelpurpurn, braun oder braunrot. 7.

6. Blkr mit weiter Röhre, gelblich oder bräunlich, Oberlippe mit zuletzt abstehenden, breit abgerundeten, gekerbten Lappen, tief ausgerandet; St 30—45 cm h., meist schlank, mit schmal-lanzettlichen, abstehenden Schuppen, rotbraun.

besonders im oberen Teil, drüsig-behaart, wie die Deckb. K.zähne und Blkr, mit meist gedrungener, reichbltg (25—30bltg), endstdg Aehre; Blkr 2—3 cm lang, Unterlippe eben so lang wie die Oberlippe, tief 3spaltig, mit gezähnelten, etwas krausen Zipfeln, wovon die seitlichen nach aussen gerichtet sind; Stbgf etwa 1 cm über der Basis der Blkr eingefügt, weisslich, oben lilafarben, unten gelb, bis zur Mitte mit drüsenlosen Haaren, wie der innere Teil der Blkr.röhre; Gf (mit lilafarbenen Streifen) und oberes Ende der Stbgf mit Drüsenhaaren; Staubkölbchen braun; Frkn weisslich, unten bräunlich-gelb. Auf Medicago sativa L. schmarotzend. **O. rubens Wallr. Braunrötliche S.**

Mai—Juni. Selten. Niederlahnstein, Ebersbach, Hadamar, Okriftel, Mosbach. J. V. N.

— mit e n g e r, über der Mitte verengter Röhre. Aehren meist länger als der St. K.b mehrnervig, elliptisch-eifg, plötzlich in eine oder zwei pfriemlich-fädliche Spitzen auslaufend; Oberlippe der gleichmässig gebogenen, mattgelben, violett geaderten Blkr ausgerandet mit a u f w ä r t s geschlagenen Lappen. Zipfel der Unterlippe abstehend, spitz, der Mittelzipfel länger. **O. Hederae Dub. Ephen-S.***

Mai—Juli. Auf den Wurzeln von Epheu schmarotzend. St. Goarshausen. D. B. G.

7. K.zipfel h a l b so lang als die Blkr.röhre. St bis 30 cm h., am Grunde wenig verdickt, weiss mit gelblichem oder rötlichem Anflug, mit Drüsenhaaren, wie die Schuppen und der obere Teil der Pfl; Schuppen purpurrot oder violett, später braun. Aehre endstdg, meist nicht so reichblütig, wie vorige, Deckb den Schuppen ähnlich, den Rand der Unterlippe erreichend, K.b meist ungleich 2spaltig, sehr zart, breit eifg: Blkr bleich lila, rosenrot, oder gelblich-weiss mit rosenrotem Anflug, bis violett variierend, fast 3 cm lang, unten eng, dann a l l m ä h l i c h sich e r w e i t e r n d, Oberlippe h e l m a r t i g, n i e a u s g e b r e i t e t, schwach oder gar n i c h t ausgerandet; Unterlippe 3spaltig mit rundlichen, ungleich gezähnelten und gekräuselten, fast gleichen, nach vorn gerichteten Zipfeln. Stbf u n t e r w ä r t s e i n f a c h b e h a a r t, oberwärts nebst dem Gf mit Drüsenhaaren, mit braunen Staubkölbchen. Gf weiss, doppelt so lang als der Frkn. **O. Galii Duby. Labkrauts-S.**

Juni—Juli. Selten. Auf Galiumarten schmarotzend. Ems; Hillscheid, Okriftel. J. V. N.

— ebenso l a n g oder l ä n g e r. 8.

8. Stbgf oben, wie der Gf, d r ü s i g behaart, d i c h t über der Basis der glockigen, drüsig-behaarten Blkr eingefügt, unterwärts zerstreut behaart; K.b mehrnervig, lanzettlich-pfriemlich, ungeteilt oder 2spaltig-spreizend; Oberlippe der sanft gebogenen

* K o c h erwähnt in seiner Synopsis, dass ihm diese der O. minor Sutt. sehr ähnliche Art noch nicht ganz klar sei. Dem Verfasser ist sie bis heute noch nicht zu Gesicht gekommen.

Blkr etwas aufwärts gerichtet, mit 2 ausgebreiteten Lappen. Mittellappen der Unterlippe doppelt so lang, als die seitenstdg; N fein sammetig ohne vortretenden Rand. St 10—15 cm h., schmutzig gelb, oft rot überlaufen und klebrig-drüsig; N dunkelpurpurn. Wohlriechend. **O. Epithymum DC. Quendel-S.**

Juni—August. Auf den Wzln von Thymus Serpyllum L. schmarotzend. Okriftel, Griesheim, Adolfseck. J. V. N.

— nicht drüsig behaart; Blkr an der Basis plötzlich kniefg gebogen und vorwärts gekrümmt, dann fast gerade. Lippen ungleich spitz gezähnelt, wollig kraus, ästig-aderig; Oberlippe helmartig, gerade vorgestreckt, beinahe 4lappig. Unterlippe mit fast 2spaltigen Seitenlappen und doppelt so grossem, 2—3spaltigem Mittellappen. Stbgf in der Biegung der Blkr eingefügt; K.b 3—6nervig, aus eifg Basis pfriemlich oder 2spaltig mit pfriemlichen Zipfeln. N braun oder rotbraun. St bis 60 cm h., violett oder purpurn; Bl weisslich oder oben lilafarben, purpurn-geadert. **O. amethystea Thuill. Amethystfarbene S.**

Juni—Juli. Selten. Auf Eryngium campestre L. schmarotzend Burg Sternberg und Liebenstein. J. V. N.

4. Ordnung: Lentibulariaceae.

437. Pinguícula, Fettkraut. II, 1.

Schaft bis 15 cm h., aufrecht, stielrund, mit kurzen, einen klebrigen Saft absondernden, wasserhellen Härchen besetzt, mehrere beisammen. Wzl.rosette aus eifg-elliptischen, fleischigen, blassgrünen B mit eingerolltem Rande. Bl einzeln, übergebogen; Oberlippe 2spaltig, Unterlippe 3spaltig mit rundlichen Zipfeln; Schlund bauchig mit zottigem, aschgrauem Gaumen maskiert; Sporn walzenfg, meist gerade und so lang als die Blkr. Kapsel gestielt, eirund, 1fächerig, etwas geschnäbelt, vielsamig, bis zur Mitte sich öffnend; Fr.boden kugelig-gewölbt. K fast 2lippig, $\frac{3}{2}$spaltig. **P. vulgaris L. Gemeines F.**

Mai—Juni. Torfwiesen. Selten. Weisskirchen (Amt Königstein), zwischen Wallau und Bockenheim. J. V. N.

438. Utriculária, Wasserschlauch. II, 1.

Ganze Pfl im Wasser freischwimmend mittelst hornig-elastischer, schief-eirunder, an der Spitze mit 2 Haarbüscheln besetzter Schwimmblasen, welche anfangs mit Wasser gefüllt sind, kurz vor der Blt.zeit Luft entwickeln und dadurch die Pfl an die Oberfläche emporheben; später, nach Entweichung der Luft, sinkt die Pfl wieder nieder. St rund, glatt, am Ende dicht mit wechselstdg, 2—4 cm langen, in borstliche Zipfel mehrfach fiederig-geteilten B besetzt, entfernt-ästig. Blkr gespornt, maskiert, mit eirunder, fast 3lappiger Oberlippe, rundlicher, an den Seiten niedergebogener Unterlippe und orangegelbem, braunrot gestreiftem

Gaumen. Sporn kegelfg, rotbraun, von der Unterlippe abstehend. Kapsel vom bleibenden Gf bekrönt, mit 6eckigen Samen. Dottergelb. **U. vulgaris L. Gemeiner W.**

Juli—August. In stehendem Wasser, Sümpfen. Nach Wirtgen (cf. J. V. N. VII, 1) bei Ems. (Scheint wieder verschwunden zu sein). Hachenburg, Freilingen, Braubach, Hattenheim (Münchau). J. V. N.

5. Ordnung: Globularieae.

439. Globulária, Kugelblume. IV, 1.

St bis 20 cm h., ganz einfach, aufrecht oder aufstrebend, kantig gestreift, bis oben mit kleinen, sitzenden, wechselstdg. lanzettlich-elliptischen B, zuletzt oberwärts nackt. Bl.kopf kugelig, endstdg, mit vielen blauen (seltener weissen) Bl.chen, einer 9—12blättrigen etwas kürzeren Hülle; Hüllb lanzettlich, stachelspitzig, lang gewimpert. K 5spaltig mit lanzettlich-pfriemlichen, wimperigen Zipfeln und zottiger, von dicht stehenden Haaren geschlossener Röhre. Blkr.röhre kürzer als der K, mit 5 linealen, fast lippenfg gestellten längeren Zipfeln. Wzl.b spatelig; 1 Same vom bleibenden K eingeschlossen. **G. vulgaris L. Gemeine K.**

Mai - Juni. Trockene Wiesen, steinige Orte. Flörsheim, Hochheim, Braubach. J. V, N. Sonst fehlend.

6. Ordnung: Verbenaceae.

440. Verbéna, Eisenkraut. XIV, 2 (II, 1).

St aus aufstrebender Basis aufrecht, 4kantig, fast kahl, oberwärts mit gegenstdg. weit abstehenden Aesten aus den B.-winkeln; B graugrün, runzelig, kurz-borstig, länglich-eifg im Umriss, tief-3spaltig mit rautenfg Mittelzipfel und länglichen Seitenzipfeln, stumpf und ungleich gekerbt, breit gestielt, unterste B ganz. Bl bleich-lilafarben in sehr langen, b.losen, rutenfg, endstdg, rispig-geordneten Aehren. Deckb eifg, kürzer als der später an die Spindel angedrückte K. **V. officinalis L Gemeines E.**

Juni - Herbst. An Wegen, Zäunen, auf Schutt. Gemein. Fehlt bei Herborn und Dillenburg.

7. Ordnung: Plantagineae.

441. Plantágo, Wegerich. IV, 1.

1\. B.loser St (Schaft). 2.
Blättriger, ästiger St, 15—30 cm h., mit gegliederten, zum Teil drüsentragenden Haaren besetzt, wie auch die Blt.stiele. B schmal-lineal, dicht flaumhaarig und graugrün. Bl in gedrungenen, länglich-eirunden, von breit-eirunden, fast herzfg, randhäutigen, begrannten äusseren, und verkehrt-eirunden oder spatelfg, gestutzten, häutigen inneren Hüllb gestützt. K.zipfel häutig-weiss mit breitem, grünem Streifen, ungleich gestaltet, die vorderen spatelig und stumpf, die hinteren lanzettlich-spitz. Blkr.röhre kahl, mit lanzettlich-elliptischen Zipfeln. **P. arenaria W. & Kit. Sand-W.**

Juli—August. Sandfelder. Biebrich, Schierstein.

2. Schaft 30—60 cm h., kantig; B lanzettlg. Breite geringer als $\frac{1}{3}$ der Länge, fast ganzrandig, 5—7nervig, fast kahl. Bl in endstdg, eirunden, länglich-walzenfg, gedrungenen Aehren, braun mit hellerem Rande, von breit eirunden, lang zugespitzten, trockenhäutigen, braunen, grünnervigen Deckb gestützt. K.zipfel 4, verkehrt-eirund, häutig, bräunlich, mit grünem Mittelstreifen, auf dem Kiel meist gewimpert; Kapsel 2samig, ringsum aufspringend. **P. lanceolata L. Lanzettblttr. W.**
Frühling-Herbst. Sehr gemein auf Wiesen.

— stielrund, B.breite grösser als $\frac{1}{2}$ der Länge. 3.

3. B deutlich gestielt, rosettenfg auf dem Boden ausgebreitet, eirund-elliptisch, meist klein gezähnt, 7—11nervig, kahl oder nur schwach behaart, am Grund des B.stiels bärtig. Bl.ähre bis 10 cm l., walzenfg-lineal, gedrungen. Deckb eirund, stumpf. Kapsel 8samig. **P. major L. Grosser W.**
Juli—Oktober. Auf Wegen, Schutthaufen. Gemein.

— fast ungestielt. Der vorigen Art zwar ähnlich, aber die B liegen ganz auf dem Boden, während sie bei P. major etwas aufstrebend sind. Aehre viel kürzer, bis 4 cm l., Deckb spitzlich. Kapsel 2—4samig. **P. media L. Mittlerer W.**
Mai—Juli. Auf Wegen, Triften gemein.

VI. Reihe: Campanulinae.

I. Ordnung: Campanuleae.

442. Jasióne, Jasione. V, 1. (XIX, 6.)

St 30—50 cm h., aufrecht, kantig, in der unteren Hälfte mit sitzenden, wechselstdg, lineal-lanzettlichen, ganzrandigen, etwas hin- und hergebogenen B, nach oben b.los, mit endstdg, mässiggrossen, halb-kugeligen Bl.köpfen; Hüllk vielblättrig, Hüllb elliptisch-zugespitzt, von gleicher Länge. Stiele der hellblauen Blümchen länger als der 5zipfelige, oberstdg K; Kapsel in der eirunden, 5kantigen K.röhre eingeschlossen, 2fächerig, an der Spitze mit einem Loche sich öffnend. 5 Stbgf mit den Staubkölbchen etwas verwachsen, (weshalb der Anfänger die Pfl für eine Composite halten könnte; cf. I. Teil, Tab. IV, B.) **J montana L. Berg-J.**
Juni—Juli. An sonnigen Bergabhängen. Nicht selten.

443. Phytéuma, Rapunzel. V, 1.

1. Bl weisslich-gelb, an der Spitze grünlich. St 30—60 cm h., aufrecht, einfach, kantig, kahl, mit endstdg, anfangs kurzer, später länglicher, gedrungener Aehre. B kahl, die unteren breit-eifg, tief-herzfg, doppelt gekerbt-gesägt, bisweilen mit braunem Mittelflecken, lang gestielt, die oberen und obersten immer schmäler und kürzer gestielt, oder sitzend, sehr weit von einander entfernt. Bl.ähre von pfriemlichen Deckb gestützt.

K.röhre fast halbkugelig mit längeren, pfriemlichen, abstehenden Zipfeln. N 2spaltig, bisweilen 3spaltig. **Ph. spicatum L. Aehrige R.**
Mai—August. Wälder. ———— Weilburg. Nicht überall häufig.
— blau. 2.

2. Bl in kugeligen Köpfen. St 15—45 cm h., kantig, öfter hohl; B kahl oder zerstreut behaart, gekerbt oder gekerbt-gesägt, die untersten lang gestielt und breit, die oberen immer kürzer gestielt und schmäler, oder sitzend. Bl.kopf von breit-eifg, etwas gesägten, in eine pfriemliche Spitze verlaufenden äusseren und spreub.artigen, wimperigen, etwas schmäleren inneren Hüllb umgeben. K.zipfel wimperig, ei-lanzettfg, so lang als die K.röhre. N meist 3spaltig. **Ph. orbiculare L. Rundköpfige R.**
Juni—August. Waldwiesen und Triften. Selten. Herborn im Beilstein, Westerburg, Wiesbaden. (Fuckel nennt alle diese Standorte „zweifelhaft").
— in längeren endstdg, anfangs kugelfg, bis 8 cm l. Aehren von pfriemlichen Deckb gestützt, schwarzblau oder dunkelviolett, 5teilig mit linealen, bei dem Aufblühen verwachsenen, alsdann von unten an sich trennenden Zipfeln, mit halbkugeliger, den Frkn einschliessender K.röhre, 5 pfriemlichen, abstehenden K.zipfeln. St aufrecht, 30—60 cm h., ganz einfach, kantig, kahl wie die B. Untere B tief-herzfg, gekerbt-gesägt, mittlere lanzettlich, obere lineal. Kapsel 2—3fächerig. **P. nigrum Schmidt. Schwarze R.***
Mai—August. In Wäldern sehr gemein.

444. Campánula, Glockenblume. V, 1.

1. Bl meist sitzend, zu einer Aehre oder end- und seitenstdg Köpfchen vereinigt. 2.
— — gestielt, in Rispen oder Trauben. 3.

2. Pfl stechend-steifhaarig-grau. St 45—60 cm h., öfter rot gefärbt. B lanzettlich, wellig, die unteren in den B.stiel verschmälert, die oberen sitzend, lineal-lanzettlich, seicht gekerbt, in Deckb übergehend. Bl hellblau, länglich-glockig, endstdg und b.winkelstdg, armblütige Köpfchen bildend, steifhaarig, innen etwas zottig. K.zipfel aufrecht, eirund, stumpf, öfter mit auswärts gerichteten Buchten. **C. Cervicaria L. Natterkopfblättrige G.**
Juli—August. Wälder, Gebüsche. Selten. ———— Zwischen Langenbach und Weilmünster. J. V. N.
— kahl oder nur kurzhaarig. St aufrecht, 30—45 cm h., kantig, einfach, untere B etwas herzfg, eifg, oder ei-lanzettlich, die oberen sitzend, st.umfassend, wechselstdg; Bl.köpfe aus 4—8 Bl von Deckb gestützt; Blkr gesättigt-violett, aussen flaumig, innen etwas zottig, 2—3 cm lang; K.zipfel aufrecht

* Diese Pfl wird von manchen Autoren für eine nur der Farbe nach von Ph. spicatum L. verschiedene Art gehalten.

abstehend, kurzhaarig. ei-lanzettlich, spitz. C. **glomerata L. Geknäuelte G.**

Mai—Juni. Auf grasreichen Wiesen gemein.

3. St.b l i n e a l, oder lineal-lanzettlich. kaum 1 cm breit. 4.
— e i f g. oder ei-lanzettlich, meist breiter als 3 cm. 7.

4. Untere St.b (Wzl.b) der bl.losen St r u n d l i c h - h e r z f g. lang gestielt. (an den bl.tragenden St meist schon verwelkt). St 30—45 cm h., fast rund, nach oben weitläufig ästig. eine lockere Rispe tragend. mit dünnen, langen, armblütigen Aesten. St.b schmal-lineal. ganzrandig, wechselstdg; K.zipfel aufrecht. pfriemlich; Blkr mässig-gross, etwa 2 cm l, bauchig-glockig, mit eirunden. kurz zugespitzten Zipfeln. schön blau (seltener weiss). C. **rotundifolia L. Rundblättrige G.**

Juni—Herbst. Trockene Wiesen, Waldränder, Mauern. Sehr gemein.

— — — — — — l ä n g l i c h - l a n z e t t l i c h. 5.

5. Sehr a n s e h n l i c h e, f a s t 3 c m b r e i t e, schön dunkelblaue. glänzende, weit-glockige Bl in armblütigen (3—6bltg). endstdg Trauben. St aufrecht. 45—60 cm h, schwach kantig, e i n f a c h. mit wenigen, etwas derben, glänzenden, fast linealen, entfernt gezähnelten, wechselstdg, kurz gestielten oder (die oberen) sitzenden B. K.zähne l a n z e t t l i c h, viel breiter als bei der vorigen und folgenden Art. C **persicifolia L. Pfirsichblättr. G.**

Juni—Juli. Hier und da in lichten Waldungen.

W e i t k l e i n e r e, blau-lilafarbene Bl mit p f r i e m l i c h e n K.zipfeln 6.

6. Rispenäste a u f g e r i c h t e t. r e i c h b l ü t i g. St aufrecht. sehr ästig. 45—60 cm h., untere B länglich-verkehrt-eirund. in den B.stiel verlaufend. gekerbt. die oberen schmal-lanzettlich. sitzend. C. **Rapunculus L. Rapunzel-G.**

Mai—Herbst. Auf trockenen Wiesen sehr gemein.

— a u s g e b r e i t e t, schlank, fast e b e n s t r a u s s a r t i g. a r m blütig. St 30—60 cm h., aufrecht, kantig, kahl oder besonders auf den Kanten steifhaarig. B flach. gekerbt. kahl oder steifhaarig. die untersten breit-lanzettlich. fast verkehrt-eirund. keilfg in den B.stiel verschmälert. die oberen schmäler und sitzend. Bl etwas grösser als die der vorigen Art. etwas nickend. lang gestielt. K kahl. mit pfriemlichen. aufrechten Zipfeln. Blkr trichterig-glockig. halbfünfspaltig. selten weiss. Gf und N blau. C. **patula L. Weitsperrige G.**

Mai—Juli. Wiesen, Waldränder. Selten. Hadamar, Lorsbach, Braubach. Oestrich, zwischen Hasselbach u. Allendorf b. Weilburg. J. V. N.

7. St s c h a r f k a n t i g. steif aufrecht. 60—90 cm h., meist einfach, steifhaarig wie die grob- und doppelt-gesägten, lang gestielten. meist herzfg. wechselstdg B; B.stiele mit am St schmal hinablaufenden Rändern. die der oberen B kürzer. Bl b winkelstdg. traubig geordnet am Ende des St und der Aeste. ansehnlich. 3—4 cm lang, länglich-glockig. aussen und am Rande etwas

borstig, dunkelblau (seltener weiss), mit länglichen Zipfeln; K.zipfel breit-lanzettlich, öfter auf den Nerven steif-borstig. **C. Trachelium L. Nesselblättrige G.**

Juli—Herbst. In Wäldern und Gebüschen ziemlich häufig.

— fast stielrund oder stumpfkantig. 8.

8. Bl sehr ansehnlich, 5—6 cm lang, länglich-glockig, einseitige Trauben bildend, lila-blau oder weiss, innen und am Rande zottig, mit länglichen, zugespitzten Zipfeln; Blt.stiele b.winkelstdg, einblütig, kaum so lang als der K, zuletzt zurückgebogen. St einfach, 60—120 cm h., aufrecht, schwachkantig, unterwärts kurzhaarig. B sehr ansehnlich, bis 12 cm lang und 5 cm br., länglich-eifg, oder lanzettlich, fast kahl, doppelt entfernt-gesägt, in den wimperigen B.stiel verschmälert. **C. latifolia L. Breitblättrige G.**

Juli—August. Wälder und Gebüsche. Selten. ____ Langenaubach, Erdbach, Westerburg. Gmünder Hammer. J. V. N.

— weit kleiner, öfter mehrere auf demselben Aestchen, 2—3 cm l., nickend, hellviolett, in endstdg, einerseitswendiger Traube. St 45—60 cm h., steif-aufrecht, mit Ausläufern, kahl, oder etwas flaumig nach oben, ästig; Traubenäste öfter 3- und mehrbltg; K.zipfel lanzettlich, länger als die etwas flaumige K.röhre. B ungleich gesägt, zerstreut- und kurzbehaart und etwas scharf, die unteren herzfg, lang gestielt, die oberen sitzend, allmählich in zuletzt schmal-lanzettliche und ganzrandige Deckb übergehend. Gf blau. **C. rapunculoides L. Kriechende G.**

Juli—August. Auf bebautem Land, oft als lästiges, schwer auszurottendes Unkraut.

445. Speculária, Spiegelglocke. V, 1.

K.zipfel lineal, so lang als die Blkr und der Frkn. St sehr gespreizt-ästig, 15—30 cm h., oft mehrere beisammen, kantig, die unteren Aeste unverhältnismässig lang, untere B verkehrt-eifg, in den B.stiel verschmälert, die oberen länglich, sitzend, fast st-umfassend, wechselstdg. Bl violett-rot, fast radfg. mit sehr kurzer Röhre und ausgebreitetem, 5zipfeligem Saum, Zipfel elliptisch, stumpf mit einem aufgesetzten Spitzchen, unterseits gekielt und etwas behaart. Stbf am Grunde nur wenig breiter; Kapsel an den Seiten mit Löchern sich öffnend, 2—3fächerig. **Sp. Spéculum DC. (Campanula Spéculum L.) Venus-Sp.**

Juni—August. Auf Saatfeldern, häufig im M. und Rh. Fehlt nur im ____

— länger als die Blkr, halb so lang als der Frkn, sonst wie vorige Art, doch etwas kleiner. **Sp. hybrida Alph. De Cand. Bastard-Sp.**

Juli—August. Saatfelder. Wiesbaden, Mosbach, Schierstein.

2. Ordnung: Cucurbitaceae.

446. Cucúrbita, Kürbis. XXI, 10.

K 5zähnig; Blkr 5spaltig, satt-gelb. ♂ Bl 5 Stbgf mit gewundenen, walzenfg zusammengewachsenen Staubkölbchen; ♀ Bl mit 3 unvollkommenen, in einen Ring verwachsenen Stbgf und 3spaltigem Gf. Frkn 3fächerig, Fächer 2teilig. Grosse (meist über 30 cm Durchmesser), beerenartige, kugelige, gelb oder grün gestreifte Fr (Kürbisfr) mit verkehrt-eifg, abgeplatteten, von gedunsenem Rand umgebenen Samen. **C. Pepo L. Gemeiner K.**
Juni—August. Oefter gebaut.

447. Cúcumis, Gurke. XXI, 10.

K 5zähnig; Blkr 5teilig, gelb. ♂ Bl mit 5 in 3 Abteilungen verwachsenen Stbf und zusammenschliessenden Kölbchen. ♀ Bl mit 3 unvollkommenen Stbf, kurzem, 3spaltigem Gf und 2spaltigen Narben. Frkn 3fächerig, Fächer 2teilig; längliche, knötige, beerenartige Fr (Kürbisfr) mit scharfrandigen, abgeplatteten, verkehrt-eifg Samen. **C. sativus L. Gemeine G.***
Mai—August. Ueberall in Gärten gezogen.

448. Bryónia, Zaunrübe. XXI. 10.

K 5zähnig; Blkr 5teilig. Die eine Pfl trägt nur ♂ Bl mit 5 in 3 Abteilungen verwachsenen Stbgf, die andere nur ♀ Bl mit 3spaltigem Gf, behaarten Narben und kugeligen, 3fächerigen, je 2- oder mehrsamigen, bei der Reife roten Beeren. Bl in kurz gestielten, oft fast sitzenden Ebensträussen, schmutzig-weiss. **B. dioica Jacq. Rotbeerige Z.**
Juni—Juli. An Hecken bis 3 m h. emporkletternd. Gemein.

VII. Reihe: Rubiinae.

1. Ordnung: Stellatae.

449. Sherárdia, Scherardie. IV, 1.

St 15—30 cm lang, sehr ästig, schlaff hingestreckt, vierkantig, etwas scharf. Aeste wechselstdg oder gezweiet, aufstrebend. B quirlfg zu 4—6, breit-lanzettlich mit kurzem Stachelspitzchen, fast kahl. Bl zu 4—6 endstdg, sitzende Büschel bildend, die von 8 am Grunde verwachsenen, quirlfg gestellten B gestützt sind, lilafarben. Blkr.röhre kaum länger als der meist 4zipfelige Saum. K.zähne pfriemlich, kurz gewimpert. Doppelnüsschen unterstdg und von den 6 K.zähnen gekrönt. **Sh. arvensis L. Acker-Sch.**
Juni—Herbst. Auf Aeckern, Brachfeldern häufig.

450. Aspérula, Waldmeister. IV, 1.

1. Unterstdg Fr mit hakigen, weissen, an der Spitze schwärzlichen Borsten. St 15—30 cm h., einfach, vierkantig und wie fast die ganze Pfl kahl, unten mit 6blttrg, oben mit 8blttrg

* Die zu dieser Gattung gehörende C. Melo L. unterscheidet sich von vorhergehender Art durch kugelige, knotige, netzige und glatte Frucht.

Quirlen von lanzettlichen, stachelspitzigen, glänzenden, fast ungestielten B. Weisse Bl in 2 oder 3 endstdg, gabelspaltigen, lang gestielten Doldentrauben. Blkr meist mit 4spaltigem Saum, etwa so lang als die Blkr.röhre. K.zipfel unmerklich (K.röhre mit der Fr verwachsen). **A. odorata L. Gemeiner W.**

Mai—Juni. Schattige Laubwälder. Gemein.

— — kahl. 2.

2\. Deckb borstig-bewimpert, lineal, die äusseren hüllenfg, länger als die ziemlich dicht büscheligen, lichtblauen, dunkel geaderten, fast stiellosen Bl. St 15—30 cm h., aufrecht, kahl, etwas scharf, von unten an sperrig-ästig, oberwärts gabelspaltig mit dickeren Gelenken. B.quirle 6—8blttrg, die untersten B verkehrt-eirund, die oberen lineal-lanzettlich, kahl, am Rande etwas umgerollt, dort und auf der Hauptader von aufwärts gerichteten Stachelchen scharf. Frkn violett. **A. arvensis L. Feld-W.**

Mai—Juni. Bebautes Land. Selten. Braubach, Wiesbaden, Haiger, Rodenbach und Fellerdilln, A. Dillenburg. J. V. N.

— unbewimpert. 3.

3\. Blkr mit kurzer Röhre, glockig, bis etwas über die Mitte 4teilig, mit abstehenden, etwas umgebogenen Zipfeln, weiss. St mehrere beisammen, 45—90 cm h., schwach kantig, kahl, fein gestreift, seegrün, an den verdickten Gelenken oft violett, mit kurzen unteren bl.losen u. aufrecht abstehenden bl.tragenden, eine Doldentraube bildenden Aesten, bisweilen niederliegend und buschig. B zu 8—10 quirlfg geordnet, schmal-lineal, stachelspitzig, ziemlich starr, am Rande umgerollt, mit kurzen aufwärts gerichteten Stachelchen, unterseits seegrün. Fr glatt. **A. galioides M. Bieb. (Galium glaucum L.) Labkrautartiger W.**

Juni—Juli. Auf felsigen Orten. Selten. Rheinthal; Eppstein, Wiesbaden. J. V. N.

— langer Röhre, trichterfg. 4.

4\. Blkr meist 3spaltig, doldentraubig, kahl; untere B.quirle 6blättrig. St aufrecht, 30—60 cm h., mit 4 vorspringenden Riefen, einfach oder von unten an mit aufrecht abstehenden Aesten; Gelenke weit dicker. Deckb spitz, doch nicht stachelspitzig, die oberen rundlich-oval. Fr glatt. Sonst der folgenden Art ähnlich. **A. tinctoria L. Färbender W.**

Juli—August. Steinige Hügel, unter Gebüsch. Selten. Falkenstein, Cronberg, Schwanheimer Wald. J. V. N.

— 4spaltig, trichterig, innen weiss, aussen rötlich. Blkr.-röhre so lang als die Fr, untere Quirle 4blttrg, die oberen aus paarweise sehr ungleich-grossen, linealen B bestehend. St nach allen Seiten ausgebreitet und dann emporstrebend, oft bis zu 30 cm h., sehr ästig, vierkantig, kahl, die untersten Gelenke näher beisammen als die folgenden. K.zipfel wenig bemerklich. **A. cynanchica L. Hügel-W.**

Juli—August. An sonnigen Orten stellenweise. M. u. Rh. Bergebersbach, L., L.

451. Galium, Labkraut. IV. 1.

1. Bl gelb. 2.
— weiss. 3.

2. B quirle 4blttrg. B elliptisch-länglich. St 30—45 cm h., vierkantig, gelblich-grün wie die ganze Pfl. mit wagrechten Borsten, von unten an beblättert, ganz einfach, in der oberen Hälfte mit kurzen, gabelspaltigen Doldentrauben, diese halb so lang als die stützenden B, später abwärts gekrümmt; Bl stiele steifhaarig, wie die Deckb. Blkr grünlich-gelb, bisweilen nur 3spaltig, mit eirunden, spitzen Zipfeln. Fr nierenfg, kahl. (Oefter bleibt die eine Hälfte der Doppel-Achene unentwickelt.) **G. Cruciata Scop. Kreuzblättr. L.**
April—Juni. Wiesen, Hecken. Zwischen Ems und Dausenau. Bei Miellen. Unweit des Gutenauer Hofes (oberhalb Nassau). Herborn. Weilburg. Weilmünster. Usingen, Hadamar, Braubach, Audenschmiede. Laufenselden. J. V. N.
— 8—12blttrg, B schmal-lineal, stachelspitzig. St buschfg beisammen, 30—60 cm h. und höher, etwas holzig im unteren Teil, mit 4 feinen Riefen, doch fast stielrund, einfach oder mit kurzen, bl.losen Aesten, am oberen Ende mit einer vielbltg, länglichen, aus zahlreichen bl.tragenden Aesten zusammengesetzten Rispe. Rispenäste dicht- und reichbltg, zwischen den Bl mit kleinen, borstlichen B Fr kahl und glatt. **G. verum L. Gelbes (echtes) L.**
Juni—Herbst. Auf trockenen Wiesen sehr gemein.

3. St rückwärts stachelig oder rauh. 4.
— nicht stachelig 8.

4. Bl st mit 3—4 Bl. 5.
— mit mehr als 4 Bl. 6.

5. Fr.stiele wenigstens so lang als die Fr. B.quirle aus 8 lineal-lanzettlichen, stachelspitzigen, am Rande rückwärts stacheligen B; St schlaff hingestreckt; Bl.stiele seitenstdg, später zurückgekrümmt. Fr warzig-körnig. **G. tricorne Withering. Dreihörniges L.**
Juli—Herbst. Auf Aeckern. Am Mühlenkopf bei Niederlahnstein. Oestrich. J. V. N. Oberlahnstein. D. B. G.
— kürzer als die Fr; B am Rande mit aufwärts gerichteten Stacheln, meist zu 6 im Quirl, lineal-lanzettlich, 1nervig, stachelspitzig. Mittlere der 3 weisslichen Bl ☿, seitliche ♂, erstere 4-, letztere 3spaltig. Fr dicht warzig wie mit Zuckerkörnchen bestreut. St 10—20 cm l. **G. saccharatum All. Ueberzuckertes L.**
Juni—Juli. Unter der Saat. Sehr selten. Dillenburg. J. V. N.

6. B.quirle meist 6—8blttrg. 7.
— meist 4blttrg; B fast lineal, vorn breiter, fast spatelfg, ohne Stachelspitze, am Rand und an der Hauptader unterseits von kleinen Stacheln scharf St sehr ästig, schlaff niederliegend, mit dem letzteren Teil emporgerichtet, 10—20 cm h Rasen

bildend, vierkantig, an den Kanten mit entfernt stehenden, rückwärts gerichteten, kurzen Stacheln besetzt. Aeste gegenstdg, weit abstehend, gabelig sich teilend, lockere Rispen tragend. Blkr milchweiss, aussen öfter rötlich. Fr glatt und kahl, höchstens so breit als die Blkr. **G. palustre L. Sumpf-L.**
Juni—August. Nasse Wiesen, Gräben. Gemein.

7. Bl kaum breiter als der Frkn; B mit borstigen Haaren lineal-lanzettlich, stachelspitzig, am Rand und an der Hauptader unterseits rückwärts stachelig; St erst liegend dann aufsteigend und an anderen Pfl oft bis 1 m h. emporklimmend, vierkantig, an den Gelenken borstig. Rispen bachselstdg, kurz; Blkr grünlich-weiss. Fr grösser als die Blkr, hakig-borstig und körnig. **G. Aparine L. Kletterndes L.**
Juni—Herbst. An Hecken, Zäunen.

— beträchtlich breiter als der Frkn, weiss, mit eirunden spitzen Zipfeln. St 15—25 cm h., schlaff nach allen Seiten ausgebreitet und Rasen bildend oder ganz einfach und viel niedriger, 4kantig. B zu 6—8 quirlig, lineal-lanzettlich mit starrer Stachelspitze, kahl, doch am Rande rückwärts-stachelig. Blt.stiele später wagrecht abstehend, gerade, Rispen bildend. Fr mit feinen Körnchen besetzt. **G. uliginosum L. Morast-L.**
Mai - Juli. Sumpfige Wiesen, Gräben. Selten. Dillenburg, Wiesbaden, Langenbach (A. Weilburg). J. V. N.

8. St stielrund, besonders unten, steif aufrecht, $^1/_2$—1 m h., glatt, meergrün bereift, wie auch die B, ästig, obere Aeste länger und eine lockere, sehr ausgebreitete Rispe bildend, an den Gelenken etwas verdickt. B zart, nicht glänzend, (daher nichtblühende, kleinere Exemplare leicht von der etwas ähnlichen Asperula odorata L. zu unterscheiden!), länglich lanzettlich, 8—10 im Quirl, stumpf mit kurzer Stachelspitze, am Rand etwas scharf von Stachelchen. Bl.stielchen zuletzt sehr dünn, anfangs überhängend. Fr kahl, etwas runzelig. **G. sylvaticum L. Wald-L.**
Juni—Juli. Wälder. Gemein.

— vierkantig. 9.

9. Rispenäste und Fr.stiele horizontal, bezw. fast rechtwinkelig von dem St sich abzweigend. Fr kahl, schwach runzelig. St $^1/_2$—1 m lang, oft an anderen Pfl emporklimmend, sehr ästig und weit ausgebreitet, meist kahl, an den Gelenken etwas verdickt, mit dem oberen Teil eine weitschweifige, unterbrochene, gabelspaltige Rispe bildend. B meist zu 8 im Quirl, lanzettlich, oft fast verkehrt-eifg, stumpf, mit Stachelspitze, kahl, am Rande von kleinen, vorwärts gerichteten Stacheln scharf, nur oberseits glänzend. **G. Mollugo L. Weisses L.**
Mai - August. Sehr gemein an Hecken, Waldrändern

— — — aufrecht abstehend. 10.

10. B.quirle 4blttrg. St 15—30 cm h., vierkantig, steif-aufrecht, kahl oder wenig flaumig, ästig, oberwärts gabelig-rispig.

B schmal-lanzettlich, ohne Stachelspitze, 3nervig. kahl, am Rande aufwärts-fein-stachelig, ungleich, (je 2 kleiner); Blt.stiele kaum so lang als die weissen Bl, daher diese in gedrungenen Doldenträubchen. Blkr.zipfel spitzig. Fr meist dicht mit aufwärts gerichteten, hakigen Borstchen besetzt, fast filzig, seltener ganz kahl. **G. boreale L. Nordisches L.**

Juli—August. Wiesen. M. u. Rh. nicht selten, Platte b. Wiesbaden; fehlt im übrigen Gebiet. J. V. N.

— 6—8 b l t t r g. 11.

11. Fr d i c h t - k ö r n i g. St meist niederliegend und aufstrebend, flache Rasen bildend, 4kantig, kahl, 10—20 cm l. B meist zu 6 im Quirl, stachelspitzig, die unteren verkehrt-eirund, die oberen lanzettlich; Bl in doldentraubigen Rispen, weiss, mit spitzen Bl.b, auf aufrecht abstehenden Blt.stielen. Sonst der folgenden Art sehr ähnlich. **G. saxatile L. Felsen-L.**

Juli—August. Heiden, Bergwiesen des höheren ___ und ___ J. V. N.

— s c h w a c h - k ö r n i g. B meist zu 8 im Quirl, lineallanzettlich, gegen die Spitze etwas breiter und dort mit Stachelspitze, am Rand mit sehr kleinen Stacheln; St in grösserer Anzahl einen mit dem unteren Teil niederliegenden Busch bildend, meist nur 15—30 cm h. und niedriger, kahl, höchstens unten etwas behaart. Bl in ebenstraussartigen Rispen. Fr sehr fein-körnig (bei schwacher Vergrösserung bemerkbar). **G. sylvestre Poll. Heide-L.***

Juni—Juli. Lichte Waldungen, Heiden.

2. Ordnung: Caprifoliaceae.

452. Adóxa, Bisamkraut. VIII, 4.

Niedrige, kaum 10 cm h. Pfl mit wenigen, lang gestielten, wiederholt 3teiligen oder 3zähligen, bleichgrünen, unterseits glänzenden, ziemlich saftigen, zarten B. St und B.stiele bleichgrün, rot angelaufen, Bl.stengel 4kantig, gefurcht, später zurückgekrümmt, am Ende ein rundlich-eckiges Köpfchen von etwa 5 grünlich-gelben, radfg, 5zipfeligen (mit Ausnahme der gipfelstdg 4zipfeligen) Bl tragend. K 3spaltig, halb so lang, halb oberstdg. Beere 4fächerig, krautig-saftig, von den bleibenden K.zipfeln gekrönt mit 1samigen Fächern. Pfl riecht nach Moschus. **A. moschatellina L. Gemeines B.**

März—April. Hecken und Gebüsche. Ziemlich häufig.

453. Sambúcus, Hollunder. V, 3.

1. St k r a u t a r t i g, $^1/_2$—1 m h., stielrund, gefurcht. B aus 2—4 Paar eilanzettfg, klein gesägten, unterseits etwas flaumigen

* Die Pfl kommt in vielerlei Spielarten vor, woraus dann manche Autoren, je nach Beschaffenheit der B, ähnlich wie aus Rubus fructicosus L., eine Menge von neuen Arten gemacht haben. Opus opera minus dignum!

Fiedern und einer Endfieder, mit eifg, gesägten Nebenb, endstdg, 3ästiger, fast flacher, reichbltg Trugdolde von rötlich-weissen Bl mit roten, zuletzt schwärzlichen Staubbeuteln, schwarzen, meist 4samigen Beeren. **S. Ebulus L. Zwerg-H.**

Juni—August. An Waldrändern. Nicht selten.

— holzig. (Strauch oder Baum). 2.

2. Flach ausgebreitete Trugdolde mit 5 Hauptästen. Sehr ausgebreiteter, oft 5—6 m h. Strauch. St und Aeste sehr markreich, stielrund, hier und da mit korkigen, kleinen Erhöhungen und grünen jüngeren Zweigen. B mit 2—3 Paar eirunden, lang zugespitzten, dicht gesägten Fiedern und einer Endfieder, ohne Nebenb. Blb weiss; erbsengrosse, schwarze Beeren mit den zur Zeit der Reife violett gefärbten Trugdolden-zweigen überhängend. 3—5samig. Mark der Aeste schnee-weiss. **S. nigra L. Gemeiner H. (Flieder).**

Juni—Juli. Hecken, Waldränder. Häufig.

Eirunde Rispe von gelblich-grünen Bl. Strauch meist niedriger als vorige Art, 2—3 m h., mit zimmet-farbenem Mark. B.stiel jederseits mit einer Drüse am Grunde. Beere scharlachrot; sonst der vorigen Art ähnlich, blüht aber früher. **S. racemosa L. Trauben-H.**

April. Hecken, Gebüsch. Ziemlich häufig.

454. Vibúrnum, Schneeball. V, 3.

B handfg-gelappt mit meist 3—5 Lappen, im Umriss rundlich-eifg, nach der Spitze zu grob und buchtig gezähnt, oberwärts kahl, unterwärts flaumhaarig (nicht filzig). Mässig hoher Strauch (1—2 m h.), mit stielrunden Aesten und grünen jüngeren Zweigen. Reichbltg, endstdg, flache Trugdolden, deren äussere, weisse, weit grössere Bl strahlend und unfruchtbar, deren innere ☿ gelblich-weiss und glockenfg sind. K 5zähnig, oberstdg; Blkr 5zipfelig. Rote, 1samige, kugelige Beere. **V. Opulus L. Gemeiner Sch.**

Mai—Juni. An Waldrändern, in feuchten Gebüschen. Häufig.

— nicht gelappt, doch gesägt, oval, herzfg, unterseits von Sternhärchen, wie die B.stiele, filzig. Strauch bis zu 2½ m h., dessen jüngere Zweige von Sternhärchen filzig. Alle Bl der flachen, endstdg Dolde ☿, weiss. Beere länglich-oval, anfangs rot, zuletzt schwarz. Sonst wie vorige Art. **V. Lantána L. Wolliger Sch.**

Mai—Juni. Wälder. Ziemlich häufig, im L. seltener.

455. Lonicéra, Geissblatt. V, 1.

1. Blkr trichterig, fast regelmässig, 5spaltig. Strauch 2—3 m h. mit nicht windenden, schief aufgerichteten, gegenstdg Aesten. 4—12bltg, ährenfg, b achselstdg und endstdg Trauben von unansehnlichen, rosenroten Bl mit schneeweissen, hasel-nussgrossen, 4—5fächerigen Beeren. **L. Symphoricárpos L. (Symphoricárpus racemosus Pursh.) Schneebeere (Schneeholder).**

Juni—Juli. Oefter als Zierstrauch.

— röhrig, mit unregelmässigem, 2lippigem Saum. 2.

2. St aufrecht. Bl zu zweien, auf b.achselstdg, kurzen. zottigen Stielen. Strauch 1–2½ m h. mit gegenstdg Aesten und B.; B oval, etwas herzfg, graugrün, besonders auf der Unterseite, mit weichen, abstehenden Haaren besetzt. Bl gelblich oder weisslich, flaumig, mit kurzer Röhre und grünlicher Ausbuchtung am Schlunde, Oberlippe 4lappig, am Rande umgeschlagen, aufrecht. Unterlippe ungeteilt, lineal, herabgebogen. Beeren rot. L **Xylosteum L. Hecken-G.**

Mai—Juni. Hecken, Gebüsche, Wälder. Hier und da.

— windend und an anderen Pfl emporklimmend, Bl kopfig-quirlig. 3.

3. Das oberste B.paar an der Basis zu einem runden Doppelb zusammengewachsen. Strauch mit langem, schlankem, sich windendem St und meist gegenstdg Aesten, diese öfter zottig behaart. B unten trüb-grün, mit rosenrotem Rand, ganzrandig, elliptisch, die unteren kurz gestielt, leicht abfallend. Bl zu 6 in quirligen, endstdg, von dem zusammengewachsenen B.paar gestützt. K.zähne sehr kurz, stumpf. Blkr $\frac{3}{1}$lappig, weiss, am Grund rosenrot, zuletzt gelblich. Beeren scharlachrot. L. **caprifolium L. Zahmes G. (Je länger je lieber).**

Juni—Herbst. In Gärten augebaut wegen seines Wohlgeruchs.

— nicht zusammengewachsen. Bl am Ende der Aeste in vielbltg, gestielten Köpfen, drüsig behaart, wie auch der K. die Deckb und der Bl.stiel, gelblich-weiss mit rötlichem Anflug. Beeren dunkelrot. Im Uebrigen der vorigen Art ähnlich. L. **Periclýmenum L. Deutsches G.**

Juni—Herbst. Hecken, Waldränder. Gemein.

VIII. Reihe: Aggregatae.

I. Ordnung: Valerianeae.

456. Valeriána, Baldrian. III, 1.

1. Wzlb (unterste St.b) unzerteilt, elliptisch-eifg, lang gestielt. St 30—60 cm h., aufrecht, 4kantig, gefurcht, fast kahl, nur an den Gelenken behaart, mit Ausläufern. Aeste und B gegenstdg; St.b ungestielt, st umfassend, leierfg-fiederteilig, die obersten mit 7 Fiedern und linealen Zipfeln. Bl in endstdg Ebensträussen, rötlich, trichterfg, mit 5teiligem Saum, sehr oft ♂ oder ♀ (durch Fehlschlagen der Stempel, bezw. Stbgf), letztere viel kleiner. Narbe 2—3teilig. Fr kahl. V. **dioica L. Kleiner B.**

Mai—Juni. Sumpfwiesen, Gräben.

— gefiedert. 2.

2. B mit 6—10 Paar Fiedern, gegenstdg; St ohne Ausläufer, bis 1 m h., vierkantig, röhrig, im oberen Teil ästig und daselbst

kahl, unterwärts rauhhaarig. Fiedern lanzettlich, das oberste Paar mit der Endfieder ein 3lappiges B bildend. Bl in gabelspaltigen, endstdg. rispigen Doldentrauben oder Ebensträussen mit trichterfg Blkr, 3spaltiger Narbe, fleischfarben. **V. officinalis L. Gebräuchlicher B.***

Juni—August. An feuchten Orten gemein.

— mit nur 3—5 Paar Fiedern, St mit Ausläufern, niedriger als vorige Art, mit langer Blkr.röhre, sonst der vorigen Art nahestehend. **V. sambucifolia Mikan Holderblättriger B.**

Juni—August. Soll nach Wirtgen häufig bei Niederlahnstein, Hillscheid und Grenzhausen stehen.

457. Valerianélla, Feldsalat. III, 1.

1. Fr mit wenig auffallenden K.zähnen gekrönt. 2.
— mit 3—5 deutlichen K.zähnen gekrönt. 3.

2. Fr fast kugelig-scheibenfg, kahl, seitlich zusammengedrückt und gerieft, mehrfächerig, doch nur 1samig wegen fehlschlagender Fächer. St bis zu 25 cm h., kantig, gerieft, mit gabelspaltig sich absondernden Aesten. B länglich, spatelfg oder lineal, kahl, meist ganzrandig, st.umfassend, am Grunde etwas behaart. Bl bläulich-weiss, in endstdg, gabelspaltigen Trugdolden, öfter mit einzelnen Bl zwischen den Aesten. Blkr etwas unregelmässig. **V. olitoria Poll. Mausöhrchen-Salat (Rapunzel-F.)**

April—Mai. Auf Brachäckern gemein.

— — 4kantig, länglich, hinten mit einer tiefen Rinne. Sonst der vorigen Art sehr ähnlich, doch mit grösseren Doldenträubchen und vollkommen getrennter Scheidewand der Fr.-fächer. **V. carinata Lois. Gekielter F.****

April—Mai. Felder. Zerstreut.

3. Fr kugelig-eifg mit 5 starken Riefen, leere Fr.fächer grösser als das mit Samen, meist 3zähnig. St bis zu 25 cm h., etwas geflügelt an den Kanten, mit rückwärts gerichteten Zähnchen und solchen Haaren. Untere B lang gestielt, spatelfg. K.rand schief abgestutzt, weit schmäler als die Fr. Bl bläulichweiss. Sonst der vorigen Art ähnlich. **V. Auricula DC. Ohrrandiger F.**

Juni—Juli. Auf Brachäckern hier und da.

— kegelfg-eifg, mit 3 schwachen Riefen. St 30 cm h. und höher, aufrecht, vierkantig, unten mit rückwärts gerichteten Borsten; B lineal-zungenfg, oben lineal, am Rande kurz gewimpert. Bl wie bei voriger Art. Fr von den halb so

* Eine vielstengelige Form ohne Ausläufer wird von manchen Autoren als V. exaltata Mik. jun. aufgeführt, von welcher Röhling gewiss weiss, „dass sie in die gewöhnliche Form übergeht". Auch Alex. Braun bezweifelt ihr Artrecht.

** Röhling macht in seiner Flora Deutschlands die treffende Bemerkung, dass der Name carinata (gekielt) übel gewählt sei, statt dessen canaliculata (rinnig) vorzuziehen sei.

breiten K.zipfeln schief bekrönt, einfächerig. V. **Morisonii DC. Morisons F.***
Juli—August. Hier und da unter der Saat.

2. Ordnung: Dipsaceae.

458. Dipsacus, Kardendistel. IV, 1.

1. B gestielt, untere ansehnlich bis 15 cm l., eirund, grob gekerbt, steifhaarig, obere elliptisch, in den B.stiel verschmälert, und daselbst mit 2 Oehrchen, grob gesägt, auf dem Hauptnerv unterseits stachelig, sonst zerstreut-borstig oder kahl, die obersten ganzrandig; B.stiele der gegenstdg B schmal verwachsen und daselbst bärtig. St 60—90 cm h., aufrecht, gefurcht-kantig, sehr ästig, unten borstig, oben aufwärtsstachelig. Bl.kopf kugelig, nickend, später aufrecht, weit kleiner als die der folgenden Arten. Hüllb lanzettlich, so lang als die gelblich-weissen Bl oder länger, abwärts gerichtet. Spreub verkehrt-eirund, lang borstig-wimperig, gerade. K ausgeschweiftlappig. **D. pilosus L. Behaarte K.**
Juli—August. Schattige, feuchte Orte; hier und da, im ganzen Gebiet, doch nicht häufig.
— sitzend. 2.
2. Spreub mit hakenfg zurückgekrümmter Spitze, steif, so lang oder kürzer als die Bl. St 150—180 cm h. mit stark vortretenden Kanten. B.paare breit zusammengewachsen, kahl, nur auf der Mittelrippe sparsam mit Stacheln besetzt, gesägt oder gekerbt; Hüllb lineal-lanzettlich, starr, wagrecht abstehend, vorn etwas abwärts gebogen, meist kürzer als der Bl.-kopf. Bl bleichrot. **D. Fullonum Mill. Weber-K.**
Juli—August. Hier und da kultiviert zum Gebrauch der Weber.
— gerade, begrannt, länglich-verkehrt-eifg. St 1—1½ m h., aufrecht, sehr starr, kantig, gefurcht, mit ungleich langen Stacheln, wenig ästig, mit endstdg, walzig-eifg, lang gestielten Bl.köpfen; B mit weissem Hauptnerv, auf dessen Unterseite besonders stachelig. St.b am Grunde breit verwachsen und eine ziemlich geräumige, beckenfg Höhlung bildend (zur Aufnahme von Regenwasser geeignet), die untersten kurz gestielt und aufliegend. Blkr oberstdg, blass lilafarben, auf dem inneren K sitzend, röhrig-trichterig, etwas unregelmässig. Haupthülle vielblttrg, sternfg ausgebreitet, Hüllb bogig aufstrebend und den Bl.kopf teilweise überragend, lineal-pfriemlich, starr und stachelig. Granne der Spreub fast so lang als diese, letztere in grosser Menge zwischen den Bl auf dem gemeinschaftl. Bl.boden

---

* Dieser Art steht sehr nahe V. eriocarpa Desv., Haarfrüchtiger F.: K.zipfel schief-glockig, ebenso breit als die Fr. mit etwas geflügelten Bl.stielen und gedrungenem Bl.stand. Soll nach Wirtgen (cf. J. V. N. VIII. 2 pag. 181) am Fachbacher Wege unter dem Getreide gestanden haben. Bisher nicht gefunden! Der Verf.

sitzend. Schliessfr in der 4kantigen K.röhre eingeschlossen, einsamig. **D. sylvestris Mill.** (**D. Fullonum** a **L.**) **Wilde K.**
Juli—August. An unfruchtbaren Orten, Wegrändern.

459. Knaútia, Skabiose (Apostemkraut). IV, 1.

St 0,3—1 m h., stielrund, mit abwärts gerichteten Borsten, zwischen diesen dicht behaart, besonders im unteren Teil; B blassgrün, kurz bewimpert, öfter behaart, die unteren gestielt, unzerteilt, höchstens mit Sägezähnen, die oberen fiederspaltig mit länglichen Fetzen, gegenstdg, sitzend, mit grösserem Endlappen, die obersten B in lineale Abschnitte geteilt oder ganz unzerteilt. Haupthüllen borstig gewimpert, die äusseren breiter als die inneren, kürzer als die strahlenden Randblümchen des flach gewölbten, lang gestielten Bl.köpfchens. Bl lilafarben-bläulich. Fr langhaarig, in der K.röhre eingeschlossen; äusserer K 4zähnig, innerer mit 8 pfriemlichen Zipfeln: Bl.boden ohne Spreub. **K. arvensis Coult. Wiesen-S.**
Mai—Herbst. Auf trockenen Wiesen gemein.

460. Succisa, Teufelsabbiss. IV, 1.

St ½—1 m h., flaumhaarig, der in der Erde liegende Teil (Wzl.stock) wie abgebissen. B ganzrandig oder schwach gesägt, wenig behaart, in den B.stiel verlaufend, die oberen fast sitzend, lineal-lanzettlich; Bl.köpfchen lang gestielt, fast kugelig, Hüllb kürzer als die blauen Bl; Bl.boden mit lanzettlichen, gewimperten Spreub; Blkr.zipfel ganzrandig. Fr zottig, vierkantig, in der K.röhre eingeschlossen; äusserer K mit 4 kurzen, breiten Zähnen, innerer schüsselfg, 5zähnig, in schwarze Borsten auslaufend. **S. pratensis Moench. Wiesen-T.**
August—Herbst. Waldwiesen. Gemein.

461. Scabiósa, Scabiose. IV, 1.

Unterste B stumpf gekerbt, kurz gestielt, nach dem B.stiel zu verschmälert und dort ganzrandig, zum Teil etwas leierfg gelappt, bisweilen doppelt-fiederspaltig; St 30—90 cm h., von der Mitte an ästig, aufrecht oder aufstrebend, nur an den Gelenken und Bl.stielen etwas behaart; die obersten B fiederspaltig, mit schmalen, von einander entfernten Fiederlappen, fast kahl, nur hier und da flaumhaarig. Hüllb lineal, anfangs wagrecht, später hinabgeneigt. Bl.boden mit schmal-lanzettlichen Spreub; Blkr hellblau, 5spaltig, die der Randblümchen strahlend. Fr kurzhaarig; äusserer K halb so lang, innerer mit schwärzlichen weit längeren Borsten. **Sc. columbaria L. Tauben-Sc.**
Juni—Herbst. Auf sonnigen Bergwiesen. Häufig.

— — ganzrandig, lanzettlich. Borsten halb so lang als bei voriger Art, bräunlich-gelb. St bis 30 cm h., fein behaart. Obere B fiederspaltig. Bl blau, rötlich oder weiss, seltener gelb, wohlriechend. **Sc. suaveolens Desf. Wohlriech. Sc.**
Juli—Herbst. Trockene Anhöhen. Bisher nur bei Flörsheim. (Häufiger unterhalb Mainz).

3. Ordnung: Compositae.

A. Corymbiferae.

462. Eupatórium, Wasserdost. XIX, 1.

St aufrecht. 1—2 m h., ästig; B kurz gestielt. 3—5teilig mit lanzettlichen, gesägten Lappen, gegenstdg; Bl köpfe in rispigen Ebensträussen. armblütig (etwa 5bltg). Bl rötlich, sämtlich ☿; Hülle dachig. cylindrisch. armblättrig. Gf schenkel verlängert, flaumhaarig. Bl.boden nackt. **E. cannábinum L. Hanfartiger W.**

Juli - August. An Wassergräben und feuchten Plätzen gemein.

463. Tussilágo, Huflattich. XIX. 2.

Bl.tragender St aufrecht aus kriechendem Wzl.stock (Rhizom). bis 25 cm h., einfach. weiss-filzig. mit schuppigen Ausläufern. Wzlb nach der Bl sich entwickelnd, lang gestielt, rundlich-herzfg. buchtig-eckig, ziemlich dick, oberseits kahl. dunkelgrün. unterseits weiss-filzig. fast handgross. Schuppen des Bl.stengels ei-lanzettlich. spitz, oft purpurn violett. nach oben zu dichter gedrängt. Bl.kopf endstdg, einzeln. vor und nach der Blt.zeit nickend. Hüllen lineal. gleich lang; Bl dottergelb, Pappus haarig. Fr gerippt. cylindrisch. **T. Fárfara L. Gemeiner H.**

März—April. Auf Aeckern, an Wegrändern gemein.

464. Petasites, Pestilenzwurz. XIX. 2.

Bl.tragender St aufrecht, ½ m h.. mit vielen p u r p u r n e n oder r ö t l i c h - w e i s s e n, traubenfg oder rispenfg geordneten. mässig grossen Bl.köpfchen. welche bei der einen Pfl (♀, nur wenige ☿ Bl in der Mitte. aber mehrere Reihen ♀ fadenfg Bl im Umkreise, bei der ♂ Pfl viele unfruchtbare ☿ in der Mitte haben Wzlb sehr gross (oft ½ m lang. ¼ m breit), herz- oder nierenfg. nach den Bl erscheinend, unterseits filzig-wollig. ungleich gezähnt. Pappus haarig. Bl.boden nackt; mit schwacher Nebenhülle. **P. officinalis Moench Gebräuchliche P.**

März—April. Auf feuchten Wiesen, an Bachufern gemein.

Bl g e l b l i c h-weiss. St 15—30 cm h. B r u n d l i c h - h e r z f g. winkelig, stachelspitzig-gezähnt. unterseits wollig-filzig; Bl.stand e i f g oder g l e i c h h o c h: die ♀ Bl fädlich. die N der ☿ Bl v e r l ä n g e r t. l i n e a l - l a n z e t t l i c h, zugespitzt. **P. albus Gärtn Weisse P.**

April - Mai. Feuchte Orte, Ufer. Selten. Feldberg. D. B. G.

465. Linósyris, Goldhaar. XIX. 1.

St aus aufstrebender Basis aufrecht. 20—40 cm h.. meist mehrere beisammen. reich- und zerstreut-beblättert, nach oben dichter; B schmal-lineal. kahl mit schwärzlichen Punkten bestreut. etwas starr. fein gesägt; Bl.köpfchen einzeln und zu zweien mit dachiger Hülle; alle Bl ☿, röhrig. Achene schnabellos, zusammengedrückt; Bl.boden ohne Spreub. **Linosyris vulgaris Cassin. Gemeines G.**

Juli Herbst. An sonnigen Orten Ems, Bäderlei; Lahneck. Am Rheinufer häufig; Schadeck; Cramberg. Wisperthal. J. V. N.

466. Aster, Aster. XIX. 2.

1. Hüllb abgerundet stumpf. 2.
— lineal-lanzettlich. 3.
2. Pfl behaart, aufrecht, bis 30 cm h.; Bl.köpfchen in rispigen, einfachen Ebensträussen. Zungenfg Randblümchen blau-violett. B fast ganzrandig, die unteren elliptisch, gestielt, in den B.stiel verlaufend, die oberen länglich-lanzettlich, flaumhaarig rauh. Fr schnabellos, zusammengedrückt. Pappus haarig. Bl.boden ohne Spreub. **A. Amellus L. Virgils-A.**

August—Herbst. Auf sonnigen Hügeln. Im Rheinthal und unteren Lahnthal.

— kahl. B fast fleischig, lineal-lanzettlich, 3nervig, klein gesägt oder ganzrandig; St 15—90 cm h., meist von unten an ästig, Aeste einen Ebenstrauss bildend; Hüllb angedrückt-dachig, die inneren länger. Strahl blau. Spielart mit oben purpurnen oder ganz grünen Hüllb. Fr fast kahl, am Grunde mit einem Kranz kurzer Haare. **A. Tripolium L. Meerstrands-A.**

August—September. Selten. Soden? Ob noch daselbst vorkommend, erscheint fraglich.

3. Hüllb gleich lang, angedrückt-dachig, nur ganz oben etwas abstehend. St oft über 1 m h., fast kahl, ästig und einen Ebenstrauss bildend; B lanzettlich, kahl, oberseits am Rande rauh, ganzrandig oder mit wenigen abstehenden Sägezähnen. Köpfchen mit dem Strahl fast 3 cm br. Strahl weiss, später blass-lila. Fr.kranz mehrreihig, gleichlang. **A. salignus Willd. Weidenblättrige A.**

Juli—August. Rheinufer bei Oestrich; zwischen Sonnenberg und Wiesbaden. Selten. J. V. N.

— ungleich lang, die inneren länger. 4.
4. Strahl blass-violett; Hüllb vom Grund an abstehend. Pfl aufrecht, oft über 1 m h., sehr ästig, rispige, sehr reichköpfige Ebensträusse tragend, mit kleineren Bl als bei voriger Art. **A. abbreviatus Nees. Kleinblumige A.**

Juli—Herbst. An den Ufern der Lahn hier und da, wahrscheinlich nur verwildert.

— weiss. 5.
5. B verlängert-lineal-lanzettlich, verschmälert-zugespitzt, sitzend, oberseits am Rande rauh, ganzrandig oder in der Mitte mit 1—3 entfernten, kleinen Sägezähnen; B der Blt.stiele lineal, abstehend: St 60—120 cm h., haarstreifig, rispig-traubig: Aestchen 1köpfig, die oberen 2—4köpfig; Hüllb locker-angedrückt, nur ganz oben abstehend. Strahl weiss, später röllich-lila; Köpfchen 2—3 cm breit, etwas schmäler als bei A. salignus. **A. leucanthemus Desf. Weissblütige A.**

August—Herbst. Verwildert am Mainufer. (Stammt aus Nordamerika).

— lanzettlich, zugespitzt, entfernt-klein-gesägt mit anliegenden Zähnen, oberseits im Umfang rauh, die der Aeste lineal-lanzettlich, die der Blt.stiele viel kürzer. St bis 1 m h., rispig-traubig. Hülle angedrückt-dachig, nur ganz oben abstehend; Köpfchen halb so gross, als bei voriger Art. Strahl weiss, später röttlich, blass-lila oder purpurrot, so lang als die Hülle. **A. parviflorus Nees. Kleinblütige A.**

August—Herbst. Am Rheinufer bei Oestrich verwildert. (Stammt aus Nordamerika).*

467. Galinsóga, Knopfkraut. XIX, 2.

St 30 cm h., kahl, oberwärts 3gabelig-ästig; B gegenstdg. kurzgestielt, herz-eifg, gezähnt-gesägt, fast kahl. Randbl weiss. unansehnlich. meist zu 5. ♀, bisweilen nicht strahlend. Scheibenbl gelb; Hülle 5—6blttrg. Blt.köpfe halbkugelig, erbsengross, einen Ebenstrauss bildend. Pappus spreuig mit zugespitzten, gefransten B.chen, so lang als die kantige Achene. Blt.boden spreuig. **G. parviflora Cav. Kleinblütiges K.**

Juli—August. Bei Limburg an der Lahn. Wohl verwildert. D. B. G. (Stammt aus Peru).

468. Rudbéckia, Rudbeckie. XIX, 3.

B unzerteilt, ei-lanzettfg, gesägt, behaart. St ästig. Bl.kopf vielblütig mit 2reihigen, abstehenden, b.artigen Hüllschuppen. spreuig; Achenen 4kantig, verkehrt-pyramidenfg, statt Pappus nur ein kurzes Hautkrönchen. Blt.boden kegelfg. Randblümchen ♀, unfruchtbar durch Fehlschlagen des Staubwegs, abstehend, gelb, die der Scheibe ☿ und fruchtbar, bräunlich. **R. hirta L. Behaarte R.**

Juli—August. Sehr selten. Acker bei Dietkirchen. D. B. G. (Wohl eingeschleppt?)

469. Bellis, Massliebchen (Gänseblümchen). XIX, 2.

St nur mit einer Wzl.rosette von spatelfg, gekerbten, meist 3nervigen B, 5—10 cm h., sonst b.los, einköpfig; Hüllen 2reihig. stumpf. Bl.boden kegelfg, ohne Spreub; zungenfg Bl einreihig, ♀, innen weiss, aussen purpurn. Scheibenbl ☿. Fr schnabellos. zusammengedrückt, ohne Pappus, verkehrt-eifg. **B. perennis L. Ausdauerndes M.**

Blüht fast das ganze Jahr. Wiesen. Sehr gemein.

470. Stenáctis, Feinstrahl. XIX, 2.

St 30—60 cm h., mit endstdg Ebenstrauss; untere B verkehrt-eifg, grob-gesägt, obere lanzettlich, ganzrandig oder entfernt gesägt; Hülle 2reihig. fast gleich, rauhhaarig. Randblümchen ♀. 2reihig, zungenfg, weiss; Scheibenbl ☿. röhrig. A ohne Anhängsel. Achene ungeschnäbelt, zusammengedrückt. Pappus haarig. der der Randblümchen aus kurzen Borstchen, der der gelben Scheibenbl doppelt, der äussere kurz-borstig, der innere aus wenigen

* Die letzten 3 Arten stimmen im Wesentlichen mit A. salignus überein und sind vielleicht nur Formen einer einzigen Art. Doch sind dieselben dem Verfasser zu wenig bekannt, als dass er sich ein entscheidendes Urteil darüber erlauben dürfte.

längeren Haaren. Blt.boden nackt. **St. bellidiflora Al. Br. (Aster annuus L.) Massliebchenähnlicher F.**

Juli—August. Am Rheinufer; Okriftel. Nicht selten. (Unterhalb Mainz). Fehlt im übrigen Gebiet.

471. Erigeron, Berufkraut. XIX, 2.

Randblümchen weiss. St steif-aufrecht, sehr ästig-rispig, etwa 60 cm h., eine grosse Menge von unansehnlichen, an den Aesten traubenfg geordneten Bl.köpfen tragend. B lineal-lanzettlich, beiderseits schmal zulaufend, entfernt gesägt, mit borstigen Wimpern. Hülle dachig. Pappus haarig. Bl.boden ohne Spreub., flach, grubig. Fr schnabellos. **E. canadensis L. Kanadisches B.**

Juli—August. An unfruchtbaren Orten gemein. Fehlt bei Dillenburg und Herborn. (Ist aus Nordamerika eingeschleppt).

— helllila oder fleischrot; St 15—30 cm h., mit grösseren Bl.köpfen an locker-traubigen, zuletzt fast ebenstraussartig-rispigen, armbltg (1—3bltg) Aesten; Strahl der Randblümchen aufrecht, eben so lang als die Bl der Scheibe oder etwas länger. Das Uebrige wie bei voriger Art. **E. acre L. Scharfes B.***

Juli—August. An trockenen Wegrändern, Sandplätzen. Weniger häufig.

472. Solidágo, Goldrute. XIX, 2.

St steif-aufrecht, oft über $\frac{1}{2}$ m h., oberwärts ästig; B wechselstdg, elliptisch, gesägt, die oberen lanzettlich, fast ganzrandig; mit rispig-traubenfg Bl.stand. Hülle dachig, mehrreihig. Bl.boden ohne Spreub., grubig. Zungenfg Bl in geringer Zahl (etwa 6), gelb wie die Scheibenbl. Fr cylindrisch, gerippt, beiderseits verschmälert, Pappus haarig, Haare einreihig. **S. Virga aurea L. Gemeine G.**

Juli—August. Wälder, trockene Hügel. Gemein.

473. Inula, Alant. XIX, 2.

1. Obere B herzfg, st.umfassend. 2.

— — lanzettlich oder elliptisch, nicht st.umfassend. 4.

2. Innere Hüllb spatelig, an der Spitze verbreitert, äussere eifg, filzig. St 1—1,5 m h., gefurcht, unten rauhhaarig, oben zottig. B ungleich-gezähnt-gesägt, oberseits rauhhaarig, unterseits filzig, wechselstdg, die untersten gestielt, länglich-elliptisch, ansehnlich. Achenen 4kantig, kahl. Bl.köpfe doldig-rispig, bis 8 cm breit; Randblümchen schmal-lineal, weit länger als der Hüllk., gelb. Wzl sehr gewürzhaft riechend. **I. Helénium L. Echter A.**

Juli—August. Hier und da kultiviert als Arzneipfl. und verwildert.

— — zugespitzt. 3.

3. Achenen behaart. Randblümchen deutlich zungenfg, einreihig, länger als die Hüllb, gelb; Hüllb lineal-lanzettlich, St 2—5köpfig, aufstrebend, 30 cm h., zottig-wollig behaart wie

* Nach Linnés Systema Vegetab.: E. acre, nach Kochs Synopsis: E. acris, nach Luerssens Handb.: E. acer. Wer hat nun Recht?

die B, die unteren B gestielt. Fr kurzhaarig, stielrund, schnabellos; Staubkölbchen geschwänzt; Hüllkelch halbkugelig, dachig; Bl.boden grubig, wenig gewölbt, ohne Spreub; Pappus haarig. **I. britannica L. Wiesen-A.**

Juli—August. An feuchten Gräben. Oberhalb Ems auf beiden Lahnufern, hier u. da. Weilburg. M. u. Rh. häufig. Unterhalb Diez. J. V. N.

— kahl. St 30—60 cm h., fast kahl, mit 1 endstdg Bl.kopf oder mehreren ebenstraussartig geordneten. B lanzettlich, zugespitzt, am Rande scharf, meist ganzrandig, fast kahl, abstehend, zurückgekrümmt. Zungenfg Randbl gelb, viel länger als die röhrigen Scheibenbl. Hüllb kahl, gewimpert, vorn etwas zurückgebogen. **I. salicina L. Weidenblättr. A.**

Juli—August. Auf feuchten Wiesen. Selten. Cronberg, Eppstein, Falkenstein, Wiesbaden, Oestrich, Braubach. J. V. N. Zwischen Zollhaus und Mudershausen. D. B. G.

4. Achenen behaart, schnabellos. Aeste ebenstraussartig, vielköpfig; Randbl 3spaltig, kaum zungenfg, so lang als die innersten Hüllb; St steif-aufrecht, 30—60 cm h., etwas flaumig-filzig, wie die Unterseite der B. Randbl rötlich, Scheibenbl bräunlich-gelb; Staubkölbchen geschwänzt. **I. Conyza DC. Dürrwurzartiger A.**

Juli—August. An trockenen Wegrändern u. felsigen Orten. Hier u. da.

— kahl. St bis 30 cm h., mit wagrecht abstehenden steifen, unten verdickten Haaren besetzt, wie auch der Hüllk, mit 1 bis höchstens 3 Bl.köpfen. B oval, länglich oder lanzettlich, meist ganzrandig, am Grunde verschmälert, rauhhaarig. Hüllb lanzettlich-verschmälert, länger als die Scheibenbl. Gelb. **I. hirta L. Rauhhaariger A.**

Mai—Juni. Auf unfruchtbaren, sonnigen Hügeln. Selten. Flörsheim; Braubach. J. V. N.

474. Pulicária, Flohkraut. XIX, 2.

Strahlenbl (Randbl) viel länger als die Scheibenbl, beide gelb. St aufstrebend, sehr ästig, bis 60 cm h., reichbeblttrt; B länglich mit breiter, tief-herzfg Basis sitzend, st.umfassend, fast ganzrandig, unterseits graufilzig; Bl.köpfe ziemlich zahlreich, Ebensträusse bildend, Hülle grau-filzig. Von Inula durch den doppelten Pappus verschieden. **P. dysentérica Gärtn. Ruhr-F.**

Juli—August. M. und Rh.; L.

— sehr kurz, kaum länger als die Scheibenbl, schmutziggelb. St 15—30 cm h., meist grau-filzig, rispig-ebenstraussartig verzweigt; B länglich-lanzettlich, wellig, mit abgerundeter, fast st.umfassender Basis sitzend. Blt.köpfe halbkugelfg. Aeusserer Pappus borstlich-feingeschlitzt. Pfl von widerlichem Geruch. **P. vulgaris Gärtn. Gemeines F.**

Juli—August. An feuchten Orten. Ziemlich häufig.

475. Bidens, Zweizahn. XIX, 2.

B 3—5teilig, fiederspaltig. St aufstrebend 30 cm h., mit weit abstehenden, gegenstdg Aesten und B, rispig-ebenstraussartigen, gelben, aufrechten Bl.köpfen meist ohne strahlende Randbl. wenig gewölbtem, spreuigem Bl.boden. Statt des Pappus 2—6 steife, mit rückwärts gerichteten Stacheln besetzte Grannen. Hüllen reichblttrg, 2reihig. die äusseren abstehend. Fr braun-grau. **B. tripartita L. Dreiteiliger Z.**

Juli—Herbst. An Wassergräben hier und da.

— unzerteilt, lanzettlich. gesägt, paarweise am Grunde etwas verwachsen; St aufstrebend, 30—45 cm h., mit nickenden Bl.köpfen; Fr schwarzbraun mit heller gefärbten, rückwärts stacheligen Borsten; mit und ohne Strahlenbl. **B. cernua L. Nickender Z.**

August—Oktober. An sumpfigen Orten. (Fehlt im $\overline{\text{L.}}$.)

476. Heliánthus, Sonnenblume. XIX, 3.

Bl.kopf nickend, sehr ansehnlich, endstdg, mit eifg, dachigen, teilweise abstehenden Hüllb; B herz-eifg, gestielt, gesägt. rauhhaarig, 3nervig; Randbl sattgelb, Scheibenbl braun. St steif-aufrecht, 1½—2 m h., rauhhaarig, einfach. Bl.boden wenig gewölbt, mit bleibenden Spreub; Fr länglich, fast verkehrteifg, zusammengedrückt-kantig. Pappus meist aus 2 spreub.artigen B.chen bestehend. **H. annuus L. Jährige S.**

Juli—Herbst. Wird als Zierpfl und auch der Fr halber, die ein gutes Salatöl liefern, häufig gebaut.

— aufrecht, kleiner als bei voriger Art; obere B länglicheirund oder lanzettlich, wechselstdg, nicht herzfg wie die unteren gegenstdg, rauh. St 1—2 m h. Wzl knollig verdickt und essbar. Hüllb lanzettlich. Bl dottergelb. **H. tuberosus L. Knollige S. (Topinambur).**

Oktober—November. Hier und da gebaut. Vaterland: Brasilien.

477. Filágo, Fadenkraut. XIX, 4.

1. Hüllb mit langer, rötlicher, kahler Spitze. Bl.köpfe zu vielen, oft über 12, zu kugeligen, endstdg und gabelstdg Knäueln vereinigt. St gabelspaltig, filzig-wollig wie die ganze, etwa 30 cm hohe Pfl; Scheibenbl röhrig, 4zähnig, ☿; Randbl fädlich, mehrreihig, ♀, die äussersten zwischen die Hüllb gestellt. Fr schnabellos; Pappus hinfällig, den äusseren Bl fehlend. **F. germanica L. Deutsches F.**

Juli—August. Auf mageren Aeckern gemein.

— ohne solche Spitze. 2.

2. K zu einer scharfkantigen Pyramide geschlossen Bl.köpfchen oft einzeln, oder zu armbltg Knäueln vereinigt. Pfl viel niedriger als vorige Art, etwa 10—20 cm h., gabelig verzweigt, filzig, aber nicht wollig wie diese. **F. minima Fries. Kleinstes F.**

Juli—August. Auf trockenen Bergwiesen, Brachäckern. Nicht selten.

— kegelfg (rundlich im Umfang), ganz wollig. St 15—25 cm h. rispig, mit aufrechten, fast einfachen Aesten. B lanzettfg;

Bl.köpfe in end- und seitenstdg, zu Aehren vereinigten Knäueln. Hüllb stumpflich, an der Spitze zuletzt kahl. **F. arvensis L. Feld-F.**

Juli—August. Brachäcker, Heiden. Gemein.

478. Gnaphálium, Ruhrkraut. XIX, 2.

1. St von unten an sehr ästig, grau-filzig wie die lanzettlichen, linealen B, 20—30 cm h., Aeste nach allen Richtungen ausgebreitet. Dachige, bräunlich-gelbe Hüllschuppen mit endstdg, geknäuelten, beblätterten Bl.köpfchen und gelblich-weissen Bl: Scheibenbl ☿, fruchtbar; Randbl ♀, fädlich, mehrreihig. Pappus haarig; Bl.boden ohne Spreub. Ohne Bl zwischen den Hüllb. (wodurch von Filágo verschieden). B wechselstdg, ganzrandig. **G. uliginosum L. Schlamm-R.**

Juli—Herbst. Gemein an nassen Orten.

— einfach aufrecht, nur im oberen Teil ästig. 2.

2. Pfl oft über 50 cm h., mit von der Mitte an ährenfg am St sitzenden Knäueln von Bl.köpfchen. Die äusseren Hüllen mehrmals kürzer als die Köpfchen, rostbraun-rot; B lineal-lanzettlich, die obersten lineal, nach beiden Seiten verschmälert, unterseits weiss-filzig, oberseits zuletzt kahl. Das Uebrige wie bei voriger Art. **G. sylvaticum L. Wald-R.**

Juli—August. In Wäldern gemein.

— weit niedriger, höchstens 20 cm h. 3.

3. B beiderseits weiss-wollig, schmal-lanzettlich, halbst.-umfassend, die unteren vorn breiter, die oberen nach vorn verschmälert. St bis 20 cm h., meist einfach, oberwärts öfter einen gedrängten Ebenstrauss von geknäuelten, b.losen Bl.köpfen tragend, letztere weisslich-grün mit strohgelben oder rötlichen Spitzen. ♀ Bl mehrreihig. Pappus gleichmässig-dünn. Pfl ohne unfruchtbare Sprossen. **G. luteo-album L. Gelblich-weisses R.**

Juli—Herbst. Sandige Brachfelder, Heiden. Nur im Mainthale und bei Wiesbaden, Biebrich, Schierstein, Bierstadt. J. V. N.

— nur unterseits weiss-filzig, oberseits kahl; Pfl mit reichbeblttrt und wurzelnden Ausläufern und endstdg, gedrungenem Ebenstrauss von Bl.köpfen. St.b lineal-lanzettlich, dem St angedrückt, untere spatelfg. Köpfchen teils mit schön rosenroten ♀, teils mit weissen ♂ Bl. Auch die Hüllen sind teilweise rosenrot oder weiss. **G. dioicum L. Frühlings-R. (Katzenpfötchen).**

Mai—Juni. Auf Heiden und mageren, sonnigen Waldwiesen gemein.

479. Helichrysum, Sonnengold, Strohblume, Immortelle. XIX, 2.

St 15—30 cm h., filzig, doldentraubig verästelt. B filzig, untere verkehrt-eifg-lanzettlich, stumpf, die folgenden lineal-lanzettlich, schmäler und spitzer. Bl.köpfe halbkugelig, sehr zahlreich zum Ebenstraus vereinigt, schön citrongelb, seltener blassgelb, öfter mit oben rötlichen, trockenhäutigen Hüllb. Randbl ♀.

einreihig, wenig zahlreich. Pappus fädlich; Bl.boden nackt. **H. arenarium DC. (Gnaphalium arenarium L). Sand-S., (Gelbes Katzenpfötchen).**

Juli—August Sandiger, trockener Boden. In dem Mainthal und der Umgegend von Wiesbaden gemein, im übrigen Gebiet fehlend.

480. Artemisia, Beifuss. XIX. 2.

1. Bl.boden zottig behaart. St meist mehrere beisammen, aufrecht oder aufstrebend, oft über 1 m h., sehr ästig, fast stielrund, seidig-filzig wie die B; diese oberseits weisslich, unterseits grünlich, durchscheinend punktiert, ungeöhrt, doppelt- und 3fach-gefiedert, die oberen einfach fiederteilig, mit lanzettlich-länglichen, stumpfen Lappen. Kugelige, nickende Bl.köpfe in rispenfg geordneten Trauben; äussere Hüllen filzig, lineal, innere eifg-stumpf mit breitem häutigem Saum. Scheibenbl hellgelb, Randbl fädlich, unansehnlich. Hüllen dachig, Pappus fehlend. **A. Absynthium L. Wermut.**

Juli—September. An felsigen, unfruchtbaren Orten. Hier und da, doch nicht häufig.

— nackt. 2.

2. B unterseits weiss-filzig, die unteren keinen wurzelstdg Rasen bildend. St aufrecht, oft über 1 m h., oberwärts spinnenwebig, rispig-ästig, oft braunrot angelaufen. B oberseits kahl, grün die unteren gestielt und geöhrt, fiederteilig mit lanzettlichen, eingeschnittenen, stachelspitzigen Läppchen, am Rande etwas umgerollt, bl.stdg B ungeteilt. Bl.köpfe unansehnlich, länglich-eifg, mit filzigen Hüllen, die äusseren lanzettlich-spitz, die inneren stumpf mit breitem Hautsaum. **A. vulgaris L. Gemeiner B.**

August—Herbst. An Wegen und Ufern sehr gemein.

— — fast kahl oder seidenhaarig-grau, doppelt- und 3fach-gefiedert mit schmal-linealen, stachelspitzigen Fetzen, die der unfruchtbaren St Rasen bildend, die unteren gestielt und geöhrelt, die oberen sitzend, einfacher, die obersten ungeteilt. Bl.köpfe rundlich-eifg, kahl, rötlich-braun, traubenfg an den rispigen Aesten geordnet, Trauben öfter einerseitswendig. Hüllen eifg, trockenhäutig gesäumt, die äusseren kürzer. **A. campestris L. Feld-B.**

Juli—August. An felsigen, unfruchtbaren, sonnigen Orten. M. u Rh.; L. (Fehlt im übrigen Gebiet).

481. Tanacétum, Rainfarn. XIX. 2.

St aufrecht, oft über 1 m h., einfach oder rispig-ebenstraussartig; B doppelt-fiederspaltig mit gesägten Lappen. Bl.köpfe halbkugelig, in Trugdolden; Scheibenbl ☿, röhrig, 5zähnig, gelb; Randbl fädlich, mit verkümmerter Blkr, 3zähnig. Hüllen dachg; Fr kantig, Pappus fehlend, höchstens ein kurzes Hautkrönchen; Bl.boden ohne Spreub. Pfl von unangenehmem, kampferartigem Geruch. **T. vulgare L. Gemeiner R.**

Juli—Herbst. An Flussufern sehr gemein.

482. Achilléa, Schafgarbe. XIX, 2.

1. B unzerteilt, lineal-lanzettlich, gesägt, sitzend. St bis 60 cm h., steif-aufrecht, kantig, oberwärts rispig-ästig; Bl.köpfe ebenstraussartig-trugdoldig, eifg-rundlich; Randbl etwa zu 10, weiss, so lang als die dachigen Hüllen; Bl.boden mit Spreub; Fr ohne Pappus; Scheibenbl röhrig, 5zähnig mit zusammengedrückter Röhre und dadurch etwas geflügelt; Randbl ♀, zungenfg, mit rundlicher Blkr. **A. Ptármica L Sumpf-Sch.**
   Juli—Herbst. An feuchten Orten, Flussufern gemein.
   — doppelt-gefiedert. 2.
2. B im Umriss lineal-lanzettlich, etwa 6 mal so lang als breit oder noch länger, mit 12 und meist mehr Fiederpaaren; Randbl weiss oder rötlich. St bis zu 0,5 m h., meist niedriger, aufstrebend und aufrecht, einfach, nur im oberen, bl.tragenden Teile etwas ästig; untere B gestielt, mit häutig verbreitertem B.stiel, obere sitzend. Hauptnerv (B.spindel) mit wenigen, verkümmerten, zahnfg Fiedern zwischen den Hauptfiedern (fast unterbrochen-gefiedert), die Fiederchen wieder mehrspaltig mit länglich-lanzettlichen oder linealen, spitzigen Fetzen. Randbl 4—6, ihre Krone kürzer als der eifg Hüllkelch. Sonst wie vorige Art. **A. Millefolium L. Gemeine Sch.**
   Juni—Spätherbst Sehr gemein auf Grasplätzen.
   — — — eifg, nur etwa 3mal so lang als breit, mit höchstens 12 (meist weniger) Paar Fiedern; Randbl gelblichweiss. Hauptnerv (B.spindel) in der oberen Hälfte mit unvollkommenen, zahnartigen Fiedern, B daher unterbrochen-gefiedert. (Sonst wie A. Millefolium L.) **A. nobilis L. Edle Sch.**
   Juli—August. An sonnigen Grasplätzen. Nicht so häufig, fehlt im___

483. Ánthemis, Hundskamille. XIX, 2.

1. Randbl gelb, kaum halb so lang als die Breite des Bl.köpfchens. St steif-aufrecht, bis 0,5 m h.; Bl.boden fast halbkugelig gewölbt; Fr schmal geflügelt, im Querschnitt rautenfg. Spreub lanzettlich in eine starre Stachelspitze auslaufend. Hüllkelch halbkugelig, dachig. B doppelt-fiederspaltig mit gezähnter Spindel (Hauptnerv), kammfg gestellten, gesägten, spitzen Fiederchen. **A. tinctoria L. Färber-H.**
   Juli—August. Auf Aeckern, sonnigen Bergabhängen. Nicht so häufig.
   — weiss. 2
2. Spreub lanzettlich, stachelspitzig. St 25—50 cm h., sehr ästig und ausgebreitet. B doppelt-fiederspaltig, mit lineal-lanzettlichen, öfter gezähnten Fiederchen, etwas wollig-flaumig; Bl.boden kegelfg, innen nicht hohl; Fr 4kantig, gefurcht, nicht geflügelt. Hüllk halbkugelig, dachig, zuletzt etwas zurückgeschlagen. **A. arvensis L. Feld-H.**
   Juni—Herbst. Auf Brachäckern häufig.
   — borstlich. St bis 50 cm h., sehr ästig; B doppelt-fiederspaltig mit linealen, ganzrandigen oder 2—3zähnigen, kurz-

stachelspitzigen Fetzen. Bl.boden verlängert-kegelfg. nicht hohl. Achenen fast walzenfg. knötig-gestreift, von einem kleinen gekerbten Rande gekrönt. Sonst wie vorige Art. **A. Cótula L. Stinkende H.**

Juni—Herbst. Aecker, Ufer Gemein. Doch nicht überall z. B. im L. selten.

484. Matricária, Kamille. XIX. 2.

St sehr ästig. 30—40 cm h, ausgebreitet. kahl, mit lang gestielten. einzeln am Ende der rispenfg geordneten Aeste stehenden Bl.köpfen. doppelt-fiederteiligen B mit schmalen, linealen, entfernter stehenden, stachelspitzigen Zipfeln, wechselstdg wie die Aeste. Bl.boden hohl, verlängert kegelfg. ohne Spreub. Fr fast stielrund. etwas abgeplattet, einwärts gekrümmt. Hüllb dachig. stumpf, häutig gesäumt. Randbl weiss, länger als der Hüllk, Scheibenbl gelb. **M. Chamomilla L. Echte K.**

Mai—August. Auf Aeckern gemein.

485. Chrysánthemum, Wucherblume. XIX. 2.

1. B doppelt- und 3fach-fiederspaltig oder gefiedert. 2.
— unzerteilt, doch gesägt oder gezähnt. 4.

2. Fiederchen schmal-lineal. St sehr ästig und ausgebreitet, bis 60 cm h., (einer Anthemis arvensis L. oder Matricária Chamomilla L. täuschend ähnlich, aber ohne Spreub auf dem nicht hohlen Bl.boden). Hüllk am Grunde kreiselfg, dachig. Bl.boden fast halbkugelig. zuletzt kegelfg. doppelt so hoch als breit. Randbl weiss, Scheibenbl gelb; Fr ungeflügelt und ohne Pappus. **Chr. inodorum L. (Triplenrospermum inodorum C.H. Schultz Bip.) Geruchlose W.**

Juli—Herbst. Auf bebautem Grund gemein.

— lanzettlich oder länglich-eirund. weit breiter als bei voriger Art. 3.

3. Fiedern der unteren B lanzettlich, fiederspaltig mit scharfgesägten stachelspitzigen Fetzen. St 30—90 cm h. oberwärts ebenstraussartig verzweigt B weichhaarig. Randbl länglich-lineal; Achenen mit Hautkrönchen statt Pappus. **Chr. corymbosum L. Ebenstraussblütige W.**

Juni—Juli. Bergwälder. Stellenweise im ganzen Gebiet. Fehlt im unteren Lahn- und im Mainthal.

— stumpf, elliptisch, mit breit stumpflichen. sehr kurzbespitzten, etwas gezähnten Fetzen. Achenen mit geschärftem, sehr kurzem Rande endigend. B flaumig. mit harzigen Drüsenpunkten. Sonst wie vorige Art. **Chr. Parthénium. (Matricaria Parthenium L.) Mutterkraut-W.**

Juni—Juli. Mauern, Schutthaufen. In Gärten als Zierpflanze mit gefüllten Bl, öfter verwildert.

4. Randbl weiss. Alle Fr gleichgestaltet (ohne Krönchen). St aufrecht, 30—60 cm h., einfach, einköpfig, mit lang gestielten,

spatelfg. gekerbten unteren und sitzenden, länglich-linealen, gesägten oberen B. **Chr. Leucánthemum L. Weisse W.**

Juni—Juli Sehr gemein auf Wiesen.

— gelb. Fr der Randbl beiderseits mit einem hornartigen, in einen Zahn ausgehenden Flügel, mit 3—5 Rippen, Fr der Scheibenbl ungeflügelt, 10rippig. St 30—60 cm h., einfach, meist 1köpfig, ganz kahl wie die gezähnten, nach vorn verbreiterten, 3spaltig eingeschnittenen B; obere B mit herzfg Basis st.umfassend. **Chr. segetum L. Saat-W.**

Juli—August. Stellenweise unter der Saat.

486. Dorónicum, Gemswurz. XIX, 2.

Pfl mit langen, unterirdischen Ausläufern, bis 1 m h., wenig ästig, mit wechselstdg, tief-ei-herzfg, lang gestielten unteren und sitzenden, st.umfassenden oberen B und wenigen ebenstraussartig gestellten, ziemlich grossen Bl.köpfen, zottigem Bl.boden, fast halbkugeligem Hüllk von 2 gleich langen Reihen Hüllb; Scheibenbl röhrig, braun-gelb mit haarigem Pappus, Randbl zungenfg, satt-gelb, ohne Pappus, mit verkümmerten Stbgf; Fr schnabel- und flügellos, gefurcht. **D. Pardalianches L. Gemeine G.**

Mai—Juni. Gebirgswälder. Selten. Waldblösse bei Misselberg via Ems, Mohrendell, Falkenstein, Hillscheid und Simmern. J. V. N.

487. Árnica, Wohlverleih. XIX, 2.

St 30—60 cm h., aufstrebend und aufrecht, drüsig behaart, meist einfach, wenig beblättert; obere B sitzend, gegenstdg, oberseits kurzhaarig, unterseits kahl, untere (Wzlb.) meist zu 4, länglich-verkehrt-eifg, 5nervig, nach dem B.stiel schmal zulaufend und dort etwas scheidenfg und st.umfassend. Bl.köpfe in geringer Zahl (oft nur 2—3), ziemlich ansehnlich, 5—6 cm breit; Hüllk 2reihig, drüsig behaart, mit dunkelrotem Saum. Rand- und Scheibenbl orangegelb, zahlreich. Bl.boden mit bewimperten Grübchen. Fr stielrund, lineal, 5kantig, behaart, zuletzt schwärzlich-braun. **A. montana L. Berg-W.**

Juni—Juli. Höhere Bergwiesen des ___ und ___

488. Cinéraria, Aschenpflanze. XIX, 2.

St aufrecht, bis 60 cm h., einfach, nur oberwärts in etwa 5—10 Bl.köpfe tragende Aeste sich ebenstraussartig teilend; B wechselstdg, unterseits weiss-wollig, oberseits spinnwebig oder zuletzt fast kahl, die untersten lang gestielt, die mittleren mit breit geflügeltem B.stiel, die obersten sitzend, lineal-lanzettlich. Hüllk mehr oder weniger wollig behaart, ohne Aussenk, einreihig, weil kürzer als die zungenfg Randbl. Fr dicht- und kurz-steifhaarig, mit haarigem, rein-weissem Pappus, während der Blt.zeit so lang als die gelben Bl. **C. spathulaefolia Gmel. Spatelblättrige A.**

Mai. In lichten Wäldern. Stellenweise im ganzen Gebiet, doch nicht häufig.

489. Senécio, Kreuzkraut. XIX, 2.

1. Ohne zungenfg Randbl. St bis zu 30 cm h., ästig, meist kahl, endstdg, kleine Doldentrauben von unansehnlichen Bl.köpfen tragend, mit fast kahlen, öfter spinnwebigen, fiederspaltigen, in den B.stiel verschmälerten oder (die oberen) mit geöhrelter Basis st.umfassenden, wechselstdg B, deren längliche Fiederlappen spitz- und ungleich-gezähnt; mit cylindrischem, einreihigem Hüllk und etwa 10blttrg, an der Spitze schwärzlichem Aussenk, flaumiger Fr, haarigem Pappus; Bl.boden ohne Spreub. Gelb. **S. vulgaris L. Gemeines K.**
   Das ganze Jahr blühend. Auf bebautem Land. Sehr gemein.
   Mit zungenfg Randbl. 2.
2. Randbl zurückgerollt, unansehnlich. 3.
   — nicht zurückgerollt. 4.
3. Nebenhülle locker, fast halb so lang als der innere Haupthüllk. St aufrecht, 30—50 cm h., ästig, von Drüsenhaaren klebrig wie die ganze Pfl, mit wechselstdg, doppelt-fiederteiligen B; Fiederchen ungleich-gezähnt, die mitteren Fiedern die grössten; Fr kahl. **S. viscosus L. Klebriges K.**
   Juni—Herbst. Schutthaufen und unbebaute Orte.
   — an den mehrmals längeren Haupthüllk angedrückt. Pfl meist höher als die vorige Art, bis 60—90 cm h., nur im oberen Teile ästig und ebenstraussartig; B spinnwebig, tieffiederteilig, mit fast linealen, gezähnten, ziemlich gleich grossen Fiedern; Hüllk fast kahl; Nebenk an der Spitze meist nicht schwärzlich-braun (wie bei den andern Arten). Fr von Flaumhaaren grau. **S. sylvaticus L. Wald-K.**
   Juli—August. In lichten Waldungen. Nicht so häufig.
4. Alle B unzerteilt. 5.
   — — fiederteilig oder gefiedert. 7.
5. Meist nur 5 zungenfg Randbl, länger als der Hüllk. St der kräftigeren Exemplare steif-aufrecht, bis 1 m h., oberwärts sehr ästig und zahlreiche, vielköpfige Ebensträusse tragend, reichbeblttrt und sehr kantig, nicht kriechend; B elliptisch-lanzettlich, kahl, unterseits etwas flaumig, ungleich gezähnt-gesägt, wechselstdg, meist kurz gestielt, die unteren mit etwas geflügeltem B.stiel; Deckb lineal-lanzettlich; Nebenhülle armblttrg (3—5blttrg), fast so lang als der cylindrische Haupthüllk; Fr kahl. **S. nemorensis L. Hain-K.**
   Juli—August. Waldränder. Hier und da, im ganzen Gebiet zerstreut.
   Mehr als 5 zungenfg Randbl. 6.
6. 12 und mehr zungenfg Randbl. St 1—2 m h.; B sitzend, verlängert-schmal-lanzettlich, spitz, geschärft-gesägt, kahl, bisweilen unterseits filzig. Ebenstrauss vielköpfig; äussere Nebenhülle meist 10blttrg, halb so lang als die innere Haupthülle; Achenen flaumig. Bl schön gelb. **S. paludosus L. Sumpf-K.**
   Juli—August. Sumpfgräben und Sumpfwiesen. Selten. Münchau bei Hattenheim. Braubach.

Weniger als 12 zungenfg Randl. St 1—2 m h. mit weithin kriechendem Wzl.stock und vielen grossen, kahlen, länglich-lanzettlichen, spitzen, nach dem Grunde keilfg verlaufenden und daselbst ungezähnten, sonst ungleich gezähnt-gesägten, ziemlich starren, lederartigen B; Sägezähne mit vorwärts gekrümmten Spitzen. Die untersten B mit geflügeltem B.stiel; äussere Nebenhülle meist 5blttrg, so lang oder kürzer als die kurz-walzenfg, meist 10blttrg Haupthülle; Achenen kahl. Bl gelb in ebenstraussartig geordneten Köpfen. **S. saracenicus L. Saracenische K.**

Juli—August. Ufer. Im M. u. Rh. häufig. Im übrigen Gebiet fehlend.

7. Wzl kriechend. Stiele der Bl.köpfe filzig. St steif-aufrecht, 60 cm h. und darüber, etwas spinnwebig wie die ganze Pfl; B wechselstdg, fiederteilig, mit linealen, gezähnten Fiedern, die meisten ungestielt, nur die untersten kurz gestielt. Gedrängte, vielköpfige Ebensträusse. Nebenhülle mehr als 2blttrg, halb so lang als die Haupthülle; Fr rauhhaarig; Pappus haarig. **S. erucifolius L. Raukenblättriges K.**

Juli—August. Hier und da an Wegen und Waldrändern.

— nicht kriechend. Stiele der Bl.köpfe nicht filzig. Sonst der vorigen Art sehr ähnlich, blüht etwas früher. Nebenhülle sehr kurz, meist nur 2blttrg. Unterste B fast unzerteilt, eirund, die anderen wie bei voriger Art. Fr der Randbl fast kahl. **S. Jacobaea L. Jakobs-K.**

Juni—Herbst. Sehr gemein an Wegen und in Gebüschen.

B. Cynarocephaleae.

490. Caléndula, Ringelblume. XIX, 4.

St bis 20 cm h., sperrig-ästig. B länglich-lanzettlich, etwas gezähnt, die unteren nach dem Grunde zu verschmälert, kurz gestielt, die oberen unten abgerundet u. halbst.umfassend. Achenen auf dem Rücken weich-stachelig, die äussersten lineal, geschnäbelt mit aufrechtem Schnabel, wenige eifg, nachenfg, die inneren lineal, in einen Ring zurückgekrümmt. Hülle halbkugelig mit gleichen 2reihigen B.chen. Randbl ♀, fruchtbar; Scheibenbl ☿, unfruchtbar. Gf oben knotenfg verdickt, kurz 2spaltig oder ungeteilt. **C. arvensis L. Feld-R.***

Juli—Herbst. Aecker und Weinberge. Häufig im Rheingau. Sonst fehlend im Gebiet.

491. Échinops, Kugeldistel. XIX, 5.

St 50—150 cm h. B oberseits von etwas klebrigen Haaren flaumig, unterseits wollig-filzig-grau, fiederspaltig, mit länglich-verkehrt-eifg, buchtigen, dornig-gezähnten Zipfeln. Hülle am

* Die in den Gärten häufig als Zierblume gezogene C. officinalis L. unterscheidet sich von der obigen durch ihren aufrechten St, verkehrt-eifg, lang-gestielte B und doppelt so grosse, dunkler gelbe Bl und eine grössere Anzahl von kahnfg und geflügelten Achenen.

Grunde mit mehr als halb so langen Borsten, die äusseren Hüllb drüsig-haarig. Pappushaare unten verwachsen. Bl weiss mit bläulich-grauen A; Blt.stiele filzig und drüsig-borstig. Bl.kopf kugelig. Jedes Blümchen mit besonderem K. **E. sphaerocéphalus L. Rundköpfige K.**

Juli—August. Sehr selten. Wohl nur zufällig ausgesäet oder absichtlich (?) eingeführt. Wiesbaden, Exercierplatz. Dillenburg.

492. Cirsium, Kratzdistel. XIX, 1.

1. Hüllb abstehend mit starkem Endstachel. 2.
— anliegend, unbewehrt, wenn auch spitz, oberseits fast kahl. 3.

2. B herablaufend, wechselstdg, oberseits dornig-borstig, unterseits spinnwebig, tief-fiederteilig; Fiederlappen lanzettlich, 2spaltig, alle Zipfel mit Dornen endigend, gespreizt. St steif-aufrecht, 50—75 cm h.; Bl.köpfe einzeln, endstdg, eifg, mit lanzettlichen oder (die inneren) pfriemlich-dornigen, dachigen Hüllb. Bl purpurn. **C. lanceolatum Scop. Lanzettblättrige K.**

Juni—Herbst. An Wegen, Schutthaufen. Gemein.

— nicht herablaufend, st.umfassend, oberseits dornig-steifhaarig, unterseits filzig, tief-fiederspaltig; Fieder mit je 2 lanzettlichen, ganzrandigen, teilweise am Grunde gelappten, dornig endigenden Fetzen; St 1—1,5 m h.; Bl.kopf einzeln, kugelig, spinnwebig-wollig; Hüllb lanzettlich mit linealer, dorniger Spitze abstehend. Bl purpurn. **C. erióphorum Scop. Wollköpfige K.**

Juli—Herbst. An Wegen, unfruchtbaren Orten. Selten. Okriftel, Wallau, Braubach. J. V. N.

3. Hüllb gelblich-blassgrün, nur an der Spitze abstehend. St bis 60 cm h., aufrecht, mit st.umfassenden, nicht herablaufenden, flaumigen, ungleich dornig-gewimperten, fiederspaltigen, zuletzt ungeteilten und gezähnten B; Bl.köpfe zu endstdg Knäueln vereinigt, von grossen, bleichgrünen Deckb gestützt; Bl gelblich-weiss. **C. oleraceum Scop. Kohl-K.**

Juni—Juli. Auf feuchten Wiesen. Häufig.

— grasgrün; Bl.köpfe ohne auffallend grosse, bleichgrüne Deckb. 4.

4. B ganz herablaufend, etwas behaart, tief-fiederteilig, mit 2spaltigen Fiederlappen, deren Zipfel in Dorne auslaufend; St aufrecht, 30—60 cm h., zu mehreren aus derselben Wzl, einfach, an der Spitze mit sehr kurz gestielten, fast geknäuelten, zahlreichen Bl.köpfen; Bl purpurn. Hüllb dornig-stachelspitzig. **C. palustre Scop. Sumpf-K.**

Juli—August. Auf nassen Wiesen gemein.

— nicht oder nur wenig herablaufend. 5.

5. St beinahe fehlend; Bl.kopf daher fast unmittelbar auf der Wzl.rosette ruhend. B kahl, lanzettlich, buchtig-fiederspaltig; Fieder eifg, eckig, fast 3spaltig mit kurzen, dornig-gewimperten

Fetzen und mit einem stärkeren Dorn, der Fortsetzung des Hauptnerven, endigend; Bl.kopf meist einzeln oder zu 2—3 nahe beisammen. Hüllb angedrückt, kurz-stachelspitzig, die äusseren eifg, 1nervig. Wzl.fasern fädlich. Selten entwickelt sich ein kurzer, nur wenige cm hoher, ganz beblätterter St. C. **acaule** All. (**Carduus acaulis** L.) **Stengellose K.**

Juli—August. Trockene Wiesen. Nicht überall verbreitet. Dillenburg, Herborn häufig. Weilmünster, Wallau, Diedenbergen, Wiesbaden. Zwischen Hofheim und Breckenheim. Im $\overline{\text{L.}}$ und Rheinthal fehlend.

— deutlich vorhanden, wenigstens 60 cm h. 6.

6. Wzl.fasern knollig verdickt. St 60—120 cm h., von der Mitte an nackt. B oberseits zerstreut behaart, unterseits etwas spinnwebig-wollig, dornig-gewimpert, tief-fiederspaltig mit gezähnt-gelappten und 2—3spaltigen Fiedern, die unteren gestielt. Bl.köpfe meist einzeln, höchstens bis zu 3, lang gestielt. Hüllb angedrückt, mit kleinen Stachelspitzchen, kahl. Bl purpurn; Zipfel des Saumes länger als die Röhre. C. **bulbosum** DC. (**Carduus tuberosus** L.) **Knollentragende K.**

Juni—Herbst. Wiesen. Wiesbaden häufig, Weilbach, Okriftel. Sonst im Gebiet fehlend.

— nicht knollig verdickt. B fiederspaltig-buchtig, oder ungeteilt, gezähnt, dornig-gewimpert, unterseits kahl. St aufrecht, 30—50 cm h., sehr ästig, besonders von der Mitte an, rispig-ebenstraussartig. Bl purpurn; Wzl kriechend; Hüllb angedrückt, stachelspitzig, doch nicht stechend. C. **arvense** Scop. **Brach-K.**

Juli—Herbst. Gemein auf bebautem Land und Brachäckern.

493. Carduus, Distel. XIX, 1.

1. Bl.köpfe öfter knäuelfg beisammen stehend, kurz gestielt. St aufrecht, ästig, bis 50 cm h., von den herablaufenden B sehr kraus und dornig; B oberseits etwas behaart, unterseits wollig-filzig, auf den Nerven etwas zottig behaart, buchtig-fiederspaltig mit eifg, 3lappigen, gezähnten Fiedern, deren Zähne in Dorne verlaufend; Fr querrunzelig. Hüllb pfriemlich, abstehend, nur die oberen angedrückt. Bl purpurn, selten weiss. C. **crispus** L. **Krause D.***

Juli—Herbst. Unbebautes Land, Schuttplätze. Gemein.

— meist einzeln. 2.

2. Bl.köpfe nickend, ansehnlich (3—4 cm breit und hoch), kugelig. St aufrecht im unteren und mittleren Teil, bis 60 cm h., einfach, höchstens im obersten Teil ein wenig ästig, von den herablaufenden, oberseits fast kahlen, unterseits auf den Hauptnerven zottigen, tief-fiederteiligen B mit 3spaltigen, dornig-gewimperten Fiederlappen zum grösseren Teil bedeckt.

* Eine Bastardform zwischen dieser und der folgenden ist C. multiflorus Gaud. mit 3—5 nickenden Bl.köpfchen, zurückgebrochenen, äusseren Hüllb, unterseits etwas spinnwebigen B. Wird als selten hier und da angegeben. Dem Verf. unbekannt.

Hüllb aus eifg Basis schmäler, in einen Dorn auslaufend, mit der oberen Hälfte zurückgebogen und abstehend. Bl purpurn. **C. nutans L. Nickende D.**

Juli—August. An sonnigen, trockenen Orten. Hier und da.

— aufrecht, weit kleiner als bei voriger Art, kaum breiter und höher als 2 cm. St ganz aufrecht und von der Mitte an ästig. Hüllb lineal, anliegend oder etwas abstehend, aber nicht zurückgebogen, sonst der vorigen Art ähnlich. **C. acanthoides L. Vielstachelige D.**

Juli—August. An gleichen Standorten.

494. Onopórdon, Eselsdistel. XIX, 1.

St bis 1 m h. und darüber, steif-aufrecht, sehr gespreizt-ästig, von den herablaufenden, lederartig-derben, länglich-elliptischen, buchtigen, spinnwebig-filzigen B breit geflügelt. Hüllb aus eifg Basis lineal-pfriemlich, die untersten weit abstehend. Bl.köpfe endstdg, einzeln, sehr ansehnlich, oft über 4 cm breit und hoch, kugelig; Bl.boden wabig-zellig, mit fransig-gezähnten Zellenrändern. Bl purpurn. **O. Acanthium L. Gemeine E.**

Juli—August. Hier und da an wüsten Orten.

495. Lappa, Klette. XIX, 1.

Hüllb gleichfarbig, grün, länger als die Blkr der ebenstraussartigen, kegelfg-kugeligen Bl.köpfe. Pfl mit spreizenden Aesten, oft über 1 m h., mit sehr ansehnlichen (bis 60 cm langen und 40 cm breiten), wechselstdg, ganzen, nur etwas gezähnten, unterseits grau-filzigen B, die untersten herzfg. lang gestielt, die folgenden kleiner, rundlich-eifg, die obersten fast sitzend; Blkr purpurn; Staubbeutel mit abwärts gerichteten Borsten am geschwänzten Grunde; Fr länglich-verkehrt-eifg, etwas runzelig. Haare des Pappus einzeln abfallend. **L. major Gärtn. Grosse K.**

Juli—August. Schutthaufen, Wegränder, unfruchtbare Orte.

— verschiedenfarbig, die inneren an der Spitze purpurn, die übrigen grün, kürzer als die Blkr, etwas spinnwebig. Pfl sonst der vorigen Art sehr ähnlich, meist aber etwas niedriger. **L. minor DC. Kleine K.***

Blüht etwas später an denselben Orten.

496. Carlína, Eberwurz. XIX, 1.

St bis 50 cm h., meist niedriger, doldig-rispig, mit mehreren, fast ebenstraussartigen Bl.köpfen, länglich-lanzettlichen, buchtig-gezähnten, wechselstdg, sitzenden B; äussere Hüllb doppelt-fiederspaltig und dornig, die inneren lanzettlich, stachelspitzig, grün, die innersten lineal-lanzettlich, bewimpert, strohgelb. Bl.boden

* Die in J. V. N. erwähnte L. tomentosa Lam. hat nicht hakenfg, sehr spinnwebig-wollige Hüllb. Diese Form (Art?) scheint etwas seltener zu sein, als die beiden anderen. Diese 3 Arten hat Linné unter Arctium Lappa vereinigt, und es scheint auch kein genügender Grund zu ihrer Trennung vorzuliegen.

mit an der Spitze gespaltenen Spreub. Pappus unten ringfg verwachsen. **C. vulgaris L. Gemeine E.**

Juli—Herbst. Sehr gemein an sonnigen, öden Plätzen.

497. Serrátula, Scharte. XIX, 1.

St 30—90 cm h. B ungeteilt oder leierfg-fiederspaltig oder gefiedert mit geschärft-gesägten Lappen oder Fiedern; Bl.köpfchen länglich, ebenstraussartig geordnet; Hülle dachig, oben purpurrot, anliegend; Pappus haarig, mehrreihig, die äusseren Reihen kürzer. Bl.boden borstig-spreuig. Bl purpurn, selten weiss. **S. tinctoria L. Färber-Sch.**

Juli—August. Wälder und Waldwiesen. Stellenweise im ___ und ‾‾‾. Oestricher Wald, Langenbach auf dem Steinchen, zwischen Königstein und Cronberg, Naurod. J. V. N.

498. Centauréa, Flockenblume. XIX, 3.

1. Hüllb in einen langen Hauptdorn mit kleineren Seitendornen auslaufend. 2.
— unbewehrt. 4.
2. B tief-fiederspaltig, nicht herablaufend, mit linealen, gezähnten Fiederlappen, die unteren gestielt, die oberen sitzend, die obersten einfacher oder ungeteilt. St sehr ästig, bis 50 cm h., behaart. Hüllen fast handfg-dornig, kahl, nicht gefranst, der Hauptdorn länger als das Köpfchen; die seitenstdg Köpfchen einzeln, fast sitzend; Pappus fehlend. Bl hell-purpurn. **C. calcitrapa L. Distelartige F.**

Juli—August. An wüsten Orten. Im M. u. Rh. gemein. Sonst fehlend.

— meist ungeteilt, herablaufend. 3.
3. Alle Bl.köpfchen endständig, einzeln, mässig gross; Hülle wollig; Pfl sehr ästig, aufstrebend, 30 cm h.; Hauptdorne der dachigen, wolligen Hüllb strohgelb, spreizend, länger als die citrongelben Bl; B filzig-grau, schmal-lineal, wechselstdg, sitzend, die untersten leierfg. **C. solstitialis L. Sommer-F.**

Juli—August. Auf sonnigen Hügeln. Sehr vereinzelt im ganzen Gebiet und wohl immer eingeschleppt und nicht von Dauer.

Mit seitlichen, sitzenden Bl.köpfchen. B breit-lineal, gezähnt, lang herablaufend; Hüllb weichhaarig-flaumig. Gelb. **C. Melitensis L. Malteser F.**

Juli—Herbst. Vorübergehend eingeschleppt mit Medicago sativa L. So bei Weilmünster. J. V. N.

4. Pappus fehlend. 5.
— vorhanden. 6.
5. Hüllb fast alle kammfg gefranst; Fransen etwa von der Breite ihres Mittelfeldes, sonst wie die folgende Art, von der sie wohl nur eine in der Mitte zwischen dieser und C. nigra stehende Form ist. **C. nigrescens Willd. Schwärzliche F.**

Juli—August. Rheinwiesen bei Ober- und Niederlahnstein. J. V. N.

—, höchstens die unteren kammfg gefranst, trockenhäutig, hellbraun, nach aussen gewölbt, eifg, unregelmässig am Rande zerschlitzt; Pfl sehr ästig, aufstrebend, bis 50 cm h., mit einzelnen endstdg Bl.köpfen. B lanzettlich, wechselstdg, ganz, oder (die unteren) etwas entfernt-buchtig, bisweilen fiederspaltig. Bl rot. **C. Jacea L. Gemeine F.***

Juni—Herbst. Sehr gemein auf allen Wiesen.

6. Alle B unzerteilt, mit Ausnahme der untersten. 7.
— — gefiedert oder fiederteilig. 10.

7. B herablaufend, unzerteilt, oder etwas buchtig, länglich-lanzettlich, fast ganzrandig, wechselstdg, sitzend, meist spinnwebig-wollig; St einfach, bis 50 cm h., einköpfig; Bl.kopf viel grösser als bei allen übrigen Arten; Hüllb mit schwärzlichem Rand und gesägt-fransig-bewimpert; Fransen von gleicher Farbe, so breit wie der trockenhäutige Saum. Randbl weit grösser als die rötlich-violetten Scheibenbl, schön kornblumenblau. **C. montana L. Berg-F.**

Juli—August. Nicht häufig. Lorsbach, Lorch, Braubach. J. V. N. Ems, Weilmünster. In Bergwäldern des ——.

— nicht herablaufend. 8.

8. Randbl auffallend grösser als die Scheibenbl. 9.
— den anderen meist gleich. St 30—90 cm h. B lanzettlich, ziemlich rauhhaarig, die unteren gezähnt, fast buchtig. Anhängsel der Hüllb aufrecht, meist schwärzlich, lanzettlich, fransig-gefiedert, doppelt so lang, als die Breite ihres Mittelfeldes, einander genähert und die inneren verdeckend, innere Anhängsel rundlich, zerrissen-gezähnt. Pappus 3mal kürzer als die Achene. **C. nigra L. Schwarze F.**

Juli—August. Waldwiesen. Im ——. häufig; Flörsheim, Oestrich, Braubach: Langenbach. J. V. N. Zwischen Rambach und Naurod.

9. Wimpern der Hüllb kurz, gerade, einfach; Bl tief-blau, seltener violett-rot, oder weiss. B schmal-lineal, ganzrandig, die untersten fiederteilig oder am Grund etwas gezähnt, wechselstdg, sitzend. St im oberen Teil ästig, mehrköpfig, 60 cm h. und höher; Bl.köpfe am Ende der Aeste und des St. **C. Cyanus L. (Blaue Kornblume). Korn-F.****

Juni—Juli. Auf Saatfeldern häufig.

— — — lang, zurückgekrümmt, wieder gewimpert. St 30—90 cm h., aufrecht, ästig; die oberen Fransen des Anhängsels der Hüllb von einander entfernt, die der innersten Hüllb rundlich, zerrissen-gezähnt, von den Fransen der vorderen Hüllb verdeckt; Pappus 3mal kürzer als die Achene; Bl.kopf rundlich; B länglich-elliptisch oder eifg, ungeteilt, gezähnelt. Bl rot. **C. phrygia L. Phrygische F.**

Juli—August. Bergwiesen. Hier und da, ziemlich selten. Eppstein, Lorsbach, Königstein.

---

* Die dieser nahe stehende C. nigrescens Willd mit schwarzen Anhängseln der Hüllb hat Wirtgen bei Ober- und Niederlahnstein auf Rheinwiesen gefunden; cf. J. V. N. VIII, 2. pag. 183.

** Ob mit Triticum vulgare Vill. und Secale cereale L. aus deren mutmasslichem Vaterland — Westasien — nach Europa eingewandert?

10. Bl.köpfe einzeln; Bl dunkelrot; St aufrecht, 60—90 cm h., ästig, mit einzeln stehenden, grösseren, kugelfg Bl.köpfen; Hüllb mit schwärzlich-braunem, dreieckigem, schlängelig gefranstem Anhängsel; Pappus fast so lang als die Fr; B wechselstdg, mit ganzrandigen oder gezähnten, bisweilen wieder fiederteiligen Zipfeln. **C. Scabiosa L. Scabiosenartige F.**

Juli—August. Auf sonnigen Hügeln. Hier und da.

— Rispen bildend; Bl blassrot, selten weiss; St 30—90 cm h., aufrecht, oberwärts fast ebenstraussartig verzweigt. Anhängsel der Hüllb mit einem dreieckigen, schwärzlich-braunen, beiderseits sich etwas hinabziehenden Flecken, die benachbarten 5nervigen Hüllb nicht bedeckend, mit schlängeligen, etwas knorpeligen Fransen, oft in einen Dorn endigend. Pappus halb so lang als die Achene. B kahl oder etwas wollig, die untersten meist doppelt-gefiedert, die oberen einfach-fiederig mit linealen Zipfeln, die obersten, aststdgen oft ungeteilt, lineal. Bl.köpfe kugelig-eifg. **C. maculosa Lam. Fleckige F.**

Juli—August. An sonnigen Orten. M. und Rh. Sonst fehlend.

C. Cichoraceae.

499. Lápsana,* Rainkohl. XIX, 1.

St ästig, 30—90 cm h., kahl wie die wechselstdg, teils kurz gestielten, teils sitzenden, eckig-gezähnten oberen, leierfg unteren B (mit grossem Endlappen), lockeren Rispen von kleinen, armbltg, stets aufrechten Bl.köpfen; Hüllb einreihig, 8—10blttrg, mit kurzer Nebenhülle; Bl.boden ohne Spreub; Bl gelb, ohne Pappus. Fr zusammengedrückt, mit vielen Riefen. **L. communis L Gemeiner R.**

Juli—Herbst. Sehr gemein an Waldwegen, Schuttplätzen, unkultivierten Orten.

500. Arnóseris, Lämmersalat, Lammkraut. XIX, 1.

St 10—20 cm h., nur mit grundstdg, verkehrt-länglich-eifg, gezähnten B, im unteren Teile rot gefärbt. Bl.kopfstiele oberwärts keulig verdickt, röhrig; 1—3 Bl.köpfe mit einreihigen zahlreichen nach der Blt.zeit zusammenschliessenden, wulstig gekerbten, von einer kurzen Aussenhülle umgebenen Hüllb. Achenen mit 10 abwechselnd stärker hervorragenden Riefen. Blkr kurz, 5kantig abfällig, gelb. Bl.boden nackt. **A. pusilla Gärtn. (Hyóseris minima L.) Kleinster L.**

Juli—August. Sandige Aecker. Ebersbach, Weidelbach (Dillkreis); Okriftel, Braubach, Langenbach; zwischen Laubuseschbach und Blessenbach. J. V. N.

501. Cichórium, Cichorie. XIX, 1.

St gespreizt-ästig, bis 1 m h., Aeste rutenfg, mit schrotsägefg unteren und ungeteilten, st.umfassenden, länglichen, sitzenden

* Nach neueren Autoren: Lampsana.

oberen B. Bl.köpfe seiten- und endstdg, oft eine unterbrochene, weitläufige Aehre bildend, ziemlich ansehnlich, mit doppeltem Hüllk; äusserer meist aus 5 kürzeren, abstehenden, innerer aus 8 am Grunde verwachsenen, aufrechten Hüllb bestehend. Bl.boden ohne Spreub, höchstens in der Mitte etwas borstig. Statt des Pappus ein krönchenartiger, kurzer Aufsatz. Fr 5kantig. **C. Intybus L. Gemeine C.***

Juli—August. Wegränder, trockene Plätze. Sehr gemein.

502. Thrincia, Hundslattich. XIX, 1.

St bis 20 cm h.; Wzl mit starken, fädlichen Fasern, zuletzt wie abgebissen. B lanzettlich, buchtig, rauhhaarig mit gabeligen Haaren. Bl kopfstiele grundstdg, bogig aufstrebend, unterwärts rauhborstig; Hüllb dachfg, dunkel berandet. Bl gelb, unterseits mit bläulich-grünem Streifen. Achenen allmählich in einen Schnabel verschmälert. Pappus der Randbl ein kurzes Hautkrönchen, der der Scheibenbl federig; Haare des Pappus an der Basis breiter, abfällig. Bl.boden nackt. **Th. hirta Roth. Kurzhaariger H.**

Juli—August. Trockene Felder. Selten. Wiesbaden; Braubach, Königstein, Rauenthal. J. V. N.

503. Leóntodon, Löwenzahn. XIX, 1.

St (mit Ausnahme der grundstdg, fiederspaltigen) nur mit unansehnlichen, schuppenfg B spärlich besetzt, ästig-spreizend, 30—50 cm h., meist mehrköpfig; Stiele der Bl köpfe allmählich verdickt, fast kahl; Blkr gelb, aussen oft rötlich angelaufen; Pappus aller Bl gleichartig, federig; Fr riefig und fein runzelig. **L. autumnalis L. Herbst-L.**

Juli—Herbst. Sehr gemein auf allen Grasplätzen. (Eine einfachere, oft nur einköpfige Form erscheint im Herbst nach der Heuernte.)

— ganz blattlos (Schaft), 20—40 cm h., einköpfig, unter dem Bl.kopf verdickt und behaart; Haare gabelig (bei der vorigen Art niemals gabelig); Pappus verschieden, der der äusseren Bl weit kürzer, der der inneren am breiteren Grunde kleingesägt. Gelb. **L. hastilis L. Spriesslicher L.**

Juni—Herbst. Sehr gemein auf Wiesen und an Wegrändern.

504. Picris, Bitterkraut. XIX, 1.

St aufrecht, ästig, bis 1 m h., rauhhaarig, wie die länglich-lanzettlichen, etwas buchtig-gezähnten, wechselstdg B. diese von der Mitte an mit fast spiessfg Basis st.umfassend. Bl.köpfe am Ende der Aeste und des St zahlreich, zu einem Ebenstrauss geordnet; äussere Hüllb steifhaarig abstehend. Bl.boden nackt. Pappus aller Bl gleichgestaltet, abfällig; Haare desselben zum

* Wird der Wzl. wegen, die die »Cichorie« liefert, hier und da gebaut. Dieser in allem sehr ähnlich und hauptsächlich durch die breit-eirunden Stützb der Bl.köpfe, welche bei der vorigen Art schmal-lanzettlich sind, verschieden (vielleicht nur eine Spielart derselben), ist C. Endivia L., welche häufig als Salatpflanze gebaut wird.

grösseren Teil mit Seitenhärchen (federig), in einen Ring verwachsen. Zungenfg Bl doppelt so lang als die röhrenfg. Gelb. Fr mit sehr kurzem Schnabel und feinen Querrunzeln. **P. hieracioides L. Habichtskrautartiges B.**

Juli—Herbst. An wüsten, steinigen Orten gemein.

505. Tragopógon, Bocksbart. XIX, 1.

1. Bl blaurot. St 60—120 cm h. Bl.kopfstiele allmählich verdickt, keulenfg. Hülle 8blättrig, weit länger als die Bl; Bl.kopf oberseits ganz flach; Achenen der Randbl fein-schuppig-knötig, so lang oder länger als der fadenfg Schnabel. B lineallanzettlich. **T. porrifolius L. Lauchblättriger B.**

Juni—Juli. Der essbaren Wzl wegen gebaut und hier und da verwildert z. B. unterhalb Lorch in den Weinbergen; Ems-Fachbach am Lahnufer; Idstein. J. V. N.

— gelb. 2.

2. Stiele der Bl.köpfe allmählich bedeutend verdickt, keulenfg: Hüllb länger als die Bl. St steif-aufrecht, bis zu 1 m h., mit wenigen, steil aufwärts gerichteten Aesten, oder einfach, mit wechselstdg, lanzettlich-linealen, sehr langen, ganzrandigen, st.umfassenden, kahlen B, einreihigen, meist 12 am Grunde verwachsenen Hüllb, ansehnlichen, hellgelben, endstdg, einzelnen Bl.köpfen, lang geschnäbelter Fr (daher Pappus gestielt), die randstdg schuppig-weichstachelig, scharfkantig; Schnabel von der Länge der Fr. **T. major Jacq. Grösserer B.**

Juni—Juli. Auf Wiesen. Nicht häufig.

— — — nicht merklich verdickt. Hüllb so lang oder kürzer als die Bl. 3.

3. Fr der Randbl ebenso so lang wie ihr Schnabel, knötigrauh. St und B wie bei voriger Art; Hüllk 8blttrg; Hüllb oberhalb der Basis mit einem querlaufenden Eindruck, mindestens so lang als die gelben Bl. **T. pratensis L. Wiesen-B.***

Mai—Juli. Wiesen. Gemein.

— — — fast doppelt so lang als ihr Schnabel, von knorpeligen Schuppen scharf. St und B wie bei voriger Art; Hüllk 8blättrig und quer-eingedrückt; Hüllb kürzer als die gelben Randbl. **T. orientalis L. Orientalischer B.**

Mai—Juli. Vereinzelt in der Nähe des Lahnsteiner Forsthauses in lichtem Unterholz; Wiesen bei Ober- und Niederlahnstein, Oestrich (Rheinufer), Hattenheim, Münchau. J. V. N.

506. Scorzonéra, Schwarzwurz. XIX, 1.

Bl gelb. St aufrecht, 60—75 cm h., wenig ästig, oft einfach, im unteren Teile mit zahlreichen, zusammengedrängten, grasfg, schmal-linealen, ungestielten, im oberen Teile mit wechsel-

* Eine seltenere Spielart mit halb so langen Bl als der Hüllk wird von manchen Autoren als eine besondere Art angeführt (T. minor Fries). Ich kann mich von deren Zulässigkeit nicht überzeugen. Der Verfasser.

stdg, weit kleineren und schmäleren B, aus deren Achseln öfter mit einem lang gestielten Bl.kopf endigende Aeste entspringen. Hüllk dachig, halb so lang als die Bl, kahl wie die B, die äusseren Hüllb dreieckig-eifg, weit kleiner als die lanzettfg inneren. Bl.boden ohne Spreub. Fr in einen kurzen Schnabel verlaufend. Haare des Pappus mit feinen Seitenhärchen. **Sc. hispanica L. Spanische Sch.**

Juni—Juli. Wird der essbaren Wurzel wegen öfter gebaut.

— purpurfarben. St 25—50 cm h., beblättert, einfach oder wenig ästig. B lineal oder lineal-lanzettlich; Bl.köpfe einzeln, endstdg oder 2—4 am Ende der Aeste. Aeussere Hüllb eilanzettlich; Achenen gerieft, mit glatten Riefen. Wzl.schopf fädlich-faserig. **Sc. purpurea L. Purpurfarbige Sch.**

Mai—Juni. Sonnige Hügel. Selten. Flörsheimer Steinbruch. J. V. N. (Unterhalb Mainz in den Coniferenwäldern).

507. Podospérmum, Stielsame. XIX, 1.

St 15—30 cm h., aufrecht, ästig, stielrund. B fiederspaltig mit linealen, zugespitzten Fetzen, der Endfetzen verlängert-lanzettlich. Randbl so lang als die Hüllb oder wenig länger. Achenen gleich dick, an der Basis mit verlängerter, etwas aufgeblasener Schwiele, dicker als die Achene selbst. Bl gelb; Bl.köpfe vor und nach der Blt.zeit 8kantig. **P. laciniatum DC. (Scorzonera laciniata L.) Geschlitzter St.**

Mai—Juli. Aecker, sonnige Hügel. Selten. Im Rheingau vereinzelt.

508. Hypochóeris, Ferkelkraut. XIX, 1.

1. St beblättert, 30—120 cm h., wenigstens mit 1 länglich-verkehrt-eifg, meist braun gefleckten B, steifhaarig, mit 1—3 Bl.köpfchen. Bl.kopfstiele fast gleich dick; Hüllb ganzrandig. Alle Pappushaare federig. Bl goldgelb. **H. maculata L. Geflecktes F.**

   Juli—August. Waldwiesen. Selten. Reifenberg. Oestrich. J. V. N. (Mombach).

   — b.los (Schaft). 2.

2. Alle Achenen lang geschnäbelt, mit federigem Pappus. St aufrecht, 50—60 cm h., mit Wzl.rosette von rauhhaarigen, buchtig- oder fiederspaltig-gezähnten, und höchst unansehnlichen, schuppenfg oberen B, ästig, kahl; Hüllk dachig, kürzer als die gelben Bl; Bl.boden mit hinfälligen Spreub. **H. radicata L. Langwurzeliges F.**

   Juli—August. Auf Grasplätzen gemein.

   Achenen der Randbl ungeschnäbelt, Pappus derselben daher sitzend. St 15—30 cm h., ästig, kahl, nur mit Rosette von buchtig gezähnten, kahlen, oder beiderseits zerstreut-borstlichen, bewimperten B; Bl gelb, kaum länger als die Hüllb und kleiner als die der vorigen Art, in die sie übrigens überzugehen scheint, da auch solche Exemplare mit lauter geschnäbelten Achenen sich finden. **H. glabra L. Kahles F.**

   Juli—August. Sandige Felder. Hier und da. Im L. bisher nicht beobachtet.

509. Taráxacum, Löwenzahn. XIX, 1.

St mit Wzl.rosette, sonst b.los (Schaft), einfach. 20—40 cm h. (und auf fettem Boden noch höher), meist einköpfig. hohl. meist ganz kahl, mit saftreichen Milchgefässen; Wzlb buchtig-fiederspaltig mit rückwärts gerichteten, grossen Zähnen (schrotsägefg); Hüllk dachig, mit mehr oder weniger deutlicher, abstehender oder zurückgebogener Nebenhülle. Bl.boden flach, ohne Spreub; Bl vielreihig. Blkr gelb, 5zähnig. Pappus lang gestielt, haarig. Fr lineal-verkehrt-eifg. gerieft. oben etwas schuppig. **T. officinale Wigg. (Leóntodon Taráxacum L.) Gemeiner L.**

Mai—Herbst. Sehr gemein auf allen Grasplätzen.

510. Chondrilla, Krümling. XIX, 1.

St 30—120 cm h., oft dornig-steifhaarig. von unten an ästig. Wzlb schrot-sägefg. die oberen B lineal-lanzettlich oder lineal; Aeste rutenfg; Bl.köpfe einzeln, gezweiet oder zu je 3, seitenstdg, Hüllb meist 8 mit einer kurzen Aussenhülle. Bl 7—12 in 2 Reihen, gelb unterseits mit 3 helleren Streifen; Achene oben weichstachelig mit einem die Basis des Schnabels umgebenden, 5zähnigen Krönchen. **Ch. juncea L. Binsenartiger K.**

Juli—August. Sonnige Orte, M. und Rh. öfter, Runkel, Weilmünster, Soden. J. V. N. (Unterhalb Mainz).

511. Prenánthes, Hasenlattich. XIX, 1.

St 60—150 cm h.; B mit herzfg Basis st.umfassend, kahl. unterseits meergrün, die unteren eifg oder länglich-eifg, in den geflügelten B.stiel verschmälert, winklig-buchtig gezähnt, die oberen ganzrandig, lanzettlich, zugespitzt. Bl.köpfe rispig. Hüllb dachig, meist 8; Bl 5, purpurrot, einreihig. Achene schnabellos, flach Pappus haarig. Bl.boden nackt. **P. purpurea L. Purpurroter H.**

Juli—August. Gebirgswälder. Selten. Oestricher Wald; Kammerforst bei Lorch. J. V. N. Schlangenbad. (F u c k e l).

512. Lactúca, Salat. XIX, 1.

1. Bl b l a u. St sehr ästig, 60—90 cm h., im unteren Teile mit grossen, schrotsägefg, zusammengedrängten, kahlen, im oberen mit fiederteiligen, zuletzt fast ganz einfachen und schuppenfg B; B.zipfel lineal-lanzettlich und lineal mit ähnlichen Zähnchen; vielköpfig, rispig-ebenstraussartig; Hüllk dachig, walzig; Bl 2—3reihig, mehr als doppelt so lang; Pappus haarig; Bl.boden nackt; Fr beiderseits mit einer Riefe, geschnäbelt (daher Pappus gestielt), Schnabel s o l a n g als die Fr. **L. perennis L. Ausdauernder S.**

   Mai—Juni. An steinigen Orten. Im Rhein- und unteren Lahnthal nicht selten. Wiesbaden, Erbenheim.

   — g e l b. 2.
2. Bl.köpfchen mit n u r 5 Bl. St rispig-ästig, bis 60 cm h., hohl, mit wechselstdg, leierfg-fiederteiligen, eckigen, lang

gestielten, unterseits meergrünen B; B.stiel teilweise pfeilfg st.umfassend; Bl.köpfe in lockeren Rispen; Fr mit mehreren erhabenen Riefen, halb so lang als der Schnabel. Sonst wie vorige Art. L. **muralis Fresenius.** (**Prenanthes muralis L.**) **Mauer-S.**

Juli—Herbst. Wälder. Schutthaufen. Gemein.

— mit mehr als 5 Bl. 3.

3. B schmal-lineal, spiessfg, zugespitzt. unterseits am Mittelnerven stachelig oder glatt. ganzrandig, die untersten schrotsägefg-liederspaltig; St 30—60 cm h., mit rutenfg. traubig-ährigen Aesten. Achenen braun, oben kurz-borstig, beiderseits mit 5 Riefen und weissem, doppelt so langem Schnabel. Bl gelb. L. **saligna L. Weidenblättriger S.**

Juli—August. Aecker, Raine. Soden, Hochheim, Flörsheim. J. V. N.

— breit. 4.

4. Mittelrippe stachelig. 5.

— glatt oder doch meist ohne Stacheln; B verkehrt-eifg, gezähnt, horizontal gestellt, herz-pfeilfg st.umfassend; Bl.köpfe in rispigen Ebensträussen mit stets aufrechten Aestchen; Fr schmal-berandet, oberseits etwas borstig, beiderseits 5riefig; Schnabel eben so lang oder länger. L. **sativa L. Garten-S.**

Juli—August. Häufig als Gemüse gebaut.

5. Achenen oben borstig behaart, so lang als der Schnabel, beiderseits riefig. mit schmalem Flügelrand und flaumigen Borsten an der Spitze. B meist senkrecht gestellt, unterseits und am Rande stachelig. St aufrecht, ästig, bis 1 m h., unterwärts stachelig; St.b pfeilfg umfassend, buchtig-fiederspaltig, mit rückwärts gerichteten, gezähnten Lappen, die oberen B immer schmäler lanzettlich. Untere Aeste der ansehnlichen Rispe nicht die Höhe der folgenden erreichend; Bl.stand daher im Umriss pyramidal, vor dem Aufblühen nickend. L. **Scariola L. Wilder S.**

Juli—August. An steinigen Orten und Wegrändern. Gemein.

— — kahl, mit breitem Rand, so lang als ihr weisser Schnabel, beiderseits mit 5 Riefen, schwärzlich-braun. St 60—120 cm h.; B länglich-oval, stumpf, pfeilfg, wagrecht abstehend. stachelspitzig gezähnelt, mit zugespitzten Oehrchen, ungeteilt oder buchtig, die oberen zugespitzt. Bl.köpfe in sperrigen Rispen. Bl gelb. Pfl von widrigem Geruch. L. **virosa L. Gift-S.**

Juni—August. Felsige Orte unter Gesträuch. Selten. Schieferbruch bei Sinn, Weissenturm und am Wege vom Kammerforst nach Lorch; Oestrich (Pfingstmühle). J. V. N.

513. Sonchus, Gänsedistel. XIX, 1.

1. Stiele der Bl.köpfe und Hüllk gelb-drüsig behaart. St aufrecht, einfach, bis 60 cm h, nur im oberen Teil ebenstraussartig-ästig, mit lanzettlichen, schrotsägefg, an der Basis herzfg

st.umfassenden, wechselstdg B, nur die obersten ungeteilt. Hüllk dachig, krugfg-bauchig; Bl.boden ohne Spreub; Pappus haarig, schneeweiss. Fr beiderseits mit Längsrippen, ungeschnäbelt, querrunzelig. Mit kriechender Wzl. **S. arvensis L. Acker-G.**

Juli—August. Hier und da auf Saatfeldern.

— — — — — kahl, wenigstens nicht drüsig behaart. 2.

2. Riefen der Fr glatt. St ästig, bis 60 cm h., doldig-ebenstraussartig, mit wechselstdg. länglich-ovalen, etwas starren, schrotsägefg-gezähnten, aber nicht geteilten, sitzenden, mit abgerundeten Oehrchen st.umfassenden, herzfg B. Wzl spindelfg, nicht kriechend. **S. asper Vill.** (Varietät von **S. oleraceus L.**) **Rauhe G.**

Juni—Herbst. Auf Schutthaufen und bebautem Land gemein.

— — — quer-runzelig. B weniger starr. Jüngere Bl.kopfstiele weiss-filzig. Das Uebrige wie bei voriger Art. **S. oleraceus L. Gemeine G.**

Juni—Herbst Schutthaufen, bebautes Land. Sehr gemein.

514. Crepis, Pippau. XIX. 1.

1. Fr geschnäbelt, Pappus daher gestielt. 2.

— ungeschnäbelt, Pappus daher ungestielt. 3.

2. Stiele der Bl.köpfe vor dem Aufblühen aufrecht. St aufrecht, von unten an ästig, bis 50 cm h., ebenstraussartig, mit wechselstdg, schrotsägefg, gezähnten, sitzenden, pfeilfg den St umfassenden B; Stiele der Bl.köpfe, Hüllb und Deckb.ränder steifhaarig-borstig; Nebenhülle nach dem Verblühen fast so lang als die Hülle; Fr sämtlich fast gleich lang geschnäbelt, höchstens die äusseren ein wenig kürzer; Schnabel kürzer als die Fr. Bl gelb. **C. setosa Hall. fil. (Barkhausia setosa DC.) Borstiger P.***

Juli—August. Auf bebautem Land neben dem Wege von Dorf Ems nach Kemmenau, auf dem Klopp, Fachbachthälchen auf einem Brachacker und einem Kleeacker. Sehr selten. (Erst in den beiden letzten Jahren beobachtet).

— — — — — — nickend. St aufrecht, von unten an ästig, 60 cm h. und darüber, rauhhaarig mit schrotsägefg-fiederspaltigen, am Grunde tief eingeschnittenen, wechselstdg B; Fr der Randbl kürzer und kürzer geschnäbelt als die der inneren Bl; Hüllk zottig-grau; Bl.köpfe weit grösser als die der vorigen Art. Wzl von üblem Geruch. Gelb. **C. foetida L. (Barkhausia foetida DC.) Stinkender P.**

Juni—August. An Wegrändern gemein.

3. Hülle drüsig-behaart, lanzettlich, verschmälert-spitz, fast ohne Nebenhülle. St aufrecht, rispig-ästig, 30—60 cm h.,

* Findet sich **nicht** in J. V. N. von 1851 und 1852!! Scheint also erst in der neueren Zeit eingewandert, eingesäet oder vorher übersehen zu sein! Der nächste von Koch (Synopsis der Deutschen und Schweizer Flora) angegebene Standort liegt in der Rheinpfalz.

hohl und kantig. B kahl, die unteren länglich, spitz. schrotsägefg-gezähnt, am Grunde verschmälert, die oberen ei-lanzettlfg. herzfg, stg.umfassend, gezähnt, vorn ganzrandig, lang zugespitzt und sehr spitz. Achenen 10riefig. Pappus gelblich, zerbrechlich. Bl gelb. **C. paludosa Moench. (Hieracium paludosum L.) Sumpf-P.**
Juni—Juli. Feuchte Wiesen. Zerstreut im ganzen Gebiet.

— nicht drüsig behaart, mit deutlicher Nebenhülle. 4.

4. Nebenhülle abstehend. 5.

— angedrückt. 6.

5. Gf und N gelb; Hüllb länglich-lineal, stumpf, innen anliegend-behaart, auf dem Rücken steifhaarig. St ästig, ebenstraussartig. 60—75 cm h., mit grösseren Bl.köpfen (bis 3 cm breit); Fr an der Spitze schmäler, mit mehr als 10 Riefen. B wie bei voriger Art. Bl.boden bewimpert. Randbl, wie die inneren, gleichfarbig gelb. **C. biennis L. Zweijähriger P.**
Mai—Juni. Sehr gemein auf Wiesen.

— — — braun. St beblättert, ebenstraussartig verzweigt, 30—60 cm h.; Wzlb lanzettlich, gezähnt oder schrotsägefg-fiederspaltig, die oberen B lineal, sitzend, pfeilfg, am Rande zurückgerollt graugrün und rauh; Hüllb lanzettlich, nach oben verschmälert und nebst Bl.kopfstielen flaumig-grau, die äusseren lineal, etwas abstehend, die inneren auf der innern Fläche angedrückt-behaart; Achenen 10riefig, nach oben etwas schmäler und rauh, fast geschnäbelt, kastanienbraun. Bl gelb. Bl.boden kurzhaarig. **C. tectorum L. Dach-P.**
Mai—Juni. Aecker. M. und Rh. Diez.

6. St u. B kahl. Nebenhülle (scheinbar äusserer K) anliegend, lineal, stumpf; Hüllen innen kahl. St ästig, ebenstraussartig, bis 50 cm h., untere B schrotsägefg-gezähnt, oder geteilt, mit pfeilfg Basis st.umfassend, die oberen lineal-pfeilfg; Fr länglich-lineal, mit 10 glatten Riefen. Bl.boden kahl; Bl.köpfchen klein, kaum 1 cm breit, gelb; Randbl rötlich-gestreift. Ganze Pfl kahl, grasgrün; Gf gelb. **C. virens Vill. Grüner P.**
Juni—Herbst. Gemein auf Grasplätzen.

— unten und B klebrig-harzig; St 30—60 cm h., rispig-ebenstraussartig verzweigt. Wzlb schrotsägefg, die oberen lanzettlich, an der Basis gestutzt und gezähnt. Hülle ganz kahl, Nebenhülle eifg, sehr kurz; Achene lineal, schwach 10riefig, oben etwas schmäler, kahl, die der Randbl rauh. Bl gelb. **C. pulchra L. Schöner P.***
Juni—Juli. Selten. Hügel, Weinberge. Wisperthal. D. B. G.

515. Hierácium, Habichtskraut. XIX, 1.

1. St ohne B, höchstens mit 1—3 B ausser den Wzlb. 2.

— reichblättrig. 8.

2. St mit höchstens 5 Bl.köpfen. 3.

— — mehr als 5 Bl.köpfen. 4.

---

* Fehlt im J. V. N.

3. St nur mit je einem Bl.kopf, aufrecht, 20—30 cm h., mit hingestreckten, beblätterten, an der Spitze aufstrebenden, meist bl.losen Ausläufern; Hüllk kurz-walzlich; B fast meergrün, spatelfg, mit längeren, entfernter stehenden Borsten, unterseits grau-filzig, wechselstdg. Bl schwefelgelb, die Randbl aussen purpurstreifig. **H. Pilosella L. Gemeines H.**
Mai—Herbst. Gemein auf sonnigen Hügeln.
— mit 2—5 kurz gestielten, fast doldenfg gestellten Bl.köpfen, mit Ausläufern wie vorige Art. Bl gleichfarbig; B bläulich-grün, zerstreut-borstig, sonst der vorigen Art sehr ähnlich. **H. Auricula L. Aurikel-H.**
Juni—Herbst. An gleichen Orten, aber seltener.
4. B bläulich-grün. 5.
— grasgrün. 6.
5. B lineal-lanzettlich, fast spatelfg, am Grunde ganzrandig, mit langen einzelnen Borsten besetzt. St steif-aufrecht, 60 cm h. und höher, armblättrig (oft nur 1blttrg), oft mit längeren Borsten und Sternhaaren besetzt, mit Wzl rosette und beblttrt Ausläufern. Ebenstrauss von vielen (meist über 20) walzenfg Bl.köpfen mit grau-grünen, zum Teil braun und schwarz behaarten Hüllb. Bl gelb. **H. praealtum Koch. (Syn. ed. I.) Hohes H.**
Juni—August. Sonnige Ufer. Nicht so häufig
— ei-lanzettlich, fast sitzend, am Grunde mit vorwärts gerichteten Zähnen, am Rande und unterseits rauhhaarig. Wzlb gestielt. St bis 30 cm h., meist 1blättrig, oben nebst den Bl.kopfstielen und den Hüllb graulich und mit am Grunde schwarzen, meist drüsentragenden Haaren. Bl gelb, etwas gewimpert. **H. Schmidtii Tausch. Schmidts H.**
Juni—August. Felsen. Selten. Altweilnau, Falkenstein, Königstein. J. V. N.
6. Ebenstrauss der Bl.köpfe gedrungen, geknäuelt. St 30—100 cm h., unterwärts mit langen, weichen Haaren, oberwärts filzig, mit schwarzen und drüsentragenden Haaren; B länglich-verkehrt-eifg, stumpf, lang- und weichhaarig, höchstens unterseits etwas sternhaarig. Bl gelb. **H. pratense Tausch. (H. dubium L.) Wiesen-H.**
Juni—August. Selten. Reifenberger Schloss. J. V. N.
— locker oder spreizend. 7.
7. Die untersten Zähne der unterseits rauhhaarigen unteren B rückwärts gebogen. St oberwärts meist nur mit 1 weniger entwickelten, sitzenden B, aufrecht, 40—60 cm h., ebenstraussartig geordnete Bl.köpfe tragend, oben, an den Aesten und dem Hüllk mit schwärzlichen, kurzen Drüsenhaaren; ohne Ausläufer. Blkr gelb. **H. murorum L. Mauer-H.**
Juni—Herbst. Sehr gemein in Wäldern und an unbebauten Orten.
— — — — — — — — vorwärts gerichtet. St meist mit 3 (ausser den Wzlb) nach oben an Grösse abnehmenden, sitzenden B; sonst wie vorige Art. Nach

Linné nur eine Spielart derselben, worin der Altmeister wohl Recht haben dürfte. **H. vulgatum Fries.** (**H. murorum L. γ.**) **Gemeines H.**

Blütezeit und Standort wie bei voriger Art.

8. Hüllb an der Spitze zurückgekrümmt, gleichfarbig. St steif-aufrecht, 60—80 cm h.; obere Aeste eine ansehnliche Dolde mit vielen Bl.köpfen bildend. B lanzettlich-lineal, meist gezähnt, wechselstdg, nach dem Grunde in einen kurzen B.stiel verlaufend, oder sitzend, aber nicht st.umfassend. **H. umbellatum L. Doldiges H.**

Juli—Herbst. An Wald- und Wegrändern gemein.

— — — — angedrückt, gleichfarbig. St steif-aufrecht, 60—80 cm h., oberwärts rispig-ebenstraussartig, mit vielen Bl.köpfen, reichbeblttrt, besonders im unteren Teil; B eifg, mit ziemlich grossen Zähnen, wechselstdg, sitzend, aber nicht st.umfassend, oder (die untersten) kurz gestielt. Hüllb (getrocknet) schwärzlich. **H. boreale Fries.** (**H. sabaudum L**) **Nördliches H.**

Juli—Herbst. Seltener als vorige Art. Wälder. Hier und da.

Die letzteren beiden Arten sind wegen der vielen bei ihnen vorkommenden Spielarten oft nicht leicht zu unterscheiden, besonders aber in getrocknetem Zustand.*

516. Helminthia, Wurmsalat. XIX, 1.

St 30—60 cm h., ästig, steif-behaart; B geschweift, gezähnt, untere verkehrt-eifg, obere länglich-lanzettlich. 1 Bl.kopf mit doppelter Hülle, die innere 8blttrg, die äussere 5blttrg, mit gleichen Hüllb. Achene oben abgerundet-stumpf mit haarfeinem, aufgesetztem Schnabel. Pappus gleichgestaltet, federig, bleibend. Bl.boden nackt. Bl gelb. **H. echioides Gärtn.** (**Picris echioides L.**) **Scharfblättriger W.**

Juli—August. Wurde 1851 auf Aeckern mit Medicago sativa L. bei Wiesbaden beobachtet. Wohl eingeschleppt und nicht von Bestand.(?)

4. Ordnung: Ambrosiaceae.

517. Xánthium, Spitzklette. XXI, 5.

St 30—120 cm h. B herzfg, 3lappig. ♂ und ♀ Bl getrennt auf derselben Pfl, grün, in end- und b.winkelstdg Köpfchen, von Ansehen einer Composite. Fr eifg, zwischen den Stacheln weichhaarig, grün, geschnäbelt, oben mit hakenfg Stacheln, trocken, mit der verhärteten Hülle eine falsche Nuss darstellend. Gf 1, fädlich, N 2, stumpf, ungeteilt. Perigon der ♀ fehlend; 5 Stbgf auf dem Grund des 5zähnigen P eingefügt. **X. strumarium L. Gemeine Sp.**

Juli—Herbst. Aecker, Schutt. Am M und Rh.ufer häufig. Sonst fehlend im Gebiet.

---

* In J. V. N. VII, 1 wird von Wirtgen H. rigidum Hartm. „im unteren Lahnthal“ u. von Fuckel „bei Oestrich, nicht häufig“ angegeben. Bisher noch nicht hier gesehen! Diese Art steht der oberen Art nahe, hat aber weisslich berandete, in getrocknetem Zustand nicht schwärzliche Hüllb. Linné war diese Art nicht bekannt, wohl weil er sie nur für eine Spielart von H. boreale Fries hielt.

Register der deutschen Pflanzennamen.

Register der Gattungen und Ordnungen.

www.ingramcontent.com/pod-product-compliance
Lightning Source LLC
Chambersburg PA
CBHW032307280326
41932CB00009B/730